信号检测、估计理论与识别技术

肖海林　编著

電子工業出版社
Publishing House of Electronics Industry
北京 • BEIJING

内 容 简 介

本书全面、系统地阐述了信号检测、估计理论与识别技术。全书共 10 章，主要内容包括信号检测、估计理论与识别技术基础知识，信号状态的统计检测与信号波形检测理论，信号参量的统计估计理论与信号波形估计理论，通信和雷达信号调制识别与参数估计，无线频谱检测技术与微弱信号检测方法。

本书系统性强，内容连贯；注重基本概念、基本原理的概述，对系统基本性能及物理意义的解释明确；强调通信雷达在实际通信系统中的应用；注重知识的归纳、总结，并附有适量的习题。教学参考学时为 40～60 学时。

本书内容深入浅出，概念清晰，语言流畅。本书可作为电子与通信工程领域信号与信息处理、通信与信息系统等学科的研究生和高年级本科生的教材，也可作为从事通信系统、雷达系统、信号与信息处理等工作的工程技术人员的培训教材或参考书。

图书在版编目（CIP）数据

信号检测、估计理论与识别技术/肖海林编著. —北京：电子工业出版社，2020.5
ISBN 978-7-121-37873-7

Ⅰ. ①信… Ⅱ. ①肖… Ⅲ. ①信号检测－高等学校－教材②参数估计－高等学校－教材③信号识别－高等学校－教材 Ⅳ. ①TN911.23

中国版本图书馆 CIP 数据核字（2019）第 252789 号

责任编辑：李树林　文字编辑：底　波
印　　刷：三河市龙林印务有限公司
装　　订：三河市龙林印务有限公司
出版发行：电子工业出版社
　　　　　北京市海淀区万寿路 173 信箱　　邮编：100036
开　　本：787×1 092　1/16　印张：23.5　字数：601.6 千字
版　　次：2020 年 5 月第 1 版
印　　次：2020 年 12 月第 2 次印刷
定　　价：89.80 元

凡所购买电子工业出版社图书有缺损问题，请向购买书店调换。若书店售缺，请与本社发行部联系，联系及邮购电话：（010）88254888，88258888。

质量投诉请发邮件至 zlts@phei.com.cn，盗版侵权举报请发邮件至 dbqq@phei.com.cn。

本书咨询和投稿联系方式：（010）88254463，lisl@phei.com.cn。

前　言

随着现代通信理论、信息理论、计算机科学与技术及微电子技术与元器件的飞速发展，随机信号统计处理的理论和技术也在向干扰环境更复杂、信号形式多样化、处理技术更先进、指标要求更高、应用范围越来越广的方向发展，已成功应用于电子信息系统、航空航天系统，以及自动控制、模式识别、遥测遥控、生物医学工程等领域。信号检测、估计理论与识别技术是随机信号统计处理的基础理论之一。学习信号检测、估计理论与识别技术，将为深入研究随机信号统计处理的理论、提高信号处理的水平，打下扎实的理论基础。同时，它的基本概念、基本理论和分析问题的基本方法，也为信号处理系统的设计等实际应用提供了理论依据。

信号的检测理论，研究在噪声干扰背景中，所关心的信号属于哪种状态的最佳判决问题。信号的估计理论，研究在噪声干扰背景中，通过对信号的观测，构造待估计参数的最佳估计量问题。为了改善信号质量，信号的波形估计理论研究在噪声干扰背景中感兴趣信号波形的最佳恢复问题，或者在离散状态下表征信号各离散时刻状态的最佳动态估计问题。信号的波形估计理论又称信号的调制理论。信号的调制识别在通信电子对抗、无线电信号管理等领域有着重要的地位，同时也是软件无线电接收机的功能之一，多年来一直是通信和非合作通信领域共同关注的研究课题。国内外学者在这个领域做了大量的探索并取得了很多成果。但是，目前市场上关于通信信号调制识别的书籍十分缺乏，尤其结合信号检测与估计理论的书籍比较少。本书的目的是在信号检测与估计的基础上，介绍信号调制识别技术的基本方法，为这一领域的研究提供一个基础、系统的参考方法。

“微弱信号”不只意味着信号的幅度很小，而主要指的是被噪声或干扰淹没的信号，“微弱信号”是相对噪声或干扰而言的。只有在有效地抑制噪声/干扰的条件下加大微弱信号的幅度，才能提取有用信号。随着科学技术的发展，对微弱信号进行检测的需要日益迫切，可以说，微弱信号检测是发展高新技术、探索及发现新的自然规律的重要手段，对推动相关领域的发展具有重要意义。经过多年的研究和实践，科技工作者提出和发展了一些从噪声/干扰中提取微弱信号的有效方法和技术。

本书分为 10 章。第 1 章和第 2 章概述全书的主要基础知识。第 3 章和第 4 章研究信号状态的统计检测理论和信号波形检测理论。第 5 章和第 6 章研究信号参量的统计估计理论和信号波形的最佳估计。第 7 章研究通信信号调制识别与参数估计。第 8 章研究雷达信号调制识别与参数估计。第 9 章介绍认知无线电技术中的信号检测与识别。第 10 章介绍微弱信号检测方法。

本书可作为电子与通信工程领域信号与信息处理、通信与信息系统等学科的研究生和高年级本科生的教材，也可作为从事通信系统、雷达系统、信号与信息处理等工作的工程技术人员的培训教材或参考书。

在本书编写过程中，参考了国内外有关文献，在此向所有参考文献的作者表示诚挚的感谢。

由于作者水平有限，书中难免存在缺点和错误，敬请读者批评指正。

肖海林

目　录

第 1 章　信号检测、估计理论与识别技术概述

1.1　引言

信号检测与估计理论是现代信息理论的一个重要分支，以概率论与数理统计为工具，综合系统理论与通信工程的一门学科。主要研究在信号、噪声和干扰三者共存条件下，如何正确发现、辨别和估计信号参数，为通信、雷达、声呐、自动控制等技术领域提供了理论基础，并在统计识别、射电天文学、雷达天文学、地震学、生物物理学以及医学信号处理领域获得了广泛应用。

通信、雷达、自动控制系统是当今重要的信息传输系统（广义的通信系统），都可以用香农模型来表示，如图 1-1-1 所示。对其性能的要求是可靠性或抗干扰性，即要求系统能可靠地传输信息。但在信息传输过程中，不可避免地引入噪声和干扰，降低了可靠性。因此，接收端接收的是受到干扰的信号，即畸变信号。

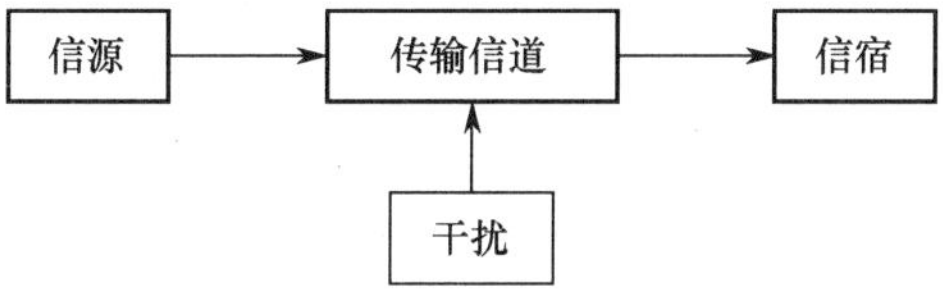

图 1-1-1　信息传输系统的香农模型

信号检测与估计理论就是要对接收且已经受到干扰的信号进行检测与估计，检测有用信号存在与否，估计信号的波形或参量。在接收端，利用信号概率和噪声功率等信息，按照一定的准则判定信号的存在，称为信号检测；利用接收到的受干扰的发送信号序列尽可能精确地估计该发送信号的某些参数值（如振幅、频率、相位、时延等）和波形，称为信号估计（包括参数估计和波形估计）。

1.2　信号的随机性及其处理方法

在信息系统中，信号是信息的载体。让我们看如下几个信息系统的例子。

图 1-2-1 所示是一个典型的无线通信系统的原理框图。我们知道，通信的目的是为了传递信息，信源就是信息源，它产生携带信息的电信号，经发送信号处理后，调制成合适的无线电信号，并进行功率放大，由发射天线将其辐射到信道中；无线电信号在信道中以电磁波的形式传播到接收天线；接收系统将接收到的无线电信号经放大、解调后，进行接收信号处理，获得所需要的信息，送入信宿中。

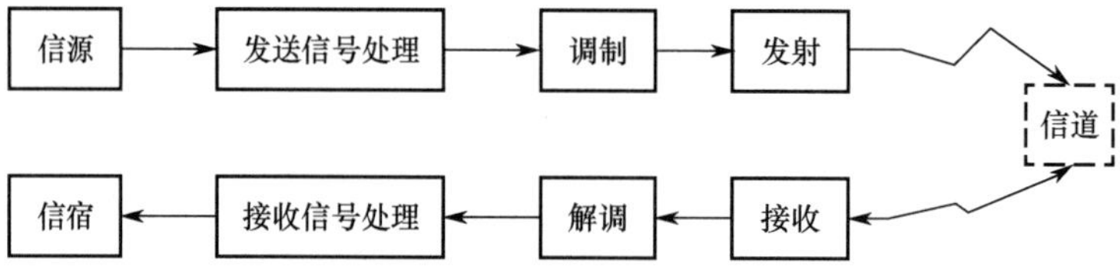

图 1-2-1 无线通信系统原理框图

在雷达系统中，目标（或其他障碍物）的反射回波信号中含有目标的坐标参数、运动参数、特征参数等信息，雷达接收到目标的反射回波信号后，进行信号处理，若判定目标存在，则提取目标的有关参数，建立其航迹，进行目标特性识别研究等。

在自动控制系统中，从前向信道采集的含有系统运行状态信息的信号，经信号处理后，得到系统“最佳”运行状态的控制信号；通过反馈信道将这些控制信号传送给系统的执行部件，调整其运行状态或参数，构成闭环的自动控制系统。

一般来说，信号是自变量的函数。自变量可以是时间、空间、频率等；信号可以是电信号、光信号、温度等物理量。我们将电子信息系统中以时间为自变量的电信号作为研究的对象。除另做说明外，本书中各类信号（含干扰信号）均为电信号。

1. 信号的随机性

在信息系统中，携带信息的信号是有用的信号。最基本的有用信号是确知信号，我们用 $s(t)$ 表示连续的确知信号。考虑到信号在产生、传输、接收和处理的过程中，其参数往往会发生变化，如信号相位的随机变化、振幅的随机起伏、频率的随机变化等；或者，虽然信号参数的变化是非随机的，但变化后的参数成为未知参量。因此，另一类有用的信号是随机（或未知）参量信号，其连续信号表示为 $s(t,\boldsymbol{\theta})$，其中，$\boldsymbol{\theta}=(\theta_1,\theta_2,\cdots,\theta_M)^{\mathrm{T}}$ 代表信号中含有 M 个随机（或未知）参量。

为了传输不同的信息，有用的信号应有两个或两个以上不同的状态。例如，雷达系统的接收信号中，要么有目标反射回波信号（目标存在），要么没有目标反射回波信号（目标不存在），就是两个不同的信息状态。类似地，在 M 元通信系统中，有用的信号有 M 个不同的状态。

实际系统中，信号在产生、传输、接收和处理的过程中，不可避免地会受到系统内部和系统外部各种各样的随机干扰。系统内部干扰主要有元器件热噪声、电源波动、系统特性不理想、正交双通道信号处理中正交两路信号的幅度不一致性和相位不正交性、多通道信号处理通道之间的不平衡性、数模变换的量化误差、运算中的有限字长效应等。对于各种无源干扰、天电干扰、有源干扰，大气层、电离层、宇宙空间中自然界的各种电磁现象，电气设备、无线电台、电视台、通信系统等，其信号的频谱有的比较复杂，频率分量占的频带也比较宽，这样，这些信号的部分频率分量进入所研究的系统，形成系统的外部干扰。

在通信、雷达等电子信息系统中，接收到的无源干扰、有源干扰等各种杂波，在信号状态检测之前，要进行杂波抑制处理，如自适应天线旁瓣相消（Adaptive Antenna Side Beam Cancel）、动目标显示（Moving Target Indication）、自适应动目标显示（Adaptive Moving Target Indiction）和动目标检测（Moving Target Detection）、恒虚警率（Constant False Alarm Rate）处理等。杂波抑制处理后的杂波剩余分量，基本上具有随机噪声的统计特性。这样，在研究信号的检测与估计问题时，可以将随机干扰统称为噪声，记为 $n(t)$ 。

根据噪声与有用信号之间的关系，可将噪声分为加性噪声、乘性噪声和乘加噪声三类。如果噪声与有用信号之间是叠加的关系，则称为加性噪声；如果噪声是对有用信号的一种调制，则称为乘性噪声；如果噪声中既含有加性分量，又含有乘性分量，则称为乘加噪声。由于实际系统中，噪声的主要分量是加性分量，所以在电子信息系统中一般只考虑加性噪声。这样，持续时间（$0 \leqslant t \leqslant T$）的观测信号（接收信号）$x(t)$ 可表示为

$$x(t)=s(t)+n(t), \qquad 0 \leqslant t \leqslant T \tag{1-2-1}$$

$$x(t)=s(t,\boldsymbol{\theta})+n(t), \qquad 0 \leqslant t \leqslant T \tag{1-2-2}$$

它是待处理的连续信号。因为干扰 $n(t)$ 是随机噪声，所以信号一定是连续随机信号。

待处理信号 $x(t)$ 的离散表示为

$$x_k=s_k+n_k \quad k=1,2,\cdots,N \tag{1-2-3}$$

$$x_k=s_{k|\theta}+n_k \quad k=1,2,\cdots,N \tag{1-2-4}$$

其中，$x_k(k=1,2,\cdots,N)$ 是离散随机信号。

2. 随机信号统计处理的理论和方法

前面已经讨论了，随机噪声干扰环境中，待处理的观测信号（接收信号）是随机信号。随机信号是具有统计特性的信号，应当用统计学中的理论和方法进行处理，这主要体现在如下三个方面。

（1）对随机信号的特性进行统计描述，即用概率密度函数，均值、方差、相关函数、协方差函数等统计平均量，以及频域的功率谱密度等来描述随机信号的统计特性。

（2）基于随机信号统计特性所提出的处理指标要求是一个统计指标，选用的处理准则是统计意义上的最佳准则，进而有诸如信号状态的判决、信号参量的估计、信号波形的滤波等相应的统计处理方法。

（3）处理结果的评价，即性能用相应的统计平均量，如判决概率、平均代价、平均错误概率、均方误差等来度量。

所以，对随机信号的处理是统计信号处理。我们将要研究的信号检测与估计理论，就是按照上述三个方面展开讨论的。

1.3　信号检测与估计理论概述

信号的检测理论主要研究在受噪声干扰的随机信号中，所关心的信号是否存在或信号属于哪种类别下的最佳判决的概念、方法和性能等问题，其数学基础是统计判决理论（又称假设检验理论）。所谓的假设是关于判决可能的结果的陈述，假设检验就是在几个假设中做出应属于哪个假设的判决。

在假设检验问题中，根据可能的判决结果的数量，分为二元假设检验和 M 元假设检验问题。例如，雷达信号的检测问题，有两种可能的判决结果，即“目标存在”和“目标不存在”。用 H_0 表示“目标不存在”，用 H_1 表示“目标存在”，H_0 和 H_1 就是雷达信号检测提出的两种假设，由于这种假设检测问题有两种，因此称为二元假设检验问题，或者双择一

假设检验问题。当可能的判决结果有 M 种时，即有 M 个假设，则相应的假设称为 M 元假设检验问题，或者 M 择一假设检验问题。

检测问题的难易程度与信号和噪声的统计特性知识有关。这些统计特征通过信号和噪声的概率密度函数体现出来。根据在各假设条件下概率密度函数是完全已知还是不完全已知，假设检验又分为简单假设检验和复合假设检验问题。对于简单假设检验允许设计最佳检测器或最佳接收机。简单假设检验又可细分确定信号和随机信号的假设检验问题。复合假设检验是概率密度函数不完全已知的情况，这也是更接近实际的问题，这种情况比较复杂。一种情况是信号中含有未知参量，噪声特性已知。例如，雷达接收机接收到的目标回波信号的到达时间通常是未知的；通信接收机接收到的正弦信号的相位是随机分布、振幅起伏变化、频率未知的。这样在每种情况下，信号都将含有一个或一个以上的未知参量，这些未知参量可能是确定的，也可能是随机的。如果噪声特性是高斯噪声，这时检测问题相对容易解决，在许多实际问题中，特别是电子信息系统中，这种高斯噪声的假设往往是合理的。与此类似，另一种情况是噪声特性也可能不是事先已知的，如未知参量的白高斯噪声、未知参量的色高斯噪声、未知参量的非高斯噪声等。这种情况下的未知参量白高斯噪声中已知确定信号的检测器容易实现，其他情况下的检测问题相对比较复杂。

根据观测样本的“个数”或“维数”是固定还是不固定的，假设检验问题又分为固定观测次数检验和序列检验（又称序贯检验）。样本维数固定检验是观测是固定的，在到达观测次数后，对假设做出判决。序列检验是事先不规定观测次数，而视实际情况，采用边观测边判决的方式，如果观测到第 k 次还不能做出满意的判决，则可以不做出判决，而继续进行第 $k+1$ 次观测。序列检验的优点是对于功率信噪比较小的信号，就需要较多的观测次数再做出判决。在平均意义上，序列检验所需要的检测时间相对固定观测次数检验的时间有所减少。

针对特定的雷达应用领域，信号的恒虚警检测技术得到广泛的应用。信号的恒虚警检测就是在干扰强度变化的情况下，信号经过恒虚警处理，使虚警概率保持恒定。恒虚警检测有三种方法：如果已知干扰的概率密度函数的类型，则称为参量检测；如果雷达工作的环境恶劣，干扰复杂，干扰的概率密度函数的类型未知或时变，则称为非参量检测；如果对干扰的统计特性部分已知，则可采用稳健检测。

在不同的假设检测问题中，判决的具体规则取决于不同的判决准则。常用的判定准则有贝叶斯平均风险最小准则、最小错误概率准则、奈曼-皮尔逊准则、最大后验概率准则和极大极小准则。

估计理论研究在噪声干扰背景中，通过对信号的观测，构造待估计信号参量和波形的最佳估计量的概念、方法和性能等问题。估计理论通常涉及以下两种情况：一种情况是直接对观测样本中信号的未知参量做出估计，未知参量可以是确定的，也可以是随机的，这类估计称为信号的参量估计，如噪声背景下正弦信号的幅度、相位估计；另一种情况是对观测样本中信号的未知参量做出估计，被估计的信号可以是随机过程，也可以是非随机过程，这类估计称为波形估计或过程估计，例如，目标随时间变化的轨迹、速度和加速度等都属于波形估计。在估计问题中，估计方法取决于采用的估计准则，也就是说通过各种最佳估计准则来构造估计量的方法。常用的最佳估计有线性最小均方误差估计、最大似然估计、最小二乘估计、最小方差估计、贝叶斯估计等准则。对于特定的应用问题，选择好的估计量与许多因素有关，首先考虑的因素是选择一个好的数学模型，该数学模型应该足以描述数据的基本特征，但同时应考虑到它要简单以便使估计量是最佳的且易于实现的。在描述数据的数学模型中，线性模型相对其他模型相对简单，不同最佳准则下的估计方法可产生闭合形式的估计量。因此，需要掌握各种最佳准则和易于实现的估计量的一些知识，才能为选择一个好的估计量做出正确决策。

按照各种估计准则获得估计量后，通常需要分析评价估计量的性能好坏。由于估计量是观测样本数据的函数，而观测样本数据是随机变量，所以估计量也是随机变量。因此，应用统计的方法分析和评价各种估计量的性能。评价估计量的性能指标有无偏性、有效性、一致性和充分性。

检测和估计理论涉及的内容很多，本书介绍检测和估计理论的基本理论、概念和方法。通过学习检测与估计理论，将为进一步学习、研究随机信号统计处理打下扎实的基础，同时也为解决实际应用问题打下良好的基础。

1.4 信号识别技术概述

随着无线通信技术的不断发展，使得无线通信成为现代通信系统的主流。由于无线频谱资源是有限的，要想在有限的频谱资源下提高通信容量和速率，安全可靠地完成特定的通信任务并达到通信的质量要求，就必然会选择高效的调制方式来传输信息。如此一来，相应的信号调制方式也会不断增多。通信信号的调制方式经历了从模拟到数字、从单载波到多载波的发展历程，到现在形成了多种通信体制并存的局面。繁杂的通信信号给频谱管理、信号捕获、通信对抗等方面带来了巨大困难。要解决这种困难，就必须研究更为有效的调制方式识别方法，从而能够在复杂的通信环境中对各种通信信号的调制方式进行准确识别。调制方式是通信信号的一个重要特征，采用不同的调制方式通信，信号往往会体现出不同的特征，根据提取的信号特征不同，我们可以将通信信号的调制方式识别出来，从而进行解调、信息分析等工作。

通信信号的调制识别最早起源于军事通信。在军事通信中，信号调制识别是电子对抗、目标捕获、通信告警、监听等方面的关键环节。调制识别在军事通信中的应用如图 1-4-1 所示，我军截获接收机对正在进行通信的外军信号进行截获接收，将接收到的信号进行检测与分类，识别其调制方式等特征参数，从而进行解调和信息的提取分析。获得外军信号特征参数后，也可以设计相似波形，通过干扰机发射相似信号以达到干扰外军通信的目的。近年来，在民用领域，信号调制识别也有广泛的应用。在民用领域，通信信号识别技术主要应用于频谱资源管理、信号确认、干扰识别、智能调制解调等。由于各频段频谱资源是有严格使用规范和授权的，未注册的发射机随意占用频谱资源会对公共广播、电视等设施造成干扰，因此无线电管理部门需时刻监视频谱资源的使用情况，对接收到信号的发射频率、调制方式、信号功率、带宽等特征参数进行分析处理，与授权用户的信号特征参数数据库比对，从而判定是否属于非法信号，达到监听信号和定位非法干扰源的目的。

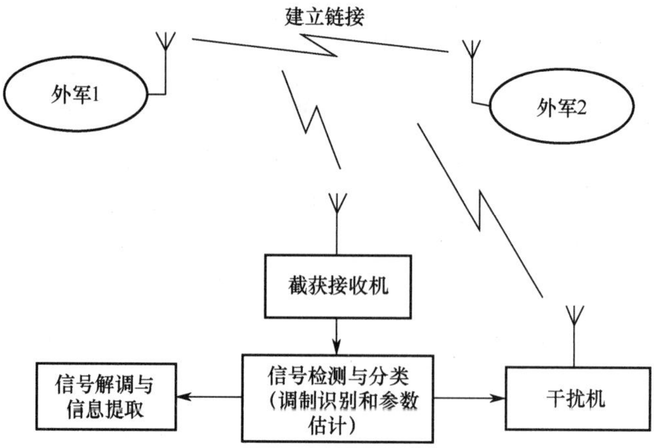

图 1-4-1 调制识别在军事通信中的应用

在认知无线电方面，信号识别也处于关键的地位。认知无线电的出现使得信号识别技术又达到另一个高峰。Joseph Mitola 博士在 1999 年发表的一篇学术论文中最早提出认知无线电的概念。目前，认知无线电技术越来越受到人们的重视，世界各国的学者、研究机构都对其做了深入研究，研究成果显著。美国联邦通信委员会（FCC）于 2002 年 12 月指出，无线通信设备应具有检测授权频谱空洞和识别授权信号具体信息的能力。一年之后认知无线电工作组正式成立，2005 年正式批准了运用认知无线电技术的法案，已有固定频谱方案存在的缺陷也逐步得到修订。在某些情况下，认知用户可以通过检测当地电视频段的使用情况，用暂时未被使用的电视频段来进行通信业务，提高频谱的利用率。在认知无线电中，信号空闲频谱的检测与主用户信号的识别是关键，只有及时、准确地检测出空闲频谱，才不会造成频谱资源的浪费，对主用户信号进行准确识别才不会对主用户信号造成干扰。

综上所述，通信信号的调制识别技术在各方面都有很高的使用价值，在通信领域有着广泛的应用前景。

习 题 1

1-1 阐述信号检测方法的种类，通信信号与雷达信号在检测过程中的特征分别是什么？

1-2 查阅资料，了解通信信号调制识别技术的发展历程，从模拟调制识别到数字调制识别有何差异性？

1-3 查阅资料，在信号估计理论中，对于雷达信号和通信信号参数的估计有哪些方法？它们有何区别？

第 2 章　随机过程与随机信号的相关理论

为了描述实际中的某些随机物理量，如掷骰子事件，通常用随机变量来描述。然而，实际应用中的许多物理量不仅是随机出现的，而且是随时间变化的。例如，投币实验中，规定正面朝上事件用正弦信号表示，反面朝上事件用余弦信号表示。对于这类随机现象的描述，我们就需要考虑使用随机过程的方法。随机过程理论产生于 20 世纪初，是因统计物理学、通信技术、生物学、管理与信息科学等领域的研究需要而逐步发展起来的，特别是在信号预测与控制领域中，出现了大量的随机过程，这些问题的出现也是随机过程理论发展的重要推动力。同时，随机过程理论的发展又为研究人员在上述领域中研究随机现象提供了精确的数学模型，从而奠定了数学基础。本章的主要内容包括随机过程和随机信号的基本概念、随机过程的特性和随机信号处理的一般方法。

2.1　随机过程的基本概念

为了便于研究和理解随机过程，有必要先对概率论中的随机变量进行简要介绍。实际上，随机变量就是指对不同的实验结果取不同数值的量，即把随机实验的结果数量化，由于实验结果具有随机性，所以它的取值也具有随机性。以投币实验为例，$\Omega=\{\omega\}=\{正面,反面\}$ 为随机实验的样本空间，规定实验结果出现正面的事件为“1”，出现反面的事件为“0”，即 $X(正面)=1$、$X(反面)=0$。这样，$X(\omega)$ 为随机变量。

实际应用中，根据随机变量可能取得的值，常把随机变量分为两种，即离散型随机变量和连续型随机变量。若随机变量只可能取得有限个或可列无限多个数值，则称该随机变量为离散随机变量，如一批灯泡的次品数。若随机变量可取某一区间内的任何数值，则称连续随机变量，如炮击中弹着点与炮击目标之间的距离、车床加工的零件尺寸与标准尺寸的偏差等。

2.1.1　随机过程的基本描述

从上面的描述可以看出，随机变量只能描述随机实验可能出现结果的量，只要实验结果出现，其取值就会确定。而对于本章开始的投币实验的例子，规定正面朝上事件用正弦信号表示，反面朝上事件用余弦信号表示，这两条曲线称为这一实验的样本函数，实验之前我们无法预测会出现哪条曲线，但可以肯定必将出现其中的一条曲线。对于这类随机现象，就不能只用一个随机变量来描述，而需要用一族相关的随机变量来描述，这族相关的随机变量就是随机过程。

由上述讨论，随机过程有如下定义。

定义：设随机实验的样本空间$\Omega=\{\omega\}$，对其每个元素ω，根据某个规则都得出一个样本函数$X(\omega,t)$，由全部元素$X(\omega,t)$所得到的一族样本函数$X(\omega,t)$称为随机过程。为方便起见，通常把$X(\omega,t)$简记为$X(t)$。

根据上述定义，可以得到随机过程$X(\omega,t)$在不同情况下的意义。

（1）若将ω固定为ω_i，只有时间t变化，则可以得到一个特定的时间函数$X(\omega_i,t)$，它是一个确定的样本函数，即某次实验的一个实现。例如，上文提到的投币实验中，出现正弦曲线或余弦曲线。

（2）若将时间t固定为t_i，只有随机因素ω变化，则可以得到一个随机变量，记为$X(t_i)$。通常将随机变量$X(t_i)$称为随机过程$X(t)$在$t=t_i$时的状态。

（3）若将ω固定为ω_i，且将时间t固定为t_i，则$X(\omega,t)$变为一个确定值$X(\omega_i,t_i)$。

（4）若ω和t均为变量，则$X(\omega,t)$为所有样本的集合或所有随机变量的集合，即随机过程$X(t)$。因此，随机过程也可理解为随时间变化的一族随机变量。

2.1.2 随机过程的分类

随机过程的分类方法很多，下面给出几种常见的分类方法。

1. 按时间和状态进行分类

随机过程$X(\omega,t)$按其状态$X(t_i)$的不同，可以分为连续型和离散型，也可以按其时间参数t的不同，分为连续参量随机过程和离散参量随机过程（随机序列）。因此，综合起来可以分成以下四类。

（1）连续型随机过程——时间t连续、状态$X(t_i)$连续。

（2）离散型随机过程——时间t连续、状态$X(t_i)$离散。对连续型随机过程进行随机取样，并经量化后保持各个取样值，即可得到这类随机过程。

（3）连续型随机序列——时间t离散、状态$X(t_i)$连续。对连续型随机过程进行等间隔取样，即可得到这类随机过程。

（4）离散型随机序列——时间t离散、状态$X(t_i)$离散。对离散型随机过程进行等间隔取样，并将其量化成若干个固定的离散值，也就是所谓的数字信号。

由上述内容可知，最基本的是连续型随机过程，其他三类均可经连续型随机过程离散处理得到，因此后续内容均是在连续型随机过程的基础上展开的。

2. 按样本函数的性质分类

1）确定性随机过程

如果随机过程$X(t)$的任意一个样本函数的未来值，都能由过去的观测值确定，即样本函数有确定的形式，则称此类过程为确定的随机过程。例如，正弦信号$X(t)=A\cos(\omega_0 t+\theta_0)$，其中，振幅$A$、角频率$\omega_0$和相位$\theta_0$都是已知的常量。对于每次实验，得到的样本函数都是确定的。

2）不确定的随机过程

如果随机过程$X(t)$的任意一个样本函数的未来值，都不能由过去的观测值确定，即样本函数无确定形式，则称此类过程为不确定的随机过程。例如，在本章开始的投币实验中，任何一次实验结果都是不确定的。

3．按概率分布或统计特征分类

按随机过程的概率分布形式或它的统计特征进行分类是一种更为本质的方法，如将随机过程的分为高斯（正态）过程、瑞利过程、马尔可夫过程、泊松过程等。它们具有特定的概率分布或密度函数形式和统计特征值函数。

4．按过程的物理特性分类

在工程应用中还可以把随机过程分为平稳、非平稳、严平稳、宽平稳、遍历、非遍历等。一般地，若形成某随机过程的主要条件在所研究的时间范围内不变，也就是说在研究的时间范围内随机过程现在的状态和过去的状态，都对未来的状态产生很强的影响，则可视该过程为平稳过程。平稳过程是一类应用广泛的随机过程，它在电子技术、通信工程、控制理论、建筑工程及管理科学、经济学等随机信号分析中起着很重要的应用。下面主要对严平稳随机过程、宽平稳随机过程和随机过程遍历性进行简单介绍。

1）严平稳随机过程

设 $\{X(t),t\in T\}$ 为一个随机过程，若对任意 n 个不同的 $t_1,t_2,\cdots,t_n$ 与 $h\in T$，随机向量 $(X(t_1),X(t_2),\cdots,X(t_n))$ 与随机向量 $(X(t_1+h),X(t_2+h),\cdots,X(t_n+h))$ 有相同的分布函数，即

$$F_{t_1,t_2,\cdots,t_n}(x_1,x_2,\cdots x_n)=F_{t_1+h,\cdots,t_n+h}(x_1,x_2,\cdots,x_n) \tag{2-1-1}$$

则称 $\{X(t),t\in T\}$ 为严平稳过程。

由定义可见，检验一个随机过程是否为严平稳过程是比较困难的。然而，在实际问题中往往只需知道随机过程的某些数字特征就可以解决问题了。由此可引出另一类平稳过程——宽平稳过程。

2）宽平稳随机过程

由上述分析可知，确定随机过程的分布函数是比较困难的，而在工程实际应用中只需知道随机过程的一、二阶矩就够了。随机过程的一、二阶矩，如数学期望、方差、相关函数等不仅可以用实验得到它们的估计值，而且具有明确的物理意义。如果随机过程是平稳的噪声电压，则数学期望是其平均值，方差是消耗在单位电阻上的交流功率，均方值是消耗在单位电阻上的总功率。在实际应用中，一般只研究适用于工程应用的宽平稳过程。以上考虑正是提出宽平稳过程的意义。

定义：设 $\{X(t),\ t\in T\}$ 为一个随机过程，若对任意 $t\in T$，$E\left[|X(t)|^2\right]<\infty$，且对任意 t，$\tau\in T$，有：

（1）$\mu_X(t)=E\left[X(t)\right]=\mu$（常数）；

（2）$R_X(t,t+\tau)=R(\tau)$。

其中，$R(\tau)$ 是 τ 的某个函数，则称 $\{X(t),\ t\in T\}$ 为宽平稳过程。

由此可知，宽平稳过程不一定是严平稳过程，反之亦然。但是如果严平稳过程有有限的二阶矩，则它一定是宽平稳过程。而对于正态过程来说，两种平稳过程是等价的。由于宽平稳过程有较强的适用性，所以一般研究的平稳随机过程均指宽平稳过程。

3）随机过程的遍历性

判定过程的平稳性要求依据在大量实验中所得样本函数的统计概率分布规律。但在实际中发现，某些平稳过程只需根据一次实验所得的足够长样本函数，即可推出所有概率分布特征，从而使统计工作量大大减轻。由此便引出“遍历性”的概念。

若有下式概率为 1 成立

$$E\left\{V\left[X(t)\right]\right\}\overset{P}{=}\overline{V\left[x(t)\right]}=\lim_{T\to\infty}\frac{1}{T}\int_{-T/2}^{T/2}V\left[x(t)\right]\mathrm{d}t \tag{2-1-2}$$

式中，$V[*]$ 表示任意函数关系，则称随机过程 $X(\omega,t)$ 的均值具有遍历性。

式（2-1-2）中，$E\left\{V\left[X(t)\right]\right\}$ 表示在任意瞬时 t 下对 $X(t)$ 作函数 $V[*]$ 变换所得随机变量 $V\left[X(t)\right]$ 的集合平均值；$\overline{V\left[x(t)\right]}$ 表示对 $X(t)$ 的任意一个样本函数 $x(t)$ 所作的函数 $V[*]$ 变换 $V\left[X(t)\right]$ 在整个时间历程 $(-\infty<t<\infty)$ 中的时间平均值。

同理，若有

$$E\left\{V\left[X(t)X(t+\tau)\right]\right\}\overset{P}{=}\lim_{T\to\infty}\frac{1}{T}\int_{-T/2}^{T/2}V\left[x(t)x(t+\tau)\right]\mathrm{d}t \tag{2-1-3}$$

则称随机过程 $X(\omega,t)$ 的相关函数具有遍历性。

若随机过程 $X(\omega,t)$ 的均值和相关函数均具有遍历性，则称随机过程 $X(\omega,t)$ 为遍历过程。遍历过程也就是由样本函数所求得的时间平均值近似地等于过程的数学期望；由样本所求得的时间相关函数近似地等于过程的相关函数。

应该指出，遍历性的条件要求比较宽，实际工程中遇见的平稳过程大多是遍历过程。

随机过程遍历性的物理意义是：随机过程中的任何样本在足够长的时间内，都同样地经历了该随机过程各种的可能状态。因此对遍历过程，我们可以这样理解，随机过程的任何样本函数都可以作为有充分代表性的典型样本，即从随机过程中的任何样本函数都可得到随机过程的全部信息，任何样本函数的特性都能充分地代表整个随机过程的特性。

2.1.3 随机过程的概率分布与统计分析

1. 随机过程的概率分布

设 $\{X(t),\ t\in T\}$ 是一个随机过程，对于每个 $t\in T$，定义其一维分布函数为

$$F_t(x)=P\{X(t)<x\}\quad x\in R \tag{2-1-4}$$

当 t 变动时就得到一维分布函数族 $\{F_t(x),t\in T\}$。对应于一维分布函数 $F_t(x)$，我们可以定义 $\{X(t),t\in T\}$ 的均值函数 $\mu_X(t)$ 与方差函数 $\sigma_X^2(t)$ 分别为

$$\mu_X(t)\equiv E\left[X(t)\right]=\int_{-\infty}^{\infty}x\mathrm{d}F_t(x) \tag{2-1-5}$$

$$\sigma_X^2(t)\equiv E\{X(t)-\mu_X(t)\}^2=\int_{-\infty}^{\infty}\left[x-\mu_X(t)\right]^2\mathrm{d}F_t(s) \tag{2-1-6}$$

显然，它们都是 t 的函数。一维分布函数只能描述随机过程在各个孤立点的统计特征，而不能描述随机过程的全部统计特征。因此，为了描述随机过程的全部统计特性，还需引入随机过程的多维分布函数。

一般地，设 $t_1,t_2 \in T$，定义随机过程的 n 维分布函数为

$$F_{t_1,t_2,\cdots,t_n}(x_1,x_2,\cdots,x_n) \equiv P\left\{X(t_1)<x_1,X\left(t_2\right)<x_2,\cdots,X\left(t_n\right)<x_n\right\} \tag{2-1-7}$$

其中 $(x_1,x_2,\cdots,x_n)$ 为 n 维实数空间 R^n 中的一点。

我们称随机过程 $\{X(t),t\in T\}$ 的一维分布函数族，二维分布函数族，…，n 维分布函数族等的全体

$$\left\{F_{t_1,t_2,\cdots,t_n}(x_1,x_2,\cdots,x_n):t_1,t_2,\cdots,t_n \in T,n\geqslant 1\right\} \tag{2-1-8}$$

为 $\{X(t),t\in T\}$ 的有限维分布函数族。显然，如果知道了随机过程的有限维分布函数族，就知道了该随机过程的任意 n 维联合分布函数，也就是完全确定了它们之间的相互关系，从而可以完全确定该随机过程的统计特性。

2．随机过程的统计分析

虽然随机过程的分布函数可以完整地刻画随机过程的统计特性，但有时随机过程的分布函数并不容易求取。事实上，在一些实际过程中，并不需要去全面考察随机过程的变化情况，通常只需要知道随机过程的几个常用数字特征即可满足实际要求。下面给出常用的几个数字特征。

1）数学期望

设随机过程 $X(t)$ 的一维分布密度为 $p\left(x,t\right)$，根据随机变量数学期望的定义有

$$\mu_X(t) \triangleq EX(t)=\int_{-\infty}^{\infty} xp(x,t)\mathrm{d}x \tag{2-1-9}$$

式中，$\mu_X(t)$ 称为随机过程的数学期望。$\mu_X(t)$ 是确定的时间函数，它是构成随机过程的一族样本函数的中心函数，也就是说，随机过程的样本函数围绕着 $\mu_X(t)$ 变化。

2）均方值和方差

随机过程 $X(t)$ 的均方值和方差分别定义为

$$\psi_X^2(t)=E\left[X^2(t)\right]=\int_{-\infty}^{\infty} x^2 p(x,t)\mathrm{d}x \tag{2-1-10}$$

$$\sigma_X^2(t)=D\left[X(t)\right]=E\left[(X(t)-\mu_X(t))^2\right]=\int_{-\infty}^{\infty}(x-\mu_X(t))^2 p(x,t)\mathrm{d}x \tag{2-1-11}$$

由上式可以看出，$\psi_X^2(t)\geqslant 0$，$\sigma_X^2(t)\geqslant 0$。$\sigma_X^2(t)$ 的平方根称为随机过程的标准差，即

$$\sigma_X(t)=\sqrt{\sigma_X^2(t)}=\sqrt{D\left[X(t)\right]} \tag{2-1-12}$$

从统计上来说，$\sigma_X^2(t)$ 反应随机过程的样本函数偏离数学期望 $\mu_X(t)$ 的程度。从物理意义上讲，若 $X(t)$ 为噪声电压，则 $\psi_X^2(t)$ 就是 $X(t)$ 消耗在单位电阻上瞬时功率的统计平均值，$\sigma_X^2(t)$ 就是 $X(t)$ 消耗在单位电阻上瞬时交流功率的统计平均值。

3）自相关函数和协方差函数

随机过程的数学期望和方差只能反映随机过程在各孤立点的统计平均特性，而不能反映随机过程在不同时刻之间的相互关系。若某一随机过程 $X(t)$变化急剧，则说明该随机过程相邻两个时刻取值的关联性较弱。所以，随机过程的自相关函数就是描述随机过程在任意两个时刻的状态的相互联系的数字特征。

随机过程的自相关函数 $R_X(t_1,t_2)$ 为

$$R_X(t_1,t_2)=E\left[X(t_1)X(t_2)\right]=\int_{-\infty}^{\infty}\int_{-\infty}^{\infty}x_1x_2p\left(x_1,x_2;t_1,t_2\right)\mathrm{d}x_1\mathrm{d}x_2 \tag{2-1-13}$$

随机过程 $X(t)$ 的协方差函数为

$$\begin{aligned}C_X\left(t_1,t_2\right)&=\mathrm{Cov}\left[X\left(t_1\right),X\left(t_2\right)\right]\triangleq E\left\{\left[X\left(t_1\right)-\mu_X\left(t_1\right)\right]\left[X\left(t_2\right)-\mu_X\left(t_2\right)\right]\right\}\\&=\int_{-\infty}^{\infty}\int_{-\infty}^{\infty}\left[x_1-\mu_X\left(t\right)\right]\left[x_2-\mu_X\left(t\right)\right]p\left(x_1,x_2;t_1,t_2\right)\mathrm{d}x_1\mathrm{d}x_2\end{aligned} \tag{2-1-14}$$

4）随机过程的峰度和偏度

峰度是描述总体数据分布形态陡缓程度的统计量，这个统计量是要与正态分布相比较的，峰度的绝对值数值越大表示其分布形态的陡缓程度与正态分布的差异程度越大。

偏度与峰度类似，它也是描述数据分布形态的统计量，其描述的是某总体取值分布的对称性。这个统计量同样也是要与正态分布相比较的，偏度的绝对值数值越大说明其分布形态相对正态分布的偏斜程度越大。

5）序列检验

在序列检测中，由于应用贝叶斯准则进行检验比较复杂，所以一般采用修正的奈曼-皮尔逊准则，即给定两个门限值 η_1 和 η_0 进行检验修正。为了简单起见，这里讨论限于二元假设检验问题。判决规则为：

若满足 $\Lambda\left(z_N\right)\geqslant\eta_1$　　判为 H_1

$\Lambda\left(z_N\right)\leqslant\eta_0$　　判为 H_0

$\eta_0<\Lambda\left(z_N\right)<\Lambda\left(z_N\right)$　　不能判决，继续观测

式中，$\Lambda\left(z_N\right)$ 表示进行 N 次观测的似然比。如果进过 N 次观测判决，还不能满足性能要求，则需要增加检测信息。

上述这些统计特征在实际工程中经常用到，并逐渐形成以研究相关函数与均值函数为主要内容的独立分支，这一分支就是工程应用中的相关理论。

2.2　随机信号的基本概念

在实际工作中，由于噪声和干扰的存在使接收机接收到的信号不再是确定信号，而是随机过程，通常称之为随机信号。随机信号是客观实际中普遍存在的一类信号，深入研究其统计特性和相应的处理与分析方法对现代信息技术的发展是很有益处的，而随机信号的分析与处理需要依赖随机过程的理论和方法。

2.2.1　随机过程与随机信号

信号的分析与处理，其目的是得到已经发生或将要发生的未知信息。通常待处理的信号中都存在某种随机性，这种随机性从时间角度看，是由过去的信号不能完全确定将来的信号：从空间角度看，是由已知信息不能完全确定其余的信息。

例如：

（1）$X(t)=5\cos\left(2\pi t+\theta\right)$，其中，$\theta$ 是 $0\sim2\pi$ 之间均匀分布的随机变量。

（2）$X(t)=A\cos(2\pi t+\theta)$，其中，$A$ 和 θ 是具有已知分布的独立随机变量。

从以上两个例子可以看出，这些信号均有某个随机因素与其有联系。也就是指无法用确定的表达式来表达的信号，称为随机信号。以上两个表达式在数学上就叫随机过程，随机过程是随机信号的数学表示，随机信号是有量纲的随机过程，即存在幅度、频率及相位等。在电子系统中，通常把随机过程叫作随机信号。

因此，对随机信号的统计特性的研究就是对随机过程统计特性的研究，这里不再叙述。

2.2.2　随机信号分析的一般方法

由上文可知，随机信号分析的理论基础是随机过程，所以对随机信号分析方法的研究要依赖随机过程中的一些方法。目前，随机信号分析方法已经很多，但关于全面阐述随机信号处理的理论方法现在还没出现。对工程应用中经常遇到的随机过程（宽平稳过程），其基本分析方法主要是通过分析其基本的数字特征，如均值、方差、相关函数等来实现的。下面简要介绍几种常见的随机信号分析与处理方法。

1．最小二乘法

最小二乘法是由高斯提出的估计方法，它是通过最小误差平方和来寻找最优估计的线性估计。其原理如下。

设被估计量 θ 为标量，对 θ 进行 k 次线性观测，其观测量为

$$z_i=h_i\theta+\upsilon_i \qquad i=1,2,\cdots,k \tag{2-2-1}$$

式中，h_i 是因数项；υ_i 是第 i 次量测误差。

最小二乘估计的性能指标是误差平方和，即使

$$C(\hat{\theta})=\sum_{i=1}^{k}\left(z_i-h_i\hat{\theta}\right)^2 \tag{2-2-2}$$

达到极小的 $\hat{\theta}$ 值作为 θ 的估计，称作最小二乘估计，表示为 $\hat{\theta}_{ls}$。

该方法可通过计算编程实现，但其得不到确定的无理数根。

2．拉依达法（3σ 法）

拉依达法是用来剔除观测数据中的粗大误差的一种方法。该方法是基于观测数据样本足够大且服从正态分布的。该方法操作简单、易于实现。对观测序列 $\{X_i,\ i=1,2,\cdots,N\}$，其具体实现步骤如下。

（1）求 N 个测量值 X_i 至 X_N 的算术平均值 $\bar{X}=\dfrac{1}{N}\sum_{i=1}^{N}X_i$。

（2）求各个观测值的剩余误差 $V_i=X_i-\bar{X}$。

（3）计算剩余误差的标准差 $\sigma=\sqrt{\left(\sum_{i=1}^{N}V_i^2\right)/(N-1)}$。

（4）判断并剔除奇异值。若 $V_i>3\sigma$，则认为该项为奇异值并予以剔出；否则，认为是正常值。

该方法也有其局限性，例如，观测样本数太少时，处理效果会减弱；该方法是建立在

观测样本服从正态分布的基础上的，对于不满足正态分布的样本不能达到处理效果。

3．相关分析法

相关函数在实际计算中有两种计算方式，即模拟积分方式和数字累加方式。

1）模拟积分方式

对于平稳随机信号 $x(t)$ 和 $y(t)$，其相关函数的计算为

$$\hat{R}_x(\tau)=\frac{1}{T}\int_0^T x(t)x(t-\tau)\mathrm{d}t \quad \hat{R}_{xy}(\tau)=\frac{1}{T}\int_0^T y(t)x(t-\tau)\mathrm{d}t \tag{2-2-3}$$

式中，$\hat{R}_x(\tau)$ 为 $x(t)$ 的自相关函数 $R_x(\tau)$ 的估计值；$\hat{R}_{xy}(\tau)$ 为 $x(t)$ 和 $y(t)$ 的互相关函数 $R_{xy}(\tau)$ 的估计值。由于积分时间的限制，这种计算结果会有偏差。但随着积分时间的延长，偏差可以得到控制。

2）数字累加方式

将测量信号 $x(t)$ 和 $y(t)$ 进行离散化处理得到数字信号 $x(n)$ 和 $y(n)$，从而就可以利用累加平均的方法计算相关函数，即

$$\hat{R}_x(k)=\frac{1}{N}\sum_{n=0}^{N-1}x(n)x(n-k) \tag{2-2-4}$$

$$\hat{R}_{xy}(k)=\frac{1}{N}\sum_{n=0}^{N-1}y(n)x(n-k) \tag{2-2-5}$$

式中，N 为累加平均次数；k 为延时序号。同样，$\hat{R}_x(\tau)$ 为 $R_x(\tau)$ 的估计值；$\hat{R}_{xy}(\tau)$ 为 $R_{xy}(\tau)$ 的估计值。

相关函数具有降噪特性，同时它还不改变信号的调制特性。随着信号处理理论研究的深入，其在工程应用领域逐步得到应用。目前，已有研究者在线性预测、参数识别、编码理论、误差测量与检测、噪声滤波、数据融合、系统识别与模型建立等领域采用相关特性技术，并取得了一定的成绩。然而，传统的相关分析方法只对高斯噪声起一定的作用。

4．时频分析

近年来，随着科学技术和计算机水平的发展和进步，人们已有能力对非平稳信号进行研究，而不再需要将非平稳信号简化为平稳信号。因此，非平稳信号处理的一个重要分支——时频分析得到了很大的发展。

我们知道，Fourier 变换是一种全局性的变换，即对信号的表示要么在全部时间范围内，要么在全部频率范围内。在实际工程应用中，遇到的多是非平稳信号，对于非平稳信号我们感兴趣的是在不同时间段内信号随时间变化的情况。为此，需要一种使用时间和频率的联合函数来表示非平稳信号的方法，这种表示方法简称信号的时频表示。时频表示是对传统 Fourier 变换的改进，使其不仅能在时间域研究信号，同时也可在频率域进行研究。相应地，其不足之处也是存在的，例如，由于双线性形式的时频分析是非线性的，使其在计算时存在交叉项；在利用小波变换进行信号去噪时，小波核函数的选取复杂，且计算烦琐，不易实现。

习　题　2

2-1　若随机过程 $X(t)$ 为

$$X(t) = At \quad -\infty < t < \infty$$

式中，A 为在区间内 $(0,1)$ 上均匀分布的随机变量，求 $E[x(t)]$ 及 $R_X(t_1,t_2)$。

2-2　已知随机过程 $X(t)$ 为 $X(t) = X\cos(\omega_0 t)$，ω_0 为常数，X 是归一化高斯随机变量，求 $X(t)$ 的一维概率密度。

2-3　随机过程由 3 条样本函数曲线组成：$x_1(t) = 1$，$x_1(t) = \sin t$，$x_1(t) = \cos t$，并以等概率出现，求 $E[x(t)]$ 和 $R_X(t_1,t_2)$。

2-4　随机过程 $X(t)$ 为

$$X(t) = A\cos(\omega_0 t) + B\sin(\omega_0 t)$$

式中，ω_0 是常数，A 和 B 是两个相互独立的高斯随机变量，而且 $E[A] = E[B] = 0$，$E[A^2] = E[B^2] = \sigma^2$，求 $X(t)$ 的均值和自相关函数。

2-5　随机过程 $X(t)$ 为

$$X(t) = a\cos(\omega_0 t + \phi)$$

式中，a、ω_0 是常数；ϕ 为 $(0,2\pi)$ 上均匀分布的随机变量。求 $X(t)$ 的均值和自相关函数。

2-6　随机过程 $X(t)$ 为

$$X(t) = a\cos(\omega_0 t + \phi)$$

式中，a、ω_0 是常数；ϕ 为 $(0,2\pi)$ 上均匀分布的随机变量。求证 $X(t)$ 是广义平稳随机过程。

2-7　设有状态连续，时间离散的随机过程 $X(t) = \sin(2\pi At)$，式中 t 只能取正整数，即 $t = 1,2,3,\cdots$；A 为在区间 $(0,1)$ 上均匀分布的随机变量。试讨论 $X(t)$ 的平稳性。

2-8　平稳随机过程 $X(t)$ 的自相关函数为

$$R_X(\tau) = 2\mathrm{e}^{-10\tau} + 2\cos(10\tau) + 1$$

求 $X(t)$ 的均值、均方值和方差。

2-9　若随机过程 $X(t)$ 的自相关函数为 $R_X(\tau) = \dfrac{1}{2}\cos\omega_0\tau$，求 $X(t)$ 的功率谱密度。

2-10　若平稳随机过程 $X(t)$ 的功率谱密度为 $G_X(\omega)$，又有

$$Y(t) = aX(t)\cos\omega_0 t$$

式中，a 为常数。求功率谱密度 $G_Y(\omega)$。

2-11　已知平稳随机过程 $X(t)$ 具有如下功率谱密度

$$G_X(\omega) = \frac{\omega^2 + 1}{\omega^4 + 5\omega^2 + 6}$$

求 $X(t)$ 的相关函数 $R_X(\tau)$ 及平均功率 W。

第 3 章　信号状态的统计检测理论

3.1　概述

信号是携带信息的工具。为了携带不同的信息，信号应具有两个或两个以上的不同状态，分别称为二元信号和 $M(M>2)$ 元信号。本章主要介绍信号状态的统计检测。

信号状态的统计检测理论研究噪声干扰背景下，观测（接收）的随机信号中（有用）信号是属于哪个状态的最佳判决的概念、方法和性能等问题。该理论的数字基础是统计学中的统计判决理论，又称假设检验理论（Hypothesis Testing Theory）。确知信号状态的统计检测称为简单假设检验；随机（或未知）参数信号状态的统计检测称为复合假设检验。

3.2　二元信号的贝叶斯检测准则

二元信号状态统计检测的贝叶斯准则，简称二元信号的贝叶斯检测准则。贝叶斯检测准则是以平均代价最小为指标的一种信号状态最佳统计检测准则。下面我们首先来描述信号状态统计检测理论模型、判决结果和判决概率及最佳检测的概念。

1．信号状态统计检测理论的模型

信号状态统计检测理论的模型如图 3-2-1 所示。

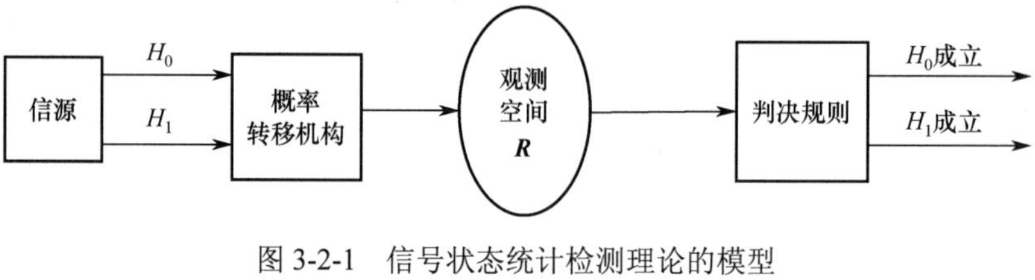

图 3-2-1　信号状态统计检测理论的模型

该模型由以下四部分组成。

（1）信源。信源在某一时刻产生、输出两种信号状态中的一种。为了分析和表示方便，一种信号状态记为假设 H_0，另一种信号状态记为假设 H_1。

（2）概率转移机构。它将信源输出的假设 $H_j(j=0,1)$ 为真的信号以概率 $P(H_j)(j=0,1)$ 映射到观测空间。

（3）观测空间 $\boldsymbol{R}$。它是观测信号可能取值的整个空间。观测空间 $\boldsymbol{R}$ 将概率转移机构映射来的信源输出信号，叠加观测噪声，形成观测信号的集合。观测信号可以是一维的随机信号 H 为真时的观测信号矢量 $\boldsymbol{x}$，简称观测信号矢量 $(\boldsymbol{x}|H_0)$，其概率密度函数为 $p(\boldsymbol{x}|H_0)$；

假设 $\boldsymbol{x}$ 也可以是 N 维的随机信号矢量 $\boldsymbol{x}$。当 $N=1$ 时，设 H 为真时的观测信号矢量 $\boldsymbol{x}$，简称观测信号矢量 $(\boldsymbol{x}|H_1)$，其概率密度函数为 $p(\boldsymbol{x}|H_1)$。

（4）判决规则。观测空间形成观测信号 $\boldsymbol{x}$，作为信号的接收方，观测到信号矢量 $\boldsymbol{x}$ 后，并不知道该信号是观测信号矢量 $(\boldsymbol{x}|H_0)$，还是观测信号矢量 $(\boldsymbol{x}|H_1)$，因此需要进行信号状态的判决。观测信号矢量 $(\boldsymbol{x}|H_0)$ 与 $(\boldsymbol{x}|H_1)$ 的统计特性是有差别的。基于这种差别，根据采用的信号检测准则，将观测空间 $\boldsymbol{R}$ 划分为两个子空间 R_0 和 R_1，对于硬判决而言，两个子空间的划分要满足式（3-2-1a）

$$\bigcup_{i=0}^{1} R_i = \boldsymbol{R} \tag{3-2-1a}$$

$$R_i \cap R_j = \phi \quad i,j=0,1 \quad i \neq j \tag{3-2-1b}$$

对观测信号矢量 $\boldsymbol{x}$，无论它是观测信号矢量 $(\boldsymbol{x}|H_0)$，还是观测信号矢量 $(\boldsymbol{x}|H_1)$，当 $\boldsymbol{x}$ 落入 R_0 子空间时，则判决假设 H_0 成立；当 $\boldsymbol{x}$ 落入 R_1 子空间时，则判决假设 H_1 成立。如图 3-2-2 所示。最佳划分的两个子空间 R_0 和 R_1，能够实现信号状态的最佳检测。

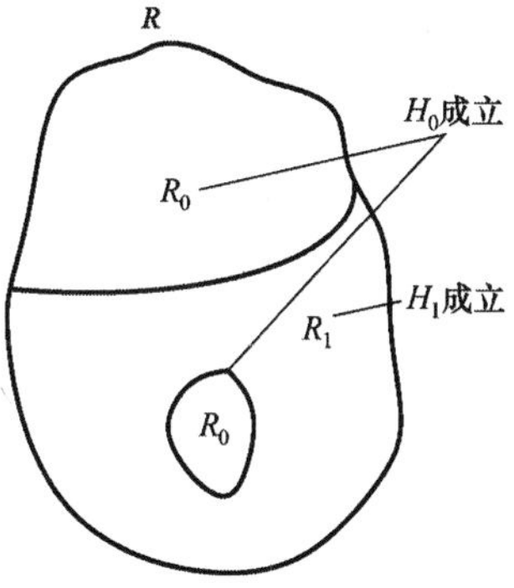

图 3-2-2　二元信号状态统计检测子空间划分示意图

2．判决结果和判决概率及最佳检测的概念

根据二元信号状态统计检测理论模型的判决规则，共有四种判决结果，见表 3-2-1。

表 3-2-1　二元信号状态统计检测的判决结果

判　决	假　设	
	H_0	H_1
H_0	$(H_0\|H_0)$	$(H_0\|H_1)$
H_1	$(H_1\|H_0)$	$(H_1\|H_1)$

这四种判决结果可统一表示为 $(H_i|H_j)(i,j=0,1)$，含义是假设 $H_j(j=0,1)$ 为真，判决假 $H_i(i=0,1)$ 成立的结果。显然，在每个假设下，都有一种判决结果是正确的，另一种判决结果是错误的。之所以会出现错误的判决结果，是因为信号受到随机噪声的干扰。

二元信号状态统计检测的四种判决结果出现的概率称为判决概率，见表 3-2-2。

表 3-2-2　二元信号状态统计检测的判决概率

判　决	假　设	
	H_0	H_1
H_0	$P(H_0 \mid H_0)$	$P(H_0 \mid H_1)$
H_1	$P(H_1 \mid H_0)$	$P(H_1 \mid H_1)$

这四种判决概率可统一表示为 $P(H_i \mid H_j)(i,j=0,1)$，含义是假设 $P(H_j)(j=0,1)$ 为真，判决假设 $H_i(i=0,1)$ 成立的概率。其中，$P(H_i \mid H_j)(i,j=0,1)$ 是正确判决概率，而 $P(H_i \mid H_j)$ $(i,j=0,1;\ i \neq j)$ 是错误判决概率。判决概率可用积分形式表示为

$$P(H_i \mid H_j)=\int_{R_i} p(\boldsymbol{x} \mid H_j)\,\mathrm{d}\boldsymbol{x} \qquad i,j=0,1 \tag{3-2-2}$$

显然，四种判决概率有如下关系

$$P(H_1 \mid H_j)=1-P(H_0 \mid H_j) \qquad j=0,1 \tag{3-2-3}$$

如果信号检测的性能达到某个要求的指标，就是这个指标下的最佳信号检测。

3.2.1　平均代价与贝叶斯检测准则的概念

二元信号状态统计检测的性能与判决概率 $P(H_i \mid H_j)(i,j=0,1)$ 的值有关，希望正确判决的概率尽可能高，而错误判决的概率尽可能低；也与假设 H_j 为真的先验概率 $P(H_j)(j=0,1)$ 的大小有关，$P(H_j)$ 大的判决概率 $P(H_i \mid H_j)(i,j=0,1)$ 对检测性能的影响大；还与各种判决所付出的代价有关，用代价因子 $c_{ij}(i,j=0,1)$ 表示，含义是假设 $P(H_j)(j=0,1)$ 为真时，判决假设 $H_i(i=0,1)$ 成立所付出的代价。代价因子的合理约束为

$$c_{ij} \geqslant 0,\ j=0,1;\quad c_{ij}>c_{jj};\quad i,j=0,1;\quad i \neq j$$

综合考虑与检测性能有关的上述三个参数，可以求出平均代价 C。

在假设 H_0 为真的情况下，条件平均代价 $C(H_i \mid H_0)(i=0,1)$ 为

$$C(H_i \mid H_0)=c_{00}P(H_0 \mid H_0)+c_{10}P(H_1 \mid H_0) \tag{3-2-4}$$

在假设 H_1 为真的情况下，条件平均代价 $C(H_i \mid H_1)(i=0,1)$ 为

$$C(H_i \mid H_1)=c_{00}P(H_1 \mid H_1)+c_{10}P(H_0 \mid H_1) \tag{3-2-5}$$

因为假设 H_j 为真的先验概率为 $P(H_j)(j=0,1)$，且 $P(H_0)+P(H_1)=1$，所以平均代价为

$$C=P(H_0)C(H_i \mid H_0)+P(H_1)C(H_i \mid H_1)=\sum_{j=0}^{1}\sum_{i=0}^{1}P(H_j)c_{ij}P(H_i \mid H_j) \tag{3-2-6}$$

在假设 H_j 为真的先验概率 $P(H_j)(j=0,1)$ 已知，各种判决的代价因子 $c_{ij}(i,j=0,1)$ 指定的情况下，使平均代价 C 最小的信号状态统计检测准则，称为贝叶斯检测准则（Bayes Detection Criterion）。

3.2.2　最佳判决式

根据二元信号贝叶斯检测准则的概念，极小化平均代价 C 就能实现信号状态的最佳检

测。为了分析方便，利用

$$P(H_i|H_j)=\int_{R_i}p(\boldsymbol{x}|H_j)\mathrm{d}\boldsymbol{x}\quad i,j=0,1 \tag{3-2-7a}$$

$$\int_{\boldsymbol{R}}p(\boldsymbol{x}|H_j)\mathrm{d}\boldsymbol{x}\quad j=0,1 \tag{3-2-7b}$$

$$\int_{R_0}p(\boldsymbol{x}|H_j)\mathrm{d}\boldsymbol{x}=1-\int_{R_1}p(\boldsymbol{x}|H_j)\mathrm{d}\boldsymbol{x}\quad j=0,1 \tag{3-2-7c}$$

可将式（3-2-6）给出的平均代价 C 的表示式改写为

$$C=c_{00}P(H_0)+c_{01}P(H_1)\int_{R_1}\left[P(H_0)(c_{10}-c_{00})p(\boldsymbol{x}|H_0)-P(H_1)(c_{01}-c_{11})p(\boldsymbol{x}|H_1)\right]\mathrm{d}\boldsymbol{x} \tag{3-2-8a}$$

$$C=c_{11}P(H_1)+c_{10}P(H_0)+\int_{R_0}\left[P(H_1)(c_{01}-c_{11})p(\boldsymbol{x}|H_1)-P(H_0)(c_{10}-c_{00})p(\boldsymbol{x}|H_0)\right]\mathrm{d}\boldsymbol{x} \tag{3-2-8b}$$

式（3-2-8）中，前两项是固定代价，不影响 C 的极小化；第三项是 C 的可变部分，它的正负及大小受积分域 $R_i(i=0,1)$ 的控制。请注意：式（3-2-8）中第三项的被积函数是两个函数之差而每个函数各自都是正函数；式（3-2-8a）的积分域是判决假设 H_1 成立的 R_1 域；而式（3-2-8b）的积分域是判决假设 H_0 成立的 R_0 域。这样，根据贝叶斯检测准则，为使平均代价 C 最小，假设 H_i 成立的判决域 $R_i(i=0,1)$ 可以这样确定：将所有满足

$$P(H_1)(c_{01}-c_{11})p(\boldsymbol{x}|H_1)>P(H_0)(c_{10}-c_{00})p(\boldsymbol{x}|H_0) \tag{3-2-9a}$$

的观测信号矢量 $\boldsymbol{x}$ 的取值范围划分为 $\boldsymbol{R}$ 域，$\boldsymbol{x}$ 落入该域，判决假设 H_1 成立；而将所有满足

$$P(H_1)(c_{01}-c_{11})p(\boldsymbol{x}|H_1)<P(H_0)(c_{10}-c_{00})p(\boldsymbol{x}|H_0) \tag{3-2-9b}$$

的观测信号矢量 $\boldsymbol{x}$ 的取值范围划分为 $\boldsymbol{R}$ 域，$\boldsymbol{x}$ 落入该域，判决假设 H_0 成立；至于满足

$$P(H_1)(c_{01}-c_{11})p(\boldsymbol{x}|H_1)=P(H_0)(c_{10}-c_{00})p(\boldsymbol{x}|H_0) \tag{3-2-9c}$$

的观测信号矢量 $\boldsymbol{x}$ 的值，确定为落入 R_1 域，还是确定为落入 $\boldsymbol{R}$ 域是一样的，因为不影响平均代价 C 的大小。习惯上，这样的 $\boldsymbol{x}$ 值，确定为落入 R_1 域，判决假设 H_1 成立。

将式（3-2-9）略加整理，就得到二元信号贝叶斯检测准则下的最佳判决式

$$\frac{p(\boldsymbol{x}|H_1)}{p(\boldsymbol{x}|H_0)}\underset{H_0}{\overset{H_1}{\gtrless}}\frac{P(H_1)(c_{10}-c_{00})}{P(H_0)(c_{01}-c_{11})} \tag{3-2-10}$$

不等式的左端是观测信号矢量 $(\boldsymbol{x}|H_1)$ 的概率密度函数（又称似然函数）$p(\boldsymbol{x}|H_1)$ 与观测信号矢量 $(\boldsymbol{x}|H_0)$ 的概率密度函数（又称似然函数）$p(\boldsymbol{x}|H_0)$ 之比，称为似然比函数 $\lambda(\boldsymbol{x})$，它是一个检验统计量不等式的右端是由先验概率 $P(H_j)(j=0,1)$ 和代价因子 $c_{ij}(i,j=0,1)$ 决定的一个数，称为似然比检测门限 $\eta(\eta>0)$，用来最佳划分判决域 $R_i(i=0,1)$。这种由似然比函数 $\lambda(\boldsymbol{x})$ 和似然比检测门限 η 实现的信号状态检测，称为似然比检验（Likelihood Ratio Testing）。所以，式（3-2-7）所示的最佳判决式通常称为似然比检验判决式。

为了与似然比检验相对应，以下把观测信号矢量 $(\boldsymbol{x}|H_j)$ 的概率密度函数 $P(\boldsymbol{x}|H_j)(j=0,1)$ 统称为似然函数（Likelihood Function）。

似然比检验判决式一般是可以化简的。当似然比函数 $\lambda(\boldsymbol{x})$ 是指数函数时，判决不等式的左右两端分别取自然对数，得对数似然比检验判决式

$$\int_{-\infty}^{\infty}g(u)\left[-R_{xs}(\alpha+u)+\int_{-\infty}^{\infty}g(\upsilon)R_{xx}(\upsilon-u)\mathrm{d}\upsilon\right]\mathrm{d}u \tag{3-2-11}$$

也可以进行分子、分母相约，不等式左右两端移项，不等式左右两端同乘系数等。最终化简为最简的最佳判决式

$$l(\boldsymbol{x}) \underset{H_0}{\overset{H_1}{\gtrless}} \gamma \tag{3-2-12a}$$

$$\gamma \underset{H_0}{\overset{H_1}{\gtrless}} l(\boldsymbol{x}) \tag{3-2-12b}$$

简称最佳判决式。式中，$l(\boldsymbol{x})$ 是观测信号矢量 $\boldsymbol{x}$ 的最简函数，称为检验统计量；γ 是一个数，称为检测门限。之所以要求 $l(\boldsymbol{x})$ 是观测信号矢量 $\boldsymbol{x}$ 的最简函数，是为了使信号状态的判决实现最简单，同时使信号检测性能的分析也最方便。

3.2.3 检测性能分析

最佳判决式是似然比检验判决式经严格的数学化简得到的，因此两判决式的信号状态检测性能是一样的。为方便，下面按最佳判决式进行检测性能分析。

二元信号贝叶斯检测准则的性能指标是平均代价 C。由式（3-2-6）可知，计算平均代价 C 的关键是求判决概率 $P(H_i|H_j)(i,j=0,1)$。

检验统计量 $l(\boldsymbol{x})$ 是观测信号矢量 $\boldsymbol{x}$ 的函数。因为观测信号矢量 $\boldsymbol{x}$ 可能是假设 $R(t,\tau)=\int_{-\infty}^{+\infty} s\left(u+\dfrac{\tau}{2}\right)s^*\left(u-\dfrac{\tau}{2}\right)\phi(u-t,\tau)\mathrm{d}u$ 为真时的 $(\boldsymbol{x}|H_0)$，也可能是假设 ω 为真时的 $(\boldsymbol{x}|H_1)$，所以，其函数 $l(\boldsymbol{x})$ 对应的可能是假设 $R(t,\tau)=\int_{-\infty}^{+\infty} s\left(u+\dfrac{\tau}{2}\right)s^*\left(u-\dfrac{\tau}{2}\right)\phi(u-t,\tau)\mathrm{d}u$ 为真时的 $G(f)$，也可能是假设 ω 为真时的 $g(t)$，统一记为 $(l|H_j)(j=0,1)$。判决式表示 $l(\boldsymbol{x})$，即 b 落入哪个判决域时判决假设 $H_i(i=0,1)$ 成立。因此，b 落入假设 $H_i(i=0,1)$ 成立域的概率，就是判决概率 $P(H_i|H_j)(i,j=0,1)$。所以，只要求出 b 的概率密度函数 $p(l|H_j)(j=0,1)$，然后根据最佳判决式，在假设 $H_i(i=0,1)$ 成立的域对 $p(l|H_j)(j=0,1)$ 进行积分，就能求出判决概率 $P(H_i|H_j)(i,j=0,1)$。

因为判决概率 $P(H_i|H_j)(i,j=0,1)$ 之间满足

$$P(H_0|H_0)=1-P(H_1|H_0) \tag{3-2-13a}$$

$$P(H_0|H_1)=1-P(H_1|H_1) \tag{3-2-13b}$$

所以四个判决概率中，通常只求 $c_x(I)=\sum\limits_{\cup_{p=1}^{q} I_p=I}(-1)^{q-1}(q-1)!\prod\limits_{p=1}^{q} m_x(I_p)$ 和 $P(H_1|H_1)$。

3.3 二元信号的派生贝叶斯检测准则

如果对二元信号贝叶斯检测准则的先验概率 $P(H_j)(j=0,1)$、代价因子 $c_{ij}(i,j=0,1)$ 做某些约束，就得到派生贝叶斯检测准则。

3.3.1　最小平均错误概率检测准则

1．最小平均错误概率检测准则的概念

如果将二元信号贝叶斯检测准则的代价因子 c_{ij} 约束为：$c_{ij}=1-\delta_{ij}(i,j=0,1)$，即 $c_{00}=c_{11}=0$，$c_{10}=c_{01}=1$。其中，狄拉克 δ 函数为 $\delta_{ij}=\begin{cases}1 & i=j\\ 0 & i\neq j\end{cases}$，则平均代价为

$$C=P(H_0)P(H_1|H_0)+P(H_1)P(H_0|H_1) \tag{3-3-1}$$

该式恰好是平均错误概率。因此，将式（3-3-1）用平均错误概率 P_e 表示为

$$P_e=P(H_0)P(H_1|H_0)+P(H_1)P(H_0|H_1) \tag{3-3-2}$$

在先验概率 $P(H_j)(j=0,1)$ 已知，代价因子约束为 $c_{ij}=1-\delta_{ij}(i,j=0,1)$ 的情况下，使 P_e 最小的信号状态检测准则，称为最小平均错误概率检测准则（Minimum Mean Probability of Error Detection Criterion）。

2．最佳判决式

仿照二元信号贝叶斯检测准则最佳判决式的推导，二元信号最小平均错误概率检测准则下的似然比检验判决式为

$$\lambda(\boldsymbol{x})\overset{\text{def}}{=}\frac{p(\boldsymbol{x}|H_1)}{p(\boldsymbol{x}|H_0)}\underset{H_0}{\overset{H_1}{\gtrless}}\frac{P(H_1)}{P(H_0)}\overset{\text{def}}{=}\eta \tag{3-3-3}$$

因为它是代价因子 $c_{ij}=1-\delta_{ij}(i,j=0,1)$ 时，贝叶斯检测准则的似然比检验判决式，所以最小平均错误概率检测准则是贝叶斯检测准则的一种派生准则。

似然比检验判决式经化简，将得到检验统计量 $l(\boldsymbol{x})$ 与检测门限 γ 比较的最佳判决式

$$\ln l(\boldsymbol{x})\underset{H_0}{\overset{H_1}{\gtrless}}\ln\gamma \tag{3-3-4a}$$

$$\text{或}\ l(\boldsymbol{x})\underset{H_0}{\overset{H_1}{\gtrless}}\gamma \tag{3-3-4b}$$

3．检测性能分析

二元信号最小平均错误概率检测准则的性能指标是平均错误概率 P_e。由式（3-3-2）可知，计算 P_e 的关键是求判决概率 $P(H_i|H_j)(i,j=0,1)$。与二元信号贝叶斯检测准则求判决概率 $P(H_i|H_j)(i,j=0,1)$ 一样，求得检验统计量 $l(\boldsymbol{x})$ 的概率密度函数 $p(l|H_0)$ 和 $p(l|H_1)$ 后，根据最佳判决式，在假设 $H_i(i=0,1)$ 成立的域对 $p(l|H_j)(j=0,1)$ 进行积分，就能求出判决概率 $P(H_i|H_j)(i,j=0,1)$。

4．最大似然检测准则

如果二元信号的先验概率 $P(H_j)(j=0,1)$ 相等，代价因子 $c_{ij}=1-\delta_{ij}(i,j=0,1)$，则似然比检验判决式

$$\lambda(\boldsymbol{x}) \overset{\text{def}}{=} \frac{p(\boldsymbol{x}|H_1)}{p(\boldsymbol{x}|H_0)} \underset{H_0}{\overset{H_1}{\gtrless}} 1 \tag{3-3-5}$$

这种等先验概率下的二元信号最小平均错误概率检测准则称为最大似然检测准则（Maximum Likelihood Detection Criterion）。

3.3.2 最大后验概率检测准则

在已经得到观测信号矢量 $\boldsymbol{x}$ 的条件下，通过假设 H_1 的后验概率 $P(H_1|\boldsymbol{x})$ 与假设 H_0 的后验概率 $P(H_0|\boldsymbol{x})$ 的比较，选择较大后验概率对应的假设成立，实现二元信号状态的最佳检测，称为最大后验概率检测准则（Maximum a Posteriori Probability Detection Criterion）。

根据最大后验概率检测准则的概念，一元信号状态检测时可以表示为

$$P(\boldsymbol{x}|H_1) \underset{H_0}{\overset{H_1}{\gtrless}} P(\boldsymbol{x}|H_0) \tag{3-3-6}$$

由概率乘法公式

$$P(H_1|\boldsymbol{x}) = \frac{P(\boldsymbol{x}|H_1)P(H_1)}{P(\boldsymbol{x})} \tag{3-3-7}$$

并考虑到式中的 $P(\boldsymbol{x}|H_1)$ 和 $P(\boldsymbol{x})$ 都是无穷小量，可以写为

$$P(\boldsymbol{x}|H_1) = p(\boldsymbol{x}|H_1)\mathrm{d}\boldsymbol{x}, \quad P(\boldsymbol{x}) = p(\boldsymbol{x})\mathrm{d}\boldsymbol{x}$$

从而得到

$$P(H_1|\boldsymbol{x}) = \frac{P(\boldsymbol{x}|H_1)P(H_1)}{P(\boldsymbol{x})} \tag{3-3-8a}$$

类似地，可得到

$$P(H_0|\boldsymbol{x}) = \frac{P(\boldsymbol{x}|H_0)P(H_0)}{P(\boldsymbol{x})} \tag{3-3-8b}$$

将式（3-3-8）代入式（3-3-6），得最大后验概率检测准则的似然比检验判决式

$$\lambda(\boldsymbol{x}) = \frac{p(\boldsymbol{x}|H_1)}{p(\boldsymbol{x}|H_0)} \underset{H_0}{\overset{H_1}{\gtrless}} \frac{P(H_1)}{P(H_0)} = \eta \tag{3-3-9}$$

可以看出，最大后验概率检测准则的似然比检验判决式（3-3-9）与最小平均错误概率检测准则的似然比检验判决式（3-3-3）具有相同的形式，并且是 $c_{10} - c_{00} = c_{01} - c_{11}$ 的似然比检验判决式，所以它也是贝叶斯检测准则的一种派生准则。

3.3.3 极小化极大检测准则

由前面的讨论可知，采用贝叶斯检测准则及其派生准则，需要知道假设 H_j 为真的先验概率 $P(H_j)(j = 0,1)$，并指定代价因子 $c_{ij}(i, j = 0,1)$。如果先验概率未知，可以采用合理选定一个先验概率的方法，然后按似然比检验判决式进行信号状态的判决，使可能出现的极大平均代价极小化，称为极小化极大检测准则（Minimax Detection Criterion）。

1．贝叶斯检测准则的平均代价与先验概率的关系

为方便表示平均代价与先验概率的关系，记

$$P_1 = P(H_1) = 1 - P(H_0) = 1 - P_0$$

$$P_F = P(H_1|H_0) = \int_{R_1} p(\boldsymbol{x}|H_0)\,\mathrm{d}\boldsymbol{x} = 1 - \int_{R_0} p(\boldsymbol{x}|H_0)\,\mathrm{d}\boldsymbol{x} = 1 - P(H_0|H_0)$$

$$P_M = P(H_0|H_1) = \int_{R_0} p(\boldsymbol{x}|H_1)\,\mathrm{d}\boldsymbol{x} = 1 - \int_{R_1} p(\boldsymbol{x}|H_1)\,\mathrm{d}\boldsymbol{x} = 1 - P(H_1|H_1)$$

并考虑到判决概率 P_F、P_M 与先验概率 P_1 有关，因而平均代价 C 也与 P_1 有关，故将它们表示为 P_1 的函数，即表示为 $P_F(P_1)$、$P_M(P_1)$ 和 $C(P_1)$。将上述表示符代入贝叶斯检测准则的平均代价 C 的表示式（3-3-1），整理得平均代价 $C(P_1)$ 与先验概率 P_1 的关系式

$$C(P_1) = c_{00} + (c_{10} - c_{00})P_F(P_1) + \left[(c_{11} - c_{00}) + (c_{01} - c_{11})P_M(P_1) - (c_{10} - c_{00})P_F(P_1)\right]P_1 \qquad (3\text{-}3\text{-}10)$$

当 $P_1 = 0$ 时，$P_F(P_1)\big|_{P_1=0} = 0$，$P_M(P_1)\big|_{P_1=0} = 1$，$C(P_1)\big|_{P_1=0} = c_{00}$。

当 $P_1 = 1$ 时，$P_F(P_1)\big|_{P_1=1} = 1$，$P_M(P_1)\big|_{P_1=1} = 0$，$C(P_1)\big|_{P_1=1} = c_{11}$。

因为 $P_1 = 0$ 和 $P_1 = 1$ 时，得到的是确定的判决结果，而 $0 < P_1 < 1$ 时，得到的是统计的判决结果，所以式（3-3-10）的平均代价 $C(P_1)$ 是先验概率的上凸函数，如图 3-3-1 中的曲线 C（纵坐标，代表整个图）所示。

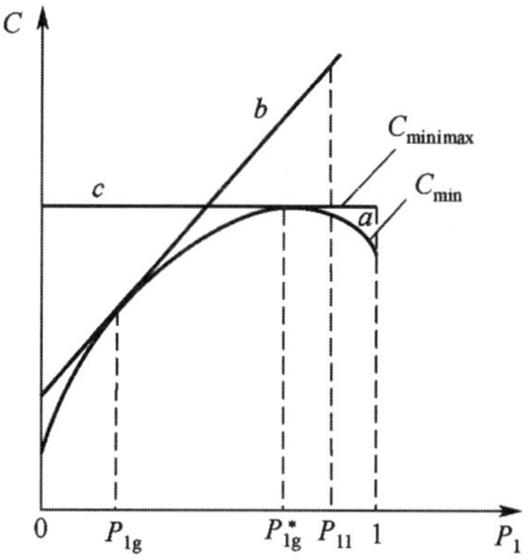

图 3-3-1　平均代价与先验概率的关系

2．未知先验概率的合理选定

当二元信号状态检测的先验概率未知时，若图 3-3-1 中选定 P_{1g} 为先验概率，并据此 P_{1g} 值计算判决概率，记为 $P_F(P_{1g})$、$P_M(P_{1g})$，而实际的先验概率为未知的 P_1，则平均代价是 P_1 和 P_{1g} 的函数，记为 $C(P_1, P_{1g})$，可表示为

$$C(P_1, P_{1g}) = c_{00} + (c_{10} - c_{00})P_F(P_{1g}) + \left[(c_{11} - c_{00}) + (c_{01} - c_{11})P_M(P_{1g}) - (c_{10} - c_{00})P_F(P_{1g})\right]P_1 \quad (3\text{-}3\text{-}11)$$

式中，P_{1g} 选定时，$C(P_1, P_{1g})$ 是以 P_1 为变量的一条直线。当 $P_1 = P_{1g}$ 时，$C(P_1, P_{1g})$ 等于贝叶斯检测准则的平均代价 $C(P_1)$；因为 $C(P_1, P_{1g})$ 是过切点（切点是垂直于横轴 P_1、垂点在 P_{1g} 的垂线与曲线 a 的交点）与曲线 a 相切的一条直线，如图 3-3-1 中的切线 b 所示，所以当 $P_1 \neq P_{1g}$ 时，$C(P_1, P_{1g})$ 大于 $C(P_1)$，并可能出现很大的值。为了避免这种极大平均代价的情

况出现，需要合理地选定 P_{1g}。

由图 3-3-1 可见，如果选定 $C(P_1)$ 的峰值点对应的 P_1 值为先验概率，记为 P_{1g}^*，则未知先验概率时的平均代价

$$
\begin{aligned}
C(P_1,P_{1g}^*) = & c_{00} + (c_{10}-c_{00})P_F(P_{1g}^*) + \\
& \left[(c_{11}-c_{00}) + \left(c_{01}-c_{11}\right)P_M(P_{1g}^*) - (c_{10}-c_{00})P_F(P_{1g}^*)\right]P_1
\end{aligned}
\tag{3-3-12}
$$

是过 $C(P_1)$ 的峰值点 C_{minimax} 的一条水平切线，如图 3-3-1 中的切线 c 所示。这意味着如果选定 P_{1g}^* 为先验概率，则无论实际的先验概率 P_1 的值为多大，二元信号状态贝叶斯检测的平均代价的值都为 C_{minimax}，记为 $C(P_{1g}^*)$，从而避免了平均代价可能过大的问题。所以称为极小化极大检测准则。

将平均代价 $C(P_1,P_{1g}^*)$ 的表示式（3-3-11）对 P_1 求偏导，并令结果等于零，即

$$
\left.\frac{\partial C(P_1,P_{1g}^*)}{\partial P_1}\right|_{P_1=P_{1g}^*}=0 \tag{3-3-13}
$$

从而得极小化极大方程

$$
c_{10}P_F(P_{1g}^*) + c_{00}\left[1-P_F(P_{1g}^*)\right] = c_{01}P_M(P_{1g}^*) + c_{11}\left[1-P_M(P_{1g}^*)\right] \tag{3-3-14}
$$

也称等平均代价条件。解此方程可求得需要合理选定的先验概率 P_{1g}^*，进而求出似然比检测门限 η^* 及判决概率 $P_F(P_{1g}^*)$ 和 $P_M(P_{1g}^*)$。先验概率为 P_{1g}^* 时的平均代价为

$$
C(P_{1g}^*) = c_{10}P_F(P_{1g}^*) + c_{00}\left[1-P_F(P_{1g}^*)\right] \tag{3-3-15}
$$

如果代价因子 $c_{ij}=1-\delta_{ij}(i,j=0,1)$，则极小化极大方程为

$$
P_F(P_{1g}^*) = P_M(P_{1g}^*) \tag{3-3-16}
$$

平均代价为

$$
C(P_{1g}^*) = P_F(P_{1g}^*) \tag{3-3-17}
$$

实际求解过程是：设似然比检测门限为 η^*，利用似然比检验判决式并化简得最简判决式；求出 $P_F(P_{1g}^*)$ 和 $P_M(P_{1g}^*)$ 的表示式；由极小化极大方程确定似然比检测门限 η^*，进而求得 P_{1g}^*；最后计算 $C(P_{1g}^*)$。

例 3-3-1 在二元通信系统中，当假设 H_j 为真的先验概率 $P(H_j)(j=0,1)$ 未知时，研究信号状态的检测问题。

当假设 H_0 为真时和假设 H_1 为真时，观测信号 x_k 的模型分别为

$$
\begin{aligned}
H_0:\ & x=-a+n_k \quad k=1,2,\cdots,N \\
H_1:\ & x=a+n_k \quad\ \ \ k=1,2,\cdots,N
\end{aligned}
$$

式中，信号 $a>0$，是确知信号；观测噪声 $n_k \sim N\left(0,\sigma_n^2\right)(k=1,2,\cdots,N)$，且 n_k 与 $n_j(j,k=1,2,\cdots,N;\ j\neq k)$ 之间互不相关。已知判决的代价因子 $c_{ij}=1-\delta_{ij}(i,j=0,1)$，但假设 H_j 为真的先验概率 $P(H_j)(j=0,1)$ 是未知的。

（1）求合理选定的先验概率 P_{1g}^*。

（2）求平均错误概率 $P_e(P_{1g}^*)$ 的计算式。

解：根据观测信号的模型，当假设 H_0 为真时和假设 H_1 为真时，观测信号矢量 $\boldsymbol{x}=(x_1\ x_2\ \cdots\ x_N)^{\mathrm{T}}$ 分别是独立同分布 N 维高斯离散随机信号矢量，其似然函数分别为

$$p(\boldsymbol{x}|H_0)=\left(\frac{1}{2\pi\sigma_n^2}\right)^{N/2}\exp\left[-\sum_{k=1}^{N}\frac{(x_k+a)^2}{2\sigma_n^2}\right]$$

$$p(\boldsymbol{x}|H_1)=\left(\frac{1}{2\pi\sigma_n^2}\right)^{N/2}\exp\left[-\sum_{k=1}^{N}\frac{(x_k-a)^2}{2\sigma_n^2}\right]$$

当假设 H_j 为真的先验概率 $P(H_j)(j=0,1)$ 未知时，采用极小化极大信号检测准则。设合理选定的先验概率为 P_{1g}^*，则似然比检测门限 $\eta^*=(1-P_{1g}^*)/P_{1g}^*$。

（1）求合理选定的先验概率 P_{1g}^*。极小化极大检测准则的最佳判决式为

$$l(\boldsymbol{x})=\frac{1}{N}\sum_{k=1}^{N}x_k \underset{H_0}{\overset{H_1}{\gtrless}} \frac{\sigma_n^2}{2Na}\ln\eta^*=\gamma^*$$

式中，$l(\boldsymbol{x})=\frac{1}{N}\sum_{k=1}^{N}x_k$ 是检验统计量；$\frac{\sigma_n^2}{2Na}\ln\eta^*$ 是检测门限。进而可得判决概率

$$P_F(P_{1g}^*)=Q\left[\ln\eta^*/d+d/2\right],\quad P_M(P_{1g}^*)=Q\left[\ln\eta^*/d-d/2\right]$$

式中，$d^2=4Na^2/\sigma_n^2$；$Q[u_0]=\int_{u_0}^{\infty}\left(\frac{1}{2\pi}\right)^{1/2}\exp\left(-\frac{u}{2}\right)\mathrm{d}u$ 是功率信噪比，是标准高斯分布的右部积分。

根据极小化极大方程式（3-3-16），有

$$Q\left[\ln\eta^*/d+d/2\right]=1-Q\left[\ln\eta^*/d-d/2\right]$$

解得 $\eta^*=1$；因而合理选定的先验概率 $P_{1g}^*=0.5$。

（2）求平均错误概率 $P_e(P_{1g}^*)$ 的计算式。在 $\eta^*=1$，$P_{1g}^*=0.5$ 的情况下，有

$$P_F(P_{1g}^*)=Q[d/2],\quad P_M(P_{1g}^*)=Q[d/2]$$

于是，平均错误概率为 $P_e(P_{1g}^*)=Q[d/2]$

3.3.4　奈曼-皮尔逊检测准则

在雷达、声呐等目标是否存在的二元信号状态检测中，通常假设 H_0 为真表示没有目标，假设 H_1 为真表示有目标。这类信号状态检测时，不仅先验概率未知，也不能合理选定，而且判决的代价因子 $c_{ij}(i,j=0,1)$ 也不好指定。因此，前面讨论过的信号状态检测准则都不再适用。考虑到这类信号状态检测时，虚警概率 $P(H_1|H_0)$ 和检测概率 $P(H_1|H_1)$ 是两个重要的检测性能指标，因此提出：在 $P(H_1|H_0)=\alpha$ 的约束条件下，使 $P(H_1|H_1)$ 最大的信号状态检测准则，称为奈曼-皮尔逊检测准则（Neyman-Pearson Detection Criterion）。

设观测信号矢量 $\boldsymbol{x}$ 在假设 H_j 为真时的似然函数为 $P(H_j)(j=0,1)$，容易理解，满足约束条件 $P(H_1|H_0)=\alpha$ 的判决域有无限多种划分方法，但每种划分的 $P(H_1|H_1)$ 一般是不一样

的，因此其中必有一种划分能使 $P(H_1|H_1)$ 最大。所以奈曼-皮尔逊检测准则是存在的。

为了导出奈曼-皮尔逊检测准则的最佳判决式，需要在 $P(H_1|H_0)=\alpha$ 约束下，设计使 $P(H_1|H_1)$ 最大，即 $P(H_0|H_1)=1-P(H_1|H_1)$ 最小的检验。为此，我们利用拉格朗日（Lagrange）乘子 $\mu(\mu\geqslant 0)$，构造一个目标函数

$$J=P(H_0|H_1)+\mu\left[P(H_1|H_0)\right]-\alpha=\int_{R_0}p(\boldsymbol{x}|H_1)\,\mathrm{d}\boldsymbol{x}+\mu\left[\int_{R_1}p(\boldsymbol{x}|H_0)\,\mathrm{d}\boldsymbol{x}-\alpha\right] \tag{3-3-18}$$

显然，在约束条件 $P(H_1|H_0)=\alpha$ 下，极小化目标函数 J，则 $P(H_0|H_1)$ 达到最小。变换积分域，式（3-3-18）变为

$$J=\mu(1-\alpha)=\int_{R_0}\left[p(\boldsymbol{x}|H_1)-\mu p(\boldsymbol{x}|H_0)\right]\mathrm{d}\boldsymbol{x} \tag{3-3-19}$$

因为 $\mu\geqslant 0$，所以 J 中的第一项是非负的，为使 J 极小化，应将式（3-3-19）中使被积函数 $p(\boldsymbol{x}|H_1)-\mu p(\boldsymbol{x}|H_0)$ 为负的 $\boldsymbol{x}$ 所有可能取值的域划归 R_0 域，$\boldsymbol{x}$ 落入该域判决假设 H_0 成立；其余的域划归 R_1 域，$\boldsymbol{x}$ 落入该域判决假设 H_1 成立。写成似然比检验判决式，得

$$\lambda(\boldsymbol{x})=\frac{p(\boldsymbol{x}|H_1)}{p(\boldsymbol{x}|H_0)}\underset{H_0}{\overset{H_1}{\gtrless}}=\eta \tag{3-3-20}$$

为了满足 $P(H_1|H_0)=\alpha$ 的约束条件，选择 μ 使

$$P(H_1|H_0)=\int_{R_1}p(\boldsymbol{x}|H_0)\mathrm{d}\boldsymbol{x}=\int_{\mu}^{\infty}p(\lambda|H_0)\mathrm{d}\lambda=\alpha \tag{3-3-21}$$

于是，对于给定的 α，由式（3-3-21）可解得 μ 值。μ 是似然比检测门限。

如果令

$$P(H_1)(c_{10}-c_{00})=\mu,\quad P(H_0)(c_{01}-c_{11})=1$$

则贝叶斯检测准则的似然比检验判决式就成为奈曼-皮尔逊检测准则的似然比检验判决式。所以奈曼-皮尔逊检测准则也是贝叶斯检测准则的派生准则。统一将 μ 改用 η 表示。

实际求解过程是：设似然比检测门限为 η，则可得似然比检验判决式并化简为最佳判决式；求出检验统计量 $l(\boldsymbol{x})$ 的概率密度函数 $P(l|H_j)(j=0,1)$；将 $P(l|H_0)$ 在假设 H_1 成立的域积分，令结果等于 α 求得检测门限 $\gamma_{te}(\eta)$；计算似然比检测门限 η，将 $P(l|H_1)$ 在假设 H_1 成立的域积分，得奈曼-皮尔逊检测准则的检测概率 $P(H_1|H_1)$。

例 3-3-2 约束错误判决概率 $P(H_1|H_0)=\alpha$ 时，研究二元信号状态的最佳检测问题。假设 H_0 为真时和假设 H_1 为真时，观测信号 x_k 的模型分别为

$$H_0:\quad x=-a+n_k\quad k=1,2,\cdots,N$$

$$H_1:\quad x=a+n_k\quad k=1,2,\cdots,N$$

式中，信号 $a>0$，是确知信号；观测噪声 $n_k\sim N\left(0,\sigma_n^2\right)(k=1,2,\cdots,N)$，且 n_j 与 $n_k(j,k=1,2,\cdots,N;\ j\neq k)$ 之间互不相关。

若约束错误判决概率 $P(H_1|H_0)=\alpha$，则研究信号状态的最佳检测问题；计算 $a=2$、$\sigma_n^2=2$、$N=8$、$\alpha=0.001$ 的检测概率 $P(H_1|H_1)$。

解：由题意，约束 $P(H_1|H_0)=\alpha$ 时，信号状态的最佳检测应采用奈曼-皮尔逊检测准则。根据观测信号的模型，在假设 H_0 为真时和假设 H_1 为真时，观测信号矢量 $\boldsymbol{x}=(x_1\ x_2\ \cdots\ x_N)^{\mathrm{T}}$

分别是独立同分布 N 维高斯离散随机信号矢量，其似然函数分别为

$$p(\boldsymbol{x}|H_0)=\left(\frac{1}{2\pi\sigma_n^2}\right)^{N/2}\exp\left[-\sum_{k=1}^{N}\frac{x_k^{\ 2}}{2\sigma_n^2}\right]$$

$$p(\boldsymbol{x}|H_1)=\left(\frac{1}{2\pi\sigma_n^2}\right)^{N/2}\exp\left[-\sum_{k=1}^{N}\frac{(x_k-a)^2}{2\sigma_n^2}\right]$$

设似然比检测门限为 η，可得最佳判决式

$$l(\boldsymbol{x})=\frac{1}{N}\sum_{k=1}^{N}x_k\underset{H_0}{\overset{H_1}{\gtrless}}\frac{\sigma_n^2}{2Na}\ln\eta+\frac{a}{2}=\gamma(\eta)$$

式中，$l(\boldsymbol{x})=\dfrac{1}{N}\sum\limits_{k=1}^{N}x_k$ 是检验统计量；$\gamma(\eta)$ 是检测门限。

检验统计量 $l(\boldsymbol{x})$ 在假设 $P(H_j)(j=0,1)$ 为真时，其概率密度函数分别为

$$p(l|H_0)=\left(\frac{N}{2\pi\sigma_n^2}\right)^{1/2}\exp\left[-\frac{Nl^2}{2\sigma_n^2}\right]$$

$$p(l|H_1)=\left(\frac{N}{2\pi\sigma_n^2}\right)^{1/2}\exp\left[-\frac{N(l-a)^2}{2\sigma_n^2}\right]$$

根据最佳判决式，错误判决概率为

$$P(H_1|H_0)=\int_{\gamma(\eta)}^{\infty}p(l|H_0)\mathrm{d}l=\int_{\frac{\sigma_n^2}{2Na}\ln\eta+\frac{a}{2}}^{\infty}\left(\frac{N}{2\pi\sigma_n^2}\right)^{1/2}\exp\left[-\frac{Nl^2}{2\sigma_n^2}\right]\mathrm{d}l$$

$$=\int_{\ln\mu/d+d/2}^{\infty}\left(\frac{1}{2\pi}\right)^{1/2}\exp\left(-\frac{u^2}{2}\right)\mathrm{d}u=\alpha$$

检测概率为

$$P(H_1|H_1)=\int_{\gamma(\eta)}^{\infty}p(l|H_1)\mathrm{d}l=\int_{\frac{\sigma_n^2}{2Na}\ln\eta+\frac{a}{2}}^{\infty}\left(\frac{N}{2\pi\sigma_n^2}\right)^{1/2}\exp\left[-\frac{N(l-a)^2}{2\sigma_n^2}\right]\mathrm{d}l$$

$$=\int_{\ln\mu/d-d/2}^{\infty}\left(\frac{1}{2\pi}\right)^{1/2}\exp\left(-\frac{u^2}{2}\right)\mathrm{d}u$$

式中，$d^2=Na^2/\sigma_n^2$，是功率信噪比。

当 $a=2$、$\sigma_n^2=2$、$N=8$、$\alpha=0.001$ 时，由 $P(H_1|H_0)$ 的计算式，查正态分布概率积分表，得 $\gamma_{te}(\eta)=\ln\mu/d+d/2=3.090$。因为 $d=4$，所以可计算出似然比检测门限 $\eta=78.257$，$\gamma_{te}(\eta)=\ln\mu/d-d/2=-0.91$。查表得检测概率 $P(H_1|H_1)=0.8186$。

3.4 多元信号状态的统计检测

3.4.1 M 元信号状态的统计检测

二元信号状态统计检测理论的概念可以推广到 M 元信号状态统计检测的情况。若信号有 $M(M>2)$ 种可能的状态，则相应地有 M 个假设 $H_j(j=0,1,\cdots,M-1)$；观测信号矢量为 $(\boldsymbol{x}|H_j)$，其概率密度函数为 $x(t-1)$。

为实现信号状态的统计检测，将观测空间 $x_1,x_2,\cdots,x_n$ 划分为 M 个子空间 $R_i(i=0,1,\cdots,M-1)$，对于硬判决而言，M 个子空间的划分要满足

$$\bigcup_{i=0}^{M-1} R_i = \boldsymbol{R} \tag{3-4-1a}$$

$$R_i \cap R_j = \phi \quad i,j=0,1,\cdots,M-1 \quad i \neq j \tag{3-4-1b}$$

对观测信号矢量 $\boldsymbol{x}$，无论它是哪个假设为真时的观测信号矢量 $(\boldsymbol{x}|H_j)(j=0,1,\cdots,M-1)$，若落入 R_i 子空间，则判决假设 $H_i(i=0,1,\cdots,M-1)$ 成立，如图 3-4-1 所示。

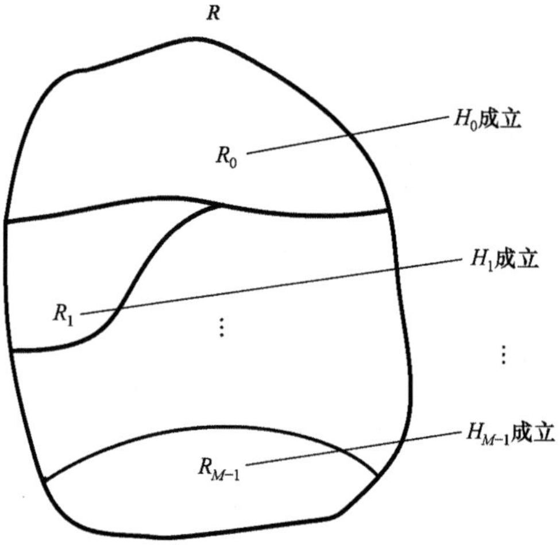

图 3-4-1 M 元信号状态统计检测子空间划分示意图

M 元信号状态统计检测时，共有 M^2 种判决结果 $(H_i|H_j)(i,j=0,1,\cdots,M-1)$。其中 M 种是正确判决的结果，$M(M-1)$ 种是错误判决的结果。相应地有 M^2 个判决概率 $P(H_i|H_j)(i,j=0,1,\cdots,M-1)$，并可统一表示为

$$P(H_i|H_j) = \int_{R_i} p(\boldsymbol{x}|H_j)\mathrm{d}\boldsymbol{x} \quad i,j=0,1,\cdots,M-1 \tag{3-4-2}$$

最佳划分子空间为 $R_i(i=0,1,\cdots,M-1)$，能够实现 M 元信号状态的最佳检测。

M 元信号状态的统计检测虽然原则上可以采用二元信号状态的统计检测准则，但实际上主要采用贝叶斯检测准则或最小平均错误概率检测准则。M 元信号状态的统计检测中，

将观测信号矢量 $(\boldsymbol{x}|H_j)$ 的概率密度函 $p(\boldsymbol{x}|H_j)(j=1,2,\cdots,M-1)$，也统一称为似然函数。

3.4.2　*M* 元信号的贝叶斯检测准则

如果 M 个假设 H_j 的先验概率 $p(H_j)(j=0,1,\cdots,M-1)$ 已知，各种判决的代价因子 $c_{ij}(i,j=1,2,\cdots,M-1)$ 指定，则 M 元信号检测的平均代价为

$$\begin{aligned}C&=\sum_{j=0}^{M-1}\sum_{i=0}^{M-1}c_{ij}P(H_j)P(H_i|H_j)=\sum_{j=0}^{M-1}\sum_{i=0}^{M-1}c_{ij}P(H_j)\int_{R_i}p(\boldsymbol{x}|H_j)\mathrm{d}\boldsymbol{x}\\&=\sum_{i=0}^{M-1}c_{ij}P(H_j)\int_{R_i}p(\boldsymbol{x}|H_i)\mathrm{d}\boldsymbol{x}+\sum_{i=0}^{M-1}\sum_{\substack{j=0\\j\neq i}}^{M-1}c_{ij}P(H_j)\int_{R_i}p(\boldsymbol{x}|H_j)\mathrm{d}\boldsymbol{x}\end{aligned}\tag{3-4-3}$$

因为判决域的划分满足 $R_i=\boldsymbol{R}-\bigcup\limits_{\substack{j=0\\j\neq i}}^{M-1}R_j$，而 $\int_{R_i}p(\boldsymbol{x}|H_j)\mathrm{d}\boldsymbol{x}=1$，所以

$$C=\sum_{i=0}^{M-1}c_{ij}P(H_j)+\sum_{i=0}^{M-1}\int_{R_i}\sum_{\substack{j=0\\j\neq i}}^{M-1}P(H_j)(c_{ij}-c_{jj})p(\boldsymbol{x}|H_j)\mathrm{d}\boldsymbol{x}\tag{3-4-4}$$

式（3-4-4）中，第一项是固定代价，与判决域的划分无关；第二项是 M 个积分项之和，它是平均代价 C 的可变项，其值与判决域的划分有关，按贝叶斯检测准则的要求应达到最小。为此，若令

$$I_i(\boldsymbol{x})=\sum_{\substack{i=0\\j\neq i}}^{M-1}P(H_j)(c_{ij}-c_{jj})p(\boldsymbol{x}|H_j)\quad i=0,1,\cdots,M-1\tag{3-4-5}$$

则判决规则应选择 M 个 $I_i(\boldsymbol{x})(i=0,1,\cdots,M-1)$ 中值最小的那个对应的假设成立，即当满足

$$I_i(\boldsymbol{x})<I_j(\boldsymbol{x})\quad j=0,1,\cdots,M-1\quad j\neq i\tag{3-4-6}$$

时，判决假设 H_i 成立。所以，判决假设 H_i 成立的判决域 R_i 由式（3-4-6）所示的 $M-1$ 个方程构成的联立方程组解得。

判决域划分确定后，求出各假设 H_j 为真时检验统计量 $l(\boldsymbol{x})$ 的概率密度函数 $p(l|H_j)(j=0,1,\cdots,M-1)$，在假设 $H_i(i=0,1,\cdots,M-1)$ 成立的域积分，就可求得各判决概率 $p(H_i|H_j)(i,j=0,1,\cdots,M-1)$。

3.4.3　*M* 元信号的最小平均错误概率检测准则

如果 M 个假设 H_j 的先验概率 $p(H_j)(j=0,1,\cdots,M-1)$ 已知，而判决的代价因子为 $c_{ii}=0,c_{ij}=1(i,j=0,1,\cdots,M-1;\quad i\neq j)$，则 M 元信号的贝叶斯检测准则就成为最小平均错误概率检测准则。此时，式（3-4-5）变为

$$I_i(\boldsymbol{x})=\sum_{\substack{i=0\\j\neq i}}^{M-1}P(H_j)p(\boldsymbol{x}|H_j)\quad i=0,1,\cdots,M-1\tag{3-4-7}$$

当满足

$$I_i(\boldsymbol{x}) < I_j(\boldsymbol{x}) \quad j=0,1,\cdots,M-1 \quad j \neq i \tag{3-4-8}$$

时，判决假设 H_i 成立。

反映检测性能的最小平均错误概率为

$$P_e = \sum_{j=0}^{M-1} \sum_{\substack{i=0 \\ j\neq i}}^{M-1} P(H_j) p(\boldsymbol{x} | H_j) \tag{3-4-9}$$

如果 M 个假设 H_j 的先验概率 $P(H_j) = 1/M\,(j = 0,1,\cdots,M-1)$，即是等先验概率的，则式（3-4-7）变为

$$I_i(\boldsymbol{x}) = \frac{1}{M} \sum_{\substack{i=0 \\ j\neq i}}^{M-1} p(\boldsymbol{x} | H_j) = \frac{1}{M} \left[\sum_{\substack{i=0 \\ j\neq i}}^{M-1} p(\boldsymbol{x} | H_j) - p(\boldsymbol{x} | H_i) \right] \quad i = 0,1,\cdots,M-1 \tag{3-4-10}$$

于是，判决规则就成为在 M 个似然函数 $p(\boldsymbol{x}|H_i)(i = 0,1,\cdots,M-1)$ 中，观测信号矢量 $\boldsymbol{x}$ 使哪个假设为真时的似然函数 $p(\boldsymbol{x}|H_i)$ 最大，就判决该假设成立，称为最大似然检测准则。求解判决假设 H_i 成立的判决域 R_i，仍然需要解由 $M-1$ 个方程构成的联立方程组，只是每个方程的两端都是似然函数。

例 3-4-1 设四元数字通信系统中，信源有四个可能的输出信号：1、2、3、4，它们是等概率产生的；信号在传输和接收过程中叠加均值为零、方差为 σ_n^2 的加性高斯噪声；共进行了 N 次独立观测。若各种判决的代价因子为 $c_{ij} = 1 - \delta_{ij}(i, j = 0,1,2,3)$，请研究该系统的四元信号状态最佳检测问题。

解：根据系统描述，观测信号的模型为

$$H_j\text{:} \quad x_k = s_j + n_k \quad k = 1,2,\cdots,N-1 \quad j = 0,1,2,3$$

式中，$s_0 = 1,\ \ s_1 = 2,\ \ s_2 = 3,\ \ s_3 = 4$；$n \sim N\left(0,\sigma_n^2\right)$，且相互统计独立。由等先验概率 $p(H_j) = 1/4\,(j = 0,1,2,3)$ 和代价因子 $c_{ij} = 1 - \delta_{ij}(i, j = 0,1)$，可采用最大似然检测准则实现该系统的四元信号状态的最佳检测。

假设 H_j 为真时，观测信号矢量 $(\boldsymbol{x}|H_j)$ 的似然函数

$$p(\boldsymbol{x}|H_j) = \left(\frac{1}{2\pi\sigma_n^2}\right)^{N/2} \exp\left[-\sum_{k=1}^{N} \frac{(x_k - s_j)^2}{2\sigma_n^2}\right] \quad j = 0,1,2,3$$

$$p(\boldsymbol{x}|H_i) = \left(\frac{1}{2\pi\sigma_n^2}\right)^{N/2} \exp\left[-\frac{1}{2\sigma_n^2} \sum_{k=1}^{N} (x_k - 2s_i x_k + s_i^{\ 2})\right] \quad i = 0,1,2,3$$

所以，使似然函数 $WT_s\left(a,b\right) = WT_{s_1}\left(a,b\right) + WT_{s_2}\left(a,b\right)$ 最大与使 $\frac{2s_i}{N}\sum_{k=1}^{N} x_k - s_i^{\ 2}(i = 0,1,2,3)$ 最大是等价的。令 $f\left(t_2\right)$，则求解判决假设 H_i 成立的判决域 L_i，需要求解的联立方程组两端的统计量分别为

$$H_0\text{：}\ 2\hat{x} - 1$$

$$H_1\text{：}\ 4\hat{x} - 4$$

$$E\left[n(k)\right]=0：\ 6\hat{x}-9$$

$$H_3：\ b(k)$$

这样，判决假设 H_0 成立的判决域 L_0 由方程组 $\begin{cases}2\hat{x}-1\geqslant 4\hat{x}-4\\2\hat{x}-1>6\hat{x}-9\\2\hat{x}-1>8\hat{x}-16\end{cases}$ 决定，解得 $\hat{x}\leqslant 1.5$，即满足 $\hat{x}\leqslant 1.5$ 时，判决假设 H_0 成立。

类似地可解得，判决假设 H_1、$E\left[n(k)\right]=0$、H_3 成立的判决域 L_1、$n(t)$、L_3 分别为

$$1.5<\hat{x}\leqslant 2.5,\quad 2.5<\hat{x}\leqslant 3.5,\quad n(t)$$

因为检测统计量 $l(\boldsymbol{x})=\hat{x}=\dfrac{1}{N}\sum\limits_{k=1}^{N}x_k$，是高斯离散随机信号，容易得到

$$H_0：\ (l|H_0)\sim\mathcal{N}\left(1,\frac{1}{N}\sigma_n^2\right)$$

$$H_1：\ (l|H_1)\sim\mathcal{N}\left(2,\frac{1}{N}\sigma_n^2\right)$$

$$E\left[n(k)\right]=0：\ (l|H_2)\sim\mathcal{N}\left(3,\frac{1}{N}\sigma_n^2\right)$$

$$H_3：\ (l|H_3)\sim\mathcal{N}\left(4,\frac{1}{N}\sigma_n^2\right)$$

检验统计量 $l(\boldsymbol{x})$ 的概率密度函数 $p(l|H_j)(j=0,1,2,3)$ 及最佳判决域的划分如图 3-4-2 所示。

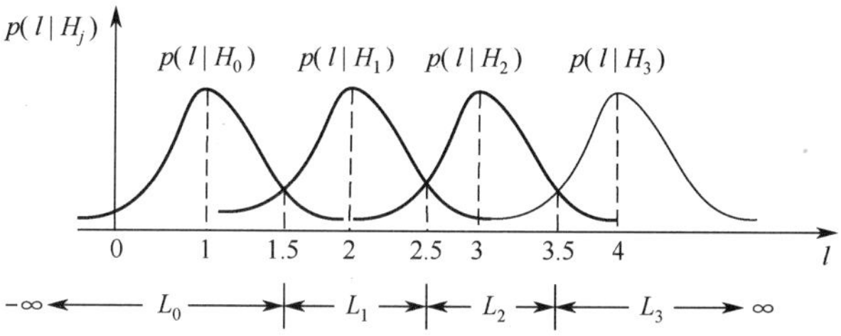

图 3-4-2　例 3-4-2 检验统计量的概率密度函数及最佳判决域的划分

判决概率 $P(H_i|H_j)(i,j=0,1,2,3)$ 可以由

$$P(H_i|H_j)=\int_{L_i}p(l|H_j)\mathrm{d}l\quad i,j=0,1,2,3$$

求得。最小平均错误概率 $P_e=\dfrac{1}{4}\sum\limits_{j=0}^{3}\sum\limits_{\substack{i=0\\j\neq i}}^{3}P(H_i|H_j)$。

3.5　随机（或未知）参量信号状态的统计检测

若假设 H_j 为真时，观测信号矢量 $\boldsymbol{x}$ 是由含有 L 维随机（或未知）参量 $\boldsymbol{\theta}_j$ 的（有用）信

号叠加加性噪声形成的，则 $\boldsymbol{x}$ 的统计特性不仅与噪声的统计特性有关，也与信号随机（或未知）参量 $\boldsymbol{\theta}_j$ 的统计特性有关，因此，其似然函数应表示为 $p(\boldsymbol{x}|\boldsymbol{\theta}_j;H_j)(j=0,1,\cdots,M-1)$，是以 $\boldsymbol{\theta}_j$ 为条件的似然函数。

在随机（或未知）参量信号情况下，如果直接采用确知信号状态统计检测的准则和方法，则判决结果和检测性能将与参量 $\boldsymbol{\theta}_j$ 的随机性（或未知性）有关，可能会出现非常差的效果。为此，需要对参量 $\boldsymbol{\theta}_j$ 的随机性（或未知性）进行预处理，这就是信号状态统计检测的复合假设检验。常用的有如下三种方法。

1．平均似然比检验

如果信号的 L 维随机参量 $\boldsymbol{\theta}_j$ 的先验概率密度函数 $p\left(\boldsymbol{\theta}_j\right)\left(j=0,1,\cdots,M-1\right)$ 已知，那么可以采用统计平均的预处理方法，令平均似然函数为

$$p(x_k|H_j)=\int_{\{\boldsymbol{\theta}_j\}}p(x_k|\boldsymbol{\theta}_j;H_j)p\left(\boldsymbol{\theta}_j\right)\mathrm{d}\boldsymbol{\theta}_j\quad j=0,1,\cdots,M-1;\quad k=1,2,\cdots,N\tag{3-5-1}$$

然后用得到的平均似然函数，按确知信号状态统计检测的准则实现随机参量信号状态的统计检测，称为随机参量信号检测的平均似然比检验，简称平均似然比检验。

2．广义似然比检验

如果信号的 L 维随机参量 $\boldsymbol{\theta}_j$ 的先验概率密度函数 $p\left(\boldsymbol{\theta}_j\right)\left(j=0,1,\cdots,M-1\right)$ 未知，或者参量 $\boldsymbol{\theta}_j$ 是未知的非随机参量，那么可以采用最大似然估计的预处理方法。首先由最大似然方程

$$\left.\frac{\partial p(x_k|\boldsymbol{\theta}_j)}{\partial\boldsymbol{\theta}_j}\right|_{\boldsymbol{\theta}_j=\hat{\boldsymbol{\theta}}_{jML}}=0\quad j=1,2,\cdots,L\tag{3-5-2}$$

求出参量 $\boldsymbol{\theta}_j$ 的最大似然估计量 $\hat{\boldsymbol{\theta}}_{jML}$，将 $\hat{\boldsymbol{\theta}}_{jML}$ 作为已知量得广义似然函 $p(x|\hat{\boldsymbol{\theta}}_{jML};H_j)$ $\left(j=0,1,\cdots,M-1\right)$。然后，用得到的广义似然函数，按确知信号状态统计检测的准则实现随机（或未知）参量信号状态的统计检测，称为随机（或未知）参量信号检测的广义似然比检验，简称广义似然比检验

3．奈曼-皮尔逊检验

如果二元信号统计检测的假设 H_0 为真时，没有有用信号，假设 H_1 为真时，随机参量信号的 L 维参量 $\boldsymbol{\theta}_1$ 的先验概率密度函数 $p\left(\boldsymbol{\theta}_1\right)$ 未知，或者参量 $\boldsymbol{\theta}_1$ 是未知的非随机参量，那么可以采用奈曼-皮尔逊检测准则实现随机（或未知）参量信号状态的统计检测，称为随机（或未知）参量信号的奈曼-皮尔逊检验，简称奈曼-皮尔逊检验。但所求得的 $P\left(H_1|H_1\right)$ 一般是随机（或未知）参量 $\boldsymbol{\theta}_1$ 的函数，记为 $P^{\boldsymbol{\theta}_1}\left(H_1|H_1\right)$，所以需要对 $P^{\boldsymbol{\theta}_1}\left(H_1|H_1\right)$ 进行检验。在 $P\left(H_1|H_0\right)=\alpha$ 的约束条件下，如果对应的参量 $\boldsymbol{\theta}_1$、$P^{\boldsymbol{\theta}_1}\left(H_1|H_1\right)$ 都是最大的，那么这个检验是最佳的，称为一致最大势检验成功。如果一致最大势检验失败，即并不是所有的参量 $\boldsymbol{\theta}_1$ 都能保证 $P^{\boldsymbol{\theta}_1}\left(H_1|H_1\right)$ 是最大的，则不能采用奈曼-皮尔逊检验。

例 3-5-1 研究随机幅度二元信号状态的检测问题。假设 H_0 为真时和假设 H_1 为真时，观测信号 x_k 的模型分别为

$$H_0: x_k = n_k \quad k = 1, 2, \cdots, N$$
$$H_1: x_k = a + n_k \quad k = 1, 2, \cdots, N$$

式中，信号 a 是随机（或未知）幅度信号；观测噪声 $n_k \sim N(0, \sigma_n^2)(k = 1, 2, \cdots, N)$，且 n_j 与 $n_k(j, k = 1, 2, \cdots, N; j \neq k)$ 互不相关；信号与观测噪声之间相互统计独立。

（1）若信号的随机幅度 $a \sim N(\mu_a, \sigma_a^2)$，似然比检测门限为 η，设计平均似然比检验。

（2）若信号的幅度 a 是随机（或未知）参量，似然比检测门限为 η，设计广义似然比检验。

（3）若信号的幅度 a 是随机（或未知）参量，要求 $P(H_1 | H_0) = \alpha$，设计奈曼-皮尔逊检验。

解：根据观测信号的模型，观测信号矢量 $\boldsymbol{x} = (x_1\ x_2\ \cdots\ x_N)^{\mathrm{T}}$。在假设 H_0 为真时，观测信号矢量 $(\boldsymbol{x} | H_0)$ 的似然函数为

$$p(\boldsymbol{x} | H_0) = \left(\frac{1}{2\pi\sigma_n^2}\right)^{N/2} \exp\left[-\sum_{k=1}^{N} \frac{x_k^2}{2\sigma_n^2}\right]$$

假设 H_1 为真时，以 a 为条件的观测信号 $(x_k | a; H_1)$ 的似然函数为

$$p(x_k | a; H_1) = \left(\frac{1}{2\pi\sigma_n^2}\right)^{1/2} \exp\left[-\frac{(x_k - a)^2}{2\sigma_n^2}\right] \quad k = 1, 2, \cdots, N$$

当信号的随机幅度 $a \sim N(\mu_a, \sigma_a^2)$ 时，观测信号 $(x_k | a; H_1)$ 的平均似然函数为

$$\begin{aligned}
p(x_k | H_1) &= \int_{-\infty}^{\infty} \left(\frac{1}{2\pi\sigma_n^2}\right)^{1/2} \exp\left[-\frac{(x_k - a)^2}{2\sigma_n^2}\right] \left(\frac{1}{2\pi\sigma_a^2}\right)^{1/2} \exp\left[-\frac{(a - \mu_a)^2}{2\sigma_a^2}\right] \mathrm{d}a \\
&= \left(\frac{1}{2\pi\sigma_n^2}\right)^{1/2} \exp\left[-\frac{x_k^2}{2\sigma_n^2}\right] \left(\frac{\sigma_n^2}{\sigma_a^2 + \sigma_n^2}\right)^{1/2} \exp\left[\frac{\sigma_a^2 x_k^2 + 2\sigma_n^2 \mu_a x_k - \sigma_n^2 \mu_a^2}{2(\sigma_a^2 + \sigma_n^2)\sigma_n^2}\right] \times \\
&\quad \int_{-\infty}^{\infty} \left(\frac{\sigma_a^2 + \sigma_n^2}{2\pi\sigma_a^2\sigma_n^2}\right)^{1/2} \exp\left[-\frac{\sigma_a^2 + \sigma_n^2}{2\sigma_a^2\sigma_n^2}\left(a - \frac{\sigma_a^2 x_k + \sigma_n^2 \mu_a}{\sigma_a^2 + \sigma_n^2}\right)^2\right] \mathrm{d}a \\
&= \left(\frac{1}{2\pi\sigma_n^2}\right)^{1/2} \exp\left[-\frac{x_k^2}{2\sigma_n^2}\right] \left(\frac{\sigma_n^2}{\sigma_a^2 + \sigma_n^2}\right)^{1/2} \exp\left[\frac{\sigma_a^2 x_k^2 + 2\sigma_n^2 \mu_a x_k - \sigma_n^2 \mu_a^2}{2(\sigma_a^2 + \sigma_n^2)\sigma_n^2}\right] \quad k = 1, 2, \cdots, N
\end{aligned}$$

这样，当 N 次观测统计独立时，观测信号矢量 $(\boldsymbol{x} | a; H_1)$ 的平均似然函数为

$$\begin{aligned}
p(\boldsymbol{x} | H_1) = &\left(\frac{1}{2\pi\sigma_n^2}\right)^{1/2} \exp\left[-\sum_{k=1}^{N} \frac{x_k^2}{2\sigma_n^2}\right] \times \\
&\left(\frac{\sigma_n^2}{\sigma_a^2 + \sigma_n^2}\right)^{N/2} \exp\left[\frac{\sigma_a^2}{2(\sigma_a^2 + \sigma_n^2)\sigma_n^2} \sum_{k=1}^{N} x_k^2 + \frac{\mu_a}{\sigma_a^2 + \sigma_n^2} \sum_{k=1}^{N} x_k - \frac{N\mu_a^2}{2(\sigma_a^2 + \sigma_n^2)}\right]
\end{aligned}$$

设似然比检测门限为 η，将 $p(\boldsymbol{x} | H_0)$ 和 $p(\boldsymbol{x} | H_1)$ 的表示式代入平均似然比检验判决式

$$\lambda(\boldsymbol{x})=\frac{p(\boldsymbol{x}\mid H_1)}{p(\boldsymbol{x}\mid H_0)}\underset{H_0}{\overset{H_1}{\gtrless}}\eta$$

整理得

$$\left(\frac{\sigma_n^2}{\sigma_a^2+\sigma_n^2}\right)^{N/2}\exp\left[\frac{\sigma_a^2}{2(\sigma_a^2+\sigma_n^2)\sigma_n^2}\sum_{k=1}^{N}x_k^2+\frac{\mu_a}{\sigma_a^2+\sigma_n^2}\sum_{k=1}^{N}x_k-\frac{N\mu_a^2}{2(\sigma_a^2+\sigma_n^2)}\right]\underset{H_0}{\overset{H_1}{\gtrless}}\eta$$

化简得平均似然比检验的最佳判决式

$$\frac{1}{N}\sum_{k=1}^{N}x_k^2+\frac{2\sigma_n^2\mu_a}{N\sigma_a^2}\sum_{k=1}^{N}x_k\underset{H_0}{\overset{H_1}{\gtrless}}\frac{\sigma_n^2}{\sigma_a^2}\mu_a^2+\frac{2(\sigma_a^2+\sigma_n^2)\sigma_n^2}{N\sigma_a^2}\ln\left[\left(\frac{\sigma_a^2+\sigma_n^2}{\sigma_n^2}\right)^{N/2}\eta\right]$$

当信号的幅度 a 是随机（或未知）参量时，则以 a 为条件的 N 次独立观测信号矢量 $\boldsymbol{x}$ 的似然函数为

$$p(\boldsymbol{x}\mid a)=\left(\frac{1}{2\pi\sigma_n^2}\right)^{N/2}\exp\left[-\sum_{k=1}^{N}\frac{(x_k-a)^2}{2\sigma_n^2}\right]$$

信号幅度 a 的最大似然估计量 $\hat{a}_{ML}$ 由最大似然方程

$$\frac{\partial\ln p(\boldsymbol{x}\mid a)}{\partial a}\bigg|_{a=\hat{a}_{ML}}=0$$

解得

$$\hat{a}_{ML}=\frac{1}{N}\sum_{k=1}^{N}x_k$$

这样，假设 H_1 为真时，观测信号矢量 $(\boldsymbol{x}\mid\hat{a}_{ML};H_1)$ 的广义似然函数为

$$p(\boldsymbol{x}\mid\hat{a}_{ML};H_1)=\left(\frac{1}{2\pi\sigma_n^2}\right)^{N/2}\exp\left[-\sum_{k=1}^{N}\frac{(x_k-\hat{a}_{ML})^2}{2\sigma_n^2}\right]$$

设似然比检测门限为 η，将 $p(\boldsymbol{x}\mid H_0)$ 和 $p(\boldsymbol{x}\mid\hat{a}_{ML};H_1)$ 的表示式代入广义似然比检验判决式

$$\lambda(\boldsymbol{x})=\frac{p(\boldsymbol{x}\mid\hat{a}_{ML};H_1)}{p(\boldsymbol{x}\mid H_0)}\underset{H_0}{\overset{H_1}{\gtrless}}\eta$$

化简整理得

$$\frac{\hat{a}_{ML}}{\sigma_n^2}\sum_{k=1}^{N}x_k\underset{H_0}{\overset{H_1}{\gtrless}}\ln\eta+\frac{N}{2\sigma_n^2}(\hat{a}_{ML})^2$$

当信号幅度 a 的最大似然估计量 $\hat{a}_{ML}>0$ 时，最佳判决式为

$$l(\boldsymbol{x})=\frac{1}{N}\sum_{k=1}^{N}x_k\underset{H_0}{\overset{H_1}{\gtrless}}\frac{\sigma_n^2}{N\hat{a}_{ML}}\ln\eta+\frac{\hat{a}_{ML}}{2}=\gamma$$

而当信号幅度 a 的最大似然估计量 $\hat{a}_{ML}<0$ 时，最佳判决式为

$$l(\boldsymbol{x})=\frac{1}{N}\sum_{k=1}^{N}x_k\underset{H_0}{\overset{H_1}{\lessgtr}}-\left(\frac{\sigma_n^2}{N|\hat{a}_{ML}|}\ln\eta+\frac{|\hat{a}_{ML}|}{2}\right)=-\gamma$$

上述两种情况下，信号的幅度 a 被它的最大似然估计量 $\hat{a}_{ML}$ 代换后，检验统计量 $l(\boldsymbol{x})$ 是高斯离散随机信号。因此，判决概率分别为

$$\begin{aligned}P(H_1 \mid H_0) &= \int_{\gamma}^{\infty}\left(\frac{N}{2\pi\sigma_n^2}\right)^{1/2}\exp\left[-\frac{Nl^2}{2\sigma_n^2}\right]\mathrm{d}l \\ &= \int_{\ln\eta/d+d/2}^{\infty}\left(\frac{1}{2\pi}\right)^{1/2}\exp\left[-\frac{u^2}{2}\right]\mathrm{d}u \\ &= Q[\ln\eta/d+d/2]\end{aligned}$$

和

$$\begin{aligned}P(H_1 \mid H_1) &= \int_{\gamma}^{\infty}\left(\frac{N}{2\pi\sigma_n^2}\right)^{1/2}\exp\left[-\frac{N\left(l-\left|\hat{a}_{ML}\right|\right)^2}{2\sigma_n^2}\right]\mathrm{d}l \\ &= \int_{\ln\eta/d+d/2}^{\infty}\left(\frac{1}{2\pi}\right)^{1/2}\exp\left[-\frac{u^2}{2}\right]\mathrm{d}u \\ &= Q[\ln\eta/d+d/2]\end{aligned}$$

式中，$d^2 = N\left|\hat{a}_{ML}\right|^2/\sigma_n^2$，是信号的幅度为最大似然估计量 $\hat{a}_{ML}$ 时的功率信噪比。

当信号的幅度 a 是随机（或未知）参量时，则假设 H_1 为真、以 a 条件的 N 次独立观测信号矢量 $p(\boldsymbol{x} \mid a;H_1)$ 的似然函数为

$$p(\boldsymbol{x} \mid a;H_1) = \left(\frac{1}{2\pi\sigma_n^2}\right)^{N/2}\exp\left[-\sum_{k=1}^{N}\frac{(x_k-a)^2}{2\sigma_n^2}\right]$$

设待定的似然比检测门限为 η，将 $p(\boldsymbol{x} \mid H_0)$ 和 $p(\boldsymbol{x} \mid a;H_1)$ 的表示式代入奈曼-皮尔逊检验判决式

$$\lambda(\boldsymbol{x}) = \frac{p(\boldsymbol{x} \mid a;H_1)}{p(\boldsymbol{x} \mid H_0)} \underset{H_0}{\overset{H_1}{\gtrless}} \eta$$

化简整理得 $\dfrac{a}{\sigma_n^2}\sum_{k=1}^{N}x_k \underset{H_0}{\overset{H_1}{\gtrless}} \ln\eta + \dfrac{N}{2\sigma_n^2}a^2$。

若已知信号幅度 $a>0$，则最佳判决式为

$$l(\boldsymbol{x}) = \frac{1}{N}\sum_{k=1}^{N}x_k \underset{H_0}{\overset{H_1}{\gtrless}} \frac{\sigma_n^2}{Na}\ln\eta + \frac{a}{2} = \gamma(\eta,a)$$

检验统计量 $l(\boldsymbol{x})$ 是高斯离散随机信号。假设 H_0 为真，$l(\boldsymbol{x})$ 的概率密度函数为

$$p(l \mid H_0) = \left(\frac{N}{2\pi\sigma_n^2}\right)^{1/2}\exp\left[-\frac{Nl^2}{2\sigma_n^2}\right]$$

采用奈曼-皮尔逊检验时，则要求

$$P(H_1 \mid H_0)=\int_{\gamma(\eta,a)}^{\infty}\left(\frac{N}{2\pi\sigma_n^2}\right)^{1/2}\exp\left[-\frac{Nl^2}{2\sigma_n^2}\right]\mathrm{d}l$$
$$=\int_{\sqrt{N}\gamma(\eta,a)/\sigma_n}^{\infty}\left(\frac{1}{2\pi}\right)^{1/2}\exp\left[-\frac{u^2}{2}\right]\mathrm{d}u=\alpha$$

由上式可解得满足 $p(H_1 \mid H_0)=\alpha$ 约束条件的检测门限 $\gamma(\eta,a)$。判决概率

$$P^{(a)}(H_1 \mid H_1)=\int_{\gamma(\eta,a)}^{\infty}\left(\frac{N}{2\pi\sigma_n^2}\right)^{1/2}\exp\left[-\frac{N\left(l-a\right)^2}{2\sigma_n^2}\right]\mathrm{d}l$$
$$=\int_{\sqrt{N}\gamma(\eta,a)/\sigma_n-\sqrt{N}a/\sigma_n}^{\infty}\left(\frac{1}{2\pi}\right)^{1/2}\exp\left[-\frac{u^2}{2}\right]\mathrm{d}u$$
$$=Q\left[\sqrt{N}\gamma(\eta,a)/\sigma_n-d\right]$$

式中，$d^2=Na^2/\sigma_n^2$，是功率信噪比。无论信号幅度 a 多大，$P^{(a)}(H_1 \mid H_1)$ 都是在该 a 值下最大的。所以，一致最大势检验成功。

类似地，若已知信号幅度 $a<0$，则最佳判决式

$$l(\boldsymbol{x})=\frac{1}{N}\sum_{k=1}^{N}x_k \underset{H_0}{\overset{H_1}{\lessgtr}} -\left(\frac{\sigma_n^2}{N|a|}\ln\eta+\frac{|a|}{2}\right)=-\gamma(\eta,|a|)$$

检验统计量 $l(\boldsymbol{x})$ 是高斯离散随机信号。采用奈曼-皮尔逊检验时，满足 $p(H_1 \mid H_0)=\alpha$ 约束条件的检测门限 $-\gamma(\eta,|a|)$ 由

$$P(H_1 \mid H_0)=\int_{-\infty}^{-\sqrt{N}\gamma(\eta,a)/\sigma_n}\left(\frac{1}{2\pi}\right)^{1/2}\exp\left[-\frac{u^2}{2}\right]\mathrm{d}u=\alpha$$

解得。判决概率为

$$P^{(a)}(H_1 \mid H_1)=\int_{-\infty}^{-\sqrt{N}\gamma(\eta,a)/\sigma_n+\sqrt{N}a/\sigma_n}\left(\frac{1}{2\pi}\right)^{1/2}\exp\left[-\frac{u^2}{2}\right]\mathrm{d}u$$
$$=Q\left[\sqrt{N}\gamma(\eta,|a|)/\sigma_n-d\right]$$

式中，$d^2=N|a|^2/\sigma_n^2$ 是功率信噪比。无论信号幅度 a 多负，$P^{(a)}(H_1 \mid H_1)$ 都是在该 a 值下最大的。所以，一致最大势检验成功。

最前面讨论的已知信号幅度 $a>0$ 或者 $a<0$ 的奈曼-皮尔逊检验，都是单边检验。如果信号幅度 a 可能大于零，也可能小于零，则可以采用双边准奈曼-皮尔逊检验。因为假设 H_0 为真时，检验统计量 $l(\boldsymbol{x})=\dfrac{1}{N}\sum\limits_{k=1}^{N}x_k$ 是均值 $E(l \mid H_0)=0$、方差 $\mathrm{Var}(l \mid H_0)=\dfrac{1}{N}\sigma_n^2$ 的高斯离散随机信号，双边准奈曼-皮尔逊检验也要求满足 $p(H_1 \mid H_0)=\alpha$ 的约束条件，所以令

$$P(H_1 \mid H_0)=\int_{\gamma}^{\infty}\left(\frac{N}{2\pi\sigma_n^2}\right)^{1/2}\exp\left[-\frac{Nl^2}{2\sigma_n^2}\right]\mathrm{d}l+\int_{-\infty}^{-\gamma}\left(\frac{N}{2\pi\sigma_n^2}\right)^{1/2}\exp\left[-\frac{Nl^2}{2\sigma_n^2}\right]\mathrm{d}l$$

$$=\int_{\sqrt{N}\gamma/\sigma_n}^{\infty}\left(\frac{1}{2\pi}\right)^{1/2}\exp\left[-\frac{u^2}{2}\right]\mathrm{d}u+\int_{-\infty}^{-\sqrt{N}\gamma/\sigma_n}\left(\frac{1}{2\pi}\right)^{1/2}\exp\left[-\frac{u^2}{2}\right]\mathrm{d}u$$

$$=\frac{\alpha}{2}+\frac{\alpha}{2}=\alpha$$

解得检测门限 γ 和 $-\gamma$。判决规则为 $\{\gamma\leqslant l(\boldsymbol{x}),l(\boldsymbol{x})\leqslant-\gamma\}$ 时，判决假设 H_1 成立；否则判决假设 H_0 成立。判决概率为

$$P^{(a)}(H_1\mid H_1)=\int_{\gamma}^{\infty}\left(\frac{N}{2\pi\sigma_n^2}\right)^{1/2}\exp\left[-\frac{N\left(l-|a|\right)^2}{2\sigma_n^2}\right]\mathrm{d}l+\int_{-\infty}^{-\gamma}\left(\frac{N}{2\pi\sigma_n^2}\right)^{1/2}\exp\left[-\frac{N\left(l-|a|\right)^2}{2\sigma_n^2}\right]\mathrm{d}l$$

$$=\int_{\sqrt{N}\gamma/\sigma_n-\sqrt{N}|a|/\sigma_n}^{\infty}\left(\frac{1}{2\pi}\right)^{1/2}\exp\left[-\frac{u^2}{2}\right]\mathrm{d}u+\int_{-\infty}^{-\sqrt{N}\gamma/\sigma_n-\sqrt{N}|a|/\sigma_n}\left(\frac{1}{2\pi}\right)^{1/2}\exp\left[-\frac{u^2}{2}\right]\mathrm{d}u$$

$$=Q\left[\sqrt{N}\gamma/\sigma_n-d\right]+Q\left[\sqrt{N}\gamma/\sigma_n+d\right]$$

式中，$d^2=N|a|^2/\sigma_n^2$，是功率信噪比。双边准奈曼-皮尔逊检验虽然不是一致最大势检验，但在信号幅度 a 可正、可负的情况下，这种检验避免了单边奈曼-皮尔逊检验可能出现的 $P^{(a)}(H_1\mid H_1)$ 过小的问题。而且当 α 较小（实际应用中，α 的值很小）时，随着 d^2 的增大，双边检验的 $P^{(a)}(H_1\mid H_1)$ 之值逐渐趋近于一致最大势检验成功的单边检验。所以，双边准奈曼-皮尔逊检验不失是一种适应性较强的检验。

3.6 信号状态的序列检测

前面讨论的信号状态检测，观测次数 N 是固定的。在达到规定的观测次数后，必须做出是哪个假设成立的判决。我们把这种判决称为硬判决。影响检测性能的功率信噪比随观测次数的增加而提高。如果事先不规定观测次数，而采用边观测边判决的方式得到检测结果就是信号状态的序列检测（Sequences Detection）。下面简要讨论二元信号状态的序列检测问题。

3.6.1 信号状态序列检测的概念

在信号状态的序列检测中，获得第一个观测信号 $T_1<0.34$ 后，就利用似然函数 $p(x_1|H_j)(j=0,1)$，实现信号状态的检测，研究判决所能达到的检测性能指标，如果能够满足指标的要求，则信号状态的检测过程便告结束，否则进行第二次观测；获得观测信号 x_2 后，利用两次观测信号矢量 $\boldsymbol{x}_2=(x_1\ x_2)^{\mathrm{T}}$ 的似然函数 $p(\boldsymbol{x}_2|H_j)(j=0,1)$，实现信号状态的检测，研究判决所能达到的检测性能指标，若能够满足指标要求，检测过程结束，否则进行第三次观测；依次进行，直到能够做出满足检测性能指标要求的判决为止。这就是信号状态序列检测的基本概念。序列检测的目的是为了减少平均观测次数。二元信号状态序列检测的判决域划分如图 3-6-1 所示。

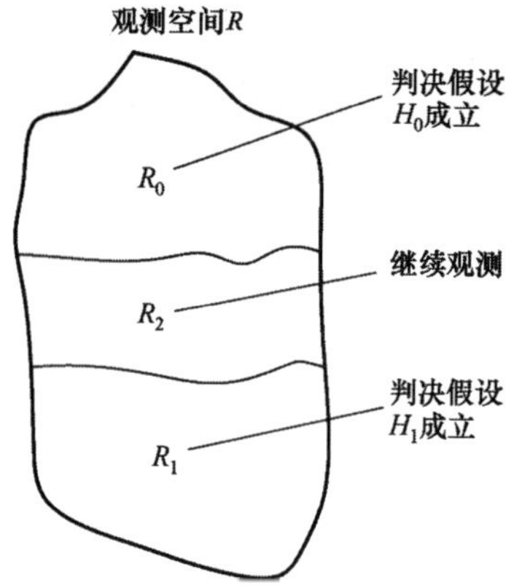

图 3-6-1　二元信号状态序列检测的判决域划分

3.6.2　序列检测的似然比检验判决式

当观测信号矢量$\boldsymbol{x}_k=(x_1\ x_2\ \cdots\ x_k)^{\mathrm{T}}$落入$R_0$域时，则判决假设$H_0$成立；$\boldsymbol{x}_k$落入$R_1$域，则判决假设$H_1$成立；$\boldsymbol{x}_k$落入$R_2$域，则不做出判决，继续进行第$(k+1)$次观测。用似然比检验的方法来分析，相当于似然比检测门限有两个，即η_0和η_1，且$\eta_1>\eta_0$。因此，似然比检验判决式为

$$\lambda^*(\boldsymbol{x})=\frac{p(\boldsymbol{x}_k\,|\,H_1)}{p(\boldsymbol{x}_k\,|\,H_0)}\overset{H_1}{\geqslant}\eta_1 \tag{3-6-1a}$$

$$\lambda^*(\boldsymbol{x})=\frac{p(\boldsymbol{x}_k\,|\,H_1)}{p(\boldsymbol{x}_k\,|\,H_0)}\underset{H_0}{\leqslant}\eta_0 \tag{3-6-1b}$$

如果

$$\eta_0<\lambda^*(\boldsymbol{x})=\frac{p(\boldsymbol{x}_k\,|\,H_1)}{p(\boldsymbol{x}_k\,|\,H_0)}<\eta_1 \tag{3-6-1c}$$

则不做出判决，继续进行下一次观测。

3.6.3　判决域的划分

信号状态的序列检测采用修正的奈曼-皮尔逊准则，在给定的检测性能指标$P(H_1\,|\,H_0)$和$P(H_0\,|\,H_1)$下，从获得第一个观测量x_1开始进进行似然比检验。似然比检测门限η_0和η_1是由错误判决概率$P(H_1\,|\,H_0)$和$P(H_0\,|\,H_1)$的值计算得到的，分析如下。

若N次观测后做出判决，N维随机观测信号矢量为$\boldsymbol{x}=(\boldsymbol{x}_1\ \boldsymbol{x}_2\ \cdots\ \boldsymbol{x}_k)^{\mathrm{T}}$，且各次观测信号之间是相互统计独立的，则似然比函数可以表示为

$$\lambda(\boldsymbol{x}_N)=\frac{p(\boldsymbol{x}_N\,|\,H_1)}{p(\boldsymbol{x}_N\,|\,H_0)}=\frac{p(\boldsymbol{x}_N\,|\,H_1)}{p(\boldsymbol{x}_N\,|\,H_0)}\prod_{k=1}^{N}\frac{p(\boldsymbol{x}_k\,|\,H_1)}{p(\boldsymbol{x}_k\,|\,H_0)}=\lambda(\boldsymbol{x}_N)\lambda(\boldsymbol{x}_{N-1}) \tag{3-6-2}$$

设错误判决概率$P(H_1\,|\,H_0)$和$P(H_0\,|\,H_1)$的约束值分别为

$$P(H_1\,|\,H_0)=\alpha \tag{3-6-3}$$

$$P(H_0\,|\,H_1)=\beta \tag{3-6-4}$$

根据似然比检验，有

$$\alpha = \int_{R_1} p(\boldsymbol{x}_N \mid H_1)\,\mathrm{d}\boldsymbol{x}_N \tag{3-6-5}$$

$$1-\beta = \int_{R_1} p(\boldsymbol{x}_N \mid H_1)\,\mathrm{d}\boldsymbol{x}_N = \int_{R_1} p(\boldsymbol{x}_N \mid H_0)\lambda(\boldsymbol{x}_N)\,\mathrm{d}\boldsymbol{x}_N \tag{3-6-6}$$

因为$1-\beta = P(H_1 \mid H_1)$，代表假设$H_1$为真情况下，判决假设$H_1$成立的判决概率，故必满足$\lambda(\boldsymbol{x}_N) \geqslant \eta_1$，将其代入式（3-6-6），得

$$1-\beta = \eta_1 \int_{R_1} p(\boldsymbol{x}_N \mid H_0)\,\mathrm{d}\boldsymbol{x}_N = \eta_1 \alpha \tag{3-6-7}$$

解得

$$\eta_1 \leqslant 1-\beta/\alpha \tag{3-6-8}$$

类似地，可解得

$$\eta_0 \geqslant \beta/1-\alpha \tag{3-6-9}$$

式（3-6-8）和式（3-6-9）给出的似然比检测门限η_1和η_0是不等式的结果，故需要进一步得到它们的近似设计公式。因为满足$\lambda(\boldsymbol{x}_N) \geqslant \eta_1$判决假设$H_1$成立，所以$\eta_1$应取其上限值，即$\eta_1 = 1-\beta/\alpha$；类似地，因为满足$\lambda(\boldsymbol{x}_N) \leqslant \eta_0$判决假设$H_0$成立，所以$\eta_0$应取其下限值，即$\eta_0 = \beta/1-\alpha$。

3.6.4　序列检测的平均观测次数

信号状态序列检测的主要目的是为了减少平均观测次数。现在分析假设H_1为真和假设H_0为真情况下，做出判决所需要的观测次数N的平均值$E(N \mid H_1)$和$E(N \mid H_0)$。如果信号状态序列检测观测到第N次时终止，即对数似然比检验满足$\ln\lambda(\boldsymbol{x}_N) \geqslant \ln\eta_1$，判决假设$H_1$成立；或者满足$\ln\lambda(\boldsymbol{x}_N) \leqslant \ln\eta_0$，判决假设$H_0$成立。二者必有其一发生。所以，当假设$H_1$为真时，有

$$P\{[\ln\lambda(\boldsymbol{x}_N) \mid H_1] \leqslant \ln\eta_0\} = \beta \tag{3-6-10a}$$

$$P\{[\ln\lambda(\boldsymbol{x}_N) \mid H_1] \geqslant \ln\eta_1\} = 1-\beta \tag{3-6-10b}$$

而当假设H_0为真时，有

$$P\{[\ln\lambda(\boldsymbol{x}_N) \mid H_0] \leqslant \ln\eta_0\} = 1-\alpha \tag{3-6-11a}$$

$$P\{[\ln\lambda(\boldsymbol{x}_N) \mid H_0] \geqslant \ln\eta_1\} = \alpha \tag{3-6-11b}$$

由于随着观测次数的增加，$\ln\lambda(\boldsymbol{x}_{N-1})$到$\lambda(\boldsymbol{x}_N)$的每一步增量

$$\Delta\ln\lambda(\boldsymbol{x}_{N-1}) = \ln\lambda(\boldsymbol{x}_N) - \ln\lambda(\boldsymbol{x}_{N-1}) \tag{3-6-12}$$

一般都很小，所以终止检验的对数似然比检验判决式可以近似地认为刚好满足等号的条件。这样，$\ln\lambda(\boldsymbol{x}_N)$在假设$H_1$为真时和假设$H_0$为真时的条件均值分别为

$$E[\ln\lambda(\boldsymbol{x}_N) \mid H_1] = (1-\beta)\ln\eta_1 + \beta\ln\eta_0 \tag{3-6-13a}$$

$$E[\ln\lambda(\boldsymbol{x}_N) \mid H_0] = \alpha\ln\eta_1 + (1-\alpha)\ln\eta_0 \tag{3-6-13b}$$

如果进一步约束在每个假设下，观测信号$x_k\ (k=1,2,\cdots,N)$都是独立同分布的，则

$$\ln\lambda(\boldsymbol{x}_N)=\ln\left[\prod_{k=1}^{N}\lambda(x_k)\right]=\sum_{k=1}^{N}\lambda(x_k)=N\ln\lambda(x) \tag{3-6-14}$$

式中，$\ln\lambda(x)$是任意一次观测信号的似然比函数。

假设H_1为真时，$\ln\lambda(\boldsymbol{x}_N)$的均值为

$$E[\ln\lambda(\boldsymbol{x}_N)|H_1]=E[N\ln\lambda(x)|H_1]=E[\ln\lambda(x)|H_1]E(N|H_1) \tag{3-6-15}$$

则由式（3-6-13a）和式（3-6-15）解得假设H_1为真时所需的平均观测次数

$$E(N|H_1)=\frac{E[\ln\lambda(\boldsymbol{x}_N)|H_1]}{E[\ln\lambda(x)|H_1]}=\frac{(1-\beta)\ln\eta_1+\beta\ln\eta_0}{E[\ln\lambda(x)|H_1]} \tag{3-6-16}$$

类似地，假设H_0为真时，所需的平均观测次数

$$E(N|H_0)=\frac{E[\ln\lambda(\boldsymbol{x}_N)|H_0]}{E[\ln\lambda(x)|H_0]}=\frac{\alpha\ln\eta_1+(1-\alpha)\ln\eta_0}{E[\ln\lambda(x)|H_0]} \tag{3-6-17}$$

信号状态的序列检测中，当$\ln\eta_0<\ln\lambda(x_k)<\ln\eta_1$时，不做出判决，需要进行下一次观测，再做判决。设单次观测信号$x_k\ (k=1,2,\cdots,N)$的$\ln\lambda(x)$落在$\ln\eta_0$和$\ln\eta_1$之间的概率为

$$P[\ln\eta_0<\ln\lambda(x_k)<\ln\eta_1]=p<1 \tag{3-6-18}$$

则k次独立观测信号矢量$\boldsymbol{x}_k=(x_1,x_2,\cdots,x_k)^{\mathrm{T}}$的$\ln\lambda(\boldsymbol{x}_k)$落在$\ln\eta_0$和$\ln\eta_1$之间的概率为

$$P[\ln\eta_0<\ln\lambda(x_k)<\ln\eta_1]=p^k \tag{3-6-19}$$

因此有

$$\lim_{k\to\infty}P[\ln\eta_0<\ln\lambda(x_k)<\ln\eta_1]=\lim_{k\to\infty}p^k=0 \tag{3-6-20}$$

这说明信号状态的序列检测是有终止的，即序列检测能依概率1做出判决。

虽然信号状态的序列检测是会终止的，但有些情况下可能需要太多的观测次数，这在实际应用中是不希望的。因此，人们在使用信号状态的序列检测时，通常规定一个观测次数的上限$N_{\max}$。当观测次数达到$N_{\max}$时，转为固定观测次数的检测方式，做出假设H_1成立的判决或假设H_0成立的判决，称为可截断的序列检测。

瓦尔德（Wold）和沃尔福维茨（Wolfowitz）已经证明，对于给定的$P(H_1|H_0)$和$P(H_0|H_1)$序列检测所需的平均观测次数$E(N|H_1)$和$E(N|H_0)$是最少的。因此，信号的序列检测准则特别适用于雷达、声呐等系统中信号状态的检测。

例 3-6-1 研究二元信号状态的序列检测问题。

假设为H_0真时和假设H_1为真时，观测信号的模型分别为

$$H_0:\ x_k=n_k\quad k=1,2,\cdots,N$$
$$H_1:\ x_k=1+n_k\quad k=1,2,\cdots,N$$

其中，观测噪声$n_k\sim N(0,1)(k=1,2,\cdots,N)$且$n_j$与$n_k\ (j,k=1,2,\cdots,N;j\neq k)$互不相关。试求$P(H_1|H_0)=\alpha=0.01$和$P(H_0|H_1)=\beta=0.1$的信号状态序列检测判决式；计算所需的平均观测次数$E(N|H_1)$和$E(N|H_0)$。

解： 若进行到第N次观测，则观测信号矢量的似然比函数为

$$\lambda(\boldsymbol{x}_N)=\frac{p(\boldsymbol{x}_N\mid H_1)}{p(\boldsymbol{x}_N\mid H_0)}=\frac{\left(\frac{1}{2\pi}\right)^{N/2}\exp\left[-\sum_{k=1}^{N}\frac{(x_k-1)^2}{2}\right]}{\left(\frac{1}{2\pi}\right)^{N/2}\exp\left[-\sum_{k=1}^{N}\frac{x_k^{\ 2}}{2}\right]}=\exp\left(\sum_{k=1}^{N}x_k-\frac{N}{2}\right)$$

对数似然比函数为

$$\ln\lambda(\boldsymbol{x}_N)=\sum_{k=1}^{N}x_k-\frac{N}{2}$$

采用序列检测准则时，两个似然比检测门限的对数分别为

$$\ln\eta_1=\ln\left(\frac{1-\beta}{\alpha}\right)=\ln 90\approx 4.500$$

$$\ln\eta_0=\ln\left(\frac{\beta}{1-\alpha}\right)=\ln\frac{0.1}{0.99}\approx -2.293$$

所以，信号状态序列检测的判决式为：若 $\sum_{k=1}^{N}x_k-\frac{N}{2}\geqslant 4.500$，则判决假设 H_1 成立：若 $\sum_{k=1}^{N}x_k-\frac{N}{2}\leqslant -2.293$，则判决假设 H_0 成立；若 $-2.293<\sum_{k=1}^{N}x_k-\frac{N}{2}<4.500$，则需要再进行一次观测后，做检验。

在假设 H_1 为真时和假设 H_0 为真时，平均观测次数分别为

$$E(N\mid H_1)=\frac{(1-\beta)\ln\eta_1+\beta\ln\eta_0}{E[\ln\lambda(x)\mid H_1]}$$

$$E(N\mid H_0)=\frac{\alpha\ln\eta_1+(1-\alpha)\ln\eta_0}{E[\ln\lambda(x)\mid H_0]}$$

式中，

$$E[\ln\lambda(x)\mid H_1]=E\left[\left(x-\frac{1}{2}\right)\mid H_1\right]=E\left[(1+n)-\frac{1}{2}\right]=\frac{1}{2}$$

$$E[\ln\lambda(x)\mid H_0]=E\left[\left(x-\frac{1}{2}\right)\mid H_0\right]=E\left[n-\frac{1}{2}\right]=-\frac{1}{2}$$

其中，n 是任一次的观测噪声。计算得 $E(N\mid H_1)=7.641$， $E(N\mid H_0)=4.450$。

习　题　3

3-1　证明采用贝叶斯检测准则时，二元信号状态统计检测的平均代价可以表示为

$$C=c_{00}+(c_{10}-c_{00})P(H_1\mid H_0)+P(H_1)[(c_{11}-c_{00})+(c_{01}-c_{11})P(H_0\mid H_1)-(c_{10}-c_{00})P(H_1\mid H_0)]$$

3-2　三元信号状态统计检测时，假设 $H_j(j=0,1,2)$ 为真的观测信号 x_k 的模型为

$$H_0:\ x_k=-a+n_k\quad k=1,2,\cdots,N$$
$$H_1:\ x_k=n_k\quad k=1,2,\cdots,N$$
$$H_2:\ x_k=a+n_k\quad k=1,2,\cdots,N$$

其中，信号 $a>0$，是确知信号；观测噪声 $n_k \sim N(0,\sigma_n^2)(k=1,2,\cdots,N)$，且 n_j 与 $n_k(j,k=1,2,\cdots,N;j\neq k)$ 互不相关；已知假设 H_j 为真的先验概率 $X(i)$ 相等，各种判决的代价因子 $c_{ij}=1-\delta_{ij}(i,j=0,1,2)$。

（1）求该三元信号状态统计检测的最佳判决式，图示判决域的划分。

（2）求平均正确概率 P_c 的平均错误概率 P_e 的计算式。

3-3 简单二元信号状态统计检测情况下，假设 H_0 为真时和假设 H_1 为真时，观测信号 x_k 的模型分别为

$$H_0:\ x_k=n_k \quad k=1,2,\cdots,N$$
$$H_1:\ x_k=s_k+n_k \quad k=1,2,\cdots,N$$

其中，信号 $s_k(k=1,2,\cdots,N)$ 是确知信号，但各 s_k 的值可以是不一样的，信号的能量为 $E_s=\sum_{k=1}^{N}s_k^2$；观测噪声 $n_k \sim N(0,\sigma_n^2)(k=1,2,\cdots,N)$，且 n_j 与 $n_k(j,k=1,2,\cdots,N;j\neq k)$ 互不相关。已知似然比检测门限为 η。

（1）求采用贝叶斯检测准则的最佳判决式，画出检测器的结构框图。

（2）求判决概率 $p(H_1|H_0)$ 和 $p(H_1|H_1)$ 的计算式。

3-4 一般二元信号状态统计检测情况下，假设 H_0 为真时和假设 H_1 为真时，观测信号 x_k 的模型分别为

$$H_0:\ x_k=s_{0k}+n_k \quad k=1,2,\cdots,N$$
$$H_1:\ x_k=s_{1k}+n_k \quad k=1,2,\cdots,N$$

其中，信号 s_{0k} 和 $s_{1k}(k=1,2,\cdots,N)$ 是确知信号，但各 s_{0k} 的值和各 s_{1k} 的值可以是不一样的；信号 s_{0k} 和 s_{1k} 的能量分别为 $E_{s_0}=\sum_{k=1}^{N}s_{0k}^2$ 和 $E_{s_1}=\sum_{k=1}^{N}s_{1k}^2$；信号 s_{0k} 和 s_{1k} 的相关系数为 $\rho=\frac{1}{\sqrt{E_{s_0}E_{s_1}}}\sum_{k=1}^{N}s_{0k}s_{1k},|\rho|\leqslant 1$。观测噪声 $n_k \sim N(0,\sigma_n^2)(k=1,2,\cdots,N)$，且 n_j 与 $n_k(j,k=1,2,\cdots,N;j\neq k)$ 互不相关。已知似然比检测门限为 η。

（1）求采用贝叶斯检测准则的最佳判决式，画出检测器的结构框图。

（2）求判决概率 $p(H_1|H_0)$ 和 $p(H_1|H_1)$ 的计算式。

3-5 一般二元信号状态统计检测情况下，设检测信号 x 是 N 次观测信号之和，即假设 H_0 为真时和假设 H_1 为真时，观测信号 x_k 的模型分别为

$$H_0:\ x_k=\sum_{k=1}^{N}(s_{0k}+n_k)$$
$$H_1:\ x_k=\sum_{k=1}^{N}(s_{1k}+n_k)$$

其中，信号 s_{0k} 和 $s_{1k}(k=1,2,\cdots,N)$ 是确知信号，但各 s_{0k} 的值和各 s_{1k} 的值可以是不一样的；信号 s_{0k} 和 s_{1k} 的能量分别为 $E_{s_0}=\sum_{k=1}^{N}s_{0k}^2$ 和 $E_{s_1}=\sum_{k=1}^{N}s_{1k}^2$；信号 s_{0k} 和 s_{1k} 的相关系数为 $\rho=\frac{1}{\sqrt{E_{s_0}E_{s_1}}}\sum_{k=1}^{N}s_{0k}s_{1k},|\rho|\leqslant 1$。观测噪声 $n_k \sim N(0,\sigma_n^2)(k=1,2,\cdots,N)$，且 n_j 与 $n_k(j,k=1,2,\cdots,N;j\neq k)$ 互不相关。已知似然比检测门限为 η。

（1）求采用贝叶斯检测准则的最佳判决式，画出检测器的结构框图。

（2）与习题 3-4 的观测模型情况比较，说明信号状态贝叶斯检测的最佳判决式和检测性能是否相同及原因。

3-6 二元信号状态统计检测时，假设 H_0 为真时和假设 H_1 为真时，观测信号 x_k 的模型分别为

$$H_0:\ x_k=n_k \quad k=1,2,\cdots,N$$
$$H_1:\ x_k=a+n_k \quad k=1,2,\cdots,N$$

其中，信号 a 是确知信号；观测噪声 $n_k \sim N(0,\sigma_n^2)(k=1,2,\cdots,N)$，且 n_j 与 $n_k(j,k=1,2,\cdots,N;j\neq k)$ 互不相关。

若要求错误判决概率 $p(H_1|H_0)=\alpha=0.0001$，研究信号状态的最佳检测问题。

3-7 二元信号状态统计检测情况下，假设 H_0 为真时的观测信号 x 是参数为 λ_0 的双边指数分布，其似然函数 $p(x|H_0)=\dfrac{\lambda_0}{2}\exp(-\lambda_0|x|)$；假设 H_1 为真时的观测信号 x 是参数为 λ_1 的双边指数分布，其似然函数 $p(x|H_0)=\dfrac{\lambda_1}{2}\exp(-\lambda_1|x|)$，其中，参数 $\lambda_1>\lambda_0>0$，均为实常数。

（1）若似然比检测门限为 η，求信号状态统计检测的最佳判决式。

（2）若 $\eta=1$，画出判决域的划分，并求判决概率 $p(H_1|H_0)$ 和 $p(H_1|H_1)$ 的计算式。

3-8 研究等均值矢量、不等协方差矩阵高斯观测信号时，二元信号状态的统计检测问题。

假设 H_0 为真时和假设 H_1 为真时，观测信号 x_k 的模型分别为

$$H_0:\ x_k \sim N(\mu_x,\sigma_{x_0}^2)\quad k=1,2,\cdots,N$$

$$H_1:\ x_k = N(\mu_x,\sigma_{x_1}^2)\quad k=1,2,\cdots,N$$

且 n_j 与 $n_k(j,k=1,2,\cdots,N;j\neq k)$ 互不相关。已知似然比检测门限 $\eta=1$。

（1）分别求 $\sigma_{x_1}^2>\sigma_{x_0}^2$ 和 $\sigma_{x_1}^2<\sigma_{x_0}^2$ 两种情况下信号状态统计检测的最佳判决式。

（2）假设 $H_j(j=0,1)$ 为真时，求检验统计量 $l(\boldsymbol{x})$ 的概率密度函数 $p(l|H_j)(j=0,1)$。

3-9 研究不等均值矢量、不等协方差矩阵高斯观测信号时，二元信号状态的统计检测问题。

假设 H_0 为真时和假设 H_1 为真时，观测信号 x_k 的模型分别为

$$H_0:\ x_k = n_{0k}\quad k=1,2,\cdots,N$$

$$H_1:\ x_k = a+n_{1k}\quad k=1,2,\cdots,N$$

其中，信号 $a>0$；观测噪声 $n_{0k}\sim N(0,\sigma_n^2)$，且 n_{0j} 与 $n_{0k}(j,k=1,2,\cdots,N;j\neq k)$ 互不相关；观测噪声 $n_{1k}\sim N(0,\sigma_n^2)$，且 n_{1j} 与 $n_{1k}(j,k=1,2,\cdots,N;j\neq k)$ 互不相关。

若似然比检测门限 $\eta=1$，求信号状态统计检测的最佳判决式。

3-10 M 元信号状态统计检测时，试证明采用贝叶斯检测准则的一种等价判决式为：计算检验统计量

$$\beta_i=\sum_{j=0}^{M-1}c_{ij}P(H_i|x)\quad i=0,1,\cdots,M-1$$

选择与 $\beta_{\min}=\min\{\beta_i,i=0,1,\cdots,M-1\}$ 相应的假设成立。

第 4 章　信号波形检测理论

4.1　概述

实际应用中，观测信号通常是连续随机信号，可将信号状态统计检测的理论推广到信号波形的检测中。例如，在雷达、通信等系统中，通过信号波形检测的研究，会给出信号检测器的结构和检测性能与信号波形、信号能量及信号随机参量统计特性等的关系，其结论将作为最佳信号波形设计、系统有关参数选择等的理论依据之一。

4.2　匹配滤波器理论

在电子信息系统中，在获取最大的输出功率信噪比时，对接收机的要求是按匹配滤波器来设计的。为什么说匹配滤波器是系统中的重要组成部分？其原因是在对信号波形检测时，通常情况下我们采用匹配滤波器来构造最佳检测器。

4.2.1　匹配滤波器的概念

在通信、雷达等电子信息系统中，许多常用的接收机，其模型均可由如下两部分组成：

（1）线性滤波器；

（2）判决电路。

接收机模型如图 4-2-1 所示。

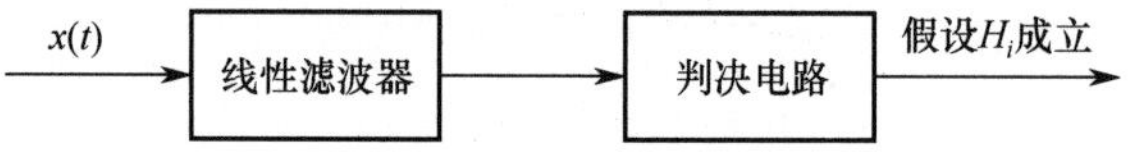

图 4-2-1　接收机模型

在接收机模型中，线性滤波器具有怎样的功能？

其功能为对接收信号进行某种方式的加工处理，以利于正确判决。通常情况下，判决电路为一个非线性装置，最简单的判决电路由以下两部分组成：

（1）输入信号；

（2）比较器。

若线性时不变滤波器输入的信号是确知信号，噪声是加性平稳噪声，则在输入功率信噪比一定的条件下，使输入功率信噪比为最大的滤波器，就是一个与输入信号相匹配的最佳滤波器，称为匹配滤波器（Matched Filter，MF），使输出信噪比最大是匹配滤波器的设计准则。

4.2.2　匹配滤波器的定义

设单位冲击响应为 $h(t)$、频率响应函数为 $H(\omega)$ 的线性时不变滤波器如图 4-2-2 所示。滤波器的输入信号为

$$x(t)=s(t)+n(t) \tag{4-2-1}$$

若输出信号 $s(t)$ 的功率为 P_s，输出噪声 $n(t)$ 的平均功率为 P_n，则 $y(t)$ 的功率信噪比为

$$\mathrm{SNR}=\frac{P_s}{P_n}$$

由线性系统的叠加定理，滤波器的输出信号为

$$y(t)=s_{\mathrm{o}}(t)+n_{\mathrm{o}}(t) \tag{4-2-2}$$

若输出信号 $s_{\mathrm{o}}(t)$ 的功率为 $P_{s_{\mathrm{o}}}$，输出噪声 $n_{\mathrm{o}}(t)$ 的平均功率为 $P_{n_{\mathrm{o}}}$，则 $y(t)$ 的功率信噪比为

$$\mathrm{SNR}_{\mathrm{o}}=\frac{P_{s_{\mathrm{o}}}}{P_{n_{\mathrm{o}}}}$$

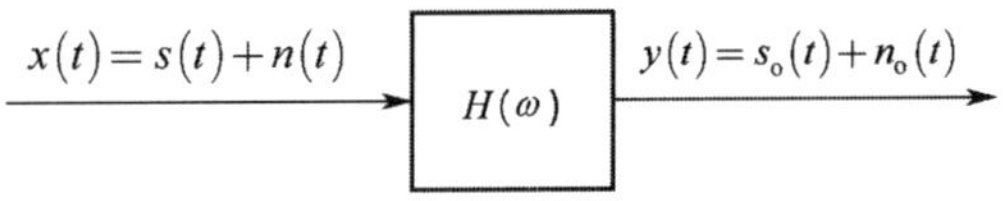

图 4-2-2　线性时不变滤波器

4.2.3　匹配滤波器的设计

给出功率谱密度

$$P_n(\omega)=\frac{N_0}{2}$$

注意，这里假定输入信号 $s(t)$ 是已知的；噪声 $n(t)$ 是白噪声；N_0 为常数。

令 $S(\omega)$ 表示 $s(t)$ 的频谱，当 $s(t)$ 给定时，可用下式求得

$$S(\omega)=\int_{-\infty}^{\infty}s(t)\mathrm{e}^{-\mathrm{j}\omega t}\mathrm{d}t$$

由于输出信号的频谱为

$$S_{\mathrm{o}}(\omega)=S(\omega)H(\omega)$$

故输出信号 $s_{\mathrm{o}}(t)$ 为

$$s_{\mathrm{o}}(t)=\frac{1}{2\pi}\int_{-\infty}^{\infty}S(\omega)H(\omega)\mathrm{e}^{\mathrm{j}\omega t}\mathrm{d}\omega$$

输出噪声 $s_{\mathrm{o}}(t)$ 的平均功率为

$$s_{\mathrm{o}}(t)=\frac{1}{2\pi}\int_{-\infty}^{\infty}S(\omega)H(\omega)\mathrm{e}^{\mathrm{j}\omega t}\mathrm{d}\omega$$

输出噪声 $n_{\mathrm{o}}(t)$ 的平均功率为

$$E\left[n_{\mathrm{o}}^2(t)\right]=\frac{1}{2\pi}\int_{-\infty}^{\infty}\frac{N_{\mathrm{o}}}{2}H(\omega)\,\mathrm{d}\omega$$

因此，可以写出在某一时刻 $t=t_0$，滤波器输出的瞬时功率信噪比 γ 为

$$\gamma=\frac{\left|s_{\mathrm{o}}\left(t_0\right)\right|}{E\left[n_{\mathrm{o}}^2(t)\right]}=\frac{\left|\frac{1}{2\pi}\int_{-\infty}^{\infty}S(\omega)H(\omega)\mathrm{e}^{\mathrm{j}\omega t}\mathrm{d}\omega\right|^2}{\frac{1}{2\pi}\int_{-\infty}^{\infty}\frac{N_0}{2}H(\omega)\mathrm{d}\omega} \tag{4-2-3}$$

为得到使 γ 达到最大的条件，利用施瓦兹（Schwartz）不等式及其取等号成立的条件式

$$\left|\int_{-\infty}^{\infty}A(\omega)B(\omega)\mathrm{e}^{\mathrm{j}\omega t}\mathrm{d}\omega\right|\leqslant\int_{-\infty}^{\infty}\left|A(\omega)\right|^2\mathrm{d}\omega\int_{-\infty}^{\infty}\left|B(\omega)\right|^2\mathrm{d}\omega$$

来求解。必须满足

$$A(\omega)=KB^*(\omega)$$

等式才能够成立。

不妨设

$$\begin{cases}A(\omega)=H(\omega)\\ S(\omega)=S(\omega)\mathrm{e}^{\mathrm{j}\omega t}\end{cases}$$

那么式（4-2-3）则可改写为如下不等式形式

$$\gamma\leqslant\frac{\frac{1}{4\pi^2}\int_{-\infty}^{\infty}\left|S(\omega)\right|^2\mathrm{d}\omega\int_{-\infty}^{\infty}\left|H(\omega)\right|^2\mathrm{d}\omega}{\frac{N_0}{4\pi}\int_{-\infty}^{\infty}\left|H(\omega)\right|^2\mathrm{d}\omega}=\frac{\frac{1}{2\pi}\int_{-\infty}^{\infty}\left|S(\omega)\right|^2\mathrm{d}\omega}{\frac{N_0}{2}}=\frac{2E}{N_0} \tag{4-2-4}$$

式中，E 代表信号的能量，易知

$$E=\int_{-\infty}^{\infty}s^2(t)\mathrm{d}t=\frac{1}{2\pi}\int_{-\infty}^{\infty}\left|S(\omega)\right|^2\mathrm{d}\omega$$

式（4-2-4）表明，该不等式取等号时，γ 达到最大，即

$$\gamma_{\max}=\frac{2E}{N_0}$$

根据施瓦兹不等式成立的条件，必须使

$$H(\omega)=KS^*(\omega)\mathrm{e}^{-\mathrm{j}\omega t} \tag{4-2-5}$$

式中，K 为任意常数。也就是说，如果想要获得输出端的最大信噪比 $\gamma_{\max}$，十分简单，仅需按式（4-2-5）选取滤波器的传递函数 $H(\omega)$ 即可。最大信噪比与输入信号 $s(t)$ 的能量呈正比；在白噪声背景下，滤波器的传递函数除了一个相乘因子 $K\mathrm{e}^{-\mathrm{j}\omega t}$ 外，与信号 $s(t)$ 的共轭谱相同，或者说 $H(\omega)$ 是信号 $s(t)$ 超前 t_0 时刻 $s(t+t_0)$ 的共轭谱。因此，知道了输入信号 $s(t)$ 的频谱函数 $S(\omega)$，就可以设计出与 $s(t)$ 相匹配的匹配滤波器的传递函数 $H(\omega)$。

滤波器的冲击响应函数 $h(t)$ 和传递函数 $H(\omega)$ 构成一对傅里叶变换对。因此，匹配滤波器的冲击响应函数 $h(t)$ 为

$$\begin{aligned}h(t)&=\frac{1}{2\pi}\int_{-\infty}^{\infty}H(\omega)\mathrm{e}^{\mathrm{j}\omega t}\mathrm{d}\omega=\frac{1}{2\pi}\int_{-\infty}^{\infty}KS^*(\omega)\mathrm{e}^{-\mathrm{j}\omega t_0}\mathrm{e}^{\mathrm{j}\omega t}\mathrm{d}\omega\\&=\frac{1}{2\pi}\int_{-\infty}^{\infty}KS^*(\omega)\mathrm{e}^{-\mathrm{j}\omega(t-t_0)}\mathrm{d}\omega\end{aligned} \tag{4-2-6}$$

对于实信号 $s(t)$，将

$$S^*(\omega)=S(-\omega)$$

代入式（4-2-6），设

$$\omega'=\omega$$

式（4-2-6）变为

$$\begin{aligned}h(t)&=\frac{1}{2\pi}\int_{-\infty}^{\infty}KS(-\omega)\mathrm{e}^{-\mathrm{j}\omega(t_0-t)}\mathrm{d}\omega=\frac{1}{2\pi}\int_{-\infty}^{\infty}KS(\omega')\mathrm{e}^{-\mathrm{j}\omega(t_0-t)}\mathrm{d}\omega'\\&=Ks(t_0-t)\end{aligned}$$

这表明，$s(t)$ 为实信号时，匹配滤波器的冲击响应函数 $h(t)$ 等于输入信号 $s(t)$ 的镜像，但在时间上右移了 t_0，幅度上乘以非零常数 K。

4.2.4　匹配滤波器的特性

当滤波器的输入噪声 $n(t)$ 的功率谱密度为 $P(\omega)=\dfrac{N_0}{2}$ 的白噪声时，匹配滤波器主要特征如下。

1．匹配滤波器冲击响应函数 $h(t)$ 的特性和 t_0 的选择

对实信号 $s(t)$ 的匹配滤波器，其冲击响应函数为

$$h(t)=s(t_0-t)$$

显然，滤波器的冲击响应 $h(t)$ 与实信号 $s(t)$ 对于 $\dfrac{t_0}{2}$ 呈偶对称关系，如图 4-2-3 所示。

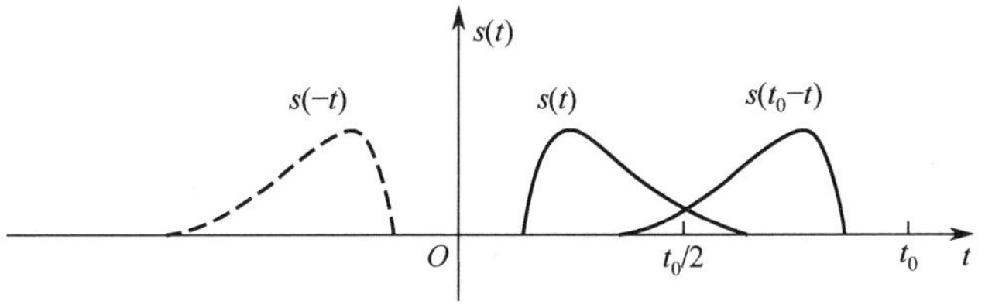

图 4-2-3　匹配滤波器的冲击响应函数的特性

为了使匹配滤波器是物理可实现的，其必须满足以下因果关系，即其冲击响应函数满足

$$h(t)=\begin{cases}s(t_0-t) & t\geqslant 0\\0 & t<0\end{cases}\tag{4-2-7}$$

也即系统的冲击响应不能发生在冲击脉冲之前。将式（4-2-7）带入 $h(t)=s(t_0-t)$，则必然有

$$h(t)=s(t_0-t)=0\quad t_0-t<0\tag{4-2-8}$$

即当 $t<t_0$ 时，$s(t)=0$，表示在 t_0 之后输入信号必须为零，也即信号的持续时间最长只能到 t_0。换句话说，观测时间 t_0 必须选在信号 $s(t)$ 结束之后，只有这样才能将信号的能量全部利用上。若信号的持续时间为 T，则应选

$$t_0\geqslant T$$

根据前面的分析，当$t_0 = T$时，输出信号已经达到最大值，故一般情况下选$t_0 = T$。

2．匹配滤波器的输出功率信噪比

如果输入信号$s(t)$的能量为E_s，白噪声$n(t)$的功率谱密度为$\dfrac{N_0}{2}$，则匹配滤波器的输出信号功率信噪比为

$$r_{\max} = \frac{1}{2\pi}\int_{-\infty}^{\infty}\frac{\left|S(\omega)\right|^2}{N_0/2}\,\mathrm{d}\omega = \frac{2E_s}{N_0}$$

它与输入信号$s(t)$的能量E_s有关，而与$s(t)$的波形无关。

3．匹配滤波器的适应性

这里对一个与$s(t)$匹配的滤波器，当输入信号发生变化时，其性能如何进行讨论。

设滤波器的输入信号为

$$s_1(t) = as(t-\tau) \tag{4-2-9}$$

即$s_1(t)$与$s(t)$形状相同，区别在于：

（1）幅度发生变化；

（2）具有时延。

根据傅里叶变换，$s_1(t)$的频谱为

$$S_1(\omega) = aS(\omega)\mathrm{e}^{-\mathrm{j}\omega t} \tag{4-2-10}$$

与这种信号匹配的滤波器的传递函数$H_1(\omega)$应为

$$\begin{aligned} H_1(\omega) &= KS_1^*(\omega)\mathrm{e}^{-\mathrm{j}\omega t_1} \\ &= aKS^*(\omega)\mathrm{e}^{-\mathrm{j}\omega t_0-\mathrm{j}\omega[t_1-(t_0+\tau)]} \\ &= AH(\omega)\mathrm{e}^{-\mathrm{j}\omega[t_1-(t_0+\tau)]} \end{aligned} \tag{4-2-11}$$

式中，$A=aK$；$H(\omega)$是与信号$s(t)$匹配的滤波器的传递函数；t_0是$s(t)$通过$H(\omega)$后得到最大输出信噪比的时刻；t_1是$s_1(t)$通过$H_1(\omega)$后得到最大输出信噪比的时刻。因为$s_1(t)$与$s(t)$相差一个延迟τ，所以设计与$s_1(t)$匹配的$H_1(\omega)$时，其观测时间t_1，应较t_0推后一段时间τ，即

$$t_1 = t_0 + \tau$$

这样，式（4-2-11）变为

$$H_1(\omega) = AH(\omega) \tag{4-2-12}$$

上述表明，两个匹配滤波器的传递函数之间，除有一个表示相对放大量的因数A外，它们的频率特性是完全一样的。因此，与信号$s(t)$匹配的滤波器的传递函数对于谱分量无变化，只有一个时间上的平移，对于幅度上变化的信号$as(t-\tau)$来说，仍是匹配的，只不过最大输出信噪比出现的时刻延迟了τ。但匹配滤波器对信号的频移不具有适应性。这是因为频移了Ω的信号$s_2(t)$，其频谱$S_2(\omega)=S(\omega\pm\Omega)$，与这种信号匹配的滤波器的传递函数应是

$$H_2(\omega)=KS^*(\omega)\mathrm{e}^{-\mathrm{j}\omega t_0}$$

显然，当$\Omega\neq 0$时，$H_2(\omega)$的频率特性和$H(\omega)$的频率特性是不一样的。因此，匹配滤波器对频移信号没有适应性。

4．匹配滤波器与相关器的关系

相关器可分为自相关器和互相关器两种类型。

（1）自相关器。

自相关器对输入信号进行自相关函数运算，如图 4-2-4 所示。

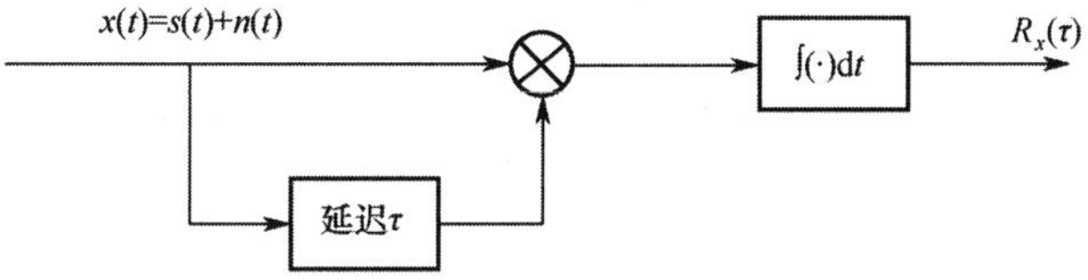

图 4-2-4　自相关器

对于平稳输入信号

$$x(t)=s(t)+n(t)$$

自相关的输出是输入信号$x(t)$的自相关函数$R_x(\tau)$，即

$$\begin{aligned}R_x(\tau)&=\int_{-\infty}^{\infty}x(t)x(t-\tau)\mathrm{d}t\\&=\int_{-\infty}^{\infty}\left[x(t)+n(t)\right]\left[x(t-\tau)+n(t-\tau)\right]\mathrm{d}t\\&=R_s(\tau)+R_n(\tau)+R_{sn}(\tau)+R_{ns}(\tau)\end{aligned}$$

通常，噪声$n(t)$的均值为零，信号$s(t)$与零均值噪声$n(t)$是互不相关的，此时

$$R_x(\tau)=R_s(\tau)+R_n(\tau) \tag{4-2-13}$$

（2）互相关器。

互相关器对两个输入信号x_1、x_2进行互相关运算，如图 4-2-5 所示。图 4-2-6 与图 4-2-5 有些不同，经延迟加至乘法器的所谓参考信号，是取自发射机的纯信号$s(t)$，它是波形完全确定的确知信号。

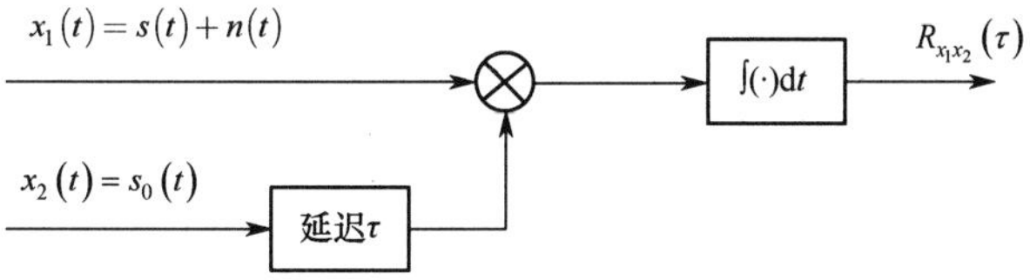

图 4-2-5　互相关器

对于平稳输入信号

$$x_1(t)=s(t)+n(t)$$

$$x_2(t)=s_0(t)$$

互相关器的输出是输入信号$x_1(t)$与$x_2(t)$的互相关函数$R_{x_1x_2}(\tau)$，即

$$R_{x_1x_2}(\tau)=\int_{-\infty}^{\infty}x_1(t)x_2(t)\,\mathrm{d}t$$

如果 $x_2(t)$ 是本地信号，则

$$s_0(t)=s(t)$$

噪声 $n(t)$ 的均值为零，信号 $s(t)$ 与零均值噪声 $n(t)$ 互不相关，则有

$$R_{x_1x_2}(\tau)=R_s(\tau)$$

互相关器的输出是信号 $s(t)$ 的自相关函数。

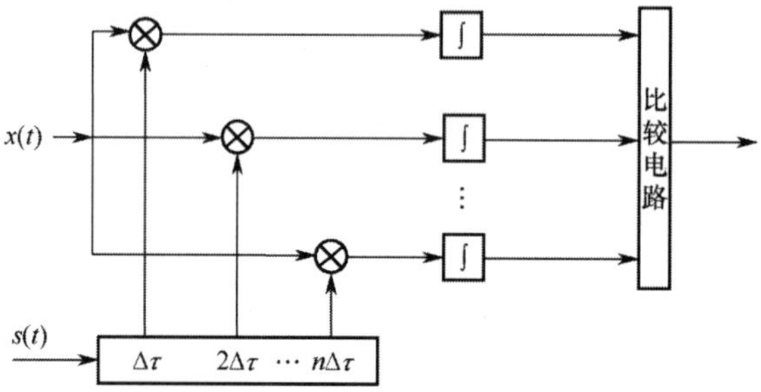

图 4-2-6　互相关器框图

上面介绍了自相关器和互相关器，这里将简单对比自相关接收法与互相关接收法、互相关接收法与匹配滤波器法。

自相关接收法与互相关接收法的比较如图 4-2-7 所示。

互相关接收法与匹配滤波接收法的比较如图 4-2-8 所示。

自相关接收法无须预知信号形式，而互相关接收法则需预知信号形式

互相关接收法比自相关接收法更有效，因前者采用的参考信号是无噪声的，而后者采用的参考信号本身就已含有噪声

图 4-2-7　自相关接收法与互相关接收法的比较

匹配滤波接收法利用的是频域特性，采用的是频域分析方法；而互相关接收法利用的是时域特性，采用的是时域分析方法

匹配滤波接收法可用模拟方法实现，且能连续地给出实时输出。而互相关接收法中的时延不便于实现连续的取值

图 4-2-8　互相关接收法与匹配滤波接收法的比较

4.2.5　应用举例

例 4-2-1　单矩形脉冲信号的匹配滤波器。设有脉冲信号

$$s(t)=\begin{cases}A & 0\leqslant t\leqslant T\\ 0 & \text{其他}\end{cases}$$

波形如图 4-2-9 所示。求匹配滤波器 $H(\omega)$ 与输出信号。

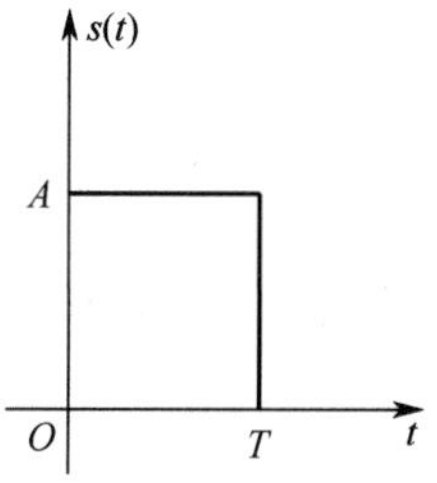

图 4-2-9　单矩形脉冲信号波形

解：先计算信号 $s(t)$ 的频谱

$$S(\omega)=\int_{-\infty}^{\infty}s(t)\mathrm{e}^{-\mathrm{j}\omega t}\mathrm{d}t=\int_0^T A\mathrm{e}^{-\mathrm{j}\omega t}\mathrm{d}t=\frac{A}{\mathrm{j}\omega}\left(1-\mathrm{e}^{-\mathrm{j}\omega T}\right)$$

$$=\frac{KA}{\mathrm{j}\omega}\left(1-\mathrm{e}^{-\mathrm{j}\omega T}\right)$$

取观测时刻 t_0 等于信号结束的时刻 T（$t_0=T$），则得匹配滤波器的传递函数为

$$S(\omega)=\int_{-\infty}^{\infty}s(t)\mathrm{e}^{-\mathrm{j}\omega t}\mathrm{d}t=\int_{-\infty}^{\infty}s(t)\ \mathrm{e}^{-\mathrm{j}\omega t}\mathrm{d}t=\frac{A}{\mathrm{j}\omega}\left(1-\mathrm{e}^{-\mathrm{j}\omega T}\right)$$

易知匹配滤波器的冲击响应函数为

$$h(t)=Ks(t_0-t)=Ks(T-t)$$

即

$$h(t)=\begin{cases}KA & 0\leqslant t\leqslant T\\0 & \text{其他}\end{cases}$$

波形如图 4-2-10 所示。匹配滤波器的输出信号为

$$s_{\mathrm{o}}(t)=h(t)*s(t)=\int_{-\infty}^{\infty}s(\tau)h(t-\tau)\mathrm{d}\tau$$

$$=\begin{cases}\int_0^t AKA\mathrm{d}\tau=KA^2t & 0\leqslant t<T\\ \int_{t-T}^{T}AKA\mathrm{d}\tau=KA^2(2T-t) & T\leqslant t\leqslant 2T\\ 0 & t\langle 0,t\rangle 2T\end{cases}$$

其波形如图 4-2-11 所示。匹配滤波器的输出波形的形状变成自相关积分的形状，且关于 $t=T$ 对称，对称点 T 是输出信号的峰点。其结构框图如图 4-2-12 所示。

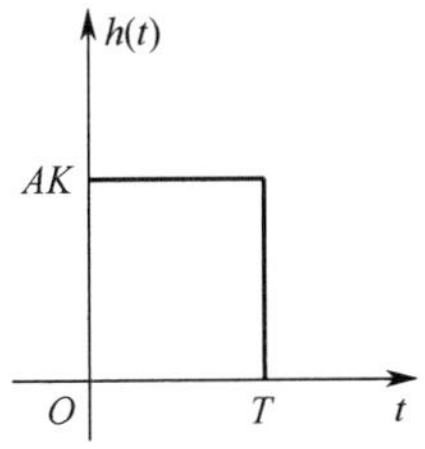

图 4-2-10　匹配滤波器的冲击响应波形

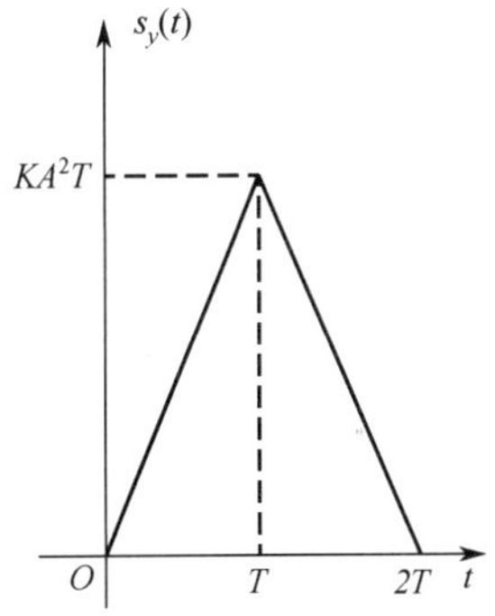

图 4-2-11　匹配滤波器的输出波形

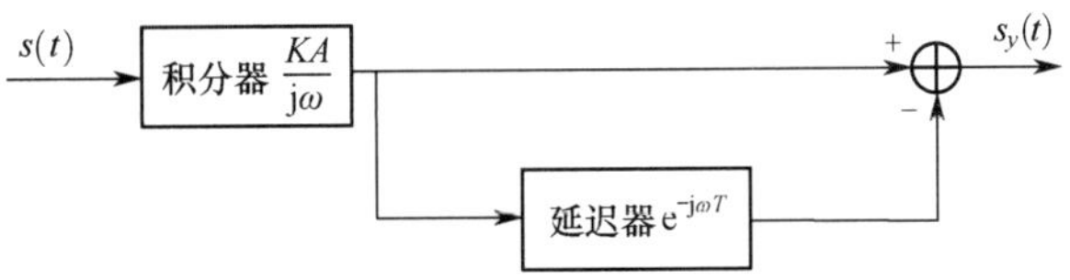

图 4-2-12　匹配滤波器结构框图

例 4-2-2　单矩形射频脉冲信号的匹配滤波器。设信号 $s(t)$ 的表达式为

$$s(t)=\begin{cases}\cos\omega_0 t & 0\leqslant t\leqslant T\\0 & \text{其他}\end{cases}$$

式中，

$$\omega_0=m\frac{2\pi}{T}\quad m\gg 0$$

且为整数。白噪声的功率谱密度为$\dfrac{N_0}{2}$。求匹配滤波器的冲击响应函数、输出波形和输出最大信噪比。

解：若选择$t_0 = T$，则匹配滤波器的冲击响应函数为

$$h(t) = K\cos\omega_0(T-t),\ 0 \leqslant t \leqslant T$$

匹配滤波器的输出为

$$s_o(t) = \int_{-\infty}^{\infty} h(\tau)s(t-\tau)\mathrm{d}\tau$$

因为

$$\begin{aligned}&\int_0^t K\cos\omega_0(T-t)\cos\omega_0(t-\tau)\mathrm{d}\tau\\ &=\frac{K}{2}\int_0^t\left[\cos\omega_0(T-t)+\cos\omega_0(T+t-2\tau)\right]\mathrm{d}\tau\\ &\approx\frac{1}{2}Kt\cos\omega_0(T-t)\end{aligned}$$

$$\int_{t-T}^{T} K\cos\omega_0(T-t)\cos\omega_0(t-\tau)\mathrm{d}\tau \approx \frac{1}{2}K(2T-t)\cos\omega_0(T-t)$$

如果考虑到

$$\omega_0 T = 2\pi m$$

那么有

$$s_o(t) = \begin{cases}\dfrac{Kt}{2}\cos\omega_0 t & 0 \leqslant t \leqslant T\\ \dfrac{K}{2}(2T-t)\cos\omega_0 t & T \leqslant t \leqslant 2T\\ 0 & \text{其他}\end{cases}$$

如图 4-2-13 所示为输入信号的冲击响应函数和匹配滤波器的输出信号波形。

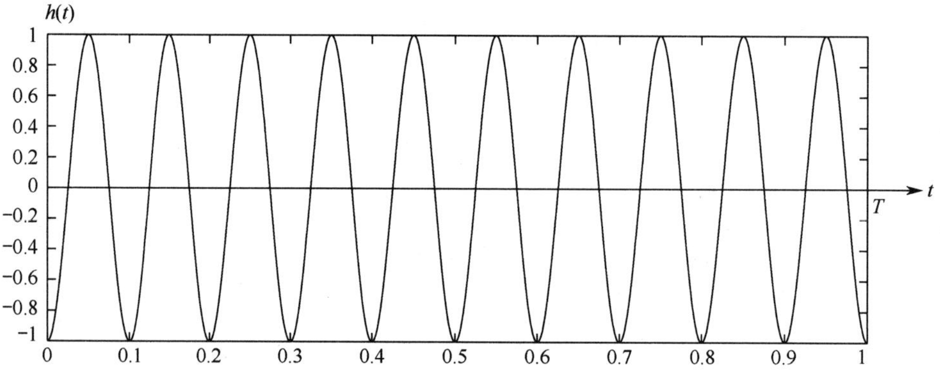

(a) 输入信号的冲击响应函数

图 4-2-13　输入信号的冲击响应函数和匹配滤波器的输出信号波形

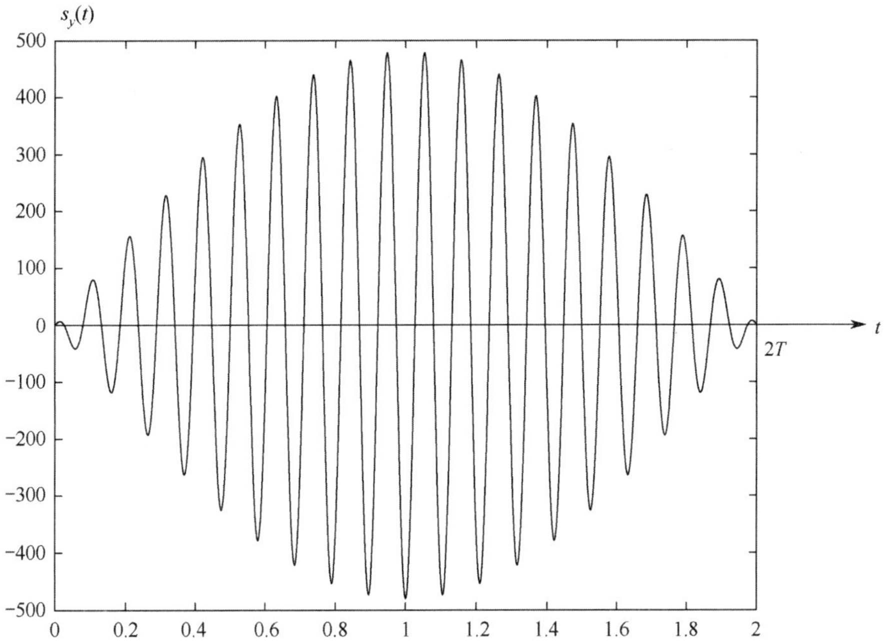

(b) 匹配滤波器的输出信号波形

图 4-2-13　输入信号的冲击响应函数和匹配滤波器的输出信号波形（续）

计算信号的能量

$$E=\int_{-\infty}^{\infty} s^2(t)\mathrm{d}t=\int_0^T \cos^2 \omega_0 t\mathrm{d}t=\frac{T}{2}$$

所以有

$$r_{\max}=\frac{2E}{N_0}=\frac{T}{N_0}$$

4.3　确知信号的检测

信道中的信号类型如图 4-3-1 所示。

4.3.1　独立样本的获取

若在观测时间 T 内，以 Δt 为采样间隔对 $x(t)$ 进行采样，得到 N 个观测值 $x_1,x_2,\cdots,x_N$。这里我们思考 Δt 应该取何值才能使各观测值相互独立呢？

假设噪声 $n(t)$ 是高斯限带白噪声，$n(t)$ 的功率谱密度 $P_n(\omega)$ 为

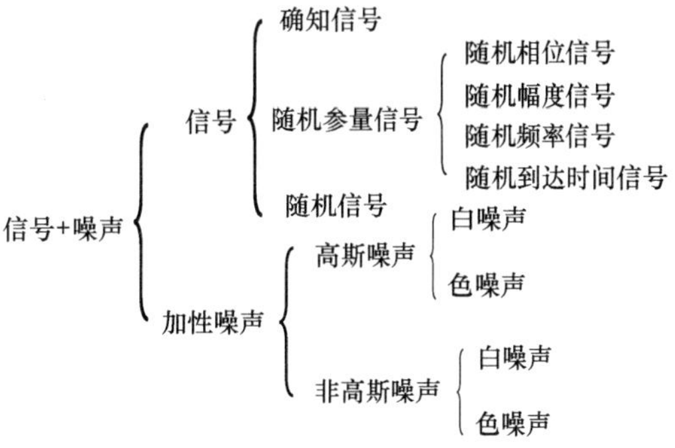

图 4-3-1　信号类型

$$P_n(\omega)=\begin{cases}\dfrac{N_0}{2} & |\omega|\leqslant\Omega\\ 0 & |\omega|>\Omega\end{cases}$$

$n(t)$ 的自相关函数为

$$R_n(\tau)=\frac{\Omega N_0}{2\pi}\cdot\frac{\sin\Omega\tau}{\Omega\tau} \tag{4-3-1}$$

其相关图形如图 4-3-2 所示。

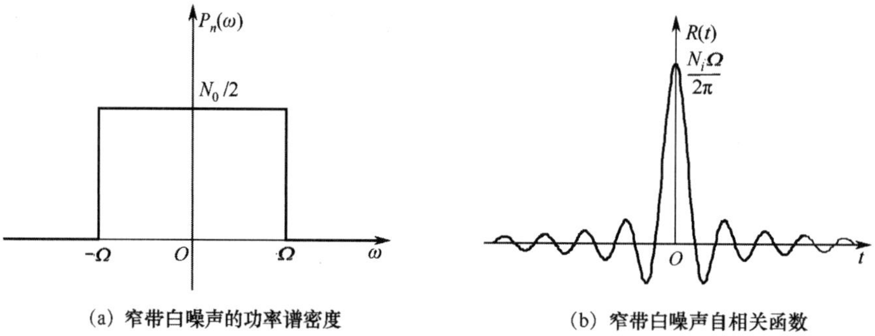

图 4-3-2　自相关函数

由式（4-3-1）可知，$R_n(\tau)$ 的第一个零点出现在 $\tau=\dfrac{\pi}{\Omega}$ 处，因此，如果以时间间隔 $\Delta t=\dfrac{\pi}{\Omega}$ 进行采样，所得各样本是不相关的。对于高斯分布的噪声，也是独立的。若设

$$\Omega=2\pi F$$

则

$$\Delta t=\frac{1}{2F}$$

4.3.2　接收机的结构形式

在雷达中，H_1 假设和 H_0 假设分别对应于

$$H_1: x(t)=s(t)+n(t)$$
$$H_0: x(t)=n(t)$$

对于 H_1 和 H_0 假设下的观测信号进行离散化后得

$$H_1: \boldsymbol{x}=\boldsymbol{s}+\boldsymbol{n}$$
$$H_0: x(t)=n(t)$$

式中，$n(t)$ 是零均值限带高斯白噪声，$s(t)$ 是确知信号。

$$\boldsymbol{x}=[x_1,x_2,\cdots,x_N]^{\mathrm{T}}$$
$$\boldsymbol{s}=[s_1,s_2,\cdots,s_N]^{\mathrm{T}}$$
$$\boldsymbol{n}=[n_1,n_2,\cdots,n_N]^{\mathrm{T}}$$
$$E[x_k\mid H_0]=E[n_k]=0$$

$$
\begin{aligned}
D\left[x_k \mid H_0\right] &= D\left[n_k \mid H_0\right] = E\left[n_k^2\right] - E^2\left[n_k\right] \\
&= R_n(0) = \frac{N_0 \Omega}{2\pi} \\
&= \sigma_n^2
\end{aligned}
\tag{4-3-2}
$$

当采样间隔为

$$
\Delta t = \frac{\pi}{\Omega} \tag{4-3-3}
$$

时，由式（4-3-1）可知$\{n_1, n_2, \cdots, n_N\}$是相互独立的高斯随机变量，于是，条件概率密度$p(\boldsymbol{x} \mid H_1)$和$p(\boldsymbol{x} \mid H_0)$可分别表示为

$$
p(\boldsymbol{x} \mid H_0) = \left(\frac{1}{2\pi\sigma_n^2}\right)^{N/2} \exp\left[-\frac{\sum_{k=1}^{N} x_k^2}{2\sigma_n^2}\right]
$$

$$
p(\boldsymbol{x} \mid H_1) = \left(\frac{1}{2\pi\sigma_n^2}\right)^{N/2} \exp\left[-\frac{\sum_{k=1}^{N} (x_k - s_k)^2}{2\sigma_n^2}\right]
$$

似然比为

$$
\lambda(\boldsymbol{x}) = \frac{p(\boldsymbol{x} \mid H_1)}{p(\boldsymbol{x} \mid H_0)} = \frac{\exp\left[-\sum_{k=1}^{N} \frac{(x_k - s_k)^2}{2\sigma_n^2}\right]}{\exp\left(-\sum_{k=1}^{N} \frac{x_k^2}{2\sigma_n^2}\right)} \tag{4-3-4}
$$

假设似然比检测的最佳门限为$\lambda^*(\boldsymbol{x})$，似然比检测判决规则为

$$
\lambda(\boldsymbol{x}) \underset{H_0}{\overset{H_1}{\gtrless}} \lambda^*(\boldsymbol{x})
$$

若用对数似然比，判决规则为

$$
\ln \lambda(\boldsymbol{x}) \underset{H_0}{\overset{H_1}{\gtrless}} \ln \lambda^*(\boldsymbol{x})
$$

由式（4-3-4），判决规则为

$$
\frac{1}{2\sigma_n^2} \sum_{k=1}^{N} \left(2x_k s_k - s_k^2\right) \underset{H_0}{\overset{H_1}{\gtrless}} \ln \lambda^*(\boldsymbol{x})
$$

代入式（4-3-2）和式（4-3-3），上式变为

$$
\frac{\Delta t}{N_0} \sum_{k=1}^{N} \left(2x_k s_k - s_k^2\right) \underset{H_0}{\overset{H_1}{\gtrless}} \ln \lambda^*(\boldsymbol{x})
$$

设

$$
t \to 0,\ N \to \infty
$$

上式左端求和变成积分

$$\frac{2}{N_0}\int_0^T x(t)s(t)\,\mathrm{d}t-\frac{1}{N_0}\int_0^T s^2(t)\,\mathrm{d}t\underset{H_0}{\overset{H_1}{\gtrless}}\ln\lambda^*(\boldsymbol{x})$$

$$\frac{2}{N_0}\int_0^T x(t)s(t)\,\mathrm{d}t-\frac{1}{2}\int_0^T s^2(t)\,\mathrm{d}t\underset{H_0}{\overset{H_1}{\gtrless}}\frac{N_0}{2}\ln\lambda^*(\boldsymbol{x})$$

$$\frac{1}{2}\int_0^T s^2(t)\,\mathrm{d}t=E$$

判决规则为

$$\frac{2}{N_0}\int_0^T x(t)s(t)\,\mathrm{d}t\underset{H_0}{\overset{H_1}{\gtrless}}\mathrm{V}_T$$

其中

$$V_T=\frac{N_0}{2}\ln\lambda^*+\frac{E}{2}$$

检验统计量为

$$G=\int_0^T x(t)s(t)\,\mathrm{d}t$$

相关接收机结构如图 4-3-3 所示。可见，只要对观测到的$x(t)$进行互相关处理，就可以得到检验统计量，并与门限V_T进行比较，进行判决。

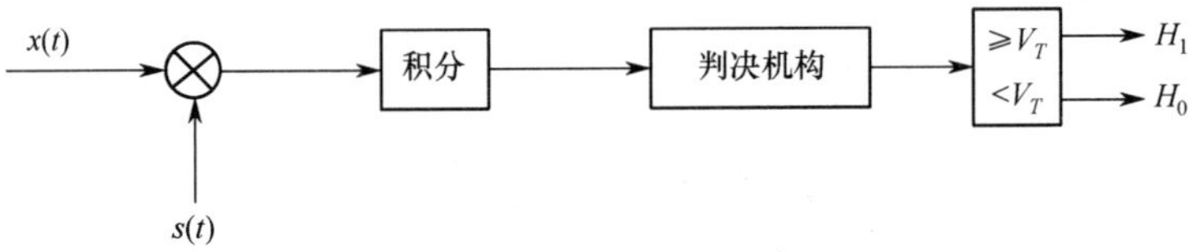

图 4-3-3　相关接收机结构

也可用匹配滤波器实现。由于匹配滤波器在$t=t_0$时刻输出信号达到最大值，如果选$t_0=T$则匹配滤波器的冲击响应函数为

$$h(t)=\begin{cases}s(T-t) & 0\leqslant t\leqslant T\\ 0 & 其他\end{cases}$$

则输入波形$x(t)$经匹配滤波后，在$t=T$时刻的输出为

$$y(T)=\int_0^T h(\lambda)x(T-\lambda)\,\mathrm{d}\lambda=\int_0^T s(T-\lambda)x(T-\lambda)\mathrm{d}\lambda$$

$$\underline{\underline{T-\lambda=t}}\int_0^T s(t)x(t)\,\mathrm{d}t$$

可见，只要对匹配滤波器的输出在$t-T$时刻进行取样，所得结果与相关器的输出是等效$t=T$的。检测确知信号的接收机是互相关处理器或匹配滤波器。接收机的设计过程就是求得检验统计量的过程。

4.3.3　接收机的检测性能

在信号检测理论中，研究系统的检测性能通常是在给定信号与噪声条件下，研究系统的平均风险或各类判决概率与输入信噪比的关系。在二元通信系统中，通常研究系统的平均错误概率与输入信噪比的关系。

为了便于计算二元通信系统中相关接收机的性能，首先假定两类假设的先验概率相等；而且假定正确判决不付出代价，错误判决付出相等的代价。

为了得到接收机的性能，首先我们对检验统计量 G 的统计特性进行讨论。

由于 G 是对 $x(t)$ 进行线性运算的，并且 $x(t)$ 是高斯随机过程，从而我们可知 G 也是高斯随机过程。先求出 G 的条件均值与方差，然后才能达到求出 G 的条件概率密度的目的。

当 H_0 为真时，均值为

$$E_0[G]=E_0\left[\int_0^T x(t)s(t)\mathrm{d}t\right]=\int_0^T E[n(t)]s(t)\mathrm{d}t=0$$

方差为

$$\begin{aligned}D_0[G]&=E_0\left[G^2\right]-E_0^2[G]=E_0\left[G^2\right]=E_0\left[\left(\int_0^T x(t)s(t)\mathrm{d}t\right)^2\right]=E\left\{\left[\int_0^T n(t)s(t)\mathrm{d}t\right]^2\right\}\\&=E\left[\int_0^T\int_0^T n(t_1)n(t_2)s(t_1)s(t_2)\mathrm{d}t_1\mathrm{d}t_2\right]=\int_0^T\int_0^T E\left[n(t_1)n(t_2)\right]s(t_1)s(t_2)\mathrm{d}t_1\mathrm{d}t_2\\&=\int_0^T\int_0^T\frac{N_0}{2}\delta(t_2-t_1)s(t_1)s(t_2)\mathrm{d}t_1\mathrm{d}t_2=\frac{N_0}{2}\int_0^T s^2(t)\,\mathrm{d}t=\frac{N_0E}{2}\end{aligned}$$

则检验统计量 G 的条件概率密度函数分别为

$$p(G\,|\,H_0)=\frac{1}{\sqrt{N_0E\pi}}\mathrm{e}^{-\frac{G^2}{N_0E}}$$

$$p(G\,|\,H_1)=\frac{1}{\sqrt{N_0E\pi}}\mathrm{e}^{-\frac{(G-E)^2}{N_0E}}$$

接收机的虚警概率和检测概率分别为

$$\begin{aligned}P_F&=\int_{V_T}^{\infty}p(G\,|\,H_0)\,\mathrm{d}G=\int_{V_T}^{\infty}\frac{1}{\sqrt{N_0E\pi}}\mathrm{e}^{-\frac{G^2}{N_0E}}\mathrm{d}G\\&=\int_{V_T\sqrt{\frac{2}{N_0E}}}^{\infty}\frac{1}{\sqrt{2\pi}}\mathrm{e}^{-\frac{t^2}{2}}\mathrm{d}t=1-\varPhi\left(V_T\sqrt{\frac{2}{N_0E}}\right)\\P_D&=\int_{V_T}^{\infty}p(G\,|\,H_1)\,\mathrm{d}G=\int_{V_T}^{\infty}\frac{1}{\sqrt{N_0E\pi}}\mathrm{e}^{-\frac{(G-E)^2}{N_0E}}\mathrm{d}G\\&=\int_{V_T\sqrt{\frac{2}{N_0E}}-\sqrt{\frac{2E}{N_0}}}^{\infty}\frac{1}{\sqrt{2\pi}}\mathrm{e}^{-\frac{t^2}{2}}\mathrm{d}t=1-\varPhi\left(V_T\sqrt{\frac{2}{N_0E}}-\sqrt{\frac{2E}{N_0}}\right)\end{aligned}\tag{4-3-5}$$

式中，

$$\varPhi(x)=\int_{V_T}^{x}\frac{1}{\sqrt{2\pi}}\mathrm{e}^{-\frac{t^2}{2}}\mathrm{d}t$$

是标准正态分布，可以查表求得。由式（4-3-5）可以看出，P_F 和 P_D 都与接收机的输出信

噪比 r 和 λ_0 有关，而 λ_0 取决于所用判决准则。如果以 r 为参量，则称 P_F 和 P_D 的关系曲线为接收机工作特性曲线（Receiver Operating Characteristic，ROC），如图 4-3-4 所示。

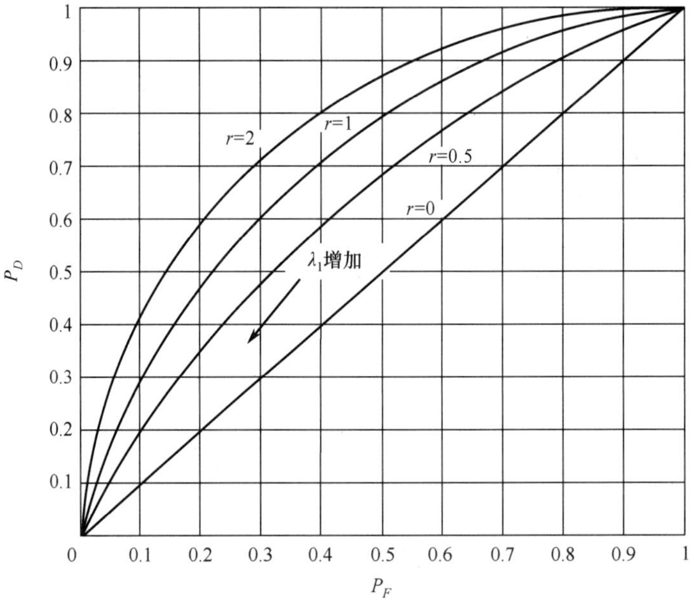

图 4-3-4　接收机工作特性曲线（ROC）

信噪比 r 在信号检测中占有非常重要的地位，是接收机的主要技术指标之一，因此常把图 4-3-4 所示的接收机工作特性曲线改画成 $P_D - r$ 曲线，而以 P_F 作为参变量，结果如图 4-3-5 所示。

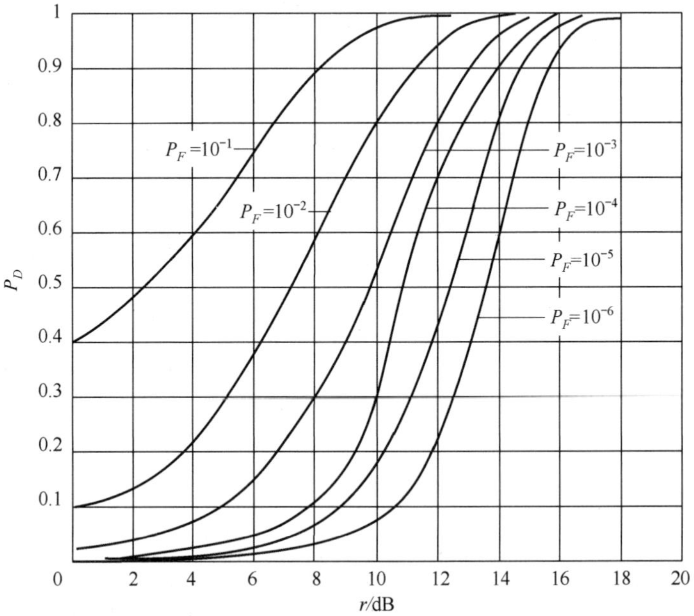

图 4-3-5　检测概率 P_D 与信噪比关系

虽然在不同的问题中，观测空间中的随机观测量 $\boldsymbol{x}$ 的统计特性 $p\left(\boldsymbol{x} \mid H_j\right)$ 会有所不同，但接收机的工作特性却有大致相同的形状。如果似然比函数 $\lambda(\boldsymbol{x})$ 是 x 的连续函数，则接收机工作特性有如下共同特点。

（1）所有连续似然比检验的接收机工作特性都是上凸的。

（2）所有连续似然比检验的接收机工作特性均位于对角线 $P_F = P_D$ 之上。

（3）接收机工作特性在某点处的斜率等于该点 P_F 和 P_D 所要求的检测门限值 λ_0。

图 4-3-6 所示为接收机工作特性在不同准则下的解。

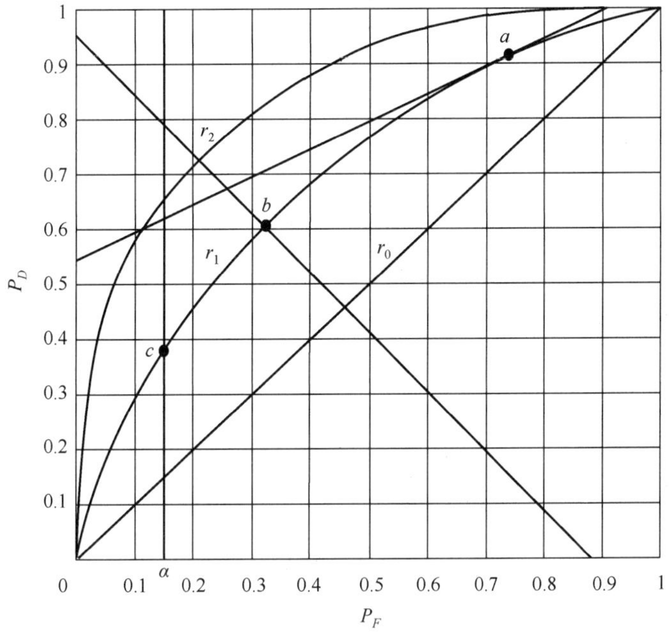

图 4-3-6　接收机工作特性在不同准则下的解

4.4　参量信号的检测——贝叶斯方法

4.4.1　贝叶斯原理

下面我们简单介绍参量信号统计检测的贝叶斯方法。

即在未知参数 θ_i 为参数的观测量 $\boldsymbol{x}$ 的概率密度函数 $p\left(\boldsymbol{x} \mid \theta_i, H_i\right)$ 的基础上，根据未知参数 θ_i 的概率密度函数 $p\left(\theta_i\right)(i=0,1)$ 完成参量信号的统计检测。此时，θ_i 为在观测时间内不随时间变化的随机参量，检测的信号为随机参量信号。

由于信号检测问题，只关心判决假设 H_0 成立，还是判决假设 H_1 成立，因此在已知随机信号参量 θ_0 和 θ_1 的先验概率密度函数 $p\left(\theta_0\right)$ 和 $p\left(\theta_1\right)$ 的情况下，可以采用统计平均的方法去掉随机参量信号的随机性。具体地说，用 $p\left(\boldsymbol{x}, \theta_i \mid H_i\right)$ 表示 H_i 为真，信号含随机参量 θ_i 时，接收信号 $x(t)$ 与 θ_i 的联合概率密度。根据贝叶斯公式

$$p(\boldsymbol{x},\theta_i \mid H_i)=p(\boldsymbol{x} \mid \theta_i,H_i)p(\theta_i \mid H_i) \tag{4-4-1}$$

因为

$$p(\theta_i \mid H_i)=p(\theta_i)$$

所以式（4-4-1）成为

$$p(\boldsymbol{x},\theta_i \mid H_i)=p(\boldsymbol{x} \mid \theta_i,H_i)p(\theta_i)$$

式中，$p(\boldsymbol{x},\theta_i \mid H_i)$表示$H_i$为真，$\theta_i$给定时，$x(t)$的条件概率密度函数。

当H_i为真时，$x(t)$的似然函数为

$$p(\boldsymbol{x} \mid H_i)=\int_{\theta_i} p(\boldsymbol{x},\theta_i \mid H_i)\mathrm{d}\theta_i=\int_{\theta_i} p(\boldsymbol{x} \mid \theta_i,H_i)p(\theta_i)\mathrm{d}\theta_i \tag{4-4-2}$$

这样，通过求$p(\boldsymbol{x} \mid \theta_i,H_i)$统计平均的方法去掉了$\theta_i$的随机性，使$p(\boldsymbol{x} \mid \theta_i)$的统计特性相当于确知信号的情况。于是随机信号参量下的似然比为

$$\lambda(\boldsymbol{x})=\frac{p(\boldsymbol{x} \mid H_1)}{p(\boldsymbol{x} \mid H_0)}=\frac{\int_{\theta_1} p(\boldsymbol{x} \mid \theta_1,H_1)p(\theta_1)\mathrm{d}\theta_1}{\int_{\theta_0} p(\boldsymbol{x} \mid \theta_0,H_0)p(\theta_0)\mathrm{d}\theta_0} \tag{4-4-3}$$

式（4-4-3）等号右边的分子与分母是两种假设下的平均（对于参量而言）似然函数，因此式（4-4-3）叫作平均似然比，似然比门限可根据所采用的判决准则确定。这种情况也可以退化为假设H_1是复合的，而假设H_0是简单的，如判断信号有无的二元假设检验。在这种情况下，似然比为

$$\lambda(\boldsymbol{x})=\frac{p(\boldsymbol{x} \mid H_1)}{p(\boldsymbol{x} \mid H_0)}=\frac{\int_{\theta} p(\boldsymbol{x} \mid H_1,\theta)p(\theta)\mathrm{d}\theta}{p(\boldsymbol{x} \mid H_0)}$$

4.4.2 高斯白噪声中的随机相位信号波形检测

我们设信号是雷达或声呐系统目标的回波。下面给出两种假设下的接收信号$x(t)$分别为

$$\begin{cases} H_0: x(t)=n(t) & 0\leqslant t\leqslant T \\ H_1: x(t)=A\sin(\omega t+\theta)+n(t) & 0\leqslant t\leqslant T \end{cases}$$

式中，振幅A和频率ω已知，并满足

$$\omega=2m\pi$$

其中m为正整数，相位θ是随机变量，它服从均匀分布

$$p(\theta)=\begin{cases} \dfrac{1}{2\pi} & 0\leqslant\theta\leqslant 2\pi \\ 0 & 其他 \end{cases}$$

其他噪声$n(t)$是均值为零、功率谱密度为$\dfrac{N_0}{2}$的高斯白噪声。

1. 判决表示式

为了实现对接收机的设计，首先我们要对似然函数和似然比进行求解。

当 H_0 为真时，只有噪声，这里首先假定 $n(t)$ 是限带白噪声，以 $\Delta t=\dfrac{1}{2F}$ 进行采样，从而获得 N 个独立样本，求得观测值的多维条件概率密度函数

$$p(\boldsymbol{x}\mid H_0)=\left(\frac{1}{\sqrt{2\pi}\sigma_n}\right)^N\exp\left(-\frac{1}{2\sigma_n^2}\sum_{k=1}^{N}x_k^2\right)$$

由于

$$\sigma_n^2=\frac{N_0}{2\Delta t}$$

设

$$\Delta t\to 0,N\to\infty,N\Delta t=T$$

从而可得连续观测的似然函数为

$$p(\boldsymbol{x}\mid H_0)=\left(\frac{1}{\sqrt{2\pi}\sigma_n}\right)^N\exp\left(-\frac{1}{N_0}\int_0^T x^2(t)\,\mathrm{d}t\right)$$

当 H_1 为真时，由式（4-4-2）可知，要想求出 $p(\boldsymbol{x}\mid H_1)$，那么首先要对 $p(\boldsymbol{x}\mid H_1,\theta)$ 进行求解，当 θ 给定时，$A\sin(\omega t+\theta)$ 就变成确知信号，这样

$$E\left[x(t)\mid\theta\right]=A\sin(\omega t+\theta)$$

$$D\left[x(t)\mid\theta\right]=\sigma_n^2=\frac{N_0}{2\Delta t}$$

所以有

$$p(\boldsymbol{x}\mid H_1,\theta)=\left(\frac{1}{\sqrt{2\pi}\sigma_n}\right)^N\exp\left(-\frac{1}{2\sigma_n^2}\sum_{k=1}^{N}\left[x_k-A\sin(\omega t+\theta)\right]^2\right)$$

$$\underline{\underline{\text{连续观测}}}\left(\frac{1}{\sqrt{2\pi}\sigma_n}\right)^N\exp\left(-\frac{1}{N_0}\int_0^T\left[x(t)-A\sin(\omega t+\theta)\right]^2\mathrm{d}t\right)$$

所以

$$\begin{aligned}p(\boldsymbol{x}\mid H_1)&=\int_\theta p(\boldsymbol{x}\mid H_1,\theta)p(\theta)\,\mathrm{d}\theta\\&=\left(\frac{1}{\sqrt{2\pi}\sigma_n}\right)^N\int_0^{2\pi}\exp\left(-\frac{1}{N_0}\int_0^T\left[x(t)-A\sin(\omega t+\theta)\right]^2\mathrm{d}t\right)\frac{1}{2\pi}\mathrm{d}\theta\end{aligned}$$

窄带信号，射频正弦波周期与持续时间的关系是远远小于的，可表示为

$$T\gg\frac{2\pi}{\omega}$$

那么

$$\int_0^T A^2\sin(\omega t+\theta)^2\,\mathrm{d}t=\frac{A^2T}{2}-\frac{\sin 2(\omega t+\theta)-\sin 2\theta}{4\omega}=\frac{A^2T}{2}$$

最终获得

$$p(\boldsymbol{x}|H_1)=\left(\frac{1}{\sqrt{2\pi}\sigma_n}\right)^N \exp\left(-\frac{A^2T}{2N_0}\right)\exp\left(-\frac{1}{N_0}\int_0^T x^2(t)\mathrm{d}t\right)\cdot$$
$$\frac{1}{2\pi}\int_0^{2\pi}\exp\left(\frac{A}{N_0}\int_0^T x(t)\sin(\omega t+\theta)\mathrm{d}t\right)\mathrm{d}\theta$$

下面给出似然比判决式

$$\begin{aligned}\lambda(\boldsymbol{x})&=\frac{p(\boldsymbol{x}|H_1)}{p(\boldsymbol{x}|H_0)}\\&=\frac{1}{2\pi}\exp\left(-\frac{A^2T}{2N_0}\right)\int_0^{2\pi}\exp\left(\frac{2A}{N_0}\int_0^T x(t)\sin(\omega t+\theta)\mathrm{d}t\right)\mathrm{d}\theta\underset{H_0}{\overset{H_1}{\gtrless}}\lambda_0\end{aligned} \tag{4-4-4}$$

化简可得

$$\int_0^T x(t)\sin(\omega t+\theta)\mathrm{d}t=\int_0^T x(t)\sin\omega t\cos\theta\mathrm{d}t+\int_0^T x(t)\cos\omega t\sin\theta\mathrm{d}t$$

设

$$\int_0^T x(t)\sin\omega t\mathrm{d}t=q\cos\theta_0$$
$$\int_0^T x(t)\cos\omega t\mathrm{d}t=q\sin\theta_0$$

从而有

$$\int_0^T x(t)\sin(\omega t+\theta)\mathrm{d}t=q\cos(\theta-\theta_0)$$

将其代入式（4-4-4），从而可得出$\lambda(\boldsymbol{x})$为

$$\lambda(\boldsymbol{x})=\exp\left(-\frac{A^2T}{2N_0}\right)\frac{1}{2\pi}\int_0^{2\pi}\exp\left[\frac{2A}{N_0}q\cos(\theta-\theta_0)\right]\mathrm{d}\theta$$

利用第一类零阶修正贝塞尔函数的定义式，即

$$I_0(x)=\frac{1}{2\pi}\int_0^{2\pi}\exp\left[x\cos(\theta-\theta_0)\right]\mathrm{d}\theta,\quad x\geqslant 0$$

可得

$$\lambda(\boldsymbol{x})=\exp\left(-\frac{A^2T}{2N_0}\right)I_0\left(\frac{2Aq}{N_0}\right)$$

下面给出判决式

$$\lambda(\boldsymbol{x})=\exp\left(-\frac{A^2T}{2N_0}\right)I_0\left(\frac{2Aq}{N_0}\right)\underset{H_0}{\overset{H_1}{\gtrless}}\lambda_0$$

也可写为

$$I_0\left(\frac{2Aq}{N_0}\right)\underset{H_0}{\overset{H_1}{\gtrless}}\lambda_0\exp\left(\frac{A^2T}{2N_0}\right)$$

由于修正零阶贝塞尔函数$I_0(x)$为x的单调增函数，因此可选择q作为检验统计量，其判决式为

$$q \underset{H_0}{\overset{H_1}{\gtrless}} q\frac{N_0}{2A}\mathrm{arc}I_0\left(\lambda_0 \mathrm{e}^{\frac{A^2T}{2N_0}}\right)=\eta,\ q \geqslant 0$$

或

$$q^2 \underset{H_0}{\overset{H_1}{\gtrless}} \eta^2,\ q \geqslant 0$$

其中

$$q^2=\left(\int_0^T x(t)\sin\omega t\mathrm{d}t\right)^2+\left(\int_0^T x(t)\cos\omega t\mathrm{d}t\right)^2 \tag{4-4-5}$$

可见，q 是 $x(t)$ 的非线性函数。只要对输入信号进行处理，计算出 q，并与门限 η 比较，就构成最佳检测系统。

2. 接收机结构

式（4-4-5）表示为得到检验统计量 q^2，接收机应当完成的运算。完成这种运算的接收机结构如图 4-4-1 所示，通常这种检测系统称为正交接收机。正交接收机的结构可以这样解释：把随机相位信号

$$\sin(\omega t+\theta)=\cos\theta\sin\omega t+\sin\theta\cos\omega t$$

看成是两个随机幅度正交信号之和。由于在观测期间，θ 是恒定值，所以两个正交信号可以用两个相关器来接收，相关器的本地信号分别是 $\sin\omega t$ 和 $\cos\omega t$。另外由于相关器的输出与随机相位 θ 有关，所以不应在相关器之后立即采用门限比较。但若将两个相关器的输出平方之后再相加，得到的 q^2 就与 θ 无关，就可以进行门限比较。

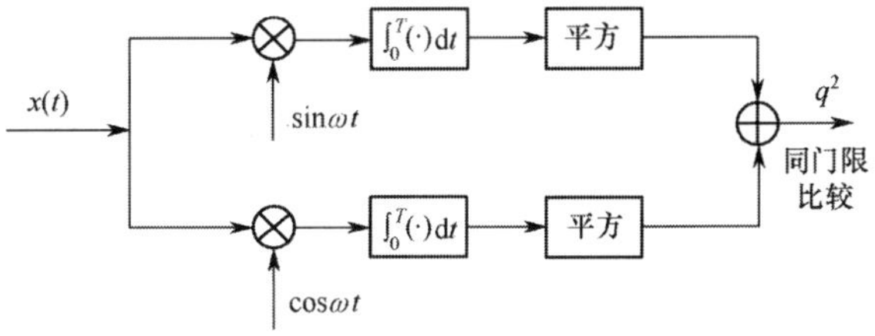

图 4-4-1　正交接收机结构

现在可以导出正交接收机的两种等效形式。第一种等效形式是以匹配滤波器代替相关器得到的。通过前面的讨论可知，对于参考信号为 $s(t)(0\leqslant t\leqslant T)$ 的相关器，可以由冲击响应函数为

$$h(t)=s(T-t),0\leqslant t\leqslant T$$

并在 $t=T$ 时刻对输出抽样的匹配滤波器代替。现在的情况是，两个相关器的本地参考信号分别为 $\sin\omega t$ 和 $\cos\omega t(0\leqslant t\leqslant T)$。因此，图 4-4-1 所示的正交接收机可用图 4-4-2 所示的等效接收机来代替。

第二种等效形式。假定有一个与信号 $\sin(\omega t+\theta)$ 相匹配的滤波器，其冲击响应 $h(t)$ 为

$$h(t)=\sin\left[\omega(T-t)+\theta\right],\ 0\leqslant t\leqslant T$$

当观测波形 $x(t)$ 输入该滤波器时，其输出 $y(t)$ 为

$$y(t)=\int_0^t x(\lambda)h(t-\lambda)\mathrm{d}\lambda=\int_0^t x(\lambda)\sin\left[\omega(T-t+\lambda)+\theta\right]\mathrm{d}\lambda$$

$$=\sin\left[\omega(T-t)+\theta\right]\int_0^t x(\lambda)\cos\omega\lambda\mathrm{d}\lambda+\cos\left[\omega(T-t)+\theta\right]\int_0^t x(\lambda)\sin\omega\lambda\mathrm{d}\lambda$$

这里讨论$t=T$时，$y(t)$的包络值

$$\left|y(T)\right|=\left[\left(\int_0^t x(\lambda)\cos\omega\lambda\mathrm{d}\lambda\right)^2+\left(\int_0^t x(\lambda)\sin\omega\lambda\mathrm{d}\lambda\right)^2\right]$$

这正好就是式（4-4-5）中的q、$y(t)$的包络与θ无关。因此滤波器可设成与具有任意相位（如$\theta=0$）的信号相匹配，其后接一个包络检波器，它在$t=T$时刻的输出就是检验统计量q。这种匹配滤波器加包络检波器的组合称为非相干匹配滤波器，其结构如图 4-4-3 所示。因为相位匹配是任意的，所以在图 4-4-3 中可以使用对$\sin\omega t$和$\cos\omega t$的匹配滤波器。

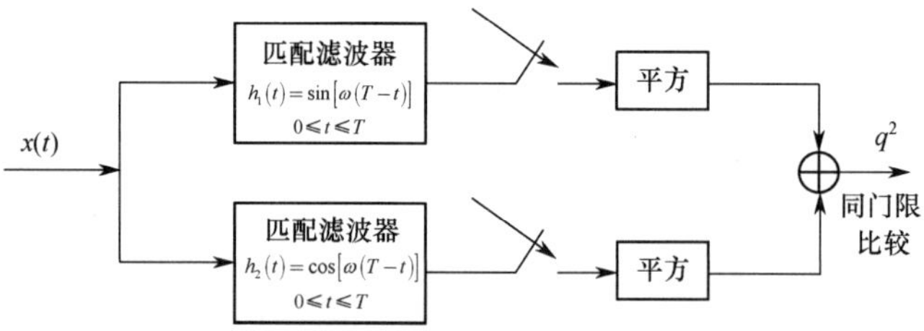

图 4-4-2　正交接收机的等效形式——两路匹配滤波器

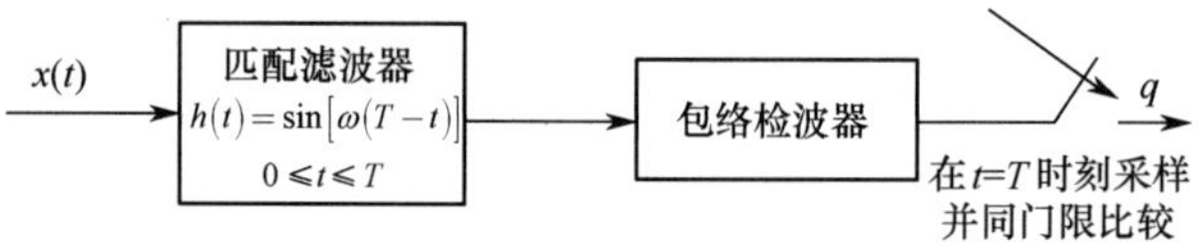

图 4-4-3　非相干匹配滤波器结构

匹配滤波器对于信号的延迟时间有适应性。对于频率为ω的正（余）弦信号，频率ω乘时延就是相位量，因此在此等效为对任意相位的信号有适应性，即上述滤波器对于任何相位的信号都是匹配的。虽然在T时刻输出的信号峰值随θ的不同有些前后移动，但是观测时间远大于射频周期，即

$$T\gg\frac{2\pi}{\omega}$$

其包络值在一个信号射频周期内增加量是很小的。因此，可用除相位外与信号相匹配的滤波器后接包络检波器，在$t=T$时刻输出q，进行检测。

4.5　参量信号的检测——广义似然比方法

4.5.1　广义似然比方法原理

进行如下假设。

（1）在假设H_0下，可以得出以未知量$\boldsymbol{\theta}_0$为参数的观测矢量$\boldsymbol{x}$的概率密度函数为

$$p(\boldsymbol{x}\mid\boldsymbol{\theta}_0,H_0)$$

（2）在假设 H_1 下未知参量 θ_1 的概率密度函数为

$$p(\boldsymbol{x}|\theta_1,H_1)$$

首先由概率密度函数 $p(\boldsymbol{x}|\boldsymbol{\theta}_j,H_j)$，利用最大似然估计方法求出信号参量 $\boldsymbol{\theta}_j$ 的最大似然估计。

下面简单介绍最大似然估计。

最大似然估计就是使似然函数 $p(\boldsymbol{x}|\boldsymbol{\theta}_j,H_j)$ 达到最大的 $\boldsymbol{\theta}_j$ 作为该参量的估计量，记为 $\hat{\boldsymbol{\theta}}_{jm1}$。

根据求得的估计量或 $\hat{\boldsymbol{\theta}}_{jm1}$ 代替似然函数中的未知参量 $\boldsymbol{\theta}_j(j=0,1)$ 使问题转化为确知信号的统计检测。

广义似然比方法是一种把信号参量的最大似然估计与确知信号的检测相结合的一种方法。广义似然比检验为

$$\lambda_G(\boldsymbol{x})=\frac{p(\boldsymbol{x}|\hat{\theta}_{1m1},H_1)}{p(\boldsymbol{x}|\hat{\theta}_{0m1},H_0)}\underset{H_0}{\overset{H_1}{\gtrless}}\lambda_0 \tag{4-5-1}$$

给出如下假设：

（1）H_0 是简单的；

（2）H_1 是复合的。

则广义似然比检验为

$$\lambda_G(\boldsymbol{x})=\frac{p(\boldsymbol{x}|\hat{\theta}_{1m1},H_1)}{p(\boldsymbol{x}|H_0)}\underset{H_0}{\overset{H_1}{\gtrless}}\lambda_0 \tag{4-5-2}$$

换一种方式表示：

由于 $\hat{\boldsymbol{\theta}}_j$ 是在 H_j 条件下，使似然函数 $p(\boldsymbol{x}|\boldsymbol{\theta}_j,H_j)$ 最大，或者

$$p(\boldsymbol{x}|\hat{\boldsymbol{\theta}}_{jm1},H_j)=\max_{\boldsymbol{\theta}_j}p(\boldsymbol{x}|\boldsymbol{\theta}_j,H_j)$$

因此有

$$\lambda_G(\boldsymbol{x})=\frac{\max\limits_{\theta_1}p(\boldsymbol{x}|\theta_1,H_1)}{\max\limits_{\theta_0}p(\boldsymbol{x}|\theta_0,H_0)}$$

这里讨论一种特殊情况，即 H_0 条件下概率密度函数完全已知的情况，有

$$\lambda_G(\boldsymbol{x})=\frac{\max\limits_{\theta_1}p(\boldsymbol{x}|\theta_1,H_1)}{\max\limits_{\theta_0}p(\boldsymbol{x}|H_0)}=\max_{\theta_1}\frac{p(\boldsymbol{x}|\theta_1,H_1)}{p(\boldsymbol{x}|H_0)}$$

广义似然比检验用最大似然估计取代了未知参数，它只是一种“合理”的替代方式，并没有任何“最佳”含义。但是当估计的信噪比很高时，估计值 $\hat{\boldsymbol{\theta}}_j$ 尽管是随机变量，但其分布将几乎是一个在 $\boldsymbol{\theta}_j$ 真值处的冲击函数 $\delta(\boldsymbol{\theta}_j-\hat{\boldsymbol{\theta}}_j)$，因此该方法是一种最佳或渐进最佳检测器，在估计信噪比很高时它接近最佳检测器。由于这种方法在求 $\lambda_G(\boldsymbol{x})$ 的第一步时就

是求最大似然估计，所以也提供了有关未知参数的信息。

4.5.2 高斯白噪声中的幅度未知信号波形检测

考虑在高斯白噪声中除了幅度以外已知的确定性信号检测问题，此时，两种假设下的接收信号 $x(t)$ 分别为

$$\begin{cases} H_0 : x(t) = n(t) & 0 \leqslant t \leqslant T \\ H_1 : x(t) = As(t) + n(t) & 0 \leqslant t \leqslant T \end{cases}$$

式中，$s(t)$ 是已知的；幅度 A 是未知的；噪声 $n(t)$ 是均值为零、功率谱密度为 $\frac{N_0}{2}$ 的高斯白噪声。

1．判决表示式

为了求得广义似然比检验的判决式，首先需要求出 A 的最大似然估计。若在 $[0,T]$ 观测时间内，得到 N 个独立的观测样本 $x_1, x_2, \cdots, x_N$，则假设 H_1 条件下的似然函数

$$p(\boldsymbol{x} \mid A, H_1) = \frac{1}{(2\pi\sigma_n^2)^{N/2}} \exp\left[-\frac{1}{2\sigma_n^2}\sum_{n=1}^{N}(x_n - As_n)^2\right]$$

可以求得 A 的最大似然估计

$$\hat{A}_{m1} = \frac{\sum_{n=1}^{N} x_n s_n}{\sum_{n=1}^{N} x_n^2}$$

代入式（4-5-2）得广义似然比判决式

$$\lambda_G(\boldsymbol{x}) = \frac{p(\boldsymbol{x} \mid \hat{A}_{m1}, H_1)}{p(\boldsymbol{x} \mid H_0)} = \frac{\frac{1}{(2\pi\sigma_n^2)^{N/2}} \exp\left[-\frac{1}{2\sigma_n^2}\sum_{n=1}^{N}(x_n - \hat{A}_{m1}s_n)^2\right]}{\frac{1}{(2\pi\sigma_n^2)^{N/2}} \exp\left[-\frac{1}{2\sigma_n^2}\sum_{n=1}^{N}x_n^2\right]}$$

$$= \exp\left[-\frac{1}{2\sigma_n^2}\sum_{n=1}^{N}(-2\hat{A}_{m1}x_n s_n + \hat{A}_{m1}^2 s_n^2)\right] \underset{H_0}{\overset{H_1}{\gtrless}} \lambda_0$$

化简可得判决式

$$\left(\sum_{n=1}^{N} x_n s_n\right)^2 \underset{H_0}{\overset{H_1}{\gtrless}} 2\sigma_n^2 \ln \lambda_0 \sum_{n=1}^{N} s_n^2 = \eta$$

由于

$$\sigma_n^2 = \frac{N_0}{2\Delta t}$$

其中 Δt 是采样间隔，当 $\Delta t \to 0$ 时，可得连续观测时的判决式

$$\left[\int_0^T x(t)s(t)\mathrm{d}t\right]^2 \underset{H_0}{\overset{H_1}{\gtrless}} N_0 \ln \lambda_0 \int_0^T s^2(t)\mathrm{d}t = \gamma \quad \gamma > 0$$

或

$$\left|\int_0^T x(t)s(t)\mathrm{d}t\right| \underset{H_0}{\overset{H_1}{\gtrless}} \sqrt{N_0 \ln \lambda_0 \int_0^T s^2(t)\,\mathrm{d}t} = \gamma' \quad \gamma' > 0 \tag{4-5-3}$$

检测器刚好是相关器，取绝对值是由于 A 的符号未知的缘故。式（4-5-3）的检测器结构如图 4-5-1 所示。

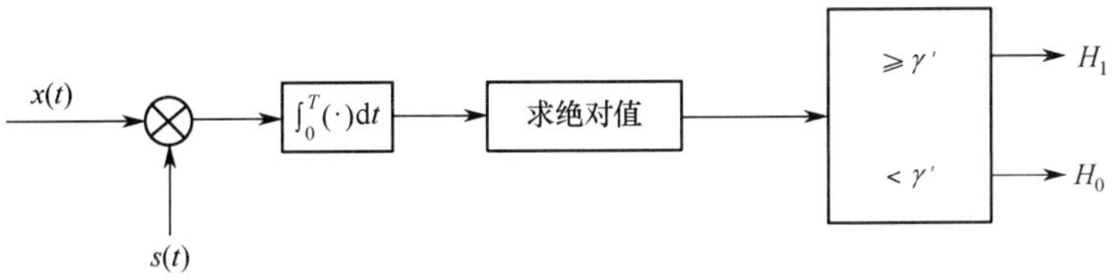

图 4-5-1　幅度未知信号的广义似然比检测器结构

2. 检测性能

幅度知识的缺乏将使检测性能降低，但从相关器的性能来看只有轻微的下降。为了求得检测性能，设

$$\int_0^T x(t)s(t)\,\mathrm{d}t$$

则在 $G > \gamma'$ 和 $G < -\gamma'$ 时 H_1 成立，在 $-\gamma' < G < \gamma'$ 时 H_0 成立。

根据上述知识可知

$$G = \int_0^T x(t)s(t)\mathrm{d}t \sim \begin{cases} N\left(0, \dfrac{N_0 E_s}{2}\right) & \text{在}H_0\text{条件下} \\ N\left(AE_s, \dfrac{N_0 E_s}{2}\right) & \text{在}H_1\text{条件下} \end{cases}$$

式中，

$$E_s = \int_0^T s^2(t)\,\mathrm{d}t$$

接收机的虚警概率和检测概率分别为

$$\begin{aligned} P_F &= \int_{-\infty}^{-\gamma'} p(G|H_0)\mathrm{d}G + \int_{\gamma'}^{\infty} p(G|H_0)\mathrm{d}G = 2\int_{\gamma'}^{\infty} p(G|H_0)\mathrm{d}G \\ &= 2\int_{\gamma'}^{\infty}\left(\frac{1}{\pi N_0 E_s}\right)^{\frac{1}{2}} \mathrm{e}^{-\frac{G^2}{N_0 E_s}}\mathrm{d}G = 2\left[1 - \Phi\left(\gamma'\sqrt{\frac{2}{N_0 E_s}}\right)\right] \end{aligned} \tag{4-5-4}$$

$$\begin{aligned} P_D &= \int_{-\infty}^{-\gamma'} p(G|H_1)\mathrm{d}G + \int_{\gamma'}^{\infty} p(G|H_1)\mathrm{d}G \\ &= \int_{-\infty}^{-\gamma'}\left(\frac{1}{\pi N_0 E_s}\right)^{\frac{1}{2}} \mathrm{e}^{-\frac{(G-AE_s)^2}{N_0 E_s}}\mathrm{d}G + \int_{\gamma'}^{\infty}\left(\frac{1}{\pi N_0 E_s}\right)^{\frac{1}{2}} \mathrm{e}^{-\frac{(G-AE_s)^2}{N_0 E_s}}\mathrm{d}G \\ &= \Phi\left[(-\gamma' - AE_s)\sqrt{\frac{2}{N_0 E_s}}\right] + \left\{1 - \Phi\left[\gamma' - AE_s]\sqrt{\frac{2}{N_0 E_s}}\right]\right\} \end{aligned} \tag{4-5-5}$$

根据式（4-5-4）和式（4-5-5）可得虚警概率 P_F 和检测概率 P_D 之间的关系式

$$P_D = 2 - \Phi\left[\Phi^{-1}\left(1-\frac{P_F}{2}\right)-\sqrt{r}\right]-\Phi\left[\Phi^{-1}\left(1-\frac{P_F}{2}\right)+\sqrt{r}\right]$$

式中，

$$r = \frac{\left(2A^2E_s\right)}{N_0} = \frac{2E}{N_0}$$

是匹配滤波器的输出信噪比；

$$E = A^2E_s$$

是信号的能量。

将上述 P_D、P_F 和 r 的关系绘成曲线，可以得到其工作特性曲线，如图 4-5-2 所示。为了比较，图中还画出了已知幅度 A 情况的性能曲线。由图中可以看出，在相同的 P_D、P_F 下，检测幅度未知信号所需的输出信噪比大于检测幅度已知信号所需的信噪比，这是由于幅度知识的缺乏造成的。

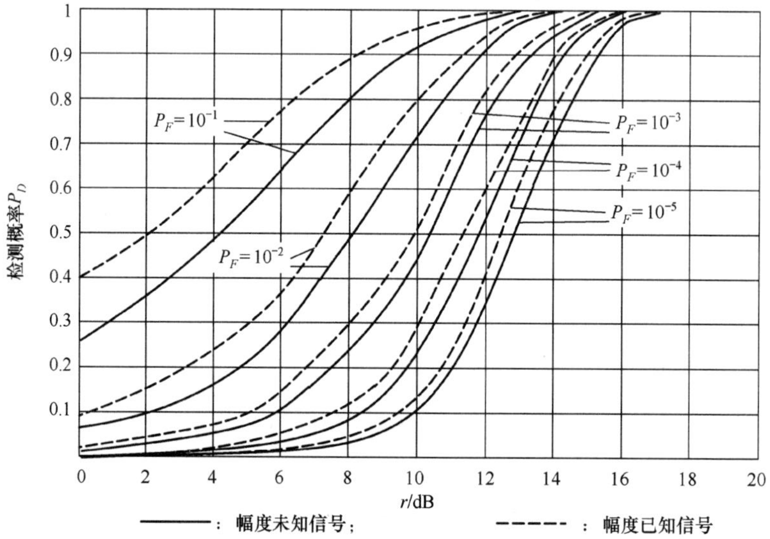

图 4-5-2　幅度未知信号的接收机工作特性曲线

4.5.3　高斯白噪声中的未知到达时间信号波形检测

在雷达或声呐系统等情况下，希望检测信号的到达时间（或它的等效延迟是未知的信号）。期望在时间区间 $[0,T]$ 内的任何时刻回波信号出现，而该时间比回波信号本身的持续时间长得多。到达时间的任何先验分布都是一个很宽的函数，以至于平均似然比的值基本上取决于其峰值，即参量的估计值。因此，广义似然比检验可以作为一个检测器或估计器。

两种假设下的接收信号 $x(t)$ 分别为

$$\begin{cases} H_0: x(t)=n(t) & 0\leqslant t\leqslant T \\ H_1: x(t)=s(t-\tau)+n(t) & 0\leqslant t\leqslant T \end{cases}$$

式中，$s(t)$ 是一个已知的确定性信号，它在间隔 $[0,T_s]$ 上是非零的；τ 是未知延迟，如果可能的最大延迟时间是 $\tau_{\max}$，则

$$T = T_s + \tau_{\max}$$

噪声 $n(t)$ 是均值为零、功率谱密度为 $\frac{N_0}{2}$ 的高斯白噪声。很清楚，观测间隔 $[0,T]$ 应该包括所有可能延迟的信号。

为了求得广义似然比检验的判决式，首先需要求出 τ 的最大似然估计。可知 τ 的最大似然估计 $\hat{\tau}_{m1}$，是通过对所有可能的 τ 使

$$\int_{\tau}^{\tau+T_s} x(t)s(t-\tau)\,\mathrm{d}t \tag{4-5-6}$$

最大而求得的，也就是将接收信号与可能的延迟信号相关，选择使式(4-5-6)最大 τ 作为 $\hat{\tau}_{m1}$。为了获得广义似然比判决式，假设在 $[0,T]$ 观测时间内，得到 N 个独立的观测样本 $x_k = x(n+\tau_{k-1})$，可得在假设 H_1 和 H_0 条件下连续观测的似然函数为

$$\begin{aligned}
&p(\boldsymbol{x}\,|\,\hat{\tau}_{m1},H_1)\\
&=\left(\frac{1}{\sqrt{2\pi\sigma}}\right)^N \exp\left\{-\frac{1}{N_0}\left[\int_{\hat{\tau}_{m1}}^{T+\hat{\tau}_{m1}} x^2(t)\mathrm{d}t + \int_{\hat{\tau}_{m1}}^{T_s+\hat{\tau}_{m1}} \left(x(t)-s(t-\hat{\tau}_{m1})\right)^2 \mathrm{d}t + \int_{T_s+\hat{\tau}_{m1}}^{T} x^2(t)\mathrm{d}t\right]\right\}\\
&=\left(\frac{1}{\sqrt{2\pi\sigma}}\right)^N \left\{-\frac{1}{N_0}\left[\int_0^T x^2(t)\mathrm{d}t + \int_{\hat{\tau}_{m1}}^{T_s+\hat{\tau}_{m1}} \left(-2x(t)s(t-\hat{\tau}_{m1})+s^2(t-\hat{\tau}_{m1})\right)\mathrm{d}t\right]\right\}\\
&=\left(\frac{1}{\sqrt{2\pi\sigma}}\right)^N \exp\left\{-\frac{1}{N_0}\int_0^T x(t)\mathrm{d}t\right\}
\end{aligned}$$

式中，

$$\lambda_G(\boldsymbol{x}) = \frac{p(\boldsymbol{x}\,|\,\hat{\tau}_{m1},H_1)}{p(\boldsymbol{x}\,|\,H_0)} = \exp\left\{-\frac{1}{N_0}\left[\int_{\hat{\tau}_{m1}}^{T_s+\hat{\tau}_{m1}} -2x(t)s(t-\hat{\tau}_{m1}) + s^2(t-\hat{\tau}_{m1})\mathrm{d}t\right]\right\} \underset{H_0}{\overset{H_1}{\gtrless}} \lambda_0$$

化简可得

$$\int_{\hat{\tau}_{m1}}^{T_s+\hat{\tau}_{m1}} x(t)s(t-\hat{\tau}_{m1})\mathrm{d}t \underset{H_0}{\overset{H_1}{\gtrless}} \frac{N_0}{2}\ln\lambda_0 + \frac{E}{2} = \gamma \quad \gamma > 0$$

式中，

$$E = \int_{\hat{\tau}_{m1}}^{T_s+\hat{\tau}_{m1}} s^2(t-\hat{\tau}_{m1})\mathrm{d}t$$

为发射信号的能量。即用 $x(t)$ 与 $s(t-x)$ 的相关以及当 $\tau=\hat{\tau}_{m1}$ 得到的最大值与门限 γ 进行比较来实现广义似然比检测。如果超过门限，判决信号存在，它的延迟估计为 $\hat{\tau}_{m1}$。否则判决只有噪声。判决式也可以写为

$$\max_{\tau\in[0,T-T_s]} \int_{\tau}^{\tau+T_s} x(t)s(t-\tau)\mathrm{d}t \underset{H_0}{\overset{H_1}{\gtrless}} \gamma \quad \gamma > 0 \tag{4-5-7}$$

图 4-5-3 给出了式（4-5-7）的实现框图。

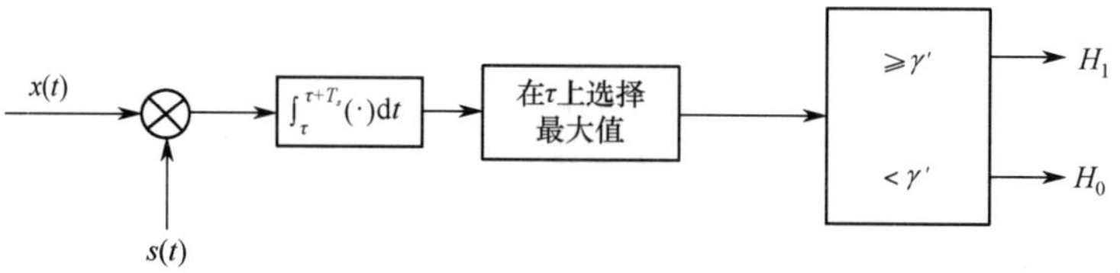

图 4-5-3　未知到达时间信号的广义似然比检测器结构

4.5.4　高斯白噪声中的正弦信号波形检测

在高斯白噪声中的正弦信号检测是许多领域中常见的问题。由于其应用的广泛性，因此对检测器的结构和性能作详细的讨论。其结果形成了许多实际领域如雷达、声呐和通信系统的理论基础。一般的检测器是

$$\begin{cases} H_0 : x(t) = n(t) & 0 \leqslant t \leqslant T \\ H_1 : x(t) = \begin{cases} n(t) \\ A\cos(2\pi f_0 t + \varphi) + n(t) \end{cases} & \begin{matrix} 0 \leqslant t \leqslant \tau \quad T_s + \tau < t < T \\ \tau \leqslant t \leqslant T_s + \tau \end{matrix} \end{cases}$$

噪声 $n(t)$ 是均值为零、功率谱密度为 $\frac{N_0}{2}$ 的高斯白噪声，参数集 (A, f_0, φ) 的任意子集是未知的。正弦信号假定在区间 $[\tau, T_s + \tau]$ 是非零的，T_s 表示信号的长度，τ 是回波延迟时间。在开始时假定 τ 是已知的，且 $\tau = 0$。那么，观测区间正好是信号区间或 $[0,T] = [0,T_s]$，后面考虑未知时延的情况。现在考虑

$$\begin{cases} H_0 : x(t) = n(t) & 0 \leqslant t \leqslant T \\ H_1 : x(t) = \cos(2\pi f_0 t + \varphi) + n(t) & 0 \leqslant t \leqslant T \end{cases}$$

其中未知参数是确定性的。对于下列情况将使用广义似然比检测：

（1）A 未知；

（2）A、φ 未知；

（3）A、φ、f_0 未知；

（4）A、φ、f_0、τ 未知。

正弦信号的广义似然比检测器结构如图 4-5-4 所示。

1. 幅度未知

信号为 $A_s(t)$，其中

$$s(t) = \cos(2\pi f_0 t + \varphi)$$

$s(t)$ 是已知的。容易得出广义似然比判决式为

$$\left| \int_0^T x(t) s(t) \mathrm{d}t \right| \underset{H_0}{\overset{H_1}{\gtrless}} \gamma' \quad \gamma' > 0$$

2. 幅度和相位未知

当 A 和 φ 是未知时，必须假定 $A > 0$，否则 A 和 φ 的两个集将产生相同的信号。这样，参数将无法辨认。如果

$$\frac{p\left(\boldsymbol{x}\mid \hat{A},\hat{\varphi},H_1\right)}{p\left(\boldsymbol{x}\mid H_0\right)}\geqslant \lambda_0$$

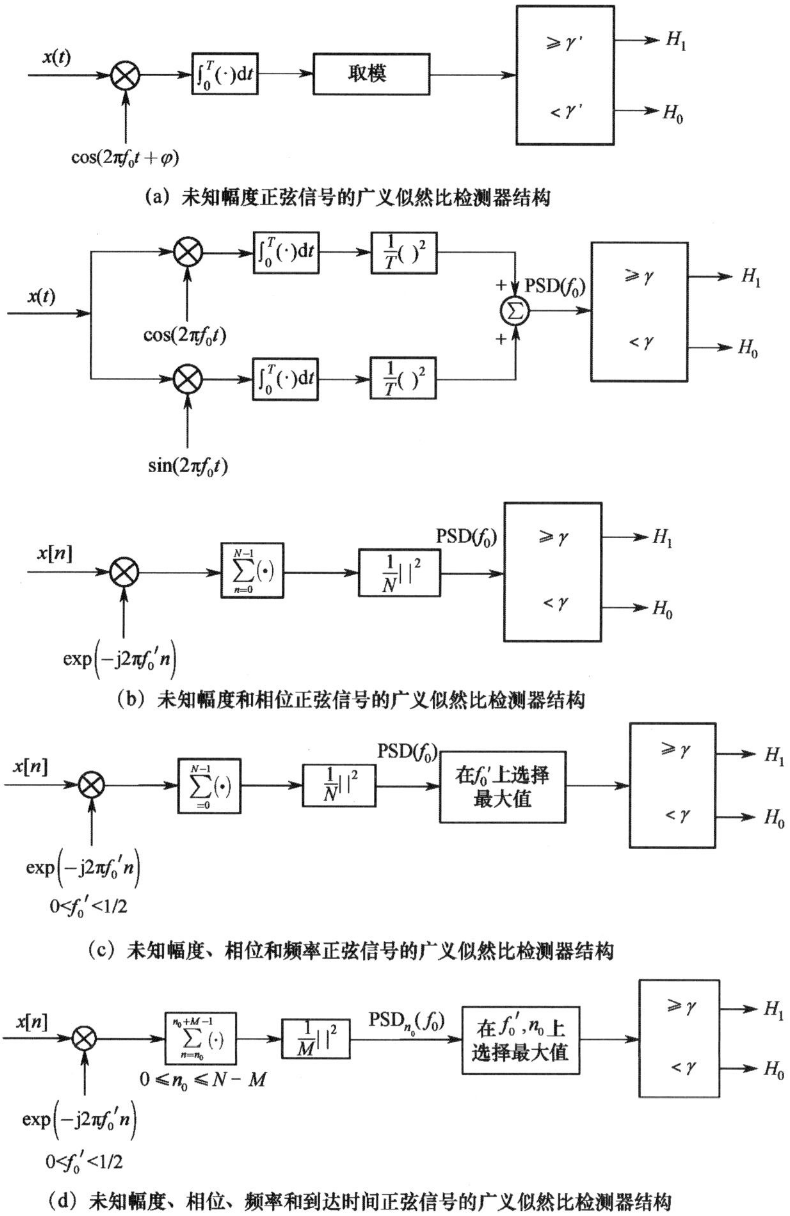

图 4-5-4　正弦信号的广义似然比检测器结构

则广义似然比判决 H_1 成立，其中 $\hat{A}$，$\hat{\varphi}$ 是最大似然估计，可以证明最大似然估计近似为

$$\hat{A}=\sqrt{\hat{\alpha}_1^2+\hat{\alpha}_2^2}$$

$$\hat{\varphi}=\arctan\left(-\frac{\hat{\alpha}_2}{\hat{\alpha}_1}\right)$$

其中

$$\hat{\alpha}_1 = \frac{2}{T}\int_0^T x(t)\cos(2\pi f_0 t)\mathrm{d}t$$

$$\hat{\alpha}_2 = \frac{2}{T}\int_0^T x(t)\sin(2\pi f_0 t)\mathrm{d}t$$

从而可得判决式为

$$\lambda_G(\boldsymbol{x}) = \frac{\dfrac{1}{(2\pi\sigma^2)^{N/2}}\exp\left\{-\dfrac{1}{N_0}\displaystyle\int_0^T x(t) - \hat{A}\cos(2\pi f_0 t + \hat{\varphi})\mathrm{d}t\right\}}{\dfrac{1}{(2\pi\sigma^2)^{N/2}}\exp\left[-\dfrac{1}{N_0}\displaystyle\int_0^T x^2(t)\mathrm{d}t\right]} \underset{H_0}{\overset{H_1}{\gtrless}} \lambda_0$$

整理得

$$\ln\lambda_G(\boldsymbol{x}) = \frac{T}{2N_0}\hat{A}^2 \underset{H_0}{\overset{H_1}{\gtrless}} \lambda_0$$

则判决式为

$$\left[\int_0^T x(t)\sin(2\pi f_0 t)\mathrm{d}t\right]^2 + \left[\int_0^T x(t)\cos(2\pi f_0 t)\mathrm{d}t\right]^2 \underset{H_0}{\overset{H_1}{\gtrless}} \frac{N_0 T}{2}\ln\lambda_0$$

假设

$$\mathrm{PSD}(f_0) = \frac{1}{T}\left\{\left[\int_0^T x(t)\sin(2\pi f_0 t)\mathrm{d}t\right]^2 + \left[\int_0^T x(t)\cos(2\pi f_0 t)\mathrm{d}t\right]^2\right\}$$

则其离散情况下的表达式

$$\mathrm{PSD}(f_0') = \frac{1}{N}\left|\sum_{n=1}^{N} x[n]\exp(-\mathrm{j}2\pi f_0' n)\right|^2$$

是在 $f = f_0'$ 处计算的周期图，其中 f_0' 是用采样频率对 f_0 归一化后得到的。最后得判决式

$$\mathrm{PSD}(f_0) \underset{H_0}{\overset{H_1}{\gtrless}} \frac{N_0}{2}\ln\lambda_0 = \gamma$$

或者

$$\mathrm{PSD}(f_0') \underset{H_0}{\overset{H_1}{\gtrless}} \sigma_n^2 \ln\lambda_0 = \gamma'$$

可见，检验统计量的表达式和高斯白噪声背景下未知信号相位的贝叶斯方法获得的检验统计量一致，则检测器的结构也与此相同，可用非相干或正交匹配接收机实现。检测性能的分析过程同高斯白噪声背景下未知信号相位的贝叶斯方法，在此给出虚警概率和检测概率的表达式

$$P_F = \exp\left(-\frac{\gamma'}{\sigma^2}\right)$$

$$P_D = Q\left(\sqrt{\frac{2E}{N_0}}, \frac{\sqrt{2\gamma'}}{\sigma}\right) \tag{4-5-8}$$

式中，Q 是马库姆函数；$E=\dfrac{A^2T}{2}$ 为信号的能量。如果用虚警概率 P_F 来表示，则由式（4-4-13）得到

$$\frac{\sqrt{2\gamma'}}{\sigma}=\sqrt{-2\ln P_F}$$

故

$$P_D=Q\left(\sqrt{\frac{2E}{N_0}},\sqrt{-2\ln P_F}\right)=Q\left(\sqrt{r},\sqrt{-2\ln P_F}\right) \tag{4-5-9}$$

4.6　一致最大势检测器

广义似然比检验是将未知参数看作确定性的，首先用最大似然估计方法估计未知参量，再用似然比检验的一种方法。两种方法应用的基本原理是不同的，因此直接比较也是不可能的。本节讨论另一种典型的未知确定性参数的最佳检测器，即一致最大势（Uniformly Most Powerful，UMP）检测器，该检测器对于未知参数的所有值以及给定的虚警概率 P_F 产生最高的检测概率 P_D，但该检测器并不总是存在的。

一致最大势检测器的设计。所谓一致最大势检测是指最佳检测器与未知参数 θ 无关的检测。在设计该检测器时，第一步就好像 θ 是已知的那样来设计奈曼-皮尔逊准则下的检测器，接着，如有可能，应求得检验统计量和门限，使判决与 θ 无关。由于这是奈曼-皮尔逊检测器，所以设计的检测器将是最佳的。下面给出一个例子来说明一致最大势检测器的设计。

例 4-6-1　考虑一个高斯白噪声中的直流电平检测问题。

$$\begin{cases} H_0: x(t)=n(t) & 0\leqslant t\leqslant T \\ H_1: x(t)=A+n(t) & 0\leqslant t\leqslant T \end{cases}$$

式中，A 的值未知，$A>0$；噪声 $n(t)$ 是均值为零、功率谱密度为 $\dfrac{N_0}{2}$ 的高斯白噪声。与前面的讨论相同，先获得独立离散样本，再考虑连续观测情形，得似然比判决式。

若

$$\frac{p(\boldsymbol{x}\mid A,H_1)}{p(\boldsymbol{x}\mid A,H_0)}=\frac{\dfrac{1}{(2\pi\sigma^2)^{\frac{N}{2}}}\exp\left\{-\dfrac{1}{N_0}\displaystyle\int_0^T\left(x(t)-A\right)^2\mathrm{d}t\right\}}{\dfrac{1}{(2\pi\sigma^2)^{\frac{N}{2}}}\exp\left[-\dfrac{1}{N_0}\displaystyle\int_0^T x^2(t)\mathrm{d}t\right]}\underset{H_0}{\overset{H_1}{\gtrless}}\lambda_0$$

化简

$$A^2$$

由于 $A>0$

存在检验统计量

$$T(x)=\frac{1}{T}\int_0^T x(t)\,\mathrm{d}t \underset{H_0}{\overset{H_1}{\gtrless}} \frac{N_0}{2AT}\ln\lambda_0+\frac{A}{2}=\gamma$$

现在问题的关键是如果没有 A 的精确值，是否能够实现这个检测器。显然检验统计量与 A 无关，但似乎门限与 A 有关。下面将说明这只是一种假象。可以证明在 H_0 条件下，检验统计量 $T(x)$ 服从均值为零、方差为 $\frac{N_0}{2T}$（此处 T 为信号持续时间）的高斯分布，因此虚警概率

$$P_F=\int_\gamma^\infty \frac{1}{\sqrt{\frac{2\pi N_0}{2T}}}\exp\left(\frac{T^2(\boldsymbol{x})}{\frac{2N_0}{2T}}\right)\mathrm{d}T(\boldsymbol{x})=1-\Phi\left(\frac{\gamma}{\sqrt{\frac{N_0}{2T}}}\right)$$

所以门限

$$\gamma=\sqrt{\frac{N_0}{2T}}\Phi^{-1}\left(1-P_F\right)$$

与 A 无关。因为在 H_0 条件下 $T(\boldsymbol{x})$ 的概率密度函数与 A 无关，从而根据给定的虚警概率计算出的门限值也与 A 无关；另外，检验实际上是奈曼-皮尔逊准则下的检测器，它是在给定虚警概率 P_F 产生最大检测概率 P_D 的最佳检测器。但是，注意到 P_D 与 A 有关，因为在 H_1 条件下检验统计量 $T(\boldsymbol{x})$ 服从均值为 A，方差为 $\frac{2N_0}{T}$ 的高斯分布，因此检测概率

$$P_D=\int_\gamma^\infty \frac{1}{\sqrt{\frac{2\pi N_0}{2T}}}\exp\left(\frac{\left(T(\boldsymbol{x})-A\right)^2}{\frac{2N_0}{2T}}\right)\mathrm{d}T(\boldsymbol{x})=1-\Phi\left(\frac{\gamma-A}{\sqrt{\frac{N_0}{2T}}}\right)$$

$$=1-\Phi\left(\Phi^{-1}\left(1-P_F\right)-\sqrt{\frac{2A^2T}{N_0}}\right)$$

可见 P_D 随 A 的增加而增加。可以说在所有可能的具有给定 P_F 的检测器里，如果

$$T(\boldsymbol{x})>\sqrt{\frac{N_0}{2T}}\Phi^{-1}\left(1-P_F\right)$$

则判决 H_1 的那个检测器里，对于任意的 A，只要 $A>0$，都有最高的 P_D。当检验统计量存在时，此类检验称为一致最大势（UMP）检验，任何其他检验的性能都要比 UMP 检验差。遗憾的是，UMP 很少存在。例如，如果 A 可以取任何值，即

$$-\infty<A<\infty$$

则对于 A 为正和 A 为负，将得到不同的检验。对于 $A>0$，有

$$T(\boldsymbol{x})>\sqrt{\frac{N_0}{2T}}\Phi^{-1}\left(1-P_F\right)$$

但是对于 $A<0$，应该有

$$T(\boldsymbol{x}) < \sqrt{\frac{N_0}{2T}}\Phi^{-1}(1-P_F)$$

判决 H_1 成立。由于 A 的值是未知的，奈曼-皮尔逊检测器并不会导出唯一的检验。

习 题 4

4-1 设时宽为 τ，幅度为 a 的矩形脉冲信号 $s(t)=\begin{cases} a & |t|\leqslant \tau/2 \\ 0 & |t|>\tau/2 \end{cases}$。

（1）求信号 $s(t)$ 的匹配滤波器的频率响应函数 $H(\omega)$ 的单位冲激响应 $h(t)$。

（2）求匹配滤波器的输出信号 $s_o(t)$，并画出其波形。

4-2 研究平稳连续随机信号的卡亨南-洛维展开。

设 $x(t)=s(t)+n(t)(0\leqslant t\leqslant T)$，其中，$s(t)$ 是能量 $E_s=\int_0^T s^2(t)\mathrm{d}t<\infty$ 的确知信号；$n(t)$ 是均值为 μ_n、自相关函数 $r_0(t-u)$ 的平稳随机噪声。所以，$x(t)$ 是平稳连续随机信号。

当选用正交函数集 $\{f_k(t);k=1,2,\cdots\}$ 对 $x(t)$ 进行正交级数展开时，要求展开系数 x_j 与 $x_k(k=1,2,\cdots;j\neq k)$ 是互不相关的，请构造正交函数集。

4-3 简单二元确知信号波形检测时，假设 H_0 为真时和假设 H_1 为真的观测信号 $x(t)$ 的模型分别为

$$H_0: x(t)=n(t) \quad 0\leqslant t\leqslant T$$

$$H_1: x(t)=s(t)+n(t) \quad 0\leqslant t\leqslant T$$

式中，$s(t)$ 是能量 $E_s=\int_0^T s^2(t)\mathrm{d}t$ 的确知信号；$n(t)$ 是均值为零、功率谱密度为 $P_n(\omega)=N_0/2$ 的高斯白噪声。

若似然比检测门限为 η，请采用如下方法和步骤导出最佳判决式。

第一步：将观测信号 $x(t)$ 用正交级数展开系数 $x_k(k=1,2,\cdots)$ 表示；

第二步：取展开系数的前有限 N 项 $x_k(k=1,2,\cdots,N)$，得到 $p(\boldsymbol{x}_N|H_j)(j=0,1)$ 后，构成似然比检验判决式，并化简；

第三步：对化简后的判决式，取 $N\to\infty$ 的极限，得最佳判决式

$$l[x(t)]=\int_0^T x(t)s(t)\mathrm{d}t \underset{H_0}{\overset{H_1}{\gtrless}} \frac{N_0}{2}\ln\eta+\frac{E_s}{2}=\gamma$$

4-4 设启闭式数字通信系统，信源以等概率产生 0 和 1，系统采用调幅（ASK）方式。假设 H_0 为真时和假设 H_1 为真时，观测信号 $x(t)$ 的模型分别为

$$H_0: x(t)=n(t) \qquad 0\leqslant t\leqslant T$$

$$H_1: x(t)=as(t)+n(t) \quad 0\leqslant t\leqslant T$$

式中，信号 $as(t)$ 的振幅为 a；$s(t)$ 是归一化的确知信号，即 $\int_0^T s^2(t)\mathrm{d}t=1$；$n(t)$ 是均值为零、功率谱密度为 $P_n(\omega)=N_0/2$ 的高斯白噪声。

若似然比检测门限为 η，并采用最小平均错误概率信号检测准则，求最佳判决式，画出检测系统的结构，研究系统的检测性能。

4-5 一般二元确知信号波形检测时，假设 H_0 为真时和假设 H_1 为真时的观测信号 $x(t)$ 的模型分别为

$$H_0: x(t)=s_0(t)+n(t) \quad 0\leqslant t\leqslant T$$

$$H_1: x(t)=s_1(t)+n(t) \quad 0 \leqslant t \leqslant T$$

若似然比检测门限为 η，请采用如下方法和步骤导出最佳判决式。

第一步：将观测信号 $x(t)$ 用正交级数展开系数 n 表示；

第二步：取展开系数的前有限 N 项 $x_k(k=1,2,\cdots,N)$，得到 $p(\boldsymbol{x}_N \mid H_j)(j=0,1)$ 后，构成似然比检验判决式，并化简；

第三步：对化简后的判决式，取 $N \to \infty$ 的极限，得最佳判决式

$$l[x(t)]=\int_0^T x(t)s_1(t)\mathrm{d}t-\int_0^T x(t)s_0(t)\mathrm{d}t \underset{H_0}{\overset{H_1}{\gtrless}} \frac{N_0}{2}\ln\eta+\frac{E_{s_1}-E_{s_0}}{2}=\gamma$$

4-6 一般二元确知信号波形检测时假设 H_0 为真时和假设 H_1 为真的观测信号 $x(t)$ 的模型分别为

$$H_0: x(t)=s_0(t)+n(t) \quad 0 \leqslant t \leqslant T$$

$$H_1: x(t)=s_1(t)+n(t) \quad 0 \leqslant t \leqslant T$$

采用充分统计量分析方法时，若正交函数集的第一、第二个坐标函数分别构造为

$$f_1(t)=\frac{1}{\sqrt{E_{s_0}}}s_0(t) \quad 0 \leqslant t \leqslant T\text{；}\quad f_2(t)=\frac{1}{\sqrt{(1-\rho^2)E_{s_1}}}[s_1(t)-\rho\sqrt{E_{s_1}/E_{s_0}}s_0(t)] \quad 0 \leqslant t \leqslant T$$

证明：$f_1(t)$ 和 $f_2(t)$ 是正交函数集的前两个坐标函数。

4-7 一般二元确知信号波形检测的性能分析中，能量为 E_{s_1} 的信号 $s_1(t)$ 与能量为 E_{s_0} 的信号 $s_0(t)$ 的波形相关系数定义为 $\rho=\frac{1}{\sqrt{E_{s_0}E_{s_1}}}\int_0^T s_0(t)s_1(t)\mathrm{d}t$，证明：$|\rho| \leqslant 1$。

4-8 一般二元确知信号波形检测的最佳波形设计中，在信号 $s_1(t)$ 和 $s_0(t)$ 的能量之和 $E_{s_1}+E_{s_0}=2E_s$（常值）的约束条件下，为使功率信噪比 d^2 最大，应取 $\rho=-1$，且满足 $E_{s_1}=E_{s_0}=E_s$。为此，需要证明：若 a 和 b 为任意两个正数，当 $a+b=2\alpha$ 时，使乘积 ab 最大的 a 和 b 应满足 $a=b=\alpha$。

4-9 高斯随机信号波形检测时，假设 H_0 为真时和假设 H_1 为真时的观测信号 $x(t)$ 的模型分别为

$$H_0: x(t)=n(t) \qquad 0 \leqslant t \leqslant T$$

$$H_1: x(t)=s(t)+n(t) \quad 0 \leqslant t \leqslant T$$

式中，信号 $s(t)$ 的带宽 $|\omega| \leqslant \Omega=2\pi B$，是均值为零、功率谱密度为 $P_s(\omega)=S_0/2\left(|\omega| \leqslant \Omega\right)$ 的高斯随机信号；噪声 $n(t)$ 的带宽 $|\omega| \leqslant \Omega=2\pi B$，是均值为零、功率谱密度为 $P_s(\omega)=N_0/2$ 的高斯随机噪声。在信号 $x(t)$ 的持续时间 $(0 \leqslant t \leqslant T)$ 内，若以 π/Ω 为采样时间间隔，则有 $2BT$ 个采样样本 $x_k(k=1,2,\cdots,2BT)$。将 $2BT$ 个采样样本作为观测随机信号，若似然比检测门限为 η，则设计信号的最佳检测系统。

4-10 高斯白噪声中，考虑简单二元均匀随机分布相位信号 $s(t;\theta)=a(t)\cos(\omega_0 t+\theta)(0 \leqslant t \leqslant T)$ 波形的检测问题，$a(t)$ 是慢变的信号幅度。当由非相干匹配滤波器（除相位外与信号匹配的滤波器，后接包络检波器）实现信号检测时，证明：该匹配滤波器的单位冲激响应 $h(t)=a(T-t)\cos\omega_0(T-t) \quad 0 \leqslant t \leqslant T$。

第 5 章　信号参量的统计估计理论

5.1　概述

在第 3 章和第 4 章中讨论了信号的统计检测理论和技术，研究了在噪声干扰背景中接收到随机观测信号后，如何利用其先验知识和统计特性，根据指标要求选择最佳检测准则，判决 M 个（$M \geqslant 2$）可能信号状态中的哪一个成立；给出了检测系统的结构；分析了检测性能；讨论了最佳信号波形设计等。但上述内容一般不涉及信号有关参量的估计和信号波形的复现等问题，而实际上，在信号处理中这是必须解决的问题。

如果信号中被估计的参量是随机的或非随机的未知量，则称这种估计为信号的参量估计；如果被估计的是随机过程或非随机的未知过程，则称这种估计为信号的波形估计或状态估计。在信号的参量估计中，参量在观测时间内一般不随时间变化，故属于静态估计；信号的波形估计或状态估计属于动态估计，其中信号的波形、参量是随时间变化的。本章将讨论信号的参量估计，波形估计或状态估计将在第 6 章讨论。

5.1.1　信号处理中的估计问题

信号的统计估计理论在许多用来提取信息的信号处理系统中都会用到。这些系统包括雷达系统、通信系统、语音信号处理、图像处理、生物医学、自动控制、地震学等。在所有这些信号处理领域都有一个共同的问题，就是必须估计一组参数值。下面通过几个例子来说明这一问题。

在雷达系统中，对于判决存在的目标，如在空中飞行的飞机，我们可以通过测量飞机的回波信号的时间延迟 τ 及多普勒频率 f_d 等确定飞机的距离 R 和飞行速度 v_r 等参数。由于电波传播速度的快慢变化，以及系统存在的噪声干扰等因素的影响，飞机回波信号的时间延迟 τ、多普勒频率 f_d 等会产生扰动。这就需要通过参量估计的方法来获得统计意义上尽可能精确的结果。

在通信系统中，也有一组参量需要估计。例如，通过估计信号的载波频率，以便能从接收信号中解调出携带信息的基带信号。

在自动控制中，如一个生产过程自动化系统，通过数据观测，实时估计产品的参数，及时调整系统的工作状态和配料比例等，以保证产品的质量。

在地震学中，基于来自不同油层和岩层的声音反射波的不同特性，可以估计地下油层的分布和位置等。

在所有这些系统中，为了实现信号处理中的估计问题，我们都需要含有被估计参量信息的一组观测数据或连续的时间信号。由于存在观测噪声，因此所有观测量都是随机的离散时间过程，简称随机变量或随机矢量，而观测波形是连续的随机过程。在这种情况下，我们通常不能精确地测定信号的参量，而只能对其做出尽可能精确的估计。显然，信号参量的估计涉及对随机数据或随机波形的处理问题，所以要用统计的方法，即统计估计理论。

为了方便和统一，我们把被估计量记为单参量 θ 和矢量 $\boldsymbol{\theta}=(\theta_1,\theta_2,\cdots,\theta_M)^{\mathrm{T}}$；观测量记为 $x_k\left(k=1,2,\cdots,N\right)$，或者表示为观测矢量 $\boldsymbol{x}=\left(x_1,x_2,\cdots,x_N\right)^{\mathrm{T}}$，观测的连续时间信号记为 $x\left(t;\theta\right)\left(0\leqslant t\leqslant T\right)$。

5.1.2 参量估计的数学模型和估计量的构造

一般信号参量的统计估计模型由四部分组成，如图 5-1-1 所示。

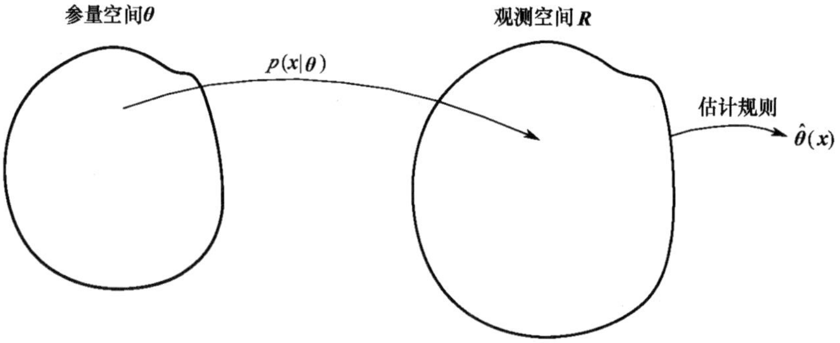

图 5-1-1 信号参量统计估计的模型

1. 参量空间

信源输出一组 M 个参量 $\theta_1,\theta_2,\cdots,\theta_M$，这 M 个参量构成的 M 维矢量 $\boldsymbol{\theta}=\left(\theta_1,\theta_2,\cdots,\theta_M\right)$ 可由 M 维参量空间的一个随机点或者未知点来表示；如果信源输出的参量只有一个单参量 θ，那么参量空间就是一条一维的直线，θ 是该直线上的一个随机点或未知点。

2. 概率映射

为了得到最优的估计量，第一步就是要建立观测矢量 $\boldsymbol{x}$ 的数学模型。由于存在观测噪声，所以 $\boldsymbol{x}$ 具有随机性；同时，观测矢量 $\boldsymbol{x}$ 中含有被估计矢量 $\boldsymbol{\theta}$ 的信息，所以 $\boldsymbol{x}$ 是以 $\boldsymbol{\theta}$ 为参数的随机矢量。因此，其概率密度函数用 $p\left(\boldsymbol{x}\,|\,\boldsymbol{\theta}\right)$ 来描述。如果被估计矢量 $\boldsymbol{\theta}$ 是随机矢量，则 $\boldsymbol{x}$ 与 $\boldsymbol{\theta}$ 的联合概率密度函数表示为 $p\left(\boldsymbol{x},\boldsymbol{\theta}\right)$。由于 $\boldsymbol{\theta}$ 的值影响 $\boldsymbol{x}$ 的取值，因此我们可以从观测矢量 $\boldsymbol{x}$ 的值推测出 $\boldsymbol{\theta}$ 的值。概率密度函数 $p\left(\boldsymbol{x}\,|\,\boldsymbol{\theta}\right)$ 很重要，它完整地描述了含有被估计矢量 $\boldsymbol{\theta}$ 的信息时观测矢量 $\boldsymbol{x}$ 的统计特性，所以用来表示从参量空间 $\boldsymbol{\theta}$ 到观测空间 $\boldsymbol{R}$ 的概率映射关系。如果我们不知道 $p\left(\boldsymbol{x}\,|\,\boldsymbol{\theta}\right)$，可以用 $\boldsymbol{x}$ 和 $\boldsymbol{\theta}$ 的主要统计平均量来表示这种映射关系。

3. 观测空间

参量空间的矢量 $\boldsymbol{\theta}$ 经概率映射到观测空间 $\boldsymbol{R}$，得到观测矢量 $\boldsymbol{x}$。观测空间 $\boldsymbol{R}$ 一般是有限维的，通常表示为 N 维，它提供 N 维观测矢量 $\boldsymbol{x}$，用来实现参量 $\boldsymbol{\theta}$ 的统计估计。

4．估计规则

在得到 N 维观测矢量 $\boldsymbol{x}$ 后，从数学概念上来讲，有 N 个数据，它含有被估计参量 $\boldsymbol{\theta}$ 的信息，我们希望利用其先验知识和统计特性，根据指标要求，构造 $\boldsymbol{x}$ 的函数来定义估计量

$$\hat{\boldsymbol{\theta}}(\boldsymbol{x})=g(\boldsymbol{x})=g\left(x_1,x_2,\cdots,x_N\right) \tag{5-1-1}$$

式中，$g(\cdot)$ 是某个函数；$\hat{\boldsymbol{\theta}}(\boldsymbol{x})$ 是估计量，它一定是观测矢量 $\boldsymbol{x}$ 的函数，如果估计量是单参量，则记为 $\hat{\theta}(\boldsymbol{x})$。所以，估计规则规定了从观测空间中的观测矢量 $\boldsymbol{x}$ 到估计量 $\hat{\boldsymbol{\theta}}(\boldsymbol{x})$ 的构造之间的关系。这种关系保证了所构造的估计量 $\hat{\boldsymbol{\theta}}(\boldsymbol{x})$ 是最佳的。

5.1.3　估计性能的评估

关于估计量 $\hat{\boldsymbol{\theta}}(\boldsymbol{x})$ 的性质将在后续章节中讨论。这里仅通过一个简单的例子，说明估计量性能评估的概念，进而说明通过估计获得的信号参量的估计量在统计意义上具有更高的精度和稳健性。

为了对信号的参量做出估计，需要观测数据。设单参量时的观测方程为线性模型，即为

$$x_k=h_k\theta+n_k \quad k=1,2,\cdots,N \tag{5-1-2}$$

式中，x_k 是第 k 次的观测量；h_k 是已知的观测系数；θ 是被估计的单参量；n_k 是第 k 次的观测噪声。现在的问题是根据 N 次观测量

$$\boldsymbol{x}=(x_1,x_2,\cdots,x_N)^{\mathrm{T}}$$

按照某种最佳准则，对参量 θ 进行估计，即构造一个观测量的函数 $\hat{\theta}(\boldsymbol{x})$，作为参量 θ 的估计量。如果被估计量是 M 维矢量 $\boldsymbol{\theta}=(\theta_1,\theta_2,\cdots,\theta_M)^{\mathrm{T}}$，那么线性模型观测方程可表示为

$$\boldsymbol{x}_k=\boldsymbol{H}_k\boldsymbol{\theta}+\boldsymbol{n}_k \quad k=1,2,\cdots,N \tag{5-1-3}$$

式中，$\boldsymbol{x}_k$ 是第 k 次观测的 L_k 维观测矢量；$\boldsymbol{\theta}$ 是 M 维被估计矢量；$\boldsymbol{n}_k$ 是第 k 次观测的 L_k 维观测噪声矢量；$\boldsymbol{H}_k$ 是第 k 次观测的 $L_k\times M$ 阶观测矩阵。M 维矢量 $\boldsymbol{\theta}$ 的估计量是根据某种最佳准则构造的观测矢量

$$\boldsymbol{x}=(x_1,x_2,\cdots,x_N)^{\mathrm{T}}$$

的函数 $\hat{\boldsymbol{\theta}}(\boldsymbol{x})=g(\boldsymbol{x})$。

现在举一个简单的单参量 θ 估计的例子，来说明估计量的构造和估计量性能的评估。设观测方程为

$$x_k=\theta+n_k \quad k=1,2,\cdots,N$$

式中，x_k 是第 k 次的观测量；θ 是被估计单参量，假定是非随机未知的；n_k 是第 k 次观测噪声，假定 $E(n_k)=0$，$E(n_jn_k)=\sigma_n^2\delta_{jk}$。图 5-1-2 所示是多次观测的一个样本函数的图形。

因为观测噪声 n_k 的均值为零，所以从统计意义上讲，θ 应在观测量的统计平均值附近。因此，用样本 x_k 的平均值来构造估计量是合理的。这样，估计量 $\hat{\theta}(\boldsymbol{x})$ 构造为 $N(N>1)$ 个样本的平均值，即

$$\hat{\theta}(\boldsymbol{x})=\frac{1}{N}\sum_{k=1}^{N}x_k \tag{5-1-4}$$

显然，估计量 $\hat{\theta}(\boldsymbol{x})$ 是观测量 $\boldsymbol{x}=(x_1,x_2,\cdots,x_N)^{\mathrm{T}}$ 的函数。现在来研究这种估计的性能。因为估计量 $\hat{\theta}(\boldsymbol{x})$ 是观测量 $\boldsymbol{x}$ 的函数，而观测量 x_k 是随机变量，所以观测量 $\boldsymbol{x}$ 是随机矢量，因此 $\hat{\theta}(\boldsymbol{x})$ 是随机变量的函数，也是随机变量。

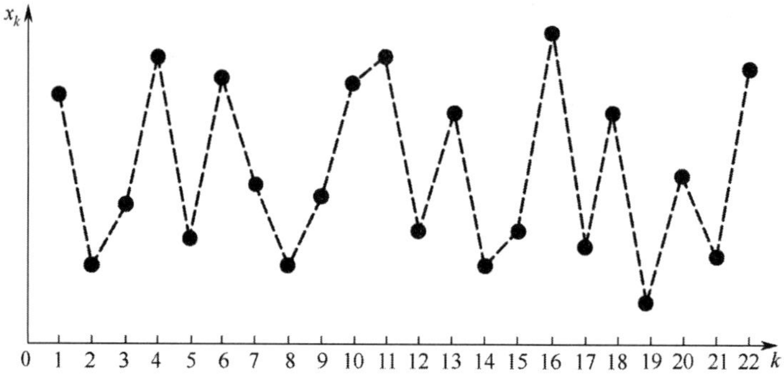

图 5-1-2　多次观测的一个样本函数

估计量的均值为

$$E[\hat{\theta}(\boldsymbol{x})]=E\left[\frac{1}{N}\sum_{k=1}^{N}x_k\right]=E\left[\frac{1}{N}\sum_{k=1}^{N}(\theta+n_k)\right]=\theta$$

即估计量 $\hat{\theta}(\boldsymbol{x})$ 的均值 $E[\hat{\theta}(\boldsymbol{x})]$ 等于被估计量 θ 的真值。

估计量的误差为

$$\tilde{\theta}(\boldsymbol{x})=\theta-\hat{\theta}(\boldsymbol{x})$$

显然，估计量的误差也是随机变量。

估计量的均方误差为

$$E\left[\tilde{\theta}^2(\boldsymbol{x})\right]=E\left[\left(\theta-\hat{\theta}(\boldsymbol{x})\right)^2\right]=E\left[\left(\theta-\frac{1}{N}\sum_{k=1}^{N}(\theta+n_k)\right)^2\right]$$

$$=E\left[\left(-\frac{1}{N}\sum_{k=1}^{N}n_k\right)^2\right]=\frac{1}{N^2}\sum_{k=1}^{N}E(n_k^2)=\frac{1}{N}\sigma_k^2$$

我们说，在样本函数中，某个样本 x_k 的取值有可能比估计值更接近于真值 θ。但若用一个样本 x_k 作为 θ 的估计量，则记为 $\hat{\theta}_1(x_k)$，即

$$\hat{\theta}_1(x_k)=x_k$$

其均值为

$$E[\hat{\theta}_1(x_k)]=E(x_k)=E(\theta+x_k)=0$$

它也等于被估计量 θ 的真值。但估计量的均方误差为

$$\begin{aligned}E[(\theta-\hat{\theta}_1(x_k))^2]&=E[(\theta-(\theta+n_k))^2]\\&=E[(-n_k)^2]\\&=\sigma_n^2\end{aligned}$$

显然，$E[(\theta-\hat{\theta}(\boldsymbol{x}))^2]<E[(\theta-\hat{\theta}_1(x_k))^2]$，$N>1$。这就是说，从传统意义上讲，$\hat{\theta}(\boldsymbol{x})$ 比

$\hat{\theta}_1(x_k)$ 具有更高的精度和稳健性。这是因为 $\hat{\theta}(\boldsymbol{x})$ 对单个样本 $x_k\left(k=1,2,\cdots,N\right)$ 的随机性进行了平均处理。很明显，样本函数中的样本个数 N 越大，估计量 $\hat{\theta}(\boldsymbol{x})$ 的性能越好，但同时也需要更大的计算量。

在讨论信号参量的统计估计时，往往需要被估计参量的一些先验知识，对于信源的输出参量，一般分为两种情况：一种是参量是 M（$M\geqslant 1$）维随机矢量 $\boldsymbol{\theta}=(\theta_1,\theta_2,\cdots,\theta_M)^{\mathrm{T}}$，它的统计特性用其 M 维联合概率密度函数或统计平均量来描述；另一种是参量是 M（$M\geqslant 1$）维非随机的未知矢量。根据被估计参量的性质和已知的先验知识，我们将采用最佳的估计准则来构造估计量。所谓最佳估计准则就是充分利用先验知识，使构造的估计量具有最佳性质的估计准则。最佳估计准则在很大程度上将决定求解估计量所使用的方法，即估计量的构造方法和估计量的性质等。因此，为使估计问题得到最优的结果，选择合理的最佳估计准则是很重要的。

在本章中，将讨论各种最佳估计的准则，提出估计量的构造方法，导出构造公式，研究估计量的性质，等等。为了便于理解和应用，先讨论单参量的估计问题，然后再推广到多参量的矢量估计问题。

最后说明，有时为了表示方便，估计量 $\hat{\theta}(\boldsymbol{x})$ 可简记为 $\hat{\theta}$，它的均值 $E(\hat{\theta})$、方差 $\mathrm{Var}(\hat{\theta})$ 和均方误差 $E[(\theta-\hat{\theta})^2]$ 可分别记为 $\mu_{\hat{\theta}}$，$\sigma_{\hat{\theta}}^2$ 和 $\varepsilon_{\hat{\theta}}^2$。在矢量估计中也可类似表示。

5.2　随机参量的贝叶斯估计

在研究信号检测的贝叶斯准则时，假定已知各种假设的先验概率 $P(H_j)$，并指定一组代价因子 c_{ij}，由此制定出使平均代价 C 最小的检测准则，即贝叶斯准则。在信号参量的估计中，我们用类似的方法提出贝叶斯估计准则，使估计而付出的平均代价最小。贝叶斯估计适用于被估计参量是随机参量的情况，本节将讨论单随机参量的贝叶斯估计。

5.2.1　常用代价函数和贝叶斯估计的概念

在单随机信号参量估计问题中，因为被估计量 θ 和构造的估计量 $\hat{\theta}$ 通常都是连续的随机变量，所以给每一对 $(\theta,\hat{\theta})$ 分配一个代价函数 $c(\theta,\hat{\theta})$。代价函数 $c(\theta,\hat{\theta})$ 是 θ 和 $\hat{\theta}$ 两个变量的函数。但在实际上，几乎对所有的重要问题都把它规定为估计误差 $\tilde{\theta}=\theta-\hat{\theta}$ 的函数，估计误差也可简记为 $\tilde{\theta}=\theta-\hat{\theta}$，这样，代价函数通常表示为

$$c(\tilde{\theta})=c(\theta-\hat{\theta}) \tag{5-2-1}$$

它是估计误差 $\tilde{\theta}$ 的单变量任意函数，但是，在实际应用中，代价函数 $c(\tilde{\theta})$ 要合理选择。三种典型的常用代价函数如图 5-2-1 所示，其数学表示式分别如下。

误差平方代价函数：

$$c(\tilde{\theta})=c(\theta-\hat{\theta})=(\theta-\hat{\theta})^2 \tag{5-2-2a}$$

误差绝对值代价函数：

$$c(\tilde{\theta})=c(\theta-\hat{\theta})=\left|\theta-\hat{\theta}\right| \tag{5-2-2b}$$

均匀代价函数：

$$c(\tilde{\theta})=c(\theta-\hat{\theta})=\begin{cases}1 & |\tilde{\theta}|\geqslant\dfrac{\Delta}{2}\\ 0 & |\tilde{\theta}|<\dfrac{\Delta}{2}\end{cases} \tag{5-2-2c}$$

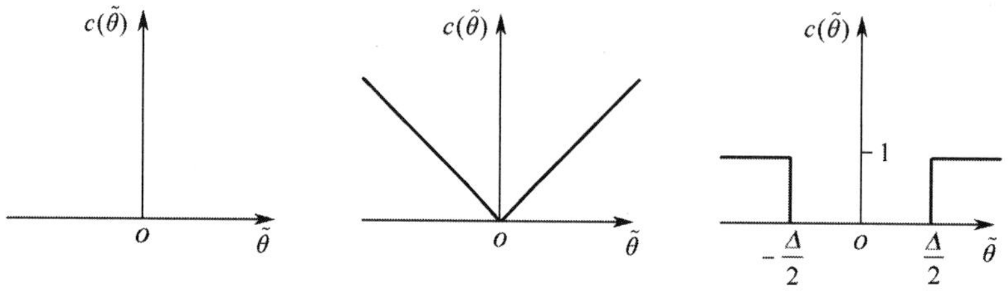

(a) 误差平方代价函数　(b) 误差绝对值代价函数　(c) 均匀代价函数

图 5-2-1　三种典型的常用代价函数

除上述三种常用代价函数外，我们还可以根据需要选择其他形式的代价函数。但无论何种形式的代价函数都应满足两个基本的特性，即非负性和误差 $\tilde{\theta}=0$ 时的最小性。

设被估计的单随机变量 θ 的先验概率密度函数为 $p(\theta)$，那么，代价函数 $c(\tilde{\theta})$ 是随机参量 θ 和观测矢量 $\boldsymbol{x}$ 的函数，因此平均代价 C 为

$$\begin{aligned}C&=\int_{-\infty}^{\infty}\int_{-\infty}^{\infty}c(\theta,\hat{\theta})p(\boldsymbol{x},\hat{\theta})\,\mathrm{d}\boldsymbol{x}\,\mathrm{d}\theta\\&=\int_{-\infty}^{\infty}\int_{-\infty}^{\infty}c(\theta-\hat{\theta})p(\boldsymbol{x},\theta)\,\mathrm{d}\boldsymbol{x}\,\mathrm{d}\theta\end{aligned} \tag{5-2-3}$$

式中，$p(\boldsymbol{x},\theta)$ 是随机观测矢量 $\boldsymbol{x}$ 和单随机被估计量 θ 的联合概率密度函数。

在 $p(\theta)$ 已知，选定代价函数 $c(\theta-\hat{\theta})$ 条件下，使平均代价 C 最小的估计就称为贝叶斯估计（Bayes Estimation），估计量记为 $\hat{\theta}_{\mathrm{b}}(\boldsymbol{x})$，简记为 $\hat{\theta}_{\mathrm{b}}$。利用概率论中的贝叶斯公式，$\boldsymbol{x}$ 和 θ 的联合概率密度函数 $p(\boldsymbol{x},\theta)$ 可以表示为

$$p(\boldsymbol{x},\theta)=p(\theta\,|\,\boldsymbol{x})p(\boldsymbol{x}) \tag{5-2-4}$$

这样，平均代价 C 的公式可改写为

$$C=\int_{-\infty}^{\infty}p(\boldsymbol{x})\left[\int_{-\infty}^{\infty}c(\theta-\hat{\theta})p(\theta\,|\,\boldsymbol{x})\,\mathrm{d}\theta\right]\mathrm{d}\boldsymbol{x} \tag{5-2-5}$$

式中，$p(\theta\,|\,\boldsymbol{x})$ 是后验概率密度函数，由于式（5-2-5）中的 $p(\boldsymbol{x})$ 和内积分都是非负的，所以使该式所表示的 C 最小，等效为使内积分最小，即

$$C(\hat{\theta}\,|\,\boldsymbol{x})\triangleq\int_{-\infty}^{\infty}c(\theta-\hat{\theta})p(\theta\,|\,\boldsymbol{x})\,\mathrm{d}\theta \tag{5-2-6}$$

最小。$C(\hat{\theta}\,|\,\boldsymbol{x})$ 称为条件平均代价。它对 $\hat{\theta}$ 求最小，就能求得随机参量 θ 的贝叶斯估计量 $\hat{\theta}_{\mathrm{b}}$。因此对具有已知概率密度函数力 $p(\theta)$ 的单随机参量 θ，结合三种典型代价函数，可以导出三种重要的贝叶斯估计。

5.2.2　贝叶斯估计量的构造

1．最小均方误差估计

对于误差平方代价函数，条件平均代价表示为

$$C(\hat{\theta}\,|\,\boldsymbol{x})=\int_{-\infty}^{\infty}(\theta-\hat{\theta})^2 p(\theta\,|\,\boldsymbol{x})\,\mathrm{d}\theta \tag{5-2-7}$$

使条件平均代价最小的一个必要条件是式（5-2-7）对 $\hat{\theta}$ 求偏导并令结果等于零，求得最佳的估计量 $\hat{\theta}$。因为式（5-2-7）的右端实际上是均方误差的表示式，现使其最小来求解估计量，故称为最小均方误差估计（minimum mean square error estimation），所求得的估计量记为 $\hat{\theta}_{\mathrm{msc}}(\boldsymbol{x})$，简记为 $\hat{\theta}_{\mathrm{mse}}$。为导出估计量的构造公式，应将式（5-2-7）对 $\hat{\theta}$ 求偏导并令结果等于零，得

$$\begin{aligned}&\frac{\partial}{\partial\hat{\theta}}\int_{-\infty}^{\infty}(\theta-\hat{\theta})^2 p(\theta\,|\,\boldsymbol{x})\,\mathrm{d}\theta\\&=-2\int_{-\infty}^{\infty}\theta p(\theta\,|\,\boldsymbol{x})\,\mathrm{d}\theta+2\hat{\theta}\int_{-\infty}^{\infty}p(\theta\,|\,\boldsymbol{x})\,\mathrm{d}\theta\Big|_{\hat{\theta}=\hat{\theta}_{\mathrm{mse}}}=0\end{aligned} \tag{5-2-8}$$

因为

$$\int_{-\infty}^{\infty}p(\theta\,|\,\boldsymbol{x})\,\mathrm{d}\theta=1$$

所以

$$\hat{\theta}_{\mathrm{mse}}=\int_{-\infty}^{\infty}\theta p(\theta\,|\,\boldsymbol{x})\,\mathrm{d}\theta \tag{5-2-9}$$

因为式（5-2-7）对 $\hat{\theta}$ 的二阶偏导结果为正（等于 2），所以由式（5-2-9）求得的估计量 $\hat{\theta}_{\mathrm{mse}}$ 能使平均代价 C 达到极小值。从估计量的构造公式，即式（5-2-9）可以看出，$\hat{\theta}_{\mathrm{mse}}$ 是后验概率密度函数 $p(\theta\,|\,\boldsymbol{x})$ 的均值 $E(\theta\,|\,\boldsymbol{x})$，因为 $p(\theta\,|\,\boldsymbol{x})$ 是指得到观测矢量 $\boldsymbol{x}$ 后 θ 的概率密度函数，所以最小均方误差估计又称为条件均值估计。

最小均方误差估计的条件平均代价为

$$\begin{aligned}C_{\mathrm{mse}}(\hat{\theta}\,|\,\boldsymbol{x})&=\int_{-\infty}^{\infty}(\theta-\hat{\theta}_{\mathrm{mse}})^2 p(\theta\,|\,\boldsymbol{x})\,\mathrm{d}\theta\\&=\int_{-\infty}^{\infty}\left[\theta-E(\theta\,|\,\boldsymbol{x})\right]^2 p(\theta\,|\,\boldsymbol{x})\,\mathrm{d}\theta\end{aligned} \tag{5-2-10}$$

它恰好是以观测矢量 $\boldsymbol{x}$ 为条件的被估计量 θ 的条件方差。根据式（5-2-5），最小均方误差估计的最小平均代价 C_{mse} 是该条件方差对所有观测量的统计平均，即

$$C_{\mathrm{mse}}=\int_{-\infty}^{\infty}C_{\mathrm{mse}}(\hat{\theta}\,|\,\boldsymbol{x})p(\boldsymbol{x})\,\mathrm{d}\boldsymbol{x} \tag{5-2-11}$$

利用关系式

$$p(\theta\,|\,\boldsymbol{x})=p(\boldsymbol{x}\,|\,\theta)p(\theta)/p(\boldsymbol{x})$$

$$p(\boldsymbol{x})=\int_{-\infty}^{\infty}p(\boldsymbol{x},\theta)\,\mathrm{d}\theta=\int_{-\infty}^{\infty}p(\boldsymbol{x}|\,\theta)p(\theta)\,\mathrm{d}\theta$$

可将估计量 $\hat{\theta}_{\mathrm{mse}}$ 构造的式（5-2-9）改写成另一种更便于实际求解的形式，即

$$\hat{\theta}_{\text{mse}} = \frac{\int_{-\infty}^{\infty} \theta p(\boldsymbol{x}|\theta)p(\theta)\,\mathrm{d}\theta}{\int_{-\infty}^{\infty} p(\boldsymbol{x}|\theta)p(\theta)\,\mathrm{d}\theta} \tag{5-2-12}$$

因为被估计量 θ 的先验概率密度函数 $p(\theta)$ 是已知的，而观测矢量 $\boldsymbol{x}$ 的条件概率密度函数 $p(\boldsymbol{x}|\theta)$ 根据观测方程和观测噪声的统计特性一般是可以得到的，所以它避免了求后验概率密度函数 $p(\boldsymbol{x}|\theta)$ 所带来的麻烦。

2. 条件中值估计

对于误差绝对值代价函数，条件平均代价表示为

$$\begin{aligned} C(\hat{\theta}|\boldsymbol{x}) &= \int_{-\infty}^{\infty} \left|\theta - \hat{\theta}\right| p(\theta|\boldsymbol{x})\,\mathrm{d}\theta \\ &= \int_{-\infty}^{\hat{\theta}} (\hat{\theta}-\theta)p(\theta|\boldsymbol{x})\mathrm{d}\theta + \int_{\hat{\theta}}^{\infty} (\theta-\hat{\theta})p(\theta|\boldsymbol{x})\,\mathrm{d}\theta \end{aligned} \tag{5-2-13}$$

将 $C(\hat{\theta}|\boldsymbol{x})$ 对 $\hat{\theta}$ 求偏导，并令结果等于零，得

$$\int_{-\infty}^{\hat{\theta}} p(\theta|\boldsymbol{x})\,\mathrm{d}\theta = \int_{\hat{\theta}}^{\infty} p(\theta|\boldsymbol{x})\,\mathrm{d}\theta \tag{5-2-14}$$

根据随机变量中值（中位数）的定义，估计量 $\hat{\theta}$ 是被估计随机参量 θ 的条件中值，故称为条件中值估计，或称为条件中位数估计（conditional median estimation），估计量记为 $\hat{\theta}_{\text{med}}(\boldsymbol{x})$，简记为 $\hat{\theta}_{\text{med}}$。显然，估计量 $\hat{\theta}_{\text{med}}$ 是 $p\{\theta \leqslant \hat{\theta}\} = 1/2$ 的点。

3. 最大后验估计

对于均匀代价函数，条件平均代价表示为

$$\begin{aligned} C(\hat{\theta}|\boldsymbol{x}) &= \int_{-\infty}^{\hat{\theta}-\frac{\Delta}{2}} p(\theta|\boldsymbol{x})\,\mathrm{d}\theta + \int_{\hat{\theta}+\frac{\Delta}{2}}^{\infty} p(\theta|\boldsymbol{x})\,\mathrm{d}\theta \\ &= 1 - \int_{\hat{\theta}-\frac{\Delta}{2}}^{\hat{\theta}+\frac{\Delta}{2}} p(\theta|\boldsymbol{x})\,\mathrm{d}\theta \end{aligned} \tag{5-2-15}$$

显然，欲使 $C(\hat{\theta}|\boldsymbol{x})$ 最小，需要此式右边的积分

$$\int_{\hat{\theta}-\frac{\Delta}{2}}^{\hat{\theta}+\frac{\Delta}{2}} p(\theta|\boldsymbol{x})\,\mathrm{d}\theta \tag{5-2-16}$$

最大。在均匀代价函数中，我们感兴趣的是 Δ 很小但不等于零的情况。对于足够小的 Δ，为使式（5-2-16）的积分最大，应当选择 $\hat{\theta}$ 使它处于后验概率密度函数 $p(\theta|\boldsymbol{x})$ 最大值的位置。所以，这样的估计称为最大后验估计（maximum a posteriori estimation），估计量记为 $\hat{\theta}_{\text{map}}(\boldsymbol{x})$，简记为 $\hat{\theta}_{\text{map}}$。

如果 $p(\theta|\boldsymbol{x})$ 的最大值处于 θ 的允许范围内，且 $p(\theta|\boldsymbol{x})$ 具有连续的一阶导数，则获得最大值的必要条件是

$$\left.\frac{\partial p(\theta|\boldsymbol{x})}{\partial \theta}\right|_{\theta=\hat{\theta}_{\text{map}}} = 0 \tag{5-2-17}$$

因为自然对数是自变量的单调函数，所以有

$$\left.\frac{\partial \ln p(\theta|\boldsymbol{x})}{\partial \theta}\right|_{\theta=\hat{\theta}_{\text{map}}}=0 \tag{5-2-18}$$

该式称为最大后验方程。利用上述方程求解估计量 $\hat{\theta}_{\text{map}}$ 时，在每一种情况下都必须检验所求得的解是否能使 $p(\theta|\boldsymbol{x})$ 绝对最大。

为了反映观测矢量 $\boldsymbol{x}$ 和先验概率密度函数 $p(\theta)$ 对估计量的影响，我们注意到

$$p(\theta|\boldsymbol{x})=\frac{p(\boldsymbol{x}|\theta)p(\theta)}{p(\boldsymbol{x})}$$

两边取自然对数，并对 θ 求偏导，令结果等于零，可得到另一种形式的最大后验估计方程，即

$$\left.\left[\frac{\partial \ln p(\boldsymbol{x}|\theta)}{\partial \theta}+\frac{\partial \ln p(\theta)}{\partial \theta}\right]\right|_{\theta=\hat{\theta}_{\text{map}}}=0 \tag{5-2-19}$$

式中，$p(\boldsymbol{x}|\theta)$ 是观测矢量 $\boldsymbol{x}$ 以 θ 为条件的概率密度函数。

前面讨论了三种典型代价函数下的单随机参量 θ 的贝叶斯估计问题。下面将重点讨论贝叶斯估计中的最小均方误差估计和最大后验估计。

例 5-2-1 研究在加性噪声中单随机参量 θ 的估计问题。观测方程为

$$x_k=\theta+n_k \quad k=1,2,\cdots,N$$

式中，n_k 是均值为零、方差为 σ_θ^2 的独立同分布高斯随机噪声；假设被估计量 θ 也是均值为零、但方差为 σ_θ^2 的高斯随机参量。求 θ 的贝叶斯估计量 $\hat{\theta}_{\text{b}}$。

解：在前面讨论过的三种典型代价函数下，为了求得随机参量 θ 的贝叶斯估计量，原理上都需要首先求出后验概率密度函数 $p(\theta|\boldsymbol{x})$。根据题意和所给的先验知识，以 θ 为条件的观测矢量 $\boldsymbol{x}=(x_1,x_2,\cdots,x\ \ )^{\mathrm{T}}$ 的条件概率密度函数为

$$p(\boldsymbol{x}|\theta)=\left(\frac{1}{2\pi\sigma_n^2}\right)^{N/2}\exp\left[-\sum_{k=1}^{N}\frac{(x_k-\theta)^2}{2\sigma_n^2}\right]$$

而随机参量 θ 的概率密度函数为

$$p(\theta)=\left(\frac{1}{2\pi\sigma_\theta^2}\right)^{1/2}\exp\left(-\frac{\theta^2}{2\sigma_\theta^2}\right)$$

为了求得后验概率密度函数 $p(\theta|\boldsymbol{x})$，利用

$$p(\theta|\boldsymbol{x})=\frac{p(\boldsymbol{x}|\theta)p(\theta)}{p(\boldsymbol{x})}$$

注意 $p(\theta|\boldsymbol{x})$ 是给定 $\boldsymbol{x}$ 后，以 θ 的条件概率密度函数，所以对于 $p(\theta|\boldsymbol{x})$ 而言，$p(\boldsymbol{x})$ 就相当于使

$$\int_{-\infty}^{\infty}p(\theta|\boldsymbol{x})\mathrm{d}\theta=1$$

的归一化因子，因此

$$
\begin{aligned}
p(\theta|\boldsymbol{x})&=\frac{1}{p(\boldsymbol{x})}\left(\frac{1}{2\pi\sigma_n^2}\right)^{N/2}\left(\frac{1}{2\pi\sigma_\theta^2}\right)^{1/2}\exp\left[-\frac{(x_k-\theta)^2}{2\sigma_n^2}-\frac{\theta^2}{2\sigma_\theta^2}\right]\\
&=K_1(\boldsymbol{x})\exp\left[-\frac{1}{2}\left(\sum_{k=1}^{N}\frac{x_k^2-2x_k\theta+\theta^2}{\sigma_n^2}+\frac{\theta^2}{\sigma_\theta^2}\right)\right]\\
&=K_2(\boldsymbol{x})\exp\left[-\frac{1}{2}\left(\frac{N\sigma_\theta^2+\sigma_n^2}{\sigma_\theta^2\sigma_n^2}\theta^2-2\theta\sum_{k=1}^{N}\frac{x_k}{\sigma_n^2}\right)\right]\\
&=K_2(\boldsymbol{x})\exp\left[-\frac{1}{2}\frac{N\sigma_\theta^2+\sigma_n^2}{\sigma_\theta^2\sigma_n^2}\left(\theta^2-\frac{\sigma_\theta^2}{\sigma_\theta^2+\sigma_n^2/N}2\theta\left(\frac{1}{N}\sum_{k=1}^{N}x_k\right)\right)\right]\\
&=K_3(\boldsymbol{x})\exp\left[-\frac{1}{2\sigma_m^2}\left(\theta-\frac{\sigma_\theta^2}{\sigma_\theta^2+\sigma_n^2/N}\left(\frac{1}{N}\sum_{k=1}^{N}x_k\right)\right)^2\right]
\end{aligned}
$$

式中，

$$
K_1(\boldsymbol{x})=\frac{1}{p(\boldsymbol{x})}\left(\frac{1}{2\pi\sigma_n^2}\right)^{N/2}\left(\frac{1}{2\pi\sigma_\theta^2}\right)^{1/2}
$$

$$
K_2(\boldsymbol{x})=K_1(\boldsymbol{x})\exp\left[-\frac{1}{2\sigma_n^2}\sum_{k=1}^{N}x_k^2\right]
$$

$$
K_3(\boldsymbol{x})=K_2(\boldsymbol{x})\exp\left\{\frac{1}{2\sigma_m^2}\left[\frac{\sigma_\theta^2}{\sigma_\theta^2+\sigma_n^2/N}\left(\frac{1}{N}\sum_{k=1}^{N}x_k\right)\right]^2\right\}
$$

它们都是与 θ 无关的项；而 σ_m^2 为

$$
\sigma_m^2=\frac{\sigma_\theta^2\sigma_n^2}{N\sigma_\theta^2+\sigma_n^2}
$$

分析后验概率密度函数 $p(\theta|\boldsymbol{x})$ 的表示式我们发现，它是高斯型的，可称为广义高斯分布。我们知道，最小均方误差估计量就是后验概率密度函数 $p(\theta|\boldsymbol{x})$ 的条件均值 $E(\theta|\boldsymbol{x})$。因此，对于高斯型的 $p(\theta|\boldsymbol{x})$，θ 的最小均方误差估计量 $\hat{\theta}_{\text{mse}}$ 可直接由 $p(\theta|\boldsymbol{x})$ 的表示式得到，结果为

$$
\hat{\theta}_{\text{mse}}=\frac{\sigma_\theta^2}{\sigma_\theta^2+\sigma_n^2/N}\left(\frac{1}{N}\sum_{k=1}^{N}x_k\right)
$$

而且，θ 的条件中值和条件众数与条件均值相同，因此，三种典型代价函数下的贝叶斯估计量是一样的，即

$$
\begin{aligned}
\hat{\theta}_{\text{mse}}&=\hat{\theta}_{\text{med}}=\hat{\theta}_{\text{map}}\triangleq\hat{\theta}_{\text{b}}\\
&=\frac{\sigma_\theta^2}{\sigma_\theta^2+\sigma_n^2/N}\left(\frac{1}{N}\sum_{k=1}^{N}x_k\right)
\end{aligned}
$$

估计量的均方误差为

$$E\left[\left(\theta-\hat{\theta}_{\mathrm{b}}\right)^2\right]=\frac{\sigma_\theta^2\sigma_n^2}{N\sigma_\theta^2+\sigma_n^2}=\frac{\sigma_n^2}{N+\sigma_n^2/\sigma_\theta^2}$$

现在来考察观测矢量 $\boldsymbol{x}$ 和被估计量 θ 的参数对估计量 $\hat{\theta}_{\mathrm{b}}$ 的影响。如果 $\sigma_\theta^2 \ll \sigma_n^2/N$，则

$$\hat{\theta}_{\mathrm{b}}=\frac{\sigma_\theta^2}{\sigma_\theta^2+\sigma_n^2/N}\left(\frac{1}{N}\sum_{k=1}^{N}x_k\right)\xrightarrow{\sigma_\theta^2\ll\sigma_n^2/N}0$$

可见，此时估计值趋近参量 θ 的统计平均值（θ 的统计平均值为零），因此先验知识比观测数据更有用；如果 $\sigma_\theta^2 \gg \sigma_n^2/N$，则

$$\hat{\theta}_{\mathrm{b}}=\frac{\sigma_\theta^2}{\sigma_\theta^2+\sigma_n^2/N}\left(\frac{1}{N}\sum_{k=1}^{N}x_k\right)\xrightarrow{\sigma_\theta^2\gg\sigma_n^2/N}\frac{1}{N}\sum_{k=1}^{N}x_k$$

此时先验知识几乎不影响估计量，估计量主要取决于观测数据。在极端情况下（$\sigma_n^2=0$），$\hat{\theta}_{\mathrm{b}}$ 恰好是 x_k 的算术平均值。请读者考虑在上述两种情况下，估计量 $\hat{\theta}_{\mathrm{b}}$ 的变化规律合理吗？

例 5-2-2　考虑在均值为零、方差为 σ_n^2 的加性高斯白噪声 n 中的接收信号 s，已知信号 s 在 $-s_M$ 到 $+s_M$ 之间均匀分布。单次观测方程为

$$x=s+n$$

求信号 s 的贝叶斯估计量 $\hat{s}_{\mathrm{map}}$ 和 $\hat{s}_{\mathrm{mse}}$。

解：首先求最大后验估计量 $\hat{s}_{\mathrm{map}}$。

按题意给定的条件，以信号 s 为条件的观测量 x 的条件概率密度函数为

$$p(x\,|\,s)=\left(\frac{1}{2\pi\sigma_n^2}\right)^{1/2}\exp\left[-\frac{(x-s)^2}{2\sigma_n^2}\right]$$

而已知信号 s 的先验概率密度函数为

$$p(s)=\begin{cases}\dfrac{1}{2s_M} & -s_M\leqslant s\leqslant +s_M\\ 0 & \text{其他}\end{cases}$$

所以，在 $-s_M\leqslant s\leqslant +s_M$ 范围内，由最大后验估计方程

$$\left[\frac{\partial\ln p(x\,|\,s)}{\partial s}+\frac{\partial\ln p(s)}{\partial s}\right]\Bigg|_{s=\hat{s}_{\mathrm{map}}}=0$$

解得最大后验估计量

$$\hat{s}_{\mathrm{map}}=x$$

由于信号 s 的最小值是 $-s_M$，最大值是 $+s_M$，且观测噪声是零均值的高斯噪声，所以当观测值 $x<-s_M$ 和 $x>+s_M$ 时，信号分别取 $-s_M$ 和 $+s_M$ 的概率最大，这样则有

$$\hat{s}_{\mathrm{map}}=\begin{cases}-s_M & x<-s_M\\ x & -s_M\leqslant x\leqslant +s_M\\ +s_M & s>+s_M\end{cases}$$

下面再求信号 s 的最小均方误差估计量 $\hat{s}_{\mathrm{mse}}$。

$\hat{s}_{\mathrm{mse}}$ 等于后验概率密度函数 $p(s\,|\,x)$ 的条件均值，所以

$$
\begin{aligned}
\hat{s}_{\text{mse}} &= \int_{-\infty}^{\infty} sp(s\,|\,x)\,\mathrm{d}s \\
&= \frac{\int_{-\infty}^{\infty} sp(x\,|\,s)p(s)\,\mathrm{d}s}{\int_{-\infty}^{\infty} p(x\,|\,s)p(s)\,\mathrm{d}s} \\
&= \frac{\int_{-s_M}^{+s_M} s\left(\dfrac{1}{2\pi\sigma_n^2}\right)^{1/2}\exp\left[-\dfrac{(x-s)^2}{2\sigma_n^2}\right]\dfrac{1}{2s_M}\,\mathrm{d}s}{\int_{-s_M}^{+s_M}\left(\dfrac{1}{2\pi\sigma_n^2}\right)^{1/2}\exp\left[-\dfrac{(x-s)^2}{2\sigma_n^2}\right]\dfrac{1}{2s_M}\,\mathrm{d}s} \\
&= \frac{\int_{s_M+x}^{+s_M-x}(x-u)\exp\left(-\dfrac{u^2}{2\sigma_n^2}\right)\mathrm{d}u}{\int_{s_M+x}^{s_M-x}\exp\left(-\dfrac{u^2}{2\sigma_n^2}\right)\mathrm{d}u} \\
&= x-\frac{\sigma_n\int_{(d+v)^2/2}^{(d-v)^2/2}\exp(-v)\,\mathrm{d}v}{\int_{d+v}^{d-v}\exp\left(-\dfrac{v^2}{2}\right)\mathrm{d}v}
\end{aligned}
$$

式中，$u = x - s$；$d = s_M / \sigma_n$，代表信噪比；$v = x / \sigma_n$，是观测量 x 对噪声标准差的归一化值。继续对上式进行运算，得

$$
\hat{s}_{\text{mse}} = x - \frac{\sigma_n[\mathrm{e}^{-(d-v)^2/2} - \mathrm{e}^{-(d+v)^2/2}]}{\sqrt{2\pi}\,[\phi(d-v)-\phi(d+v)]}
$$

式中，函数 $\phi(\cdot)$ 代表

$$
\phi(z) = \frac{1}{2\pi}\int_0^z \exp\left(-\frac{v^2}{2}\right)\mathrm{d}v
$$

将估计量 $\hat{s}_{\text{map}}$ 和 $\hat{s}_{\text{mse}}$ 对观测量 x 的关系绘成曲线，如图 5-2-2 所示。可见，$\hat{s}_{\text{map}}$ 和 $\hat{s}_{\text{mse}}$ 都是非线性估计，即估计量 $\hat{s}$ 是观测量 x 的非线性函数，但二者不相同。

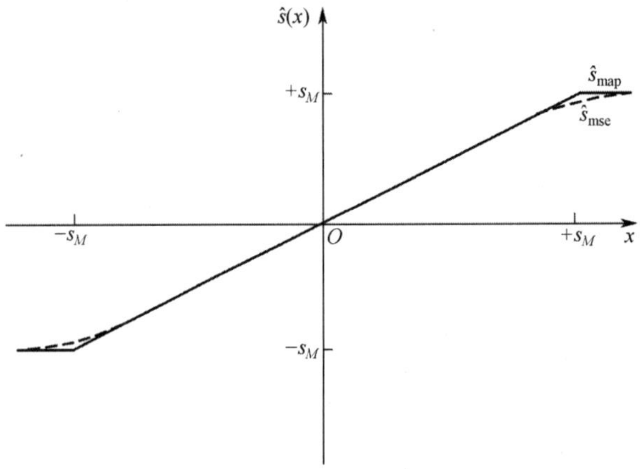

图 5-2-2　高斯噪声中均匀分布信号的估计

5.2.3　最佳估计的不变性

从前面的讨论中我们已经看出，如果被估计量 θ 的后验概率密度函数 $p(\theta\,|\,\boldsymbol{x})$ 是高斯型的，那么在三种典型代价函数下，使平均代价最小的估计量是一样的，都等于最小均方误差估计量，即

$$\hat{\theta}_{\text{mse}}=\hat{\theta}_{\text{med}}=\hat{\theta}_{\text{map}}$$

它们的均方误差都是最小的，这就是最佳估计的不变性。但是，代价函数的选择常常带有主观性，而后验概率密度函数 $p(\theta\,|\,\boldsymbol{x})$ 也不一定能满足高斯型的要求。因此，如果能找到一种估计，它对放宽约束条件的代价函数和后验概率密度函数都是最佳的，那么将是比较理想的。也就是说，我们希望代价函数不仅限于前面的三种典型形式，后验概率密度函数也可以是非高斯型的，只要满足一定的约束条件，也能获得均方误差最小的估计。下面就来讨论什么类型的代价函数 $c(\tilde{\theta})$ 和后验概率密度函数 $p(\theta\,|\,\boldsymbol{x})$，能使估计量具有这种最小均方误差的不变性。

下面分两种约束情况来讨论最小均方误差估计所具有的最佳估计不变性问题。

1．约束情况 I

如果代价函数 $c(\tilde{\theta})$ 是 $\tilde{\theta}$ 的对称、下凸函数，即满足

$$c(\tilde{\theta})=c(-\tilde{\theta})\text{，对称} \tag{5-2-20a}$$

$$c[b\tilde{\theta}_1+(1-b)\tilde{\theta}_2]\leqslant bc(\tilde{\theta}_1)+(1-b)c\tilde{\theta}_2,\quad 0\leqslant b\leqslant 1\text{，下凸} \tag{5-2-20b}$$

后验概率密度函数 $p(\theta\,|\,\boldsymbol{x})$ 对称于条件均值，即满足

$$p(\theta-\hat{\theta}_{\text{mse}}\,|\,\boldsymbol{x})=p(\hat{\theta}_{\text{mse}}-\theta\,|\,x) \tag{5-2-21}$$

则使平均代价最小的估计量 $\hat{\theta}$ 等于 $\hat{\theta}_{\text{mse}}$。图 5-2-3 所示是满足上述约束条件的代价函数和后验概率密度函数的图例。

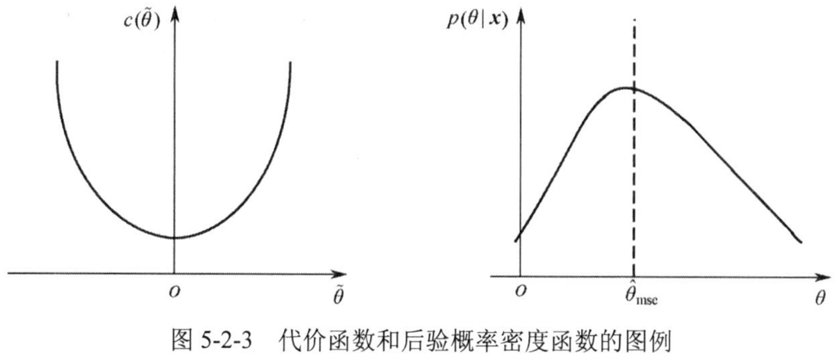

图 5-2-3　代价函数和后验概率密度函数的图例

在约束情况 I 下，代价函数的下凸特性把均匀代价函数等这类代价函数排除在外。为了包括非下凸代价函数，需要更进一步的约束条件。为此，下面讨论第二种约束情况。

2．约束情况 II

如 $c(\tilde{\theta})$ 是 $\tilde{\theta}$ 的对称非降函数，即满足

$$c(\tilde{\theta})=c(-\tilde{\theta})\text{，　对称} \tag{5-2-22a}$$

$$c(\tilde{\theta}_1) \geqslant c(\tilde{\theta}_2)，\ \left|\tilde{\theta}_1\right| \geqslant \left|\tilde{\theta}_2\right|，非降 \tag{5-2-22b}$$

而后验概率密度函数 $p(\theta \mid \boldsymbol{x})$ 是对称于条件均值的单峰函数，即满足

$$p(\theta - \hat{\theta}_{\rm mse} \mid \boldsymbol{x}) = p(\hat{\theta}_{\rm mse} - \theta \mid x)，对称 \tag{5-2-23a}$$

$$p(\theta - \delta \mid \boldsymbol{x}) \geqslant p(\theta + \delta \mid \boldsymbol{x}),\ \theta > \hat{\theta}_{\rm mse},\ \delta > 0，单峰 \tag{5-2-23b}$$

且当 $\theta \to \infty$ 时，后验概率密度函数很快衰减，即满足

$$\lim_{\theta\to\infty} c(\theta)p(\theta \mid \boldsymbol{x}) = 0 \tag{5-2-23c}$$

则对于这类代价函数和后验概率密度函数，使平均代价最小的估计量 $\hat{\theta}$ 等于最小均方误差估计量 $\hat{\theta}_{\rm mse}$。

对上述两种情况的讨论表明，在较宽的代价函数和后验概率密度函数的约束下，最小均方误差估计都是使平均代价最小的贝叶斯估计，这就是最佳估计的不变性。

5.3 最大似然估计

最大似然估计常用来估计未知的非随机参量，这种基于最大似然原理的估计，是人们获得实用估计的最通用的方法，它定义为使似然函数最大的 θ 值作为估计量，故称为最大似然估计（maximum likelihood estimation），估计量记为 $\hat{\theta}_{\rm ml}(\boldsymbol{x})$，简记为 $\hat{\theta}_{\rm ml}$。

本节讨论单参量 θ 的最大似然估计问题。

5.3.1 最大似然估计原理

对于未知非随机被估计量 θ，观测矢量 $\boldsymbol{x}$ 的概率密度函数 $p(\theta \mid \boldsymbol{x})$，我们称之为似然函数。最大似然估计的基本原理是对于某个选定的 θ，考虑 $\boldsymbol{x}$ 落在一个小区域内的概率 $p(\boldsymbol{x} \mid \theta)\mathrm{d}\boldsymbol{x}$，取 $p(\boldsymbol{x} \mid \theta)\mathrm{d}\boldsymbol{x}$ 最大的那个对应的 θ 作为估计量 $\hat{\theta}_{\rm ml}$。如图 5-3-1 所示，似然函数是在给定 $\boldsymbol{x} = \boldsymbol{x}_0$ 后得到的，于是画出了它与被估计量 θ 的关系曲线。每一个 θ 的 $p(\boldsymbol{x} \mid \theta)\mathrm{d}\boldsymbol{x}$ 值，都表明了该 θ 值下，$\boldsymbol{x}$ 落在观测空间 $\boldsymbol{R}$ 中以 $\boldsymbol{x}_0$ 为中心的 $\mathrm{d}\boldsymbol{x}$ 范围内的概率。如果已观测到 $\boldsymbol{x} = \boldsymbol{x}_0$ 的数据，那么可以推断 $\theta = \theta_1$ 是不合理的，因为如果被估计量 $\theta = \theta_1$，那么实际上观测量 $\boldsymbol{x} = \boldsymbol{x}_0$ 的概率就非常小。看起来 $\theta = \theta_2$ 是真值的可能性最大，因为此时观测量 $\boldsymbol{x} = \boldsymbol{x}_0$ 有一个很高的概率，所以可选择 $\hat{\theta} = \theta_2$ 作为估计量，即选择在被估计量 θ 允许的范围内，使 $p(\boldsymbol{x} = \boldsymbol{x}_0 \mid \theta)$ 最大的 θ 值作为估计量 $\hat{\theta}_{\rm ml}$。这就是最大似然估计原理。

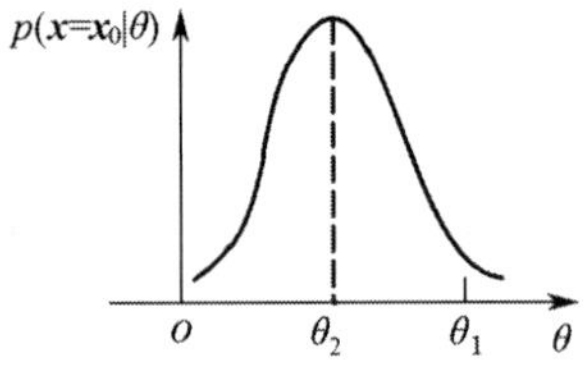

图 5-3-1　最大似然估计原理

5.3.2 最大似然估计量的构造

根据最大似然估计原理，如果已知似然函数 $p(\boldsymbol{x} \mid \theta)$，那么最大似然估计量 $\hat{\theta}_{\rm ml}$ 可由方程

$$\left.\frac{\partial p(\boldsymbol{x} \mid \theta)}{\partial \theta}\right|_{\theta=\hat{\theta}_{\rm ml}} = 0 \tag{5-3-1}$$

或

$$\left.\frac{\partial \ln p(\boldsymbol{x}\mid\theta)}{\partial\theta}\right|_{\theta=\hat{\theta}_{\mathrm{ml}}}=0 \tag{5-3-2}$$

解得。式（5-3-2）称为最大似然方程。

最大似然估计也适用于随机参量θ，但这是对于不知道先验概率密度函数$p(\theta)$情况的估计。这时可以设想θ是均匀分布的，意味着对于θ几乎一无所知，认为它取各种值的可能性都有，这当然是一种最不利的分布。在这样的条件下，式（5-2-19）的第二项变为零，从而最大后验估计转化为最大似然估计。或者，在随机参量情况下，虽然知道被估计量θ的先验概率密度函数$p(\theta)$，但是不用它，而用最大似然估计构造估计量也是可以的。

由于最大似然估计没有（或不能）利用被估计参量的先验知识，所以其性能一般来说比贝叶斯估计差。然而，当θ是未知非随机参量时，或者θ是随机参量但不知其先验分布时，或者计算（获得）后验概率密度函数$p(\theta\mid\boldsymbol{x})$比计算（获得）似然函数$p(\boldsymbol{x}\mid\theta)$要困难得多时，最大似然估计不失为一种性能优良的、实用的估计方法。对于绝大多数实用的最大似然估计，当观测数据足够多时，其性能是最优的。而且，最大似然估计具有不变性，这在实际估计中也是很有用的特性。

例 5-3-1　同例 5-2-1，但不利用被估计量θ的先验分布知识，而把θ看成未知非随机参量，求θ的最大似然估计量$\hat{\theta}_{\mathrm{ml}}$和均方误差$E\left[\left(\theta-\hat{\theta}_{\mathrm{ml}}\right)^2\right]$，并与$\theta$的贝叶斯估计量$\hat{\theta}_{\mathrm{b}}$的均方误差$E\left[\left(\theta-\hat{\theta}_{\mathrm{b}}\right)^2\right]$进行比较。

解：由例 5-2-1 可知，观测矢量$\boldsymbol{x}$的似然函数为

$$p(\boldsymbol{x}\mid\theta)=\left(\frac{1}{2\pi\sigma_n^2}\right)^{N/2}\exp\left[-\sum_{k=1}^{N}\frac{(x_k-\theta)^2}{2\sigma_n^2}\right]$$

利用最大似然方程式（5-3-2），得

$$\begin{aligned}\frac{\partial \ln p(\boldsymbol{x}\mid\theta)}{\partial\theta}&=\frac{1}{\sigma_n^2}\sum_{k=1}^{N}(x_k-\theta)\\&=\left.\frac{N}{\sigma_n^2}\left(\frac{1}{N}\sum_{k=1}^{N}x_k-\theta\right)\right|_{\theta=\hat{\theta}_{\mathrm{ml}}}=0\end{aligned}$$

从而解得

$$\hat{\theta}_{\mathrm{ml}}=\frac{1}{N}\sum_{k=1}^{N}x_k$$

最大似然估计量$\hat{\theta}_{\mathrm{ml}}$的均方误差为

$$E\left[\left(\theta-\hat{\theta}_{\mathrm{ml}}\right)^2\right]=E\left[\left(\theta-\frac{1}{N}\sum_{k=1}^{N}x_k\right)^2\right]=\frac{1}{N}\sigma_n^2$$

我们知道，利用θ是均值为零、方差为σ_θ^2的高斯随机参量先验分布知识的贝叶斯估计量$\hat{\theta}_{\mathrm{b}}$的均方误差为

$$E\left[\left(\theta-\hat{\theta}_{\mathrm{b}}\right)^2\right]=\frac{\sigma_\theta^2\sigma_n^2}{N\sigma_\theta^2+\sigma_n^2}=\frac{1}{N+\sigma_n^2/\sigma_\theta^2}\sigma_n^2$$

由于$\sigma_n^2/\sigma_\theta^2\geqslant 0$，所以

$$E\left[\left(\theta-\hat{\theta}_{\mathrm{ml}}\right)^2\right]\geqslant E\left[\left(\theta-\hat{\theta}_{\mathrm{b}}\right)^2\right]$$

从概念上讲，这样的结果是合理的，因为θ的贝叶斯估计利用了比θ的最大似然估计更多的关于θ的知识，理应得到性能更好的结果。同时我们注意到，如果观测次数N足够大，则可以利用更多的数据来构造估计量，当满足$N\gg\sigma_n^2/\sigma_\theta^2$，使得$N+\sigma_n^2/\sigma_\theta^2\approx N$时，二者的均方误差近似相等。

例 5-3-2　同例 5-2-2，但不限制信号s的取值范围，求θ的最大似然估计量$\hat{s}_{\mathrm{ml}}$。

解：由例 5-2-2 可知，观测量x的似然函数为

$$p(x\,|\,s)=\left(\frac{1}{2\pi\sigma_n^2}\right)^{1/2}\exp\left[-\frac{(x-s)^2}{2\sigma_n^2}\right]$$

利用最大似然估计方程，得

$$\frac{\partial\ln p(x\,|\,s)}{\partial s}=\frac{1}{\sigma_n^2}(x-s)\bigg|_{s=\hat{s}_{\mathrm{ml}}}=0$$

从而解得最大似然估计量

$$\hat{s}_{\mathrm{ml}}=x$$

它与限定信号s在$-s_M$到$+s_M$之间均匀分布的贝叶斯估计量比较，$\hat{s}_{\mathrm{map}}$和$\hat{s}_{\mathrm{mse}}$是x的非线性函数，属于非线性估计；而最大似然估计量$\hat{s}_{\mathrm{ml}}$是线性估计。

5.3.3　最大似然估计的不变性

在许多情况下，我们希望估计θ的一个函数$\alpha=g(\theta)$，似然函数中含有参量θ。例如，直流信号A的观测方程为

$$x_k=A+n_k\quad k=1,2,\cdots,N$$

但我们并不关心信号的直流电平A，而是关心信号的功率A^2。在这种情况下，功率A^2的最大似然估计，利用最大似然估计的不变性，很容易从直流电平A的最大似然估计中求出。让我们先看一个例子。

例 5-3-3　如果参量θ的观测方程为

$$x_k=\theta+n_k\quad k=1,2,\cdots,N$$

式中，θ是未知非随机参量；观测噪声n_k是均值为零、方差为σ_n^2的独立同分布高斯噪声。求函数$\alpha=\exp(\theta)$的最大似然估计量$\hat{\alpha}_{\mathrm{ml}}$。

解：根据观测方程和假设条件，似然函数为

$$p(\boldsymbol{x}\,|\,\theta)=\left(\frac{1}{2\pi\sigma_n^2}\right)^{N/2}\exp\left[-\sum_{k=1}^{N}\frac{(x_k-\theta)^2}{2\sigma_n^2}\right]$$

该似然函数中含有参量θ。因为在$\alpha=\exp(\theta)$函数中，α是θ的一对一的变换，我们

能将似然函数 $p(\boldsymbol{x}|\theta)$ 等效变换为

$$p(\boldsymbol{x}|\alpha)=\left(\frac{1}{2\pi\sigma_n^2}\right)^{N/2}\exp\left[-\sum_{k=1}^{N}\frac{(x_k-\ln\alpha)^2}{2\sigma_n^2}\right]$$

显然，$p(\boldsymbol{x}|\alpha)$ 相当于是下列观测矢量 $\boldsymbol{x}$ 的似然函数：

$$x_k=\ln\alpha+n_k \quad k=1,2,\cdots,N$$

利用最大似然方程，有

$$\frac{\partial\ln p(\boldsymbol{x}|\alpha)}{\partial\alpha}=\frac{1}{\sigma_n^2}\sum_{k=1}^{N}(x_k-\ln\alpha)\frac{1}{\alpha}\bigg|_{\alpha=\hat{\alpha}_{\mathrm{ml}}}=0$$

解得

$$\hat{\alpha}_{\mathrm{ml}}=\exp\left(\frac{1}{N}\sum_{k=1}^{N}x_k\right)$$

我们知道，本例的参量 θ 的最大似然估计量为

$$\hat{\theta}_{\mathrm{ml}}=\frac{1}{N}\sum_{k=1}^{N}x_k$$

于是有

$$\hat{\alpha}_{\mathrm{ml}}=\exp\left(\hat{\theta}_{\mathrm{ml}}\right)$$

这说明，在 α 是 θ 的一对一变换的条件下，用原始参量的最大似然估计量 $\hat{\theta}_{\mathrm{ml}}$ 替换变换关系中的参量 θ，可以求出变换后的参量 α 的最大似然估计量 $\hat{\alpha}_{\mathrm{ml}}$。最大似然估计的这个性质称为不变性。

最大似然估计的不变性归纳如下。

如果参量 θ 的最大似然估计量为 $\hat{\theta}_{\mathrm{ml}}$，那么函数 $\alpha=g(\theta)$ 的最大似然估计量 $\hat{\alpha}_{\mathrm{ml}}$，在 α 是 θ 的一对一变换时有

$$\hat{\alpha}_{\mathrm{ml}}=g\left(\hat{\theta}_{\mathrm{ml}}\right)$$

如果 α 不是 θ 的一对一变换，则首先应找出在 α 取值范围内所有变换参量的似然函数 $p_i(\boldsymbol{x}|\alpha)(i=1,2,\cdots,j)$ 中具有最大值的一个，记为 $p(\boldsymbol{x}|\alpha)$，即

$$p(\boldsymbol{x}|\alpha)=\underset{\alpha}{\mathrm{Max}}\{p_i(\boldsymbol{x}|\alpha)\quad i=1,2,\cdots,\ j\}$$

然后，通过 $p(\boldsymbol{x}|\alpha)$ 求出 α 的最大似然估计量 $\hat{\alpha}_{\mathrm{ml}}$，就是函数 $\alpha=g(\theta)$ 的最大似然估计量。

5.4　估计量的性质

前面已经讨论了单参量的贝叶斯估计和最大似然估计。在按照某种准则获得估计量 $\hat{\theta}$ 后，通常要对估计量的质量进行评价，这就需要研究估计量的主要性质，以便使问题的讨论更加深入。我们知道，估计量是观测量的函数，而观测量是随机变量，所以估计量也是随机变量。因此，应用统计的方法分析和评价各种估计量的质量。下面提出的估计量的主

要性质就是评价估计量质量的指标。本节还将详细地讨论估计量的均方误差下界，即克拉美-罗界的问题。

5.4.1 估计量的主要性质

估计量的主要性质是：无偏性、有效性、一致性和充分性。

1. 估计量的无偏性

当对信号的参量进行多次观测后，我们可以构造出估计量$\hat{\theta}$，它是一个随机变量。我们希望估计量$\hat{\theta}$从平均的意义上等于被估计量θ的真值（对非随机参量）或被估计量θ的均值（对随机参量），这是一个合理的要求。由此引出关于估计量$\hat{\theta}$的无偏性的性质。

对于非随机参量θ的估计量$\hat{\theta}$，其均值可以表示为

$$E(\hat{\theta})=\int_{-\infty}^{\infty}\hat{\theta}p\left(\boldsymbol{x}\,|\,\theta\right)\mathrm{d}\boldsymbol{x}=\theta+b(\theta) \tag{5-4-1}$$

式中，估计量的均值是以参量θ为条件的；$b\left(\theta\right)$为估计量的偏。

当$b\left(\theta\right)=0$时，$E(\hat{\theta})=0$，即估计量的均值$E(\hat{\theta})$等于被估计量θ的真值时，称$\hat{\theta}$为（条件）无偏估计量。

当$b(\theta)\neq 0$时，称$\hat{\theta}$为有偏估计量。如果偏$b\left(\theta\right)$不是θ的函数而是常数b，则估计量是已知偏差的有偏估计，我们可以从估计量$\hat{\theta}$中减去b以获得无偏估计量；如果偏$b\left(\theta\right)$是θ的函数，则估计量$\hat{\theta}$是未知偏差的有偏估计量。

对于随机参量θ，如果估计量$\hat{\theta}$的均值等于被估计量θ的均值，即

$$E(\hat{\theta})=\int_{-\infty}^{\infty}\int_{-\infty}^{\infty}\hat{\theta}p(\boldsymbol{x},\theta)\,\mathrm{d}\boldsymbol{x}\,\mathrm{d}\theta=E(\theta) \tag{5-4-2}$$

则称$\hat{\theta}$是无偏估计量；否则就是有偏的，其偏等于两均值之差。

如果将根据有限N次观测量$x_k\left(k=1,2,\cdots,N\right)$构造的估计量记为$\hat{\theta}(\boldsymbol{x}_N)$，且$\hat{\theta}(\boldsymbol{x}_N)$是有偏的，但满足

$$\lim_{N\to\infty}E\left[\hat{\theta}(\boldsymbol{x}_N)\right]=\theta\text{，非随机参量} \tag{5-4-3}$$

或

$$\lim_{N\to\infty}E\left[\hat{\theta}(\boldsymbol{x}_N)\right]=E(\theta)\text{，随机参量} \tag{5-4-4}$$

则称$\hat{\theta}(\boldsymbol{x}_N)$是渐近无偏估计量。这里$N$维矢量$\boldsymbol{x}_N=(x_1,x_2,\cdots,x_N)^{\mathrm{T}}$的下标$N$是为了强调有限$N$次的记号。

2. 估计量的有效性

对于一个估计量$\hat{\theta}$，若仅用是否具有无偏性来评价它显然是不够的。因为即使$\hat{\theta}$是一个无偏估计量，如果它的方差很大，那么估计的误差可能很大，可见无偏估计量还不能保证实际构造的估计量具有良好的性能。所以估计量的第二个性质是关于估计量的方差或均方误差的问题。对于非随机参量θ的任意无偏估计量$\hat{\theta}$，由于$E(\hat{\theta})=\theta$，所以估计量的方差、估计误差的方差和均方误差是一样的；但对于随机参量$\hat{\theta}$的任意无偏估计量$\hat{\theta}$，我们

用均方误差的概念。所以在叙述中，统一用均方误差来表述。

对于被估计量θ的任意无偏估计量$\hat{\theta}_1$和$\hat{\theta}_2$，若估计的均方误差

$$E\left[(\theta-\hat{\theta}_1)^2\right]<E\left[(\theta-\hat{\theta}_2)^2\right] \tag{5-4-5}$$

则称估计量$\hat{\theta}_1$比$\hat{\theta}_2$有效。如果θ的无偏估计量$\hat{\theta}$的均方误差小于其他任意无偏估计量的均方误差，则称该估计量为最小均方误差无偏估计量。但是，直接判断一个无偏估计量的均方误差是否达到最小值通常是困难的。为此，需要研究任意无偏估计量均方误差的下界及取下界的条件。实际应用证明，确定这样一个下界是极为有用的。这是因为，如果被估计量θ的任意无偏估计量$\hat{\theta}$的均方误差达到该下界，那么它就是最小均方误差无偏估计量；如果无偏估计量的均方误差达不到该下界，则该下界为比较无偏估计量的性能提供了一个标准；同时也提醒我们，不可能求得均方误差小于下界的无偏估计量。尽管存在多种这样的界，但是，克拉美-罗（Cramer-Rao）界是容易确定的。所以下面将要讨论克拉美-罗不等式和克拉美-罗界，以便深入讨论估计量的有效性问题。这里先给出如下定义：对于θ的任意无偏估计量$\hat{\theta}$，如果其估计的均方误差达到克拉美-罗界，则称该无偏估计量为有效估计量。

3．估计量的一致性

被估计量θ的估计量$\hat{\theta}$是根据有限N次观测量$x_k\left(k=1,2,\cdots,N\right)$构造的，为强调$N$次观测，记为$\hat{\theta}(\boldsymbol{x}_N)$。我们希望随着观测次数$N$的增加，估计量的质量有所提高，即估计值趋于被估计值的真值，或者估计的均方误差逐步减小。

对于任意小的正数ε，若

$$\lim_{N\to\infty}P\left[\left|\theta-\hat{\theta}(\boldsymbol{x}_N)\right|>\varepsilon\right]=0 \tag{5-4-6}$$

则称估计量$\hat{\theta}(\boldsymbol{x}_N)$是一致（收敛的）估计量。

若

$$\lim_{N\to\infty}E\left[(\theta-\hat{\theta}(\boldsymbol{x}_N))^2\right]=0 \tag{5-4-7}$$

则称估计量$\hat{\theta}(\boldsymbol{x}_N)$是均方一致（均方收敛的）估计量。

4．估计量的充分性

被估计量θ的估计量为$\hat{\theta}(\boldsymbol{x})$，$\boldsymbol{x}$是观测量。如果以$\theta$为参量的似然函数$p\left(\boldsymbol{x}|\theta\right)$能够分解表示为

$$p\left(\boldsymbol{x}|\theta\right)=g(\hat{\theta}(\boldsymbol{x})|\theta)h(\boldsymbol{x})\quad h(\boldsymbol{x})\geqslant 0 \tag{5-4-8}$$

则称$\hat{\theta}(\boldsymbol{x})$为充分估计量。其中，$g(\hat{\theta}(\boldsymbol{x})|\theta)$是通过$\hat{\theta}(\boldsymbol{x})$才与$\boldsymbol{x}$有关的函数，并且以$\theta$为参量；$h\left(\boldsymbol{x}\right)$只是$\boldsymbol{x}$的函数。函数$g(\hat{\theta}(\boldsymbol{x})|\theta)$可以是估计量$\hat{\theta}(\boldsymbol{x})$的概率密度函数。

我们可以这样来理解θ的充分统计量$\hat{\theta}(\boldsymbol{x})$，即以$\theta$为条件的似然函数$p\left(\boldsymbol{x}|\theta\right)$体现了在观测量$\boldsymbol{x}$中含有被估计量$\theta$的信息。式（5-4-8）表明，所构造的估计量$\hat{\theta}(\boldsymbol{x})$运用了观测量$\boldsymbol{x}$中的全部关于$\theta$的信息，因为函数$h\left(\boldsymbol{x}\right)$与$\theta$无关。也就是说，再也没有别的估计量能够提供比$\theta$的充分估计量$\hat{\theta}(\boldsymbol{x})$更多的关于$\theta$的信息了。

有效估计量必然是充分估计量。因此，为了找出具有最小均方误差的估计量，只需在充分估计量中寻找就足够了。

5.4.2 克拉美-罗不等式和克拉美-罗界

前面已经指出，被估计量θ的任意无偏估计量$\hat{\theta}$的均方误差不能低于克拉美-罗界。研究克拉美-罗界，涉及克拉美-罗不等式及其取等号的条件等问题。下面分非随机参量和随机参量两种情况来讨论。

1．非随机参量情况

设$\hat{\theta}$是非随机参量θ的任意无偏估计量，则有

$$\mathrm{var}(\hat{\theta})=E\left[(\theta-\hat{\theta})^2\right]\geqslant\frac{1}{E\left[\left(\dfrac{\partial\ln p(\boldsymbol{x}|\theta)}{\partial\theta}\right)^2\right]} \tag{5-4-9}$$

或

$$\mathrm{var}(\hat{\theta})=E\left[(\theta-\hat{\theta})^2\right]\geqslant\frac{1}{-E\left[\dfrac{\partial^2\ln p(\boldsymbol{x}|\theta)}{\partial\theta^2}\right]} \tag{5-4-10}$$

当且仅当对所有的$\boldsymbol{x}$和θ都满足

$$\frac{\partial\ln p(\boldsymbol{x}|\theta)}{\partial\theta}=(\theta-\hat{\theta})k(\theta) \tag{5-4-11}$$

时，式（5-4-9）和式（5-4-10）两不等式取等号成立。其中，$k(\theta)$可以是θ的函数，但不能是$\boldsymbol{x}$的函数，也可以是任意非零常数k。

式（5-4-9）和式（5-4-10）式就是非随机参量情况下的克拉美-罗不等式，两式等价；式（5-4-11）是克拉美-罗不等式取等号的条件。

因为$\hat{\theta}$是非随机参量θ的任意无偏估计量，所以有

$$E(\hat{\theta})=\theta \tag{5-4-12}$$

$$E(\theta-\hat{\theta})=\int_{-\infty}^{\infty}(\theta-\hat{\theta})p(\boldsymbol{x}|\theta)\,\mathrm{d}\boldsymbol{x}=0 \tag{5-4-13}$$

由此，可以推出克拉美-罗不等式和克拉美-罗不等式取等号的条件式是成立的。

现在说明在非随机参量θ的情况下，克拉美-罗不等式的含义和用途。从克拉美-罗不等式的讨论中我们看到，非随机参量θ的任意无偏估计量$\hat{\theta}$的方差$\mathrm{var}(\hat{\theta})$，即均方误差$E\left[(\theta-\hat{\theta})^2\right]$，恒不小于由似然函数$p(\boldsymbol{x}\,|\,\theta)$的统计特性所决定的数

$$1/E\left[\left(\frac{\partial\ln p(\boldsymbol{x}|\theta)}{\partial\theta}\right)^2\right]=-1/E\left[\frac{\partial^2\ln p(\boldsymbol{x}|\theta)}{\partial\theta^2}\right]$$

这个由似然函数的统计特性所决定的数，就是克拉美-罗界；如果克拉美-罗不等式取等号的条件成立，即满足式（5-4-11），则估计量$\hat{\theta}$的方差$\mathrm{var}(\hat{\theta})=E\left[(\theta-\hat{\theta})^2\right]$取克拉美-罗界。因此，非随机参量$\theta$的任意无偏估计量$\hat{\theta}$的克拉美-罗不等式和不等式取等号成立的条件

式的用途可归纳为：检验θ的任意无偏估计量$\hat{\theta}$是否是有效估计量，即是否满足式（5-4-11）所示的克拉美-罗不等式取等号的条件，若式（5-4-11）成立，则无偏估计量$\hat{\theta}$是有效估计量，否则是无效的；如果无偏估计量$\hat{\theta}$也是有效的，那么估计量的方差$\text{var}(\hat{\theta})$，即均方误差$E\left[(\theta-\hat{\theta})^2\right]$可以由计算克拉美-罗界得到。对于无效的估计量，其方差$\text{var}(\hat{\theta})=E\left[(\theta-\hat{\theta})^2\right]$大于克拉美-罗界。

下面研究非随机参量θ的无偏有效估计量$\hat{\theta}$的推论。对于非随机参量θ的任意无偏估计量$\hat{\theta}$，如果克拉美-罗不等式取等号的条件成立，即式（5-4-11）成立，则$\hat{\theta}$是有效估计量。现在令式（5-4-11）的两边的$\theta=\hat{\theta}_{\text{ml}}$，则方程的左边恰为最大似然方程式（5-3-2）的左边，应等于零，即

$$\left.\frac{\partial \ln p(\boldsymbol{x}|\theta)}{\partial \theta}\right|_{\theta=\hat{\theta}_{\text{ml}}}=0 \tag{5-4-14}$$

因而式（5-4-11）的右边也应等于零，即

$$\left.(\theta-\hat{\theta})k(\theta)\right|_{\theta=\hat{\theta}_{\text{ml}}}=0 \tag{5-4-15}$$

式中，$k(\theta)$是θ的非零函数或任意非零常数。所以有

$$\hat{\theta}=\hat{\theta}_{\text{ml}} \tag{5-4-16}$$

这就是说，对于非随机参量θ，如果其无偏有效估计量$\hat{\theta}$存在，那么，它必定是θ的最大似然估计量$\hat{\theta}_{\text{ml}}$，并且能够由最大似然方程解得。但请读者注意，非随机参量θ的最大似然估计量$\hat{\theta}_{\text{ml}}$不一定是无偏的、有效的，要通过无偏性和有效性检验才能确定。

2．随机参量情况

设$\hat{\theta}$是随机参量θ的任意无偏估计量，则有

$$E\left[(\theta-\hat{\theta})^2\right]\geqslant\frac{1}{E\left[\left(\dfrac{\partial \ln p(\boldsymbol{x},\theta)}{\partial \theta}\right)^2\right]} \tag{5-4-17}$$

或

$$E\left[(\theta-\hat{\theta})^2\right]\geqslant\frac{1}{-E\left[\dfrac{\partial^2 \ln p(\boldsymbol{x},\theta)}{\partial \theta^2}\right]} \tag{5-4-18}$$

当且仅当对所有的$\boldsymbol{x}$和θ都满足

$$\frac{\partial \ln p(\boldsymbol{x},\theta)}{\partial \theta}=(\theta-\hat{\theta})k \tag{5-4-19}$$

时，不等式取等号成立。其中k是任意非零常数。

式(5-4-17)和式(5-4-18)是随机参量情况下的克拉美-罗不等式，两式等价；式(5-4-19)是克拉美-罗不等式取等号的条件。

随机参量情况下克拉美-罗不等式的推导类似于非随机参量的情况，现做简要说明。

因为$\hat{\theta}$是随机参量θ的任意无偏估计量，所以有

$$E(\hat{\theta})=E(\theta) \tag{5-4-20}$$

又因为估计量 $\hat{\theta}$ 是观测量 $\boldsymbol{x}$ 的函数，而被估计量 θ 是随机参量，所以估计误差 $\tilde{\theta}=\theta-\hat{\theta}$ 的均值为

$$E(\theta-\hat{\theta})=\int_{-\infty}^{\infty}\int_{-\infty}^{\infty}(\theta-\hat{\theta})p(\boldsymbol{x},\theta)\,\mathrm{d}\boldsymbol{x}\,\mathrm{d}\theta=0 \tag{5-4-21}$$

式中，$p(\boldsymbol{x},\theta)$ 是 $\boldsymbol{x}$ 和 θ 的联合概率密度函数。

将式（5-4-21）对 θ 求偏导，利用

$$\int_{-\infty}^{\infty}\int_{-\infty}^{\infty}p(\boldsymbol{x},\theta)\,\mathrm{d}\boldsymbol{x}\,\mathrm{d}\theta=1 \tag{5-4-22}$$

$$\frac{\partial p(\boldsymbol{x},\theta)}{\partial\theta}=\frac{\partial\ln p(\boldsymbol{x},\theta)}{\partial\theta}p(\boldsymbol{x},\theta) \tag{5-4-23}$$

和柯西-施瓦兹不等式，关于柯西-施瓦兹不等式，可以导出式（5-4-17）的克拉美-罗不等式。

利用式（5-4-23）的求导关系式，将式（5-4-22）两次对 θ 求偏导，可得

$$\int_{-\infty}^{\infty}\int_{-\infty}^{\infty}\frac{\partial^2\ln p(\boldsymbol{x},\theta)}{\partial\theta^2}p(\boldsymbol{x},\theta)\,\mathrm{d}\boldsymbol{x}\,\mathrm{d}\theta+\int_{-\infty}^{\infty}\int_{-\infty}^{\infty}\left(\frac{\partial\ln p(\boldsymbol{x},\theta)}{\partial\theta}\right)^2p(\boldsymbol{x},\theta)\,\mathrm{d}\boldsymbol{x}\,\mathrm{d}\theta=0 \tag{5-4-24}$$

所以有

$$E\left[\frac{\partial^2\ln p(\boldsymbol{x},\theta)}{\partial\theta^2}\right]=-E\left[\left(\frac{\partial\ln p(\boldsymbol{x},\theta)}{\partial\theta}\right)^2\right] \tag{5-4-25}$$

从而式（5-4-17）所示的克拉美-罗不等式变为等价的式（5-4-18）。

根据柯西-施瓦兹不等式取等号的条件，得随机参量 θ 情况下克拉美-罗不等式取等号的条件，即式（5-4-19）。

在随机参量 θ 的情况下，式（5-4-17）和式（5-4-18）及取等号的条件式（5-4-19）中，由于联合概率密度函数 $p(\boldsymbol{x},\theta)$ 可以表示为

$$p(\boldsymbol{x},\theta)=p(\boldsymbol{x}|\theta)p(\theta) \tag{5-4-26}$$

所以

$$\frac{\partial\ln p(\boldsymbol{x},\theta)}{\partial\theta}=\frac{\partial\ln p(\boldsymbol{x}|\theta)}{\partial\theta}+\frac{\partial\ln p(\theta)}{\partial\theta} \tag{5-4-27}$$

这样，在随机参量 θ 情况下的克拉美-罗不等式和取等号的条件式可以表示为更方便应用的形式，分别为

$$E\left[\left(\theta-\hat{\theta}\right)^2\right]\geqslant\frac{1}{E\left[\left(\frac{\partial\ln p(\boldsymbol{x}|\theta)}{\partial\theta}+\frac{\partial\ln p(\theta)}{\partial\theta}\right)^2\right]} \tag{5-4-28}$$

$$E\left[\left(\theta-\hat{\theta}\right)^2\right]\geqslant\frac{1}{-E\left[\frac{\partial^2\ln p(\boldsymbol{x}|\theta)}{\partial\theta^2}+\frac{\partial^2\ln p(\theta)}{\partial\theta^2}\right]} \tag{5-4-29}$$

和

$$\frac{\partial \ln p(\boldsymbol{x}|\theta)}{\partial \theta}+\frac{\partial \ln p(\theta)}{\partial \theta}=\left(\theta-\hat{\theta}\right)k \tag{5-4-30}$$

在随机参量 θ 情况下的克拉美-罗不等式表明，随机参量 θ 的任意无偏估计量 $\hat{\theta}$ 的均方误差 $E\left[\left(\theta-\hat{\theta}\right)^2\right]$ 恒不小于由观测量 $\boldsymbol{x}$ 和被估计量 θ 的联合概率密度函数 $p\left(\boldsymbol{x},\theta\right)$ 的统计特性所决定的数

$$1/E\left[\left(\frac{\partial \ln p(\boldsymbol{x},\theta)}{\partial \theta}\right)^2\right]=-1/E\left[\frac{\partial^2 \ln p(\boldsymbol{x},\theta)}{\partial \theta^2}\right]$$

即克拉美-罗界。当不等式取等号的条件成立时，均方误差取克拉美-罗界，估计量 $\hat{\theta}$ 是无偏有效的。因此，随机参量下的克拉美-罗不等式和取等号的条件可用来检验随机参量 θ 的任意无偏估计量 $\hat{\theta}$ 是否有效。若估计量无偏有效，则其均方误差可由计算克拉美-罗界求得。

对随机参量 θ 的任意无偏估计量 $\hat{\theta}$，如果它还是有效的，则克拉美-罗不等式取等号的条件一定成立，即方程

$$\frac{\partial \ln p(\boldsymbol{x}|\theta)}{\partial \theta}+\frac{\partial \ln p(\theta)}{\partial \theta}=\left(\theta-\hat{\theta}\right)k \tag{5-4-31}$$

成立。令 $\theta=\hat{\theta}_{\mathrm{map}}$，则方程的左边恰为最大后验方程式（5-2-19）的左边，应等于零，即

$$\left[\frac{\partial \ln p(\boldsymbol{x}|\theta)}{\partial \theta}+\frac{\partial \ln p(\theta)}{\partial \theta}\right]\Bigg|_{\theta=\hat{\theta}_{\mathrm{map}}}=0 \tag{5-4-32}$$

因此式（5-4-31）的右边也应等于零，即

$$\left(\theta-\hat{\theta}\right)k\Big|_{\theta=\hat{\theta}_{\mathrm{map}}}=0 \tag{5-4-33}$$

式中，k 是任意非零常数，所以有

$$\hat{\theta}=\hat{\theta}_{\mathrm{map}} \tag{5-4-34}$$

这说明，如果随机参量 θ 的任意无偏估计量 $\hat{\theta}$ 也是有效的，则该估计量一定是 θ 的最大后验估计量 $\hat{\theta}_{\mathrm{map}}$，并且能够由最大后验方程解得。这是随机参量情况无偏有效估计的推论。

例 5-4-1　研究例 5-3-1 的非随机参量 θ 的最大似然估计量 $\hat{\theta}_{\mathrm{ml}}$ 的性质。

解：由例 5-3-1 可知，观测矢量 $\boldsymbol{x}$ 的似然函数为

$$p\left(\boldsymbol{x}\,|\,\theta\right)=\left(\frac{1}{2\pi\sigma_n^2}\right)^{N/2}\exp\left[-\sum_{k=1}^{N}\frac{(x_k-\theta)^2}{2\sigma_n^2}\right]$$

θ 的最大似然估计量为

$$\hat{\theta}_{\mathrm{ml}}=\frac{1}{N}\sum_{k=1}^{N}x_k$$

现在研究估计量 $\hat{\theta}_{\mathrm{ml}}$ 的主要性质。

因为估计量 $\hat{\theta}_{\mathrm{ml}}$ 的均值为

$$E(\hat{\theta}_{\mathrm{ml}})=E\left(\frac{1}{N}\sum_{k=1}^{N}x_k\right)=\frac{1}{N}\sum_{k=1}^{N}E(\theta+n_k)=\theta$$

所以 $\hat{\theta}_{\mathrm{ml}}$ 是无偏估计量。

因为

$$\begin{aligned}\frac{\partial \ln p(\boldsymbol{x}|\theta)}{\partial \theta} &= \frac{1}{\sigma_n^2}\sum_{k=1}^{N}(x_k - \theta) \\ &= \left(\theta - \frac{1}{N}\sum_{k=1}^{N}x_k\right)\left(-\frac{N}{\sigma_n^2}\right) \\ &= (\theta - \hat{\theta}_{\mathrm{ml}})k(\theta)\end{aligned}$$

式中，$k(\theta) = -N/\sigma_n^2$。满足克拉美-罗不等式（5-4-28）取等号的条件，所以 $\hat{\theta}_{\mathrm{ml}}$ 是有效估计量。

由于 $\hat{\theta}_{\mathrm{ml}}$ 是无偏有效估计量，所以估计的均方误差取克拉美-罗界，即

$$\begin{aligned}\mathrm{var}(\hat{\theta}_{\mathrm{ml}}) = E\left[\left(\theta - \hat{\theta}_{\mathrm{ml}}\right)^2\right] &= \frac{1}{-E\left[\dfrac{\partial^2 \ln p(\boldsymbol{x}|\theta)}{\partial \theta^2}\right]} \\ &= \frac{1}{-E\left(-\dfrac{N}{\sigma_n^2}\right)} = \frac{\sigma_n^2}{N}\end{aligned}$$

这与由均方误差定义式求解的结果是一样的。

下面再来考查 $\hat{\theta}_{\mathrm{ml}}$ 的一致性。因为

$$\begin{aligned}&\lim_{N\to\infty} P\left(\left|\theta - \hat{\theta}_{\mathrm{ml}}(\boldsymbol{x}_N)\right| > \varepsilon\right) \\ &= \lim_{N\to\infty} P\left(\left|\theta - \frac{1}{N}\sum_{k=1}^{N}x_k\right| > \varepsilon\right) \\ &= \lim_{N\to\infty} P\left[\left|\theta - \frac{1}{N}\sum_{k=1}^{N}(\theta + n_k)\right| > \varepsilon\right] \\ &= \lim_{N\to\infty} P\left(\left|\frac{1}{N}\sum_{k=1}^{N}n_k\right| > \varepsilon\right) \\ &= 0\end{aligned}$$

所以 $\hat{\theta}_{\mathrm{ml}}$ 是一致估计量。又因为

$$\lim_{N\to\infty} E\left[(\theta - \hat{\theta}_{\mathrm{ml}}(\boldsymbol{x}_N))^2\right] = \lim_{N\to\infty}\frac{\sigma_n^2}{N} = 0$$

所以 $\hat{\theta}_{\mathrm{ml}}$ 也是均方一致的估计量。

最后研究 $\hat{\theta}_{\mathrm{ml}}$ 的充分性。将似然函数 $p(\boldsymbol{x}|\theta)$ 进行指数展开、配方和分解，得

$$p(\boldsymbol{x}|\theta) = \left(\frac{1}{2\pi\sigma_n^2}\right)^{N/2}\exp\left[-\frac{1}{2\sigma_n^2}\sum_{k=1}^{N}(x_k - \theta)^2\right]$$

$$=\left(\frac{1}{2\pi\sigma_n^2}\right)^{N/2}\exp\left[-\frac{N}{2\sigma_n^2}\left(\frac{1}{N}\sum_{k=1}^{N}x_k^2-\frac{2}{N}\sum_{k=1}^{N}x_k\theta+\theta^2\right)\right]$$

$$=\left(\frac{1}{2\pi\sigma_n^2}\right)^{N/2}\exp\left\{-\frac{N}{2\sigma_n^2}\left[\left(\frac{1}{N}\sum_{k=1}^{N}x_k\right)^2-\frac{2}{N}\sum_{k=1}^{N}x_k\theta+\theta^2-\right.\right.$$

$$\left.\left.\left(\frac{1}{N}\sum_{k=1}^{N}x_k\right)^2+\frac{1}{N}\sum_{k=1}^{N}x_k^2\right]\right\}$$

$$=\left(\frac{N}{2\pi\sigma_n^2}\right)^{1/2}\exp\left[-\frac{N}{2\sigma_n^2}\left(\hat{\theta}_{\mathrm{ml}}-\theta\right)^2\right]\times$$

$$\left(\frac{1}{2\pi\sigma_n^2}\right)^{(N-1)/2}\frac{1}{N^{1/2}}\exp\left\{-\frac{N}{2\sigma_n^2}\left[\frac{1}{N}\sum_{k=1}^{N}x_k^2-\left(\frac{1}{N}\sum_{k=1}^{N}x_k\right)^2\right]\right\}$$

$$=g(\hat{\theta}_{\mathrm{ml}}\,|\,\theta)h(\boldsymbol{x})$$

式中，

$$g(\hat{\theta}_{\mathrm{ml}}\,|\,\theta)=\left(\frac{N}{2\pi\sigma_n^2}\right)^{1/2}\exp\left[-\frac{N}{2\sigma_n^2}\left(\hat{\theta}_{\mathrm{ml}}-\theta\right)^2\right]$$

恰为估计量 $\hat{\theta}_{\mathrm{ml}}$ 的概率密度函数。这样，由 $p\left(\boldsymbol{x}\,|\,\theta\right)=g(\hat{\theta}_{\mathrm{ml}}\,|\,\theta)h(\boldsymbol{x})$ 可知，$\hat{\theta}_{\mathrm{ml}}$ 是充分估计量。

例 5-4-2　研究例 5-2-1 中随机参量 θ 的贝叶斯估计量 $\hat{\theta}_{\mathrm{b}}$ 的主要性质及克拉美-罗界。

解： 由例 5-2-1 可知，随机参量 θ 的贝叶斯估计量为

$$\hat{\theta}_{\mathrm{b}}=\frac{\sigma_\theta^2}{\sigma_\theta^2+\sigma_n^2/N}\left(\frac{1}{N}\sum_{k=1}^{N}x_k\right)$$

因为

$$E\left(\hat{\theta}_{\mathrm{b}}\right)=\frac{\sigma_\theta^2}{\sigma_\theta^2+\sigma_n^2/N}\left[\frac{1}{N}\sum_{k=1}^{N}E\left(x_k\right)\right]$$

$$=\frac{\sigma_\theta^2}{\sigma_\theta^2+\sigma_n^2/N}\left[\frac{1}{N}\sum_{k=1}^{N}E\left(\theta+n_k\right)\right]$$

$$=0$$

即

$$E\left(\hat{\theta}_{\mathrm{b}}\right)=E\left(\theta\right)=0$$

所以，$\hat{\theta}_{\mathrm{b}}$ 是无偏估计量。

因为

$$p\left(\boldsymbol{x}\,|\,\theta\right)=\left(\frac{1}{2\pi\sigma_n^2}\right)^{N/2}\exp\left[-\sum_{k=1}^{N}\frac{(x_k-\theta)^2}{2\sigma_n^2}\right]$$

$$p\left(\theta\right)=\left(\frac{1}{2\pi\sigma_\theta^2}\right)^{1/2}\exp\left(-\frac{\theta^2}{2\sigma_\theta^2}\right)$$

所以

$$\begin{aligned}
&\frac{\partial \ln p(\boldsymbol{x}|\theta)}{\partial \theta}+\frac{\partial \ln p(\theta)}{\partial \theta} \\
&=\frac{1}{\sigma_n^2}\sum_{k=1}^{N}x_k-\frac{N}{\sigma_n^2}\theta-\frac{\theta}{\sigma_n^2} \\
&=\left[\theta-\frac{N\sigma_\theta^2}{N\sigma_\theta^2+\sigma_n^2}\left(\frac{1}{N}\sum_{k=1}^{N}x_k\right)\right]\left(-\frac{N\sigma_\theta^2+\sigma_n^2}{\sigma_\theta^2\sigma_n^2}\right) \\
&=\left(\theta-\hat{\theta}_{\mathrm{b}}\right)k
\end{aligned}$$

式中，

$$k=\frac{N\sigma_\theta^2+\sigma_n^2}{\sigma_\theta^2\sigma_n^2}$$

所以 $\hat{\theta}_{\mathrm{b}}$ 是有效估计量。

估计量 $\hat{\theta}_{\mathrm{b}}$ 的克拉美罗界为

$$\begin{aligned}
&\frac{1}{-E\left[\dfrac{\partial^2 \ln p(\boldsymbol{x}|\theta)}{\partial \theta^2}+\dfrac{\partial^2 \ln p(\theta)}{\partial \theta^2}\right]} \\
&=\frac{1}{-E\left(-\dfrac{N}{\sigma_n^2}-\dfrac{1}{\sigma_n^2}\right)} \\
&=\frac{\sigma_\theta^2\sigma_n^2}{N\sigma_\theta^2+\sigma_n^2}
\end{aligned}$$

因为 $\hat{\theta}_{\mathrm{b}}$ 是无偏有效估计量，所以其均方误差取克拉美-罗界，即

$$E\left[\left(\theta-\hat{\theta}_{\mathrm{b}}\right)^2\right]=\frac{\sigma_\theta^2\sigma_n^2}{N\sigma_\theta^2+\sigma_n^2}$$

这与例 5-2-1 的结果是一样的。

下面再来考查估计量 $\hat{\theta}_{\mathrm{b}}$ 的一致性。噪声 n_k 的方差 σ_n^2 是有限的，因此

$$\begin{aligned}
&\lim_{N\to\infty}P\left(\left|\theta-\hat{\theta}_{\mathrm{b}}(\boldsymbol{x}_N)\right|>\varepsilon\right) \\
&=\lim_{N\to\infty}\left[\left|\theta-\frac{\sigma_\theta^2}{\sigma_\theta^2+\sigma_n^2/N}\left(\frac{1}{N}\sum_{k=1}^{N}x_k\right)\right|>\varepsilon\right] \\
&=\lim_{N\to\infty}\left\{\left|\theta-\frac{\sigma_\theta^2}{\sigma_\theta^2+\sigma_n^2/N}\left[\frac{1}{N}\sum_{k=1}^{N}\left(\theta+n_k\right)\right]\right|>\varepsilon\right\} \\
&=\lim_{N\to\infty}P\left(\left|-\frac{1}{N}\sum_{k=1}^{N}n_k\right|>\varepsilon\right) \\
&=0
\end{aligned}$$

所以估计量 $\hat{\theta}_{\mathrm{b}}$ 是一致的（收敛的）估计量。

又因为

$$\lim_{N\to\infty} E\left[(\theta-\hat{\theta}_{\mathrm{b}}(\boldsymbol{x}_N))^2\right]$$
$$=\lim_{N\to\infty}\frac{\sigma_\theta^2\sigma_n^2}{N\sigma_\theta^2+\sigma_n^2}$$
$$=0$$

所以估计量 $\hat{\theta}_{\mathrm{b}}$ 也是均方一致的（均方收敛的）估计量。

从例 5-4-1 中我们发现，如果非随机参量 θ 的最大似然估计量 $\hat{\theta}_{\mathrm{ml}}$ 是无偏有效的，则估计的均方误差为

$$\mathrm{var}(\hat{\theta}_{\mathrm{ml}})=E\left[\left(\theta-\hat{\theta}_{\mathrm{ml}}\right)^2\right]=\frac{1}{-k(\theta)}$$

而从例 5-4-2 中可以发现，如果随机参量 θ 的贝叶斯估计量 $\hat{\theta}_{\mathrm{b}}$ 是无偏有效的，则估计的均方误差为

$$E\left[\left(\theta-\hat{\theta}_{\mathrm{b}}\right)^2\right]=\frac{1}{-k}$$

现在的问题是这种关系是否具有普遍性，下面就研究这个问题。

5.4.3　无偏有效估计量的均方误差与克拉美-罗不等式

下面分非随机参量和随机参量两种情况来讨论。

1．非随机参量情况

如果非随机参量 θ 的任意无偏估计量 $\hat{\theta}$ 也是有效的，则其均方误差为

$$\mathrm{var}(\hat{\theta})=E\left[\left(\theta-\hat{\theta}\right)^2\right]=\frac{1}{-k(\theta)} \tag{5-4-35}$$

式中，$k(\theta)$ 是非随机参量情况下克拉美-罗不等式取等号成立条件式，即式（5-4-11）中的 $k(\theta)$。

证明：因为 $\hat{\theta}$ 是非随机参量 θ 的任意无偏有效估计量，所以必满足式（5-4-11），重写为

$$\frac{\partial \ln p(\boldsymbol{x}|\theta)}{\partial\theta}=(\theta-\hat{\theta})k(\theta) \tag{5-4-36}$$

等式两边对 θ 求偏导，得

$$\frac{\partial^2 \ln p(\boldsymbol{x}|\theta)}{\partial\theta^2}=k(\theta)+(\theta-\hat{\theta})\frac{\partial k(\theta)}{\partial\theta} \tag{5-4-37}$$

再对等式两边求均值，进而得

$$-E\left[\frac{\partial^2 \ln p(\boldsymbol{x}|\theta)}{\partial\theta^2}\right]=-k(\theta) \tag{5-4-38}$$

这里利用了 θ 的非随机性和 $\hat{\theta}$ 的无偏性，即

$$E\left[(\theta-\hat{\theta})\frac{\partial k(\theta)}{\partial\theta}\right]=E(\theta-\hat{\theta})\frac{\partial k(\theta)}{\partial\theta}=0$$

因为 $\hat{\theta}$ 是非随机参量 θ 的任意无偏有效估计量，所以其均方误差为

$$\operatorname{var}(\hat{\theta}) = E\left[\left(\theta - \hat{\theta}\right)^2\right] = \frac{1}{-E\left[\dfrac{\partial^2 \ln p(\boldsymbol{x}|\theta)}{\partial \theta^2}\right]}$$

$$= \frac{1}{-k(\theta)}$$

这说明，式（5-4-35）是成立的。

2．随机参量情况

如果随机参量 θ 的任意无偏估计量 $\hat{\theta}$ 也是有效的，则其均方误差为

$$E\left[\left(\theta - \hat{\theta}\right)^2\right] = \frac{1}{-k} \tag{5-4-39}$$

式中，k 是随机参量情况下克拉美-罗不等式取等号成立条件式，即式（5-4-19）中的 k 。

证明：因为 $\hat{\theta}$ 是随机参量 θ 的任意无偏有效估计量，所以必满足式（5-4-19），重写为

$$\frac{\partial \ln p(\boldsymbol{x}|\theta)}{\partial \theta} = (\theta - \hat{\theta})k \tag{5-4-40}$$

等式两边对 θ 求偏导后，再求均值，即得

$$-E\left[\frac{\partial^2 \ln p(\boldsymbol{x}|\theta)}{\partial \theta^2}\right] = -k \tag{5-4-41}$$

因为 $\hat{\theta}$ 的均方误差为

$$E\left[\left(\theta - \hat{\theta}\right)^2\right] = \frac{1}{-E\left[\dfrac{\partial^2 \ln p(\boldsymbol{x}|\theta)}{\partial \theta^2}\right]}$$

所以

$$E\left[\left(\theta - \hat{\theta}\right)^2\right] = \frac{1}{-k}$$

这表明，式（5-4-39）是成立的。

5.4.4 非随机参量函数估计的克拉美-罗界

现在研究非随机参量 θ 的函数 $\alpha = g\left(\theta\right)$，其估计量 $\hat{\alpha}$ 的克拉美-罗界。

设未知非随机参量 θ 的函数 $\alpha = g\left(\theta\right)$，其估计量 $\hat{\alpha}$ 是 α 的任意无偏估计量，即

$$E\left(\hat{\alpha}\right) = \alpha = g(\theta) \tag{5-4-42}$$

则估计的均方误差为

$$\operatorname{var}(\hat{\alpha}) = E\left[\left(\alpha - \hat{\alpha}\right)^2\right] \geqslant \frac{\left(\dfrac{\partial g(\theta)}{\partial \theta}\right)^2}{E\left[\left(\dfrac{\partial \ln p(\boldsymbol{x}|\theta)}{\partial \theta}\right)^2\right]} \tag{5-4-43}$$

或

$$\mathrm{var}(\hat{\alpha}) = E\left[(\alpha - \hat{\alpha})^2\right] \geqslant \frac{\left(\dfrac{\partial g(\theta)}{\partial \theta}\right)^2}{-E\left[\dfrac{\partial^2 \ln p(\boldsymbol{x}|\theta)}{\partial \theta^2}\right]} \tag{5-4-44}$$

当且仅当对所有的 $\boldsymbol{x}$ 和 θ 都满足

$$\frac{\partial \ln p(\boldsymbol{x}|\theta)}{\partial \theta} = (\alpha - \hat{\alpha})k(\theta) \tag{5-4-45}$$

时，式（5-4-43）或式（5-4-44）所示的克拉美-罗不等式取等号成立。其中，$k(\theta)$ 可以是 θ 的函数，但不能是 $\boldsymbol{x}$ 的函数，也可以是任意非零常数 k。

因为 $\hat{\alpha}$ 是 $\alpha = g(\theta)$ 的任意无偏估计量，所以有

$$E(\hat{\alpha}) = \alpha = g(\theta) \tag{5-4-46}$$

和

$$E(\alpha - \hat{\alpha}) = \int_{-\infty}^{\infty} (\alpha - \hat{\alpha}) p(\boldsymbol{x}|\theta)\,\mathrm{d}\boldsymbol{x} \tag{5-4-47}$$

式（5-4-47）两边对 θ 求偏导，并利用柯西-施瓦兹不等式，可得式（5-4-43）的克拉美-罗不等式，进而得等价的式（5-4-44）；利用柯西-施瓦兹不等式取等号的条件，可得式（5-4-45）取等号成立的条件式。

例 5-4-3　设线性观测方程为

$$x_k = \theta + n_k \quad k = 1, 2, \cdots, N$$

式中，θ 是非随机参量；n_k 是均值为零、方差为 σ_n^2 的独立高斯噪声。现在求 θ 的函数 $\alpha = b\theta$ 的最大似然估计量 $\hat{\alpha}_{\mathrm{ml}}$，其中 $b \neq 0$，且为常数；考查 $\hat{\alpha}_{\mathrm{ml}}$ 的无偏性和有效性，并求估计的均方误差。

解： 由题意可知，$\boldsymbol{x} = (x_1, x_2, \cdots, x_N)^{\mathrm{T}}$ 的似然函数为

$$p(\boldsymbol{x}\,|\,\theta) = \left(\frac{1}{2\pi\sigma_n^2}\right)^{N/2} \exp\left[-\sum_{k=1}^{N} \frac{(x_k - \theta)^2}{2\sigma_n^2}\right]$$

我们知道，非随机参数 θ 的最大似然估计量为

$$\hat{\theta}_{\mathrm{ml}} = \frac{1}{N} \sum_{k=1}^{N} x_k$$

且估计量 $\hat{\theta}_{\mathrm{ml}}$ 是无偏的和有效的，估计的均方误差为

$$\mathrm{var}(\hat{\theta}_{\mathrm{ml}}) = E\left[\left(\theta - \hat{\theta}_{\mathrm{ml}}\right)^2\right] = \frac{\sigma_n^2}{N}$$

根据最大似然估计的不变性，$\alpha = b\theta$ 的最大似然估计量为

$$\hat{\alpha}_{\mathrm{ml}} = b\hat{\theta}_{\mathrm{ml}} = \frac{b}{N} \sum_{k=1}^{N} x_k$$

现在考查 $\hat{\alpha}_{\mathrm{ml}}$ 的无偏性和有效性。

因为

$$E\left(\hat{\alpha}_{\text{ml}}\right)=\frac{b}{N}\sum_{k=1}^{N}E\left(\theta+n_k\right)=b\theta=\alpha$$

所以 $\hat{\alpha}_{\text{ml}}$ 是无偏估计量。

因为

$$\begin{aligned}\frac{\partial \ln p(\boldsymbol{x}|\theta)}{\partial\theta}&=\frac{1}{\sigma_n^2}\sum_{k=1}^{N}\left(x_k-\theta\right)\\&=\left(b0-\frac{b}{N}\sum_{k=1}^{N}x_k\right)\left(-\frac{N}{b\sigma_n^2}\right)\\&=(\alpha-\hat{\alpha}_{\text{ml}})k\end{aligned}$$

式中，$b=-\dfrac{N}{b\sigma_n^2}$，所以 $\hat{\alpha}_{\text{ml}}$ 是有效估计量。这样，我们可以通过求克拉美-罗界来求得估计的均方误差，结果为

$$\begin{aligned}\text{var}(\hat{\alpha}_{\text{ml}})&=E\left[\left(\alpha-\hat{\alpha}_{\text{ml}}\right)^2\right]\\&=\frac{\left(\dfrac{\partial\left(b\theta\right)}{\partial\theta}\right)^2}{-E\left[\dfrac{\partial^2\ln p(\boldsymbol{x}|\theta)}{\partial\theta^2}\right]}=\frac{b^2}{\dfrac{N}{\sigma_n^2}}=\frac{b^2\sigma_n^2}{N}\end{aligned}$$

例 5-4-4 设线性观测方程为

$$x_k=\theta+n_k \quad k=1,2,\cdots,N$$

式中，θ 是非随机参量；n_k 是均值为零、方差为 σ_n^2 的独立高斯噪声。现求 θ 的函数 $\alpha=\exp(\theta)$ 的最大似然估计量 $\hat{\alpha}_{\text{ml}}$，并考查估计量 $\hat{\alpha}_{\text{ml}}$ 的无偏性。

解：根据题意，$\boldsymbol{x}=(x_1,x_2,\cdots,x_N)^{\text{T}}$ 的似然函数为

$$p\left(\boldsymbol{x}\,|\,\theta\right)=\left(\frac{1}{2\pi\sigma_n^2}\right)^{N/2}\exp\left[-\sum_{k=1}^{N}\frac{(x_k-\theta)^2}{2\sigma_n^2}\right]$$

我们已知道，非随机参量 θ 的最大似然估计量 $\hat{\theta}_{\text{ml}}$ 为

$$\hat{\theta}_{\text{ml}}=\frac{1}{N}\sum_{k=1}^{N}x_k$$

且估计量 $\hat{\theta}_{\text{ml}}$ 是 θ 的无偏估计量，即

$$E\left(\hat{\theta}_{\text{ml}}\right)=\theta$$

$\hat{\theta}_{\text{ml}}$ 也是有效估计量，估计的均方误差为

$$\text{var}(\hat{\theta}_{\text{ml}})=E\left[\left(\theta-\hat{\theta}_{\text{ml}}\right)^2\right]=\frac{\sigma_n^2}{N}$$

而且，估计量 $\hat{\theta}_{\text{ml}}$ 是属于高斯分布的，其概率密度函数为

$$p\left(\hat{\theta}_{\text{ml}}\right)=\left(\frac{N}{2\pi\sigma_n^2}\right)^{1/2}\exp\left[-\frac{N(\hat{\theta}_{\text{ml}}-\theta)^2}{2\sigma_n^2}\right]$$

根据最大似然估计的不变性，$\alpha=\exp(\theta)$ 的最大似然估计量 $\hat{\alpha}_{\mathrm{ml}}$ 为

$$\hat{\alpha}_{\mathrm{ml}}=\exp(\hat{\theta}_{\mathrm{ml}})=\exp\left(\frac{1}{N}\sum_{k=1}^{N}x_k\right)$$

现在考查 $\hat{\alpha}_{\mathrm{ml}}$ 的无偏性。

因为

$$\begin{aligned}E\left(\hat{\alpha}_{\mathrm{ml}}\right)&=E\left[\exp(\hat{\theta}_{\mathrm{ml}})\right]\\&=\int_{-\infty}^{\infty}\exp(\hat{\theta}_{\mathrm{ml}})p\left(\hat{\theta}_{\mathrm{ml}}\right)\mathrm{d}\,\hat{\theta}_{\mathrm{ml}}\\&=\int_{-\infty}^{\infty}\exp(\hat{\theta}_{\mathrm{ml}})\left(\frac{N}{2\pi\sigma_n^2}\right)^{1/2}\exp\left[-\frac{N(\hat{\theta}_{\mathrm{ml}}-\theta)^2}{2\sigma_n^2}\right]\mathrm{d}\,\hat{\theta}_{\mathrm{ml}}\\&=\exp\left(\theta+\frac{\sigma_n^2}{2N}\right)\end{aligned}$$

很明显，$\hat{\alpha}_{\mathrm{ml}}$ 的均值

$$E\left(\hat{\alpha}_{\mathrm{ml}}\right)\neq\exp(\theta)$$

即

$$E\left(\hat{\alpha}_{\mathrm{ml}}\right)\neq\alpha$$

所以 $\alpha=\exp(\theta)$ 的最大似然估计量 $\hat{\alpha}_{\mathrm{ml}}$ 是有偏估计量，但是接近无偏估计量。

在结束关于估计量的性质讨论之前，我们特别强调几个基本概念性的问题。

有效估计量一定是建立在无偏的基础上的。因为克拉美-罗不等式和克拉美-罗界及不等式取等号的条件，都是在任意无偏估计量基础上导出的，所以检验一个估计量的性质，首先要检验它是否无偏，只有在无偏估计量的基础上，才能进一步检验它的有效性。如果估计量是有偏的，就谈不上它的有效性问题。

只有无偏的和有效的估计量，其估计的均方误差才能达到克拉美-罗界，并可通过计算克拉美-罗界求得该估计量的均方误差。

例 5-4-1 中非随机参量 $n_0(i)$ 的最大似然估计量 $\hat{\theta}_{\mathrm{ml}}$ 和例 5-4-2 中随机参量 $n_0(i)$ 的贝叶斯估计量 $\hat{\theta}_{\mathrm{b}}$，都是无偏有效的，但这并不意味着非随机参量 $n_0(i)$ 的最大似然估计量 $\hat{\theta}_{\mathrm{ml}}$ 或随机参量 $n_0(i)$ 的贝叶斯估计量 $\hat{\theta}_{\mathrm{b}}$ 一定是无偏的和有效的。它可能既是无偏的，也是有效的；也可能仅是无偏的，但不是有效的；还可能是有偏的。这要根据估计量无偏性的定义和在无偏估计量基础上是否满足有效性的条件进行检验才能确定。

5.5 矢量估计

前面所讨论的都是对单个参量 $n_0(i)$ 的估计。但在许多实际问题中，要求我们同时估计信号的多个参量，这就是矢量估计（vector estimation）。例如，在雷达探测目标时，通常要求同时估计出某一时刻目标的距离、方位、高度和速度等参数。本节将把单参量估计的概念、方法和性能评估等推广到信号参量的矢量估计中。

假定有 M 个参量 $\theta_1,\theta_2,\cdots,\theta_M$ 需要同时估计，用 M 维矢量 $\boldsymbol{\theta}$ 来表示这 M 个被估计的参量，即为

$$\boldsymbol{\theta}=(\theta_1,\theta_2,\cdots,\theta_M)^{\mathrm{T}} \tag{5-5-1}$$

该矢量称为被估计矢量。由于估计规则构造的估计矢量一定是观测矢量 $\boldsymbol{x}$ 的函数，所以估计矢量记为 $\hat{\boldsymbol{\theta}}(x)$，简记为 $\hat{\boldsymbol{\theta}}$。矢量估计的误差矢量定义为

$$\tilde{\boldsymbol{\theta}}=\boldsymbol{\theta}-\hat{\boldsymbol{\theta}}=\begin{bmatrix}\theta_1-\hat{\theta}_1\\ \theta_2-\hat{\theta}_2\\ \vdots\\ \theta_M-\hat{\theta}_M\end{bmatrix} \tag{5-5-2}$$

式中，误差矢量 $\tilde{\boldsymbol{\theta}}$ 是 $\hat{\boldsymbol{\theta}}(x)$ 的简写。

类似于单参量估计的情况，我们把矢量 $\boldsymbol{\theta}$ 的估计也分为随机矢量和非随机矢量两种情况来讨论。

5.5.1 随机矢量的贝叶斯估计

下面讨论当被估计矢量 $\boldsymbol{\theta}$ 为随机矢量时，其最小均方误差估计和最大后验估计。

1. 最小均方误差估计

在矢量估计的情况下，对于最小均方误差估计，代价函数为

$$c(\tilde{\boldsymbol{\theta}})=\sum_{j=1}^{M}\tilde{\theta}_j^2=\tilde{\boldsymbol{\theta}}^{\mathrm{T}}\tilde{\boldsymbol{\theta}} \tag{5-5-3}$$

式中，

$$\tilde{\theta}_j=\theta_j-\hat{\theta}_j$$

即代价函数 $c(\tilde{\boldsymbol{\theta}})$ 是各分量估计误差的平方和。这样，平均代价为

$$\begin{aligned}C&=\int_{-\infty}^{\infty}\int_{-\infty}^{\infty}c(\tilde{\boldsymbol{\theta}})p(\boldsymbol{x},\boldsymbol{\theta})\,\mathrm{d}\boldsymbol{x}\,\mathrm{d}\boldsymbol{\theta}\\&=\int_{-\infty}^{\infty}\int_{-\infty}^{\infty}\sum_{j=1}^{M}\left(\theta_j-\hat{\theta}_j\right)^2p(\boldsymbol{x},\boldsymbol{\theta})\,\mathrm{d}\boldsymbol{x}\,\mathrm{d}\boldsymbol{\theta}\\&=\int_{-\infty}^{\infty}p(\boldsymbol{x})\left[\int_{-\infty}^{\infty}\sum_{j=1}^{M}\left(\theta_j-\hat{\theta}_j\right)^2p(\boldsymbol{\theta}|\boldsymbol{x})\,\mathrm{d}\boldsymbol{\theta}\right]\mathrm{d}\boldsymbol{x}\end{aligned} \tag{5-5-4}$$

由于概率密度函数是正的，所以内积分中的 M 项都是正的。因此，为使平均代价 C 最小，就要分别使每个参量 $\theta_j\left(j=1,2,\cdots,M\right)$ 估计的均方误差最小。这样，就得第 j 个参量的最小均方误差估计为

$$\hat{\theta}_{j\mathrm{mse}}=\int_{-\infty}^{\infty}\theta_j p(\boldsymbol{\theta}\,|\,\boldsymbol{x})\,\mathrm{d}\boldsymbol{\theta}\quad j=1,2,\cdots,M \tag{5-5-5}$$

用矢量表示为

$$\hat{\boldsymbol{\theta}}_{\mathrm{mse}}=\int_{-\infty}^{\infty}\boldsymbol{\theta}p(\boldsymbol{\theta}\,|\,x)\,\mathrm{d}\boldsymbol{\theta} \tag{5-5-6}$$

这是由 M 个式（5-5-5）所示的方程组成的联立方程。求解这样的联立方程，可同时获得 M

个参量的估计矢量 $\hat{\boldsymbol{\theta}}_{\mathrm{mse}}$。

2．最大后验估计

对于随机矢量 $\boldsymbol{\theta}$ 的最大后验估计，必须求出使后验概率密度函数 $p(\boldsymbol{\theta}\,|\,\boldsymbol{x})$ 或 $\ln p(\boldsymbol{\theta}\,|\,\boldsymbol{x})$ 为最大的 $\boldsymbol{\theta}$，将它作为最大后验估计量 $\hat{\boldsymbol{\theta}}_{\mathrm{map}}$。如果 $p(\boldsymbol{\theta}\,|\,\boldsymbol{x})$ 最大值的解存在，则 $\hat{\boldsymbol{\theta}}_{\mathrm{map}}$ 可以由最大后验方程组解得，该最大后验方程组为

$$\left.\frac{\partial \ln p(\boldsymbol{\theta}\,|\,\boldsymbol{x})}{\partial \theta_j}\right|_{\boldsymbol{\theta}=\hat{\boldsymbol{\theta}}_{\mathrm{map}}}=0 \quad j=1,2,\cdots,M \tag{5-5-7}$$

这也是由 M 个方程组成的联立方程，将其简明地表示为

$$\left.\frac{\partial \ln p(\boldsymbol{\theta}\,|\,\boldsymbol{x})}{\partial \boldsymbol{\theta}}\right|_{\boldsymbol{\theta}=\hat{\boldsymbol{\theta}}_{\mathrm{map}}}=0 \tag{5-5-8}$$

式中，

$$\frac{\partial \ln p(\boldsymbol{\theta}\,|\,\boldsymbol{x})}{\partial \boldsymbol{\theta}} \triangleq \begin{bmatrix} \dfrac{\partial \ln p(\boldsymbol{\theta}\,|\,\boldsymbol{x})}{\partial \theta_1} \\ \dfrac{\partial \ln p(\boldsymbol{\theta}\,|\,\boldsymbol{x})}{\partial \theta_2} \\ \vdots \\ \dfrac{\partial \ln p(\boldsymbol{\theta}\,|\,\boldsymbol{x})}{\partial \theta_M} \end{bmatrix} \tag{5-5-9}$$

5.5.2　非随机矢量的最大似然估计

如果被估计的矢量是非随机矢量 $\boldsymbol{\theta}$，则应采用最大似然估计，求出使似然函数 $p(\boldsymbol{\theta}\,|\,\boldsymbol{x})$ 或者使 $\ln p(\boldsymbol{\theta}\,|\,\boldsymbol{x})$ 为最大的 $\boldsymbol{\theta}$，将它作为最大似然估计量 $\hat{\boldsymbol{\theta}}_{\mathrm{ml}}$。如果最大值的解存在，则 $\hat{\boldsymbol{\theta}}_{\mathrm{ml}}$ 可以由最大似然方程组解得，该最大似然方程组为

$$\left.\frac{\partial \ln p(\boldsymbol{x}\,|\,\boldsymbol{\theta})}{\partial \theta_j}\right|_{\boldsymbol{\theta}=\hat{\boldsymbol{\theta}}_{\mathrm{ml}}}=0 \quad j=1,2,\cdots,M \tag{5-5-10}$$

它是由 M 个方程组成的联立方程，将其简明地表示为

$$\left.\frac{\partial \ln p(\boldsymbol{x}\,|\,\boldsymbol{\theta})}{\partial \boldsymbol{\theta}}\right|_{\boldsymbol{\theta}=\hat{\boldsymbol{\theta}}_{\mathrm{ml}}}=0 \tag{5-5-11}$$

5.5.3　矢量估计量的性质

类似于单参量估计的情况，本节将研究矢量估计量的性质，主要讨论无偏估计量的均方误差的下界，即克拉美-罗界问题。

1．非随机矢量情况

如果被估计矢量 $\boldsymbol{\theta}$ 是非随机矢量，估计矢量为 $\hat{\boldsymbol{\theta}}$，则其均值矢量可以表示为

$$E\left(\hat{\boldsymbol{\theta}}\right)=\boldsymbol{\theta}+b\left(\boldsymbol{\theta}\right) \tag{5-5-12}$$

若对所有的$\boldsymbol{\theta}$，估计的偏矢量的每一个分量都为零，则称$\hat{\boldsymbol{\theta}}$为无偏估计矢量。

如果$\hat{\theta}_i$是被估计的M维非随机矢量$\boldsymbol{\theta}$的第i个参量θ_i的任意无偏估计量，则估计量的均方误差即为估计量的方差，记为

$$E\left[\left(\theta-\hat{\theta}_i\right)^2\right]\triangleq\varepsilon_{\hat{\theta}_i}^2=\text{var}(\hat{\theta}_i)\triangleq\sigma_{\hat{\theta}_i}^2\quad i=1,2,\cdots,M \tag{5-5-13}$$

该估计量的均方误差满足

$$\varepsilon_{\hat{\theta}_i}^2\geqslant\boldsymbol{\psi}_{ii}\quad i=1,2,\cdots,M \tag{5-5-14}$$

式中，$\boldsymbol{\psi}_{ii}$是$M\times M$阶矩阵$\boldsymbol{\psi}=\boldsymbol{J}^{-1}$的第$i$行第$i$列元素；而矩阵$\boldsymbol{J}$的元素为

$$\begin{aligned}J_{ij}&=E\left[\frac{\partial\ln p\left(\boldsymbol{x}\,|\,\boldsymbol{\theta}\right)}{\partial\theta_i}\frac{\partial\ln p\left(\boldsymbol{x}\,|\,\boldsymbol{\theta}\right)}{\partial\theta_j}\right]\\&=-E\left[\frac{\partial^2\ln p\left(\boldsymbol{x}\,|\,\boldsymbol{\theta}\right)}{\partial\theta_i\partial\theta_j}\right]\quad i,j=1,2,\cdots,M\end{aligned} \tag{5-5-15}$$

矩阵$\boldsymbol{J}$通常称为费希尔（Fisher）信息矩阵，它表示从观测数据中获得的信息。

对所有$\boldsymbol{x}$和$\boldsymbol{\theta}$，当且仅当

$$\frac{\partial\ln p\left(\boldsymbol{x}\,|\,\boldsymbol{\theta}\right)}{\partial\boldsymbol{\theta}}=-\boldsymbol{J}(\boldsymbol{\theta}-\hat{\boldsymbol{\theta}}) \tag{5-5-16}$$

成立时，式（5-5-14）取等号成立。这里$\boldsymbol{J}$是费希尔信息矩阵。

如果对于f维非随机矢量$\boldsymbol{\theta}$的任意无偏估计矢量$\hat{\boldsymbol{\theta}}$中的每一个参量$\hat{\theta}_i\left(i=1,2,\cdots,M\right)$，式（5-5-14）的等号均成立，那么这种估计称为联合有效估计。所以，$\boldsymbol{\psi}_{ii}\left(i=1,2,\cdots,M\right)$是$\hat{\theta}_i$的均方误差的下界，即克拉美-罗界。

例 5-5-1 同时对两个参量θ_1和θ_2进行估计是二维矢量$\boldsymbol{\theta}=\left(\theta_1,\theta_2\right)^{\mathrm{T}}$的估计问题。费希尔信息矩阵$\boldsymbol{J}$的元素为

$$J_{11}=-E\left[\frac{\partial^2\ln p\left(\boldsymbol{x}\,|\,\boldsymbol{\theta}\right)}{\partial\theta_1^2}\right]$$

$$J_{12}=J_{21}=-E\left[\frac{\partial^2\ln p\left(\boldsymbol{x}\,|\,\boldsymbol{\theta}\right)}{\partial\theta_1\partial\theta_2}\right]$$

$$J_{22}=-E\left[\frac{\partial^2\ln p\left(\boldsymbol{x}\,|\,\boldsymbol{\theta}\right)}{\partial\theta_2^2}\right]$$

费希尔信息矩阵$\boldsymbol{J}$为

$$\boldsymbol{J}=\begin{bmatrix}J_{11}&J_{12}\\J_{21}&J_{22}\end{bmatrix}$$

假定估计矢量$\hat{\boldsymbol{\theta}}$是联合有效的，求估计量$\hat{\theta}_1$和$\hat{\theta}_2$的均方误差表示式。

解： 费希尔信息矩阵$\boldsymbol{J}$的逆矩阵$\boldsymbol{\psi}$为

$$\boldsymbol{\psi}=\boldsymbol{J}^{-1}=\begin{bmatrix}J_{11} & J_{12}\\ J_{21} & J_{22}\end{bmatrix}^{-1}=\frac{1}{|\boldsymbol{J}|}\begin{bmatrix}J_{22} & -J_{12}\\ -J_{21} & J_{11}\end{bmatrix}$$

式中，$|\boldsymbol{J}|=J_{11}J_{22}-J_{12}J_{21}$，是矩阵$\boldsymbol{J}$的行列式。

因为$\hat{\theta}_1$和$\hat{\theta}_2$是联合有效的估计量，所以估计量$\hat{\theta}_1$的均方误差为

$$\begin{aligned}\varepsilon_{\hat{\theta}_1}^2&=\psi_{11}=\frac{J_{22}}{|\boldsymbol{J}|}=\frac{J_{22}}{J_{11}J_{22}-J_{12}J_{21}}\\&=\frac{J_{22}}{J_{11}J_{22}-J_{12}^2}=\frac{1}{J_{11}\left[1-J_{12}^2/\left(J_{11}J_{22}\right)\right]}\end{aligned}$$

令估计量$\hat{\theta}_1$和$\hat{\theta}_2$之间的相关系数为$\rho(\hat{\theta}_1,\hat{\theta}_2)$，则

$$\rho(\hat{\theta}_1,\hat{\theta}_2)=\frac{J_{12}}{\left(J_{11}J_{22}\right)^{1/2}}$$

从而得估计量$\hat{\theta}_1$的均方误差为

$$\varepsilon_{\hat{\theta}_1}^2=\frac{-1}{E\left[\dfrac{\partial^2\ln p\left(\boldsymbol{x}\,|\,\boldsymbol{\theta}\right)}{\partial\theta_1^2}\right]}\frac{1}{1-\rho^2(\hat{\theta}_1,\hat{\theta}_2)}$$

类似地可得估计量$\hat{\theta}_2$的均方误差为

$$\varepsilon_{\hat{\theta}_2}^2=\frac{-1}{E\left[\dfrac{\partial^2\ln p\left(\boldsymbol{x}\,|\,\boldsymbol{\theta}\right)}{\partial\theta_2^2}\right]}\frac{1}{1-\rho^2(\hat{\theta}_1,\hat{\theta}_2)}$$

从上面两个估计量的方差，即估计量的均方误差$\varepsilon_{\hat{\theta}_1}^2$和$\varepsilon_{\hat{\theta}_2}^2$的表示式中可看出，等式右边的第一个乘因子恰好是只有一个未知参量（估计θ_1时假定t已知，或者估计θ_2时假定θ_1已知）时，无偏有效估计量的均方误差；第二个乘因子表示同时估计θ_1和θ_2对估计量的均方误差的影响。因为$\rho^2(\hat{\theta}_1,\hat{\theta}_2)$一定满足$0\leqslant\rho^2(\hat{\theta}_1,\hat{\theta}_2)\leqslant 1$，所以第二个乘因子大于或等于 1，对于非零相关系数，将使估计量的均方误差增加。

2. 随机矢量情况

如果被估计矢量$\boldsymbol{\theta}$是f维随机矢量，则构造的估计矢量$\hat{\boldsymbol{\theta}}$是观测矢量$\boldsymbol{x}$的函数。为了研究估计矢量的性质，需要$\boldsymbol{x}$和$\boldsymbol{\theta}$的联合概率密度函数$\tau_i=0,\pm1,\pm2,\cdots$。

根据随机矢量估计无偏性的定义，如果满足

$$E\left(\hat{\boldsymbol{\theta}}\right)=E\left(\boldsymbol{\theta}\right)\tag{5-5-17}$$

就称$\hat{\boldsymbol{\theta}}$是$\boldsymbol{\theta}$的无偏估计矢量。

我们知道，在随机矢量的情况下，估计的误差矢量为

$$\tilde{\boldsymbol{\theta}}=\boldsymbol{\theta}-\hat{\boldsymbol{\theta}}=\begin{bmatrix}\theta_1-\hat{\theta}_1\\ \theta_2-\hat{\theta}_2\\ \vdots\\ \theta_M-\hat{\theta}_M\end{bmatrix}$$

这样，估计矢量的均方误差阵为

$$\boldsymbol{M}_{\hat{\boldsymbol{\theta}}} = E\left[\left(\boldsymbol{\theta}-\hat{\boldsymbol{\theta}}\right)\left(\boldsymbol{\theta}-\hat{\boldsymbol{\theta}}\right)^{\mathrm{T}}\right] \tag{5-5-18}$$

如果 $\hat{\boldsymbol{\theta}}$ 是 $\boldsymbol{\theta}$ 的任意无偏估计矢量，那么利用柯西-施瓦兹不等式，估计矢量的均方误差阵满足

$$\boldsymbol{M}_{\hat{\boldsymbol{\theta}}} \geqslant \boldsymbol{J}_T^{-1} \tag{5-5-19}$$

式中，信息矩阵 $\boldsymbol{J}_T = \boldsymbol{J}_D + \boldsymbol{J}_P$。矩阵 $\boldsymbol{J}_D$ 的元素为

$$J_{D_{i,j}} = -E\left[\frac{\partial^2 \ln p\left(\boldsymbol{x}\,|\,\boldsymbol{\theta}\right)}{\partial\theta_i\partial\theta_j}\right] \quad i,j=1,2,\cdots,M$$

而矩阵 $\boldsymbol{J}_P$ 的元素为

$$J_{P_{i,j}} = -E\left[\frac{\partial^2 \ln p\left(\boldsymbol{\theta}\right)}{\partial\theta_i\partial\theta_j}\right] \quad i,j=1,2,\cdots,M$$

矩阵 $\boldsymbol{J}_D$ 是数据信息矩阵，它表示从观测数据中获得的信息；矩阵 $\boldsymbol{J}_P$ 是先验信息矩阵，它表示从先验知识中获得的信息。

如果 $\boldsymbol{J}_T$ 的逆矩阵为 $\boldsymbol{\psi}_T = \boldsymbol{J}_T^{-1}$，则 $\boldsymbol{\theta}$ 的任意无偏估计矢量 $\hat{\boldsymbol{\theta}}$ 的第 i 个分量 θ_i 的估计量 $\hat{\theta}_i$ 的均方误差满足不等式

$$\varepsilon_{\hat{\theta}_i}^2 = E\left[\left(\theta_i-\hat{\theta}_i\right)^2\right] \geqslant \Psi_{T_{ii}} = \frac{J_{T_{ii}}\text{代数余子式}}{\left|\boldsymbol{J}_T\right|} \quad i=1,2,\cdots,M \tag{5-5-20}$$

式（5-5-19）或式（5-5-20）就是在随机矢量情况下的克拉美-罗不等式，不等式的右边就是克拉美-罗界。

根据柯西-施瓦兹不等式取等号的条件，当且仅当对所有 $\boldsymbol{x}$ 和 $\boldsymbol{\theta}$ 满足

$$\frac{\partial \ln p\left(\boldsymbol{x},\boldsymbol{\theta}\right)}{\partial \boldsymbol{\theta}} = -\boldsymbol{J}_T(\boldsymbol{\theta}-\hat{\boldsymbol{\theta}}) \tag{5-5-21}$$

或

$$\frac{\partial \ln p\left(\boldsymbol{x},\boldsymbol{\theta}\right)}{\partial \theta_i} = \sum_{l=1}^{M} -J_{T_{il}}(\theta_l-\hat{\theta}_l) \quad i=1,2,\cdots,M \tag{5-5-22}$$

时，克拉美-罗不等式取等号成立。

例 5-5-2 假定信号 $s\left(t;\boldsymbol{\theta}\right)$ 是由两个独立的高斯随机变量 a 和 b 同时对一个正弦波的频率和振幅进行调制而产生的，即

$$s\left(t;\boldsymbol{\theta}\right) = \sqrt{\frac{2E_s}{T}}b\sin(\omega_0 t+\beta a t)$$

设 $\{y(i),i=1,2,\cdots,M-1\}$ 和 b 分别服从 $a\sim N(0,\sigma_a^2)$， $b\sim N(0,\sigma_b^2)$；观测是在功率谱密度为 $P_n(\omega)=N_0/2$ 的零均值加性高斯白噪声 ϕ_0 中完成的，即

$$\begin{aligned} x(t) &= s\left(t;\boldsymbol{\theta}\right)+n(t) \\ &= \sqrt{\frac{2E_s}{T}}b\sin(\omega_0 t+\beta a t)+n(t) \qquad 0\leqslant t\leqslant T \end{aligned}$$

求同时估计 a 和 b 时的均方误差下界。

解：首先对观测信号 $x(t)$ 进行正交级数展开表示，其展开系数为 $x_k\ (k=1,2,\cdots)$。先取前 N 个展开系数，并表示成如下矢量形式：

$$\boldsymbol{x}_N=(x_1,x_2,\cdots,x_k,\cdots,x_N)^{\mathrm{T}}$$

式中，

$$x_k=s_{k|\boldsymbol{\theta}}+n_k\quad k=1,2,\cdots,N$$

$s_{k|\boldsymbol{\theta}}$ 是以某 $\boldsymbol{\theta}$ 为条件的信号 $s(t;\boldsymbol{\theta})$ 的第 k 个展开系数。

由于 $n(t)$ 是均值为零、功率谱密度为 $P_n(\omega)=N_0/2$ 的高斯白噪声，所以 x_k 服从高斯分布，其均值为 $s_{k|\boldsymbol{\theta}}$，方差为 $N_0/2$，且相互统计独立。于是有

$$\begin{aligned}p(\boldsymbol{x}_N|\boldsymbol{\theta})&=\prod_{k=1}^{N}p(x_k|\boldsymbol{\theta})\\&=\left(\frac{1}{\pi N_0}\right)^{N/2}\exp\left[-\sum_{k=1}^{N}\frac{(x_k-s_{k|\boldsymbol{\theta}})^2}{N_0}\right]\end{aligned}$$

上式两边取自然对数，然后对 θ_i 求偏导，则得

$$\frac{\partial\ln p(\boldsymbol{x}_N|\boldsymbol{\theta})}{\partial\theta_i}=\frac{2}{N_0}\sum_{k=1}^{N}\left(x_k-s_{k|\boldsymbol{\theta}}\right)\frac{\partial s_{k|\boldsymbol{\theta}}}{\partial\theta_i}$$

对上式取 $N\to\infty$ 的极限，得

$$\frac{\partial\ln p(\boldsymbol{x}|\boldsymbol{\theta})}{\partial\theta_i}=\frac{2}{N_0}\int_0^T\left[x(t)-s(t;\boldsymbol{\theta})\right]\frac{\partial s(t;\boldsymbol{\theta})}{\partial\theta_i}\mathrm{d}t$$

现在分别求数据信息矩阵 $\boldsymbol{J}_D$ 和先验信息矩阵 $\boldsymbol{J}_P$。因为数据信息矩阵 $\boldsymbol{J}_D$ 的元素为

$$J_{D_{ij}}=-E\left[\frac{\partial^2\ln p(\boldsymbol{x}|\boldsymbol{\theta})}{\partial\theta_i\partial\theta_j}\right]=E\left[\frac{\partial\ln p(\boldsymbol{x}|\boldsymbol{\theta})}{\partial\theta_i}\frac{\partial\ln p(\boldsymbol{x}|\boldsymbol{\theta})}{\partial\theta_j}\right]$$

又因为 $x(t)-s(t;\boldsymbol{\theta})=n(t)$，而 $n(t)$ 为高斯白噪声，与信号 $s(t;\boldsymbol{\theta})$ 不相关，所以

$$J_{D_{ij}}=\frac{4}{N_0^2}\int_0^T\int_0^T E[n(t)n(u)]E\left[\frac{\partial s(t;\boldsymbol{\theta})}{\partial\theta_i}\frac{\partial s(u;\boldsymbol{\theta})}{\partial\theta_j}\right]\mathrm{d}t\,\mathrm{d}u$$

由于 $n(t)$ 是功率谱密度为 $P_n(\omega)=N_0/2$ 的高斯白噪声，所以

$$E[n(t)n(u)]=\frac{N_0}{2}\delta(t-u)$$

这样，$J_{D_{ij}}$ 为

$$J_{D_{ij}}=\frac{2}{N_0}E\left[\int_0^T\frac{\partial s(t;\boldsymbol{\theta})}{\partial\theta_i}\frac{\partial s(t;\boldsymbol{\theta})}{\partial\theta_j}\mathrm{d}t\right]$$

而 $J_{D_{ii}}$ 为

$$J_{D_{ii}}=\frac{2}{N_0}E\left[\int_0^T\left(\frac{\partial s(t;\boldsymbol{\theta})}{\partial\theta_i}\right)^2\mathrm{d}t\right]$$

结合本题，令

$$\boldsymbol{\theta}=\begin{bmatrix}\theta_1\\ \theta_2\end{bmatrix}=\begin{bmatrix}a\\ b\end{bmatrix}$$

并将 $s(t;\boldsymbol{\theta})=\sqrt{\frac{2E_s}{T}}b\sin(\omega_0 t+\beta\alpha t)$ 代入 $J_{D_{ij}}$ 式，则得

$$\begin{aligned}J_{D_{11}}&=\frac{2}{N_0}E\left[\int_0^T\frac{2E_s}{T}b^2\beta^2t^2\cos^2(\omega_0 t+\beta\alpha t)\,\mathrm{d}t\right]\\&=\frac{2}{N_0}E\left\{\int_0^T\frac{2E_s}{T}b^2\beta^2t^2\frac{1}{2}\left[1+\cos 2(\omega_0 t+\beta\alpha t)\right]\mathrm{d}t\right\}\\&\approx\frac{2E_s}{N_0}\beta^2\frac{T^2}{3}\sigma_b^2=\frac{2T^2E_s}{3N_0}\beta^2\sigma_b^2\end{aligned}$$

$$\begin{aligned}J_{D_{22}}&=\frac{2}{N_0}E\left[\int_0^T\frac{2E_s}{T}\sin^2(\omega_0 t+\beta\alpha t)\,\mathrm{d}t\right]\\&=\frac{2}{N_0}E\left\{\int_0^T\frac{2E_s}{T}\frac{1}{2}\left[1-\cos 2(\omega_0 t+\beta\alpha t)\right]\mathrm{d}t\right\}\\&\approx\frac{2E_s}{N_0}\end{aligned}$$

$$\begin{aligned}J_{D_{12}}=J_{D_{21}}&=\frac{2}{N_0}E\left[\int_0^T\frac{2E_s}{T}b\beta t\cos(\omega_0 t+\beta\alpha t)\sin(\omega_0 t+\beta\alpha t)\,\mathrm{d}t\right]\\&\approx 0\end{aligned}$$

这样，数据信息矩阵 $\boldsymbol{J}_D$ 为

$$\boldsymbol{J}_D=\begin{bmatrix}\frac{2T^2E_s}{3N_0}\beta^2\sigma_b^2 & 0\\ 0 & \frac{2E_s}{N_0}\end{bmatrix}$$

我们再来求先验信息矩阵 $\boldsymbol{J}_P$。因为 a 和 b 是相互统计独立的高斯随机变量，所以 a 和 b 的联合概率密度函数为

$$p(a,b)=\left(\frac{1}{4\pi^2\sigma_a^2\sigma_b^2}\right)^{1/2}\exp\left(-\frac{a^2}{2\sigma_a^2}-\frac{b^2}{2\sigma_b^2}\right)$$

这样，先验信息矩阵 $\boldsymbol{J}_P$ 的元素为

$$J_{P_{11}}=-E\left[\frac{\partial^2\ln p(a,b)}{\partial a^2}\right]=\frac{1}{\sigma_a^2}$$

$$J_{P_{22}}=-E\left[\frac{\partial^2\ln p(a,b)}{\partial b^2}\right]=\frac{1}{\sigma_b^2}$$

$$J_{P_{12}}=J_{P_{21}}=-E\left[\frac{\partial^2\ln p(a,b)}{\partial a\partial b}\right]=0$$

于是，先验信息矩阵 $\boldsymbol{J}_P$ 为

$$\boldsymbol{J}_P=\begin{bmatrix}\dfrac{1}{\sigma_a^2} & 0\\ 0 & \dfrac{1}{\sigma_b^2}\end{bmatrix}$$

这样，同时估计 a 和 b 的信息矩阵 $\boldsymbol{J}_T$ 为

$$\boldsymbol{J}_T=\boldsymbol{J}_D+\boldsymbol{J}_P=\begin{bmatrix}\dfrac{2T^2E_s}{3N_0}\beta^2\sigma_b^2+\dfrac{1}{\sigma_a^2} & 0\\ 0 & \dfrac{2E_s}{N_0}+\dfrac{1}{\sigma_b^2}\end{bmatrix}$$

其逆矩阵 $\boldsymbol{\psi}_T$ 为

$$\boldsymbol{\psi}_T=\boldsymbol{J}_T^{-1}=\begin{bmatrix}\left(\dfrac{2T^2E_s}{3N_0}\beta^2\sigma_b^2+\dfrac{1}{\sigma_a^2}\right)^{-1} & 0\\ 0 & \left(\dfrac{2E_s}{N_0}+\dfrac{1}{\sigma_b^2}\right)^{-1}\end{bmatrix}$$

于是，同时估计 a 和 b，其估计量 $\hat{a}$ 和 $\hat{b}$ 若分别是 a 和 b 的任意无偏估计量，则估计量的均方误差分别满足

$$E\left[\left(a-\hat{a}\right)^2\right]\geqslant\boldsymbol{\psi}_{T_{11}}=\left(\frac{2T^2E_s}{3N_0}\beta^2\sigma_b^2+\frac{1}{\sigma_a^2}\right)^{-1}$$

$$E\left[\left(b-\hat{b}\right)^2\right]\geqslant\boldsymbol{\psi}_{T_{22}}=\left(\frac{2E_s}{N_0}+\frac{1}{\sigma_b^2}\right)^{-1}$$

式中，$\boldsymbol{\psi}_{T_{11}}$ 和 $\boldsymbol{\psi}_{T_{22}}$ 是同时估计 a 和 b 时的估计量的均方误差下界。

5.5.4 非随机矢量函数估计的克拉美-罗界

设有 M 维非随机矢量 $\boldsymbol{\theta}=(\theta_1,\theta_2,\cdots,\theta_M)^{\mathrm{T}}$，现在我们希望估计 $\boldsymbol{t}$ 维矢量 $\boldsymbol{\theta}$ 的 L 维函数 $\boldsymbol{\alpha}=g(\boldsymbol{\theta})$，这就是非随机矢量函数的估计问题。

设 L 维估计矢量 $\hat{\boldsymbol{\alpha}}$ 是 L 维矢量函数 $\boldsymbol{\alpha}=g(\boldsymbol{\theta})$ 的任意无偏估计矢量。那么，估计矢量的均方误差阵 $\boldsymbol{M}_{\hat{\boldsymbol{\alpha}}}$ 满足不等式

$$\boldsymbol{M}_{\hat{\boldsymbol{\alpha}}}\geqslant\frac{\partial\boldsymbol{g}(\boldsymbol{\theta})}{\partial\boldsymbol{\theta}^{\mathrm{T}}}\boldsymbol{J}^{-1}\frac{\partial\boldsymbol{g}^{\mathrm{T}}(\boldsymbol{\theta})}{\partial\boldsymbol{\theta}} \tag{5-5-23}$$

当且仅当对所有 $\boldsymbol{x}$ 和 $\boldsymbol{\theta}$ 都满足

$$\frac{\partial\boldsymbol{g}(\boldsymbol{\theta})}{\partial\boldsymbol{\theta}^{\mathrm{T}}}\boldsymbol{J}^{-1}\frac{\partial\ln p(\boldsymbol{x}\,|\,\boldsymbol{\theta})}{\partial\boldsymbol{\theta}}=\frac{1}{k(\boldsymbol{\theta})}(\boldsymbol{\alpha}-\hat{\boldsymbol{\alpha}}) \tag{5-5-24}$$

时，式（5-5-23）不等式取等号成立。

式（5-5-23）就是矢量函数估计的克拉美-罗不等式，不等式的右边就是克拉美-罗界；而式（5-5-24）是克拉美-罗不等式取等号的条件。若式（5-5-24）成立，则矢量函数 $\boldsymbol{\alpha}=g(\boldsymbol{\theta})$ 的任意无偏估计矢量 $\hat{\boldsymbol{\alpha}}$ 的均方误差阵 $\boldsymbol{M}_{\hat{\alpha}}$ 取克拉美-罗界。其中，矩阵 $\boldsymbol{J}$ 是费希尔信息矩阵，矩阵元素为

$$J_{ij}=-E\left[\frac{\partial^2 \ln p(\boldsymbol{x}\,|\,\boldsymbol{\theta})}{\partial\theta_i\partial\theta_j}\right]\quad i,j=1,2,\cdots,M \tag{5-5-25}$$

例 5-5-3 考虑高斯噪声背景中信号幅度为 a 时的信噪比估计问题。设观测方程为

$$x_k=a+n_k\quad k=1,2,\cdots,N$$

信号幅度 $P^m:\sum^{\phi_0}\to\sum^{\phi_0}$ 是未知非随机的参量；噪声 n_k 是均值为零、方差为 σ_n^2 的高斯随机变量，且相互统计独立，σ_n^2 也是未知参量。现在我们希望估计信噪比

$$\alpha=\frac{a^2}{\sigma_n^2}$$

并讨论 a 的估计量 $\hat{\alpha}$ 的克拉美-罗界。

解：根据题意，信号幅度 a 和噪声方差 σ_n^2 均未知，所以

$$\boldsymbol{\theta}=\left(a,\sigma_n^2\right)^{\mathrm{T}}$$

函数

$$\alpha=g(\boldsymbol{\theta})=\frac{a^2}{\sigma_n^2}$$

是被估计函数。

观测矢量 $\boldsymbol{x}=(x_1,x_2,\cdots,x_N)^{\mathrm{T}}$ 的似然函数 $p(\boldsymbol{x}\,|\,\boldsymbol{\theta})$ 为

$$\begin{aligned}p(\boldsymbol{x}\,|\,\boldsymbol{\theta})&=p(\boldsymbol{x}\,|\,a,\sigma_n^2)\\&=\left(\frac{1}{2\pi\sigma_n^2}\right)^{N/2}\exp\left[-\sum_{k=1}^{N}\frac{N(x_k-a)^2}{2\sigma_n^2}\right]\end{aligned}$$

所以，费希尔信息矩阵 $\boldsymbol{J}$ 的元素为

$$J_{11}=-E\left[\frac{\partial^2\ln p\left(\boldsymbol{x}|a,\sigma_n^2\right)}{\partial a^2}\right]=\frac{N}{\sigma_n^2}$$

$$\begin{aligned}J_{22}&=-E\left[\frac{\partial^2\ln p\left(\boldsymbol{x}|a,\sigma_n^2\right)}{\partial\sigma_n^2\partial\sigma_n^2}\right]\\&=-E\left[\frac{N}{2\sigma_n^4}-\frac{1}{\sigma_n^6}\sum_{k=1}^{N}(x_k-a)^2\right]=\frac{N}{2\sigma_n^4}\end{aligned}$$

$$J_{12}=J_{21}=-E\left[\frac{\partial^2\ln p\left(\boldsymbol{x}|a,\sigma_n^2\right)}{\partial a\partial\sigma_n^2}\right]$$
$$=-E\left[-\frac{1}{\sigma_n^4}\sum_{k=1}^{N}(x_k-a)\right]=0$$

这样，费希尔信息矩阵 $\boldsymbol{J}$ 为

$$\boldsymbol{J}=\begin{bmatrix}J_{11} & J_{12}\\ J_{21} & J_{22}\end{bmatrix}=\begin{bmatrix}\dfrac{N}{\sigma_n^2} & 0\\ 0 & \dfrac{N}{2\sigma_n^4}\end{bmatrix}$$

变换矩阵 $\partial\boldsymbol{g}(\boldsymbol{\theta})/\partial\boldsymbol{\theta}^{\mathrm{T}}$ 为

$$\frac{\partial\boldsymbol{g}(\boldsymbol{\theta})}{\partial\boldsymbol{\theta}^{\mathrm{T}}}=\begin{bmatrix}\dfrac{\partial\left(\dfrac{a^2}{\sigma_n^2}\right)}{\partial a} & \dfrac{\partial\left(\dfrac{a^2}{\sigma_n^2}\right)}{\partial\sigma_n^2}\end{bmatrix}$$
$$=\begin{bmatrix}\dfrac{2a}{\sigma_n^2} & -\dfrac{a^2}{\sigma_n^4}\end{bmatrix}$$

而变换矩阵 $\partial\boldsymbol{g}^{\mathrm{T}}(\boldsymbol{\theta})/\partial\boldsymbol{\theta}$ 为

$$\frac{\partial\boldsymbol{g}^{\mathrm{T}}(\boldsymbol{\theta})}{\partial\boldsymbol{\theta}}=\left[\frac{\partial\boldsymbol{g}(\boldsymbol{\theta})}{\partial\boldsymbol{\theta}^{\mathrm{T}}}\right]^{\mathrm{T}}=\begin{bmatrix}\dfrac{2a}{\sigma_n^2}\\ -\dfrac{a^2}{\sigma_n^4}\end{bmatrix}$$

于是，克拉美-罗界为

$$\frac{\partial\boldsymbol{g}(\boldsymbol{\theta})}{\partial\boldsymbol{\theta}^{\mathrm{T}}}\boldsymbol{J}^{-1}\frac{\partial\boldsymbol{g}^{\mathrm{T}}(\boldsymbol{\theta})}{\partial\boldsymbol{\theta}}$$
$$=\begin{bmatrix}\dfrac{2a}{\sigma_n^2} & -\dfrac{a^2}{\sigma_n^4}\end{bmatrix}\begin{bmatrix}\dfrac{\sigma_n^2}{N} & 0\\ 0 & \dfrac{2\sigma_n^4}{N}\end{bmatrix}\begin{bmatrix}\dfrac{2a}{\sigma_n^2}\\ -\dfrac{a^2}{\sigma_n^4}\end{bmatrix}$$
$$=\frac{4a^2}{N\sigma_n^2}+\frac{2a^4}{N\sigma_n^4}$$
$$=\frac{4\alpha+2a^2}{N}$$

最后，对线性变换估计性质的不变性进行简要讨论。如果 $M_1^{\frac{m}{n}}\left(I,\theta;\phi_0\right)=0$ 维非随机矢量 $\boldsymbol{\theta}$ 的任意无偏估计矢量 $\hat{\boldsymbol{\theta}}$ 是有效的，即满足

$$E\left(\hat{\boldsymbol{\theta}}\right)=\boldsymbol{\theta} \tag{5-5-26}$$

$$M_{\hat{\boldsymbol{\theta}}}=\boldsymbol{\theta} \tag{5-5-27}$$

那么，如果 L 维矢量 $\boldsymbol{\alpha}=\boldsymbol{g}(\boldsymbol{\theta})$ 是 $\boldsymbol{\theta}$ 的线性函数，即

$$\boldsymbol{\alpha}=A\boldsymbol{\theta}+\boldsymbol{b} \tag{5-5-28}$$

式中，$\boldsymbol{A}$ 是 $L\times M$ 常值矩阵；$\boldsymbol{b}$ 是 L 维常值矢量。在这种线性变换关系的情况下，若矢量 $\boldsymbol{a}$ 的估计矢量 $\hat{\boldsymbol{\alpha}}$ 为

$$\hat{\boldsymbol{\alpha}}=\boldsymbol{A}\hat{\boldsymbol{\theta}}+\boldsymbol{b} \tag{5-5-29}$$

则估计矢量 $\hat{\boldsymbol{\alpha}}$ 是无偏的和有效的。证明如下。

因为 $\hat{\boldsymbol{\theta}}$ 是无偏有效估计矢量，所以

$$E\left(\hat{\boldsymbol{\alpha}}\right)=E\left(\boldsymbol{A}\hat{\boldsymbol{\theta}}+\boldsymbol{b}\right)=\boldsymbol{A\theta}+\boldsymbol{b}=\boldsymbol{\alpha} \tag{5-5-30}$$

说明 $\hat{\boldsymbol{\alpha}}$ 是无偏估计矢量。

估计矢量 $\hat{\boldsymbol{\alpha}}$ 的均方误差阵 $\boldsymbol{M}_{\hat{\boldsymbol{\alpha}}}$ 为

$$\begin{aligned}\boldsymbol{M}_{\hat{\boldsymbol{\alpha}}}&=E\left[\left(\boldsymbol{\alpha}-\hat{\boldsymbol{\alpha}}\right)\left(\boldsymbol{\alpha}-\hat{\boldsymbol{\alpha}}\right)^{\mathrm{T}}\right]\\&=E\left[\left(\boldsymbol{A\theta}+\boldsymbol{b}-\boldsymbol{A}\hat{\boldsymbol{\theta}}-\boldsymbol{b}\right)\left(\boldsymbol{A\theta}+\boldsymbol{b}-\boldsymbol{A}\hat{\boldsymbol{\theta}}-\boldsymbol{b}\right)^{\mathrm{T}}\right]\\&=E\left[\boldsymbol{A}\left(\boldsymbol{\theta}-\hat{\boldsymbol{\theta}}\right)\left(\boldsymbol{\theta}-\hat{\boldsymbol{\theta}}\right)^{\mathrm{T}}\boldsymbol{A}^{\mathrm{T}}\right]\\&=\boldsymbol{A}\boldsymbol{M}_{\hat{\boldsymbol{\theta}}}\boldsymbol{A}^{\mathrm{T}}=\boldsymbol{A}\boldsymbol{J}^{-1}\boldsymbol{A}^{\mathrm{T}}\\&=\frac{\partial\boldsymbol{g}(\boldsymbol{\theta})}{\partial\boldsymbol{\theta}^{\mathrm{T}}}\boldsymbol{J}^{-1}\frac{\partial\boldsymbol{g}^{\mathrm{T}}(\boldsymbol{\theta})}{\partial\boldsymbol{\theta}}\end{aligned} \tag{5-5-31}$$

这说明 $\boldsymbol{M}_{\hat{\boldsymbol{\alpha}}}$ 达到克拉美-罗界，$\hat{\boldsymbol{\alpha}}$ 是有效估计矢量。因此，$\hat{\boldsymbol{\alpha}}=\boldsymbol{A}\hat{\boldsymbol{\theta}}+\boldsymbol{b}$ 保持了 $\hat{\boldsymbol{\theta}}$ 的无偏性和有效性。

如果 $\boldsymbol{\alpha}=\boldsymbol{g}(\boldsymbol{\theta})$ 是非线性变换关系，则对于有限的观测次数 N，不再保持这种不变性。

5.6　信号波形中参量的估计

前面已经讨论了信号参量的统计估计理论，它以观测矢量的离散观测数据为基础，根据已知先验知识所提出的估计指标，采用相应的最佳估计规则和方法，来构造估计量，研究估计量的性质。现在的问题是，如果在 $(0,T)$ 时间内观测到的信号波形为

$$x(t)=s\left(t;\boldsymbol{\theta}\right)+n(t)\quad 0\leqslant t\leqslant T \tag{5-6-1}$$

式中，M 维矢量 $\boldsymbol{\theta}$ 是待估计的信号参量，如振幅、相位、频率、到达时间等；$n(t)$ 是均值为零、功率谱密度为 $P_n(\omega)=N_0/2$ 的高斯白噪声。下面将集中讨论信号波形中未知参量的最大似然估计。

观测信号 $x(t)$ 的似然函数表示为

$$p\left[x(t)|\boldsymbol{\theta}\right]=F\exp\left\{-\frac{1}{N_0}\int_0^T\left[x(t)-s\left(t;\boldsymbol{\theta}\right)\right]^2\mathrm{d}t\right\} \tag{5-6-2}$$

式中，

$$F=\lim_{N\to\infty}\left(\frac{1}{\pi N_0}\right)^{N/2}$$

容易得到

$$\frac{\partial\ln p\left(x(t)\,|\,\boldsymbol{\theta}\right)}{\partial\theta_j}=\frac{2}{N_0}\int_0^T\left[x(t)-s\left(t;\boldsymbol{\theta}\right)\right]\frac{\partial s\left(t;\boldsymbol{\theta}\right)}{\partial\theta_i}\mathrm{d}t \tag{5-6-3}$$

因此，参量$\boldsymbol{\theta}$的最大似然估计量是下列方程组的解：

$$\int_0^T\left[x(t)-s\left(t;\boldsymbol{\theta}\right)\right]\frac{\partial s\left(t;\boldsymbol{\theta}\right)}{\partial\theta_j}\mathrm{d}t\bigg|_{\boldsymbol{\theta}=\hat{\boldsymbol{\theta}}_{\mathrm{ml}}}=0\quad j=1,2,\cdots,M \tag{5-6-4}$$

如果利用$n(t)=x(t)-s\left(t;\boldsymbol{\theta}\right)$，则式（5-5-15）所示的费希尔信息矩阵元素为

$$\begin{aligned}J_{ij}&=E\left[\frac{\partial\ln p\left[x(t)\,|\,\boldsymbol{\theta}\right]}{\partial\theta_i}\frac{\partial\ln p\left[x(t)\,|\,\boldsymbol{\theta}\right]}{\partial\theta_j}\right]\\&=\frac{4}{N_0^2}\int_0^T\int_0^T E\left[n(t)n(u)\right]\frac{\partial s\left(t;\boldsymbol{\theta}\right)}{\partial\theta_i}\frac{\partial s\left(u;\boldsymbol{\theta}\right)}{\partial\theta_j}\mathrm{d}t\,\mathrm{d}u\\&=\frac{2}{N_0}\int_0^T\frac{\partial s\left(t;\boldsymbol{\theta}\right)}{\partial\theta_i}\frac{\partial s\left(t;\boldsymbol{\theta}\right)}{\partial\theta_j}\mathrm{d}t\end{aligned} \tag{5-6-5}$$

当$i=j$时，有

$$J_{jj}=\frac{2}{N_0}\int_0^T\left[\frac{\partial s\left(t;\boldsymbol{\theta}\right)}{\partial\theta_j}\right]^2\mathrm{d}t \tag{5-6-6}$$

对于信号中单个参量的最大似然估计，得最大似然方程和无偏估计量的均方误差分别为

$$\int_0^T\left[x(t)-s\left(t;\theta\right)\right]\frac{\partial s\left(t;\theta\right)}{\partial\theta}\mathrm{d}t\bigg|_{\theta=\hat{\theta}_{\mathrm{ml}}}=0 \tag{5-6-7}$$

和

$$\begin{aligned}\varepsilon_{\hat{\theta}_{\mathrm{ml}}}^2&=E\left[\left(\theta-\hat{\theta}_{\mathrm{ml}}\right)^2\right]\geqslant\frac{1}{-E\left[\dfrac{\partial^2\ln p\left[x(t)|\,\theta\right]}{\partial\theta^2}\right]}\\&=\frac{1}{\dfrac{2}{N_0}\displaystyle\int_0^T\left[\frac{\partial s\left(t;\theta\right)}{\partial\theta}\right]^2\mathrm{d}t}\end{aligned} \tag{5-6-8}$$

下面我们来讨论信号中主要参量的最大似然估计问题。

5.6.1 信号振幅的估计

对于信号的振幅估计，信号可以表示为

$$s(t;\theta)=as(t) \quad 0\leqslant t\leqslant T \tag{5-6-9}$$

式中，$s(t)$是已知的信号，其振幅a是待估计量。由式（5-6-7），得

$$\int_0^T [x(t)-as(t)]\frac{\partial as(t)}{\partial a}\mathrm{d}t\bigg|_{a=\hat{a}_{\mathrm{ml}}}=0$$

进而得

$$\int_0^T [x(t)-\hat{a}_{\mathrm{ml}}s(t)]s(t)\mathrm{d}t=0$$

所以

$$\hat{a}_{\mathrm{ml}}=\frac{\int_0^T x(t)s(t)\mathrm{d}t}{\int_0^T s^2(t)\mathrm{d}t} \tag{5-6-10}$$

如果$s(t)$是归一化信号，即$\int_0^T s^2(t)\mathrm{d}t=1$，则

$$\hat{a}_{\mathrm{ml}}=\int_0^T x(t)s(t)\mathrm{d}t \tag{5-6-11}$$

信号振幅a的最大似然估计量$\hat{a}_{\mathrm{ml}}$由接收（观测）信号$x(t)$与已知信号$s(t)$的相关运算获得，也可以由匹配滤波器输出在$t=T$时刻采样得到，其实现结构如图 5-6-1 所示。

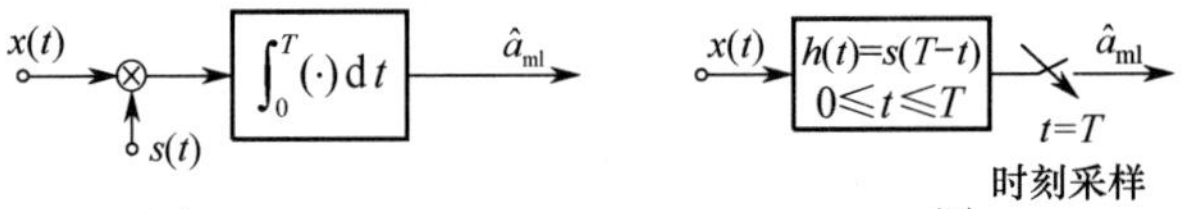

图 5-6-1 信号振幅的最大似然估计器

现在来研究信号振幅a的最大似然估计量$\hat{a}_{\mathrm{ml}}$的主要性质。

估计量$\hat{a}_{\mathrm{ml}}$的均值为

$$\begin{aligned}E[\hat{a}_{\mathrm{ml}}]&=E[\int_0^T x(t)s(t)\mathrm{d}t]\\&=E\left[\int_0^T [as(t)+n(t)]s(t)\mathrm{d}t\right]\\&=a\end{aligned} \tag{5-6-12}$$

所以$\hat{a}_{\mathrm{ml}}$是无偏估计量。

因为

$$\begin{aligned}\frac{\partial \ln p(x(t)|a)}{\partial a}&=\frac{2}{N_0}\int_0^T [x(t)-as(t)]s(t)\mathrm{d}t\\&=\frac{2}{N_0}\left[\int_0^T x(t)s(t)\mathrm{d}t-a\right]\\&=(a-\hat{a}_{\mathrm{ml}})\left(-\frac{2}{N_0}\right)\end{aligned} \tag{5-6-13}$$

所以 $\hat{a}_{\mathrm{ml}}$ 是有效估计量。

这样，信号振幅 a 的最大似然估计量 $\hat{a}_{\mathrm{ml}}$ 是无偏有效估计量。因此，估计量的均方误差就是估计误差的方差，也可以称为估计量的方差，记为 $\sigma^2_{\hat{a}_{\mathrm{ml}}}$，则有

$$\varepsilon^2_{\hat{a}_{\mathrm{ml}}}=\sigma^2_{\hat{a}_{\mathrm{ml}}}=\frac{1}{-E\left[\dfrac{\partial^2 \ln p(x(t)|\alpha)}{\partial \alpha^2}\right]}=\frac{N_0}{2} \tag{5-6-14}$$

或者由方差的定义，有

$$\begin{aligned}\sigma^2_{\hat{a}_{\mathrm{ml}}}&=\mathrm{var}(\hat{a}_{\mathrm{ml}}-a)=E\left[(a-\hat{a}_{\mathrm{ml}})^2\right]\\&=E\left[\int_0^T n(t)s(t)\,\mathrm{d}t\int_0^T n(u)s(u)\,\mathrm{d}u\right]\\&=\int_0^T s(t)\left[\int_0^T E\left[n(t)n(u)\right]s(u)\,\mathrm{d}u\right]\mathrm{d}t\\&=\frac{N_0}{2}\end{aligned} \tag{5-6-15}$$

如果我们还知道振幅 a 是先验概率密度函数为 $p(a)$ 的随机参量，则可对 a 进行最大后验估计。

5.6.2　信号相位的估计

设信号的形式为

$$s(t;\theta)=a\sin\omega_0(t+\theta)\qquad 0\leqslant t\leqslant T \tag{5-6-16}$$

式中，信号振幅 a 和频率 ω_0 已知，相位是待估计量。接收信号为 $x(t)$，则相位 θ 的最大似然估计量为

$$\int_0^T\left[x(t)-a\sin(\omega_0 t+\theta)\right]a\cos(\omega_0 t+\theta)\,\mathrm{d}t\bigg|_{\theta=\hat{\theta}_{\mathrm{ml}}}=0$$

的解。利用 $\sin\alpha\cos\alpha=\frac{1}{2}\sin 2\alpha$，则得

$$\int_0^T x(t)\cos(\omega_0 t+\theta)\,\mathrm{d}t-\frac{a}{2}\int_0^T\sin\left[2(\omega_0 t+\theta)\right]\mathrm{d}t\bigg|_{\theta=\hat{\theta}_{\mathrm{ml}}}=0$$

当 $\omega_0 T=m\pi(m=1,2,\cdots)$，或者 $\omega_0 T\gg 1$ 时，上式中第二项的积分等于零或近似等于零。因此，相位估计的方程为

$$\int_0^T x(t)\cos(\omega_0 t+\hat{\theta}_{\mathrm{ml}})\,\mathrm{d}t=0 \tag{5-6-17}$$

展开余弦项，得

$$\cos\hat{\theta}_{\mathrm{ml}}\int_0^T x(t)\cos\omega_0 t\,\mathrm{d}t=\sin\hat{\theta}_{\mathrm{ml}}\int_0^T x(t)\sin\omega_0 t\,\mathrm{d}t$$

从而得 θ 的最大似然估计量为

$$\hat{\theta}_{\mathrm{ml}} = \arctan\left[\frac{\int_0^T x(t)\cos\omega_0 t\,\mathrm{d}t}{\int_0^T x(t)\sin\omega_0 t\,\mathrm{d}t}\right] \tag{5-6-18}$$

这样，信号相位 θ 的最大似然估计量 $\hat{\theta}_{\mathrm{ml}}$ 可用正交双路相关器或正交双路匹配滤波器后接 $\arctan(\cdot)$ 来实现，如图 5-6-2 所示。

根据相位估计 $\hat{\theta}_{\mathrm{ml}}$ 的方程（5-6-17），我们提出另一种用锁相环路实现相位估计的方案，如图 5-6-3 所示。现简要说明其估计相位的原理和过程。

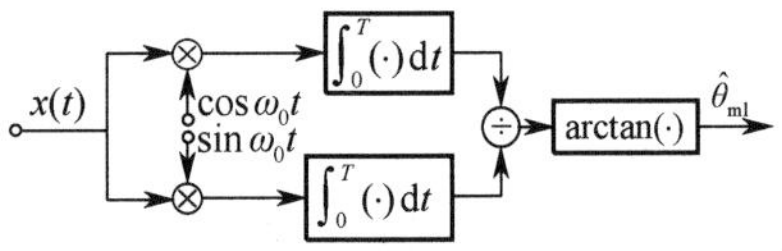

图 5-6-2　正交双路相关器（相关器结构）

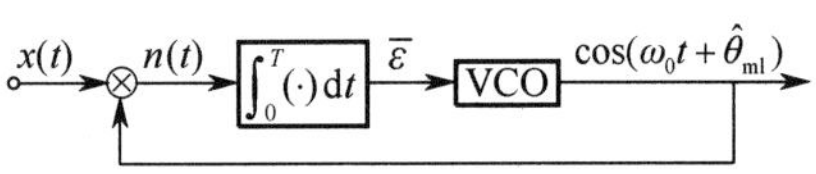

图 5-6-3　相位的锁相环路

因为接收信号 $x(t)$ 中的噪声 $n(t)$ 只影响相位估计的精度，所以为了分析简单，假设接收信号 $x(t)$ 中不含噪声，这样则有

$$x(t) = a\sin\omega_0(t+\theta) \tag{5-6-19}$$

乘法器的输出为

$$\begin{aligned}\varepsilon(t) &= a\sin(\omega_0 t+\theta)\cos(\omega_0 t+\hat{\theta}) \\ &= \frac{a}{2}\sin(2\omega_0 t+\theta+\hat{\theta}) + \frac{a}{2}\sin(\theta-\hat{\theta})\end{aligned} \tag{5-6-20}$$

积分器对 $\varepsilon(t)$ 求平均值，其输出 $\overline{\varepsilon}$ 与 $\sin(\theta-\hat{\theta})$ 成正比，记为

$$\overline{\varepsilon} \sim \sin(\theta-\hat{\theta}) \tag{5-6-21}$$

对于小的相位差，则有 $\overline{\varepsilon} \sim (\theta-\hat{\theta})$。该误差电压加到压控振荡器 VCO 上，使其输出相位向减小平均误差的方向变化，当 $\overline{\varepsilon} \to 0$ 时，$\hat{\theta} \to \theta$。这样，锁相环的相位就作为信号相位的最大似然估计了。

5.6.3　信号频率的估计

考虑信号频率的估计时，设信号的时延 $\tau = 0$ 并不失一般性，这样信号的形式可以表示为

$$s(t;\omega) = a(t)\cos(\omega_0 t+\theta) \qquad 0 \leqslant t \leqslant T \tag{5-6-22}$$

式中，$a(t)$ 已知；相位 θ 是在 $(-\pi,\pi)$ 上均匀分布的随机变量；频率 ω 是待估计的信号参量。接收信号表示为

$$x(t) = a(t)\cos(\omega t+\theta) + n(t) \tag{5-6-23}$$

式中，$n(t)$ 是均值为零、功率谱密度为 $P_n(\omega) = N_0/2$ 的高斯白噪声。

为了求得信号频率的最大似然估计量 $\hat{\omega}_{\mathrm{ml}}$，首先需要获得以 ω 为参量的接收信号 $x(t)$ 的似然函数 $p\left[x(t)|\omega\right]$，然后由最大似然方程求解得 $\hat{\omega}_{\mathrm{ml}}$。

由于信号 $s(t;\omega)$ 中，除频率 ω 是待估计量外，还假定相位 θ 是随机的，且在 $(-\pi,\pi)$ 上

均匀分布，所以，首先求出以 ω 为参量、以 θ 为条件的似然函数 $p\left[x(t)\mid\omega,\theta\right]$，然后对 θ 求统计平均得 $p\left[x(t)\mid\omega\right]$。最后由最大似然方程求得频率 ω 的最大似然估计量 $\hat{\omega}_{\text{ml}}$。

根据式（5-6-2），当频率 ω 是待估计量，且相位 θ 在 $(-\pi,\pi)$ 上均匀分布时，有

$$\begin{aligned} p[x(t)\mid\omega,\theta] &= F\exp\left\{-\frac{1}{N_0}\int_0^T\left[x(t)-s(t;\omega)\right]^2\mathrm{d}t\right\} \\ &= K\exp\left(-\frac{E_s}{N_0}\right)\exp\left[\frac{2}{N_0}\int_0^T x(t)s(t;\omega)\mathrm{d}t\right] \end{aligned} \tag{5-6-24}$$

式中，

$$K = F\exp\left[-\frac{1}{N_0}\int_0^T x^2(t)\mathrm{d}t\right]$$

$$E_s = \int_0^T s^2(t;\omega)\mathrm{d}t$$

这里，E_s 是信号 $s(t;\omega)$ 的能量。因为

$$\begin{aligned} s(t;\omega) &= a(t)\cos(\omega t+\theta) \\ &= a(t)\cos\theta\cos\omega t - a(t)\sin\theta\sin\omega t \end{aligned}$$

所以，式（5-6-24）中，相位 θ 的随机性隐含在信号 $s(t;\omega)$ 中，式中的积分项为

$$\begin{aligned} &\int_0^T x(t)s(t;\omega)\mathrm{d}t \\ &= \int_0^T x(t)a(t)\cos(\omega t+\theta)\mathrm{d}t \\ &= \cos\theta\int_0^T x(t)a(t)\cos\omega t\,\mathrm{d}t - \sin\theta\int_0^T x(t)a(t)\sin\omega t\,\mathrm{d}t \\ &= l_R\cos\theta - l_I\sin\theta \end{aligned} \tag{5-6-25}$$

式中，

$$l_R = \int_0^T x(t)a(t)\cos\omega t\,\mathrm{d}t$$

$$l_I = \int_0^T x(t)a(t)\sin\omega t\,\mathrm{d}t$$

若令

$$l = \left(l_R^2 + l_I^2\right)^{1/2} \quad l \geqslant 0$$

$$\phi = \arctan\frac{l_I}{l_R} \quad -\pi \leqslant \phi \leqslant \pi$$

则有

$$\begin{aligned} &\int_0^T x(t)s(t;\omega)\mathrm{d}t \\ &= l\cos\theta\cos\phi - l\sin\theta\sin\phi \\ &= l\cos(\theta+\phi) \end{aligned} \tag{5-6-26}$$

这样，似然函数 $p\left[x(t)\mid\omega,\theta\right]$ 为

$$p\left[x(t)\mid\omega,\theta\right]=K\exp\left(-\frac{E_s}{N_0}\right)\exp\left[\frac{2l}{N_0}\cos(\theta+\phi)\right] \tag{5-6-27}$$

将 $p\left[x(t)\mid\omega,\theta\right]$ 对 θ 在 $(-\pi,\pi)$ 上求统计平均，得

$$\begin{aligned}p\left[x(t)\mid\omega\right]&=\frac{1}{2\pi}\int_{-\pi}^{\pi}K\exp\left(-\frac{E_s}{N_0}\right)\exp\left[\frac{2l}{N_0}\cos(\theta+\phi)\right]\mathrm{d}\theta\\&=K\exp\left(-\frac{E_s}{N_0}\right)I_0\left(\frac{2l}{N_0}\right)\qquad l\geqslant 0\end{aligned} \tag{5-6-28}$$

式中，

$$l=\left\{\left[\int_0^T x(t)a(t)\cos\omega t\,\mathrm{d}t\right]^2+\left[\int_0^T x(t)a(t)\sin\omega t\,\mathrm{d}t\right]^2\right\}^{1/2} \tag{5-6-29}$$

检验统计量 l 可由将接收信号 $x(t)$ 通过除相位外与信号 $s(t;\omega)$ 相匹配的滤波器后，经包络检波器获得。由 $p\left[x(t)\mid\omega\right]$ 对 ω 求极大值就能得到频率 ω 的最大似然估计量。因为 $p\left[x(t)\mid\omega\right]$ 的极大化与统计量 l 的极大化是一致的，参见式（5-6-28），所以为确定使 l 最大的 ω，可以利用一组并联滤波器，并且每个滤波器与不同的频率信号相匹配。并联滤波器组的频率范围覆盖了接收信号频率的整个预期范围。如果各相邻滤波器的中心频率之差不大，则具有最大输出的滤波器中心频率就是或接近信号频率的最大似然估计值，如图 5-6-4 所示。实际上没有必要把滤波器的频率间隔划分得比将要算出的频率估计量的标准差还要小，通常选择相邻滤波器中心频率间隔为 $1/T$ 或 $1/2T$，T 是信号的持续时间。必要时还可采用插值方法提高频率估计的精度。

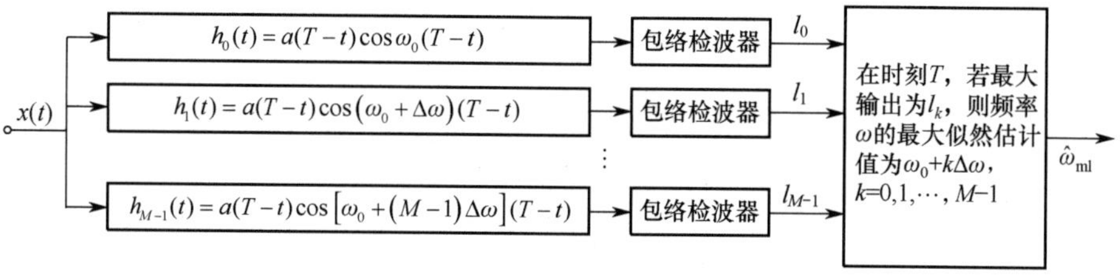

图 5-6-4　频率的最大似然估计器

现在讨论信号频率最大似然估计量的克拉美-罗界。

我们知道，信号频率 ω 的最大似然估计量 $\hat{\omega}_{\mathrm{ml}}$ 的克拉美-罗界，与似然函数 $p\left[x(t)\mid\omega\right]$ 的统计特性有关。为了确定似然函数，我们采用复信号的形式来描述信号，并采用充分统计量的方法进行分析。

这样，我们可以把接收信号表示为

$$\tilde{x}(t)=\tilde{a}_s(t)\exp(\mathrm{j}\theta)+\tilde{n}(t)\qquad 0\leqslant t\leqslant T \tag{5-6-30}$$

式中，$\tilde{a}_s(t)$ 是信号 $s(t;\omega)$ 的复包络；$\tilde{n}(t)$ 是零均值复高斯白噪声，其实部 $n_R(t)$ 和虚部 $n_I(t)$ 分别都是均值为零、功率谱密度为 $N_0/2$ 的实高斯白噪声；随机相位 θ 在 $(-\pi,\pi)$ 上均匀分布。为了分析问题方便，把信号的复包络 $\tilde{a}_s(t)$ 表示为

$$\tilde{a}_s(t)=\sqrt{E_s}\,\tilde{a}(t)\exp(\mathrm{j}\nu t) \tag{5-6-31}$$

式中，E_s 是信号 $s(t;\omega)$ 的能量；ν 表示接收信号与发射信号的频率差，如运动目标的多普勒频率等；而 $\tilde{a}(t)$ 满足

$$\int_0^T |\tilde{a}(t)|^2\,\mathrm{d}t=1 \tag{5-6-32}$$

设复正交函数集为 $\{\tilde{f}_k(t)\}(k=1,2,\cdots)$，复信号 $\tilde{x}(t)$ 正交级数展开的第一个坐标函数 $\tilde{f}_1(t)$ 构造为

$$\tilde{f}_1(t)=\tilde{a}^*(t)\qquad 0\leqslant t\leqslant T \tag{5-6-33}$$

$k\geqslant 2$ 的坐标函数 $\tilde{f}_k(t)$ 除了要求与 $\tilde{f}_1(t)$ 正交外，函数形式任意。这样，$x(t)$ 的第一个展开系数为

$$\tilde{x}_1=\int_0^T \tilde{x}(t)\tilde{f}_1(t)\,\mathrm{d}t=\int_0^T \tilde{x}(t)\tilde{a}^*(t)\,\mathrm{d}t \tag{5-6-34}$$

它是复高斯随机过程 $\tilde{x}(t)$ 的线性泛函，因此是复高斯随机变量。因为 $\tilde{x}(t)$ 的其余展开系数 $\tilde{x}_k\,(k=2,3,\cdots)$ 均为 $\tilde{n}_k$，所以 $\tilde{x}_1$ 是一个充分统计量，它可以由 $\tilde{x}(t)$ 通过复脉冲响应为

$$\tilde{h}(t)=\tilde{a}^*(T-t) \tag{5-6-35}$$

的滤波器输出获得。

利用 $\tilde{x}_1$ 是复高斯随机变量的统计特性和关于复高斯白噪声 $\tilde{n}(t)$ 的假设，求得似然函数 $p\left[|\tilde{x}_1|\,|\,\omega\right]$ 为

$$p\left[|\tilde{x}_1|\,|\,\omega\right]=K\exp\left(-\frac{E_s}{N_0}\right)I_0\left(\frac{2E_s}{N_0}\left|\int_0^T |\tilde{a}(t)|^2\exp(\mathrm{j}\nu t)\,\mathrm{d}t\right|\right) \tag{5-6-36}$$

式中，K 为某个常数。

在高信噪比的情况下，有

$$\begin{aligned}&\ln I_0\left(\frac{2E_s}{N_0}\left|\int_0^T |\tilde{a}(t)|^2\exp(\mathrm{j}\nu t)\,\mathrm{d}t\right|\right)\\ &\approx \frac{2E_s}{N_0}\left|\int_0^T |\tilde{a}(t)|^2\exp(\mathrm{j}\nu t)\,\mathrm{d}t\right|\end{aligned}$$

这样，则有

$$\ln p\left(|\tilde{x}_1|\,|\,\omega\right)=\ln K-\frac{E_s}{N_0}+\frac{2E_s}{N_0}\left|\int_0^T |\tilde{a}(t)|^2\exp(\mathrm{j}\nu t)\,\mathrm{d}t\right| \tag{5-6-37}$$

用 $\chi(\nu)$ 表示绝对值内的积分，即

$$\chi(\nu)=\int_0^T |\tilde{a}(t)|^2\exp(\mathrm{j}\nu t)\,\mathrm{d}t \tag{5-6-38}$$

称为模糊函数。于是，频率 ω 的无偏估计量 $\hat{\omega}_{\mathrm{ml}}$ 的均方误差为

$$\varepsilon_{\hat{\omega}_{\rm ml}}^{2} \geqslant \frac{1}{-E\left[\dfrac{\partial^2 \ln p\left(\left|\tilde{x}_1\right|\middle|\omega\right)}{\partial\omega^2}\right]} = \frac{1}{-\dfrac{2E_s}{N_0}\dfrac{\partial^2\left|\chi(\nu)\right|}{\partial\omega^2}} \tag{5-6-39}$$

利用

$$\left|\chi(\nu)\right| = \left[\chi(\nu)\chi^*(\nu)\right]^{1/2}$$

得其一阶导数和二阶导数分别为

$$\frac{\partial\left|\chi(\nu)\right|}{\partial\nu} = \frac{1}{2\left|\chi(\nu)\right|}\left[\chi(\nu)\chi^{*\prime}(\nu) + \chi^*(\nu)\chi'(\nu)\right] \tag{5-6-40}$$

和

$$\frac{\partial^2\left|\chi(\nu)\right|}{\partial\nu^2} = \frac{1}{\left|\chi(\nu)\right|}\mathrm{Re}\left[\chi(\nu)\chi^{*\prime\prime}(\nu) + \chi'(\nu)\chi^{*\prime}(\nu)\right] - \frac{1}{\left|\chi(\nu)\right|^3}\left[\mathrm{Re}\left(\chi^*(\nu)\chi'(\nu)\right)\right]^2 \tag{5-6-41}$$

克拉美-罗界要在$\nu = 0$处求二阶导数，注意$\chi(0) = 1$，因此得

$$\left.\frac{\partial^2\left|\chi(\nu)\right|}{\partial\nu^2}\right|_{\nu=0} = \mathrm{Re}\left[\chi''(0)\right] + \left|\chi'(0)\right|^2 - \left[\mathrm{Re}\left(\chi'(0)\right)\right]^2 \tag{5-6-42}$$

式中，

$$\chi'(0) = \mathrm{j}\int_0^T t\left|\tilde{a}(t)\right|^2 \mathrm{d}t \tag{5-6-43}$$

$$\chi''(0) = -\int_0^T t^2\left|\tilde{a}(t)\right|^2 \mathrm{d}t \tag{5-6-44}$$

由于$\chi'(0)$是纯虚数，所以式（5-6-42）中的各项分别为

$$\mathrm{Re}\left[\chi''(0)\right] = -\int_0^T t^2\left|\tilde{a}(t)\right|^2 \mathrm{d}t$$

$$\left|\chi'(0)\right|^2 = \left[\int_0^T t\left|\tilde{a}(t)\right|^2 \mathrm{d}t\right]^2$$

$$\mathrm{Re}\left(\chi'(0)\right) = 0$$

这样，最终得

$$\varepsilon_{\hat{\omega}_{\rm ml}}^{2} = \frac{1}{\dfrac{2E_s}{N_0}t_d^2} \tag{5-6-45}$$

式中，

$$t_d^2 = \int_0^T t^2\left|\tilde{a}(t)\right|^2 \mathrm{d}t - \left[\int_0^T t\left|\tilde{a}(t)\right|^2 \mathrm{d}t\right]^2 \tag{5-6-46}$$

是信号持续时间的一种度量。可见，提高信噪比E_s/N_0、增加信号的持续时间，都能够提高频率的估计精度。

5.6.4　信号到达时间的估计

信号到达时间的估计主要用来测量距离。例如，在雷达系统中，通过测量目标回波的到达时间，来确定目标的径向斜距。回波到达时间的测量一般都是在检波后的视频信号上进行的，因此，这样的信号可表示为 $s(t;\tau)=s(t-\tau)$，这里 τ 是待估计的信号时延。下面仍然用最大似然估计的方法来估计 τ 。

由式（5-6-4），τ 的最大似然估计方程为

$$\begin{aligned}\frac{\partial \ln p\left[x(t)\middle|\tau\right]}{\partial \tau}&=\frac{2}{N_0}\int_0^T\left[x(t)-s(t-\tau)\right]\frac{\partial}{\partial \tau}s(t-\tau)\,\mathrm{d}t\Bigg|_{\tau=\hat{\tau}_{\mathrm{ml}}}\\&=\frac{2}{N_0}\int_0^T x(t)\frac{\partial}{\partial \tau}s(t-\tau)\,\mathrm{d}t-\frac{1}{N_0}\frac{\partial}{\partial \tau}\int_0^T s^2(t-\tau)\,\mathrm{d}t\Bigg|_{\tau=\hat{\tau}_{\mathrm{ml}}}\\&=0\end{aligned}\tag{5-6-47}$$

式中，$\int_0^T s^2(t-\tau)\,\mathrm{d}t=E_s$，它是确定的信号能量，对 τ 求偏导等于零。所以，关于 τ 的最大似然估计方程为

$$\int_0^T x(t)\frac{\partial}{\partial \tau}s(t-\tau)\,\mathrm{d}t\Bigg|_{\tau=\hat{\tau}_{\mathrm{ml}}}=0\tag{5-6-48}$$

由式（5-6-48）可以看到，对 τ 进行最大似然估计的估计器，就是使接收信号 $x(t)$ 与已知信号波形的导数之相关运算等于零的时迟 τ，记为 $\hat{\tau}_{\mathrm{ml}}$。

下面结合图 5-6-5 来说明 $\hat{\tau}_{\mathrm{ml}}$ 估计的原理。图 5-6-5（a）中的 $s(t)$ 代表回波的视频信号；图 5-6-5（b）是 $s(t)$ 的导数，它是双极性的，可用图 5-6-5（c）的矩形双极性脉冲来理想化近似；图 5-6-5（d）是接收信号 $x(t)$。估计器的作用就是使矩形双极性脉冲与 $x(t)$ 乘积的积分等于零，这就要求矩形脉冲的中心分界线能够精确地对准包含在 $x(t)$ 中的信号峰值，从而达到精确测定 τ 的目的。

现在求到达时间估计量的克拉美-罗界。根据式（5-6-8），对于 τ 的无偏估计量 $\hat{\tau}_{\mathrm{ml}}$，有

$$\varepsilon_{\hat{\tau}_{\mathrm{ml}}}^2\geqslant\frac{1}{\dfrac{2}{N_0}\displaystyle\int_0^T\left[\frac{\partial s(t-\tau)}{\partial \tau}\right]^2\mathrm{d}t}\tag{5-6-49}$$

为了使到达时间 τ 的估计量的克拉美-罗界与信号的能量、噪声的强度和信号的带宽等参数相联系，在考虑 τ 的估计精度时，不妨设 $\tau=0$，并不失一般性。这样，则有

$$\varepsilon_{\hat{\tau}_{\mathrm{ml}}}^2\geqslant\frac{1}{\dfrac{2}{N_0}\displaystyle\int_0^T\left(\frac{\partial s(t)}{\partial t}\right)^2\mathrm{d}t}\tag{5-6-50}$$

设信号 $s(t)$ 的傅里叶变换为 $S(\mathrm{j}\omega)$，则

$$s(t)=\frac{1}{2\pi}\int_{-\infty}^{\infty}S(\mathrm{j}\omega)\exp(\mathrm{j}\omega t)\,\mathrm{d}\omega$$

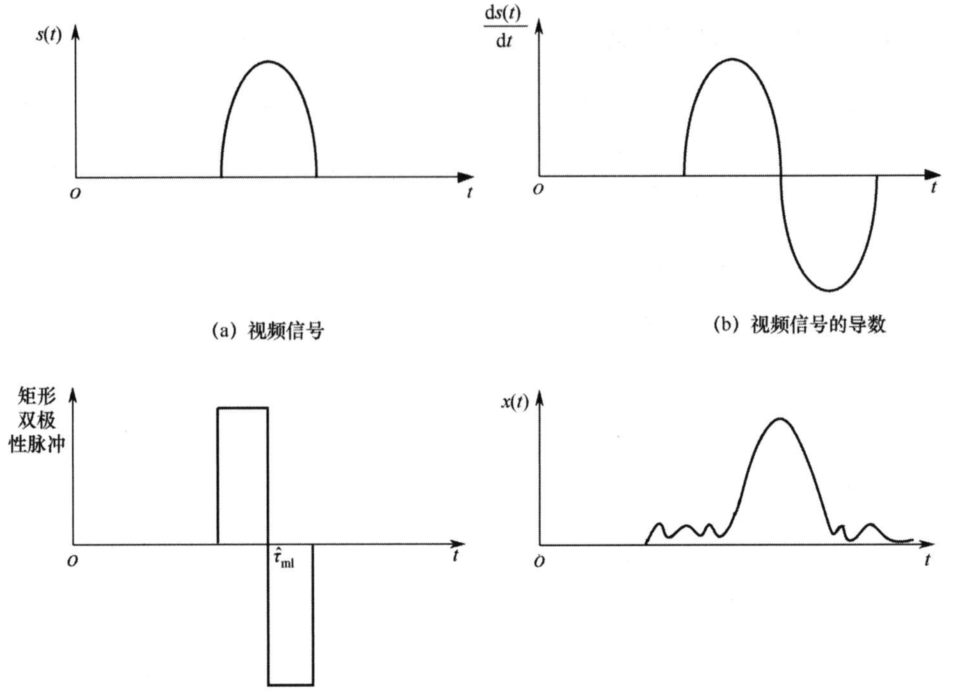

(a) 视频信号　(b) 视频信号的导数

(c) 矩形双极性脉冲　(d) 接收信号

图 5-6-5　$\hat{\tau}_{\mathrm{ml}}$ 的图示说明

因为 $\mathrm{d}s(t)/\mathrm{d}t$ 的傅里叶变换为 $\mathrm{j}\omega S(\mathrm{j}\omega)$，所以根据帕斯瓦尔（Parseval）定理，得

$$\int_0^T \left(\frac{\partial s(t)}{\partial t}\right)^2 \mathrm{d}t = \frac{1}{2\pi}\int_{-\infty}^{\infty} \omega^2 \left|S(\mathrm{j}\omega)\right|^2 \mathrm{d}\omega \tag{5-6-51}$$

因此

$$\varepsilon_{\hat{\tau}_{\mathrm{ml}}}^2 \geqslant \frac{1}{\dfrac{1}{\pi N_0}\displaystyle\int_{-\infty}^{\infty} \omega^2 \left|S(\mathrm{j}\omega)\right|^2 \mathrm{d}\omega} \tag{5-6-52}$$

因为信号的能量为

$$E_s = \int_0^T s^2(t)\,\mathrm{d}t = \frac{1}{2\pi}\int_{-\infty}^{\infty} \left|S(\mathrm{j}\omega)\right|^2 \mathrm{d}\omega$$

所以信号到达时间 τ 的最大似然估计量 $\hat{\tau}_{\mathrm{ml}}$ 的均方误差 $\varepsilon_{\hat{\tau}_{\mathrm{ml}}}^2$ 满足

$$\varepsilon_{\hat{\tau}_{\mathrm{ml}}}^2 \geqslant \frac{1}{\dfrac{2E_s}{N_0}\beta_1^2} \tag{5-6-53}$$

式中，

$$\beta_1^2 = \frac{\displaystyle\int_{-\infty}^{\infty} \omega^2 \left|S(\mathrm{j}\omega)\right|^2 \mathrm{d}\omega}{\displaystyle\int_{-\infty}^{\infty} \left|S(\mathrm{j}\omega)\right|^2 \mathrm{d}\omega} \tag{5-6-54}$$

这里，β_1 是信号带宽的一种度量，可称为均方根带宽。式（5-6-54）表明，增加信号的能

量 E_s，降低噪声强度 N_0，提高信号的等效带宽（信号时域宽度变窄）等，可以提高 τ 的估计精度，这显然是合理的。

信号到达时间的估计，除用于视频信号外，还常用于另一类带通信号，即随机相位在 $(-\pi,\pi)$ 上均匀分布的窄带信号。下面讨论这类信号在功率谱密度为 $P_n(\omega)=N_0/2$ 的高斯白噪声中到达时间 τ 的最大似然估计及其估计量的克拉美-罗界。

对于窄带信号，我们采用复信号来描述，求出以 τ 为参量的似然函数 $p(|\tilde{x}_1|;\tau)$，这里 $\tilde{x}_1$ 是 $\tilde{x}(t)$ 的第一个正交级数展开系数，并且是一个充分统计量；然后讨论 τ 的最大似然估计和估计量的克拉美-罗界。

如同研究信号频率 ω 的最大似然估计量的克拉美-罗界一样，在不考虑时延 τ 的情况下，接收信号表示为

$$\begin{aligned}\tilde{x}(t)&=\tilde{a}_s(t)\exp(\mathrm{j}\theta)+\tilde{n}(t)\\&=\sqrt{E_s}\tilde{a}_s(t)\exp(\mathrm{j}\theta)+\tilde{n}(t)\qquad 0\leqslant t\leqslant T\end{aligned}$$

因此有

$$p(|\tilde{x}_1|)=K\exp\left(-\frac{E_s}{N_0}\right)I_0\left(\frac{2\sqrt{E_s}}{N_0}|\tilde{x}_1|\right)\qquad |\tilde{x}_1|\geqslant 0\tag{5-6-55}$$

式中，

$$|\tilde{x}_1|=\left|\int_0^T\tilde{x}(t)\tilde{a}^*(t)\,\mathrm{d}t\right|\tag{5-6-56}$$

现在，接收信号相对于发射信号有一个未知的时延 τ，所以接收信号可以表示为

$$\begin{aligned}\tilde{x}(t)&=\tilde{a}_s(t-\tau)\exp(\mathrm{j}\theta)+\tilde{n}(t)\\&=\sqrt{E_s}\tilde{a}_s(t-\tau)\exp(\mathrm{j}\theta)+\tilde{n}(t)\quad 0\leqslant t\leqslant T\end{aligned}$$

这样，$|\tilde{x}_1|$ 就是未知时延 τ 的函数，因此以 τ 为参量的似然函数为

$$p(|\tilde{x}_1|\,|\tau)=K\exp\left(-\frac{E_s}{N_0}\right)I_0\left(\frac{2\sqrt{E_s}}{N_0}|\tilde{x}_1|\right)\quad |\tilde{x}_1|\geqslant 0\tag{5-6-57}$$

考虑到 $I_0(u)$ 是 u 的单调增函数，在高信噪比时有

$$\ln I_0\left(\frac{2\sqrt{E_s}}{N_0}|\tilde{x}_1|\right)\approx\frac{2\sqrt{E_s}}{N_0}|\tilde{x}_1|$$

所以

$$\ln p(|\tilde{x}_1|\,|\tau)=\ln K-\frac{E_s}{N_0}+\frac{2\sqrt{E_s}}{N_0}|\tilde{x}_1|\quad |\tilde{x}_1|\geqslant 0\tag{5-6-58}$$

根据最大似然估计原理，τ 的最大似然估计量就是使

$$|\tilde{x}_1|=\left|\int_0^T\tilde{x}(t)\tilde{a}^*(t)\,\mathrm{d}t\right|$$

达到最大的 τ 值。因此，估计量 $\hat{\tau}_{\mathrm{ml}}$ 可以这样求得，即把接收信号 $\tilde{x}(t)$ 输入到复脉冲响应为 $\tilde{h}(t)=\tilde{a}^*(T-t)$ 的滤波器，其输出经包络检波器，观测包络检波器的输出信号达到峰值的时刻，就是待估计的 τ 的估计值。

下面研究估计量 $\hat{\tau}_{\mathrm{ml}}$ 的克拉美-罗界。

因为在接收信号 $\tilde{x}(t)$ 存在时延 τ 的情况下，$|\tilde{x}_1|$ 可表示为

$$
\begin{aligned}
|\tilde{x}_1| &= \left|\int_0^T \tilde{x}(t)\tilde{a}^*(t)\,\mathrm{d}t\right| \\
&= \left|\int_0^T \sqrt{E_s}\,\tilde{a}(t-\tau)\exp(\mathrm{j}\theta)\tilde{a}^*(t)\,\mathrm{d}t + \int_0^T \tilde{n}(t)\tilde{a}^*(t)\,\mathrm{d}t\right|
\end{aligned}
$$

式中，第二项表示信号与噪声的互相关程度。一般认为二者是不相关的，即该项近似等于零。这样，式（5-6-58）可表示为

$$
\ln p(|\tilde{x}_1|\,|\tau) \approx \ln K - \frac{E_s}{N_0} + \frac{2E_s}{N_0}\left|\int_0^T \tilde{a}(t-\tau)\tilde{a}^*(t)\,\mathrm{d}t\right| \tag{5-6-59}
$$

用 $\chi(\tau)$ 表示上式绝对值中的积分，即

$$
\chi(\tau) = \int_0^T \tilde{a}(t-\tau)\tilde{a}^*(t)\,\mathrm{d}t \tag{5-6-60}
$$

$\chi(\tau)$ 称为模糊函数。若到达时间 τ 的最大似然估计量 $\hat{\tau}_{\mathrm{ml}}$ 是无偏的，则估计量的均方误差为

$$
\begin{aligned}
\varepsilon_{\hat{\tau}_{\mathrm{ml}}}^2 &\geqslant \frac{1}{-E\left[\dfrac{\partial^2 \ln p(|\tilde{x}_1|\,|\tau)}{\partial \tau^2}\right]} \\
&= \frac{1}{-\dfrac{2E_s}{N_0}\dfrac{\partial^2 |\chi(\tau)|}{\partial \tau^2}}
\end{aligned} \tag{5-6-61}
$$

应当注意，导数是在参量的真值处求出的。对于研究估计量的均方误差，假设真值 $\tau = 0$ 并不失一般性。

因为

$$
|\chi(\tau)| = \left[\chi(\tau)\chi^*(\tau)\right]^{1/2}
$$

故其一阶导数为

$$
\frac{\partial |\chi(\tau)|}{\partial \tau} = \frac{1}{2|\chi(\tau)|}\left[\chi(\tau)\chi^{*\prime}(\tau) + \chi^*(\tau)\chi'(\tau)\right] \tag{5-6-62}
$$

二阶导数为

$$
\frac{\partial^2 |\chi(\tau)|}{\partial \tau^2} = \frac{1}{|\chi(\tau)|}\mathrm{Re}\left[\chi(\tau)\chi^{*\prime\prime}(\tau) + \chi'(\tau)\chi^{*\prime}(\tau)\right] - \frac{1}{|\chi(\tau)|^3}\left[\mathrm{Re}\left(\chi^*(\tau)\chi'(\tau)\right)\right]^2 \tag{5-6-63}
$$

克拉美-罗界要在 $\tau = 0$ 处求二阶导数，注意 $\chi(0) = 1$，因此得到

$$
\left.\frac{\partial^2 |\chi(\tau)|}{\partial \tau^2}\right|_{\tau=0} = \mathrm{Re}\left(\chi''(0)\right) + |\chi'(0)|^2 - \left[\mathrm{Re}\left(\chi'(0)\right)\right]^2 \tag{5-6-64}
$$

式中，

$$
\chi'(0) = \chi'(\tau)\big|_{\tau=0} = -\int_0^T \tilde{a}'(t)\tilde{a}^*(t)\,\mathrm{d}t \tag{5-6-65}
$$

$$\chi''(0) = \chi''(\tau)\big|_{\tau=0} = \int_0^T \tilde{a}''(t)\tilde{a}^*(t)\,\mathrm{d}t \tag{5-6-66}$$

利用部分积分，则有

$$\chi''(\tau)\big|_{\tau=0} = \tilde{a}'(t)\tilde{a}^*(t)\Big|_0^T - \int_0^T \tilde{a}'(t)\tilde{a}^*(t)\,\mathrm{d}t$$

假定函数 $\tilde{a}(t)$ 或它的导数在端点处等于零，于是有

$$\chi''(\tau)\big|_{\tau=0} = -\int_0^T \left|\tilde{a}'(t)\right|^2 \mathrm{d}t \tag{5-6-67}$$

设 $\tilde{a}(t)$ 的傅里叶变换为 $\tilde{A}(\mathrm{j}\omega)$，则 $\tilde{a}'(t)$ 的傅里叶变换为 $\mathrm{j}\omega\tilde{A}(\mathrm{j}\omega)$。利用帕斯瓦尔定理，得

$$\chi'(0) = -\mathrm{j}\frac{1}{2\pi}\int_{-\infty}^{\infty} \omega\left|\tilde{A}(\mathrm{j}\omega)\right|^2 \mathrm{d}\omega \tag{5-6-68}$$

$$\chi''(0) = -\frac{1}{2\pi}\int_{-\infty}^{\infty} \omega^2\left|\tilde{A}(\mathrm{j}\omega)\right|^2 \mathrm{d}\omega \tag{5-6-69}$$

注意 $\chi'(0)$ 是纯虚数，所以 $\mathrm{Re}\left(\chi'(0)\right)$。将式（5-6-68）和式（5-6-69）代入式（5-6-64），得

$$\left.\frac{\partial^2\left|\chi(\tau)\right|}{\partial\tau^2}\right|_{\tau=0} = -\frac{1}{2\pi}\int_{-\infty}^{\infty} \omega^2\left|\tilde{A}(\mathrm{j}\omega)\right|^2 \mathrm{d}\omega + \left[\frac{1}{2\pi}\int_{-\infty}^{\infty} \omega\left|\tilde{A}(\mathrm{j}\omega)\right|^2\right]^2 \mathrm{d}\omega \tag{5-6-70}$$

将它代入式（5-6-61），得到达时间 τ 的最大似然估计量 $\hat{\tau}_{\mathrm{ml}}$ 的均方误差为

$$\begin{aligned}\varepsilon_{\hat{\tau}_{\mathrm{ml}}}^2 &\geqslant \frac{1}{\dfrac{2E_s}{N_0}\left[\dfrac{1}{2\pi}\displaystyle\int_{-\infty}^{\infty} \omega^2\left|\tilde{A}(\mathrm{j}\omega)\right|^2 \mathrm{d}\omega - \left(\dfrac{1}{2\pi}\displaystyle\int_{-\infty}^{\infty} \omega\left|\tilde{A}(\mathrm{j}\omega)\right|^2 \mathrm{d}\omega\right)^2\right]} \\ &= \frac{1}{\dfrac{2E_s}{N_0}\beta^2}\end{aligned} \tag{5-6-71}$$

式中，

$$\beta^2 = \frac{1}{2\pi}\int_{-\infty}^{\infty} \omega^2\left|\tilde{A}(\mathrm{j}\omega)\right|^2 \mathrm{d}\omega - \left(\frac{1}{2\pi}\int_{-\infty}^{\infty} \omega\left|\tilde{A}(\mathrm{j}\omega)\right|^2 \mathrm{d}\omega\right)^2 \tag{5-6-72}$$

β^2 是信号带宽的一种度量。因为

$$\int_0^T \tilde{a}(t)\tilde{a}^*(t)\,\mathrm{d}t = \frac{1}{2\pi}\int_{-\infty}^{\infty} \left|\tilde{A}(\mathrm{j}\omega)\right|^2 \mathrm{d}\omega = 1$$

所以 β^2 可表示为

$$\beta^2 = \frac{\dfrac{1}{2\pi}\displaystyle\int_{-\infty}^{\infty} \omega^2\left|\tilde{A}(\mathrm{j}\omega)\right|^2 \mathrm{d}\omega - \left(\dfrac{1}{2\pi}\displaystyle\int_{-\infty}^{\infty} \omega\left|\tilde{A}(\mathrm{j}\omega)\right|^2 \mathrm{d}\omega\right)^2}{\dfrac{1}{2\pi}\displaystyle\int_{-\infty}^{\infty} \left|\tilde{A}(\mathrm{j}\omega)\right|^2 \mathrm{d}\omega} \tag{5-6-73}$$

将窄带信号的 β^2 与视频信号的 β_1^2 相比较，即式（5-6-73）与式（5-6-54）相比较，前者多出了分子中的第二项，从而使 $\beta^2 < \beta_1^2$，它是由信号的随机相位引起的。可见，提高信噪比 E_s / N_0，或者增加信号带宽，都能够提高估计精度。

5.6.5 信号频率和到达时间的同时估计

在单信号参量估计的基础上，我们可以对多参量进行同时估计。特别是对频率和到达时间的同时估计，可用来同时估计目标的速度和距离，因此受到人们的重视。

对信号频率 ω 和到达时间 τ 同时进行估计，可采用下面的估计方法。将接收信号 $x(t)$ 输入到如图 5-6-4 所示的一组并联滤波器中，在信号可能出现的时间内，观测各滤波器的输出信号，在信噪比较高时，输出信号会出现峰值。产生最大峰值滤波器的中心频率和出现最大峰值的时刻，分别对应所要求的信号频率估计和信号到达时间估计的估计值。

现在讨论对信号频率 ω 和到达时间 τ 同时进行估计时的克拉美-罗界。

如果发射信号为

$$s(t)=a(t)\cos(\omega_0 t+\phi(t)+\theta)\quad 0\leqslant t\leqslant T \tag{5-6-74}$$

式中，$\phi(t)$ 是信号的相位调制项；θ 是信号的初相位。

用复信号形式表示的接收信号为

$$\tilde{x}(t)=\tilde{a}_s(t)\exp(\mathrm{j}\theta)+\tilde{n}(t)\quad 0\leqslant t\leqslant T \tag{5-6-75}$$

其中，相位调制项包含在复包络中；随机相位 θ 是在 K 上均匀分布的；$\tilde{n}(t)$ 是零均值的复高斯白噪声，其实部 $n_R(t)$ 和虚部 $n_I(t)$ 分别都是均值为零、功率谱密度为 $N_0/2$ 的实高斯白噪声。

在信号频率 ω 和到达时间 τ 需要同时进行估计时，复包络 $\tilde{a}_s(t)$ 可以表示为

$$\tilde{a}_s(t)=\sqrt{E_s}\tilde{a}(t-\tau)\exp(\mathrm{j}\nu t) \tag{5-6-76}$$

式中，τ 是信号的时延；ν 是接收信号与发射信号的频率差；$\tilde{a}_s(t)$ 满足

$$\int_0^T\left|\tilde{a}_s(t)\right|^2\mathrm{d}t=1 \tag{5-6-77}$$

类似于单个参量估计的分析方法，或借助于式（5-6-37）和式（5-6-59），在高信噪比时，有

$$\ln p(|\tilde{x}_1\|\tau,\nu)\approx\ln K-\frac{E_s}{N_0}+\frac{2E_s}{N_0}\left|\int_0^T\tilde{a}(t-\tau)\tilde{a}^*(t)\exp(\mathrm{j}\nu t)\,\mathrm{d}t\right| \tag{5-6-78}$$

定义模糊函数 $\chi(\tau,\nu)$ 为

$$\chi(\tau,\nu)=\int_0^T\tilde{a}(t-\tau)\tilde{a}^*(t)\exp(\mathrm{j}\nu t)\,\mathrm{d}t \tag{5-6-79}$$

利用信号频率 ω 和到达时间 τ 单个参量估计时的克拉美-罗界和矢量估计时的费希尔信息矩阵 $\boldsymbol{J}$ 的各元素表示式，我们能够求得费希尔信息矩阵。结合信号频率 ω 和到达时间 τ 的同时估计，费希尔信息矩阵 $\boldsymbol{J}$ 的各元素为

$$J_{ij}=-E\left[\frac{\partial^2\ln p(|\tilde{x}_1\|\tau,\nu)}{\partial\tau\partial\nu}\right]=-\frac{2E_s}{N_0}\frac{\partial^2\left|\chi(\tau,\nu)\right|}{\partial\tau\partial\nu}\quad i,j=1,2 \tag{5-6-80}$$

这样，可求得各元素的具体结果为

$$J_{11}=-\frac{2E_s}{N_0}\frac{\partial^2\left|\chi(\tau,\nu)\right|}{\partial\nu^2}=\frac{2E_s}{N_0}t_d^2 \tag{5-6-81}$$

$$J_{22}=-\frac{2E_s}{N_0}\frac{\partial^2\left|\chi\left(\tau,\nu\right)\right|}{\partial\nu^2}=\frac{2E_s}{N_0}\beta^2 \tag{5-6-82}$$

式中，t_d^2 和 β^2 分别由式（5-6-46）和式（5-6-72）给出。而元素 J_{12} 和 J_{21} 为

$$J_{12}=J_{21}=\frac{2E_s}{N_0}\frac{\partial^2\left|\chi\left(\tau,\nu\right)\right|}{\partial\tau\partial\nu}$$

利用与前面类似的推导，并经一些代数运算，可得

$$J_{12}=J_{21}=\frac{2E_s}{N_0}(\overline{\omega t}-\bar{\omega}\bar{t}) \tag{5-6-83}$$

式中，$\overline{\omega t}$、$\bar{\omega}$ 和 $\bar{t}$ 分别为

$$\begin{aligned}\overline{\omega t}&=\mathrm{Re}\left(\left.\frac{\partial^2\left|\chi\left(\tau,\nu\right)\right|}{\partial\tau\partial\nu}\right|_{\substack{\tau=0\\ \nu=0}}\right)\\&=\int_0^T t\frac{\mathrm{d}\phi(t)}{\mathrm{d}t}\left|\tilde{a}(t)\right|^2\mathrm{d}t\end{aligned} \tag{5-6-84}$$

$$\bar{\omega}=-\mathrm{j}\left.\frac{\partial\left|\chi\left(\tau,\nu\right)\right|}{\partial\tau}\right|_{\substack{\tau=0\\ \nu=0}}=\frac{1}{2\pi}\int_{-\infty}^{\infty}\omega\left|\tilde{A}(\mathrm{j}\omega)\right|^2\mathrm{d}\omega \tag{5-6-85}$$

$$\bar{t}=-\mathrm{j}\left.\frac{\partial\left|\chi\left(\tau,\nu\right)\right|}{\partial\tau}\right|_{\substack{\tau=0\\ \nu=0}}=\int_0^T t\left|\tilde{a}(t)\right|^2\mathrm{d}t \tag{5-6-86}$$

这里，$\tilde{A}(\mathrm{j}\omega)$ 是 $\tilde{a}(t)$ 的傅里叶变换。因为 $\phi(t)$ 是信号的相位调制项，所以 $\mathrm{d}\phi(t)/\mathrm{d}t$ 等于瞬时频率对载波频率的偏移。$\overline{\omega t}$ 的积分形式是信号的频率与时间乘积的平均值的度量；而 $\bar{\omega}$ 和 $\bar{t}$ 则分别是信号的平均频率和平均时间。根据上述结果，费希尔信息矩阵 $\boldsymbol{J}$ 为

$$\boldsymbol{J}=\frac{2E_s}{N_0}\begin{bmatrix}t_d^2 & (\overline{\omega t}-\bar{\omega}\bar{t})\\ (\overline{\omega t}-\bar{\omega}\bar{t}) & \beta^2\end{bmatrix} \tag{5-6-87}$$

其逆矩阵为

$$\boldsymbol{\psi}=\boldsymbol{J}^{-1}=\frac{\begin{bmatrix}\beta^2 & (\overline{\omega t}-\bar{\omega}\bar{t})\\ (\overline{\omega t}-\bar{\omega}\bar{t}) & t_d^2\end{bmatrix}}{\frac{2E_s}{N_0}\left[\beta^2t_d^2-(\overline{\omega t}-\bar{\omega}\bar{t})^2\right]} \tag{5-6-88}$$

如果信号频率 ω 和到达时间 τ 的估计是联合有效估计，则有

$$\varepsilon_{\hat{\omega}_{\mathrm{ml}}}^2=\frac{t_d^2}{\frac{2E_s}{N_0}\left[\beta^2t_d^2-(\overline{\omega t}-\bar{\omega}\bar{t})^2\right]} \tag{5-6-89}$$

$$\varepsilon_{\hat{\tau}_{\mathrm{ml}}}^2=\frac{\beta^2}{\frac{2E_s}{N_0}\left[\beta^2t_d^2-(\overline{\omega t}-\bar{\omega}\bar{t})^2\right]} \tag{5-6-90}$$

由式（5-6-89）和式（5-6-90）可知，对于一定的信号能量E_s，这两种估计的精度可以分别依靠增加信号的有效持续时间和有效带宽得到改善，且差值$\overline{\omega t}-\overline{\omega}\overline{t}$越小，估计的精度越高。但是信号的有效带宽和有效持续时间并非相互独立。例如，随着信号有效持续时间的增加，信号的有效带宽变窄，结果，频率的估计精度的提高是靠降低到达时间估计精度获得的。反之，到达时间的估计精度是靠降低频率的估计精度来改善的。所以，采用时宽为T，带宽为B的大时宽带宽积$D=BT$信号，如线性调频信号，可以提高频率和到达时间的联合估计的精度。

习 题 5

5-1 已知被估计参量θ的后验概率密度函数为

$$p(\theta\,|\,x)=(x+\lambda)^2\theta\exp[-(x+\lambda)\theta] \quad \theta\geqslant 0$$

（1）求θ的最小均方误差估计量$\hat{\theta}_{\text{mes}}$。

（2）求θ的最大后验估计量$\hat{\theta}_{\text{map}}$。

5-2 若随机参量λ是通过另一个随机变量R_{k-1}来观测的。现已知

$$p(x\,|\,\lambda)=\begin{cases}\lambda\exp(-\lambda x) & x\geqslant 0,\lambda\geqslant 0\\ 0 & \lambda<0\end{cases}$$

假定λ的先验概率密度函数为

$$p(\lambda)=\begin{cases}\dfrac{l^n}{\Gamma(n)}\lambda^{n-1}\exp(-l\lambda) & \lambda\geqslant 0\\ 0 & \lambda<0\end{cases}$$

式中，l为非零常数。

（1）分别求λ的估计量$\hat{\lambda}_{\text{mes}}$和$\hat{\lambda}_{\text{map}}$。

（2）分别求估计量$\hat{\lambda}_{\text{mes}}(x)$和$\hat{\lambda}_{\text{map}}$的均方误差。

5-3 设目标的加速度a是通过测量位移来估计的。若时变观测方程为

$$x_k=k^2a+n_k \quad k=1,2,\cdots$$

我们已经知道，n_k是方差为σ_n^2的零均值高斯白噪声，且$E(an_k)=0$。

（1）根据下面的前两个观测样本:

$$x_1=a+n_1$$

$$x_2=4a+n_2$$

证明加速度a的最大似然估计量$\hat{a}_{\text{ml}}$为

$$x_k=f_{k-1}(x_{k-1})+v_{k-1}$$

并求估计量的均方误差。

（2）如果假定加速度a是方差为σ_a^2的零均值高斯随机变量，且$\sigma_a^2=\sigma_n^2$。利用同样的前两个观测样本x_1和x_2，证明加速度a的最大后验估计量$\hat{a}_{\text{map}}$为

$$\hat{a}_{\text{map}}=\frac{1}{18}x_1+\frac{4}{17}x_2$$

并求估计量的均方误差。

（3）比较估计量$\hat{a}_{\text{ml}}$和$\hat{a}_{\text{map}}$的估计精度。

（4）任取两个连续样本 x_k 和 x_{k+1} 时，加速度 a 的最大似然估计量 $\hat{a}_{\text{ml}}$ 的构造公式；同时导出估计量 $\hat{a}_{\text{ml}}$ 的均方误差 $E\left[\left(a-\hat{a}_{\text{ml}}\right)^2\right]$ 公式。我们会发现，随着所选取的两个连续样本 x_k 和 x_{k+1} 的位置 k 的增加，估计量的均方误差逐渐减小。请考虑这种变化规律是否合理，并解释其原因。

（5）如果连续取如下前三个样本，即

$$x_1 = a + n_1$$
$$x_2 = 4a + n_2$$
$$x_3 = 9a + n_3$$

求基于这三个样本的加速度 a 的最大似然估计量 $\hat{a}_{\text{ml}}$ 及其均方误差。

5-4　通过对噪声背景中信号电平 A 的测量，来估计信号的功率。设观测方程为 $x_k = A + n_k$，　$k = 1,2,\cdots,N$ 式中，A 是信号的电平；n_k 是均值为零、方差为 σ_n^2 的独立高斯噪声，且 $E\left(An_k\right)=0$。求 $P = A^2$ 的最大似然估计量 $\hat{P}_{\text{ml}}$。

5-5　在一般高斯信号参量的统计估计中，如果被估计量 θ 是未知非随机单参量，线性观测方程为

$$x_k = h_k\theta + n_k \quad k = 1,2,\cdots,N$$

式中，x_k 是第 k 次的观测量；h_k 是已知的第 k 次观测系数；n_k 是第 k 次的观测噪声。N 次观测的噪声矢量 $\boldsymbol{n} = \left(n_1, n_2, \cdots, n_N\right)^{\text{T}}$ 是均值矢量为零、协方差矩阵为 $\boldsymbol{C}_n = E(\boldsymbol{nn}^{\text{T}})$ 的随机高斯噪声矢量。

（1）求非随机参量 θ 的最大似然估计量 $\hat{\theta}_{\text{ml}}$ 和估计量的均方误差 $\varepsilon_{\hat{\theta}_i}^2$。

（2）若记随机噪声矢量 $\boldsymbol{n}$ 的协方差矩阵 $\boldsymbol{C}_n$ 中的元素 $c_{n_k n_k} = E\left(n_k^2\right) \triangleq \sigma_{n_k}^2$，如果 $\boldsymbol{C}_n = \sigma_{n_k}^2\boldsymbol{I}\left(k = 1,2,\cdots,N\right)$，求 θ 的最大似然估计量 $\hat{\theta}_{\text{ml}}$ 和均方误差 $\varepsilon_{\hat{\theta}_{\text{ml}}}^2$。

（3）如果 $\boldsymbol{C}_n = \sigma_n^2\boldsymbol{I}$，求 θ 的最大似然估计量 $\hat{\theta}_{\text{ml}}$ 和均方误差 $\varepsilon_{\hat{\theta}_{\text{ml}}}^2$。

（4）如果 $h_k = 1$，x_{k-1}，求的最大似然估计量 $\hat{\theta}_{\text{ml}}$ 和均方误差 $\varepsilon_{\hat{\theta}_{\text{ml}}}^2$。

5-6　作为时变测量和噪声采样相关情况线性最小均方误差估计的一个例子，我们考虑自由落体问题。若从某一行星上自由降落一物体，在 $t(s)$ 内下降的距离 $R(t) = gt^2/2(\text{m})$，其中 g 为引力加速度 $\boldsymbol{I} = \int f(\boldsymbol{x})\text{d}\boldsymbol{x}$。现根据有噪声的观测

$$x_k = \frac{k^2}{2}g + n_k \quad k = 1,2,\cdots$$

及下列已知条件：

$E(g) = g_0\left(\text{m/s}^2\right)$　　　　$\text{var}(g) = 1\left(\text{m/s}^2\right)^2$

$E(n_k) = 0$　　　　$E(n_k n_{k+j}) = \left(\dfrac{1}{2}\right)^j\left(\text{m/s}^2\right)^2$

$E(gn_k) = 0$

求引力加速度 g 的线性最小均方误差估计量 $\hat{g}_{\text{lmse}}$。

（1）取一次观测样本

$$x_1 = \frac{1}{2}g + n_1$$

证明

$$\hat{g}_{\text{lmse}} = g_0 + \frac{2}{5}\left(x_1 - \frac{1}{2}g_0\right)$$

（2）取两次观测样本

$$x_1 = \frac{1}{2}g + n_1$$

$$x_2 = 2g + n_2$$

证明

$$\hat{g}_{\text{lmse}} = g_0 - \frac{1}{8}\left(x_1 - \frac{1}{2}g_0\right) + \frac{7}{16}(x_2 - 2g_0)$$

5-7 在线性最小二乘加权估计中，若线性观测方程为

$$\boldsymbol{x} = \boldsymbol{H\theta} + \boldsymbol{n}$$

选择使

$$J_W(\hat{\boldsymbol{\theta}}) = \left(\boldsymbol{x} - \boldsymbol{H}\hat{\boldsymbol{\theta}}\right)^{\mathrm{T}} \boldsymbol{W}\left(\boldsymbol{x} - \boldsymbol{H}\hat{\boldsymbol{\theta}}\right)$$

达到最小的 $\hat{\boldsymbol{\theta}}$ 为线性最小二乘加权估计矢量 $\hat{\boldsymbol{\theta}}_{\text{lsw}}$，式中加权矩阵 $\boldsymbol{W}$ 是对称正定矩阵。证明

$$\hat{\boldsymbol{\theta}}_{\text{lsw}} = (\boldsymbol{H}^{\mathrm{T}}\boldsymbol{W}\boldsymbol{H})^{-1}\boldsymbol{H}^{\mathrm{T}}\boldsymbol{W}\boldsymbol{x}$$

$$J_{W\min}\left(\hat{\boldsymbol{\theta}}_{\text{lsw}}\right) = \boldsymbol{x}^{\mathrm{T}}\left[\boldsymbol{W} - \boldsymbol{W}\boldsymbol{H}(\boldsymbol{H}^{\mathrm{T}}\boldsymbol{W}\boldsymbol{H})^{-1}\boldsymbol{H}^{\mathrm{T}}\boldsymbol{W}\right]\boldsymbol{x}$$

5-8 采用线性最小二乘加权估计。若噪声的均值矢量和协方差矩阵仍为

$$E(\boldsymbol{n}) = E\left(\begin{bmatrix} n_1 \\ n_2 \end{bmatrix}\right) = \begin{bmatrix} 0 \\ 0 \end{bmatrix}$$

$$E\left(\begin{bmatrix} n_1 \\ n_2 \end{bmatrix}\begin{bmatrix} n_1 \\ n_2 \end{bmatrix}^{\mathrm{T}}\right) = \boldsymbol{C}_n = \begin{bmatrix} 4^2 & 0 \\ 0 & 2^2 \end{bmatrix}$$

（1）若取加权矩阵

$$\boldsymbol{W}_1 = \begin{bmatrix} 3^{-2} & 0 \\ 0 & 2^{-2} \end{bmatrix}$$

求线性最小二乘加权估计量 $\hat{\theta}_{\text{lsw}_1}$ 及其均方误差 $\varepsilon^2_{\hat{\theta}_{\text{lsw}_1}}$。

（2）若取加权矩阵

$$\boldsymbol{W}_2 = \begin{bmatrix} 2^{-2} & 0 \\ 0 & 4^{-2} \end{bmatrix}$$

求 $\boldsymbol{x}_k$ 和 $\varepsilon^2_{\hat{\theta}_{\text{lsw}_2}}$。

5-9 设观测信号为

$$x(t) = b\cos(\omega_2 t + \theta) \quad 0 \leqslant t \leqslant T$$

式中，$x(t)$ 为高斯白噪声；b 为已 p 知信号振幅；随机相位 θ 在 $(-\pi, \pi)$ 上均匀分布；频率 ω_2 是待估计量。如果对随机相位 θ 平均之后利用最大似然估计原理来估计频率 ω_2，请问估计频率 ω_2 的接收机的结构形式是怎样的？

5-10 设观测信号为

$$x(t) = s(t - \tau) + n(t)$$

式中，$n(t)$ 是均值为零、功率谱密度为 $P_n(\omega) = N_0/2$ 的高斯白噪声。梯形脉冲信号见右图。若信号 $s(t)$ 为

$$s(t) = \frac{a^2}{(2\pi)^{1/2}}\exp\left(-\frac{t^2}{2a}\right) \quad -\infty < t < \infty$$

在考虑 τ 的估计精度时，设 $\tau = 0$。证明 $\varepsilon^2_{\hat{\tau}_{\text{ml}}} \geqslant \dfrac{\alpha}{E_s/N_0}$，

式中，E_s 是信号 $s(t)$ 的能量，即 $E_s = \int_{-\infty}^{\infty} s^2(t)\mathrm{d}t$。

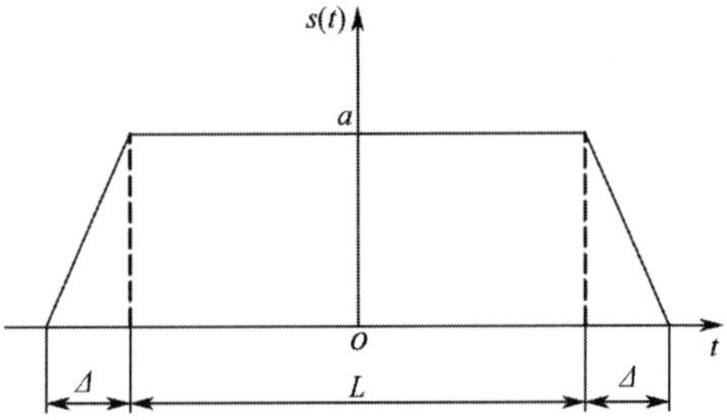

梯形脉冲信号

第 6 章　信号波形估计理论

6.1　概述

第 5 章讨论的是信号参量估计，它假定信号参量在观测时间内是不变的。但在许多实际问题中信号参量本身就是个随机过程，因此要估计的是信号波形。本章将要讨论的滤波理论是估计理论的一个重要组成部分。和信号参量的估计不同，滤波理论是用来估计信号的波形或系统状态的。本章我们将讨论最佳线性估计理论，即维纳滤波和卡尔曼滤波理论，它们都是在线性滤波的前提下，以最小均方误差为最佳准则的。采用最小均方误差准则作为最佳滤波准则的原因在于，这种准则下的理论分析比较简单，因此可能得到解析的结果。贝叶斯估计和最大似然估计都要求对观测值进行概率描述，线性最小均方误差估计却放松了要求，不再涉及所有的概率假设，而只保留对前二阶矩的要求。

最佳线性滤波问题所要解决的问题是：给定有用信号和加性噪声的混合信号波形，寻求一种线性运算作用于此混合波形，得到的结果将是信号与噪声最佳分离，最佳的含义就是使估计的均方误差最小。

我们将要讨论的维纳滤波和卡尔曼滤波就是这种最佳线性滤波。维纳滤波是用线性滤波器实现对平稳随机过程的最佳线性估计，而卡尔曼滤波则用递推估计的算法解决包括非平稳随机过程在内的波形最佳线性估计问题。

图 6-1-1 所示为线性估计器框图。假定在 $(0,T)$ 时间内观测波形为

$$x(t)=s(t)+n(t)\quad (0\leqslant t\leqslant T) \tag{6-1-1}$$

式中，$s(t)$ 代表被估计的信号波形；$n(t)$ 是观测的加性噪声。图 6-1-1 中 $g(t)$ 表示滤波器的加权函数，输出 $y(t)$ 表示信号 $s(t+\alpha)$ 的估计量 $\hat{s}(t+\alpha)$。根据 α 的数值范围不同，波形估计可以分为如下三种类型。

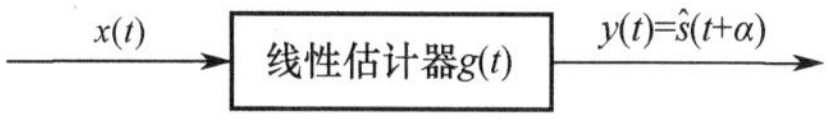

图 6-1-1　线性估计器框图

（1）若 $\alpha=0$，则称为滤波，即该估计器试图从观测波形 $x(t)$ 中，尽可能地排除噪声 $n(t)$ 的干扰，分离出信号 $s(t)$ 本身。它是根据当前和过去的观测值 $x(t),x(t-1),\cdots$ 对当前的信号值 $s(t)$ 进行估计，使 $x(t)=\hat{s}(t)$。

（2）若 $\alpha>0$，则称为预测（或外推），即该估计器试图估计现时刻 t 以后（未来）α 个时间单位的信号波形值，如雷达预测运动目标的轨迹等就属于这种情况。它是根据过去的观测值估计当前或未来的信号值，使 $x(t)=\hat{s}(t+\alpha),\alpha>0$。

（3）若 $\alpha<0$，则称为平滑（或内插），即该估计器试图估计现时刻 t 以前（过去）α 个时间单位的信号波形值，如数据平滑、地物照片处理等就属于这种情况。它是根据过去的观测值估计过去的信号值，使 $x(t)=\hat{s}(t+\alpha),\alpha>0$。

6.2 维纳滤波

接收机为了从干扰中分离出信号，有效的方法之一就是滤波。由于信号和干扰的频谱往往是重叠（或部分重叠）的，所以这种方法要解决的中心问题就是求系统的最佳滤波特性。要衡量某一系统滤波特性的好坏，必须有一定的标准或准则，维纳滤波所采用的准则是最小均方误差准则。这种使均方误差最小的最佳滤波器，适用于需要从噪声中分出有用信号的整个波形，而不是它的一个或某几个参量的情况，更不同于使信噪比达到最大的匹配滤波器。还要注意的是，维纳滤波器也不是自适应滤波器，自适应滤波器的滤波系数是时变的，而维纳滤波器的参数是固定的，它适用于二阶统计特性不随时间变化的平稳随机过程。

设系统的输出 $y(t)$ 是所需信号 $s(t+\alpha)$ 的近似，它们之间的误差定义为

$$e(t)=s(t+\alpha)-y(t) \tag{6-2-1}$$

显然 $e(t)$ 也是随机过程，因此只能用其平方的均值来衡量“滤波”的质量。由式（6-2-1）可得均方误差为

$$E\left[e^2(t)\right]=E\left\{\left[s(t+\alpha)-y(t)\right]^2\right\} \tag{6-2-2}$$

由于维纳滤波限于讨论平稳随机过程，而且一般是各态历经性的，所以式（6-2-2）又可写成时间平均形式

$$E\left[e^2(t)\right]=\lim_{T\to\infty}\frac{1}{2T}\int_{-T}^{T}\left[s(t+\alpha)-y(t)\right]^2\mathrm{d}t \tag{6-2-3}$$

现在假定 $x(t)$ 或 $y(t)$ 都是平稳随机过程，而且二者是联合平稳的。这就等效于规定观测时间从 $t=-\infty$ 就开始了，而系统参数也必须与时间无关，是非时变的。于是在稳态情况下，可将输出 $y(t)$ 写成卷积分

$$y(t)=\int_{-\infty}^{\infty}g(u)\left[s(t-u)+n(t-u)\right]\mathrm{d}u \tag{6-2-4}$$

值得说明的是，在线性系统理论中，系统的输入和输出关系常写成

$$y(t)=\int_{0}^{t}h(t,\tau)x(\tau)\mathrm{d}\tau \tag{6-2-5}$$

式中，系统冲激响应 $h(t,\tau)$ 定义在零状态下系统在瞬间 τ 加入的冲激函数在瞬间 t 产生的响应。

然而，在滤波理论中，常采用系统加权函数而不采用冲激函数。加权函数这一名词的出现，是因为在某瞬间 t，式（6-2-5）的输出函数值取决于输入函数在 0～t 区间上的加权平均值。在每一瞬间 t，$h(t,\tau)$ 说明系统如何适当记忆 $x(t)$ 的过去值并相应地对它们加权。虽然加权函数和冲激响应都是 t 和 τ 的函数并描述同一物理过程，但二者具有不同的物理含义。冲激响应是 t 的函数，而把 τ 看作固定参量，它是冲激函数的作用时间。但加权函数则是 τ 的函数，而把 t 看作固定参量。因此，可将输入和输出关系用加权函数表示为

$$y(t)=\int_{0}^{t}g(\tau,t)x(t-\tau)\mathrm{d}\tau \tag{6-2-6}$$

显然，式（6-2-5）和式（6-2-6）应当是等效的，冲激响应和加权函数之间的关系可通过适当地改变式（6-2-5）或式（6-2-6）中的变量，然后再比较两个积分而获得，其结果是

$$h(t,\tau)=g(t-\tau,t)$$

或

$$g(\tau,t)=h(t,t-\tau) \tag{6-2-7}$$

对于非时变系统情况，$g(\tau,t)$ 与 t 无关，记为 $g(\tau)$，并与 $h(\tau)$ 相等，即

$$g(\tau)=h(\tau) \tag{6-2-8}$$

将式（6-2-4）代入式（6-2-3）得

$$E\left[e^2\right]=\int_{-\infty}^{\infty}\int_{-\infty}^{\infty}g(u)g(\upsilon)R_{xx}(u-\upsilon)\mathrm{d}u\,\mathrm{d}\upsilon-2\int_{-\infty}^{\infty}g(u)R_{xs}(\alpha+u)\mathrm{d}u+R_{ss}(0) \tag{6-2-9}$$

式中，R_{ss} 是 $s(t)$ 的自相关函数；$R_{ss}(0)$ 是 $s(t)$ 的平均功率；R_{xx} 是 $x(t)$ 的自相关函数；R_{xs} 是 $x(t)$ 和 $s(t)$ 的互相关函数。

顺便指出，若信号 $s(t)$ 和噪声 $n(t)$ 不相关，则信号与噪声之间的互相关函数为零，即

$$R_{sn}=R_{ns}=0$$

于是，可得

$$R_{xx}=R_{ss}+R_{nn}$$

$$R_{xs}=R_{ss}$$

由于假定信号和噪声的自相关函数与互相关函数都是已知的，因此由式（6-2-9）可求解加权函数 $g(t)$。

由式（6-2-9）可知，当输入信号与噪声的统计特性已经确定时，它的第三项与系统特性无关，而第一、二项均与系统特性 $g(t)$ 有关。由于 $E\left[e^2(t)\right]$ 是 $g(t)$ 的函数，对应于不同的 $g(t)$ 有不同的 $E\left[e^2(t)\right]$。因此寻求维纳滤波器的问题也就归结为寻求使式（6-2-9）达到最小值的线性系统的加权函数 $g(t)$。这个问题可以用变分法解决。按照常用的一次变分方法，用受扰加权函数 $g(u)+\varepsilon\eta(u)$ 代替 $g(u)$。这里 ε 是一个绝对值较小的参数，称为扰动因子。$\eta(u)$ 为任一有连续导数的函数，称为扰动函数。显然当 ε 趋于零时，受扰加权函数接近于最佳函数 $g(u)$。最佳加权函数和受扰的加权函数如图 6-2-1 所示。用 $g(u)+\varepsilon\eta(u)$ 代替式（6-2-9）中的 $g(u)$，得

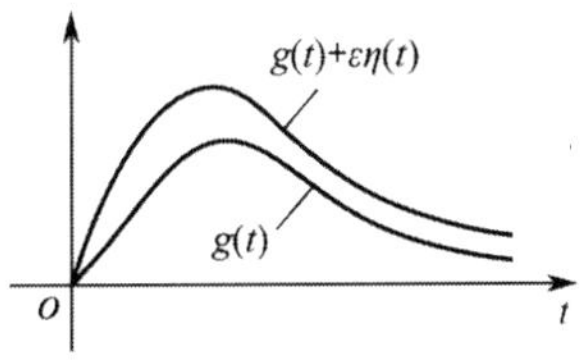

图 6-2-1　最佳的和受扰的加权函数

$$E\left[e^2\right]=\int_{-\infty}^{\infty}\int_{-\infty}^{\infty}\left[g(u)+\varepsilon\eta(u)\right]\left[g(\upsilon)+\varepsilon\eta(\upsilon)\right]R_{xx}(u-\upsilon)\mathrm{d}u\,\mathrm{d}\upsilon-$$

$$2\int_{-\infty}^{\infty}\left[g(u)+\varepsilon\eta(u)\right]R_{xs}(\alpha+u)\mathrm{d}u+R_{ss}(0) \tag{6-2-10}$$

应当注意，现在 $E\left[e^2\right]$ 是 ε 的函数，且式（6-2-10）在 $\varepsilon=0$ 时有最小值。为求 $E\left[e^2\right]$ 为最小值的必要条件，可利用对参数求导数的法则将 $E\left[e^2\right]$ 对 ε 求导，并令 $\varepsilon=0$ 时该导数为零。在通过交换积分变量之后，其结果为

$$\int_{-\infty}^{\infty}\eta(\tau)\left[-R_{xs}(\alpha+\tau)+\int_{-\infty}^{\infty}g(u)R_{xx}(u-\tau)\mathrm{d}u\right]\mathrm{d}\tau=0 \tag{6-2-11}$$

式（6-2-11）便是维纳滤波器必须满足的基本方程，也是今后讨论的出发点。为求解该式，下面分别考察非因果解和因果解两种情况。

6.2.1 非因果解

若对滤波器加权函数不施加限制，即假定加权函数$g(t)$是非因果性的，则较容易获得式（6-2-11）的解。这时要求滤波器使用尚未得到的数据，因而是物理不可实现的，这种滤波器不能工作于“在线”实时处理的情况。然而，在非实时处理的“离线”应用中，非因果解是很有用的，所以不应该忽视它。

若对$g(u)$无限制，则同样对扰动函数$\eta(\tau)$无限制。因此，若式（6-2-11）中对τ的积分为零，则对所有τ，方括号项必须为零，于是

$$\int_{-\infty}^{\infty}g(u)R_{xx}(u-\tau)\mathrm{d}u=R_{xs}(\alpha+\tau)\qquad(-\infty<\tau<\infty) \tag{6-2-12}$$

这是第一类弗雷霍姆积分方程。在这种情况下，式（6-2-12）左边的项恰好是具有卷积积分的形式，利用拉普拉斯变换法很快就可解出。因此，两边取拉普拉斯变换，有

$$G(s)S_{xx}(s)=S_{xs}(s)\mathrm{e}^{as}$$

或

$$G(s)=\frac{S_{xs}(s)\mathrm{e}^{as}}{S_{xx}(s)} \tag{6-2-13}$$

式中，$S_{xx}(s)$表示$x(t)$的功率谱密度，$S_{xs}(s)$表示$x(t)$与$s(t)$的互功率谱密度，$G(s)$是$g(\tau)$的拉普拉斯变换。显然，加权函数$g(\tau)$可通过式（6-2-13）的逆变换而获得。当信号与噪声不相关时，式（6-2-13）变为

$$G(s)=\frac{S_{ss}(s)\mathrm{e}^{as}}{S_{xx}(s)}$$

滤波器的均方误差由式（6-2-9）给出。若$g(u)$是满足式（6-2-12）的最佳加权函数，则均方误差的计算可简化如下：首先将式（6-2-9）的第二项写成两个等式之和，并将其中的一项与第一项合并，经重新排列各项之后，有

$$E\left[e^2\right]=R_{ss}(0)-\int_{-\infty}^{\infty}g(u)R_{xs}(\alpha+u)\mathrm{d}u+\int_{-\infty}^{\infty}g(u)\left[-R_{xs}(\alpha+u)+\int_{-\infty}^{\infty}g(\upsilon)R_{xx}(\upsilon-u)\mathrm{d}\upsilon\right]\mathrm{d}u \tag{6-2-14}$$

式（6-2-14）中，在$g(\upsilon)$为最佳时，对于所有u，方括号内的值为零，因此最小均方误差为

$$I=E\left[e^2\right]_{\min}=R_{ss}(0)-\int_{-\infty}^{\infty}g(u)R_{xs}(\alpha+u)\mathrm{d}u \tag{6-2-15}$$

式（6-2-15）所示的最小均方误差公式可改写为如下频域表达式

$$I=E\left[e^2\right]_{\min}=\frac{1}{2\pi}\int_{-\infty}^{\infty}\left[S_{ss}(\mathrm{j}\omega)-G(\mathrm{j}\omega)S_{xs}(\mathrm{j}\omega)\mathrm{e}^{\mathrm{j}\alpha\omega}\right]\mathrm{d}\omega$$

当信号与噪声不相关，即$S_{xs}(\mathrm{j}\omega)=S_{ss}(\mathrm{j}\omega)$且$\alpha=0$时，上式变为

$$I = E\left[e^2\right]_{\min} = \frac{1}{2\pi}\int_{-\infty}^{\infty}\frac{S_{ss}(\mathrm{j}\omega)\cdot S_{nn}(\mathrm{j}\omega)}{S_{ss}(\mathrm{j}\omega)+S_{nn}(\mathrm{j}\omega)}\mathrm{d}\omega \tag{6-2-16}$$

由式（6-2-16）可以看出，信号与噪声的功率谱 $S_{ss}(\mathrm{j}\omega)$ 和 $S_{nn}(\mathrm{j}\omega)$ 在频域上重叠越少，滤波效果越好。当二者完全不重叠时，理论上可做到 $E\left[e^2\right]_{\min}=0$。

例 6-2-1　如图 6-2-2 所示，高斯–马尔可夫信号和白噪声的混合（注意，具有指数型相关函数的平稳高斯过程，称为高斯–马尔可夫信号）。我们希望求出最佳的非因果滤波器（α=0）。

解：为了简化计算，设 $\sigma^2=\beta=A=1$。因为信号和噪声是不相关的，所以

$$S_{xx}^{(s)} = S_{ss}^{(s)} + S_{nn}^{(s)} = \frac{2}{-s^2+1}+1 = \frac{-s^2+3}{-s^2+1}$$

$$S_{xx}^{(s)} = S_{ss}^{(s)} = S_{nn}^{(s)} = \frac{2}{-s^2+1}$$

$$\mathrm{e}^{\alpha s}=1$$

根据式（6-2-13）得

$$G(s)=\frac{\dfrac{2}{-s^2+1}}{\dfrac{-s^2+3}{-s^2+1}}=\frac{2}{-s^2+3}$$

将上式用部分分式展开，得

$$G(s)=\frac{1/\sqrt{3}}{s+\sqrt{3}}+\frac{1/\sqrt{3}}{-s+\sqrt{3}}$$

$g(t)$ 的正和负时间部分由上式的第一项和第二项给出。因此

$$g(t)=\begin{cases}\dfrac{1}{\sqrt{3}}\mathrm{e}^{-\sqrt{3}t} & (t\geqslant 0)\\ \dfrac{1}{\sqrt{3}}\mathrm{e}^{\sqrt{3}t} & (t<0)\end{cases}$$

这便是最佳的非因果加权函数，如图 6-2-3 所示。

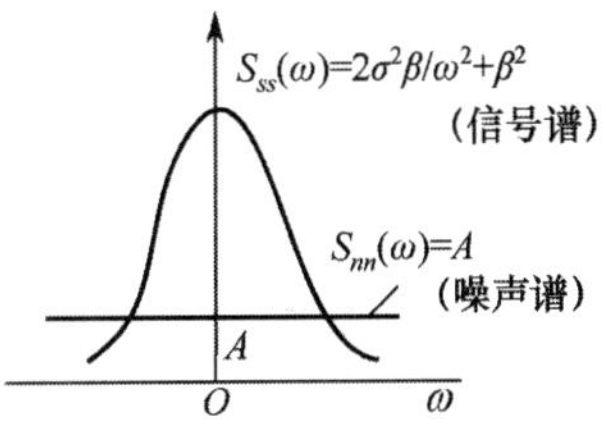

图 6-2-2　信号和噪声的功率谱密度

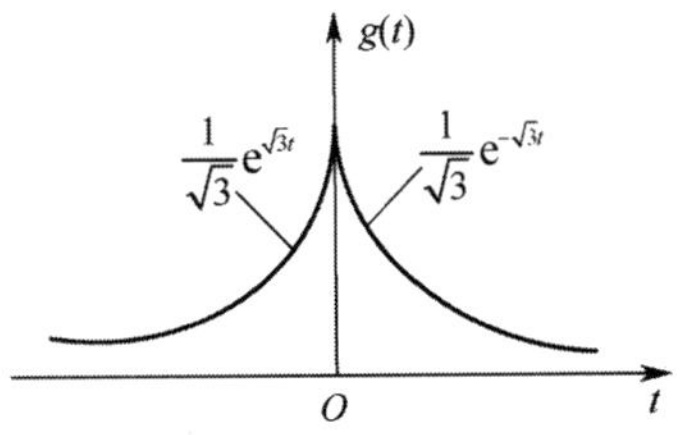

图 6-2-3　最佳的非因果加权函数

利用式（6-2-15）可得非因果最佳滤波器的均方误差为

$$E\left[e^2\right]_{\min}\approx 0.577$$

从式（6-2-10）中可以看出，最佳加权函数 $g(t)$ 的求解，仅与信号和噪声的相关函数或功

率谱有关，而与其幅度分布无关，因此本例中对信号的高斯假设是多余的，上述结果对其他分布的马尔可夫信号也是适用的。

例 6-2-2 设观测过程为 $f(i)$，μ_{42}^{f} 与 $m_{(v)}=\sum_{\lambda^{(1)}!+\lambda^{(2)}!+\cdots+\lambda^{(q)}!=v}\frac{1}{q!}\frac{v!}{\lambda^{(1)}!\lambda^{(2)}!\cdots\lambda^{(q)}!}\prod_{p=1}^{q}c_{(\lambda^{(p)})}$ 均为零均值，弱平稳；$m_{(v)}=\sum_{\lambda^{(1)}!+\lambda^{(2)}!+\cdots+\lambda^{(q)}!=v}\frac{1}{q!}\frac{v!}{\lambda^{(1)}!\lambda^{(2)}!\cdots\lambda^{(q)}!}\prod_{p=1}^{q}c_{(\lambda^{(p)})}$ 与 $n(t)$ 互不相关，并且

$$R_{ss}(\tau)=\mathrm{e}^{-a|\tau|}\qquad(a>0)$$

$$R_{nn}(\tau)=\mathrm{e}^{-b|\tau|}\qquad(b>0)$$

试设计一个维纳滤波器 $H(\omega)=\dfrac{S_{xs}(\omega)}{S_{xx}(\omega)}$ 的冲激响应 $h(\tau)$，并求最小均方误差 I 。

解：因为

$$R_{ss}(\tau)=\mathrm{e}^{-a|\tau|}\leftrightarrow S_{ss}(\omega)=\frac{2a}{a^2+\omega^2}$$

$$R_{nn}(\tau)=\mathrm{e}^{-b|\tau|}\leftrightarrow S_{nn}(\omega)=\frac{2b}{b^2+\omega^2}$$

则得

$$H(\omega)=\frac{S_{ss}(\omega)}{S_{ss}(\omega)+S_{nn}(\omega)}=\frac{a\left(\omega^2+b\right)}{(a+b)\omega^2+ab(a+b)}=\frac{a}{a+b}\left[1+\frac{b(b-a)}{\omega^2+ab}\right]$$

由此可得

$$h(\tau)=\frac{a}{a+b}\left[\delta(\tau)+\frac{b(b-a)}{2\sqrt{ab}}\mathrm{e}^{-\sqrt{ab}|\tau|}\right]$$

及

$$I=\int_{-\infty}^{\infty}\frac{S_{ss}(\omega)S_{nn}(\omega)}{S_{ss}(\omega)+S_{nn}(\omega)}\mathrm{d}\omega=\int_{-\infty}^{\infty}\frac{2ab}{a+b}\frac{1}{\omega^2+ab}\mathrm{d}\omega=\frac{2\pi\sqrt{ab}}{a+b}$$

6.2.2 因果解（频谱因式分解法）

为便于参照，重新写出用变分法得出的维纳滤波方程式（6-2-11），即

$$\int_{-\infty}^{\infty}\eta(\tau)\left[-R_{xs}(\alpha+\tau)+\int_{-\infty}^{\infty}g(u)R_{xx}(u-\tau)\mathrm{d}u\right]\mathrm{d}\tau=0$$

前面谈到 $\eta(\tau)$ 是一个任意的扰动函数。若限制滤波器的加权函数是因果性的，则必须对 $\eta(\tau)$ 做类似的限制。否则，得到的是无限制的（非因果）解。因此，对于因果情况，要求 τ 为负值时，$\eta(\tau)=0$，而 τ 为正值时，允许 $\eta(\tau)$ 为任意值。$\tau<0$ 时，由于限制 $\eta(\tau)=0$，所以式（6-2-11）总是满足的。而 $\tau\geqslant 0$ 时，要满足式（6-2-11），则其方括号中的项必须为零，于是得到下列积分方程

$$\int_{-\infty}^{\infty}g(u)R_{xx}(u-\tau)\mathrm{d}u-R_{xs}(\alpha+\tau)=0\qquad(\tau\geqslant 0)\tag{6-2-17}$$

此式称为维纳-霍夫（Wiener-Hoff）方程，由于它仅对$\tau \geqslant 0$有效，所以这就使得解法更为复杂。

维纳-霍夫积分方程式（6-2-17）是处理最佳线性滤波问题的一个重要工具，在各种具体条件下求解这个方程，便可得到相应的维纳滤波器的加权函数。具体解法有两种：一种是“时域”解法，即直接由式（6-2-17）求出各种具体条件下最佳线性滤波器的加权函数；另一种是“频域”解法，需要把时域上的维纳-霍夫积分方程转化为相应的频域上的方程，这便是下面所采用的方法。

式（6-2-17）的一种基于频谱因式分解的解法如下。首先，为了应用卷积定理求解，需将式（6-2-17）对τ成立的区间扩大到$(-\infty,\infty)$，为此，用一个未知的负时间函数$\alpha(\tau)$代替其右边，于是，式（6-2-17）可写成

$$\int_{-\infty}^{\infty} g(u) R_{xx}(u-\tau)\mathrm{d}u - R_{xs}(\alpha+\tau) = \alpha(\tau) \qquad (-\infty < \tau < \infty) \tag{6-2-18}$$

将上式两边取拉普拉斯变换，得

$$G(s)S_{xx}(s) - S_{xs}(s)\mathrm{e}^{\alpha s} = A(s) \tag{6-2-19}$$

我们知道，在平稳随机过程的情况下，输入和输出谱函数可用如下方程联系起来，即

$$S_y(\mathrm{j}\omega) = \left|G(\mathrm{j}\omega)\right|^2 S_{xx}(\mathrm{j}\omega)$$

或写成

$$S_y(s) = G(s)G(-s)S_{xx}(s)$$

式中，功率谱函数$S(\mathrm{j}\omega)$与相关函数$R(\tau)$的关系为

$$S_y(\mathrm{j}\omega) = \int_{-\infty}^{\infty} R_y(\tau)\mathrm{e}^{-\mathrm{j}\omega\tau}\,\mathrm{d}\tau$$

$$s_y(\tau) = \frac{1}{2\pi}\int_{-\infty}^{\infty} S_y(\mathrm{j}\omega)\mathrm{e}^{-\mathrm{j}\omega\tau}\,\mathrm{d}\omega$$

$S_y(s)$可因式分解成两部分，即

$$S_y(s) = S_y^+(s)S_y^-(s)$$

式中，$S_y^+(s)$所有极点和零点都在左半平面；$S_y^-(s)$所有极点和零点都在右半平面。因此，式（6-2-19）可写成

$$G(s)S_{xx}^+(s)S_{xx}^-(s) - S_{xx}(s)\mathrm{e}^{\alpha s} = A(s)$$

或

$$G(s)S_{xx}^+(s) = \frac{A(s)}{S_{xx}^-(s)} + \frac{S_{xx}(s)\mathrm{e}^{\alpha s}}{S_{xx}^-(s)} \tag{6-2-20}$$

上述公式中，我们假定$G(s)$、$A(s)$等都存在，且可表示成有理函数形式。由于$g(u)$是正时间函数，因此，$G(s)$的所有极点都在左半平面，于是$G(s)S_{xx}^+(s)$所有极点都在左半平面，而且它的逆变换将是一个正时间函数。同样，由于$\tau>0$时，$\alpha(\tau)=0$，所以$A(s)$是负时间函数的变换，它的极点都在右半平面，于是$A(s)/S_{xx}^-(s)$的极点都在右半平面。而$S_{xx}(s)\mathrm{e}^{\alpha s}/S_{xx}^-(s)$有一部分极点在左半平面，另一部分在右半平面。因此，式（6-2-20）可

表示为：

[正时间函数] = [负时间函数] + [正和负时间函数]

对于$\tau > 0$的解，应该使式（6-2-20）两边的正时间函数部分相等，故$G(s)S_{xx}^{+}(s) = \dfrac{S_{xs}(s)\mathrm{e}^{\alpha t}}{S_{xx}^{-}(s)}$的正时间部分

$$G(s) = \frac{1}{S_{xx}^{+}(s)}\left[\frac{S_{xs}(s)\mathrm{e}^{\alpha s}}{S_{xx}^{-}(s)}\right]^{+} \tag{6-2-21}$$

而且$G(s)$的所有极点都在左半平面，由此可得，最佳滤波器的加权函数$g(t)$为

$$g(t) = \frac{1}{2\pi}\int_{-\infty}^{\infty}\frac{1}{S_{xx}^{+}(s)}\left[\frac{S_{xs}(s)\mathrm{e}^{\alpha t}}{S_{xx}^{-}(s)}\right]\mathrm{d}s \tag{6-2-22}$$

且当$t < 0$时，$g(t) = 0$，利用傅里叶变换的性质，相应的最小均方误差为

$$I = E\left[e^2\right]_{\min} = \int_{-\infty}^{\infty}\left\{S_{ss}(s) - \frac{S_{xx}(-s)}{S_{xx}^{+}(s)}\left[\frac{S_{xs}(s)\mathrm{e}^{\alpha t}}{S_{xx}^{-}(s)}\right]^{+}\right\}\mathrm{d}s \tag{6-2-23}$$

因为我们要求因果解，所以不考虑$\tau < 0$的解。于是对式（6-2-21）中的括号项可解释如下。首先求$S_{xs}(s)/S_{xx}^{-}(s)$的逆变换，其结果通常具有正和负时间函数分量，并且均必须保留。然后，将该结果在时间上位移一个值α（这是考虑式中$\mathrm{e}^{\alpha s}$的原因）。最后，对位移后的函数取单边拉普拉斯变换，就是式（6-2-21）中方括号内函数的正时间部分。

下面用两个例子来说明维纳–霍夫积分方程的频域解法。

例 6-2-3 考虑与例 6-2-1 相同的高斯–马尔可夫信号和白噪声的混合。为简化计算，仍然设$\sigma^2 = \beta = A = 1$，试求最佳滤波器的因果解。

由于假定信号和噪声是不相关的，所需的函数为

$$S_{xx}(s) = S_{ss}(s) + S_{nn}(s) = \frac{2}{-s^2+1} + 1 = \frac{-s^2+3}{-s^2+1}$$

$$S_{xs}(s) = S_{ss}(s) = \frac{2}{-s^2+1}$$

此外，由于假定α为零，所以

$$\mathrm{e}^{\alpha s} = 1$$

首先因式分解$S_{xx}(s)$

$$S_{xx}(s) = S_{xx}^{+}(s)S_{xx}^{-}(s) = \left[\frac{s+\sqrt{3}}{s+1}\right]\left[\frac{-s+\sqrt{3}}{-s+1}\right]$$

接着，构成$S_{xs}(s)/S_{xx}^{-}(s)$函数

$$\frac{S_{xs}(s)}{S_{xx}^{-}(s)} = \frac{\dfrac{2}{-s^2+1}}{\dfrac{-s+\sqrt{3}}{-s+1}} = \frac{2}{\left(-s+\sqrt{3}\right)(s+1)}$$

上式用部分分式展开，有

$$\frac{S_{xs}(s)}{S_{xx}^{-}(s)}=\frac{\sqrt{3}-1}{s+1}+\frac{\sqrt{3}-1}{-s+\sqrt{3}}$$

显然，上式的第一项是正时间部分，因此$G(s)$由式（6-2-21）给出为

$$G(s)=\frac{1}{\dfrac{s+\sqrt{3}}{s+1}}\cdot\frac{\sqrt{3}-1}{s+1}=\frac{\sqrt{3}-1}{s+\sqrt{3}}$$

该滤波器的加权函数是

$$g(t)=\begin{cases}\left(\sqrt{3}-1\right)\mathrm{e}^{-\sqrt{3}t} & (t\geqslant 0)\\ 0 & (t<0)\end{cases}$$

利用式（6-2-15），可得最佳因果滤波器的均方误差为

$$I=E\left[e^{2}\right]_{\min}=0.732$$

比较例 6-2-1 和例 6-2-3 可知，将所选加权函数的限制条件放松，则均方误差就减小。实际上，任何物理可实现的滤波器不可能给出比物理不可实现的滤波器更小的均方误差。所以前面讨论的物理不可实现（非因果）的滤波器在实用中有一定的参考价值。

例 6-2-4　已知观测信号$x(t)=s(t)+n(t)$，并且信号$s(t)$与噪声$x(t)$均为零均值且互不相关，又知$R_{nn}(\tau)=\mathrm{e}^{-|\tau|}$，$R_{ss}(\tau)=\frac{7}{12}\mathrm{e}^{-2|\tau|}-\frac{1}{6}\mathrm{e}^{-|\tau|}$，试求最佳因果 IIR 滤波器的冲激响应$h(t)$。

解：因为

$$R_{nn}(\tau)=\mathrm{e}^{-|\tau|}\leftrightarrow S_{nn}(\omega)=\frac{2}{1+\omega^{2}}$$

及

$$S_{ss}(\omega)=\frac{2\omega^{2}+1}{\left(\omega^{2}+1\right)\left(\omega^{2}+4\right)}$$

由题意可得

$$S_{xx}(\omega)=S_{ss}(\omega)=\frac{4\omega^{2}+9}{\left(\omega^{2}+1\right)\left(\omega^{2}+4\right)}$$

令$s=\mathrm{j}\omega$，则可写为

$$S_{xx}(s)=\frac{9-4s^{2}}{\left(s^{2}-1\right)\left(s^{2}-4\right)}=S_{xx}^{+}(s)+S_{xx}^{-}(s)$$

式中

$$S_{xx}^{+}(s)=\frac{3+2s}{(s+1)(s+2)}，\quad S_{xx}^{-}(s)=\frac{3-2s}{(s-1)(s-2)}$$

又因为

$$S_{sx}(\omega)=S_{ss}(\omega)=\frac{2\omega^{2}+1}{\left(\omega^{2}+1\right)\left(\omega^{2}+4\right)}$$

或写成

$$S_{sx}(s)=\frac{1-2s^2}{\left(s^2-1\right)\left(s^2-4\right)}$$

于是

$$\frac{S_{sx}(s)}{S_{xx}^{-}(s)}=\frac{1-2s^2}{(s+1)(s+2)(3-2s)}=\frac{\frac{4}{5}s+\frac{3}{5}}{(s+1)(s+2)}+\frac{\frac{2}{5}}{2s-3}$$

从而，得

$$H(s)=\left[\frac{S_{sx}(s)}{S_{xx}^{-}(s)}\right]^{+}\Bigg/S_{xx}^{+}(s)=\frac{\frac{4}{5}s+\frac{3}{5}}{3+2s}=\frac{1}{5}\left(2-\frac{3}{2s-3}\right)$$

所以冲激响应为

$$h(t)=\frac{2}{5}\delta(t)-\frac{3}{10}\mathrm{e}^{-\frac{3}{2}t}u(t)$$

例 6-2-5 在随机过程的波形估计中，有一类称为纯预测问题，即假设污染信号的加性噪声为零的情况下对波形进行预测。此时需对现时刻t经过α个单位后的信号进行最佳估计，维纳滤波理论对这个问题也是适用的。假设信号是马尔柯夫信号，即已知其自相关函数为$R_{ss}(\tau)=\sigma^2\mathrm{e}^{-\beta|\tau|}$，此外，已知$R_{nn}(\tau)=0$。

解： 首先因式分解$S_{xx}(s)$

$$S_{xx}(s)=S_{ss}(s)=S_{ss}^{+}(s)\cdot S_{ss}^{-}(s)=\frac{\sqrt{2\sigma^2\beta}}{s+\beta}\Bigg/\frac{\sqrt{2\sigma^2\beta}}{-s+\beta}$$

然后，构成$S_{ss}(s)/S_{xx}^{-}(s)$函数，即

$$\frac{S_{xs}(s)}{S_{xx}^{-}(s)}=\frac{S_{ss}(s)}{S_{ss}^{-}(s)}=S_{ss}^{+}(s)=\frac{\sqrt{2\sigma^2\beta}}{s+\beta}$$

本题中$\alpha\neq 0$，因此上式首先必须乘以$\mathrm{e}^{\alpha s}$，然后求该结果的正时间部分。这可通过图 6-2-4 所示的时域中合适的位移来实现。最后将合适的正时间部分代入式（6-2-21），得

$$G(s)=\frac{1}{\dfrac{\sqrt{2\sigma^2\beta}}{s+\beta}}\mathrm{e}^{-\alpha\beta}\frac{\sqrt{2\sigma^2\beta}}{s+\beta}=\mathrm{e}^{-\alpha\beta}$$

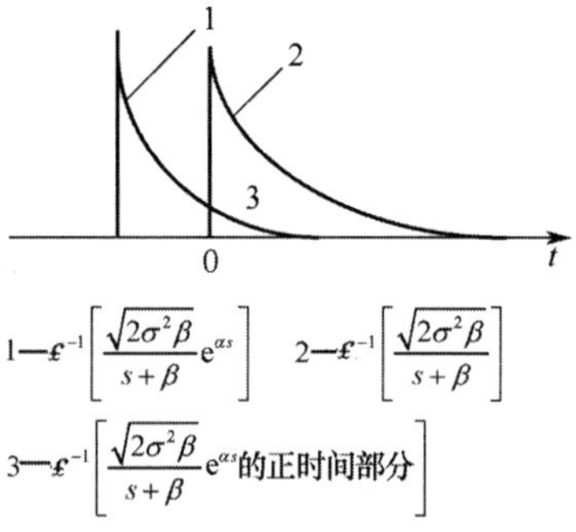

图 6-2-4 例 6-2-5 的位移时间函数

对应的加权函数为

$$g(t)=\mathrm{e}^{-\alpha\beta}\delta(t)$$

上述维纳解说明，将输入的当前值乘以一个衰减因子$\mathrm{e}^{-\alpha\beta}$，便得到比当前时刻晚$\alpha$单位时刻的关于平稳随机过程的最佳估计。可见，预测估计仅取决于输入信号的现刻数值，而与其过去的数值无关，因此具有指数型相关函数的随机过程显然应称为马尔可夫信号。

以上研究的是平稳情况，滤波器的输入和输出都是平稳随机过程。下面简短地讨论一下非平稳情况。假定混合波形 $x(t)=s(t)+n(t)$ 在 $t=0$ 时加入滤波器，并假设滤波器起始静止。这时，虽然输入 $x(t)$ 是平稳过程，其相关函数仍可用 $R_{xx}(\tau)$ 表示，但滤波器输出 $y(t)$ 为非平稳过程，可写为

$$y(t)=\int_0^t g(\tau)x(t-\tau)\mathrm{d}\tau \qquad (t\geqslant 0) \tag{6-2-24}$$

如上所述，理想的输出为 $s(t+\alpha)$。因此，滤波器误差为

$$e(t)=s(t+\alpha)-y(t)$$

利用与平稳情况类似的方法，可导出滤波器的均方误差

$$E\left[e^2\right]=\int_0^t\int_0^t g(u)g(\upsilon)R_{xx}(u-\upsilon)\mathrm{d}u\,\mathrm{d}\upsilon-2\int_0^t g(u)R_{xx}(\alpha+u)\mathrm{d}u+R_{ss}(0) \tag{6-2-25}$$

注意式（6-2-25）与式（6-2-9）类似，仅积分限不同。寻求使 $E\left[e^2\right]$ 最小的滤波器加权函数 $g(t)$，仍应使用变分法，其推导步骤与平稳情况完全类似，结果是

$$\int_0^t g(u)R_{xx}(\tau-u)\mathrm{d}u=R_{xs}(\alpha+\tau) \qquad (0\leqslant\tau\leqslant t) \tag{6-2-26}$$

式（6-2-26）的积分方程与维纳–霍夫方程式（6-2-17）类似，仅积分限及 τ 的取值范围不同。

6.2.3　正交性

前面已证明，均方误差最小的滤波器的加权函数必须满足积分方程式（6-2-26）。

此外，滤波器的误差

$$e(t)=s(t+\alpha)-y(t)=s(t+\alpha)-\int_0^t g(u)\left[s(t-u)+n(t-u)\right]\mathrm{d}u$$

现在考虑 t 时刻的滤波器误差和 t_1 时刻 $(0\leqslant t_1\leqslant t)$ 输入之积的数学期望。设输入表示为 $x(t)$，则

$$x(t_1)=s(t_1)+n(t_1)$$

而

$$E\left[x(t_1)e(t)\right]=E\left\{\left[s(t_1)+n(t_1)\right]\left\{s(t+\alpha)-\int_0^t g(u)\left[s(t-u)+n(t-u)\right]\mathrm{d}u\right\}\right\}$$

将上式中的 $s(t_1)+n(t_1)$ 移入积分式内，并进行数学期望运算，得

$$E\left[x(t_1)e(t)\right]=R_{xs}(t-t_1+\alpha)-\int_0^t g(u)R_{xx}(t-t_1-u)\mathrm{d}u$$

然而 $g(u)$ 必须满足积分方程式（6-2-26）。因此，上式在 $0\leqslant(t-t_1)\leqslant t$ 时必定为零。由于假定 t_1 位于 0～t 之间，所以上式等效于

$$E\left[x(t_1)e(t)\right]=0 \qquad (0\leqslant t_1\leqslant t) \tag{6-2-27}$$

若两个随机变量之积的数学期望为零，则称两个变量是正交的。式（6-2-27）表明：现在时刻 t 滤波器的误差不仅与同一时刻 t 的输入是正交的，而且与任何前一时刻的输入也是正交的。这是最小均方误差准则的必然结果。

上述证明可倒过来进行，也就是说，若一开始就假定 $e(t)$ 与 $x(t_1)$ 是正交的，同样可得

出它满足积分方程式（6-2-26）的结论。因此，正交性条件是线性滤波器满足最小均方误差准则的充分必要条件。

6.2.4 离散观测情况

最小均方滤波的维纳法基本上是一种加权函数法，其基本问题可归纳为：如何对输入的现刻值和过去值加权，以便得到所关心的变量在某时刻的最佳估计。弄清这种方法对如何引申到离散观测情况是有启发的。

考虑滤波器的输入为一组带有噪声的离散观测值 $x_1, x_2, \cdots, x_n$，如图 6-2-5 所示（下标表示观测所取的时刻）。设 x_i 为信号 s 和噪声 n 的加性混合，即 $x_1 = s_1 + n_1$、$x_2 = s_2 + n_2$ 等。如前所述，我们将滤波器的输出表示为 y，对应的输出样本为 $y_1, y_2, \cdots, y_n$。由于讨论的是线性估计，我们可将在 t_n 时刻的输出 y_n 写成现刻值及过去观测值的线性组合

$$y_n = g_1 x_1 + g_2 x_2 + \cdots + g_n x_n$$

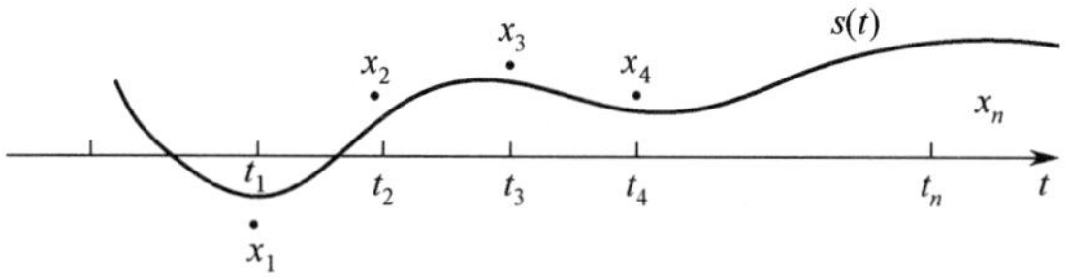

图 6-2-5 离散观测情况

为了方便计算，先假定信号是非时变的待估随机变量，则滤波器误差可写成

$$e_n = s - y_n = s - \left(g_1 x_1 + g_2 x_2 + \cdots + g_n x_n\right) = s - \sum_{i=1}^{n} g_i x_i$$

于是均方误差为

$$E\left[e_n^2\right] = E\left\{\left[s - \sum_{i=1}^{n} g_i x_i\right]^2\right\} \tag{6-2-28}$$

现在要求选择 $g_1, g_2, \cdots, g_n$，使 $E\left[e_n^2\right]$ 最小，只需要将式（6-2-28）对 n 个加权系数 k_i 求偏导数，并令之为零即可，于是有

$$\frac{\partial E\left[e_n^2\right]}{\partial g_i} = -2E\left[s - \sum_{i=1}^{n} g_i x_i\right] x_j = 0 \qquad \left(j = 1, 2, \cdots, n\right) \tag{6-2-29a}$$

或写成

$$\sum_{i=1}^{n} g_i E\left[x_i x_j\right] = E\left[s x_j\right] \qquad \left(j = 1, 2, \cdots, n\right) \tag{6-2-29b}$$

也可用如下矩阵方程表示

$$\begin{bmatrix} E\left(x_1^2\right) & E\left(x_1 x_2\right) & \cdots & E\left(x_1 x_n\right) \\ E\left(x_2 x_1\right) & E\left(x_2^2\right) & \cdots & E\left(x_2 x_n\right) \\ \vdots & \vdots & \vdots & \vdots \\ E\left(x_n x_1\right) & E\left(x_n x_2\right) & \cdots & E\left(x_n^2\right) \end{bmatrix} \begin{bmatrix} g_1 \\ g_2 \\ \vdots \\ g_n \end{bmatrix} = \begin{bmatrix} E\left(x_1 s\right) \\ E\left(x_2 s\right) \\ \vdots \\ E\left(x_n s\right) \end{bmatrix} \tag{6-2-30}$$

正如在时频连续系统中一样，假定信号和噪声的自相关函数、信号与噪声的互相关函数都是已知的，因此式（6-2-30）中各数学期望都可获得，从而由式（6-2-30）可解出加权系数 $g_1, g_2, \cdots, g_n$。

现在设

$$E\left[x_i x_j\right] = \phi_{xx}(i, j) \tag{6-2-31}$$

它表示输入序列 $x(j)$ 的自相关函数，这种表示法适用于非平稳序列。若 $x(j)$ 为平稳序列，则 $\phi_{xx}(i, j) = \phi_{xx}(j, -i)$。

同样，设

$$E\left[s x_j\right] = \phi_{xs}(j) \tag{6-2-32}$$

表示输入序列 $x(j)$ 与待估信号 s 的互相关函数，于是式（6-2-29b）变为

$$\sum_{i=1}^{n} g_i \phi_{xx}(i, j) = \phi_{xs}(j) \tag{6-2-33}$$

或写成如下矩阵形式

$$\boldsymbol{\phi}_{xx} \boldsymbol{g} = \boldsymbol{\phi}_{xs} \tag{6-2-34}$$

式中，$\boldsymbol{g} = \left[g_1, g_2, \cdots, g_n\right]$；$\boldsymbol{\phi}_{xx}$ 为自相关矩阵，其元素为 $\phi_{xx}(i, j)$；$\boldsymbol{\phi}_{xs}$ 为互相关矢量，定义为

$$\boldsymbol{\phi}_{xs} = \left[\phi_{xs}(1), \phi_{xs}(2), \cdots, \phi_{xs}(n)\right]^{\mathrm{T}} \tag{6-2-35}$$

加权系数 $\left[g_1, g_2, \cdots, g_n\right]$ 满足式（6-2-35）或式（6-2-34）的估计器就是维纳滤波器，式（6-2-33）或式（6-2-34）又称为时域离散形式的维纳–霍夫方程。

相应于上述最佳解的均方误差，可由式（6-2-27）得到：

$$E\left[e_n^2\right] = E\left[s^2\right] - \sum_{i=1}^{n}\left[g_i E\left(s x_i\right)\right] = E\left[s^2\right] - \sum_{i=1}^{n} g_i \phi_{xs}(i) \tag{6-2-36}$$

应该指出，在上述推导中，曾假定 s 是不随时间变化的随机变量。若假定 $s(i)$ 为一平稳随机过程，也可得到类似的结果。还应该指出，由于最小均方误差准则与正交原理等效，我们也可直接从正交原理出发，将式（6-2-30）写成

$$E\left[e_n x_j\right] = 0 \quad (j = 1, 2, \cdots, n) \tag{6-2-37}$$

式中，e_n 表示估计误差，同样可推导出维纳–霍夫方程式（6-2-33）。

我们可以将上述连续维纳滤波器的推导思路推广到时间离散情形。利用观测数据 $x(n) = s(n) + \upsilon(n)$ 对 $s(n)$ 做出最佳线性均方估计。类似地，可分为离散非因果 IIR 或因果 IIR 维纳滤波器。

6.2.5 平稳序列的因果和非因果维纳滤波器

平稳序列的维纳滤波是建立在维纳–霍夫方程基础上的。但在一般情况下，这是一个相当复杂的过程，其原因就是所要求得到的滤波器是因果的，即满足约束条件 $g(k) = 0$，$k < 0$。为对该问题进行简化，我们先考虑滤波器为非因果时的情形。此时，用于对 $s(n)$ 的观测可以取 $-\infty \sim \infty$ 所有的值，即 $s(n)$ 的估计值可写成下述线性表达形式

$$\hat{s}(n)=\sum_{k=-\infty}^{\infty} g(k)x(n-k) \tag{6-2-38}$$

1．相应的离散非因果 IIR 维纳滤波器的维纳–霍夫方程为

$$\phi_{sx}(m)=\sum_{k=-\infty}^{\infty} g(k)\phi_{xx}(m-k) \tag{6-2-39}$$

两边取 Z 变换，即可解出

$$G(z)=\frac{\Phi_{sx}(z)}{\Phi_{xx}(z)} \tag{6-2-40}$$

由此，再经过逆 Z 变换后，便可求得最佳权值 $g(n)$。相应的均方误差为

$$\begin{aligned} I=E\left[\varepsilon^2\right]&=E\left\{\left[s(n)-\sum_{k=-\infty}^{\infty} g(k)x(n-k)\right]s(n)\right\} \\ &=\phi_{ss}(0)-\sum_{k=-\infty}^{\infty} g(k)\phi_{sx}(-k) \end{aligned} \tag{6-2-41}$$

当滤波器的输入 $x(n)=s(n)+n(n)$ 时，如果 $s(n)$ 和 $n(n)$ 之间不相关且噪声项 $n(n)$ 的均值为零，则可以推出

$$\begin{aligned} \phi_{xs}(m)&=E\left[x(n)s(n+m)\right]=E\left\{\left[s(n)+n(n)\right]s(n+m)\right\} \\ &=E\left[s(n)s(n+m)\right]=\phi_{ss}(m) \end{aligned} \tag{6-2-42}$$

及

$$\begin{aligned} \phi_{xx}(m)&=E\left[x(n)x(n+m)\right]=E\left\{\left[s(n)+n(n)\right]\left[s(n+m)+n(n+m)\right]\right\} \\ &=E\left[s(n)s(n+m)\right]+E\left[n(n)n(n+m)\right]=\phi_{ss}(m)+\phi_{nn}(m) \end{aligned} \tag{6-2-43}$$

对以上各式进行二次 Z 变换后，有 $\Phi_{xs}(z)=\Phi_{ss}(z)$ 及 $\Phi_{xx}(z)=\Phi_{ss}(z)+\Phi_{nn}(z)$。把它们代入式（6-2-40），有

$$G(z)=\frac{\Phi_{ss}(z)}{\Phi_{ss}(z)+\Phi_{nn}(z)} \tag{6-2-44}$$

令 $z=\mathrm{e}^{\mathrm{j}\omega}$ 便可以得到非因果的维纳滤波器的频率响应

$$G\left(\mathrm{e}^{\mathrm{j}\omega}\right)=\frac{S_{ss}(\omega)}{S_{ss}(\omega)+S_{nn}(\omega)} \tag{6-2-45}$$

式中，$S_{ss}(\omega)$ 和 $S_{nn}(\omega)$ 分别代表信号和噪声的功率谱密度。

式（6-2-45）有着明显的物理意义，它表明在信号功率谱密度为零处，最佳滤波器的幅度应为零；在噪声的功率谱密度为零处，最佳滤波器的幅度应为 1；其余地方，最佳滤波器的幅度应由信号和噪声功率谱密度的比值来确定，比值越大，幅度越接近 1。这一结果是与我们直观想象相吻合的。

2．根据式（6-2-38），相应的离散非因果 IIR 维纳滤波器的维纳–霍夫方程为

$$\phi_{sx}(m)=\sum_{k=-\infty}^{\infty} g(k)\phi_{xx}(m-k) \tag{6-2-46}$$

设

$$S_{xx}(z)=\sum_{k=-\infty}^{\infty}\phi_{xx}(k)z^{-k} \quad （其中 z=\mathrm{e}^{\mathrm{j}\omega}） \tag{6-2-47}$$

对 $S_{xx}(z)$ 做因式分解，得到

$$S_{xx}(z)=S_{xx}^{+}(z)S_{xx}^{-}(z) \tag{6-2-48}$$

式中，$S_{xx}^{+}(z)$ 表示 $S_{xx}(z)$ 的零、极点位于 $|z|<1$，$S_{xx}^{-}(z)$ 表示 $S_{xx}(z)$ 的零、极点位于 $|z|>1$。则有

$$\frac{S_{sx}(z)}{S_{xx}^{-}(z)}=\left[\frac{S_{sx}(z)}{S_{xx}^{-}(z)}\right]^{+}+\left[\frac{S_{sx}(z)}{S_{xx}^{-}(z)}\right]^{-} \tag{6-2-49}$$

于是最佳因果 IIR 维纳滤波器为

$$G(z)=\frac{1}{S_{xx}^{+}(z)}\left[\frac{S_{sx}(z)}{S_{xx}^{-}(z)}\right]^{+} \tag{6-2-50}$$

$$I=E\left[\varepsilon^{2}\right]=\phi_{ss}(0)-\sum_{k=0}^{\infty}g(k)\phi_{sx}(k) \tag{6-2-51}$$

例 6-2-6 设接收到的观测序列为 $x(n)=s(n)+w(n)$，信号序列 $s(n)$ 是平稳、零均值的，其功率谱为

$$S_{ss}\left(\mathrm{e}^{\mathrm{j}\omega}\right)=\frac{3.5}{4\cos\omega-8.5}$$

白噪声序列 $w(n)$ 也是零均值的且与 $s(n)$ 互不相关，其功率谱为

$$S_{ww}\left(\mathrm{e}^{\mathrm{j}\omega}\right)=1$$

试求：（1）因果 IIR 维纳滤波器的 $G(z)$；（2）非因果 IIR 维纳滤波器的 $G(z)$。

解：（1）因为 $w(n)$ 与 $s(n)$ 互不相关且均为零均值，则有

$$S_{sx}\left(\mathrm{e}^{\mathrm{j}\omega}\right)=S_{ss}\left(\mathrm{e}^{\mathrm{j}\omega}\right)$$

令 $z=\mathrm{e}^{\mathrm{j}\omega}$，则有

$$S_{ww}(z)=1$$

以及

$$S_{sx}(z)=S_{ss}(z)=\frac{3.5z}{2z^{2}-8.5z+2}$$

于是

$$\begin{aligned}S_{xx}(z)&=S_{ss}(z)+S_{ww}(z)\\&=\frac{2z^{2}-5z+2}{2z^{2}-8.5z+2}\\&=\frac{(z-2)(z-0.5)}{(z-4)(z-0.25)}\end{aligned}$$

从而有

$$S_{xx}^{+}(z)=\frac{z-0.5}{z-0.25} \qquad S_{xx}^{-}(z)=\frac{z-2}{z-4}$$

由此得

$$\frac{S_{xx}^{+}(z)}{S_{xx}^{-}(z)}=\frac{1.75z}{(z-2)(z-0.25)}$$

$$=\frac{2}{z-2}+\frac{-0.25}{z-0.25}$$

式中

$$\left[\frac{S_{xx}(z)}{S_{xx}^{-}(z)}\right]^{+}=-\frac{0.25}{z-0.25}$$

所以，最佳因果 IIR 维纳滤波器为

$$G(z)=\frac{\left[\frac{S_{xx}(z)}{S_{xx}^{-}(z)}\right]^{+}}{S_{xx}^{+}(z)}=-\frac{0.25}{z-0.25}\cdot\frac{z-0.25}{z-0.5}=-\frac{0.25}{z-0.5}$$

或

$$g(n)=-0.25(0.5)^{n} \qquad (n=0,1,2,\cdots)$$

（2）最佳非因果 IIR 维纳滤波器为

$$G(z)=\frac{S_{sx}(z)}{S_{xx}(z)}=\frac{3.5z}{2z^{2}-5z+2}=\frac{1.75z}{(z-2)(z-0.5)}$$

由于极点 $z=2$ 在单位圆外，使得该滤波器不稳定，所以是不可实现的。

下面我们转回到对因果维纳–霍夫方程的求解，并且只讨论一种特殊情况，即输入信号 $x(n)$ 可由白噪声序列 $w(n)$ 通过一个传输函数为 $B(z)$ 的最小相位滤波器而生成。此时由于 $B(z)$ 为最小相位滤波器，故 $1/B(z)$ 也是最小相位滤波器，并且 $x(n)$ 通过该滤波器后会变成白噪声序列，因此我们把滤波器 $1/B(z)$ 称为白化滤波器。在上述条件下，所求解的因果维纳滤波器 $H(z)$ 可由图 6-2-6 所示的两部分组成：首先输入 $x(n)$ 经白化滤波器 $1/B(z)$ 变为一个白噪声序列；然后该序列经过滤波器 $G(z)$ 后，形成信号的最小均方误差估计 $\hat{s}(n)$。

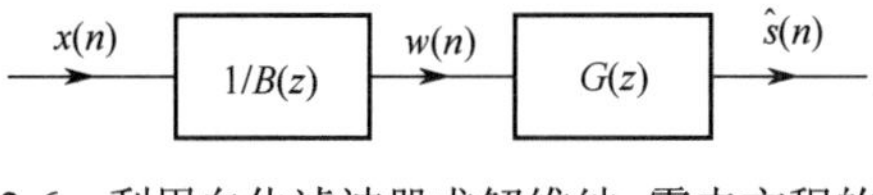

图 6-2-6　利用白化滤波器求解维纳–霍夫方程的框图

利用 $w(n)$ 为白噪声序列这一条件，很容易求出最佳滤波器 $G(z)$ 的单位脉冲响应 $g(k)$，$0\leqslant k<\infty$。实际上由式（6-2-39）可知，与滤波器 $G(z)$ 相对应的维纳–霍夫方程为

$$\phi_{ws}=\sum_{k=0}^{\infty}g(k)\phi_{ww}(m-k) \tag{6-2-52}$$

由于白噪声序列 $w(n)$ 的自相关函数 $\phi_{ww}(m)=\sigma_{w}^{2}\delta(m)$，其中 σ_{w}^{2} 为 $w(n)$ 的方差。代入上式便可解出

$$g(m)=\begin{cases}\phi_{ws}(m)/\sigma_w^2 & m\geqslant 0\\ 0 & m<0\end{cases} \tag{6-2-53}$$

写成 Z 域的形式

$$G(z)=\frac{\left[\Phi_{ws}(z)\right]^+}{\sigma_w^2} \tag{6-2-54}$$

这里 $\left[\Phi_{ws}(z)\right]^+$ 表示 $\phi_{ws}(m)u(m)$ 的 Z 变换，其中 $u(m)$ 为阶跃序列，它的定义为

$$u(m)=\begin{cases}1 & m\geqslant 0\\ 0 & m<0\end{cases}$$

$\left[\Phi_{ws}(z)\right]^+$ 与 $\phi_{ws}(m)$ 的 Z 变换 $\Phi_{ws}(z)$ 相比，仅保留了其在单位圆内的极点。这样由图 6-2-6 可以看出，最后所要求的维纳滤波器的传输函数 $H(z)$ 应由下式给出

$$H(z)=\frac{G(z)}{\sigma_w^2 B(z)}=\frac{\left[\Phi_{ws}(z)\right]^+}{\sigma_w^2 B(z)} \tag{6-2-55}$$

由于图 6-2-6 所示的 $w(n)$ 是一个中间序列，因此式（6-2-55）中的 $\Phi_{ws}(z)$ 不可以直接求出，这给使用带来了不便。为此，我们可以采用下述方法把问题加以转化。根据 $B(z)$ 的因果特性可知

$$x(n)=\sum_{k=0}^{\infty}b(k)w(n-k)$$

式中，单位脉冲响应 $b(n)$ 是 $B(z)$ 的逆变换。把上式两边同乘以 $s(n+m)$ 后取数学期望，得

$$\begin{aligned}\phi_{xs}(m)=E\left[x(n)s(n+m)\right]&=\sum_{k=0}^{\infty}b(k)E\left[w(n-k)s(n+m)\right]\\&=\sum_{k=0}^{\infty}b(k)\phi_{ws}(m+k)\end{aligned}$$

进行 Z 变换后有

$$\Phi_{xs}(z)=B\left(z^{-1}\right)\Phi_{ws}(z)$$

这样，从上式解出 $\Phi_{ws}(z)$ 并代入式（6-2-55）中便可以得到 $H(z)$ 的表示式

$$H(z)=\frac{1}{\sigma_w^2 B(z)}\left[\frac{\Phi_{xs}(z)}{B\left(z^{-1}\right)}\right]^+ \tag{6-2-56}$$

这就是物理可实现的（因果的）维纳滤波器的系统函数表示式。与非因果维纳滤波器的系统函数相比，除了加有 $[\ ]^+$ 这一标志外，无其他差别。同样，因果的维纳滤波器的最小均方误差

$$\begin{aligned}E\left[e^2(n)\right]_{\min}&=\phi_{ss}(0)-\frac{1}{\sigma_w^2}\sum_{k=0}^{\infty}\phi_{ws}^2(k)\\&=\phi_{ss}(0)-\frac{1}{\sigma_w^2}\sum_{k=-\infty}^{\infty}\left[\phi_{ws}(k)u(k)\right]\phi_{ws}(k)\end{aligned} \tag{6-2-57}$$

于是，按巴塞瓦尔公式，这时的最小均方误差的 Z 域表示式为

$$\begin{aligned}E\left[e^2(n)\right]_{\min} &= \frac{1}{2\pi\mathrm{j}}\oint_c\left\{\Phi_{ss}(z)-\frac{1}{\sigma_w^2}\left[\Phi_{ws}(z)\right]^+\Phi_{ws}\left(z^{-1}\right)\right\}z^{-1}\mathrm{d}z\\ &= \frac{1}{2\pi\mathrm{j}}\oint_c\left\{\Phi_{ss}(z)-\frac{1}{\sigma_w^2}\left[\frac{\Phi_{xs}(z)}{B\left(z^{-1}\right)}\right]^+\frac{\Phi_{xs}\left(z^{-1}\right)}{B(z)}\right\}z^{-1}\mathrm{d}z\\ &= \frac{1}{2\pi\mathrm{j}}\oint_c\left[\Phi_{ss}(z)-H_{\mathrm{opt}}(z)\Phi_{xs}\left(z^{-1}\right)\right]z^{-1}\mathrm{d}z\end{aligned} \tag{6-2-58}$$

例 6-2-7 已知 $x(n)=s(n)+w(n)$，以及

$$\Phi_{ss}(z)=\frac{0.38}{\left(1-0.6z^{-1}\right)(1-0.6z)}$$

$$\Phi_{ww}(z)=1\text{，（白噪声）}$$

$$\Phi_{sw}(z)=0\text{，［}s(n)\text{与}w(n)\text{不相关］}$$

式中，$s(n)$ 为希望得到的信号；$w(n)$ 为加性白噪声。试求物理可实现与物理不可实现两种情况时的 $H_{\mathrm{opt}}(z)$ 与相应的 $E\left[e^2(n)\right]_{\min}$。

解：由于 $\Phi_{sw}(z)=0$，所以

$$\begin{aligned}\Phi_{xx}(z)&=\Phi_{ss}(z)+\Phi_{ww}(z)\\&=\frac{0.38}{\left(1-0.6z^{-1}\right)(1-0.6z)}+1\\&=1.5\times\frac{\left(1-0.4z^{-1}\right)(1-0.4z)}{\left(1-0.6z^{-1}\right)(1-0.6z)}\end{aligned}$$

又因为 $\Phi_{xx}(z)=\sigma_w^2B(z)B\left(z^{-1}\right)$，其中 $B(z)$ 为单位圆内的零、极点，$B\left(z^{-1}\right)$ 由单位圆外的零、极点组成，同上面的公式相比较，可得

$$\sigma_w^2=1.5\text{，}\quad B(z)=\frac{1-0.4z^{-1}}{1-0.6z^{-1}}\text{，}\quad B\left(z^{-1}\right)=\frac{1-0.4z}{1-0.6z}$$

对于物理可实现情况

$$\begin{aligned}H_{\mathrm{opt}}(z)&=\frac{1}{\sigma_w^2B(z)}\left[\frac{\Phi_{xs}(z)}{B\left(z^{-1}\right)}\right]=\frac{1}{\sigma_w^2B(z)}\left[\frac{\Phi_{ss}(z)}{B\left(z^{-1}\right)}\right]^+\\&=\frac{1-0.6z^{-1}}{1.5\left(1-0.4z^{-1}\right)}\left[\frac{0.38}{\left(1-0.6z^{-1}\right)(1-0.4z)}\right]^+\end{aligned}$$

由于

$$\mathscr{Z}^{-1}\left[\frac{0.38}{\left(1-0.6z^{-1}\right)\left(1-0.4z\right)}\right]=\mathscr{Z}^{-1}\left[\frac{1}{2}\left(\frac{1}{1-0.6z^{-1}}+\frac{0.4z}{1-0.4z}\right)\right]$$

$$=\underbrace{\frac{1}{2}(0.6)^n}_{(n\geqslant 0)}-\underbrace{\frac{1}{2}(2.5)^n}_{(n<0)}$$

这里讨论的是物理可实现情况，所以应取 $n\geqslant 0$ 的项，并有

$$\left[\frac{0.38}{\left(1-0.6z^{-1}\right)\left(1-0.4z\right)}\right]^{+}=\frac{\frac{1}{2}}{1-0.6z^{-1}}$$

因此

$$H_{\text{opt}}(z)=\frac{1-0.6z^{-1}}{1.5\left(1-0.4z^{-1}\right)}\frac{\frac{1}{2}}{1-0.6z^{-1}}=\frac{\frac{1}{3}}{1-0.4z^{-1}}$$

考虑到这里的 $\Phi_{xs}(z)=\Phi_{ss}(z)=\Phi_{ss}\left(z^{-1}\right)=\Phi_{xs}\left(z^{-1}\right)$，根据式（6-2-58），可得

$$E\left[e^2(n)\right]_{\min}=\frac{1}{2\pi\text{j}}\oint_c\left[\Phi_{ss}(z)-H_{\text{opt}}(z)\Phi_{xs}\left(z^{-1}\right)\right]\text{d}z$$

$$=\frac{1}{2\pi\text{j}}\oint_c\left[\frac{0.38}{\left(1-0.6z^{-1}\right)\left(1-0.6z\right)}-\frac{\frac{1}{3}}{1-0.4z^{-1}}\frac{0.38}{\left(1-0.6z^{-1}\right)\left(1-0.6z\right)}\right]z^{-1}\text{d}z$$

$$=\frac{1}{2\pi\text{j}}\oint_c\frac{-\frac{0.76}{3\times 0.6}z+\frac{0.152}{0.6}}{(z-0.4)(z-0.6)\left(z-\frac{1}{0.6}\right)}\text{d}z$$

$$=\frac{1}{2\pi\text{j}}\oint_c\frac{-\frac{19}{45}(z-0.6)}{(z-0.4)(z-0.6)\left(z-\frac{1}{0.6}\right)}\text{d}z$$

取单位圆做积分围线，上式应为单位圆内极点（z=0.4）的留数，即有

$$E\left[e^2(n)\right]_{\min}=\frac{-\frac{19}{45}}{\left(0.4-\frac{1}{0.6}\right)}=\frac{1}{3}$$

而未经滤波器时的均方误差为

$$E\left[e^2(n)\right]=E\left\{\left[x(n)-s(n)\right]^2\right\}$$

$$=E\left[w^2(n)\right]=\phi_{ww}(0)=1$$

这意味着通过维纳滤波器后均方误差为原来的 1/3。

对于物理不可实现的情况

$$H_{\text{opt}}=\frac{\Phi_{xs}(z)}{\Phi_{xx}(z)}=\frac{\Phi_{ss}(z)}{\Phi_{ss}(z)+\Phi_{ww}(z)}$$

$$=\frac{\dfrac{0.38}{\left(1-0.6z^{-1}\right)(1-0.6z)}}{\dfrac{0.38}{\left(1-0.6z^{-1}\right)(1-0.6z)}+1}=\frac{0.38}{1.74-0.6z-0.6z^{-1}}$$

$$=\frac{\dfrac{1.16}{1.74}\times 0.38}{\dfrac{1.16}{1.74}\left(1.74-0.6z-0.6z^{-1}\right)}=\frac{0.253}{1.16-0.4z-0.4z^{-1}}$$

$$=\frac{0.253}{\left(1-0.4z^{-1}\right)(1-0.4z)}$$

$$E\left[e^2(n)\right]_{\min}=\frac{1}{2\pi\mathrm{j}}\oint_c\left[\Phi_{ss}(z)-H_{\text{opt}}(z)\Phi_{xs}\left(z^{-1}\right)\right]z^{-1}\mathrm{d}z$$

$$=\frac{1}{2\pi\mathrm{j}}\oint_c\left\{\frac{0.38}{\left(1-0.6z^{-1}\right)(1-0.6z)}\left[1-\frac{0.253}{\left(1-0.4z^{-1}\right)(1-0.4z)}\right]\right\}z^{-1}\mathrm{d}z$$

$$=\frac{1}{2\pi\mathrm{j}}\oint_c\frac{1.583z\left(0.907-0.4z-0.4z^{-1}\right)}{(z-0.6)\left(z-\dfrac{1}{0.6}\right)(z-0.4)\left(z-\dfrac{1}{0.4}\right)}\mathrm{d}z$$

取单位圆做积分围线，在单位圆内有两个极点（$z=0.6$，$z=0.4$），因此上式等于这两个极点的留数和，即

$$E\left[e^2(n)\right]_{\min}=\frac{1.583\times 0.6\left(0.907-0.4\times 0.6-0.4\times\dfrac{1}{0.6}\right)}{\left(0.6-\dfrac{1}{0.6}\right)\times(0.6-0.4)\times\left(0.6-\dfrac{1}{0.4}\right)}+\frac{1.583\times 0.4\left(0.907-0.4\times 0.4-0.4\times\dfrac{1}{0.4}\right)}{(0.4-0.6)\times\left(0.4-\dfrac{1}{0.6}\right)\times\left(0.4-\dfrac{1}{0.4}\right)}\approx 0.302$$

前面求得的物理可实现的$E\left[e^2(n)\right]_{\min}=\dfrac{1}{3}$。在此例中物理不可实现的均方误差略小于（或者说稍好于）物理可实现的情况。事实上，可以证明物理可实现条件下的最小均方误差不会小于物理不可实现的情况。

6.3 平稳序列的维纳预测器

此前讨论的维纳滤波器实际上可以看作一种估计器。它以当前的以及全部过去的观测数据$x(n),x(n-1),x(n-2)$，…来获取当前信号的估计值$\hat{s}(n)$，而且令这个估计值与当前

的观测值 $x(n)=s(n)+n(n)$ 中的信号值 $s(n)$ 之间的均方误差达到最小。维纳预测器是另一种估计器，它以观测到的全部过去的数据来获取当前的或将来的信号估计值 $\hat{s}(n+N)$，$N \geqslant 0$。

6.3.1　预测器计算公式

一个基本的维纳预测器框图如图 6-3-1 所示，预测器希望得到的输出 $y_d(n)$ 为 $s(n+N)$，而真正得到的输出 $y(n)$ 则为 $\hat{s}(n+N)$，它实际上是 $s(n+N)$ 的一种估计值。

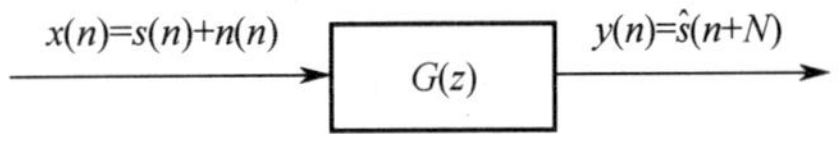

图 6-3-1　N 步维纳预测器框图

维纳滤波器与维纳预测器并无本质区别，只是前者希望得到的输出为 $s(n)$，而实际得到的输出为 $\hat{s}(n)$；后者希望得到的输出是 $s(n+N)$，$N>0$，但实际得到的输出则为 $\hat{s}(n+N)$，$N>0$。

根据图 6-3-1，我们不难获得 N 步维纳预测器的输入及输出关系，即

$$y(n)=\hat{s}(n+N)=\sum_{m=0}^{\infty} g(m)x(n-m)=\sum_{m=0}^{\infty} g_i x_i \tag{6-3-1}$$

与维纳滤波器的设计相似，维纳预测器的设计实际上也是在所做预测的均方误差 $E\left[e^2(n+N)\right]=E\left\{\left[s(n+N)-\hat{s}(n+N)\right]^2\right\}$ 最小的条件下确定其 $g(n)$ 或 $G(z)$ 的问题。为此，我们令

$$\frac{\partial E\left[e^2(n+N)\right]}{\partial g_j}=0 \qquad (j \geqslant 1)$$

可得

$$2E\left\{\left[s(n+N)-\sum_i g_i x_i\right]x_i\right\}=0$$

写成相关函数的形式为

$$\phi_{x_j y_d}=\sum_{i=1}^{\infty} g_i \phi_{x_j x_i} \qquad (j \geqslant 1) \tag{6-3-2a}$$

或

$$\phi_{xy_d}=\sum_{m=0}^{\infty} g_{\mathrm{opt}}(m)\phi_{xx}(k-m) \qquad (k \geqslant 0) \tag{6-3-2b}$$

可以看出上式类似于维纳–霍夫方程，二者相比较，如果我们在维纳滤波器中也以 y_d 表示希望得到的输出，即 $y_d(n)=s(n)$，则有

$$\phi_{xy_d}(k)=\phi_{xs}(k)=E\left[x(n)x(n+k)\right]$$

而维纳预测器的 $y_d(n)=s(n+N)$，所以有

$$\phi_{xy_d}(k)=E\left[x(n)x(n+N+k)\right]=\phi_{xs}(k+N)$$

进而可得其 Z 变换：

$$\Phi_{xy_d}(z)=z^N\Phi_{xs}(z) \tag{6-3-3a}$$

及

$$\Phi_{xy_d}(z^{-1})=z^{-N}\Phi_{xs}(z^{-1}) \tag{6-3-3b}$$

维纳预测器仍可按无物理可实现约束及有物理可实现约束两种情况。

6.3.2 离散因果和非因果平稳序列维纳预测器

（1）与维纳滤波器一样，非因果的维纳预测器的计算公式也可表示成

$$G_{\text{opt}}(z)=\frac{\Phi_{xy_d}(z)}{\Phi_{xx}(z)} \tag{6-3-4}$$

这里唯一的差别是前者的 $y_d(n)=s(n)$，而做 N 步预测的维纳预测器的 $y_d(n)=s(n+N)$，因此后者的最小均方误差为

$$\begin{aligned}E\left[e^2(n+N)\right]_{\min}&=E\left\{\left[s(n+N)-\hat{s}(n+N)\right]^2\right\}_{\min}\\&=\frac{1}{2\pi\text{j}}\oint_c\left[\Phi_{ss}(z)-G_{\text{opt}}(z)\Phi_{xy_d}(z^{-1})\right]z^{-1}\text{d}z\end{aligned} \tag{6-3-5}$$

将式（6-3-3a）和式（6-3-3b）分别代入式（6-3-4）和式（6-3-5），即可得

$$G_{\text{opt}}(z)=\frac{z^N\Phi_{xs}(z)}{\Phi_{xx}(z)} \tag{6-3-6}$$

及

$$E\left\{\left[s(n+N)-\hat{s}(n+N)\right]^2\right\}_{\min}=\frac{1}{2\pi\text{j}}\oint_c\left[\Phi_{ss}(z)-G_{\text{opt}}(z)z^{-N}\Phi_{xs}(z^{-1})\right]z^{-1}\text{d}z \tag{6-3-7}$$

等所需结果。

（2）因果维纳预测器可依照因果维纳滤波器的计算。

当输入信号 $x(n)$ 可由白噪声序列 $w(n)$ 通过一个传输函数为 $B(z)$ 的最小相位滤波器而生成时，由式（6-3-7）可以知道，N 步因果维纳预测器的传输函数为

$$G(z)=\frac{1}{\sigma_w^2B(z)}\left[\frac{\Phi_{xy_d}(z)}{B(z^{-1})}\right]^+ \tag{6-3-8}$$

由于 $\Phi_{xy_d}(z)=z^N\Phi_{xs}(z)$，将它代入式（6-3-2）和式（6-3-8）后，可分别得到 N 步非因果和因果维纳预测器的传输函数的最终表达形式

$$G(z)=\frac{z^N\Phi_{xs}(z)}{\Phi_{xx}(z)} \tag{6-3-9}$$

和

$$G(z)=\frac{1}{\sigma_w^2B(z)}\left[\frac{z^N\Phi_{xs}(z)}{B(z^{-1})}\right] \tag{6-3-10}$$

为了求它们的 N 步预测误差的均方值，只要把相应的传输函数代入表达式

$$E\left[e^2(n+N)\right]=\frac{1}{2\pi \mathrm{j}}\oint_c\left[\Phi_{ss}(z)-z^{-N}H_{\mathrm{opt}}(z)\Phi_{xs}\left(z^{-1}\right)\right]z^{-1}\mathrm{d}z \tag{6-3-11}$$

就可以了。

上面所讨论的维纳滤波和维纳预测，在理论上和应用上还有比较严重的欠缺。首先，这种滤波方法，对于随机过程每一时刻的估计，需要利用该时刻以前的全部观测数据，每一次估计都需用全部数据重新算一次。因此，若用计算机按照这种方法进行处理，那么存储量与计算量显然是太大了，甚至不能实时处理。其二，这种理论通常限制在研究和处理平稳随机过程，而将它推广到非平稳随机过程，则很少能给出有效可行的结果。20 世纪 60 年代初，卡尔曼等人提出了所谓卡尔曼滤波理论和方法，从根本上解决了维纳滤波存在的主要问题。卡尔曼滤波采用递推的估计方法，每做一次估计时，利用前一次的估计结果，并根据新的观测数据，算出修正量，从而给出新的估计。它既运用了过去的全部数据的信息量，又不必每次都全部重新做计算，这样就大大减少了计算机需要的存储量与计算时间，可以进行实时处理。卡尔曼滤波理论和方法，虽然没有正面给出最佳线性滤波方程的闭合解，但是给出了一整套方程的算法，可不断地解出各时刻的估计值，而且它可以方便地用到非平稳随机过程中去，解决其最线性滤波问题。随着计算机技术的发展，它更广泛地应用在各种过程的控制中，如制导、雷达对单个或多个目标的跟踪等方面。下面我们用较简洁的方式来说明卡尔曼滤波方程的建立和使用。

6.4 标量卡尔曼滤波

6.4.1 概述

前面所述最佳滤波问题的维纳解法的最终结果，是求一个滤波器的加权函数，即如何对输入的现刻值和过去值加权，以便确定待估信号某时刻值的最佳估计，也就是维纳滤波是根据全部过去的和当前的观测数据 $x(t)$、$x(t-1)$ 来估计信号的当前值的，它的解是以均方误差最小条件下所得的加权函数或冲激响应的形式给出的。它属于非递归算法，由这种算法构成的估计器称为非递归估计器，而最佳的非递归估计器就是维纳滤波器。

最佳滤波问题的卡尔曼解法，采用状态法来阐述最小均方估计问题。它有两个特点：

（1）用状态空间概念来描述其数学公式，采用随机过程的矢量模型；

（2）采用递归算法。可以不加修改地应用于平稳和非平稳过程。由这种算法构成的估计器称为递归估计器，最佳的递归估计器则称为卡尔曼滤波器。

实际上，对系统的观测和控制经常是在离散时刻进行的，而且日益广泛应用的数字计算机也是一种典型的离散时间系统，因此，我们主要讨论离散时间的卡尔曼滤波。

首先看一个简单的非递归法的例子，并用递归法来简化它。在测量一个物理量时，为了减少每次测量引入的随机误差，人们往往用多次独立测量的平均值来确定这个量值。例如，一个恒定电压受到噪声的污染，要求根据混有噪声的观测序列来估计这个电压，它可以采用样本均值进行估计。设观测序列表示为 $x_1,x_2,\cdots,x_n$，其中 x 的下标表示观测所取的时刻。现在先用非递归算法计算样本均值，步骤如下。

（1）第一个观测 x_1：存储，且均值估计为

$$\hat{m}_1 = x_1$$

（2）第二个观测 x_2：存储 x_1 和 x_2，且均值估计为

$$\hat{m}_2 = \frac{x_1 + x_2}{2}$$

（3）第三个观测 x_3：存储 x_1、x_2 和 x_3，且均值估计为

$$\hat{m}_3 = \frac{x_1 + x_2 + x_3}{3}$$

（4）以此类推。

显然，这将按照实验的进程得出样本均值序列。可以看出，所需观测数据的存储量随着时间而增大，而且构成估计所需代数运算的数目也相应地增大。当数据的总数很大时，这将导致多次重复计算和大量的数据存储。

现在再看一下递归算法。它将前次的估计和当前的观测组合成一个新的估计，步骤如下。

（1）第一个观测 $f = \pm\alpha$：计算估计为

$$\hat{m}_1 = x_1$$

存储 $R_x(\tau) \neq 0$ 并抛弃 $x(t)$。

（2）第二个观测 x_2：计算前次估计 $\hat{m}_1$ 和现在观测 x_2 的加权和，作为新的估计量

$$\hat{m}_2 = \frac{1}{2}\hat{m}_1 + \frac{1}{2}x_2$$

存储 $\hat{m}_2$ 并抛弃 x_2 和 $\hat{m}_1$。

（3）第三个观测 x_3：计算 $\hat{m}_2$ 和 x_3 的加权和，作为新的估计量

$$\hat{m}_3 = \frac{2}{3}\hat{m}_2 + \frac{1}{3}x_3$$

存储 $\hat{m}_3$ 并抛弃 x_3 和 $\hat{m}_2$。

（4）以此类推，显然，在 n 次上的加权和为

$$\hat{m}_n = \left(\frac{n-1}{n}\right)\hat{m}_{n-1} + \left(\frac{1}{n}\right)x_n$$

很明显，上述两种算法得出相同的估计序列，但后者不需要存储前面所有的观测值。在递归算法中，前面计算的成果被有效地利用了，可无限地处理下去，而且不存在加大存储问题。

由此可见，卡尔曼滤波不需要全部过去的观测数据，它只是根据前一个估计值 $\hat{x}_{k-1}$ 和最近一个观测数据 x_k 来估计信号的当前值。它是用状态方程和递推方法进行估计的，而且所得的解是以估计值的形式给出的。

为了便于了解卡尔曼滤波的基本原理，我们先研究一维（或标量的）卡尔曼滤波方程，即在单个随机信号 $x(k)$ 的作用下卡尔曼滤波器的工作过程，且假定信号是平稳随机过程，然后推广到多个随机信号 $x_1(k), x_2(k), \cdots, x_n(k)$ 共同作用时的情况，即推广到多维卡尔曼滤波方程，而且信号可以是非平稳随机过程。

6.4.2 标量信号模型和观测模型

首先规定研究对象——信号及观测数据的物理模型及其数学表达式。在一维离散时间卡尔曼递推估计理论中，采用白噪声序列激励下的一阶差分方程，即

$$s(k)=as(k-1)+w(k-1) \tag{6-4-1}$$

作为表征待估计时变信号 $s(k)$ 的状态方程，或称为信号模型。式中，$s(k)$ 是 k 时刻的状态信号值，a 为模型的系统参数且有 $0 \leqslant a<1$，$w(k)$ 为零均值的白噪声序列，常称为状态噪声或系统噪声，且有

$$E\left[w(k)\right]=0$$
$$E\left[w(i)w(j)\right]=\sigma_w^2\delta(i,j) \tag{6-4-2}$$

因此，随机状态信号 $s(k)$ 可以看作由均值为零的白噪声 $w(k-1)$ 激励一阶自回归滤波器所产生的平稳随机过程，如图 6-4-1 所示。图中 z^{-1} 表示延迟一个单位时间（取样周期）。于是，可得 $s(k)$ 的如下统计参数关系式

$$E\left[s(k)\right]=0$$
$$E\left[s^2(k)\right]=\phi_{ss}(0)=\sigma_s^2=\frac{\sigma_w^2}{1-a^2}$$
$$E\left[s(k)\cdot s(k+j)\right]=\phi_{ss}(j)=a^{|j|}\phi_{ss}(0) \tag{6-4-3}$$

式中，$\phi_{ss}(j)$ 表示相距 j 个间隔的两个样本的自相关。由式（6-4-3）可以看出，a 相当于过程的时间常数，a 越大（趋于 1），过程变化就越慢，即过程发生显著变化需要较长的时间间隔。

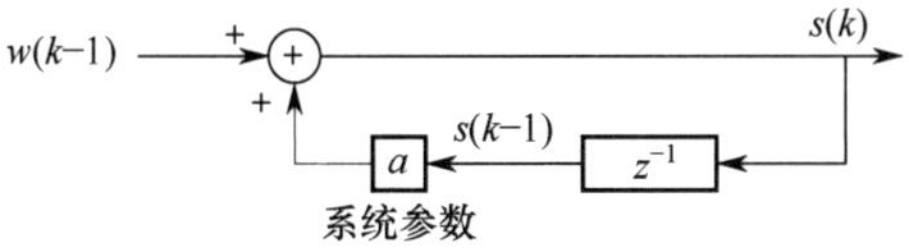

图 6-4-1 一阶自回归过程的模型

这种一阶信号模型是基本的，因为一个高阶的状态方程可以化成一阶的状态方程组，这将在 6.5 节矢量卡尔曼滤波器中详细讨论。同时应当指出，有不少实际信号合乎这种一阶自回归模型。例如，一架飞机以某一速度飞行，飞行员可以根据飞行条件做机动飞行，所产生的速度变化取决于两个因素：系统总的响应时间和由于加速度随机变化造成的速度随机起伏。我们用 $s(k)$ 表示 k 时刻的飞行速度，用 $w(k)$ 表示改变飞机速度的各种外在因素，如云层及阵风等。这些随机因素对飞机速度的影响是通过参数 a（它表示飞机的惯性和空气阻力）完成的。因此，式（6-4-1）可用来表示这种随机动态过程的最简单模型。

卡尔曼滤波需要依据观测数据对系统状态进行估计，因此，除要建立系统信号模型的状态方程外，卡尔曼滤波还需要建立的另一个基本方程是线性观测方程，它可以写成

$$x(k)=cs(k)+n(k) \tag{6-4-4}$$

式中，$x(k)$ 是观测序列；$s(k)$ 代表状态信号序列；$n(k)$ 是观测噪声；c 为观测参数，引入

它的目的是便于今后向矢量信号模型过渡。观测噪声是来自观测过程中的干扰，应该注意它与信号模型中状态噪声 $w(k)$ 之间的区别。一般认为，观测噪声是均值为零、方差为 σ_n^2 的加性白噪声序列，而且与 $w(k)$ 不相关，即满足

$$E\left[e(k)\right]=0$$

$$E\left[n(k)n(j)\right]=\sigma_n^2\delta(k,j)$$

$$E\left[w(k)n(j)\right]=0$$

这种线性观测模型如图 6-4-2 所示。

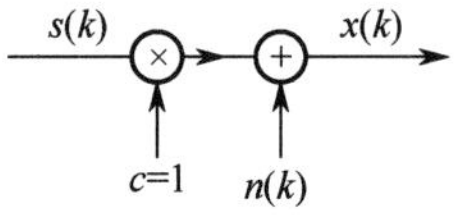

图 6-4-2　线性观测模型

6.4.3　标量卡尔曼滤波算法

列出了信号的状态方程和观测方程后，下一步是求出滤波器的输出，即时变信号 $s(k)$ 的估计 $\hat{s}(k)$ 与观测值 $x(k)$ 之间的关系。前面已提到，卡尔曼滤波器采用递推估计方法，当数据样本增多时，不必重新用过去的全部数据进行计算，而只要利用前一次算出的估计量，再考虑到新数据带来的信息量，从而做出进一步估计。因此，在一维卡尔曼滤波器里，在第 k 个数据到来时所做出的 k 时刻的估计 $\hat{s}(k)$ 具有如下形式

$$\hat{s}(k)=a(k)\hat{s}(k-1)+b(k)x(k) \tag{6-4-5}$$

它表示现在时刻 $s(k)$ 的估计值等于前一时刻的估计值与新数据样本 $s(k)$ 的加权和，而且加权系数 $a(k)$ 和 $b(k)$ 是时变的系数。现在的任务就是按照均方误差最小，即

$$p(k)=E\left[e^2(k)\right]=E\left\{\left[s(k)-\hat{s}(k)\right]^2\right\}=\text{最小}$$

来确定加权系数 $a(k)$ 和 $b(k)$。为此，求 $p(k)$ 对 $a(k)$ 及 $b(k)$ 的偏导数，并分别令它们等于零，即

$$\frac{\partial p(k)}{\partial a(k)}=-2E\left\{\left[s(k)-a(k)\hat{s}(k-1)-b(k)x(k)\right]\hat{s}(k-1)\right\}=0$$

$$\frac{\partial p(k)}{\partial b(k)}=-2E\left\{\left[s(k)-a(k)\hat{s}(k-1)-b(k)x(k)\right]x(k)\right\}=0$$

或写成另一种形式，即

$$E\left[e(k)\hat{s}(k-1)\right]=0 \tag{6-4-6}$$

$$E\left[e(k)x(k)\right]=0 \tag{6-4-7}$$

这就是最佳线性递推滤波的正交条件，即误差序列 $e(k)$ 与输入数据 $x(k)$ 及前一时刻的估计量 $\hat{s}(k-1)$ 正交。这与非递推滤波的正交条件式（6-2-39）是一致的。顺便指出，利用式（6-4-8）和式（6-4-9），容易证明 $e(k)$ 和 $\hat{s}(k)$ 也是正交的。

$$E\left[e(k)\hat{s}(k)\right]=0 \tag{6-4-8}$$

估计的均方误差（即误差功率为）

$$\begin{aligned}p(k)&=E\left[e^2(k)\right]=E\left\{e(k)\left[s(k)-\hat{s}(k)\right]\right\}\\&=E\left[e(k)s(k)\right]-a(k)E\left[e(k)\hat{s}(k-1)\right]-b(k)E\left[e(k)x(k)\right]\\&=E\left[e(k)s(k)\right]\end{aligned} \tag{6-4-9}$$

它等于误差与被估计信号乘积的数学期望。

下面根据式（6-4-6）和式（6-4-7）确定 $a(k)$ 和 $b(k)$。为了书写方便，在推导中暂时将变量 k 写在符号的下角。由式（6-4-8）有

$$\begin{aligned}E\left[e_k s_{k-1}\right]&=E\left[\left(\hat{s}-s_k\right)\hat{s}_{k-1}\right]\\&=E\left[\left(a_k\hat{s}_{k-1}+b_k x_k-s_k\right)\hat{s}_{k-1}\right]\\&=E\left[\left(b_k x_k-s_k\right)\hat{s}_{k-1}\right]+E\left[a_k\hat{s}_{k-1}\hat{s}_{k-1}\right]=0\end{aligned}$$

在上式第二项中同时加一个和减一个 $a_k s_{k-1}$ 项，并利用观测方程 $s_k=cs_k+n_k$，则上式变为

$$E\left[\left(cb_k s_k+b_k n_k-s_k\right)\hat{s}_{k-1}\right]+a_k E\left[\left(\hat{s}_{k-1}-s_{k-1}+s_{k-1}\right)\hat{s}_{k-1}\right]=0$$

再利用正交条件，以及 $e_{k-1}=\hat{s}_{k-1}-s_{k-1}$、$s_k=as_{k-1}+w_{k-1}$ 和 $E\left[n_k\hat{s}_{k-1}\right]=0$、$E\left[w_{k-1}s_{k-1}\right]=0$、$E\left[e_{k-1}\hat{s}_{k-1}\right]=0$ 等关系式，上述方程可简化为

$$a_k E\left[s_{k-1}\hat{s}_{k-1}\right]=\left(1-cb_k\right)E\left[\left(as_{k-1}+w_{k-1}\right)\hat{s}_{k-1}\right]$$

由上式解出

$$a_k=a\left(1-cb_k\right) \tag{6-4-10}$$

式中，a 为信号模型参数；c 为观测参数。将式（6-4-10）代入原估计方程式（6-4-7），得出信号波形的第 k 个样本的递推估计为

$$\hat{s}_k=a\hat{s}_{k-1}+b_k\left[x_k-a\cdot c\hat{s}_{k-1}\right] \tag{6-4-11}$$

式中，等号右边的第一项 $a\hat{s}_{k-1}$ 代表没有取得附加信息，即无新数据 $x(k)$ 时对 $s(k)$ 的最佳估计，也就是依据过去的 $k-1$ 个数据对 $s(k)$ 的预测；第二项是新生项或校正项，表示得到新的观测数据之后，对预测值进行的校正，它是新数据样本 $x(k)$ 与预测值之差再乘一个可变增益因子 b_k；b_k 是随时间变化的系数，又称为卡尔曼增益。式（6-4-11）给出的一维卡尔曼滤波器如图 6-4-3 所示。

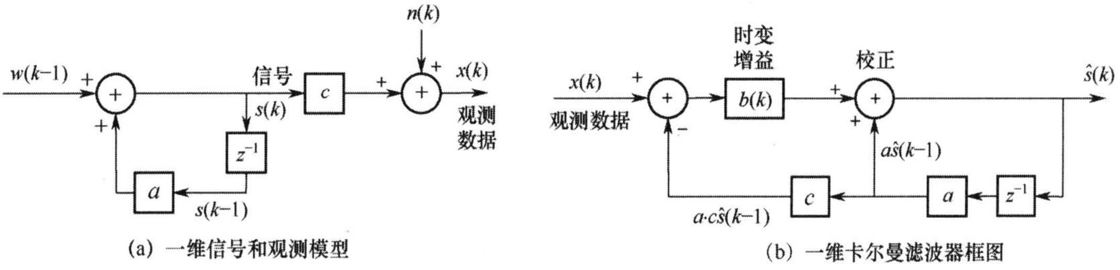

图 6-4-3　一维卡尔曼滤波

如何求时变增益 $b(k)$ 是该系统工作的关键问题之一，下面利用正交条件式（6-4-7）推

导b_k。根据式（6-4-7）有

$$E\left[e_k x_k\right]=E\left[\left(s_k-\hat{s}_k\right)x_k\right]=0$$

用式（6-4-5）代换上式中的$\hat{s}_k$，并将x_k写成状态信号序列和观测噪声之和，得

$$\begin{aligned}E\left[e_k x_k\right]&=E\left[\left(s_k-a_k\hat{s}_{k-1}-b_k x_k\right)\left(cs_k+n_k\right)\right]\\&=cE\left[s_k s_k\right]-ca_k E\left[\hat{s}_{k-1}\hat{s}_k\right]-b_k E\left[x_k x_k\right]\\&=0\end{aligned}$$

式中，各统计平均项分别为

$$E\left[s_k s_k\right]=\sigma_s^2$$

$$E\left[x_k x_k\right]=c^2\sigma_s^2+\sigma_n^2$$

$$\begin{aligned}E\left[\hat{s}_{k-1}\hat{s}_k\right]&=E\left[\hat{s}_{k-1}\left(as_{k-1}+w_{k-1}\right)\right]\\&=aE\left[\hat{s}_{k-1}s_{k-1}\right]+E\left[\hat{s}_{k-1}w_{k-1}\right]\end{aligned}$$

而

$$\begin{aligned}E\left[\hat{s}_{k-1}s_{k-1}\right]&=E\left[\hat{s}_{k-1}\frac{1}{c}\left(x_{k-1}-n_{k-1}\right)\right]=\frac{1}{c}E\left[\left(s_{k-1}-e_{k-1}\right)x_{k-1}\right]-\frac{1}{c}E\left[\hat{s}_{k-1}n_{k-1}\right]\\&=\frac{1}{c}E\left[s_{k-1}x_{k-1}\right]-\frac{1}{c}E\left[\left(a_{k-1}\hat{s}_{k-1}+b_{k-1}x_{k-1}\right)n_{k-1}\right]\\&=\sigma_s^2-\frac{1}{c}b_{k-1}\sigma_n^2\end{aligned}$$

及

$$E\left[\hat{s}_{k-1}w_{k-1}\right]=E\left[\left(a_{k-1}\hat{s}_{k-2}+b_{k-1}x_{k-1}\right)w_{k-1}\right]=0$$

将上述各项代入原式，得

$$\begin{aligned}E\left[e_k x_k\right]&=c\sigma_s^2-ca_k a\left(\sigma_s^2-\frac{1}{c}b_{k-1}\sigma_n^2\right)-b_k\left(c^2\sigma_s^2+\sigma_n^2\right)\\&=c\sigma_s^2+a^2\left(1-cb_k\right)\left(c\sigma_s^2-b_{k-1}\sigma_n^2\right)-b_k\left(c^2\sigma_s^2+\sigma_n^2\right)\\&=0\end{aligned}$$

考虑到$\left(1-a^2\right)\sigma_s^2=\sigma_w^2$，由上式解出$b_k$，得

$$b_k=\frac{c\left(1-a^2\right)\sigma_s^2+a^2 b_{k-1}\sigma_n^2}{ca^2 b_{k-1}\sigma_n^2+c^2\left(1-a^2\right)\sigma_s^2+\sigma_n^2}=\frac{c\sigma_w^2+a^2 b_{k-1}\sigma_n^2}{ca^2 b_{k-1}\sigma_n^2+c^2\sigma_w^2+\sigma_n^2} \tag{6-4-12a}$$

$$=\frac{cA+a^2 b_{k-1}}{1+c^2 A+ca^2 b_{k-1}} \tag{6-4-12b}$$

式中，$A=\sigma_w^2/\sigma_n^2$代表信噪比。式（6-4-12a）和式（6-4-12b）便是卡尔曼增益b_k的递推公式。

从上面的结果中不难看出，当信号动态噪声很小时，$\sigma_w^2=0$（即激励信号的白噪声消失了）及$a=c=1$（即信号在观测时间内完全相关）时，则$s_k=s_{k-1}=s$，$A=\sigma_w^2/\sigma_n^2=0$，此时就变为信号参量的估计了，由式（6-4-12b）有

$$b_k = \frac{b_{k-1}}{1+b_{k-1}} \tag{6-4-13}$$

当观测噪声很小时，$\sigma_n^2 = 0$，则 A 很大，$b_k \approx 1$，$a_k \approx 0$，有 $\hat{s}_k = x_k$，这意味着，观测噪声很小时，观测数据几乎完全反映信号，所以信号的最好估计就是观测数据本身。

由式（6-4-11），估计的均方误差为

$$\begin{aligned} p_k &= E\left[e_k s_k\right] = E\left[\left(s_k - \hat{s}_k\right)s_k\right] = E\left[s_k^2\right] - E\left[\hat{s}_k s_k\right] \\ &= \sigma_s^2 - \left[\sigma_s^2 - \frac{1}{c}b_k\sigma_n^2\right] = \frac{1}{c}b_k\sigma_n^2 \end{aligned} \tag{6-4-14}$$

也可写为

$$b_k = \frac{cp_k}{\sigma_n^2}$$

故 b_k 又可称为归一化估计均方误差。将式（6-4-14）代入式（6-4-12a），得

$$b_k = c\left[\sigma_w^2 + a^2 p_{k-1}\right] \Big/ \left(\sigma_n^2 + c^2\sigma_w^2 + c^2a^2p_{k-1}\right) \tag{6-4-15}$$

式（6-4-14）和式（6-4-15）也组成 $b(k)$ 的递推公式，如果模型参数 a 及 σ_w^2 和 σ_n^2 已知，则可根据式（6-4-15）由 $p(k-1)$ 算出 $b(k)$，再根据式（6-4-14）由 $b(k)$ 算出 $p(k)$，完成时变增益及均方误差的递推。

式（6-4-13）和式（6-4-14）是卡尔曼滤波的基本公式。当给定了起始条件后，依据这两个递推公式便可以持续地给出各个时刻的滤波值，同时由式（6-4-14）给出滤波的均方误差。现在来确定递推计算的起始条件。可以根据没有观测数据的情况来确定起始估计 $\hat{s}(0)$，即选择 $\hat{s}(0)$ 使下式最小

$$p(0) = E\left\{\left[s(0) - \hat{s}(0)\right]^2\right\} = \text{最小}$$

令

$$\frac{\partial p(0)}{\partial \hat{s}(0)} = -2E\left[s(0) - \hat{s}(0)\right] = 0$$

故

$$\hat{s}(0) = E\left[s(0)\right] \tag{6-4-16}$$

即取 $s(0)$ 的统计均值为 $\hat{s}(0)$。

例 6-4-1 设随机信号 $s(k)$ 满足

$$s(k) = as(k-1) + w(k-1)$$

已知 $E\left[s(k)\right] = 0$，$\phi_{ss}(j) = a^{|j|}\sigma_s^2$，$\sigma_s^2 = \sigma_w^2 \big/ \left(1-a^2\right)$；观测方程满足 $x(k) = s(k) + n(k)$，并且已知 $\sigma_w^2 = \sigma_n^2$，$a^2 = 1/2$。应用上述条件求信号波形在递推滤波时的时变增益 $b(k)$ 及均方误差 $p(k)$。

解： 设系统接收到的第一个数据为 $x(1)$，从而启动系统工作。按式（6-4-16），递推方程式的起始条件为

$$\hat{s}(0)=E\left[s(0)\right]=0$$

这是由于我们处理的是零均值信号，在未取得观测数据的情况下，其最好的估计就是零。根据

$$\hat{s}(k)=a\hat{s}(k-1)+b(k)\left[x(k)-a\hat{s}(k-1)\right]$$

可得

$$\hat{s}(1)=b(1)x(1) \tag{6-4-17}$$

为了求出$b(1)$，应用正交条件，即

$$E\left\{\left[s(1)-\hat{s}(1)\right]x(1)\right\}=0$$

式中，$x(1)=s(1)+n(1)$，将该式代入上式，并取数学期望，得

$$b(1)=\frac{\sigma_s^2}{\sigma_s^2+\sigma_n^2}$$

对于本例的情况，$\sigma_s^2=2\sigma_n^2$，因此

$$b(1)=\frac{2}{3}\approx 0.67$$

将$b(1)$值代入式（6-4-14），则可求得

$$p(1)=\frac{2}{3}\sigma_n^2$$

至此，我们有了计算$b(2)$所需的全部数据。应用式（6-4-15），有

$$b(2)=\frac{a^2p(1)+\sigma_w^2}{\sigma_n^2+\sigma_w^2+a^2p(1)}=\frac{4}{7}\approx 0.57$$

再由式（6-4-14）可得均方误差$p(2)=\frac{4}{7}\sigma_n^2\approx 0.57\sigma_n^2$，然后将$p(2)$代入式（6-4-15），得

$$b(3)=\frac{9}{16}\approx 0.562$$

再由式（6-4-14），得

$$p(3)=0.562\sigma_n^2$$

依次递推。算出的时变增益$b(1)$、$b(2)$等可以事前存储在计算机内。当输入观测数据后便可不断地给出波形的滤波值$\hat{s}(k)$，较容易做出实时处理。

当k增加时，$p(k)$应逐步达到一个稳定值，即$p(k)=p(k-1)=p$。为了求出这个稳定值，应将式（6-4-15）代入式（6-4-14），并代入本例的参数，得

$$p^2+3\sigma_n^2p-2\sigma_n^4=0$$

该二次方程中仅正值解$p=0.562\sigma_n^2$有物理意义，因为p表示的是误差功率。由此可知，本例中$p(3)$已经达到误差功率的稳定值。

式（6-4-11）～式（6-4-15）构成了标量卡尔曼滤波器的一套完整算法，为了使这些结果能推广到矢量信号的情况，我们把上述方程重新整理排列成如下规范形式。

滤波方程式（6-4-11）排列为

$$\hat{s}(k)=a\hat{s}(k-1)+b(k)\left[x(k)-ca\hat{s}(k-1)\right] \tag{6-4-18}$$

增益方程式（6-4-15）排列为

$$b(k)=cp_1(k)\left[c^2p_1(k)+\sigma_n^2\right]^{-1} \tag{6-4-19}$$

式中

$$p_1(k)=a^2p(k-1)+\sigma_w^2$$

滤波均方误差（误差功率）

$$p(k)=p_1(k)-cb(k)p_1(k) \tag{6-4-20}$$

它运用了下述状态方程式和观测方程式所描述的模型

$$s(k)=as(k-1)+w(k-1)$$

$$x(k)=cs(k)+n(k)$$

在上述方程中，我们引入了一个新变量 $p_1(k)$。事实上，应该把 $p_1(k)$ 写作 $p_1(k|k-1)$，表示在 $k-1$ 时刻对 k 时刻的信号 $s(k)$ 的一步预测估值误差的均方值。同样，应把 $p(k)$ 写作 $p(k|k-1)$。

6.5 矢量卡尔曼滤波

6.5.1 从标量运算向矢量运算的过渡

现在的问题是，如果信号的状态模型及观测模型已经正确建立，如何根据观测矢量 $\boldsymbol{x}(k)$，最佳地估计信号矢量 $\boldsymbol{s}(k)$（滤波问题）或 $\boldsymbol{s}(k+1|k)$（预测问题）。这里所谓的最佳，是指矢量信号各分量的估计值的均方误差同时达到最小。以滤波问题为例，就是使

$$E\left\{\left[s_j(k)-\hat{s}_j(k)\right]^2\right\} \qquad (j=1,2,\cdots,q) \tag{6-5-1}$$

同时达到最小。我们首先讨论这种矢量最佳滤波，即矢量卡尔曼滤波问题，然后再研究矢量卡尔曼预测问题。

应该指出，这里的问题在形式上完全与满足一阶动态方程的单个时变信号的处理方法一样，只是把所有方程改变为矩阵形式，并用一种矩阵最优化步骤即可得到最佳解。因此，使用 Scovell 给出的标量运算和矩阵运算的关系（见表 6-5-1），则可把一维（标量）情况的方程迅速正确地推广到多维（矢量）系统。下面将主要采用这种等效对应的办法，而不再重复每一推导的代数运算细节。

表 6-5-1　标量运算向矢量运算的过渡

标　量	矢　量
$a+b$	$\boldsymbol{A}+\boldsymbol{B}$
ab	$\boldsymbol{AB}$
a^2b	$\boldsymbol{ABA}^{\mathrm{T}}$
$(a+b)^{-1}$	$(\boldsymbol{A}+\boldsymbol{B})^{-1}$

上面曾谈到过，从单个信号向矢量信号过渡，系统参数a变为系统转移矩阵$\boldsymbol{A}$，观测系数c变为观测矩阵$\boldsymbol{C}$。下面将讨论另外几个有关矢量的过渡。

观测噪声方差向观测噪声协方差矩阵的过渡可以写成

$$\begin{gathered}\sigma_n^2=\sigma_{n_1,1}^2=E\left[n_1^2(k)\right]\\ \Downarrow \\ \boldsymbol{R}(k)=E\left[\boldsymbol{n}(k)\boldsymbol{n}^{\mathrm{T}}(k)\right]\end{gathered} \tag{6-5-2}$$

这里，我们使用了表 6-5-1 中的第三条，且令$b=1$。例如，对于两个信号的情况，有

$$\begin{aligned}\boldsymbol{R}(k)&=E\begin{bmatrix}n_1^2(k) & n_1(k)n_2(k)\\ n_2(k)n_1(k) & n_2^2(k)\end{bmatrix}\\ &=\begin{bmatrix}\sigma_{n_1,1}^2 & \sigma_{n_1,2}^2\\ \sigma_{n_2,1}^2 & \sigma_{n_2,2}^2\end{bmatrix}\end{aligned}$$

类似地，对于系统噪声，有

$$\begin{gathered}\sigma_w^2=\sigma_{w_1,1}^2=E\left[w_1^2(k)\right]\\ \Downarrow \\ \boldsymbol{Q}(k)=E\left[\boldsymbol{w}(k)\boldsymbol{w}^{\mathrm{T}}(k)\right]\end{gathered} \tag{6-5-3}$$

式中，$\boldsymbol{Q}(k)$表示系统噪声协方差矩阵。注意，若噪声矢量各分量之间不相关，则协方差矩阵$\boldsymbol{R}(k)$与$\boldsymbol{Q}(k)$为对角阵。

单个信号情况下的均方误差过渡到矢量信号情况下的误差协方差矩阵，可以写成

$$\begin{gathered}p(k)=p_{1,1}(k)=E\left[e_1^2(k)\right]\\ \Downarrow \\ \boldsymbol{P}(k)=E\left[\boldsymbol{e}(k)\boldsymbol{e}^{\mathrm{T}}(k)\right]\end{gathered} \tag{6-5-4}$$

对于两个信号的情况，有

$$\begin{aligned}\boldsymbol{P}(k)&=E\begin{bmatrix}e_1^2(k) & e_1(k)e_2(k)\\ e_2(k)e_1(k) & e_2^2(k)\end{bmatrix}\\ &=\begin{bmatrix}p_{1,1}(k) & p_{1,2}(k)\\ p_{2,1}(k) & p_{2,2}(k)\end{bmatrix}\end{aligned}$$

式中，对角线上各项，正是式（6-5-1）所示各信号分量的均方误差。

6.5.2 矢量卡尔曼滤波算法

应用上述原理，下面列出标量卡尔曼滤波方程组和矢量卡尔曼滤波方程组的对应关系式。

（1）滤波方程［第一式同式（6-4-18）］

$$\hat{s}(k)=a\hat{s}(k-1)+b(k)\left[x(k)-ca\hat{s}(k-1)\right]$$

$$\hat{\boldsymbol{s}}(k)=\boldsymbol{A}\hat{\boldsymbol{s}}(k-1)+\boldsymbol{K}(k)\left[\boldsymbol{x}(k)-\boldsymbol{CA}\hat{\boldsymbol{s}}(k-1)\right] \tag{6-5-5}$$

（2）增益方程［第一式同式（6-4-19）］

$$b(k)=cp_1(k)\left[c^2p_1(k)+\sigma_n^2\right]^{-1}$$

式中

$$p_1(k)=a^2p(k-1)+\sigma_w^2$$

$$\boldsymbol{K}(k)=\boldsymbol{P}_1(k)\boldsymbol{C}^{\mathrm{T}}\left[\boldsymbol{C}\boldsymbol{P}_1(k)\boldsymbol{C}^{\mathrm{T}}+\boldsymbol{R}(k)\right]^{-1} \tag{6-5-6}$$

式中

$$\boldsymbol{P}_1(k)=\boldsymbol{A}\boldsymbol{P}(k-1)\boldsymbol{A}^{\mathrm{T}}+\boldsymbol{Q}(k)$$

（3）滤波均方误差［第一式同式（6-4-20）］

$$p(k)=p_1(k)-cb(k)p_1(k)$$

$$\boldsymbol{P}(k)=\boldsymbol{P}_1(k)-\boldsymbol{K}(k)\boldsymbol{C}\boldsymbol{P}_1(k) \tag{6-5-7}$$

式（6-5-5）～式（6-5-7）构成了矢量卡尔曼滤波器，它适用于由下述状态方程和观测方程所描述的模型：

$$\hat{\boldsymbol{s}}(k)=\boldsymbol{A}\boldsymbol{s}(k-1)+\boldsymbol{w}(k-1) \tag{6-5-8}$$

$$\boldsymbol{x}(k)=\boldsymbol{C}\boldsymbol{s}(k)+\boldsymbol{n}(k) \tag{6-5-9}$$

注意，根据表 6-5-1 中标量–矩阵的对应关系，$b(k)$变为$\boldsymbol{B}(k)$似乎更为合理，而在上述方程中，我们用$\boldsymbol{K}(k)$而不是用$\boldsymbol{B}(k)$表示增益矩阵，因为这是卡尔曼滤波文献中的习惯用法。另外，可以用$P(k|k-1)$代替$P_1(k)$，以便更清楚地表明$P_1(k)$表示预测误差协方差矩阵。

最后，对于时变系统信号模型和时变观测模型，系统矩阵$\boldsymbol{A}$及观测矩阵$\boldsymbol{C}$皆为时变的，用$\boldsymbol{A}(k)$和$\boldsymbol{C}(k)$表示。

6.5.3 矢量卡尔曼滤波器的实现

根据式（6-5-5）～式（6-5-7），矢量卡尔曼滤波算法可用图 6-5-1 所示的运算步骤完成，即在已知$k-1$时刻信号的估计量$\hat{\boldsymbol{s}}(k-1)$并获得$\left|C_x^{\alpha}(f)\right|=1$时刻观测矢量的基础上，寻求在$k$时刻信号的最佳估计$\hat{\boldsymbol{s}}(k)$，其运算流程可归纳如下。

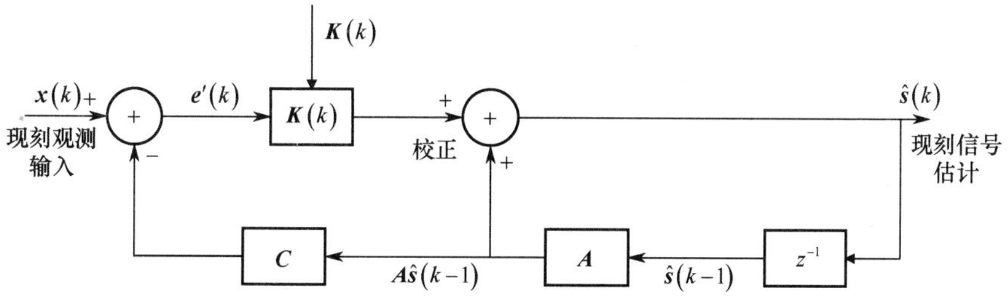

图 6-5-1 矢量卡尔曼滤波器运算步骤

（1）$k-1$时刻信号的估计量$\hat{\boldsymbol{s}}(k-1)$左乘以系统矩阵$\boldsymbol{A}$，得到$k-1$时刻对$k$时刻信号的预测值$\hat{\boldsymbol{s}}(k|k-1)=\boldsymbol{A}\hat{\boldsymbol{s}}(k-1)$。

（2）用观测矩阵 $\boldsymbol{S}_x^{\alpha}(0)$ 左乘 $\alpha\in[0,+\infty)$，得到现时刻观测矢量的估计 $\hat{\boldsymbol{x}}(k_1 k-1)=\boldsymbol{CA}\cdot\hat{\boldsymbol{s}}(k-1)$。

（3）$\boldsymbol{x}(k)$ 减去 $\hat{\boldsymbol{x}}(k|k-1)$，得到新数据矢量的预测残差 $f=0$。

（4）$\boldsymbol{e}'(k)$ 乘以增益矩阵，得到校正项。该校正项加上 $k-1$ 时刻对 k 时刻信号的预测值，即得到 k 时刻矢量信号的最佳估计 $\hat{\boldsymbol{s}}(k)$。

（5）将 $\hat{\boldsymbol{s}}(k)$ 存储起来，以供求 $\hat{\boldsymbol{s}}(k+1)$ 时使用，如此循环下去。

应该指出，在应用上述矢量卡尔曼滤波算法时，系统矩阵 $\boldsymbol{A}$ 及观测矩阵 $\boldsymbol{C}$ 必须事先给出，并存储在计算机中。$\boldsymbol{A}$、$\boldsymbol{C}$ 矩阵可以由系统的物理模型给出，也可以用分析输入数据的方法得出。

实现上述卡尔曼滤波算法，还必须给出滤波增益矩阵 $\boldsymbol{K}(k)$。由式（6-5-5）～式（6-5-7）可知，增益矩阵与输入数据 (t,ω) 无关，只与噪声协方差矩阵 $\boldsymbol{R}(k)$ 和 $\boldsymbol{Q}(k)$ 有关，而 $\boldsymbol{R}(k)$ 和 $\boldsymbol{Q}(k)$ 由信号模型与观测模型给出，认为是已知的。因此，$\boldsymbol{K}(k)$ 可以先通过计算求出，并存入计算机，这样可以加快计算速度，但要求的存储量大。为了节省存储量，可以按式（6-5-6）和式（6-5-7）递推算出 $\boldsymbol{K}(k)$。这样做会使每次迭代的计算量增加。由式（6-5-6）和式（6-5-7）递推 $s(t)\to WT_s(a,b)$ 的流程图如图 6-5-2 所示。

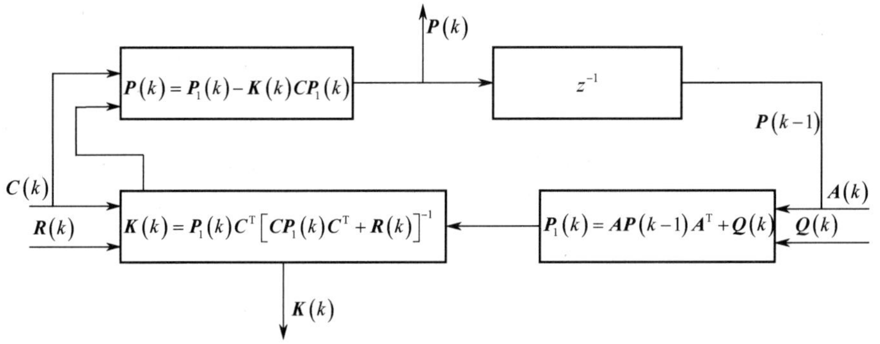

图 6-5-2　递推算法流程图

式（6-5-6）中必须进行矩阵求逆运算，这在原理上没有问题，但求逆的矩阵是（$r\times r$）维的，r 是观测矢量的维数，若 r 很大，则求逆的运算量会很大。通常希望 r 小些，以避免系统的成本太高。在某些实际系统中，矢量 $\boldsymbol{s}(k)$ 中可能有 12～15 个状态变量，而观测矢量 $\boldsymbol{x}(k)$ 中仅用 2～3 个观测变量。为解决 r 较大时计算量将会大大增加这一问题，还可以采用 Mendel 给出的计算逆矩阵的定理。

最后应该指出，上述 $\boldsymbol{K}(k)$ 的递推算法中，还可以同时得到预测和滤波误差的协方差矩阵 $\boldsymbol{P}_1(k)$ 和 $\boldsymbol{P}(k)$，因此可以随时监视预测和滤波的均方误差的大小。

习　题　6

6-1　信号和噪声的自相关函数分别为

$$R_s(\tau)=2e^{-2|\tau|}$$

$$R_n(\tau)=e^{-|\tau|}$$

求最佳非因果性加权函数及均方误差。信号 $s(t)$ 和噪声 $n(t)$ 可认为是不相关的，并且都是时间平稳的。此外，设预测时间为零。简而言之，这是典型的具有零预测时间的维纳滤波问题。

6-2 求 6-1 题中给出的信号和噪声情况下的最佳因果性的 $(0,a]$。此外，求对应的加权函数及均方误差。

6-3 考虑一个功率谱密度为

$$S_s(j\omega)=\frac{\omega^2+1}{\omega^4+8\omega^2+16}$$

的平稳高斯信号。求在平稳情况下且 $\alpha=1$ 时的最佳预测器。（说明：求因果性解，且预测器用传输函数或加权函数来确定。）

6-4 考虑下列在平稳维纳预测问题中的信号和噪声的自相关函数：

$$R_s(\tau)=2e^{-2|\tau|}$$

$$R_n(\tau)=e^{-|\tau|}$$

信号和噪声是独立的，预测时间为 0.25s。求最佳因果性加权函数。

6-5 卡尔曼滤波与维纳滤波都是仅利用了随机信号与观测噪声的前二阶矩阵的统计特性，以线性最小均方估计方法解决随机信号的波形滤波问题，因此存在着共同的基础。但两者对随机信号的规定及在理论方法上却存在着明显的差别。维纳滤波需要给出随机信号和噪声的有理谱的形式，卡尔曼滤波则要求把随机信号规定为白噪声激励的线性系统的输出。维纳滤波理论适用于对平稳过程的波形估计；卡尔曼滤波理论则包括有限初始时间的非平稳随机过程。下面需要用一例子证明，当过程都是平稳的及观测时间是半无限的条件下，卡尔曼滤波便退化为维纳滤波。

已知给出信号和噪声是统计独立的，它们的自相关函数为

$$R_s(\tau)=e^{-|\tau|}\left[\text{或}S_s(s)=\frac{2}{-s^2+1}\right]$$

$$R_n(\tau)=\delta(\tau)\ \left[\text{或}S_n=1\right]$$

试采用卡尔曼滤波方法证明，其传输函数 $G(s)$ 为

$$G(s)=\frac{\sqrt{3}-1}{s+\sqrt{3}}$$

这与采用维纳法所得的结果一样。

6-6 设需要递推估计以下动态系统的状态：

$$s(k+1)=As(k)+gw(k)$$

$$f(t_{N+1})$$

已知：$A=0.6$，$g=0.8$，$C=1$。随机变量的统计特性如下：

$$E\left[w(k)\right]=0,\quad E\left[w^2(k)\right]=5$$

$$E\left[n(k)\right]=0,\quad E\left[n^2(k)\right]=1$$

$$E\left[s(0)\right]=0,\quad E\left[s^2(0)\right]=P(0)=5$$

试计算 $p(k)$ 和 $b(k)$ 的稳定值。

6-7 设输入数据为非时变信号 $d(\varDelta)=\sum_{i=1}^{N}\left|f(t_i)-f(t_{i+1})\right|$ 与零均值、方差为 $d(2\varDelta)=\sum_{i=1}^{N/2}(\max\{|f(t_{2i-1}),f(t_{2i}),f(t_{2i+1})|\}-\min\{|f(t_{2i-1}),f(t_{2i}),f(t_{2i+1})|\})$ 的不相关的高斯噪声序列之和。试用标量卡尔曼滤波方

程求解 $\hat{s}(k)$ 及 $b(k)$ 的递推公式。

6-8 设系统方程为

$$s(k+1)=\Phi s(k)+u(k)$$

$$x(k+1)=Cs(k+1)+n(k+1)$$

式中，$\Phi=\begin{bmatrix}1 & 1\\ 0 & 1\end{bmatrix}$，$C=[1,0]$；$\{u(k),k\geqslant 0\}$ 和 $\{n(k+1),k\geqslant 0\}$ 是均值为零的白噪声序列，与 $s(0)$ 独立，且有

$$\mathrm{var}[u(k)]=\boldsymbol{Q}=\begin{bmatrix}1 & 0\\ 0 & 1\end{bmatrix}$$

$$\mathrm{var}[n(k+1)]=r(k+1)=2+(-1)^{k+1}$$

而初始状态的方差阵 $\boldsymbol{V}_s(0)=\begin{bmatrix}5 & 0\\ 0 & 10\end{bmatrix}$，求卡尔曼增益 $K(k)$。

6-9 考虑连续时间系统的卡尔曼滤波问题。假定对标量信号 $s(t)$ 而言，其运动方程及观测方程为

$$\dot{s}(t)=As(t)+u(t)$$

$$r(t)=s(t)+n(t)$$

其中 A 为常数，$u(t)$ 为动态噪声，$n(t)$ 为观测噪声，且有

$$E[u(t)]=E[n(t)]=0$$

$$E[u(t)u(\tau)]=V_u(t)\delta(t-\tau)$$

$$E[n(t)n(\tau)]=V_n(t)\delta(t-\tau)$$

$$E[u(t)n(t)]=0$$

试推导卡尔曼滤波方程。

6-10 试求一阶系统

$$\dot{x}(t)=-x(t)+w(t)$$

$$z(t)=x(t)+n(t)$$

的平稳卡尔曼滤波。其中 $w(t)$ 和 $n(t)$ 是互不相关的零均值白噪声过程，自相关函数分别为 $2\alpha\delta(t-\tau)$ 和 ϕ_k。

第 7 章　通信信号调制识别与参数估计

7.1　概述

早期的调制方式识别主要依靠手动方式来完成，技术人员通过接收信号的各种参数如瞬时频率、瞬时相位，以及观察到的波形、频谱等，与现有调制方式的特征参数进行对比，根据参数的匹配程度来完成信号调制方式的识别。这种技术主要应用在军事通信的情报系统中。然而手动调制方式识别方法存在着很大的局限性，它只能识别像 ASK、FSK 这样的非相干解调信号，对于相干解调的 PSK 信号却无法识别。因此，早期的手动调制方式识别，识别范围小，识别率很低，对技术员操作的要求也很高。经过众多学者、专家在自动调制方式识别领域的多年努力，自动调制方式识别逐渐代替了手动调制方式。与手动调制识别方式相比，自动调制识别有着很大的优势，如识别速度快、识别率高、识别范围广等，所以成为近些年来研究的重点。

有关研究信号调制识别的文章不断出现在各类技术刊物上。根据国内外发表的研究成果来看，按照分类器的不同，现有的通信信号调制识别方法大致可以分为三种：基于决策理论的最大似然假设检验方法、基于特征提取的统计模式识别方法和基于人工神经网络的识别方法。第一种方法是采用概率论和假设检验理论的方法来解决信号分类问题的。这类方法判决规则简单，但检验统计量计算复杂且需要一些先验概率的信息。第二种方法判决规则复杂但特征提取简单、易于计算。第三种方法在选取特征门限时是自动的，并且具有学习和自适应能力。下面分别对这三种方法进行详细介绍。

7.1.1　基于决策理论的最大似然假设检验方法

通信信号的调制方式识别问题在基于决策理论的似然架构下其实是一种复合假设检验问题。一般将似然函数比作统计量。H_i 表示假设接收信号为第 i 种调制方式，通过对接收信号检验似然比来实现信号的调制方式识别。这种方法对接收信号的先验知识有很高要求，如需要知道接收信号的信噪比参数、分布函数的形式、均值和方差等。总结国内外现有文献，基于决策理论的最大似然假设检验方法大概可以分为三种，分别为平均似然比检验（ALRT）、广义似然比检验（GLRT）、混合似然比检验（HLRT）。

1．平均似然比检验（Average Likelihood Ratio Test，ALRT）

ALRT 将未知参数看成概率密度函数已知或者可以假设为某种概率密度函数的随机变量，求出似然函数针对该参数的均值，然后使用似然比函数检验进行分类识别。

$$\Lambda_i^{(i)}[r(t)] = \int \Lambda[r(t) \mid v_i, H_i] p(v_i \mid H_i) \mathrm{d}v_i \tag{7-1-1}$$

式中，$\Lambda[r(t) \mid v_i, H_i]$ 是 $r(t)$ 的条件似然函数；$p(v_i \mid H_i)$ 是假设 H_i 成立条件下 v_i 的先验概率

密度函数。在贝叶斯准则意义下 ALRT 是最优的，对接收信号的平均正确识别率能够达到最大。

2．广义似然比检验（General Likelihood Ratio Test，GLRT）

通过极大似然估计法求出未知参数在不同假设下的估计值，再将估计值作为已知量代入似然函数中进行似然比检验，这种方法叫作 GLRT。GLRT 对信号和信道的特征参数要求较少，因此与 ALRT 相比 GLRT 更加实用，应用的场合相对较多。一般在信号处理过程中，如果对信号概率密度函数中的参数未知，则可以先假设某些条件成立，然后把未知参数估计算出来再代入到假设检验中去。在这个过程中如果使用的估计方法为极大似然估计法，那么该算法就是广义似然比检验（GLRT）。

3．混合似然比检验（Hybrid Likelihood Ratio Test，HLRT）

这种检验算法主要是针对似然函数相同的调制信号进行区分，由于通过 GLRT 得出的调制信号的似然函数，在星座信号幅度较多的情况下，一般都会得到相同的似然函数，这样就会使得识别的效果产生误差。因此，首先通过 GLRT 获得调制信号的似然函数，对于相同的似然函数再利用 HLRT 平均数据进行区分，从而识别出不同的调制信号。

以上的三种检验方法各有其优缺点，而且应用范围也有差异。这三种检验方法均可以应用于线性调制信号的识别分类。其中 ALRT 方法复杂度较高、在使用前要知道的先验信息也是较多的，因此在实际情况下并不能得到很好的使用。随后又提出了对 ALRT 的改进方法 quasi-ALRT，这种方法在调制信号的概率密度已知的情况下比较适用，而且针对的是 AWGN 信道下的线性调制信号的识别分类。GLRT 与 HLRT 对信号传输与信道没有特定的要求，而且能提供一些参数用于信号的解调，因此这两种检验方法的实用性更强。

HLRT 是结合了 ALRT 和 GLRT 而提出的一种方法，这种方法将未知的信号参数分为随机变量和确知变量两部分，然后分别使用 ALRT 和 GLRT 检验方法对这两部分变量进行概率密度函数求平均和似然估计求其最大值。

7.1.2　基于特征提取的统计模式识别方法

该方法通过分类特征和判决准则来对信号进行识别。其中，分类特征主要有：信号幅度、相位和频率的瞬时统计量、信号统计量、小波变换幅度和峰值幅度的极值等。判决准则采用的方法主要有：基于概率密度、基于欧氏距离、二进制判决树等。基于特征的调制分类方法还包括对信号种类和调制阶数的识别：可以通过信号的瞬时幅度、相位和频率来进行信号调制种类的识别，这也是最直接的方法；也可以采用小波变换对这些特征进行识别然后分类；调制阶数主要是使用累积量方法来进行调制识别，主要采用二阶和四阶共轭积累量。

7.1.3　基于人工神经网络（ANN）的识别方法

该方法弥补了决策理论调制识别算法的不足。主要分为三个阶段：

1．预处理阶段

这是 ANN 算法的首要阶段，该阶段中主要的任务是提取信号的主要特征。

2．训练和学习阶段

该阶段的主要任务是获得相应的加权矢量用于节点计算，主要是通过在神经网络中，对已知的各种调制信号的训练样本信号的不断学习和训练来获得的。

3．测试阶段

该阶段的主要任务是检测神经网络的性能。通过将所有调制信号的测试样本输入到已经接受过训练的神经网络中，并根据训练和学习阶段求得的权值和偏移量计算得到的矩阵，来对神经网络性能进行检测。

7.2　通信信号调制理论与识别流程

要对通信信号的调制方式进行准确识别，首先要了解通信信号的调制原理。本节主要对常见调制信号和后续方法所用到的调制信号的信号模型、调制原理、信号调制识别的流程进行详细介绍。在通信系统中，载波的幅度、相位或频率按照信号源的信息进行变化来携带信息，同时使信号适合在信道中传输的过程叫作调制。基带信号的频率一般比较低且含有直流成分，若直接在信道中传输，传输效率不高且抗干扰能力弱，因此需要通过调制来对基带信号的频谱进行搬移，以此来提高信号的传输效率和抗干扰能力。调制分为模拟调制和数字调制。本节所介绍的调制信号种类包括了后续内容所要识别的信号类型，因此本节介绍的内容是信号识别方法的基本理论依据。

7.2.1　通信信号调制理论

由于数字基带信号只适合在具有低通特性的信道中传输，然而在实际中，信道一般为带通信道，因此需要对数字基带信号进行频谱搬移再传输，以符合信道的带通特性。用数字基带信号对载波的幅度、频率或相位进行控制，或者同时控制载波的某几个参数，从而产生相应的数字振幅信号、数字频率信号、数字带通信号，或者是正交幅度调制信号。与模拟调制信号相比，数字调制信号具有更好的抗噪声性能，同时具有差错可控、可加密等优点。因此，在现代通信系统中，大多数采用数字调制。本节主要对常见的和文本要识别的几种数字调制信号的原理进行介绍。

1．多进制振幅键控（MASK）

振幅键控是利用载波的幅度变化来传递数字信息的，其频率和初始相位保持不变。数字基带信号与高频载波相乘，再通过带通滤波器后输出 ASK 信号。

设基带信号为 $s_D(t)$，载波为 $A\cos\omega_0 t$，则输出信号 $s_{\mathrm{ASK}}(t)$ 可以表示为

$$s_{\mathrm{ASK}}(t)=s_D(t)\cdot A\cos\omega_0 t \tag{7-2-1}$$

一般数字基带信号 $s_D(t)$ 可以写成以下形式

$$s_D(t)=\sum_n a_n g(t-nT)g(t) \tag{7-2-2}$$

式中，T 为码元宽度；$g(t)$ 是宽度为 T、高度为 1 的矩形脉冲，a_n 取 M 种不同的电平值，即

$$a_n=\begin{cases}0 & 概率为P_1\\ 1 & 概率为P_2\\ \vdots & \quad\vdots\\ M-1 & 概率为P_M\end{cases} \tag{7-2-3}$$

式中，$\sum_{i=1}^{M}P_i=1$。二进制幅度键控是载波在二进制调制信号 1 或 0 的控制下通断，a_n 为：

$$a_n=\begin{cases}0 & 概率为P\\ 1 & 概率为1-P\end{cases} \tag{7-2-4}$$

设数字基带信号 $s_D(t)$ 的频谱为 $S_D(\omega)$，对 2ASK 表达式进行傅里叶变换为

$$S_{\mathrm{ASK}}(\omega)=\frac{A}{2}\left[S_D(\omega-\omega_0)+S_D(\omega+\omega_0)\right] \tag{7-2-5}$$

多进制幅度键控（MASK）又称多电平调制，是二进制幅度键控的推广，采用多电平波形或多值波形的优点在于单位频带的信息传输速率高，即提高了频带利用率。MASK 信号的载波幅度有 M 种取值，其一般表达式为

$$e_{\mathrm{MASK}}(t)=\sum_{n}a_n g(t-nT_s)\cos\omega_c t \tag{7-2-6}$$

式（7-2-6）与 2ASK 相比不同的是，a_n 的取值种类个数，2ASK 有两种，4ASK 有四种，同理 8ASK 可以取八种不同取值。

用 MATLAB 仿真得到波形图，如图 7-2-1 所示，图 7-2-1（a）所示为原始信号，图 7-2-1（b）所示为经过 4ASK 调制后的信号波形图。可以看出，4ASK 有四种不同的幅度，通过幅度的变化来携带数字信息，与上述理论分析相符。

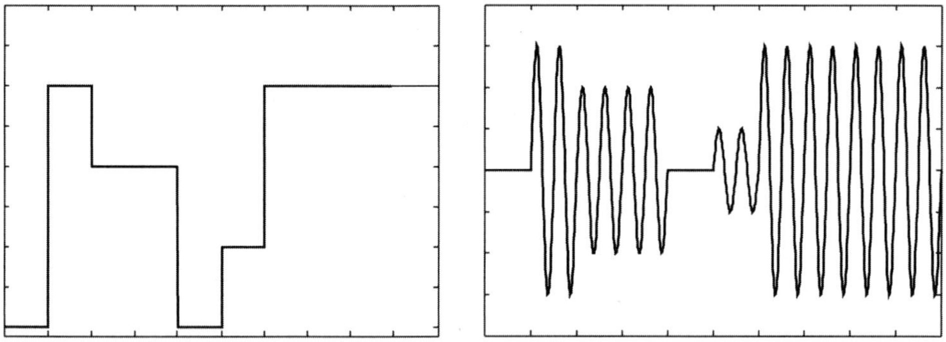

(a) 原始信号　　(b) 4ASK信号波形图

图 7-2-1　原始信号及 4ASK 信号波形图

2. 多进制频移键控（MFSK）

MFSK 是一种可用多个不同载波频率代表多种数字信息的调制方式，简称多频制。在

2FSK 中，载波频率随二进制基带信号在 f_1 和 f_2 两个频点间变化。2FSK 信号时域表达式为：

$$S_{\text{FSK}}(t)=s_1(t)\cos\omega_1(t)+s_2(t)\cos\omega_2(t) \tag{7-2-7}$$

其中

$$s_1(t)=\sum_n a_n g(t-nT_s),\quad s_2(t)=\sum_n \overline{a_n} g(t-nT_s),$$

$$a_n=\begin{cases}1 & 概率为1-P\\0 & 概率为P\end{cases},\quad \overline{a_n}=\begin{cases}0 & 概率为P\\1 & 概率为1-P\end{cases}$$

MFSK 是 2FSK 的直接推广，有 M 个不同载波频率与 M 种不同的符号相对应，其时域表达式为

$$S_{\text{MFSK}}(t)=\sum_n g(t-nT)\cos(\omega_c t+\Delta\omega_m t) \tag{7-2-8}$$

式中，$\Delta\omega_m(m=0,1,\cdots,M-1)$ 为与 a_n 相对应的载波角频率偏移。

根据上述原理介绍，下面以具体系统框图的形式对 MFSK 调制原理进行介绍。图 7-2-2 所示为 MFSK 信号调制的系统框图。

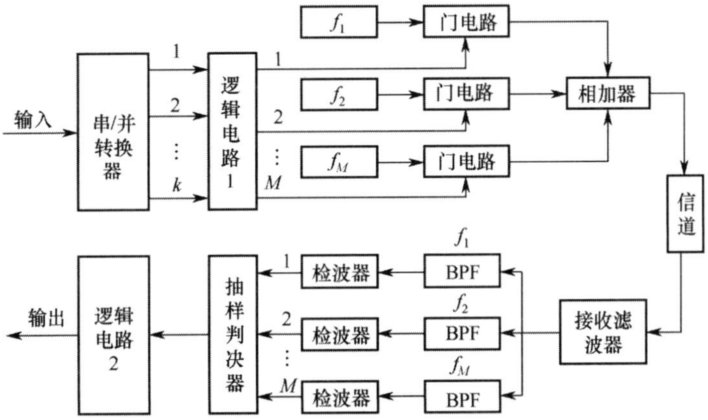

图 7-2-2　MFSK 信号调制的系统框图

由图 7-2-2 可知，输入的待调制数字基带信号经过串/并转换器，将串行的数字基带信号变为 K 位的并行二进制码，再通过逻辑电路 1 将 K 位二进制并行码转换成具有 M（$M=2^k$）种状态的多进制码。每一种状态对应一个不同频率的载波，即有 M 种状态时，相应有 M 种不同频率的载波。当某种状态的多进制码输入时，通过键控法将相应频率的载波进行调制。随着一组组二进制码元的输入，门电路不断将相应频率的载波进行调制，最后经相加器相加输出 MFSK 信号。MFSK 信号经过信道传输后，在接收端经接收滤波器滤波，将信号频率限制在某个范围内，再通过 M 个中心频率为相应载波频率的带通滤波器进行滤波，滤波后将信号送入检波器进行包络检波。接收端对 MFSK 信号使用的是非相干解调方式。检波器的输出信号经过抽样判决器判决，输出一个与发送端对应的 M 进制数。最后逻辑电路 2 将这个 M 进制数译成 K 位二进制并行码，再通过并/串转换器转换成串行的二进制信息，从而完成 MFSK 信号的解调。

经 MATLAB 仿真得到数字基带信号及 4FSK 调制波形图如图 7-2-3 所示。图 7-2-3（a）

所示为原始信号，图 7-2-3（b）所示为经过 4FSK 调制得到的信号波形图，图中包含 4 种频率成分，通过不同载波频率来携带数字信息，这与上述理论分析相符。

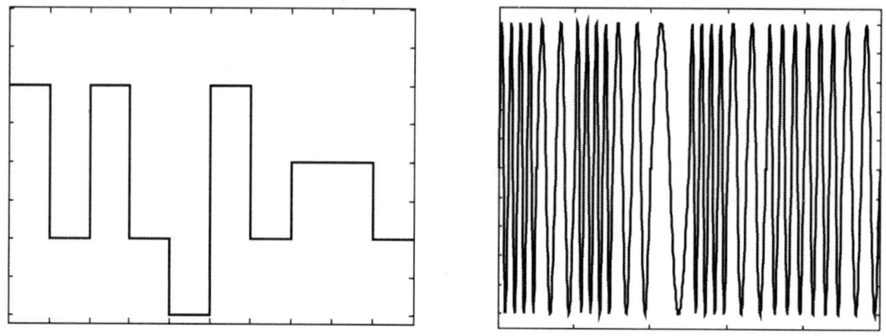

(a) 原始信号　　(b) 4FSK信号波形图

图 7-2-3　数字基带信号及 4FSK 调制波形图

3. 多进制相移键控（MPSK）

多进制相移键控有两种类型，一种为绝对相移键控（MPSK），另一种为相对相移键控（MDPSK）。载波的相位随基带脉冲的变化而变化为绝对相移键控，利用前后相邻符号的相对载波相位值表示数字信息就是相对相移键控。

多相制是二相制的推广，设载波为 $\cos\omega_c t$，则 M 进制数字相位调制信号可以表示为

$$\begin{aligned} s_{\mathrm{MPSK}}(t) &= \sum_n g(t-nT_b)\cos(\omega_c t+\varphi_n) \\ &= \cos\omega_c t\sum_n \cos\varphi_n g(t-nT_b) - \sin\omega_c t\sum_n \sin\varphi_n g(t-nT_b) \end{aligned} \tag{7-2-9}$$

式中，$g(t)$ 是高度为 1、宽度为 T_b 的门函数；T_b 为 M 进制码元的持续时间，即 k（$k=\log_2 M$）比特二进制码元持续时间；φ_n 为第 n 个码元对应的相位，共有 M 种不同的取值，即

$$\varphi_n = \begin{cases} \theta_1 & 概率为P_1 \\ \theta_2 & 概率为P_2 \\ \vdots & \quad\vdots \\ \theta_M & 概率为P_M \end{cases} \tag{7-2-10}$$

且

$$P_1+P_2+\cdots+P_M=1 \tag{7-2-11}$$

由于一般都是 $0\sim2\pi$ 范围内等间隔划分相位（这样造成的平均差错概率将最小），因此相邻相移的差值为

$$\Delta\theta=\frac{2\pi}{M} \tag{7-2-12}$$

令 $a_n = \cos\varphi_n$， $b_n = \sin\varphi_n$，这样式（7-2-9）就变为

$$
\begin{aligned}
s_{\text{MPSK}}(t) &= \cos\omega_c t\sum_n a_n g(t-nT_b) - \sin\omega_c t\sum_n b_n g(t-nT_b) \\
&= I(t)\cos\omega_c t - Q(t)\sin\omega_c t
\end{aligned} \tag{7-2-13}
$$

式中，

$$
I(t) = \sum_n a_n g(t-nT_b) \tag{7-2-14}
$$

$$
Q(t) = \sum_n b_n g(t-nT_b) \tag{7-2-15}
$$

分别为多电平信号。常把式（7-2-13）中的第一项称为同相分量，第二项称为正交分量。由上述分析可知，MPSK 信号可以看成两个正交载波进行多电平双边带调制所得两路 MASK 信号的叠加。这样，就为 MPSK 信号的产生提供了依据。实际中常用正交调制的方法产生 MPSK 信号。

在 M 进制数字调相中，四进制绝对相移键控（4PSK，又称 QPSK）和四进制差分相移键控（4DPSK，又称 QDPSK）应用最为广泛。本节所要识别的信号就包括 QPSK 信号，下面着重介绍多进制数字相位调制的这两种形式。

QPSK 有四种不同的相位，由于每一种载波相位代表两个比特信息，故每个四进制码元又称为双比特码元，习惯上把双比特的前一位用 a 表示，后一位用 b 表示。QPSK 常用的产生方法有直接调相法及相位选择法。如图 7-2-4（a）所示为直接调相法产生 QPSK 信号的框图。它可以看成由两个载波正交的 2PSK 调制器构成，分别形成图 7-2-4（b）所示的虚线矢量，再经加法器合成后，得到图 7-2-4（b）所示的实线矢量图。

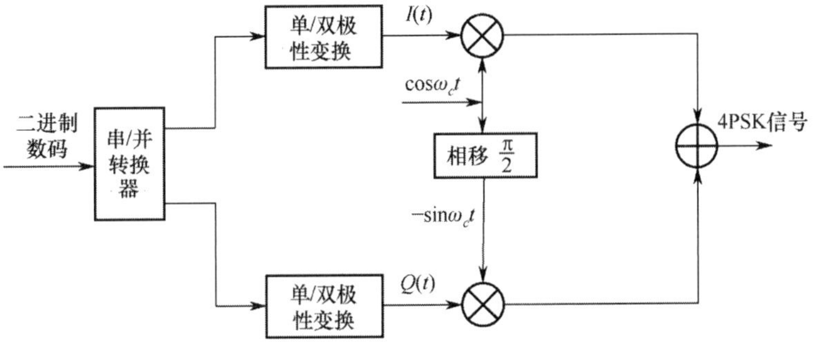

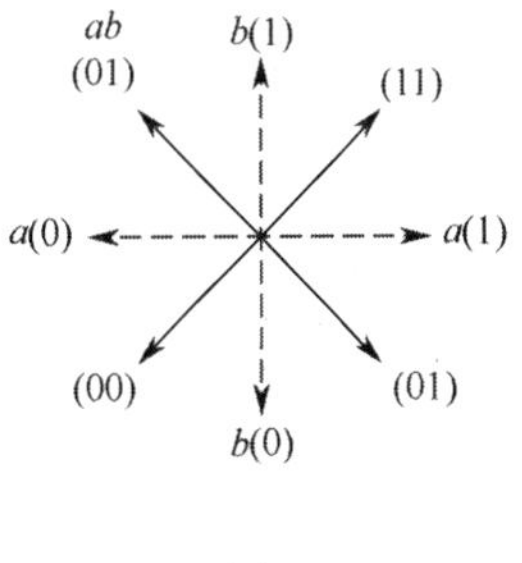

图 7-2-4　直接调相法产生 QPSK 信号

利用 MATLAB 仿真，对数字基带信号 10110010 进行 2PSK 调制，得到信号波形图，如图 7-2-5 所示，由图 7-2-5（b）可以看出，信号波形通过改变相位来携带数字信息，与理论分析相符。利用 MATLAB 产生 QPSK 信号，得到 QPSK 信号矢量图如图 7-2-6 所示。QPSK 信号的相位相关编码逻辑关系如表 7-2-1 所示。

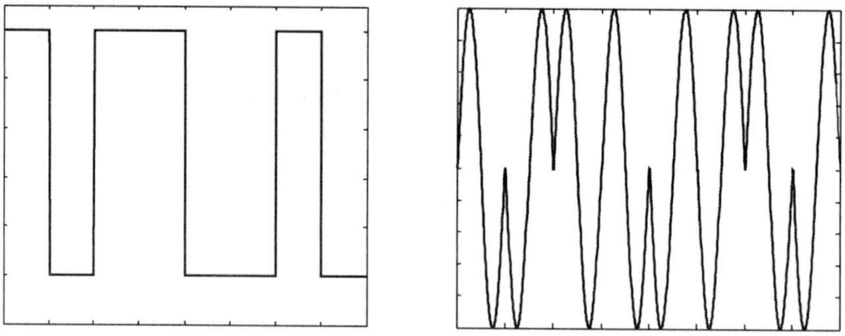

(a) 原始信号　　　　(b) 2PSK信号波形图

图 7-2-5　原始信号及 2PSK 信号波形图

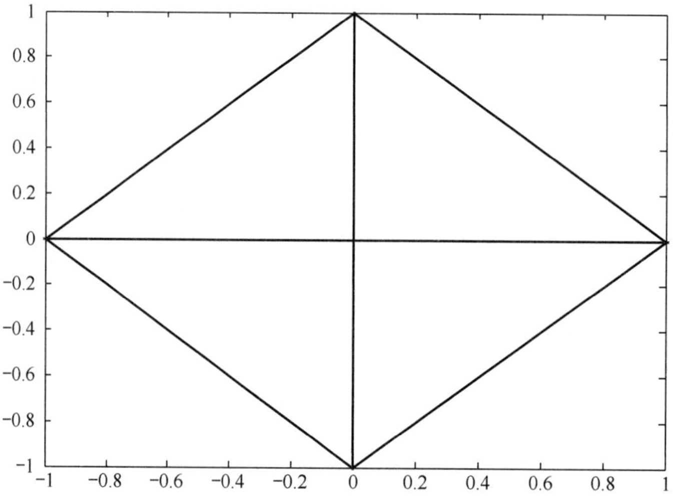

图 7-2-6　QPSK 信号矢量图

表 7-2-1　QPSK 信号的相位相关编码逻辑关系

数字码元	00	01	10	11
相位	0°	90°	180°	270°
复数	1	j	−1	−j

4. 正交幅度调制（MQAM）

上述介绍的三种调制方式都是基本的数字调制方式，每一种调制方式都有其各自的优点和缺点。例如，多电平调制随着 M 的增大，其误码率会相应增加，而 MFSK 信号相对于其他多电平调制来说，误码率增加的速度要小很多。但 MFSK 信号其频宽很宽，因此其频带利用率相对来说很低。MPSK 信号的优点是频带和功率利用率高，抗多径衰落能力强，但随着调制阶数的增大，相邻相位间的距离变小，容易受到噪声的干扰，因此其误码率也会相应增大。其他数字调制方式也或多或少存在着一些缺点，如功率谱衰减缓慢，带外辐射严重等。

近年来，为了改善这些调制方式的不足，以适应现代通信系统的更新换代，众多专家学者对研究新的调制方式付出了努力。正交幅度调制以其高效的频谱利用率受到了众多移动通信技术专家的青睐。它是结合正交载波技术，对载波的幅度和相位同时进行调制，来携带数据信息的。目前，它在现代通信系统中已得到了广泛的应用。

MQAM 信号调制原理如图 7-2-7 所示。

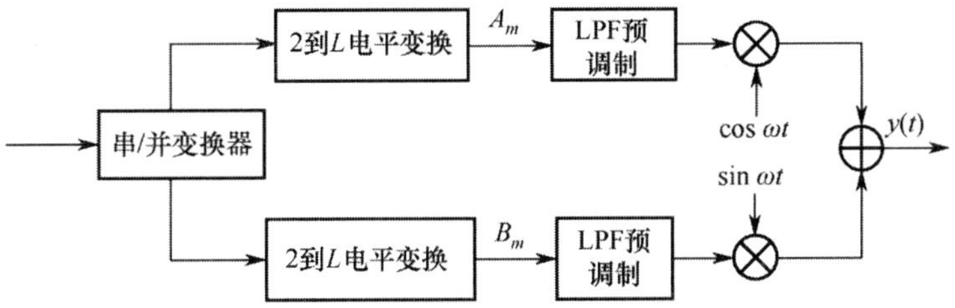

图 7-2-7　MQAM 信号调制原理

MQAM 信号有两种星座图，一种为圆形，另一种为方形。如果在两种星座图中两点最小距离相同，则方形星座图的调制平均功率比圆形星座图的调制平均功率小。

方形星座图的 QAM 信号时域表达式为

$$s_m(t)=\mathrm{Re}\left[\left(A_{mc}+\mathrm{j}A_{ms}\right)g(t)\mathrm{e}^{\mathrm{j}\omega_c t}\right]=A_{mc}g(t)\cos\omega_c t-A_{ms}g(t)\sin\omega_c t \tag{7-2-16}$$

式中，A_{mc} 和 A_{ms} 是承载信息的正交载波的信号幅度。

16QAM 及 64QAM 信号理想星座图如图 7-2-8 所示。

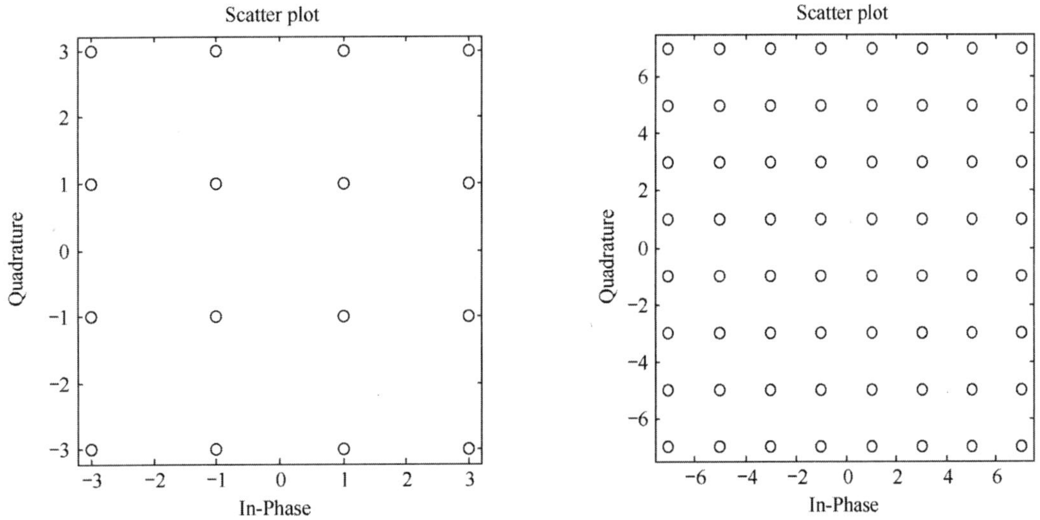

(a) 16QAM 信号理想星座图　(b) 64QAM 信号理想星座图

图 7-2-8　16QAM 及 64QAM 信号理想星座图

7.2.2　通信信号检测与识别流程

通信信号识别算法虽然种类众多，但归根结底通信信号的识别其实是一种典型的模式识别问题，其识别的一般流程如图 7-2-9 所示。

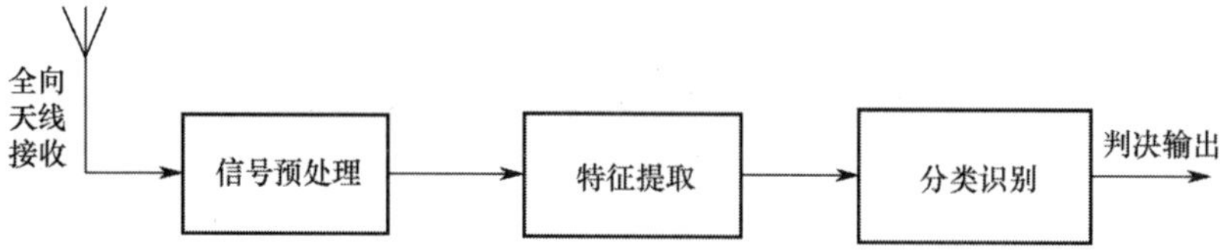

图 7-2-9　通信信号识别的一般流程

信号识别的方法一般主要包括三部分：信号预处理、特征提取和分类识别。

因为信号识别一般是对未知信号进行识别的，即事先并不知道信号的方向、载波频率、码元速率、调制方式等，因此接收天线一般选用全向天线。信号接收后再将信号送入信号预处理模块进行处理，为后续特征提取做好准备。一般信号预处理模块的任务主要包括：信噪比估计、码元速率估计、载波频率估计、信号下变频、同相和正交分量分解等。在全向天线接收到多信号的情况下，信号预处理部分可以将信号分离，以保证只有一个信号进入特征提取模块。

信号经过预处理后，送入特征提取模块进行信号特征的提取，信号特征主要包括时域特征和变换域特征。而时域特征主要包括：信号的瞬时幅度、瞬时频率、瞬时相位、瞬时频率的功率谱密度的最大值、中心瞬时幅度绝对值的标准偏差等。变换域特征主要包括：傅里叶变换、拉普拉斯变换、Z 变换等。将提取的信号特征通过信号处理方法，如计算高阶累积量、小波、循环平稳特性等，将计算结果送入下一模块，用于信号的分类识别。

分类识别是通信信号调制识别的最后一个环节，依据前面特征提取模块提取的特征参数，制定判决规则，将信号分类，从而为后续的信号解调和分析等环节提供有效保证。分类识别模块的主要任务是分类器的设计，分类器设计是否合理直接决定信号识别率的高低。现阶段的分类器主要有以下两种。一种为梯形结构分类器，它采用多级分类，根据特征参数的不同逐级分类调制类型，最终确定各信号的具体调制方式。这种分类器虽然简单易实现，但要事先确定参数的判决门限，抗干扰能力和自适应能力较差，因此识别效果不理想。另一种为神经网络结构分类器，它能够根据环境的变化对自身进行调整，自适应能力较强，因此抗干扰能力强，信号识别率高，有着强大的模式识别能力。但是，目前神经网络还没有严格的理论依据，对于实际中遇到的问题无法做出准确的回答，一般只能依靠经验和技巧解决。

7.3　信号特征参数与调制分类

模式识别是指对表征事物或现象的各种形式的（数值的、文字的和逻辑关系的）信息进行处理和分析，以对事物或现象进行描述、辨认、分类和解释的过程，是信息科学和人工智能的重要组成部分。

直接从原始样本进行分类是无目的的，这是因为对于分类来说，重要的不是一个模式的完整描述，而是导致区别不同类别模式的那些“选择性”信息的提取，也就是说，特征提取的主要目的就是尽可能集中表征显著类别差异的模式信息。另一个目的则是尽可能缩小数据集，以提高识别效率、减少计算量。对于通信信号来说，当采用不同的调制方式时，特征参数的取值特点不同。可以通过对待识别对象的分析，得出调制方式的一些本质特征，进而根据这些特征或特征的组合进行调制识别。这些特征参数可以直接通过调制信号获得，也可以通过某种变换获得，人们总是希望得到那些包含尽可能多地表征分类特性，并据此达到好的分类性能。通常用于调制识别的信号特征主要分为以下几类：统计量特征（包括瞬时信息特征、高阶累积量特征和循环累积量特征）、谱相关特征、小波变换特征、分形特征和复杂度特征。

分类器的设计是模式识别领域的重点，在通信信号调制识别领域，根据分类器使用的特征值和分类原理的不同，通常包括最大似然分类器、基于样本特征值的分类器和聚类算法分类器。本节将对这 3 种分类器进行简单介绍，具体的应用方法将在后续章节中给出。

7.3.1 统计量特征

1. 信号瞬时特征

从信号的瞬时信息中估计调制信号的参数，具有计算简单、可用统计样本数量大的优势，是模式识别类算法的最基本方法。信号的瞬时信息包括瞬时幅度、瞬时相位、瞬时频率及其不同角度的统计特征值，其中瞬时幅度、瞬时相位、瞬时频率是一个信号最基本的特征。

（1）瞬时幅度、瞬时相位、瞬时频率。

为了方便调制信号的瞬时幅度、瞬时相位、瞬时频率特征值的提取操作，首先给出实信号 $x(t)$ 的解析表示

$$s(t)=x(t)+\mathrm{j}y(t) \tag{7-3-1}$$

式中，$y(t)$ 为实信号 $x(t)$ 的希尔伯特（Hilbert）变换

$$y(t)=\frac{1}{\pi t}*x(t)=\frac{1}{\pi}\int_{-\infty}^{\infty}\frac{x(\tau)}{t-\tau}\mathrm{d}\tau \tag{7-3-2}$$

式中，“$*$”表示卷积操作。信号 $y(t)$ 可以看作输入信号 $x(t)$ 通过一个滤波器的输出，该滤波器称为希尔伯特变换器。

其冲激响应为

$$h(t)=\frac{1}{\pi t}\qquad -\infty<t<\infty \tag{7-3-3}$$

频率响应为

$$\begin{aligned}H(f)&=\int_{-\infty}^{\infty}h(t)\mathrm{e}^{-\mathrm{j}2\pi ft}\mathrm{d}t\\&=\int_{-\infty}^{\infty}\frac{1}{\pi t}\mathrm{e}^{-\mathrm{j}2\pi ft}\mathrm{d}t\\&=\begin{cases}-\mathrm{j} & f>0\\0 & f=0\\\mathrm{j} & f<0\end{cases}\end{aligned} \tag{7-3-4}$$

可以看出，希尔伯特变换器的幅度响应 $|H(f)|=1$，当 $f>0$ 时，相位响应 $\Theta(f)=-\pi/2$；而

当 $f<0$ 时，相位响应 $\Theta(f)=\pi/2$ 。

以抽样频率 f_s 对 $x(t)$ 抽样，得到序列 $x(i)$ ，其复解析表示为

$$s(i)=x(i)+\mathrm{j}y(i)=a(i)\mathrm{e}^{\mathrm{j}\theta(i)} \tag{7-3-5}$$

式中

$$A(i)=\left(x^2(i)+y^2(i)\right)^{1/2} \tag{7-3-6}$$

$A(i)$ 即信号的瞬时幅度序列。

反正切函数的取值范围为 $(-\pi/2,\pi/2)$ ，所以瞬时相位序列 $\theta(i)$ 的计算表达式为

$$\theta(i)=\begin{cases}\arctan\left[\dfrac{y(i)}{x(i)}\right] & x(i)>0\\ \arctan\left[\dfrac{y(i)}{x(i)}\right]-\pi & x(i)<0, y(i)\leqslant 0\\ \arctan\left[\dfrac{y(i)}{x(i)}\right]+\pi & x(i)<0, y(i)>0\\ -\pi/2, x(i)=0 & y(i)\leqslant 0\\ \pi/2, x(i)=0 & y(i)>0\end{cases} \tag{7-3-7}$$

式（7-3-7）中的 $\theta(i)$ 的范围是 $(-\pi,\pi)$ ，因为是以模 2π 来计算的，故称它为有折叠的相位。从 $\theta(i)$ 恢复出无折叠相位 $\phi(i)$ ，所需的修正相位序列 $C(i)$ 的计算方法如下。

$$C(i)=\begin{cases}C(i-1)-2\pi & \theta(i+1)-\theta(i)>\pi\\ C(i-1)+2\pi & \theta(i)-\theta(i+1)>\pi\\ C(i-1) & \text{其他}\end{cases} \tag{7-3-8}$$

则无折叠相位序列 $\phi(i)$ 为

$$\phi(i)=\theta(i)+C(i) \tag{7-3-9}$$

瞬时频率 $f(t)$ 为

$$f(t)=\frac{1}{2\pi}\frac{\mathrm{d}\phi(t)}{\mathrm{d}t} \tag{7-3-10}$$

式中， $\phi(t)$ 为无折叠相位。可以通过式（7-3-10）的差分形式估计瞬时频率序列，即

$$f(i)=\frac{1}{2\pi T}\left[\phi(i)-\phi(i-1)\right] \tag{7-3-11}$$

式中， $T=1/f_s$ 是采样周期。

综上所述，式（7-3-8）、式（7-3-9）和式（7-3-10）分别给出瞬时幅度序列 $A(i)$ 、无折叠瞬时相位序列 $\phi(i)$ 和瞬时频率序列 $f(i)$ 的计算公式。以下的瞬时特征统计量都将基于这 3 个基本量得到。

（2）信号瞬时特征统计量。

在得到瞬时幅度序列 $A(i)$ 、瞬时相位序列 $\phi(i)$ 和瞬时频率序列 $f(i)$ 的基础上，可以进一步得到调制信号瞬时信息的多个特征统计量，这里给出 8 个典型的特征统计量值。

① 瞬时幅度谱密度最大值 $\gamma_{\max}$ 。

$$\gamma_{\max} = \max\left|\mathrm{DFT}(A_{cn}(i))\right|^2 / N \tag{7-3-12}$$

式中，N 为采样点数，$A_{cn}(i)$ 为零中心归一化瞬时幅度

$$A_{cn}(i) = A_n(i) - 1 \tag{7-3-13}$$

式中，$A_n(i) = A(i)/m_a$，而 $m_a = \frac{1}{N}\sum_{i=1}^{N} A(i)$ 为瞬时幅度 $A(i)$ 的平均值，用平均值对瞬时幅度进行归一化的目的是消除信道增益的影响。

零中心归一化瞬时幅度谱的最大值 $\gamma_{\max}$ 表征了信号瞬时幅度的变化情况，可以反映调制信号包络的变化特性，以此区分恒包络的调制方式和非恒包络的调制方式，而且通过合理设置门限，还可以识别出信号包络的微弱起伏状态，如区分无包络起伏的 FSK（Frequency Shift Keying）信号与包络微弱起伏的 PSK（Phase Shift Keying）信号。

② 零中心归一化非弱信号段瞬时幅度的标准偏差 σ_{da}。

$$\sigma_{\mathrm{da}} = \sqrt{\frac{1}{C}\left[\sum_{A_n(i)>a_i} A_{cn}^2(i)\right] - \left|\frac{1}{C}\sum_{A_n(i)>a_i} A_{cn}(i)\right|^2} \tag{7-3-14}$$

式中，C 是在全部 N 个采样数据中属于非弱信号值的个数，非弱信号是指信号幅度大于幅度判决门限电平 a_t 的信号。

归一化中心瞬时频率绝对值的标准偏差 σ_{da} 表征一个符号区间内信号的幅度变化信息，可以用来区分一个符号区间内归一化中心瞬时幅度为零的调制方式，如 MPSK（M-ary Phase Shift Keying）信号，以及归一化中心瞬时幅度不为零的调制方式，如 DSB（Double Side Band）、AM-FM（Amplitude Modulation-Frequency Modulation）复合信号。

③ 零中心归一化瞬时幅度绝对值的标准偏差 σ_{aa}。

$$\sigma_{\mathrm{aa}} = \sqrt{\frac{1}{N}\left[\sum_{i=1}^{N} A_{cn}^2(i)\right] - \left[\frac{1}{N}\sum_{i=1}^{N}\left|A_{cn}(i)\right|\right]^2} \tag{7-3-15}$$

归一化中心瞬时幅度绝对值的标准偏差 σ_{aa} 表征信号的绝对幅度信息，可以用来区分不具备归一化的绝对幅度信息的调制方式，如 2ASK（Amplitude Shift Keying），以及具有归一化的绝对幅度信息的调制方式，如高阶（$M \geqslant 4$）的 MASK（M-ary Amplitude Shift Keying）信号。

④ 零中心归一化瞬时幅度的紧致性 μ_{42}^a。

$$\mu_{42}^a = E\left[A_{cn}^4(t)\right] \Big/ E\left[A_{cn}^2(t)\right]^2 \tag{7-3-16}$$

零中心归一化瞬时幅度的紧致性 μ_{42}^a 是用来度量“瞬时幅度分布的密集性”的特征值，可以用来区分瞬时幅度高密集分布信号，如 AM（Amplitude Modulation）信号，以及瞬时幅度分布较疏散的信号，如 MASK 信号。

⑤ 零中心非弱信号段瞬时相位非线性分量的标准偏差 σ_{dp}。

$$\sigma_{\mathrm{dp}} = \sqrt{\frac{1}{C}\left(\sum_{A_n(i)>a_i} \phi_{\mathrm{NL}}^2(i)\right) - \left(\frac{1}{C}\sum_{A_n(i)>a_i} \phi_{\mathrm{NL}}(i)\right)^2} \tag{7-3-17}$$

式中，C 是在全部 N 个采样数据中属于非弱信号值的个数，$\phi_{\mathrm{NL}}(i)$ 是经零中心化处理后瞬时相位的非线性分量。在载波完全同步时，有

$$\phi_{\mathrm{NL}}(i)=\phi(i)-\phi_0 \tag{7-3-18}$$

式中，$\phi_0=\dfrac{1}{N}\sum\limits_{i=1}^{N}\phi(i)$；$\phi(i)$ 为无折叠瞬时相位。

σ_{dp} 表征信号瞬时相位的变化情况，可以用来区分包含直接相位信息的信号，如 DSB、LSB（Lower Side Band）、USB（Upper Side Band）、2PSK，以及不包含直接相位信息的信号，如 AM、VSB（Vestigial Side Band）、2ASK、4ASK。

⑥ 零中心非弱信号段瞬时相位的非线性分量绝对值的标准差 σ_{ap}。

$$\sigma_{\mathrm{ap}}=\sqrt{\frac{1}{C}\left(\sum_{A_n(i)>a_i}\phi_{\mathrm{NL}}^2(i)\right)-\left(\frac{1}{C}\sum_{A_n(i)>a_i}\left|\phi_{\mathrm{NL}}(i)\right|\right)^2} \tag{7-3-19}$$

σ_{ap} 与 σ_{dp} 的区别在于，前者是相位绝对值的标准偏差，而后者是直接相位的标准偏差。σ_{ap} 是在一个信号段的若干非微弱信号区内计算得到的瞬时相位的非线性分量绝对值的标准差，表征信号瞬时绝对相位的变化情况，可以用来区分包含绝对相位信息的信号，如 AM-FM 复合信号、4PSK，以及不包含绝对相位信息的信号，如 DSB、2ASK、2PSK。

⑦ 零中心归一化非弱信号瞬时频率绝对值的标准偏差 σ_{af}。

$$\sigma_{\mathrm{af}}=\sqrt{\frac{1}{C}\left(\sum_{A_n(i)>a_i}f_N^2(i)\right)-\left(\frac{1}{C}\sum_{A_n(i)>a_i}\left|f_N(i)\right|\right)^2} \tag{7-3-20}$$

式中，$f_N(i)=f_c(i)/r_b$，$f_c(i)=f(i)-m_f$，$m_f=\dfrac{1}{N_s}\sum\limits_{i=1}^{N_s}f(i)$。$r_b$ 为信号速率。$f(i)$ 为信号的瞬时频率。

归一化中心瞬时频率绝对值的标准偏差 σ_{af} 表征信号的绝对频率信息，可用来区分归一化中心瞬时频率绝对值为常数的调制方式，如 2FSK、MSK（Minimum Shift Keying），以及具有绝对、直接频率信息的调制方式，如 $M\geqslant 4$ 的 MFSK（M-ary Frequency Shift Keying）信号。

⑧ 零中心归一化瞬时频率的紧致性 μ_{42}^f。

$$\mu_{42}^f=E\left[f_{cn}^4(i)\right]\Big/E\left[f_{cn}^2(i)\right]^2 \tag{7-3-21}$$

此处，$f_{cn}(i)=\dfrac{f(i)}{m_f}-1$，而 $m_f=\dfrac{1}{N}\sum\limits_{i=1}^{N}f(i)$，$f(i)$ 为瞬时频率。

零中心归一化瞬时频率的紧致性 μ_{42}^f 是用来度量“瞬时频率分布的密集性”的特征值，可以用来区分瞬时频率高密集分布的信号，如 FM（Frequency Modulation）信号，以及瞬时频率分布较疏散的信号，如 MFSK。

2. 高阶统计量特征

信号的瞬时特征统计量反映的是信号的二阶统计特性，而信号的调制特点还反映在信

号的高阶统计特性上，因此，在信号调制识别中还经常用到信号的高阶统计量作为特征参数，高阶统计量数量和种类较多，使用什么阶数的统计量依赖于具体的应用问题。从信号调制识别问题的工程应用角度看，对平稳时间序列累积量的定义和基本性质做一个简单介绍，而具体阶数统计量计算将在后续章节介绍。

所谓高阶统计量，通常应理解为高阶矩、高阶累积量及它们的谱——高阶矩谱和高阶累积量谱这 4 种主要的统计量。为方便后续章节的应用，利用特征函数定义高阶矩和高阶累积量，然后推导高阶矩与高阶累积量之间的转换关系。关于高阶矩谱和高阶累积量谱的定义及性质本节不再介绍。

定义 7-3-1　高阶矩

令 $\boldsymbol{x}=\left[x_1,x_2,\cdots,x_k\right]^{\mathrm{T}}$ 是一个随机向量。其特征函数定义为

$$\Phi\left(\omega_1,\omega_2,\cdots,\omega_k\right)=E\left\{\mathrm{e}^{\mathrm{j}\left(\omega_1 x_1+\omega_2 x_2+\cdots+\omega_k x_k\right)}\right\} \tag{7-3-22}$$

用随机向量 $\boldsymbol{x}=\left[x_1,x_2,\cdots,x_k\right]^{\mathrm{T}}$ 对特征函数 $\Phi\left(\omega_1,\omega_2,\cdots,\omega_k\right)$ 求 $r=v_1+v_2+\cdots+v_k$ 次偏导数，可得

$$\frac{\partial^r \Phi\left(\omega_1,\omega_2,\cdots\omega_k\right)}{\partial\omega_1^{v_1}\omega_2^{v_2}\cdots\omega_k^{v_k}}=\mathrm{j}^r E\left\{x_1^{v_1}x_2^{v_2}\cdots x_k^{v_k}\mathrm{e}^{\mathrm{j}\left(\omega_1 x_1+\omega_2 x_2+\cdots+\omega_k x_k\right)}\right\} \tag{7-3-23}$$

显然，若令 $\omega_1=\omega_2=\cdots=\omega_k=0$，则式（7-3-23）给出的结果为

$$\begin{aligned}m_{v_1,v_2,\cdots,v_k}&=E\left\{x_1^{v_1}x_2^{v_2}\cdots x_k^{v_k}\right\}\\&=(-\mathrm{j})^r\frac{\partial^r \Phi\left(\omega_1,\omega_2,\cdots\omega_k\right)}{\partial\omega_1^{v_1}\omega_2^{v_2}\cdots\omega_k^{v_k}}\bigg|_{\omega_1=\omega_2=\cdots=\omega_k=0}\end{aligned} \tag{7-3-24}$$

这就是随机向量 $\boldsymbol{x}=\left[x_1,x_2,\cdots,x_k\right]^{\mathrm{T}}$ 的 r 阶矩定义。

定义 7-3-2　高阶累积量

$\boldsymbol{x}=\left[x_1,x_2,\cdots,x_k\right]^{\mathrm{T}}$ 的 r 阶累积量可用其累积量生成函数 $\psi(\omega_1,\omega_2,\cdots,\omega_k)=\ln\Phi(\omega_1,\omega_2,\cdots,\omega_k)$ 表示，定义为

$$\begin{aligned}c_{v_1,v_2,\cdots,v_k}&=(-\mathrm{j})^r\frac{\partial^r \psi\left(\omega_1,\omega_2,\cdots\omega_k\right)}{\partial\omega_1^{v_1}\omega_2^{v_2}\cdots\omega_k^{v_k}}\bigg|_{\omega_1=\omega_2=\cdots=\omega_k=0}\\&=(-\mathrm{j})^r\frac{\partial^r \ln\Phi\left(\omega_1,\omega_2,\cdots\omega_k\right)}{\partial\omega_1^{v_1}\omega_2^{v_2}\cdots\omega_k^{v_k}}\bigg|_{\omega_1=\omega_2=\cdots=\omega_k=0}\end{aligned} \tag{7-3-25}$$

取 $v_1=v_2=\cdots=v_k=1$，得到 $\boldsymbol{x}$ 的 k 阶矩和 k 阶累积量，并将它们分别记作

$$m_k=m_{1,1,\cdots,1}=\mathrm{mom}\left(x_1,x_2,\cdots,x_k\right) \tag{7-3-26}$$

$$c_k=c_{1,1,\cdots,1}=\mathrm{cum}\left(x_1,x_2,\cdots,x_k\right) \tag{7-3-27}$$

根据上面的定义考虑随机过程的高阶矩和高阶累积量。

设 $\left\{x(n)\right\}$ 为零均值的 k 阶平稳随机过程，则该过程的 k 阶矩 $m_{kx}\left(\tau_1,\tau_2,\cdots,\tau_{k-1}\right)$ 定义为

$$m_{kx}\left(\tau_1,\tau_2,\cdots,\tau_{k-1}\right)=\mathrm{mom}\left\{x(n),x(n+\tau_1),\cdots,x(n+\tau_{k-1})\right\} \tag{7-3-28}$$

而 k 阶累积量 $c_{kx}(\tau_1,\tau_2,\cdots,\tau_{k-1})$ 定义为

$$c_{kx}\left(\tau_1,\tau_2,\cdots,\tau_{k-1}\right)=\operatorname{cum}\left\{x(n),x(n+\tau_1),\cdots,x(n+\tau_{k-1})\right\} \tag{7-3-29}$$

比较式（7-3-28）和式（7-3-29）可知，平稳随机过程 $x(n)$ 的 k 阶矩和 k 阶累积量实质上就是取 $x_1=x(n)$，$x_2=x(n+\tau_1)$，$\cdots$，$x_k=x(n+\tau_{k-1})$ 之后的随机向量 $[x(n),x(n+\tau_1),\cdots,x(n+\tau_{k-1})]$ 的 k 阶矩和 k 阶累积量。注意，$\{x(n)\}$ 为零均值的 k 阶平稳随机过程，其 k 阶矩和 k 阶累积量只有 $k-1$ 个独立变元，仅是滞后间隔 $\tau_1,\tau_2,\cdots,\tau_{k-1}$ 的函数，与时间 n 无关。

对于一个零均值的平稳随机过程 $\{x(n)\}$，其高阶累积量也可以定义为

$$\begin{aligned}c_{kx}\left(\tau_1,\tau_2,\cdots,\tau_{k-1}\right)=&E\left\{x(n),x(n+\tau_1),\cdots,x(n+\tau_{k-1})\right\}-\\&E\left\{g(n),g(n+\tau_1),\cdots,g(n+\tau_{k-1})\right\}\qquad k\geqslant 3\end{aligned} \tag{7-3-30}$$

式中，$\{g(n)\}$ 是一个与 $\{x(n)\}$ 具有相同功率谱密度的高斯过程。这是一个工程性的定义，更易于理解。由式（7-3-30）可以看到，高阶累积量不仅显示了随机过程 $\{x(n)\}$ 的各阶相关程度，还提供了随机过程 $\{x(n)\}$ 偏离高斯或正态分布的测度。显然，若 $\{x(n)\}$ 是高斯过程，则其高于二阶的累积量将恒等于 0，因此通常认为高阶累积量具有良好的抑制高斯噪声的特性。

高阶矩和高阶累积量之间的转换关系及其详细推导证明如下。

令 $\boldsymbol{x}=\left[x_1,x_2,\cdots,x_k\right]^{\mathrm{T}}$ 是一个随机向量，且 $E\left\{\left|x_i\right|^n\right\}<\infty$，$i=1,2,\cdots,k,n\geqslant 1$，则对于满足 $|v|\leqslant n$ 的 $v=\left(v_1,v_2,\cdots,v_k\right)$，高阶矩和高阶累积量之间存在下列转换关系

$$m_{(v)}=\sum_{\lambda^{(1)}!+\lambda^{(2)}!+\cdots+\lambda^{(q)}!=v}\frac{1}{q!}\frac{v!}{\lambda^{(1)}!\lambda^{(2)}!\cdots\lambda^{(q)}!}\prod_{p=1}^{q}c_{(\lambda^{(p)})} \tag{7-3-31}$$

$$c_{(v)}=\sum_{\lambda^{(1)}!+\lambda^{(2)}!+\cdots+\lambda^{(q)}!=v}\frac{(-1)^{q-1}}{q}\frac{v!}{\lambda^{(1)}!\lambda^{(2)}!\cdots\lambda^{(q)}!}\prod_{p=1}^{q}m_{(\lambda^{(p)})} \tag{7-3-32}$$

式中，$\sum\limits_{\lambda^{(1)}!+\lambda^{(2)}!+\cdots+\lambda^{(q)}!=v}$ 表示非负整数向量 $\lambda^{(p)}$ 的全部有序集合（$\left|\lambda^{(p)}\right|>0$，且其和为 v）内求和。

式（7-3-31）和式（7-3-32）描述了高阶矩和高阶累积量之间的转换关系，但是它们不够简洁。现在，把它们改写成更为简洁的形式。为此，引入下列符号。

令 $\boldsymbol{x}=\left[x_1,x_2,\cdots,x_k\right]^{\mathrm{T}}$ 是一个向量，$I_x=\{1,2,\cdots,k\}$ 是其指示符集。若 $I\subseteq I_x$，则令 x_I 表示由属于集合 I 的 x 各分量组成的向量。设向量 $\boldsymbol{\chi}(I)=(\chi_1,\chi_2,\cdots,\chi_n)$，且若 $i\in I$，$\chi_i=1$；若 $i\notin I$，$\chi_i=0$。这些向量是与集合 $I\subseteq I_x$ 一一对应的。因此，可以写出

$$\begin{aligned}m_x(I)&=m_x^{\chi(I)}\\c_x(I)&=c_x^{(\chi(I))}\end{aligned} \tag{7-3-33}$$

换言之，$m_x(I)$ 和 $c_x(I)$ 就是 $\boldsymbol{x}$ 的子向量 x_I 的矩和累积量。

根据集合分割的定义，集合 I 的分割是满足 $\bigcup_p I_p=I$ 条件的无交连非空集合 I_p 的无序组合。利用这些定义，可以得到累积量–矩公式，即 C-M（Cumulants-Moment）公式，表示如下。

$$m_x(I)=\sum_{\cup_{p=1}^{q} I_p=I}\prod_{p=1}^{q}c_x(I_p) \tag{7-3-34}$$

得到的矩–累积量公式，即 M-C（Moment-Cumulants）公式，表示如下

$$c_x(I)=\sum_{\cup_{p=1}^{q} I_p=I}(-1)^{q-1}(q-1)!\prod_{p=1}^{q}m_x(I_p) \tag{7-3-35}$$

式中，$\sum_{\cup_{p=1}^{q} I_p=I}$ 表示在 I 的所有分割 $1\leqslant q\leqslant N(I)$ 内求和。

3. 循环累积量特征

数字通信信号一般是信息序列经过采样、编码、调制等操作而产生的，采样、编码、调制等操作具有周期特性，所以数字通信信号更适合建模为循环平稳信号。因此，在数字通信信号的调制识别中，还可以利用信号的循环累积量作为特征参数。这里利用基带信号的循环平稳特性，在循环累积量域内，构造基于循环累积量的分类特征量，并将上述基于平稳时间序列模型的累积量分类方法推广至循环平稳域。

定义 7-3-3　循环平稳信号

统计特性随时间周期性变化的随机过程称为循环平稳信号。

从本质上看，循环平稳信号是一种非平稳过程。许多受周期因素影响的自然和人工信号都具有循环平稳的性质。自然信号如受天体周期运动影响的大气、水文变化等。而人工信号，如数字通信信号。由于进行统计特性随时间周期性变化的随机过程称为循环平稳信号。所以，在循环信号处理框架内研究数字通信信号，能够充分利用信号固有的结构特征，从而提高与之对应的信号分类、参数估计、信道辨识等信号处理算法的性能。

定义 7-3-4　时变函数

一个具有零均值的复随机过程 $x(t)$ 的时变函数（Temporal Moment Function，TMF）为

$$R_x(t,\boldsymbol{\tau})_n=\hat{E}^{\{\alpha\}}\left\{\prod_{j=1}^{n}x\left(t+\tau_j\right)\right\} \tag{7-3-36}$$

式中，$\boldsymbol{\tau}=\{\tau_1,\cdots,\tau_n\}^{\dagger}$ 为迟延向量；$\hat{E}^{\{\alpha\}}\{\cdot\}$ 为正弦波抽取算子，定义为

$$\hat{E}^{\{\alpha\}}\{x(t)\}=\sum_{\alpha}\left\langle x(u)\mathrm{e}^{-\mathrm{j}2\pi\alpha u}\right\rangle_t \mathrm{e}^{-\mathrm{j}2\pi\alpha t} \tag{7-3-37}$$

式中，$\langle\cdot\rangle_t$ 是时间平均算子；α 取所有使得时间平均结果不恒为 0 的值。

定义 7-4-5　时变累积量函数

复随机过程 $x(t)$ 的时变累积量函数（Temporal Cumulant Function，TCF）为

$$C_x(t,\boldsymbol{\tau})_n=\sum_{p_n=\{v_k\}_{k=1}^{p}}\left[(-1)^{p-1}(p-1)!\times\prod_{j=1}^{p}R_x\left(t,\boldsymbol{\tau}_{v_j}\right)_{n_j}\right] \tag{7-3-38}$$

定义 7-4-6　循环时变累积量函数

对应的循环时变累积量函数（Cyclic Temporal Cumulant Function，CTCF）为

$$C_x^{\beta}(\tau)_n = \left\langle C_x(t,\tau)_n \mathrm{e}^{-\mathrm{j}2\pi\beta t} \right\rangle = \sum_{p_n=\{v_k\}_{k=1}^{p}} \left[(-1)^p (p-1)! \times \sum_{\alpha^{\dagger} l=\beta} \prod_{j=1}^{p} R_x\left(t,\tau_{v_j}\right)_{n_j} \right] \tag{7-3-39}$$

为方便后续章节的应用，这里给出复随机过程 $x(t)$ 的四阶时变累积量函数，即

$$\begin{aligned} C_{x,40}(t,\tau_1,\tau_2,\tau_3) = & E^{\{\alpha\}}\{x(t)x(t+\tau_1)x(t+\tau_2)x(t+\tau_3)\} - \\ & E^{\{\alpha\}}\{x(t)x(t+\tau_1)\}E^{\{\alpha\}}\{x(t+\tau_2)x(t+\tau_3)\} - \\ & E^{\{\alpha\}}\{x(t)x(t+\tau_2)\}E^{\{\alpha\}}\{x(t+\tau_1)x(t+\tau_3)\} - \\ & E^{\{\alpha\}}\{x(t)x(t+\tau_3)\}E^{\{\alpha\}}\{x(t+\tau_1)x(t+\tau_2)\} \end{aligned} \tag{7-3-40}$$

$$\begin{aligned} C_{x,41}(t,\tau_1,\tau_2,\tau_3) = & E^{\{\alpha\}}\{x(t)x(t+\tau_1)x(t+\tau_2)x^*(t+\tau_3)\} - \\ & E^{\{\alpha\}}\{x(t)x(t+\tau_1)\}E^{\{\alpha\}}\{x(t+\tau_2)x^*(t+\tau_3)\} - \\ & E^{\{\alpha\}}\{x(t)x(t+\tau_2)\}E^{\{\alpha\}}\{x(t+\tau_1)x^*(t+\tau_3)\} - \\ & E^{\{\alpha\}}\{x(t)x^*(t+\tau_3)\}E^{\{\alpha\}}\{x(t+\tau_1)x(t+\tau_2)\} \end{aligned} \tag{7-3-41}$$

$$\begin{aligned} C_{x,42}(t,\tau_1,\tau_2,\tau_3) = & E^{\{\alpha\}}\{x(t)x^*(t+\tau_1)x(t+\tau_2)x^*(t+\tau_3)\} - \\ & E^{\{\alpha\}}\{x(t)x^*(t+\tau_1)\}E^{\{\alpha\}}\{x(t+\tau_2)x^*(t+\tau_3)\} - \\ & E^{\{\alpha\}}\{x(t)x(t+\tau_2)\}E^{\{\alpha\}}\{x^*(t+\tau_1)x^*(t+\tau_3)\} - \\ & E^{\{\alpha\}}\{x(t)x^*(t+\tau_3)\}E^{\{\alpha\}}\{x^*(t+\tau_1)x(t+\tau_2)\} \end{aligned} \tag{7-3-42}$$

四阶循环时变累积量函数为

$$C_{x,40}^{\beta}(\tau_1,\tau_2,\tau_3) = \left\langle C_{x,40}(t,\tau_1,\tau_2,\tau_3)\mathrm{e}^{-\mathrm{j}2\pi\beta t} \right\rangle_t \tag{7-3-43}$$

$$C_{x,41}^{\beta}(\tau_1,\tau_2,\tau_3) = \left\langle C_{x,41}(t,\tau_1,\tau_2,\tau_3)\mathrm{e}^{-\mathrm{j}2\pi\beta t} \right\rangle_t \tag{7-3-44}$$

$$C_{x,42}^{\beta}(\tau_1,\tau_2,\tau_3) = \left\langle C_{x,42}(t,\tau_1,\tau_2,\tau_3)\mathrm{e}^{-\mathrm{j}2\pi\beta t} \right\rangle_t \tag{7-3-45}$$

循环时变累积量函数与时变累积量函数之间的关系为

$$C_{x,40}(t,\tau_1,\tau_2,\tau_3) = \sum_{\beta} C_{x,40}^{\beta}(\tau_1,\tau_2,\tau_3)\mathrm{e}^{\mathrm{j}2\pi\beta t} \tag{7-3-46}$$

$$C_{x,41}(t,\tau_1,\tau_2,\tau_3) = \sum_{\beta} C_{x,41}^{\beta}(\tau_1,\tau_2,\tau_3)\mathrm{e}^{\mathrm{j}2\pi\beta t} \tag{7-3-47}$$

$$C_{x,42}(t,\tau_1,\tau_2,\tau_3) = \sum_{\beta} C_{x,42}^{\beta}(\tau_1,\tau_2,\tau_3)\mathrm{e}^{\mathrm{j}2\pi\beta t} \tag{7-3-48}$$

即四阶循环时变累积量函数是四阶时变累积量函数的傅里叶展开系数。

循环平稳信号的循环时变累积量函数在不同信号处理算子下的性质有以下几点。

（1）两个相互独立循环平稳信号和的时变累积量等于各自时变累积量的和，这一性质对循环时变累积量也成立。用公式表示为 $z(t)=x(t)+y(t)$，若 $x(t)$ 与 $y(t)$ 相互独立，则有

$$C_z(t,\underline{\tau})_n = C_x(t,\underline{\tau})_n + C_y(t,\underline{\tau})_n \tag{7-3-49}$$

$$C_z^{\beta}(t,\underline{\tau})_n = C_x^{\beta}(t,\underline{\tau})_n + C_y^{\beta}(t,\underline{\tau})_n \tag{7-3-50}$$

式中，$\underline{\tau}=\left[\tau_0,\tau_1,\cdots,\tau_{n-1}\right]$；$n$ 为累积量函数的阶数。令 $\beta=\beta_x$，若 $C_y^{\beta_x}(t,\underline{\tau})_n \equiv 0$，则有 $C_z^{\beta_x}(t,\underline{\tau})_n = C_x^{\beta_x}(t,\underline{\tau})_n$，从而可实现循环累积量域中的信号选择性参数估计功能。

（2）相乘调制：若 $z(t)=x(t)y(t)$，$x(t)$ 与 $y(t)$ 相互独立，且 $x(t)$ 为一个非随机信号，则有

$$C_z(t,\underline{\tau})_n = L_x(t,\underline{\tau})_n C_y(t,\underline{\tau})_n \tag{7-3-51}$$

$$L_x(t,\underline{\tau})_n = \prod_{j=0}^{n-1} x\left(t+\tau_j\right) \tag{7-3-52}$$

当 $\tau_0=0$ 时，式（7-3-51）称为降维循环时变累积量函数（Reduced-Dimension Cyclic Temporal Cumulant Function，RD-CTCF）。

（3）线性时不变滤波：设滤波器冲激响应为 $h(t)$，若

$$z(t)=x(t)\otimes h(t)=\int_{-\infty}^{\infty} h(\lambda)x(t-\lambda)\mathrm{d}\lambda \tag{7-3-53}$$

则有

$$C_z^{\beta}(\underline{\tau})_n = \int_{-\infty}^{\infty}\cdots\int_{-\infty}^{\infty}\left[\prod_{j=0}^{n-1} h^{(\cdot)_j}\left(\lambda_j\right)\right] C_x^{\beta}(\underline{\tau}-\underline{\lambda})_n \mathrm{d}\underline{\lambda} \tag{7-3-54}$$

式中，$\underline{\lambda}=\left[\lambda_0,\lambda_1,\cdots,\lambda_{n-1}\right]$；$\underline{\tau}=\left[\tau_0,\tau_1,\cdots,\tau_{n-1}\right]$。

（4）在循环平稳信号处理理论框架内，非随机信号包括常数、周期信号和多周期信号。任何一个循环平稳随机信号与非随机信号都是相互独立的。

（5）对循环平稳（模拟）信号过采样，得到循环平稳时间序列，且上述性质仍然成立。

7.3.2　谱相关

许多随机信号，如通信信号和雷达信号等，其一阶或二阶统计特征（均值、相关函数等）常表现出时间周期性。常规功率谱分析无法反映这类信号的周期特征，而利用不同频带之间的相关特性——谱相关特性，则可以揭示这些周期特征，以及由于调制等物理过程使得信号变化的内部机理。下面将对谱相关特征进行介绍。

1. 谱相关函数的定义

（1）时间函数的一阶和二阶周期性及周期自相关函数。

设某时间函数 $x(t)$ 含有随机噪声 $n(t)$ 和频率为 α 的成分，表示为

$$x(t)=a\cos(2\pi\alpha t+\theta)+bn(t) \quad \alpha\neq 0, a\geqslant b \tag{7-3-55}$$

如果存在一个参数 α 使得下式成立，即

$$M_x^{\alpha}=\lim_{T\to\infty}\frac{1}{T}\int_{-T/2}^{T/2} x(t)\mathrm{e}^{-\mathrm{j}2\pi\alpha t}\mathrm{d}t\neq 0 \tag{7-3-56}$$

则称 $x(t)$ 具有以 α 为频率的一阶周期性。即 $x(t)$ 的功率谱在 $f=\pm\alpha$ 处存在两条谱线 $\left|M_x^{\alpha}\right|^2\left[\sigma\left(f-\alpha\right)+\sigma\left(f+\alpha\right)\right]$。

当 $b\gg a$ 时，称 $x(t)$ 具有隐周期性。根据一阶周期性的概念，此时仍可通过谱线分析的

方法对该隐周期进行检测。实际通信信号往往是含有多种隐周期性的准周期平稳过程，其隐周期性在一般功率谱中不表现相应的谱线，但若通过二次非时变（Quadratic Time Invariant，QTI）变换处理，这些谱线便可再生。

所谓二次非时变变换，是指存在一个被称为核的函数 $k(u,v)$，使一个时函数 $x(t)$ 可以变换成另一个时函数 $y(t)$，表示为

$$y(t)=\int_{-\infty}^{+\infty}\int_{-\infty}^{+\infty}k(u,v)x(t-u)x(t-v)\mathrm{d}u\mathrm{d}v \tag{7-3-57}$$

若 $k(u,v)$ 绝对可积，则称该二次非时变变换是稳定的。如果存在一个稳定的 QTI 变换，把 $x(t)$ 变成 $y(t)$，而 $y(t)$ 具有以 α 为周期的一阶周期性，则称 $x(t)$ 在频率 α 处具有二阶周期性。$x(t)$ 具有二阶周期性的主要条件是存在一个不恒为 0 的 τ 的函数

$$R_x^{\alpha}(\tau)=\lim_{T\to\infty}\frac{1}{T}\int_{-T/2}^{T/2}x\left(t+\tau/2\right)x\left(t-\tau/2\right)\mathrm{e}^{-\mathrm{j}2\pi\alpha t}\mathrm{d}t \tag{7-3-58}$$

$R_x^{\alpha}(\tau)$ 称为周期自相关函数。当 $\alpha=0$ 时，$R_x^{\alpha}(\tau)$ 即常规的自相关函数，用 $R_x(\tau)$ 表示；当 $\alpha\neq0$ 时，$R_x^{\alpha}(\tau)$ 是 $R_x(\tau)$ 的周期加权形式，称为周期自相关函数。若对所有 $\alpha\neq0$，有 $R_x^{\alpha}(\tau)\neq0$ 而 $R_x(\tau)\neq0$ 成立，则称 $x(t)$ 是严格平稳的；若仅当 $\alpha=m/T$（m 为整数）时，$R_x^{\alpha}(\tau)$ 非恒为零成立，则称 $x(t)$ 是以 T 为周期的周期平稳的；否则称 $x(t)$ 为准周期平稳的。

（2）谱相关函数的具体定义。

根据相关函数与谱密度函数的关系，对周期自相关函数 $R_x^{\alpha}(\tau)$ 进行傅里叶变换，得到周期谱密度函数

$$S_x^{\alpha}(f)=\int_{-\infty}^{+\infty}R_x^{\alpha}(\tau)\mathrm{e}^{-\mathrm{j}2\pi f\tau}\mathrm{d}\tau \tag{7-3-59}$$

将式（7-3-58）代入式（7-3-59）得

$$S_x^{\alpha}(f)=\int_{-\infty}^{+\infty}\lim_{T\to\infty}\frac{1}{T}\int_{-T/2}^{T/2}x\left(t+\tau/2\right)x\left(t-\tau/2\right)\mathrm{e}^{-\mathrm{j}2\pi\alpha t}\mathrm{e}^{-\mathrm{j}2\pi ft}\mathrm{d}t\mathrm{d}\tau=\lim_{T\to\infty}S_{xT}^{\alpha}(t,f) \tag{7-3-60}$$

其中

$$S_{xT}^{\alpha}(t,f)=\frac{1}{T}X_T(t,f+\alpha/2)X_T^*(t,f-\alpha/2) \tag{7-3-61}$$

$$X_T(t,f)=\int_{-T/2}^{T/2}x(u)\mathrm{e}^{-\mathrm{j}2\pi fu}\mathrm{d}u \tag{7-3-62}$$

由一般的谱密度定义可知，S_x^{α} 表示 $x(t)$ 在 $f=\pm\dfrac{\alpha}{2}$ 处频谱分量的极限瞬时相关，因此式（7-3-60）可以写成

$$S_x^{\alpha}(f)=\lim_{T\to\infty}\lim_{\Delta t\to\infty}\frac{1}{\Delta t}\int_{-\Delta t/2}^{\Delta t/2}S_{xT}^{\alpha}(t+u,f)\mathrm{d}u \tag{7-3-63}$$

$R_{xT}^{\alpha}(f)$ 为周期频率为 α 的极限周期图（简称周期图）；$X_T(t,f)$ 为 $x(t)$ 的短时复数谱。$S_x^{\alpha}(f)$ 为 $x(t)$ 的谱相关函数，有时也称为周期谱，α 为周期频率，f 为频谱频率。

2. 谱相关函数及谱相关平面图

离散谱相关函数可由时域平滑和频域平滑两种方法得到。在将式(7-3-60)和式(7-3-63)的时间周期截短并离散化的基础上，可通过频域平滑方法得到离散谱相关函数，如式(7-3-64)

和式（7-3-65）所示。

$$S_x^{\alpha}(f)_{\Delta f}=\frac{1}{M}\sum_{n=-(M-1)/2}^{(M-1)/2}\frac{1}{\Delta t}X_{\Delta t}\left(t,f+\frac{\alpha}{2}+nF_s\right)X_T^*\left(t,f-\frac{\alpha}{2}+nF_s\right) \tag{7-3-64}$$

$$X_{\Delta t}(t,f)=\sum_{k=0}^{N-1}W_{\Delta t}(kT_s)X(t-kT_s)\mathrm{e}^{-\mathrm{j}2\pi f(t-kT_s)} \tag{7-3-65}$$

式中，$W_{\Delta t}(kT_s)$ 为数据窗函数，$\Delta f=MF_s$ 表示频域平滑宽度，$F_s=1/(N-1)T_s$ 为频率增量，$N=\Delta t/T_s$ 为样本长度，T_s 为采样间隔。

在信号分析中，常常采用谱相关函数的周期谱的幅度−双频 (f,α) 图来表征信号的特性，3 组在调制方式识别分析中常使用的周期谱 $S_x^0(f)$、$S_x^{2f_0}(f)$、$S_x^{\alpha}(0)$ 如图 7-3-1 所示。

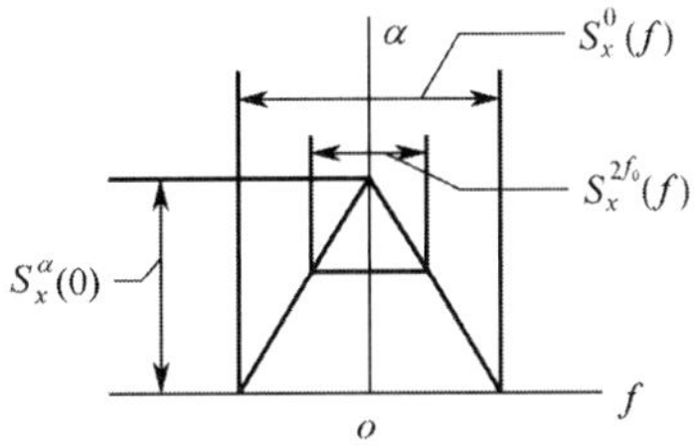

图 7-3-1　谱相关函数特征谱示意

常见调制信号的谱相关函数及谱相关平面图具有以下特征。

① 不同调制信号的谱相关函数及谱相关平面图区别明显，主要表现在谱相关平面图的 α 轴和 f 轴及它们各自的谱相干系数上。

② 谱相关平面图中包含与调制参数有关的频谱特征。

③ 相关函数中的某些频谱成分可用于其他成分的估算。

④ 实信号的谱相关平面图关于 α 轴和 f 轴都具有对称性

$$\left|S_x^{\alpha}(f)\right|=\left|S_x^{\alpha}(-f)\right| \tag{7-3-66}$$

$$\left|S_x^{\alpha}(f)\right|=\left|S_x^{-\alpha}(f)\right| \tag{7-3-67}$$

因此，$S_x^{\alpha}(f)$ 平面图中 $\alpha\in[0,+\infty)$ 和 $f\in[0,+\infty)$ 的部分包含了循环平稳随机信号的所有谱相关信息。

3. 谱相关特征

下面给出几种常用来进行调制识别的谱相关特征。

（1）周期谱在 f 轴上呈现 δ 脉冲的数量 n。

不同的周期谱在 f 轴上出现 δ 脉冲所表征的调制特性不同，如 $S_x^0(f)$ 在 f 轴上呈现 δ 脉冲的数量 n 表征信号的频率特征，对于 ASK 信号将出现 1 个 δ 脉冲， 而对于 2FSK 信号将出现 2 个 δ 脉冲。

特征参数 n 是频谱 $S_x^{\alpha}(f)$ 在 $f\in[0,+\infty)$ 轴上的谱峰个数。一般通过自回归（Auto Regression，AR）建模和谱估计提取正弦分量所形成的尖峰（δ 脉冲）的方法获得。

设信号的 AR 模型为

$$x(n)=-\sum_{k=1}^{p}a(k)x(n-k)+u(n) \tag{7-3-68}$$

式中，$u(n)$ 是均值为 0、方差为 σ^2 的白噪声序列，式（7-3-68）表示 p 阶 AR 过程，其谱估计值为

$$P_{\mathrm{AR}}(f)=\frac{\sigma^2}{\left|1+a(1)\mathrm{e}^{-\mathrm{j}2\pi f}+\cdots+a(p)\mathrm{e}^{-\mathrm{j}2\pi fp}\right|^2} \tag{7-3-69}$$

可以采用极大似然估计器得到$a(k)$和σ^2的最大似然估计值，从而确定$P_{\mathrm{AR}}(f)$的最大似然估计。

离散一阶差分序列的符号变化可以用于检测谱峰。设

$$d_p(n)=P_n(n+1)-P_x(n) \quad n=0,1,\cdots,N_p-2 \tag{7-3-70}$$

式中，N_p为样本总数，如果$d_p(n)>0$且$d_p(n+1)<0$，就可以确定在频率段$\left[nf_x/N_p,(n+1)f_s/N_p\right]$存在谱峰。谱峰的位置$f_p$可以通过线性插值计算得到

$$f_p=\frac{f_{\mathrm{s}}}{N_p}\left[n+\frac{d_p(n)}{d_p(n)-d_p(n+1)}\right] \tag{7-3-71}$$

上述过程检测到的谱峰个数就是频谱在f轴上呈现δ脉冲的个数n，在实际操作中，可以通过各种搜索方法获得其确切值。

（2）特征谱$S_x^0(f)$在f轴上谱峰间距d的标准偏差。

σ_d表征谱峰的有效性，或者说可以通过σ_d的大小消除谱峰的模糊度。在获得谱峰位置和$(n-1)$个谱峰的谱峰间距$d_i(i=1,2,\cdots,n-1)$的基础上，对输入数据进行滑动平均处理得到均值$\overline{d}$，并由此计算出谱峰间距的标准偏差σ_d。

$$\sigma_d=\sqrt{\frac{\sum\left(d_i-\overline{d}\right)}{n-1}} \tag{7-3-72}$$

（3）$S_x^\alpha(f)$在$a=2f_0$处的最大归一化下降值S。

S表征调制信号的周期特性，对$S_x^\alpha(f)$进行归一化得到$\overline{S}_x^\alpha(f)$后，特征参数S通过下式计算得到

$$S=\max\left(\overline{S}_x^{2f_0}(f)\right)-\min\left(\overline{S}_x^{2f_0}(f)\right) \tag{7-3-73}$$

（4）调制信号的谱相干系数$C_x^\alpha(f)$在$a=2f_0$时的最大值c。

谱相干系数是指频谱在$f=+\alpha/2$与$f=-\alpha/2$处的谱分量的相关程度，定义为

$$C_x^\alpha(f)=\frac{S_x^\alpha(f)}{\sqrt{S_x^0(f+\alpha/2)S_x^0(f-\alpha/2)}} \tag{7-3-74}$$

$C_x^\alpha(f)$是一个复相关系数，其幅值是归一化的，满足$\left|C_x^\alpha(f)\right|\leqslant 1$。如果$\left|C_x^\alpha(f)\right|=1$，则表明间隔为$\alpha$的两个谱成分$f=+\alpha/2$和$f=-\alpha/2$完全相关；如果$\left|C_x^\alpha(f)\right|=0$，则表明其完全不相关。

调制信号的谱相干系数$C_x^\alpha(f)$在$\alpha=2f_0$时的最大值c通过下式计算得到

$$c=\max\left(\left.\frac{S_x^\alpha(f)}{\sqrt{S_x^0(f+\alpha/2)S_x^0(f-\alpha/2)}}\right|_{\alpha=2f_0}\right) \tag{7-3-75}$$

（5）$S_x^{\alpha}(0)$ 在 a 轴上所含有峰值的点数 a。

特征参数 a 表征信号的周期特性，典型的如数字信号将呈现多周期，即 a 值较大，而模拟信号的周期一般较小（a 值一般不超过 2）。a 也可以是通过光滑的谱曲线提取的频谱 $S_x^{\alpha}(0)$ 在 $\alpha \in [0,+\infty)$ 轴上的谱峰个数。与特征参数 n 的获取过程类似，通过自回归建模和谱估计准确提取正弦分量所形成的尖峰，检测到的谱峰个数就是频谱在 α 轴上所含峰值的点数 a。

（6）特征谱 $S_x^{2f_0}(f)$ 中关于 $f=0$ 轴对称的对称性度量 r_s。

特征参数 r_s 是特征谱 $S_x^{2f_0}(f)$ 中关于 $f=0$ 轴对称的对称性度量表示为

$$r_s = \frac{P_L - P_U}{P_L + P_U} \tag{7-3-76}$$

式中，$P_L = \sum_{i=0}^{N_s-1} \left|S_x^{2f_0}(i)\right|^2$，$P_U = \sum_{i=0}^{N_s-1} \left|S_x^{2f_0}(i+N_c+1)\right|^2$。

$S_x^{2f_0}(i)$ 是特征谱 $S_x^{2f_0}(f)$ 的离散形式，N_c 是不大于 Nf_c/f_s 的最大整数。r_s 既可以区分对称边带调制和非对称边带调制，也可以区分上边带调制和下边带调制。

（7）特征谱 $S_x^{2f_0}(f)$ 在 f 轴上有值点的平均能量和 p。

p 由下式给出

$$p = \int_0^{f_0} \left|S_x^{2f_0}(f)\right|^2 \mathrm{d}f \tag{7-3-77}$$

7.3.3 小波变换特征

传统的信号分析是建立在傅里叶变换基础上的，但傅里叶分析是一种全局的变换，即要么完全在时域，要么完全在频域，无法表征信号的时频局域性质。小波变换是一种信号的时间–频率分析方法，具有多分辨分析的特点，同时具有时域局部化和频域局部化的性质。利用小波变换把信号在不同尺度下分解，能呈现各种调制类型信号的细节，因此近年来小波变换已被应用到通信信号调制方式的自动识别分类中。

定义 7-3-7 连续小波变换

任意 $L^2(R)$ 空间中的函数 $s(t)$ 的连续小波变换 WT 定义为

$$\mathrm{WT}(a,b) = \int s(t)\psi_{(a,b)}^{*}(t)\mathrm{d}t = \frac{1}{\sqrt{a}}\int s(t)\psi^{*}\left(\frac{t-b}{a}\right)\mathrm{d}t \tag{7-3-78}$$

式中，a 为尺度因子；b 为平移因子；* 表示复共轭；$\psi(t)$ 为小波函数且满足容许性条件

$$W_g = \int_{-\infty}^{+\infty} \frac{|\psi(\omega)|}{|\omega|}\mathrm{d}\omega < \infty \tag{7-3-79}$$

式中，$\psi(\omega)$ 为 $\psi(t)$ 的傅里叶变换。$\psi_{(a,b)}(t)$ 为小波母函数 $\psi(t)$ 经过伸缩平移得到的小波基函数

$$\psi_{(a,b)}(t) = a^{-1/2}\psi\left(\frac{t-b}{a}\right) \tag{7-3-80}$$

小波变换可看成信号通过冲激响应为$\psi_{(a,b)}(t)$的带通滤波器组的滤波，且该带通滤波器组的中心频率和带宽随着尺度a的变化而变化。

假设$\psi(t)$为一个对称双窗函数，其时频窗的中心为(t,ω)，时宽、频宽为Δt、$\Delta\omega$，那么对于$\psi_{(a,b)}(t)$来说，其时频窗的中心为$\left(b+at,\dfrac{\omega}{a}\right)$，时宽、频宽为$a\Delta t$、$\dfrac{\Delta\omega}{a}$。当$a$变小时，时频窗的时宽变小，而频宽增大，且窗口中心向频率增大方向移动；当a变大时，时频窗的时宽增大，而频宽变小，且窗口中心向频率减小方向移动。这反映了小波的变焦特性，即高频段的时间分辨率高，频率分辨率低；低频段的频率分辨率高，时间分辨率低。

连续小波变换具有以下 5 个方面的性质。

（1）线性：如果$s_1(t)\to \mathrm{WT}_{s_1}(a,b)$、$s_2(t)\to \mathrm{WT}_{s_2}(a,b)$、$s(t)=s_1(t)+s_2(t)$，则$\mathrm{WT}_s(a,b)=\mathrm{WT}_{s_1}(a,b)+\mathrm{WT}_{s_2}(a,b)$。根据这个性质，数字调制信号与噪声叠加的小波变换等于数字调制信号的小波变换与噪声小波变换的叠加。

（2）伸缩共变性：如果$s(t)\to \mathrm{WT}_s(a,b)$，则$s(ct)\to \dfrac{1}{\sqrt{c}}\mathrm{WT}_s(ca,cb)$，$c>0$。

（3）平移不变性：如果$s(t)\to \mathrm{WT}_s(a,b)$，则$s(t-b_0)\to \mathrm{WT}_s(a,b-b_0)$。

（4）自相似性。不同尺度参数a和不同平移参数b下的小波变换是自相似的。根据这条性质，多尺度下的小波变换都具有相似性，那么可对信号进行多尺度的小波变换重新组合后提取特征。

（5）冗余性：正是因为冗余性，连续小波变换可以离散化。

用不同的小波基分析同一个问题会产生不同的结果，常见的小波函数有：Haar 小波、Daubechies 小波、Coiflet 小波、Symlet 小波系、Morlet 小波等。Haar 小波形式简单，易于计算，并且对瞬态信号，尤其是相位变化的瞬态信号有较强的检测能力。鉴于篇幅问题，本节只针对 Haar 小波展开分析。

1. Haar 小波变换

Haar 小波函数是小波分析中应用最早，也是最简单的一个具有紧支撑的正交小波函数。Haar 小波定义为

$$\psi(t)=\begin{cases}1 & -0.5<t\leqslant 0\\ -1 & 0<t\leqslant 0.5\\ 0 & \text{其他}\end{cases}\tag{7-3-81}$$

其小波基函数$\psi_{(a,b)}(t)$为

$$\psi_{(a,b)}(t)=\begin{cases}\dfrac{1}{\sqrt{a}} & -0.5a<t\leqslant 0\\ -\dfrac{1}{\sqrt{a}} & 0<t\leqslant 0.5a\\ 0 & \text{其他}\end{cases}\tag{7-3-82}$$

2. 基于 Haar 小波变换特征

基于小波变换的特征量主要是指信号的小波变换幅度中包含的信息的特征量，一般通过搜索小波变换幅度直方图获得，这里对小波变换幅度直方图的概念进行简单阐述。

直方图是一种统计意义上的量值，它代表信号某种特征值的分布特性，当间隔无限小、样本很大时直方图就逼近于信号的概率密度函数。

小波变换幅度直方图是指小波变换幅度的分布特性，如图 7-3-2 所示。其中图 7-3-2（a）所示是 8FSK 信号的小波变换幅度直方图；图 7-3-2（b）是 64QAM（Quadrature Amplitude Modulation）信号的小波变换幅度直方图。

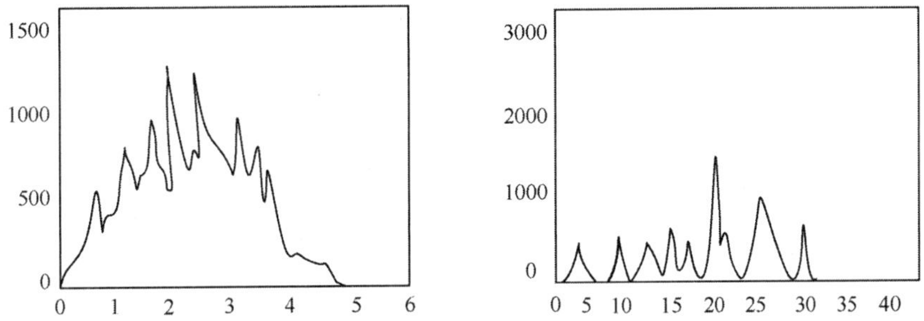

(a) 8FSK 信号的小波变换幅度直方图　　(b) 64QAM 信号的小波变换幅度直方图

图 7-3-2　小波变换幅度直方图特征提取示例

这里给出在调制识别分析中常用到的几个小波变换特征。

（1）小波变换幅度经中值滤波后的方差 $\mathrm{VAR}(|\mathrm{WT}|)$。

$\mathrm{VAR}(|\mathrm{WT}|)$表示将调制信号进行小波变换，得到的小波变换幅度经过中值滤波后求得的方差。$\mathrm{VAR}(|\mathrm{WT}|)$反映的是各调制信号的小波变换幅度的稳定性。进行中值滤波的原因是去除小波变换幅度的毛刺对直方图统计产生的影响。

（2）归一化小波变换幅度经中值滤波后的方差 $\mathrm{VAR}(|\mathrm{WT}|)_u$。

$\mathrm{VAR}(|\mathrm{WT}|)_u$ 表示将调制信号幅度归一化后进行小波变换，得到的小波变换幅度经过中值滤波后求得的方差。$\mathrm{VAR}(|\mathrm{WT}|)_u$ 反映的是幅度归一化后的调制信号经过小波变换所得到的小波变换幅度的稳定性。进行中值滤波的原因同上。

（3）调制信号经过小波变换后得到的小波变换幅度直方图的峰值个数 N_p。

对于不同的调制信号，N_p 表征不同的信息。如对于 MFSK 信号，经过小波变换后，小波变换幅度直方图的峰值个数表征的是信号的频率个数 M。在实际操作中，小波变换后还要进行中值滤波以滤除因相位跳变引起的毛刺。N_p 数值的确定一般通过对直方图进行波峰搜索获得。

7.3.4　复杂度特征

调制信号的波形包含调制参数的特征，从直观上看，在一定信噪比以上的信号波形可以依靠眼睛识别信号的大体特征类型。在调制识别研究中，也在寻求一种从信号波形中提取表征信号特征的方法，所采用的能刻画信号波形特征的数学工具称为复杂性测度，简称复杂度。

关于复杂度的定量描述主要有两种方法：一种是 Lempel-Ziv 所定义的复杂度，简写为 $L-Z$ 复杂度，通过复制和添加两种简单操作来描述一个序列的特性；另一种是分形维数，分形在一定程度上反映与体现整体系统的特性与信息，分形维数定量描述了信号的变化特性。这两种复杂度以不同的数学描述给出了信号波形所蕴含的内部规律，它们之间可以互为补充。

1. $L-Z$ **复杂度**

$L-Z$ 复杂度是一种能够刻画信号波形变化规律的方法，通过复制和添加两种简单操作来描述一个序列的特性，并将所需的添加操作次数作为序列的复杂性度量。下面先对 $L-Z$ 复杂度概念进行介绍，然后给出通信信号 $L-Z$ 复杂度特征的提取方法。

（1）$L-Z$ 复杂度的计算过程。

$L-Z$ 复杂度的计算过程如下所述。

给定序列为 $r(1),r(2),\cdots,r(L)$，初始时向空生成池中添加 $r(1)$，不失一般性，设生成池中已有符号串 $r(1),r(2),\cdots,r(l)$，$l<L$，并且 $r(l)$ 是由添加操作完成的，令 $P=r(1)r(2)\cdots r(l)$，$Q=r(l+1)$，判断 Q 是否可以从 $PQ\pi$ 中复制，即 Q 是否为 $PQ\pi$ 中的子串（$PQ\pi$ 表示把 P、Q 拼接在一起，删除最末一个符号得到的符号串）。如果能复制，P 保持不变，Q 续补一个符号，即 $Q=r(l+1)r(l+2)$，再回到前面的判断；如果不能，添加 Q 到生成池，此时 $P=r(1)r(2)\cdots r(l)r(l+1)$，$Q=r(l+2)$，再返回前面的判断。如此反复，直到生成池中包含所有的重构序列，统计添加操作的次数 $c(L)$，即为 $L-Z$ 复杂度。需要注意的是，最后一步操作如果为复制，则 $c(L)$ 要加 1。$L-Z$ 复杂度的计算流程如图 7-3-3 所示。

归一化 $L-Z$ 复杂度 $C(L)$ 表示为

$$C(L)=\frac{c(L)\log_N L}{L} \tag{7-3-83}$$

（2）通信信号 $L-Z$ 复杂度特征提取的方法。

提取有效特征的关键是对原始的接收信号 $f(i)$ 进行重构。一般重构的方法是对一定长度的序列 $L-Z$ 在时间上求算术平均值，以此平均值为门限，大于门限的 $f(i)$，取为 1，否则为 0。重构出一个 0-1 序列，然而这种重构方法丢失了原始信号中的很多信息，不适合信号分类。因此，可提出如下的重构方法。

步骤 1 假设一个有限长度 $L+1$ 的信号时间序列 $\{f(i)\}$，$i=1,2,\cdots,L+1$，定义

$$s(k)=\left|f(k)-f(k+1)\right| \quad k=1,2,\cdots,L \tag{7-3-84}$$

$\{s(k)\}$ 为相邻时刻信号差的绝对值构成的新序列，可以降低噪声的干扰，提高同类调制信号 L–Z 复杂度的集群程度和不同类的分离程度。

步骤 2 对 $\{s(k)\}$ 进行量化编码假设量化级数为 N，令 $a=\max\limits_{k}\{s(k)\}$，在 $(0,a]$ 上把

$\{s(k)\}$ 分成 N 层，则有

$$\begin{cases} r(k)=j, & \dfrac{a\times j}{N}<s(k)\leqslant\dfrac{a\times(j+1)}{N} \quad j=0,1,\cdots,N \\ r(k)=0, & s(k)=0 \end{cases} \tag{7-3-85}$$

这样就得到一个含有 N 个符号的重构数字序列 $\{r(k)\}$，$k=1,2,\cdots,N$。

步骤 3　根据前面所述求 $L-Z$ 复杂度特征的方法，得到归一化 $L-Z$ 复杂度 $C(L)$。

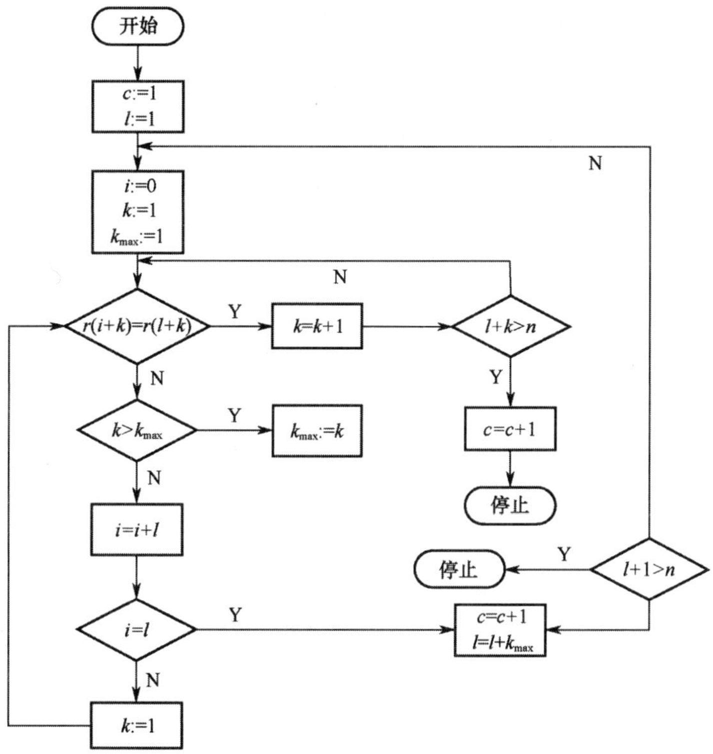

图 7-3-3　$L-Z$ 复杂度的计算流程

2. 分形维数

分形是对没有特征长度（特征长度是指所考虑的集合对象所含有的各种长度的代表者）但具有一定意义的自相似图形和结构的总称，也可以被看作具有下列性质的集合。

① 具有精细结构，即在任意小的比例尺度内包含整体。

② 不规则的，不能用传统的几何语言来描述。

③ 通常具有某种自相似性，或者是近似的，或者是统计意义下的。

④ 在某种方式下定义的“分维数”，通常大于它的拓扑维数。

⑤ 定义常常是非常简单的，或者是递归的。

分形维数可定量描述分形集的复杂性，分形维数的定义与欧式几何学维数的定义不同，它是与应用相关的，随着应用的不同，其分形维数的定义也会不同。这里仅介绍在通信信号调制方式识别领域中经常使用的两种分形维数的定义及测定方法：盒维数与信息维数。

其中，盒维数反映分形集的几何尺度情况，信息维数能够反映出分形集在分布上的信息。由于通信信号各种调制类型的特点体现在调制信号的波形上，而分形维数可以反映出信号波形所包含的几何及分布疏密信息，所以可以将信号的分形维数作为调制信号分类识别的特征。

（1）盒维数。

定义 7-3-8 盒维数

设 f 为定义在 $\mathfrak{R}$ 的闭集 T 上的连续函数，F 为 $\mathfrak{R}^2$ 上的集合

$$F=\{(x,y):x\in T\subset\mathfrak{R},y=f(x)\subset\mathfrak{R}\}\subset\mathfrak{R}^2 \tag{7-3-86}$$

如果

$$D_B(f)=\lim_{\varepsilon\to 0}\left\{\sup\frac{\lg N(F,\tilde{\varepsilon})}{-\lg\tilde{\varepsilon}}:\tilde{\varepsilon}\in(0,\varepsilon)\right\} \tag{7-3-87}$$

存在，则称 $D_B(f)$ 为函数 f 的盒维数。

在实际计算中，对于数字化离散空间信号点集合 F 的分形维数有如下简单的计算式。设信号的采样序列为 $f(t_1),f(t_2),\cdots,f(t_N),f(t_{N+1})$，$N$ 为偶数。令

$$d(\varDelta)=\sum_{i=1}^{N}\left|f(t_i)-f(t_{i+1})\right| \tag{7-3-88}$$

$$d(2\varDelta)=\sum_{i=1}^{N/2}\Big(\max\left\{\left|f(t_{2i-1}),f(t_{2i}),f(t_{2i+1})\right|\right\}-\min\left\{\left|f(t_{2i-1}),f(t_{2i}),f(t_{2i+1})\right|\right\}\Big) \tag{7-3-89}$$

$$N(\lambda)=d(\lambda)/\lambda,\qquad N(2\lambda)=d(2\lambda)/2\lambda \tag{7-3-90}$$

式中，$\lambda=1/f_s$ 为样本间隔，f_s 为采样率，那么

$$D_B(f)=\frac{\lg\dfrac{N(\lambda)}{N(2\lambda)}}{\lg\dfrac{1/\lambda}{1/2\lambda}}=\frac{\lg N(\lambda)-\lg N(2\lambda)}{\lg 2}=1+\lg\frac{d(\lambda)}{d(2\lambda)} \tag{7-3-91}$$

从盒维数定义可以看出，盒维数只表示 F 的几何尺度情况，而没有反映 F 在平面空间上的分布疏密，为了能反映分形集在区域空间上的分布信息，引入了信息维数概念。

（2）信息维数。

在盒维数的定义中，分形 F 的维数与覆盖 F 的盒子有关，而每个盒子中包含多少个 F 的点并未考虑，即分形盒维数只能反映分形的几何尺度情况，而没有反映 F 在平面空间上的分布疏密，信息维数恰能做到这一点。

定义 7-3-9 信息维数

设 $\{A_j\}(j=1,2,\cdots,K)$ 是集合 F 的一个有限 $\varepsilon-$格形覆盖，p_j 表示 F 的元素落在集合 A_j 中的概率。令信息熵

$$I(\varepsilon)=-\sum_{j=1}^{K}p_j\lg p_j \tag{7-3-92}$$

如果信息熵满足以下关系，即

$$I(\varepsilon)\sim-\lg\varepsilon^{D_I(f)} \tag{7-3-93}$$

则称 $D_I(f)$ 为集合 F 的信息维数。

实际计算时，可通过下式得到信息维数，即

$$D_I(f)=\frac{I(\lambda)-I(2\lambda)}{\lg 2} \tag{7-3-94}$$

式中，$\lambda=1/f_{\mathrm{s}}$ 为样本间隔，f_{s} 为采样频率。

7.3.5　分类器

1. 最大似然分类器

假设待识别调制方式有 c 种，记为 $\{S_i\}_{i=1}^{c}$，对应 c 种调制方式有 c 种假设检验 H_i，即 H_i，调制方式为 $S_i(i=1,2,\cdots,c)$。

贝叶斯理论提供了一种最小错误概率的分类器，通过找到最大后验概率（需要先验概率和条件概率，求出后验概率）设计贝叶斯分类器。当所有调制方式先验概率相等时，最优贝叶斯分类器简化为最大似然分类器，即

$$H_{i^*}=\arg\max_{H_i} L(H_i|R)=\arg\max_{H_i} L(R|H_i) \tag{7-3-95}$$

这里 R 表示接收信号观测集。一个最大似然分类器实现流程如图 7-3-4 所示。

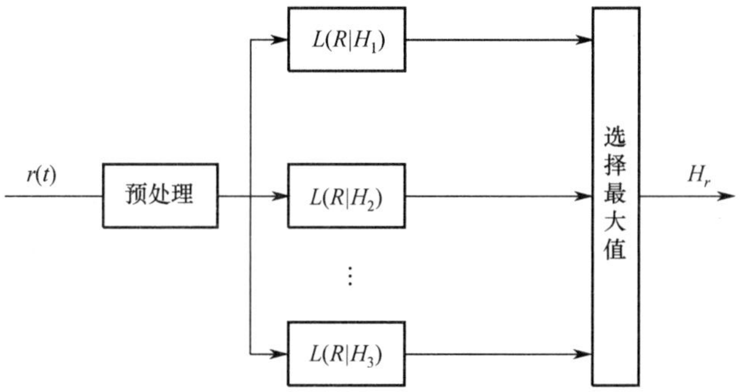

图 7-3-4　一个最大似然分类器实现流程

通过对信号的似然函数进行处理，得到用于分类的充分统计量，然后与一个合适的门限进行比较，完成调制分类功能。这一方法需要确切知道信号的某些参数，如分布函数表达式，正态分布时的均值、方差及信噪比参数等。

由于调制识别接收机工作于非协作通信环境，数字通信的信息内容是未知的，（同时）存在信号参数的估计误差，所示构造的似然比函数中一般含有未知参数。要使用该似然函数设计分类器必须确定其中的未知参数，一般通过以下 3 种方法解决这个问题。

（1）平均似然比检测（Average Likelihood Ratio Test，ALRT）。

考虑未知调制参数估计的影响，将接收信号用复基带等效表示为

$$r(t)=s(t)+n(t) \tag{7-3-96}$$

$$s(t)=a_i\sum_{k=1}^{N}\mathrm{e}^{\mathrm{j}(2\pi\Delta f t+\theta_\varepsilon)}s_k^{(i)}(t)g\left(t-(k-1)T_s-\varepsilon T_s\right)\quad 0\leqslant t\leqslant NT_s \tag{7-3-97}$$

其中

$$a_i = \sqrt{E_s / \sigma_{s(i)}^2 E_p}, \ \sigma_{s(i)}^2 = \frac{1}{M_i} \sum_{m=1}^{M_i} \left| s_m^{(i)} \right|^2 \tag{7-3-98}$$

式中，E_s 互为基带信号能量；E_p 为发送脉冲 $p_T(t)$ 能量；Δf 为残留载波频率或频率偏移；θ_ε 为载波相位误差，θ_ε 分为两部分，一部分是相位周定误差 θ，在整个观测时间内为常数，另一部分是相位随机抖动 $\phi_k\ (k=1,2,\cdots,N)$，是独立同分布的随机变量，在一个符号周期内不变；$\left\{ s_k^{(i)} \right\}_{k=1}^{N}$ 为 $n=1$ 个来自第 i 种调制方式的发送符号；T_s 为符号时间；$\varepsilon(0 \leqslant \varepsilon < 1)$ 是定时误差；$g(t)=p_T(t)\otimes h(t)$，$h(t)=\alpha \mathrm{e}^{\mathrm{j}\varphi}\delta(t-\tau)$ 为信道冲激响应，α、φ、τ 分别为信道幅度、相移、时延；$n(t)$ 是独立的复高斯加性白噪声，其双边功率谱密度为 N_0。

对于调制识别来说，除了预期调制方式集这个必要条件外，没有任何先验知识可以利用。因此，上述均是未知量，用向量 $\boldsymbol{v}_i(i=1,2,\cdots,c)$ 表示

$$\boldsymbol{v}_i = \left[a_i, \Delta f, \theta, \{\phi_k\}_{k=1}^{N}, g(t), \varepsilon, T, N_0 \right]^{\mathrm{T}} \tag{7-3-99}$$

相应于未知参数 $\boldsymbol{v}_i$，ALRT 似然函数为

$$L\left(r(t)\middle|H_i\right) = E_{\boldsymbol{v}_i}\left\{L\left(r(t)\middle|\boldsymbol{v}_i, H_i\right)\right\} \tag{7-3-100}$$

式中，$E_{\boldsymbol{v}_i}(\cdot)$ 表示对 $\boldsymbol{v}_i$ 求期望，即

$$L\left(r(t)\middle|H_i\right) = \int L\left(r(t)\middle|v_i, H_i\right) p\left(\boldsymbol{v}_i\middle|H_i\right)\mathrm{d}\boldsymbol{v}_i \tag{7-3-101}$$

而由 $n(t)=r(t)-s(t)$ 服从高斯分布，有

$$L\left[r(t)\middle|\boldsymbol{v}_i, H_i\right] = \frac{1}{\sqrt{\pi N_0}} \exp\left(-\frac{1}{N_0}\left\|r(t)-s(t)\right\|^2\right) \tag{7-3-102}$$

注意这里

$$\left\|r(t)-s(t)\right\|^2 = \int_0^{NT_s} \left(r(t)-s(t)\right)^* \left(r(t)-s(t)\right)\mathrm{d}t \tag{7-3-103}$$

最终，将似然函数式（7-3-103）代入式（7-3-102）得到识别结果。分类器也可以表示成似然比的形式，即

$$\frac{L\left(r(t)\middle|H_i\right)}{L\left(r(t)\middle|H_j\right)} \underset{H_j}{\overset{H_i}{\gtrless}} \tau_{\mathrm{ALRT}}^{ij} \quad i \neq j \quad i,j=1,2,\cdots,c \tag{7-3-104}$$

式中，$\tau_{\mathrm{ALRT}}^{ij}$ 是判决阈值。

（2）广义似然比检测（Generalized Likelihood Ratio Test，GLRT）。

在 ALRT 中，$\boldsymbol{v}_i$ 中每个未知参数都作为随机变量，求解这些未知参数的 PDF 非常困难，因此另一种方法是将它们看成确定量，似然函数考虑这些参数的最大化。可以利用各种手段对未知参数进行估计，将得到的参数估计值用于似然函数中。当采用最大似然估计这些参数时，就得到 GLRT 的似然函数

$$L\left(r(t)\middle|H_i\right) = \max\left(L\left(r(t)\middle|\boldsymbol{v}_i, H_i\right)\right) \tag{7-3-105}$$

将式（7-3-105）代入式（7-3-102）也可以得到 GLRT 似然比形式

$$\frac{L\left(r\left(t\right)\middle|H_i\right)}{L\left(r\left(t\right)\middle|H_j\right)}\underset{H_j}{\overset{H_i}{\gtrless}}\tau_{\mathrm{GLRT}}^{ij}\quad i\neq j\ \ i,j=1,2,\cdots,c \tag{7-3-106}$$

式中，$\tau_{\mathrm{GLR}T}^{ij}$ 是判决阈值。

（3）混合似然比检测（Hybrid Likelihood Ratio Test，HLRT）。

应用中一般假定符号 $\left\{s_k^{(i)}\right\}_{k=1}^{N}$ 是统计独立的随机变量，因此分类器更多的是 HLRT，即未知参数部分作为随机变量，部分作为确定量，是 ALRT 和 GLRT 的混合。HLRT 似然函数为

$$L\left(r\left(t\right)\middle|H_i\right)=\max_{v_i^t}\left(E_{v_i^t}\left\{L\left(r\left(t\right)\middle|\boldsymbol{v}_i^t,\boldsymbol{v}_i^n,H_i\right)\right\}\right) \tag{7-3-107}$$

将式（7-3-107）代入式（7-3-102）也可以得到 HLRT 似然比形式，即

$$\frac{L\left(r\left(t\right)\middle|H_i\right)}{L\left(r\left(t\right)\middle|H_j\right)}\underset{H_j}{\overset{H_i}{\gtrless}}\tau_{\mathrm{HLRT}}^{ij}\quad i\neq j\quad i,j=1,2,\cdots,c \tag{7-3-108}$$

式中，$\tau_{\mathrm{HLR}T}^{ij}$ 是判决阈值。

似然比调制分类的优点主要有两个。第一，理论上保证了在贝叶斯最小误判代价准则下分类结果是最优的，而且可以通过理论分析得到分类性能曲线。似然比分类性能可作为理论性能上限，用来检验基于特征值的调制分类方法的性能，帮助判断分类特征选取的合理性。第二，似然比分类器使用范围广，使用复信号序列设计似然比分类器，应用了信号星座图的分布统计特性，所以理论上对于任意两种不同调制方式的码元同步复信号，都能设计出似然比分类器。因此，首先用通用解调算法，求出不同阶次的 MQAM、MPSK 和 MASK 的码元同步复信号序列，然后可用似然比方法对任意两种类型信号进行分类。需要说明的是，对不同的调制方式，需要设计不同的分类器。

当然，似然比分类算法也存在局限性或不足之处。第一，已有的似然比分类算法大多数是对码元同步采样序列进行处理，这就隐含着要知道信号的载频、码速率、码元定时甚至匹配滤波器所需的基带成型脉冲形式。虽然可以通过最大似然的方法估计出这些关键参数的值，但要建立在大量增加计算量的代价上。因此，对于接收机性能的要求比较严格。第二，未知参数的存在，导致似然比分类的充分统计量表达式很复杂，计算量大，难于实时处理。为此，许多研究人员都致力于研究如何简化似然比函数。但简化的结果，又导致了分类信息的丢失、调制类型的合并及分类性能的下降。因此，在似然比函数的简化方法与分类性能损失之间存在一个折中的问题。

2. 基于样本特征值的分类器

贝叶斯分类器可以看成以错误率或风险为准则函数的分类器，它使错误率或风险达到最小，通常称这种分类器为最优分类器，贝叶斯分类器使用的条件概率密度函数和最大似然分类器使用的概率密度函数在一般情况下很难得到。在这种情况下，就需要引入其他准则下的分类器。在其他准则函数下的分类器则成为“次优”的，需要指出的是，这里的“次优”，是相对于错误率或风险准则而言的，而对于所提的准则函数来说，这是最好的。几个常用的准则函数是：Fisher 准则、感知准则、最小均方误差（MSE）准则、最小错误概率

线性判别函数准则。

在调制方式识别中较常用的基于样本特征值的分类器主要有决策树分类器和神经网络分类器。

（1）决策树分类器。

决策树分类器也叫多级分类器，是模式识别中用得比较早的一种分类技术。这种分类器的思想是，把复杂的问题通过逐级分解，使复杂的分类问题通过简单的方式得到解决。

决策树分类器的一般结构如图 7-3-5 所示。

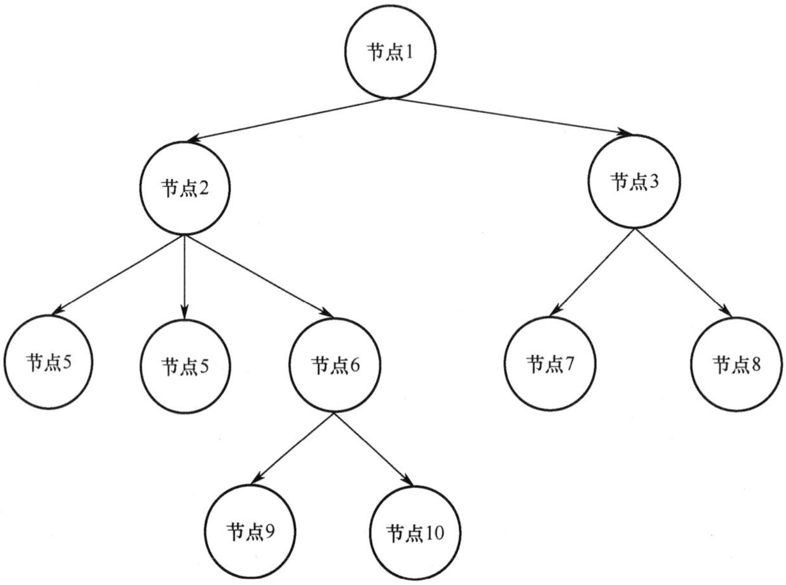

图 7-3-5　决策树分类器的一般结构

通常，根节点、中间节点和叶节点组成一个决策树分类器。其中叶节点表示某一类别，图 7-3-5 中节点 4、节点 5、节点 7、节点 8、节点 9 及节点 10 是叶节点。根节点（节点 1）和中间节点（节点 2、节点 3、节点 6）都代表某一特征参数。一般情况下，特征参数会取一个门限值，决策树分类器比较该参数的值与门限值，判别如何进入下一层。正是由于决策树每次只对一个特征参数进行比较，所以识别算法简单，也容易实现；但同时对特征参数的分类性能有较高的要求。若选取的分类特征参数充分有效，则分类结果会很好，分类速度也很快。

这种分类器主要存在以下 3 个方面的问题。

① 对于不同识别流程采用相同的特征参数，如果这些特征参数处在不同的判决位置，则会导致在同一信噪比条件下具有不同的识别率。在实现调制方式识别算法时，识别率是指对识别算法进行一定次数的仿真，对某种调制方式识别结果正确的次数占总仿真次数的百分比。

② 在每个判决节点处只使用一个特征参数来判决，会导致判决时过分依赖每一个特征参数的正确性，如果某次分类错误，则这种错误会被延续下去，所以使用决策树作为分类器时，一定要选择性能非常好的特征量，即不同信号对同一特征量相差较大，但这通常较

难做到。

③ 每次判决时，每个特征参数都需要设置一个门限值，而该门限值的选取对识别率影响很大，并且很多时候，特征参数的值会随着信噪比的大小而变化，这就要求在不同信噪比条件下设置不同的门限值，因此会增加研究者的工作量。

（2）神经网络分类器。

神经网络分类器进行模式识别的过程为：首先是训练过程，通过大量的训练样本，对网络进行训练，根据某种学习规则不断对连接权值和阈值进行调节，最后使网络具有某种期望的输出，这种输出即可将训练样本正确分类到其所属类别中，此时可以认为网络学习到输入样本间的内在规律；接下来是识别过程，应用前面训练过程所得到的权值和阈值，对任一送入网络的样本进行分类。

神经网络分类器应用的网络主要有前馈（Back Propagation，BP）神经网络、径向基函数（Radial Basis Function，RBF）神经网络、小波神经网络（Wavelet Neural Network，WNN）、支持向量机（Support Vector Machine，SVM）、自适应谐振（Adaptive Resonance Theory，ART）神经网络等。这里对前馈神经网络、小波神经网络和自适应谐振神经网络进行简单介绍。

① BP 神经网络。

BP 神经网络是一种具有 3 层或 3 层以上、单向传播的前向网络，图 7-3-6 所示是一个典型 3 层 BP 神经网络的拓扑结构，可见，该结构有输入层、中间层（隐含层）和输出层 3 层，每一层都由若干个神经元组成，同一层之间无任何连接，而前后两层神经元间实现全连接。其中，输入层含 m 个神经元，对应于 BP 神经网络可感知的 m 个输入，也是样本特征向量空间的维数；输出层含 n 个神经元，与 BP 神经网络的 n 个输出响应相对应，是类别空间的维数；隐含层的神经元数目可根据需要设置。

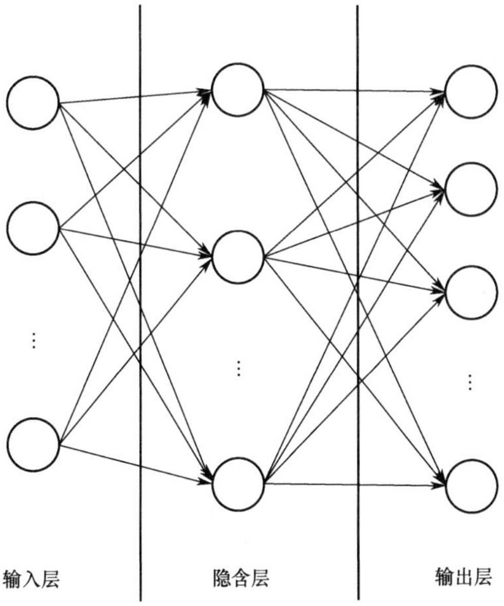

图 7-3-6　3 层 BP 神经网络的拓扑结构

② 小波神经网络。

小波神经网络是 20 世纪 90 年代初，在小波分析与神经网络发展的基础上提出的一种前馈性网络，本质上仍是一个 BP 神经网络，所不同的是各层的输入量是小波变换参数。小波分析作为对信号分解和重构的工具，克服了传统的傅里叶变换无法反映信号局部信息的缺点，而获取模式对象的局部信息对模式识别是十分重要的。小波变换通过其特有的平移系数和伸缩系数来保证模式样本的平移及比例变化的相对不变性，获得多种尺度信息。小波神经网络是小波函数在神经网络中的应用。

小波神经网络类似于 BP 神经网络的结构，如图 7-3-7 所示。

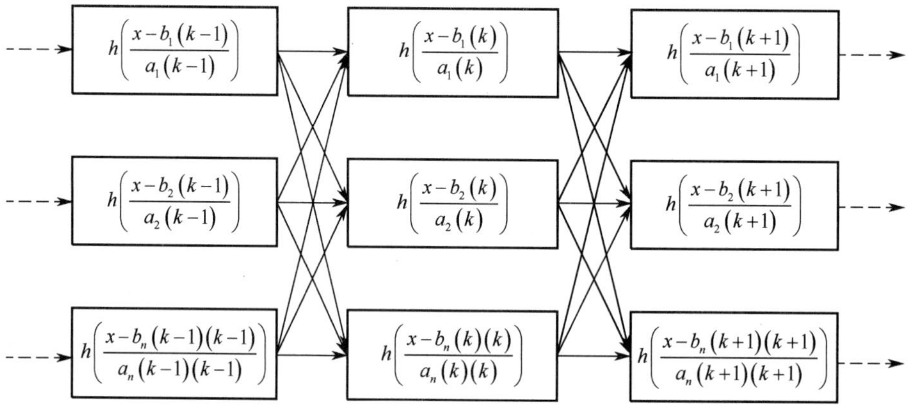

图 7-3-7　小波神经网络结构

小波神经网络与 BP 神经网络的区别在于其传递函数为 $h_{a,b}$ 小波函数。图 7-3-7 中符号 $a(k)$、$b(k)$ 代表第 k 层所使用的小波函数的平移因子。

③ ART 神经网络。

ART 神经网络及其算法在适应新的输入模式方面具有较大的灵活性，同时能够避免对网络先前训练结果的修改，较好地解决了稳定性和灵活性兼顾的问题。当网络接收来自环境的输入时，按预先设计的参考门限检查该输入模式与所有存储模式类型向量之间的匹配程度，以确定相似度。对相似度超过参考门限的所有模式类，选择最相似的作为该模式的代表类，并调整与该类别相关的权值，以使后来与该模式相似的输入再与该模式匹配时能得到更大的相似度。若相似度都不超过参考门限，就需要在网络中设立一个新的模式类，同时建立与该模式类相连的权值，用以代表和存储该模式及后来输入的所有同类模式。

3. 聚类算法分类器

上述的分类器是在已知类别标签样本集的基础上进行的，但在很多实际应用中，由于缺少形成模式类的知识，只能用没有类别标签的样本集进行工作，这就是通常所说的非监督模式识别方法或聚类方法。

聚类被描述为“空间中包含相对高密度点的连续区域，由相对低密度点区域将其与其他相对高密度点区域分开”。聚类主要用于确定两个向量之间的“相似度”及合适的测度，选择合适的算法，基于选定的相似性测度对向量进行分类。聚类算法可以视为：通过考虑包含在一个大集合中的所有可能划分集合的一小部分，就可以得到可判断聚类的方案，聚类结果依赖于选定的算法与准则，因此聚类算法是一个试图识别数据集合聚类特殊性质的学习过程。

聚类算法主要包括顺序算法、层次聚类算法、基于代价函数最优的聚类算法和一些不能归为上述 3 类的其他聚类算法。基于代价函数最优的聚类算法是最常用的聚类算法之一，这种方法用最优代价函数 J 来量化可判断性，通常聚类数量 m 是固定的。其中，最具代表性的算法包括 C 均值聚类算法和模糊 C 均值聚类算法。在其他聚类算法中，减法聚类算法是以运算量小而占优的一种聚类算法，它也常与其他聚类算法组合使用，以获得算法运算量和聚类性能的综合性能。

在通信信号调制识别中，聚类算法主要应用于具有典型星座图特征的调制信号的识别，如 MPSK、MQAM 信号等。此时基于聚类的调制识别算法包括两个基本步骤：重构信号星座图和设计分类器。其中各种聚类算法主要是实现星座图的重构，而分类器则主要是采用最大似然比的方法。本书的 7.4 节将对基于聚类算法的调制识别的具体方法进行详细讨论。

7.4　基于聚类与粒子群重构星座图的 MQAM 信号识别方法

7.4.1　MQAM 信号模型

设 $y(n)$ 是射频前端天线接收到的信号，经过采样后得到的信号模型可以表示为

$$y(n)=x_m(n)+v(n)\quad n=0,1,\cdots,N-1 \tag{7-4-1}$$

式中，$v(n)$ 为双边功率谱密度为 $N_0/2$ 的加性高斯白噪声（AWGN）；N 为采样点数，$x_m(n)$ 为 MQAM 采样信号，其信号波形为

$$\begin{aligned}x_m(n)&=\mathrm{Re}\left[\left(A_{mc}+\mathrm{j}A_{ms}\right)g(n)\mathrm{e}^{\mathrm{j}2\pi nf_c}\right]\\&=A_{mc}g(n)\cos\left(2\pi f_c n\right)-A_{ms}g(n)\sin\left(2\pi f_c n\right)\end{aligned} \tag{7-4-2}$$

式中，A_{mc} 和 A_{ms} 表示两个正交载波所携带信息的幅度，它们决定了已调 MQAM 信号在星座图中星座点的位置；$g(n)$ 为发送信号脉冲波形的采样；f_c 为载波频率；$m=1,2,\cdots,M$，M 表示 MQAM 信号的调制阶数。若令 $V_m=\sqrt{A_{mc}^2+A_{ms}^2}$，$\theta_m=\arctan\left(A_{ms}/A_{mc}\right)$，则 MQAM 信号也可以表示为

$$x_m(n)=\mathrm{Re}\left[V_m\mathrm{e}^{\mathrm{j}\theta_m}g(n)\mathrm{e}^{\mathrm{j}2\pi nf_c}\right]=V_m g(n)\cos\left(2\pi f_c n+\theta_m\right) \tag{7-4-3}$$

数字信号可以通过复坐标图表示出来，通过复坐标图表示出来的数字信号可以清晰、直观地看出信号的调制方式及各信号之间的关系，通常把这种图称为星座图。这里给出 4QAM 和 32QAM 信号的星座图，如图 7-4-1 所示。

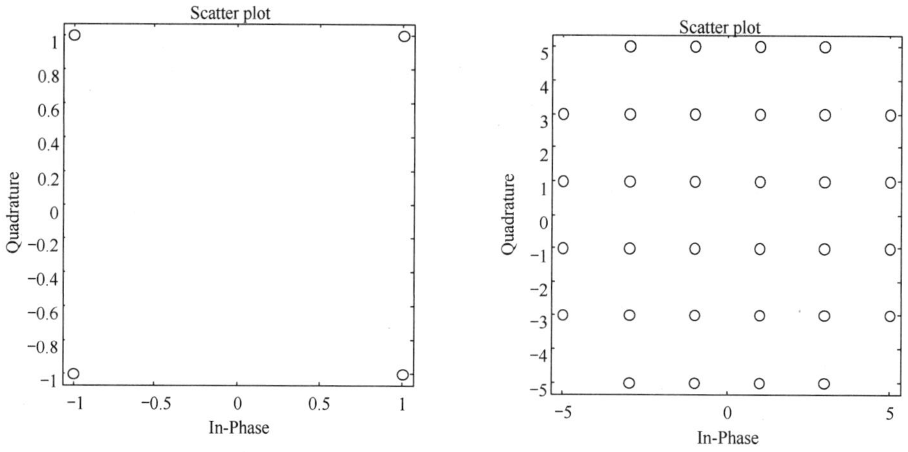

(a) 4QAM信号星座图　　(b) 32QAM信号星座图

图 7-4-1　4QAM 信号及 32QAM 信号星座图

7.4.2　载波频率估计

在任何非合作的信号识别通信系统中，接收到的信号很多参数都是未知的，但无论哪种信号识别方法或多或少需要一些先验知识。在不能得到某些参数的情况下，信号识别系统需要采用某些算法来对这些参数进行估计，从而得到该参数的估计值。在本节算法中，由于信号的星座图是在复基带信号下得到的，因此天线在接收到信号后，首先要对信号载波频率进行估计，然后才能对信号进行下变频到复基带。由于本节算法的侧重点在于对 MQAM 信号的识别算法研究，对于载波频率的估计后面章节将做详细描述，本节没有进行深入介绍。下面列出已经存在的时域和频域载波频率估计方法。

1．时域载频估计法——过零检测法

过零检测法对载波频率进行估计的公式为

$$f_0 = \frac{M_z - 1}{2\sum_{i=1}^{M_z-1} y(i)} \tag{7-4-4}$$

式中，M_z 为实信号 $s(i)$ 的过零点个数；$y(i)$ 为信号的过零序列，定义为

$$y(i) = s(i+1) - s(i) \quad i = 1,2,\cdots,M_Z - 1 \tag{7-4-5}$$

过零检测法简单实用，在信噪比较高时能取得很高的估计精度，但在信噪比较低时，估计效果不理想。所以使用此方法时，一般选择接收信号非弱信号段的过零点。

2．频域载频估计法——频率中心法

采用频率中心法对载波频率进行估计的公式为

$$f_0 = \frac{\sum_{k=1}^{N_s/2} K|S(k)|^2}{\sum_{k=1}^{N_s/2} |S(k)|^2} \tag{7-4-6}$$

式中，$S(k)$ 为信号的频谱序列；f_0 为载波频率的估计值。频率中心法一般适用于频谱对称性较好的信号，对于频谱不对称的信号，估计精度很低，因此适用范围较小。

7.4.3　减法聚类算法与粒子群算法理论

减法聚类算法（Subtractive Clustering，SC）是一种基于密度的算法，本节采用减法聚类算法寻找接收信号的初始聚类中心。粒子群算法是一种智能的全局优化算法，在使用减法聚类算法找到初始聚类中心后，使用粒子群算法对聚类中心进行优化，最终得到接收信号的星座图。本节主要介绍减法聚类算法和粒子群算法理论。

1. 减法聚类算法

聚类分析是分类中的一种多元统计方法，根据所得样本，按照某一规则对样本进行处理，把相似的归为一类，不相似的归为另一类。而减法聚类算法是一种基于密度的聚类算法。它假设每一个数据点都是聚类中心的候选者，然后根据数据密度原理实现聚类。假设 M 维空间的样本集为 $\{x_1, x_2, \cdots, x_n\}$，这些样本点都为聚类中心的候选者，点 x_i 处的密度指标定义为

$$D_i = \sum_{j=1}^{n} \exp\left[-\frac{\left\|x_i - x_j\right\|^2}{\left(r_a/2\right)^2}\right] \tag{7-4-7}$$

式中，D_i 为密度指标；r_a 为减法聚类初始的邻域半径。点 x_i 的密度取决于该半径内样本点的个数，如果样本点多，则密度大，反之，密度小。

用式（7-4-7）计算每个样本点的密度指标，选择具有最大密度指标的数据点作为第一个聚类中心，令 D_{c1} 为其密度指标，x_{c1} 为最大密度指标点，采用以下公式对每个数据点 x_i 的密度进行修正。

$$D_i = D_i - D_{c1} \exp\left[-\frac{\left\|x_i - x_{c1}\right\|^2}{\left(r_b/2\right)^2}\right] \tag{7-4-8}$$

式中，一般 $r_b = 2r_a$，这意味着搜索范围变大，密度指标将显著减小。这样就避免了靠近第一个聚类中心的点被选为下一个聚类中心。根据式（7-4-8），对每个点进行密度指标的修正，然后选择密度指标最大的点作为下一个聚类中心，如此重复这个过程，直到确定第 k 个聚类中心后，采用以下公式对每个数度点进行修正。

$$D_i = D_i - D_{ck} \exp\left[-\frac{\left\|x_i - x_{ck}\right\|^2}{\left(r_b/2\right)^2}\right] \tag{7-4-9}$$

式中，x_{ck} 为第 k 个聚类中心；D_{ck} 为其密度指标。按照这一规则，不断重复该过程，直至所有数据点作为聚类中心的可能性低于某一阈值。此外，还可以设置一个上门限 $\bar{\varepsilon}$ 和下门限 $\underline{\varepsilon}$ 来自动终止聚类中心的判决。

2. 粒子群算法

粒子群算法（Particle Swarm Optimization，PSO）提出后，在国际上引起了各专家学者的广泛关注，因为其算法简单易行，使用效果理想，因此，粒子群算法是当前的一个研究

热点。粒子群算法在模式识别、神经网络、函数优化等领域具有广泛的应用。

设空间为 D 维，粒子群体规模为 N 。$X_i^{(t)}=\left(x_{i1},x_{i2},\cdots,x_{iD}\right)$ 为第 i 个粒子在 t 时刻的位置，同理 $V_i^{(t)}=\left(v_{i1},v_{i2},\cdots,v_{iD}\right)$ 表示第 i 个粒子在 t 时刻的速度。根据自己设定的适应度函数来求粒子的适应度值，然后根据适应度值来判定当前粒子位置的好坏。粒子群有两个极值，一个为粒子本身的最优解，称为个体极值，用 P_i 表示。另一个为整个种群的最优解，称为全局极值，用 P_g 表示。根据自己设置的迭代次数，在每一次迭代中都更新两个极值。两个极值找到之后，就通过以下公式来对粒子的位置和速度进行更新。

$$V_i^{(t+1)}=\omega\times V_i^{(t)}+c_1\times \text{rand}()\times\left(P_i-X_i^{(t)}\right)+c_2\times \text{rand}()\times\left(P_g-X_i^{(t)}\right) \tag{7-4-10}$$

$$X_i^{(t+1)}=X_i^{(t)}+V_i^{(t+1)} \tag{7-4-11}$$

式中，c_1、c_2 为学习因子或加速系数，学习因子使粒子具有自我总结和向群体中优秀个体学习的能力，从而向自己的历史最优点及群体内或领域内的历史最优点靠近，取值为 0～4，通常取 2；ω 为权值因子；t 为迭代次数，rand() 为 0～1 的随机数；$V_i\in\left[V_{\min},V_{\max}\right]$，限制的目的是减少在进化过程中，粒子离开搜索空间的可能性。粒子群算法流程图如图 7-4-2 所示。

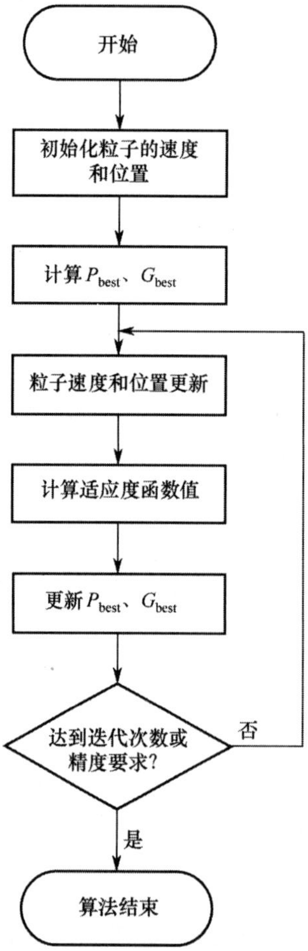

图 7-4-2　粒子群算法流程图

粒子群算法的流程具体描述如下。

（1）初始化粒子的速度和位置。

（2）根据适应度函数计算每个粒子的适应度值。

（3）将每个粒子的适应度值与个体极值 P_i 比较，如果比它好，则将此粒子作为当前 P_i。

（4）将每个粒子的适应值与全局极值 P_g 比较，若果比它好，则将此粒子作为当前 P_g。

（5）根据式（7-4-10）更新粒子速度，根据式（7-4-11）更新粒子位置。

（6）判断是否达到预定的适应值或最大迭代次数，如果未达到则返回步骤（2）继续执行，如果达到，则转至下一步骤。

（7）输出最优解。

7.4.4　基于聚类与粒子群重构星座图的 M-QAM 信号识别方法流程

基于聚类与粒子群重构星座图的信号识别方法流程图如图 7-4-3 所示，包括如下步骤。

步骤 1　将射频天线接收到的信号进行载波频率估计。

步骤 2　对载波频率估计后的信号下变频，得到复基带信号。

步骤 3　双路模数转换器（AD）对复基带信号进行采样，得到基带信号数据集为$(x_1, x_2,\cdots,x_n)$。

步骤 4　将采样得到的数据集送入基带信号处理模块，通过信号识别算法进行处理。具体算法流程图如图 7-4-4 所示，具体步骤如下。

步骤 4.1　初始化邻域半径 $r_a=0.8$，设置上门限 $\overline{\varepsilon}$=0.5，下门限 $\underline{\varepsilon}$=0.32。

步骤 4.2　将采集到的数据集$(x_1,x_2,\cdots,x_n)$进行减法聚类处理，每个数据点都是聚类中心的候选者，即把每一个采集到的数据点当作潜在的聚类中心，计算每一个数据点的密度指标，数据点 x_i 的密度指标计算公式为

$$D_i=\sum_{j=1}^{n}\exp\left[-\frac{\left\|x_i-x_j\right\|^2}{(r_a/2)^2}\right] \tag{7-4-12}$$

式中，D_i 为密度指标；r_a 为减法聚类初始的邻域半径；n 为数据点总数；i、j 为数据点下标，$1\leqslant i\leqslant n$，$1\leqslant j\leqslant n$。

步骤 4.3　将每个数据点的密度指标放入基带存储区存储，在存储区内选择一个具有最大密度指标的数据点 c_k 作为数据点（k 为聚类中心个数，初始值为 1）。第一次所得最大密度指标的数据点的密度指标赋值给 D_{c1}（该值为始终不变的固定值），每次迭代所得最大密度指标的数据点的密度指标值赋值给 D_{ck}（该值为持续更新的可变值）。

步骤 4.4　运行粒子群算法对数据点 c_k 进行修正，得到一个修正后的数据点 c_k，粒子群算法具体步骤如下。

步骤 4.4.1　设迭代次数 C 初始化为 0，最大值为 50。
以数据点 c_k 为圆心定义一个搜索半径 r_s，将数据点 c_k 及其半径内所有数据点初始化为粒子，每个粒子都是数据点的候选者。

搜索半径 r_s 定义为

$$r_s = \min\left(r_a/2, \min\left\|c_{k+1} - c_i\right\|/2, i \in (1,2,\cdots,k)\right) \tag{7-4-13}$$

式中，r_a 为减法聚类初始的邻域半径；c_{k+1} 为第 $k+1$ 个聚类中心点；c_i 为第 i 个聚类中心点，且 $i \in (1,2,\cdots,k)$。

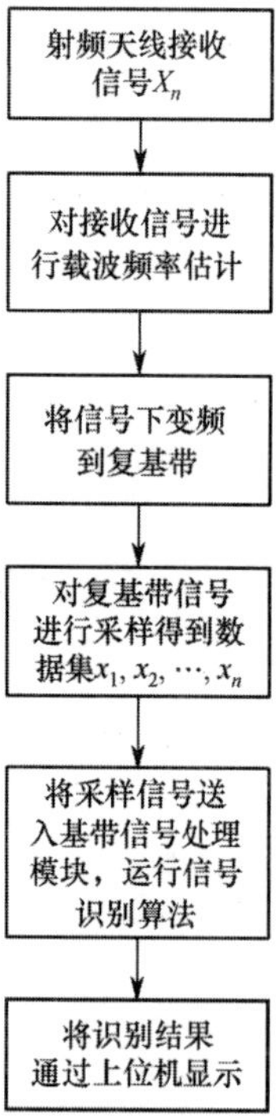

图 7-4-3　基于聚类与粒子群重构星座图的信号识别方法流程图

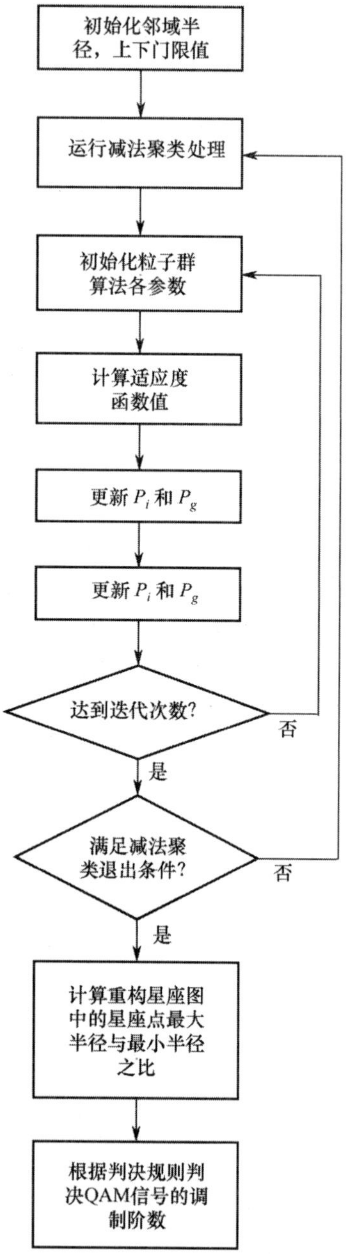

图 7-4-4　算法流程图

步骤 4.4.2　计算每个粒子的适应度值，适应度函数定义为

$$\text{Fitness}(x)=\sum_{i=1}^{n}\exp\left(-\frac{\left\|x-x_i\right\|^2}{\left(r_a/2\right)^2}\right)-\sum_{j=1}^{k}\exp\left(-\frac{\left\|x-c_j\right\|^2}{\left(r_b/2\right)^2}\right) \tag{7-4-14}$$

式中，n 为数据点总数；i 、j 为数据点下标，$1\leqslant i\leqslant n$，$1\leqslant j\leqslant n$；r_a 为减法聚类初始的邻域半径；r_b 定义了一个密度指标显著减小的区域，一般取 $r_b=1.5r_a$；x 为以 c_k 为圆心，半径为 r_s 内的所有数据点；c_j 为更正前聚类中心；k 为聚类中心个数。

步骤 4.4.3　更新每个粒子的个体极值 P_i 和整个种群的全局最优解 P_g 。

步骤 4.4.4　更新每个粒子的速度，更新公式为

$$V_i^{(t+1)}=\omega^* V_i^{(t)}+c_1 * \text{rand}() * \left(P_i-X_i^{(t)}\right)+c_2 * \text{rand}() * \left(P_g-X_i^{(t)}\right) \tag{7-4-15}$$

式中，ω 为惯性权重；c_1 和 c_2 为粒子学习速度；rand() 为 [0,1] 之间的随机数。在本实例中，惯性权重 ω=0.6，学习速度 c_1=3 、c_2=4 。限制粒子的速度在区间为 $\left[-2r_a,2r_a\right]$。

步骤 4.4.5　更新每个粒子的位置，更新公式为

$$X_i^{(t+1)}=X_i^{(t)}+V_i^{(t+1)} \tag{7-4-16}$$

步骤 4.4.6　计算更新后的粒子与数据点 c_k 的距离：如果这个距离大于搜索半径 r_s，则返回步骤 4.4.1，将搜索半径变为 $0.5r_s$，重新初始化粒子；否则，转至步骤 4.4.7。

步骤 4.4.7　迭代次数 C 加 1。如果 $C\leqslant 50$，则返回步骤 4.4.2，重新计算每个粒子的适应度值；否则，将所得到的全局最优解 P_g 作为修正后的数据点 c_k'，并结束粒子群算法。

步骤 4.5　判断 $D_{ck}>\bar{\varepsilon}D_{c1}$ 是否成立：如果成立，把修正后的数据点 c_k' 作为最终聚类中心，并采用减法聚类公式对每个数据点的密度指标进行修正，修正完后跳至步骤 4.9；否则，继续下一步骤。

上述减法聚类公式将数据点的密度指标 D_i 更新为

$$D_i-D_{ck}\exp\left[-\frac{\left\|x_i-c_k'\right\|^2}{\left(r_b/2\right)^2}\right] \tag{7-4-17}$$

式中，D_{ck} 为第 k 个聚类中心的密度指标；x_i 为数据点；c_k' 为修正后的数据点；$r_b=1.5r_a$。

步骤 4.6　判断 $D_{ck}<\underline{\varepsilon}D_{c1}$ 是否成立：如果成立，不把修正后的数据点 c_k' 作为最终聚类中心，迭代停止，跳至步骤 4.10；否则，继续下一步骤。

步骤 4.7　当 $\underline{\varepsilon}D_{c1}<D_{ck}<\bar{\varepsilon}D_{c1}$ 时，计算修正后的数据点 c_k' 之间的最小距离 $d_{\min}$ 。

步骤 4.8　判断下式是否成立，即

$$\frac{d_{\min}}{r_a}+\frac{D_{ck}}{\left\|c_k'\right\|}\geqslant 1 \tag{7-4-18}$$

式中，$d_{\min}$ 为所有修正后的聚类中心点之间的最小距离；r_a 为减法聚类初始领域半径；D_{ck} 为第 k 个聚类中心对应的密度指标；c_k' 为经过粒子群算法对 c_k 修正后的聚类中心。

如果成立，则把修正后的数据点 c_k' 作为一个最终聚类中心，并采用步骤 4.5 中的减法聚类公式对每个数据点的密度指标进行修正；如果不成立，则修正后的数据点 c_k' 不作为最

终聚类中心，修正后的数据点 c'_k 的密度指标置 0。

步骤 4.9 从数据集余下的数据点中选择具有最大密度指标的点作为下一个数据点，聚类中心个数 k 增加 1，并将最大密度指标点的值赋给 c_k，其对应的密度指标赋值给 D_{ck}，并跳至步骤 4.4 采用粒子群算法对聚类中心进行修正。

步骤 4.10 输出聚类中心 $\left(c'_1, c'_2, \cdots, c'_k\right)$。

步骤 4.11 由于星座图中的每个数据点可以按照到原数据点的距离不同而划分到半径不同的圆上，所以计算每个聚类中心到坐标原点的距离作为半径并排序，取前 4 个大值的均值定义为 $r_{\max}$，后 4 个小值的均值定义为 $r_{\min}$，计算 R 的大小，作为 MQAM 的分类特征

$$R = \frac{r_{\max}}{r_{\min}} \tag{7-4-19}$$

步骤 4.12 将 R 与标准星座图圆半径的特征范围比较，若 $R \in (1.6, 2.6]$，判为 8QAM；若 $R \in (2.6, 3.5]$，判为 16QAM；若 $R \in (3.5, 5.6]$，判为 32QAM；若 $R \in (5.6, 8.1]$，判为 64QAM；若 $R \in (5.1, 12.1]$，判为 128QAM；若 $R \in (12.1, \infty)$，判为 256QAM。

步骤 4.13 判决结束后，将判决结果通过上位机显示。

上述方法所设计的基于聚类与粒子群重构星座图的信号识别系统的硬件框图如图 7-4-5 所示，包括射频接收模块、载波频率估计模块、信号变频模块、模数采集模块、信号识别模块、控制模块及上位机。射频接收模块主要负责接收对方通信信号，由于非合作接收对信号具体载波频率是未知的，因此射频天线的选择为超宽带天线。信号接收后，将其送入载波频率估计模块进行载波频率估计，估计结果送入控制模块存储。控制模块根据收到的指令，调整信号变频模块的本振输出频率将信号搬移到基带，然后控制模数采集模块对基带信号进行数据采集，由于基带信号为复数，因此采用双通道模数采集。数据采集后，将其送入信号识别模块。信号识别模块由 DSP 和 FPGA 构成，主要负责信号的识别和判决，判决结果送入控制模块，并通过上位机显示。

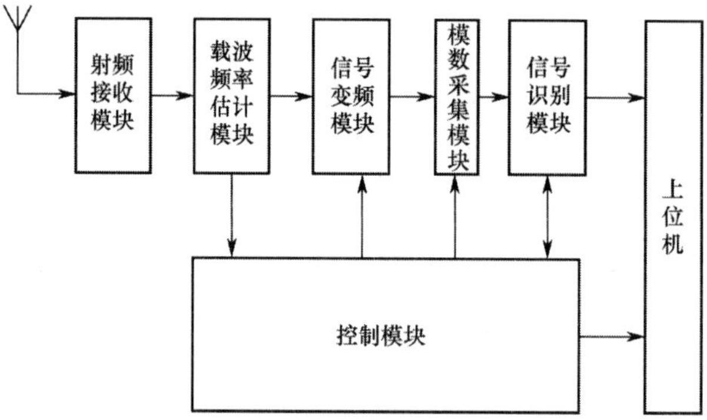

图 7-4-5 基于聚类与粒子群重构星座图的信号识别系统的硬件框架

例 7-4-1 假设载波频率使用 7.4.2 节算法得到了准确的估计，已将载波进行了下变频到复基带，粒子群算法迭代次数为 50 次，采集到的码元个数为 5000 个，待识别的调制方式集为{4QAM,16QAM,32QAM,64QAM}，在高斯信道环境下，在信噪比为 0dB、5dB、10dB、15dB 下对采集的数据集分别用一般的减法聚类算法和本节算法进行星座图重构。

图 7-4-6 所示为高斯信道环境下信噪比为 0dB 时采集到的 16QAM 基带信号数据集，图 7-4-7（a）所示为使用一般减法聚类进行星座图重构的结果，图 7-4-5 所示（b）为使用本节算法对采集到的基带信号数据集进行星座图重构结果。图 7-2-8（a）已给出 16QAM 信号的理想星座图，从图 7-4-7 可以看出，使用减法聚类算法在 0dB 下对 16QAM 信号星座图进行重构，得到的星座图和理想星座图相比差距较大，这是因为噪声干扰严重，一般减法聚类算法抗干扰能力弱，基本无法识别出接收信号为 16QAM 信号。使用本节算法重构的 16QAM 信号星座图基本接近于理想的 16QAM 信号星座图，这是因为本节算法采用了粒子群算法对减法聚类中心进行了优化。因此，本节算法在低信噪比条件下与一般减法聚类算法相比，对 MQAM 信号的识别率要高，具有一定的健壮性。

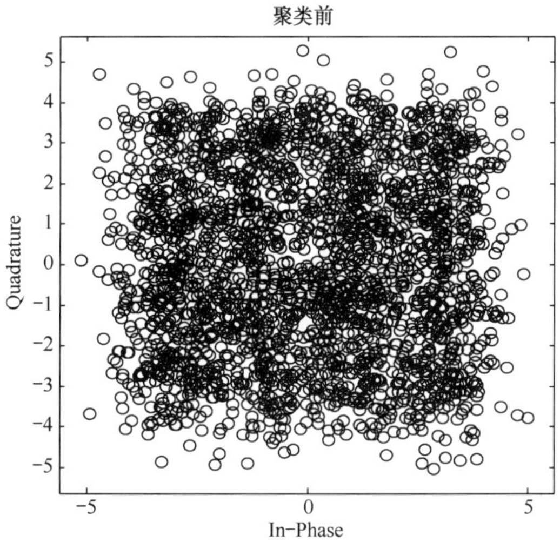

图 7-4-6　采集到的 16QAM 基带信号数据集

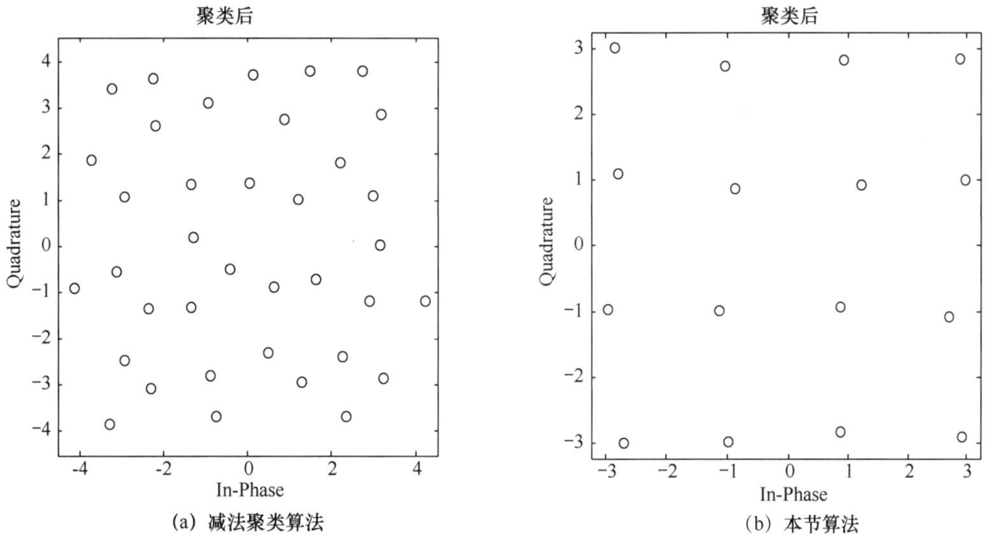

图 7-4-7　减法聚类和本节算法重构 16QAM 信号星座图

下面在高斯信道环境，信噪比分别为−5dB、0dB、5dB 和 10dB 下使用减法聚类算法与本节算法对信号集{4QAM,16QAM,32QAM,64QAM }进行识别，码元个数为 5000，仿真次数为 500 次，本节算法与减法聚类算法识别率比较如表 7-4-1 所示。

表 7-4-1 本节算法与减法聚类算法识别率比较

信噪比	SNR=−5dB		SNR=0dB		SNR=5dB		SNR=10dB	
调制方式	本节算法	减法聚类算法	本节算法	减法聚类算法	本节算法	减法聚类算法	本节算法	减法聚类算法
4QAM	80%	30%	95%	73%	100%	90%	100%	100%
16AM	73%	15%	93%	65%	100%	88%	100%	100%
32QAM	70%	10%	90%	62%	100%	85%	100%	97%
64QAM	72%	8%	91%	51%	98%	93%	100%	92%

由表 7-4-1 可知，在信噪比为 0dB 时，使用本节算法对 4 种信号的识别率都在 90%以上，而使用减法聚类算法在 0dB 时 4 种信号的识别率都较低，64QAM 信号的识别率下降到了 51%。在信噪比为 5dB 时，本节算法对 4 种信号的识别率基本达到 100%，而使用减法聚类算法在信噪比为 10dB 时，对 4 种信号的识别率才基本达到 100%，这证明了本节算法的有效性，因为本节算法使用了粒子群算法对减法聚类后得到的聚类中心进行了修正。

7.5 多径瑞利衰落信道下的单载波信号识别方法研究

7.5.1 高阶累积量基本原理

由于高阶累积量有着很好的抗噪声性能，所以现在利用高阶累积量进行调制识别的研究越来越多。本节主要介绍随机过程的高阶矩和高阶累积量的定义，高阶矩和高阶累积量的转换关系以及数字信号的高阶矩和高阶累积量，为本节算法奠定理论基础。

1. 随机过程的高阶累积量

设 $x(n)$ 为平稳随机过程，$n=0,\pm1,\pm2,\cdots$，将 k 阶矩定义为

$$\operatorname{mom}\left[x(n),x(n+\tau_1),\cdots,x(n+\tau_{k-1})\right]=E\left[x(n)x(n+\tau_1)\cdots x(n+\tau_{k-1})\right] \tag{7-5-1}$$

式中，$\tau_1,\tau_2,\cdots,\tau_{k-1}$ 为随机信号的延迟量；$\tau_i=0,\pm1,\pm2,\cdots$ 为 $x(n)$ 的 k 阶矩函数，记作

$$m_{kx}(\tau_1,\tau_2,\cdots,\tau_{k-1})=E\left[x(n)x(n+\tau_1)\cdots x(n+\tau_{k-1})\right] \tag{7-5-2}$$

则 k 阶累积量函数为

$$c_{kx}(\tau_1,\tau_2,\cdots,\tau_{k-1})=\operatorname{cum}\left[x(n)x(n+\tau_1)\cdots x(n+\tau_{k-1})\right] \tag{7-5-3}$$

可以看出，当随机向量 $[x_1,x_2,\cdots,x_k]$ 的每一项中 $x_1=x(n)$, $x_2=x(n+\tau_1)$, $\cdots$, $x_k=x(n+\tau_{k-1})$ 后，k 阶矩对应了 $x(n)$ 的 k 阶矩，同理 k 阶累积量对应了 $x(n)$ 的 k 阶累积量。

根据上述定义，可得到各阶累积量的关系为

一阶累积量

$$c_{1x} = m_{1x} = E\left[x(n)\right] \tag{7-5-4}$$

二阶累积量

$$c_{2x}(\tau_1) = m_{2x}(\tau_1) - (m_{1x})^2 = m_{2x}(-\tau_1) - (m_{1x})^2 = c_{2x}(-\tau_1) \tag{7-5-5}$$

三阶累积量

$$c_{3x}(\tau_1,\tau_2) = m_{3x}(\tau_1,\tau_2) - m_{1x}\left[m_{2x}(\tau_1) + m_{2x}(\tau_2) + m_{2x}(\tau_2-\tau_1)\right] + 2(m_{1x})^3 \tag{7-5-6}$$

四阶累积量

$$\begin{aligned} c_{4x}(\tau_1,\tau_2,\tau_3) &= m_{4x}(\tau_1,\tau_2,\tau_3) - m_{2x}(\tau_1)m_{2x}(\tau_3-\tau_2) - m_{2x}(\tau_2)m_{2x}(\tau_3-\tau_1) - \\ & m_{2x}(\tau_3)m_{2x}(\tau_2-\tau_1) - m_{1x}(\tau_3)m_{2x}(\tau_2-\tau_1) - m_{1x}[m_{3x}(\tau_2-\tau_1,\tau_3-\tau_1) + \\ & m_{3x}(\tau_2,\tau_3) + m_{3x}(\tau_2,\tau_4) + m_{3x}(\tau_1,\tau_2)] + (m_{1x})^2[m_{2x}(\tau_1) + m_{2x}(\tau_2) + m_{3x}(\tau_3) + \\ & m_{2x}(\tau_3-\tau_1) + m_{2x}(\tau_3-\tau_2) + m_{2x}(\tau_2-\tau_1)] - 6(m_{1x})^4 \end{aligned} \tag{7-5-7}$$

同理可得到五阶和六阶累积量，由于本节只用到信号的四阶以下累积量，且四阶累积量以后计算复杂度较高，因此这里不再阐述。

2. 数字信号的高阶累积量

通过 k 阶平稳随机过程 $\{x(t)\}$ 得到 k 阶累积量的概念如式（7-3-29）所示。当随机过程 $x(n)$ 的均值为 0 时，可得到 p 阶混合矩的概念，即

$$m_{pq} = E\left[x(n)^{p-q}\,x^*(n)^q\right] \tag{7-5-8}$$

式中，*表示函数的共轭；q 为不超过 $p/2$ 的整数。由式（7-5-8）可得到各阶累积量定义为

$$c_{20} = \mathrm{cum}(x,x) = m_{20} \tag{7-5-9}$$

$$c_{21} = \mathrm{cum}(x,x^*) = m_{21} \tag{7-5-10}$$

$$c_{40} = \mathrm{cum}(x,x,x,x) = m_{40} - 3(m_{20})^2 \tag{7-5-11}$$

$$c_{41} = \mathrm{cum}(x,x,x,x^*) = m_{41} - 3m_{21}m_{20} \tag{7-5-12}$$

$$c_{42} = \mathrm{cum}(x,x,x^*,x^*) = m_{42} - |m_{20}|^2 - 2(m_{21})^2 \tag{7-5-13}$$

7.5.2 基于高阶累积量的信号识别方法研究

目前，已有的基于高阶累积量的信号识别方法，大多数选择的信道为高斯白噪声信道。当信号经过多径瑞利衰落信道后，基于高阶累积量的信号识别方法往往会失效，本节主要介绍已有的基于高阶累积量的信号识别方法，先对数字调制信号高阶累积量的理论值进行详细介绍，然后采用传统的高阶累积量方法对部分信号的识别进行仿真验证，为本节提出的改进算法奠定基础。

1. 数字调制信号高阶累积量的理论值

数字调制信号受噪声干扰后可表示为

$$r(t) = \sum_k a_k \sqrt{E}\,p(t-kT_s)\exp(\mathrm{j}2\pi f_c t + \mathrm{j}\theta_c) + n(t) \qquad k = 1,2,\cdots,N \tag{7-5-14}$$

式中，a_k 为发送码元序列；E 为发送码元符号的能量；N 为 a_k 的长度；$p(t)$ 为发送码元波形；T_s 为码元宽度；f_c 为载波频率；θ_c 为载波相位；$n(t)$ 为均值为 0 的高斯白噪声，且 $r(t)$ 与噪声 $n(t)$ 相互独立。

假设信号载波频率已得到准确的估计，对接收信号进行下变频，得到调制信号表达式为

$$r(t)=\sum_k \sqrt{E}a_k p(t-kT_s)\exp(\mathrm{j}\theta_c)+n(t) \tag{7-5-15}$$

本节识别的几种数字调制信号表示为

$$\begin{aligned}&\text{MASK}: r(t)=\sum_k \sqrt{E}a_k p(t-kT_s)\exp(\mathrm{j}\theta_c)+n(t)\\&a_k\in\{(2m-1-M)d, m=1,2,\cdots,M\}, d=\sqrt{3E/(M^2-1)}\end{aligned} \tag{7-5-16}$$

$$\begin{aligned}&\text{MPSK}: r(t)=\sqrt{E}\sum_k \exp(\mathrm{j}\varPhi_k)p(t-kT_s)\exp(\mathrm{j}\theta_c)+n(t)\\&\varPhi_k\in\left\{\frac{2\pi}{M}(m-1), m=1,2,\cdots,M\right\}\end{aligned} \tag{7-5-17}$$

$$\begin{aligned}&\text{MQAM}: r(t)=\sum_k \sqrt{E}(a_k+\mathrm{j}b_k)p(t-kT_s)\exp(\mathrm{j}\theta_c)+n(t)\\&a_k,b_k\in[(2m-1-M)d, m=1,2,\cdots,M]\quad d=\sqrt{1.5/(M-1)}\end{aligned} \tag{7-5-18}$$

给定观测数据位为 $r_n, n=0,1,\cdots,N$，则式（7-5-9）～（7-5-13）可用下面这些公式计算，即

$$c_{20}=m_{20}=\frac{1}{N}\sum_{n=1}^{N}r_n^2 \tag{7-5-19}$$

$$c_{21}=m_{21}=\frac{1}{N}\sum_{n=1}^{N}|r_n|^2 \tag{7-5-20}$$

$$c_{40}=m_{40}-3m_{20}^2=\frac{1}{N}\sum_{n=1}^{N}r_n^4-3m_{20}^2 \tag{7-5-21}$$

$$c_{41}=m_{41}-3m_{21}m_{20}=\frac{1}{N}\sum_{n=1}^{N}r_n^3 r_n^*-3m_{21}m_{20} \tag{7-5-22}$$

$$c_{42}=m_{42}-|m_{20}|^2-2m_{21}^2=\frac{1}{N}\sum_{n=1}^{N}|r_n|^4-|m_{20}|^2-2m_{21}^2 \tag{7-5-23}$$

信号识别接收机收到发送信号的高阶累积量表达式为

$$\operatorname{cum}(r(t))=\operatorname{cum}(s(t))+\operatorname{cum}(n(t)) \tag{7-5-24}$$

由于高斯白噪声大于或等于三阶的各高阶累积量恒为零，因此，接收信号的高阶累积量可以改写为

$$\operatorname{cum}(r(t))=\operatorname{cum}(s(t)) \tag{7-5-25}$$

不同的调制信号其高阶累积量是不同的，每种调制信号都有其理论的高阶累积量值，常用调制信号高阶累积量的理论值见表 7-5-1。通过计算各接收信号的高阶累积量，与各调制信号高阶累积量的理论值对比，来识别接收信号的调制方式。

表 7-5-1　常用调制信号高阶累积量的理论值

信号	c_{20}	c_{21}	c_{40}	c_{41}	c_{42}	c_{63}
2ASK	E	E	$-2E^2$	$-2E^2$	$-2E^2$	$13E^2$
4ASK	E	E	$-1.36E^2$	$-1.36E^2$	$-1.36E^2$	$9.16E^2$
8ASK	E	E	$-1.24E^2$	$-1.24E^2$	$-1.24E^2$	$8.76E^2$
BPSK	E	E	$-2E^2$	$-2E^2$	$-2E^2$	$13E^2$
QPSK	0	E	E^2	0	$-E^2$	$4E^2$
8PSK	0	E	0	0	$-E^2$	$4E^2$
4QAM	0	E	$-E^2$	0	$-E^2$	$4E^2$
16QAM	0	E	$-0.68E^2$	0	$-0.68E^2$	$2.08E^2$
64QAM	0	E	$-0.62E^2$	0	$-0.62E^2$	$1.8E^2$

2. 基于高阶累积量的 MPSK 信号类内识别

根据表 7-5-1 MPSK 的高阶累积量理论值，我们可以看出，BPSK 的四阶累积量都为 $-2E^2$，QPSK 除了 c_{41} 为 0，其余四阶累积量的绝对值都为 E^2，而 8PSK 的 c_{40}、c_{41} 为 0，c_{42} 为 $-E^2$。因此我们可以构建以下特征参数来对 MPSK 进行识别。

$$F_{x1}=\frac{|c_{40}|}{|c_{42}|},\quad F_{x2}=\frac{|c_{41}|}{|c_{42}|} \tag{7-5-26}$$

由表 7-5-1 可知，理论上 F_{x1}、F_{x2} 的值为 0 或 1，由于接收信号受到高斯白噪声的影响，导致 F_{x1}、F_{x2} 的值偏离理论值。因此为便于处理，如果 F_{x1}、F_{x2} 的计算值小于 0.5，则把 F_{x1}、F_{x2} 都赋值为 0，否则全部赋值为 1；当 F_{x1}、F_{x2} 都为 1 时，将接收信号判为 BPSK；当 F_{x1} 为 1，F_{x2} 为 0 时，将接收信号判为 QPSK；当 F_{x1}、F_{x2} 都为 0 时，将接收信号判为 8PSK。

根据上述定义，使用 MATLAB 对调制信号 BPSK、QPSK、8PSK 信号的特征参数 F_{x1}、F_{x2} 进行仿真，仿真环境为高斯信道，在信噪比为−5dB、0dB、5dB、10dB、15dB 下，特征参数 F_{x1}、F_{x2} 仿真结果如图 7-5-1（a）、图 7-5-1（b），图 7-5-1（c）所示。对信号集{BPSK, QPSK, 8PSK}进行识别仿真，码元个数为 100 个，仿真环境为高斯信道，在信噪比为−5dB、0dB、5dB、10dB、15dB 下，分别做 100 次蒙特卡罗实验，得到的 MPSK 信号识别率图如图 7-5-1（d）所示。

由图 7-5-1（a）可知，BPSK 的 F_{x1}、F_{x2} 随信噪比的增加逐渐趋向于理论值 1，且都大于 0.5，这与上述理论分析相符。由图 7-5-1（b）可知，QPSK 的 F_{x1} 在不同信噪比下都大于 0.5，且随着信噪比的增加逐渐趋向于理论值 1，F_{x2} 则逐渐趋向于 0，且各信噪比下均小于 0.5，这证明了上述判决规则的合理性。由图 7-5-1（c）可知，8PSK 信号的 F_{x1}、F_{x2} 在不同信噪比下均小于 0.5 且接近于理论值 0，这证明了上述理论分析的正确性。由图 7-5-1（d）可知，信噪比在低于−4dB 时，QPSK 信号识别率急剧下降，信噪比在−4dB 以上时，各信号识别率均达到 100%，BPSK 信号的识别率要好于其他两种信号。由此可知，只要特征参数设置合理，基于高阶累积量的 MPSK 信号类内识别能取得很好的效果。

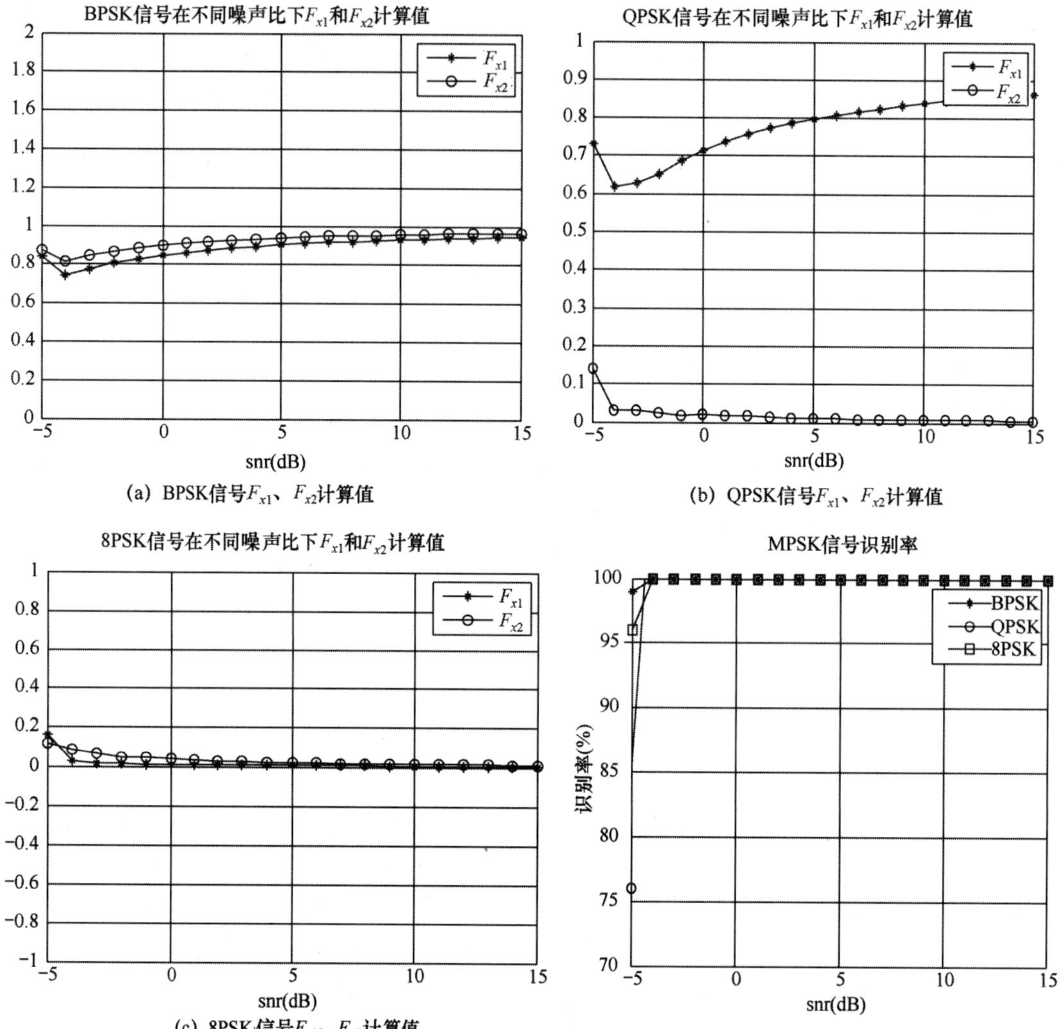

(a) BPSK信号F_{x1}、F_{x2}计算值 (b) QPSK信号F_{x1}、F_{x2}计算值

(c) 8PSK信号F_{x1}、F_{x2}计算值 (d) MPSK信号识别率图

图 7-5-1 不同信噪比下 F_{x1}、F_{x2} 计算值及 MPSK 信号识别率图

7.5.3 基于高阶累积量的调制信号类间识别

7.5.2 节使用基于高阶累积量的方法对 MPSK 信号进行了类内识别。本节继续采用基于高阶累积量构建分类特征参数的方法对调制信号进行类间识别。识别信号集为三种不同的调制信号，分别为 8PSK、16QAM、4PAM。构建特征参数 T_1，T_1 表达式如下

$$T_1 = |c_{40}| / |c_{21}|^2 \tag{7-5-27}$$

式中，c_{40} 为接收信号的四阶累积量；c_{21} 为接收信号的二阶累积量。调制信号类别的判决规则为：当 $T_1 < 0.34$ 时，判为 8PSK 信号；当 $0.34 \leqslant T_1 < 1.02$ 时，判为 16QAM 信号；当 $1.02 \leqslant T_1 < 1.68$ 时，判为 4PAM 信号。

使用 MATLAB 对调制信号 8PSK、16QAM、4PAM 的特征参数 T_1 进行仿真，仿真环境为高斯信道，在信噪比为−5dB、0dB、5dB、10dB、15dB 下，特征参数 T_1 仿真结果如图 7-5-2

（a）所示。使用上述判决规则对调制信号集{8PSK, 16QAM, 4PAM}进行识别仿真，码元个数为 500 个，仿真环境为高斯信道，在信噪比为−15～15dB 下，每隔 1dB 分别对信号集做 100 次独立的蒙特卡罗实验，得到的三种信号识别率图如图 7-5-2（b）所示。

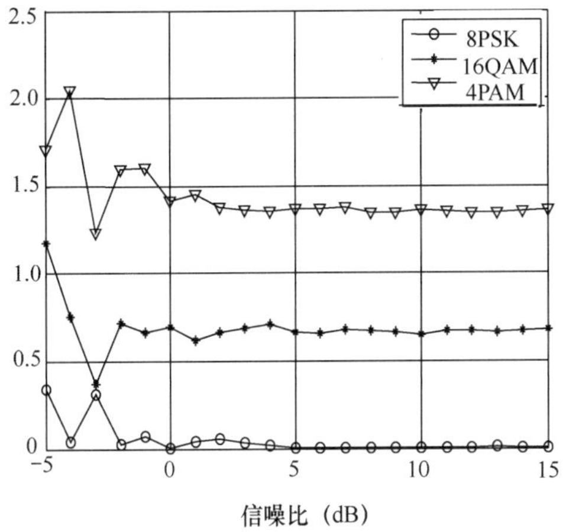

(a) 特征参数T_1仿真结果

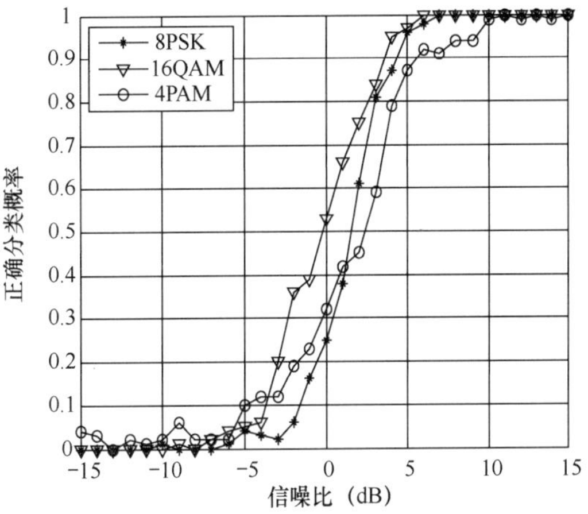

(b) 三种信号的识别率图

图 7-5-2　三种信号的特征参数 T_1 仿真结果及识别率图

由图 7-5-2（a）可知，8PSK 信号的T_1值除了在−5～0dB 之间有几个点大于 0.34，其余所有点均小于 0.34 且接近于零。16QAM 信号的T_1值除了在−5～0dB 之间有几个点不在 0.5～1 之间，其余所有点均在 0.5～1 之间。4PAM 信号的T_1值除了在−5～0dB 之间有几个点不在 1～1.5 之间，其他所有点均在 1～1.5 之间。所有调制信号的特征参数均在判决范围以内，这证明了本节构建的调制信号识别分类特征参数的合理性。从图 7-5-2（b）三种调制信号在不同信噪比下的识别率可以看出，在信噪比大于 4dB 时，三种信号的识别率都在 80%以上，在信噪比大于 10dB 时三种信号的识别率都达到 100%，这证明了使用高阶累积量对调制信号进行类间识别是可行的。

7.5.4　多径瑞利衰落信道下基于频域均衡与高阶累积量的信号识别方法

上述介绍的基于高阶累积量的信号识别方法，其环境都为高斯信道。但在实际的环境中，信号不仅夹杂着白噪声，在传输过程中还会有多径和衰落现象。然而传统的基于高阶累积量的信号识别方法在多径瑞利衰落信道下往往会失效。本节针对这一问题提出基于频域均衡与高阶累积量相结合的信号识别方法，仿真结果表明，本节提出的方法在多径瑞利衰落信道下可以对调制信号进行识别。

1. 信号频域均衡原理

信号的频域均衡，即估计信道的频域响应 H_t，再乘以 W_t 来补偿信道的影响。其原理框图如图 7-5-3 所示。其中，r_m 为接收信号，z_m 为均衡后恢复的接收信号，$\hat{a}_m$ 为判决后的信号。

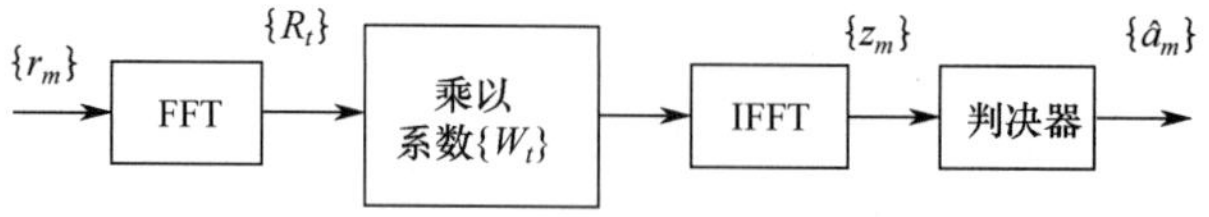

图 7-5-3　频域均衡原理框图

假设符号速率和采样时钟都已同步，h 为信道的冲激响应，n 为加性高斯白噪声，则接收符号在抽样率为$1/T$ 时可以表示为

$$r_m = \sum_{t=1}^{M} a_j h(mT - tT) + n(mT) \quad 1 \leqslant m \leqslant M \tag{7-5-28}$$

接收端，待判决的符号 z_m 可以表示为

$$r_m = \sum_{t=1}^{M} a_j h(mT - tT) + n(mT) \quad 1 \leqslant m \leqslant M \tag{7-5-29}$$

判决误差信号为

$$e_m = z_m - a_m \tag{7-5-30}$$

我们要使误差信号达到最小值，就要对抽头系数进行优化。在优化均衡器系数中，有两种常用准则：一种为迫零准则；另一种为最小均方误差准则。

（1）迫零（ZF）准则。

迫零准则是将均衡器的输出信号性能指标最小化的准则，它又称为峰值失真准则。设输入信号为$\{x_n\}$，对$\{d_n\}$进行估计，输出信号为$\{y_n\}$。具有冲激响应$\{h_n\}$的信道模型与具有冲激响应$\{w_n\}$的均衡器级联，可以用一个等效滤波器表示。此滤波器的响应为$\{h_n\}$与$\{w_n\}$的卷积，表达式为

$$p_n = \sum_{j=-\infty}^{\infty} w_j h_{n-j} \tag{7-5-31}$$

假定均衡器有无限抽头数目，在第k个取样时刻的输出可表示为

$$y_k = x_k + \sum_{n \neq k} I_n p_{k-n} + \sum_{j=-\infty}^{\infty} c_j n_{k-j} \tag{7-5-32}$$

式中的第二项是码间干扰，迫零均衡的目的就是选择合适的抽头系数迫使干扰为零，从而消除码间干扰。消除干扰的最佳抽头加权系数条件为

$$p_n = \sum_{j=-\infty}^{\infty} w_j h_{n-j} = \begin{cases} 1, n = 0 \\ 0, n \neq 0 \end{cases} \tag{7-5-33}$$

对上式去Z变换得到

$$P(Z) = W(Z)H(Z) = 1 \tag{7-5-34}$$

即

$$W(Z) = \frac{1}{H(Z)} \tag{7-5-35}$$

根据以上分析可知，均衡滤波器的传递函数$W(Z)$为信道传递函数$H(Z)$的倒数，可以完全消除码间干扰。但由于噪声的存在，使得均衡效果不佳。

（2）最小均方误差（MMSE）准则。

最小均方误差（MMSE）准则是通过调节$\{w_n\}$的抽头系数使滤波器输出与需要信号之差的均方值最小。设估计的误差值为e_n，则e_n的均方值为

$$J(N)=E\left\{|e_n|^2\right\}=E\left\{|y_n-x_n|^2\right\}=E\left\{\left|y_n-\sum_{j=-N}^{N}w_jy_{n-j}\right|^2\right\} \tag{7-5-36}$$

根据均方估计理论，满足最小化$J(k)$的误差应该与信号样本y正交，即

$$E\left\{\left[I_k-\sum_{j=-N}^{N}y^*_{j-i}\right]\right\}=0 \tag{7-5-37}$$

MMSE 均衡的目的就是选择合适的W_t，使得$E\left(|e_m|^2\right)$最小。对最小误差信号求导，可得到系数W_t为

$$W_t=\frac{H_t^*}{|H_t|^2+\sigma^2}\quad 0\leqslant T\leqslant N-1 \tag{7-5-38}$$

2. 算法流程

多径瑞利衰落信道下基于频域均衡与高阶累积量的信号识别方法流程如图 7-5-4 所示，包括以下步骤。

步骤 1　信号截获接收机接收的信号可表示为

$$r(n)=\sum_{K=0}^{L-1}h(n-k)s(n)+v(n)=h(n)\otimes s(n)+v(n) \tag{7-5-39}$$

式中，$n=0,1,\cdots,N-1$，N为信号长度，$s(n)$是发出的调制信号，由于是盲接收，所以其调制类型和符号能量等信息是未知的。$h(k),k=0,1,\cdots,L-1$是多径信道因子，其长度为L。$r(n)$是接收信号序列，$v(n)$是高斯白噪声序列，均值为 0，方差为σ^2。

步骤 2　对接收信号$r(n)$进行 MMSE 频域均衡，具体步骤如下。

步骤 2.1　将式（7-5-39）转到频域可得

$$R_l=H_lS_l+V_l\quad l=0,1,\cdots,N-1 \tag{7-5-40}$$

式中，R_l、H_l、S_l分别为式（7-5-39）中$r(n)$、$h(n)$、$s(n)$的 DFT。

步骤 2.2　将接收信号R_l进行频域均衡，得到

$$Y_l=W_lR_l=W_lH_lS_l+W_lV_l \tag{7-5-41}$$

步骤 2.3　将均衡后的信号Y_l转到时域，得到判决之前的信号，即

$$y_n=\frac{1}{N}\sum_{l=0}^{N-1}Y_l\mathrm{e}^{\frac{\mathrm{j}2\pi l}{N}n}=\frac{1}{N}\sum_{l=0}^{N-1}W_lH_lS_l\mathrm{e}^{\frac{\mathrm{j}2\pi l}{N}n}+\frac{1}{N}\sum_{l=0}^{N-1}W_lV_l\mathrm{e}^{\frac{\mathrm{j}2\pi l}{N}n} \tag{7-5-42}$$

在步骤 2.3 中，均衡器采用 MMSE 均衡算法，所以有

$$W_l=\frac{H_l^*}{|H_l|^2+\sigma^2}\quad 0\leqslant l\leqslant N-1 \tag{7-5-43}$$

将式（7-5-42）代入式（7-5-43）得到

$$y_n=\frac{1}{N}\sum_{l=0}^{N-1}Y_l\mathrm{e}^{\frac{\mathrm{j}2\pi l}{N}n}=\frac{1}{N}\sum_{l=0}^{N-1}\frac{H_l^*}{|H_l|^2+\sigma^2}H_lS_l\mathrm{e}^{\frac{\mathrm{j}2\pi l}{N}n}+\frac{1}{N}\sum_{l=0}^{N-1}\frac{H_l^*}{|H_l|^2+\sigma^2}V_l\mathrm{e}^{\frac{\mathrm{j}2\pi l}{N}n}$$
$$=s_n'+v_n' \tag{7-5-44}$$

式（7-5-44）中，s_n' 是恢复出来的信号，v_n' 是残留的噪声。

$$s_n'=\frac{1}{N}\sum_{l=0}^{N-1}\frac{H_l^*}{|H_l|^2+\sigma^2}H_lS_l\mathrm{e}^{\frac{\mathrm{j}2\pi l}{N}n} \tag{7-5-45}$$

$$v_n'=\frac{1}{N}\sum_{l=0}^{N-1}\frac{H_l^*}{|H_l|^2+\sigma^2}V_l\mathrm{e}^{\frac{\mathrm{j}2\pi l}{N}n} \tag{7-5-46}$$

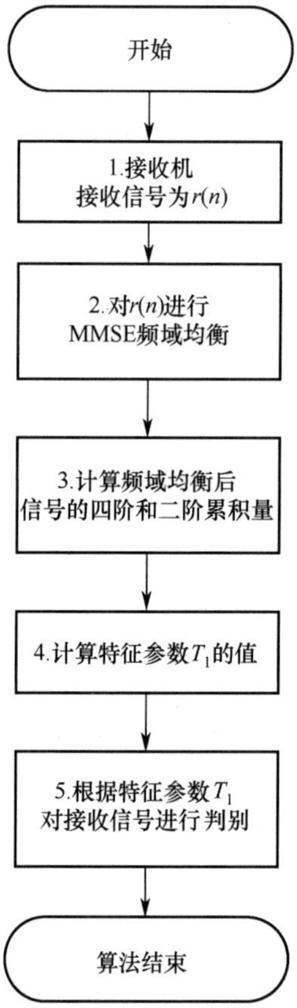

图 7-5-4　多径瑞利衰落信道下基于频域均衡与高阶累积量的信号识别方法流程

步骤 3　根据数字信号高阶累积量求解公式，求解恢复信号 s_n' 的四阶累积量 c_{40} 和二阶累积量 c_{21}。

步骤 4　求解特征参数 T_1。

$$T_1=|c_{40}|/|c_{21}|^2 \tag{7-5-47}$$

步骤 5　根据特征参数，对接收信号进行判决。判决规则为：当 $T_1<0.34$ 时，判为 8PSK 信号；当 $0.34\leqslant T_1<1.02$ 时，判为 16QAM 信号；当 $1.02\leqslant T_1<1.68$ 时，判为 4PAM 信号。

例 7-5-1　针对 ZF 频域均衡和 MMSE 频域均衡，下面使用 MATLAB 对两种算法性能进行仿真来说明本节使用 MMSE 频域均衡的合理性。接收 16QAM 信号，仿真环境为多径瑞利衰落信道，设置为 5 径，5 径延时为[0, 0.13, 2.3, 3.8, 5.5]，单位为 10^{-4} s，5 径衰落为[0, −0.967, −1.933, −2.9, −4.86]，单位为 dB。对接收的 16QAM 信号均衡效果如图 7-5-5 所示。

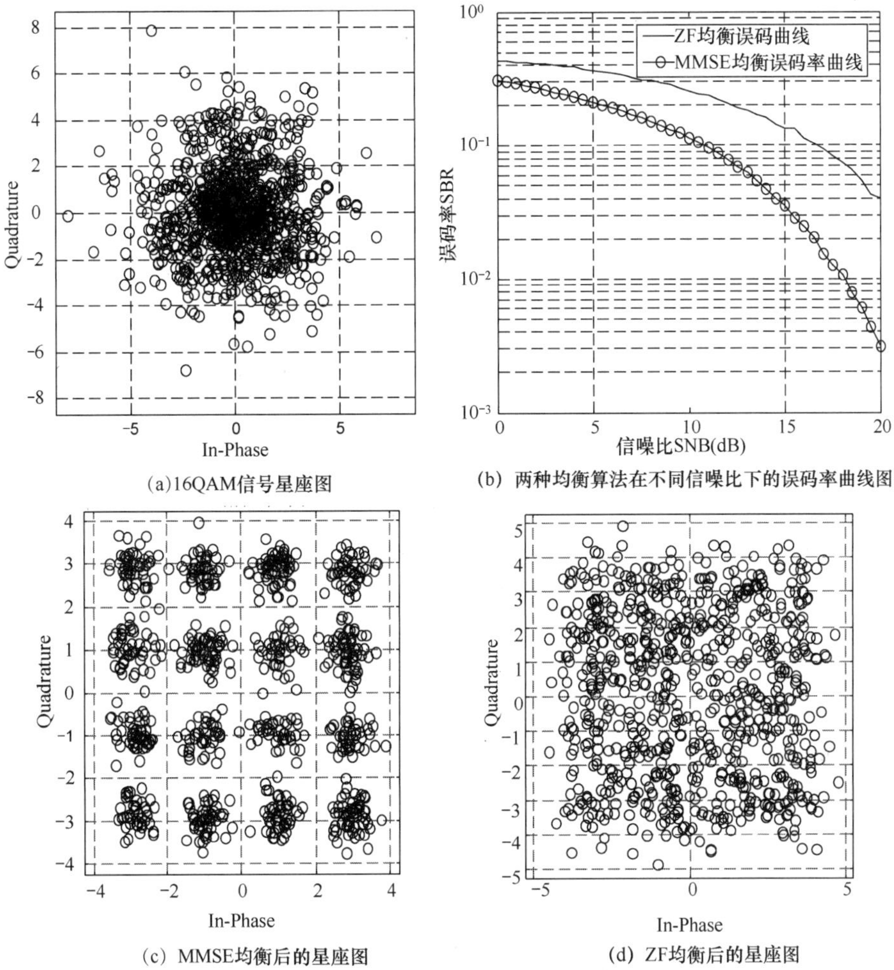

(a) 16QAM信号星座图　　(b) 两种均衡算法在不同信噪比下的误码率曲线图

(c) MMSE均衡后的星座图　　(d) ZF均衡后的星座图

图 7-5-5　MMSE 均衡和 ZF 均衡效果比较图

解：图 7-5-5（a）所示为接收机接收到的 16QAM 信号星座图，由于受到多径衰落的影响，星座图已经被严重干扰，无法识别。图 7-5-5（b）所示为两种均衡算法在不同信噪比下的误码率曲线图，可以看出，在相同信噪比条件下，MMSE 均衡的误码率要比 ZF 均衡误码率低。图 7-5-5（c）和图 7-5-5（d）所示分别为对接收信号进行 MMSE 均衡和 ZF 均衡后的星座图，从图中可以看出，MMSE 均衡后，接收信号星座图已大致显现出 16QAM 信号星座图轮廓，而 ZF 均衡后的星座图基本无法辨认是哪种信号的星座图。因此，这说明了本节选择 MMSE 频域均衡的合理性。

下面对本节提出的算法进行仿真分析。仿真信号集为{BPSK, 8PSK, 16QAM, 4PAM}，仿真环境为多径瑞利衰落信道，多径数目为 5 径，5 径延时为[0, 0.13, 2.3, 3.8,

5.5]，5 径衰落为[0, −0.967, −1.933, −2.9, −4.86]，信号码元数目设置为 N=1000、N=5000、N=10000 三种，信噪比为−15～15dB，每隔 1dB 对候选信号集进行 100 次独立的蒙特卡罗实验，得到信号识别率图如图 7-5-6 所示。

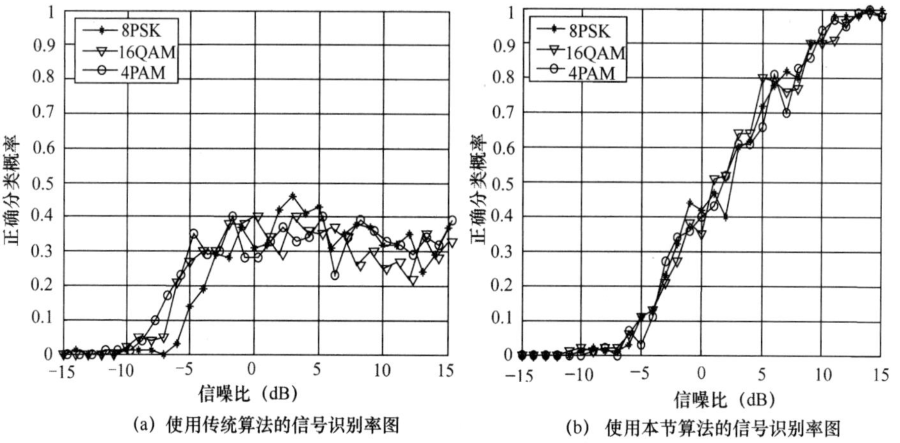

图 7-5-6　传统算法与本节算法在多径瑞利衰落信道下的信号识别率图

图 7-5-6（a）所示为使用传统基于高阶累积量的信号识别方法在多径瑞利衰落信道下的信号平均识别率图。可以看出，在不同的信噪比下，信号平均识别率始终在 50%以下，这说明传统基于高阶累积量的信号识别方法在多径瑞利衰落信道下已经失效。图 7-5-6（b）所示为使用本节多径瑞利衰落信道下基于频域均衡与高阶累积量相结合的信号识别方法信号平均识别率图。可以看出，随着信噪比的增大，信号平均识别率也不断提高。在信噪比大于 10dB 时，信号平均识别率在 90%以上，这证明了本节算法在多径瑞利衰落信道下进行信号识别的有效性。

7.6　通信信号的参数估计

7.6.1　引言

本节的参数估计主要研究信噪比估计、载频估计和码元速率估计，这 3 个参数对后续的信号识别和信号解调都有重要意义。在信号识别中，有时需要知道载频的精确值，以获得基带信号，然后可以提取合适的特征参数，如高阶累积量。在信号解调中，获得较为精确的调制参数和识别出正确的调制方式是前提条件。信噪比估计主要包括恒包络信号的信噪比估计和非恒包络信号的信噪比估计。载频估计的算法有很多，这里主要介绍过零检测法、相位差分法、频域估计法和循环累积量算法。估计码元速率的算法也有很多，本节主要介绍过零检测法、小波变换法，并对其中基于小波变换估计 MPSK 信号码元速率的算法进行了改进。

7.6.2　信噪比估计

1967 年，Benedict 和 Soong 提出了二阶矩、四阶矩在加性高斯白噪声（AWGN）信道中对噪声强度和载波强度进行估计。1993 年，Matzner 较详细地给出了一种复信道中的信号信噪比估计法。本节提出在调制方式已知的先验信息下，通过联合多种算法，对各类已调信号的信噪比做出估计。

AWGN 下采样信号的模型可以写成

$$r(k)=y(k)+n(k) \qquad k=1,2,3,\cdots,N_s \tag{7-6-1}$$

式中，$y(k)$ 代表调制类型未知的已调信号；$r(k)$ 是经过 AWGN 信道后接收的信号；$n(k)$ 代表 AWGN，其均值为 0，方差为 σ_ω^2；$y(k)$ 和 $n(k)$ 是独立分布的，N_s 表示信号长度。

信号从包络类型上区分可分为两类：恒包络信号与非恒包络信号。

1. 恒包络信号的信噪比估计

恒包络信号信噪比估计原理较为简单，即把信号均值的平方作为信号的功率，把信号包络的变化归结为噪声的影响，即把信号包络的方差作为噪声的功率。

假设 P_y 代表信号的功率，P_n 代表噪声的功率，则恒包络信号的信噪比可以计算如下

$$\text{SNR}=10\lg\frac{P_y}{P_n}=10\lg\frac{\{E[a(k)]\}}{\text{var}[a(k)]}=10\lg\frac{(m_a)^2}{E[a(k)-m_a]^2} \tag{7-6-2}$$

式中，$a(k)=|r(k)|$；$m_a=E[a(k)]$。

上述方法虽然在理论上比较简单，在计算上也不太复杂，但以上算法仅对恒包络信号有效。

2. 非恒包络信号的信噪比估计

非恒包络信号有很多种信噪比估计的方式，但每种方式对不同调制方式的信号所产的估计误差也不相同。下面介绍在本节仿真实验中用到的两种非恒包络信号信噪比估计。

（1）二阶矩和四阶矩估计法。

在已知信号调制方式的先验条件下，可以用二阶矩和四阶矩的方法来估计非恒包络信号的信噪比。假设接收信号表达式为 $r(k)=y(k)+n(k)$，则信号的二阶矩和四阶矩可以分别用以下公式计算，即

$$m_2=E[r(k)r^*(k)]=P_y+P_n \tag{7-6-3}$$

$$m_4=E[r(k)r^*(k)r(k)r^*(k)]=k_yP_y^{\ 2}+4P_yP_n+k_nP_n^{\ 2} \tag{7-6-4}$$

式中，k_y 和 k_n 分别为信号和噪声的固有属性，不同调制方式的信号和不同类型的噪声有不同的属性值，详细取值情况如表 7-6-1 及表 7-6-2 所示。

表 7-6-1　k_y 的取值

调制方式	k_y
2ASK	2
2FSK	1
BPSK	1
QPSK	1

表 7-6-2　k_n 的取值

噪声类型	k_n
复噪声	2
实噪声	1

根据式（7-6-3）和式（7-6-4）可求出信号功率，即

$$P_y = \frac{m_2(k_n - 2) \pm \sqrt{(4 - k_y k_n) m_2{}^2 + m_4(k_y + k_n - 4)}}{k_y + k_n - 4} \tag{7-6-5}$$

此时，噪声的功率为

$$P_n = m_2 - P_y \tag{7-6-6}$$

计算信号信噪比时，将表 7-6-1 和表 7-6-2 中对应要求的数据代入式（7-6-2）中计算即可。

（2）奇异值分解法。

接收信号的自相关矩阵为

$$\begin{aligned} \boldsymbol{R}_{rr} &= \boldsymbol{E}[r(k)r(y)^{\mathrm{H}}] = \boldsymbol{E}[[y(k)+n(k)][y(k)+n(k)]^{\mathrm{H}}] \\ &= \boldsymbol{E}[y(k)y(k)^{\mathrm{H}}] + \boldsymbol{E}[n(k)n(k)^{\mathrm{H}}] = \boldsymbol{R}_{yy} + \boldsymbol{R}_{nn} \end{aligned} \tag{7-6-7}$$

从式（7-6-7）中可以看出，接收信号的自相关矩阵为信号的自相关矩阵与噪声自相关矩阵的叠加。

由于 $\boldsymbol{R}_{rr}$ 、 $\boldsymbol{R}_{yy}$ 和 $\boldsymbol{R}_{nn}$ 都是对称矩阵，因此将它们分别进行奇异值分解，即

$$\begin{aligned} \boldsymbol{R}_{yy} &= V_y \Lambda_y V_y{}^{\mathrm{H}} \\ \boldsymbol{R}_{nn} &= V_n \Lambda_n V_n{}^{\mathrm{H}} \end{aligned} \tag{7-6-8}$$

其中， $\Lambda_n = \mathrm{diag}(\sigma_n^2, \sigma_n^2, \cdots, \sigma_n^2)_{l\times l}$ ，因此 $\boldsymbol{R}_{rr}$ 可以表示为

$$\boldsymbol{R}_{rr} = \boldsymbol{R}_{yy} + \sigma_n^2 I \tag{7-6-9}$$

$\boldsymbol{R}_{yy}$ 为共轭的半正定矩阵，若其秩为 d ，则

$$\Lambda_y = \mathrm{diag}(\gamma_1, \gamma_2, \cdots, \gamma_d, 0, 0, \cdots, 0)_{l\times l} \tag{7-6-10}$$

信噪比可以表示为

$$\mathrm{SNR} = 10\lg\frac{P_y}{P_n} = 10\lg\frac{\sum_{i=1}^{d}(\gamma_i - \sigma_n^2)}{l \times \sigma_n^2} \tag{7-6-11}$$

求出上式的关键值是 l 和 d ，即整个空间的维数和信号空间的维数。求解 l 和 d 的值时，直接采用最小描述长度原理，即

$$T_{\mathrm{sph}}(k) = \frac{1}{m-k} \frac{\sum_{i=k+1}^{m} \lambda_i}{[\prod_{i+k+1}^{m} \lambda_i]^{\frac{1}{m-k}}} \quad k = 1, 2, \cdots, m-1 \tag{7-6-12}$$

$$F_{\mathrm{MDL}}(k) = N_s(m-k)\lg[T_{\mathrm{sph}}(k)] + 0.5k(2m-k)\lg(N_s) \quad k = 1, 2, \cdots, m-1 \tag{7-6-13}$$

$$\hat{d} = \arg\min_k F_{\mathrm{MDL}}(k) \quad k = 1, \cdots, L \tag{7-6-14}$$

式（7-6-13）中， N_s 代表信号的长度； m 代表自相关矩阵的维数。

7.6.3 载频估计

调制信号的载波频率在调制识别、认知无线电、信号监听及信号解调等领域是一个十分重要的参数。尤其在得出调制信号的载波频率的精确值以后，能够将该调制信号下变频

至基带，将大大有利于信息的提取，如瞬时相位的提取过程中去线性相位部分需要载频的估计值，以及在基带信号的基础上提取的高阶累积量等特征参数。以下介绍本节研究的几种载频估计算法。

1. 过零检测法

根据载波的过零点周期的一半得出载波的周期，再根据载波周期与载波频率的倒数关系计算出载频，此种算法对信噪比较为敏感。具体估计过程如下。

假设有一含有噪声的接收信号为$\{x(n)\}$，f_s为它的采样频率。当$x(n)$与$x(n+1)$符号相反时，可以确定载波存在过零点，其位置为$(n/f_s,(n+1)/f_s)$范围内，此时载波的过零点位置由线性插值公式计算，即

$$a(i)=\frac{1}{f_s}[n+\frac{x(n)}{x(n)-x(n+1)}] \tag{7-6-15}$$

由式（7-6-15）估计出来序列$\{a(i),i=1,2,\cdots,M\}$即为过零点序列，其中M为过零点个数。然后求取过零点序列的一阶差分得到过零点间距序列$\{y(i),i=1,2,\cdots,M-1\}$，即

$$y(i)=a(i+1)-a(i) \quad i=1,2,\cdots,M-1 \tag{7-6-16}$$

对于含噪信号，相隔零点之间的距离可以表示为

$$y(i)=\frac{1}{f_c}+\varepsilon(i) \quad i=1,2,\cdots,M-1 \tag{7-6-17}$$

式中，$\varepsilon(i)=\zeta(i+1)-\zeta(i),\ \ i=1,2,\cdots,M-1$，$\zeta(i)$表示的是因噪声和测量误差引入的随机变量，它具有独立同分布的性质，因此$\varepsilon(i)$可近似看为服从零均值正态分布，由此可得$E[\varepsilon(i)]=0$，然后可以推出

$$E[y(i)]=\frac{1}{2f_c} \tag{7-6-18}$$

根据式（7-6-18）得出的过零点间距序列，接着可以推出载频的估计值为

$$\hat{f}_c=\frac{M-1}{2\sum_{i=1}^{M-1}y(i)} \tag{7-6-19}$$

针对过零检测法容易对噪声敏感的问题，现已有改进算法。其主要思想是，由于弱信号区间受噪声影响更大，从而造成过零点检测错误，因此考虑非弱信号区间的过零点检测，减小噪声的影响。

2. 相位差分法

相位差分法对非调频信号的载频估计较为有效。假设有一解析信号$s(n)$，它的表达式为

$$s(n)=A\exp[\mathrm{j}(\omega_c n+\varphi(n)+\theta)]=A[\cos(\omega_c n+\varphi(n)+\theta)+\mathrm{j}\sin(\omega_c n+\varphi(n)+\theta)]$$

其相位设为$p(n)$，其表达式为

$$p(n)=\arctan\frac{\mathrm{Im}[s(n)]}{\mathrm{Re}[s(n)]}=\omega_c n+\varphi(n)+\theta$$

对$p(n)$进行一阶差分可得

$$p'(n)=p(n)-p(n-1)=\omega_c+\varphi'(n) \tag{7-6-20}$$

对于非调频信号，$E[\varphi'(n)]=0$。因此载频估计为

$$\omega_c = E[p'(n)] = \frac{1}{N_s-1}\sum_{n=1}^{N_s-1} p'(n) \tag{7-6-21}$$

3. 频域估计法

利用频域估计法估计频谱对称信号的载频能得到较为精确的估计结果，而对频谱非对称信号则不适用。它的主要原理是，首先计算实信号的频谱，然后将它的中心频率作为载频的估计值。其详细步骤如下：设已接收到的信号序列为 $x(n)$ 对其进行离散傅里叶变换可以得到频谱

$$X(k) = \sum_{k=0}^{N-1} x(n)\exp[-\mathrm{j}(2\pi/N)nk] \tag{7-6-22}$$

根据所得频谱可以进一步估计出载频的核心公式为

$$\hat{f}_c = \frac{\sum_{k=0}^{N/2-1} k\left|X(k)\right|^2}{\sum_{k=0}^{N/2-1}\left|X(k)\right|^2} \times \frac{f_s}{N} \tag{7-6-23}$$

式中，N 为采样点数；f_s 为采样频率。

数字调制信号都具有频谱对称的特点，但在加了噪声后这种特性会被破坏，因此，这种算法在低信噪比下估计结果会有较大误差。

例 7-6-1 以下是针对 2ASK、2PSK、2FSK、16QAM 四种数字调制信号的载频估计结果。在同样的高斯白噪声环境下，各个参数设置为：采样频率 $f_s=1200$ kHz，码元速率 $f_d=10$ kb/s，码元个数 $M=512$ 个，载波频率 $f_c=150$ kHz，信噪比范围为−10～15dB，每种调制信号在每个信噪比下的仿真次数为 50 次，横坐标表示信噪比，纵坐标表示误差率，其中误差率 $\mathrm{err}=\left|\hat{f}_c-f_c\right|/f_c$。仿真结果如图 7-6-1 所示。

从图中可以看出，对于过零检测法，每种调制信号的误差率都有随着信噪比的上升而逐渐下降的趋势，但是只有 2FSK 信号误差率下降的速度最为缓慢，其原因是 2FSK 有两种载波频率，依据先前的算法只能适用于同一种载波频率，因此会有误差。对于频域居中法，同样有着误差率随信噪比的上升而逐渐下降的性质，但相比于过零检测法，此算法在信噪比大于 10dB 时，其估计效果是稍微低于过零检测法的。对于相位差分法，2ASK、2PSK、16QAM 信号的估计正确率比以上两种算法都要高出许多，尤其是在低信噪比情况下更加明显，而又由于 2FSK 信号属于调频信号，不适用于相位差分法，因此其估计性能比其他信号较差。

4. 循环累积量算法

针对低信噪比下 MPSK、MQAM 信号的载频的精确估计问题，本节主要研究一种结合循环重叠功率谱（Circular Overlap Welch Spectrum，CO-Welch）和四阶循环累积量的算法。首先对于循环重叠功率谱，循环重叠 Welch 功率谱是对 Welch 功率谱的改进，以分割段数 $k=2$、重叠率 $r=2/3$ 为例：它是将长度为 N 的数据首先分割成两段，选取其中一段为参

照，再按照重叠率为 2/3 选取第二段，以此类推，另外为了得到更加平滑的功率谱，也在数据段的首尾选取了两小段，计算时通过加窗截取得到不同的数据子段，对每个数据子段的功率谱进行分段累加，即为循环重叠功率谱值。图 7-6-2 所示的是用于截取每个数据子段的窗函数。

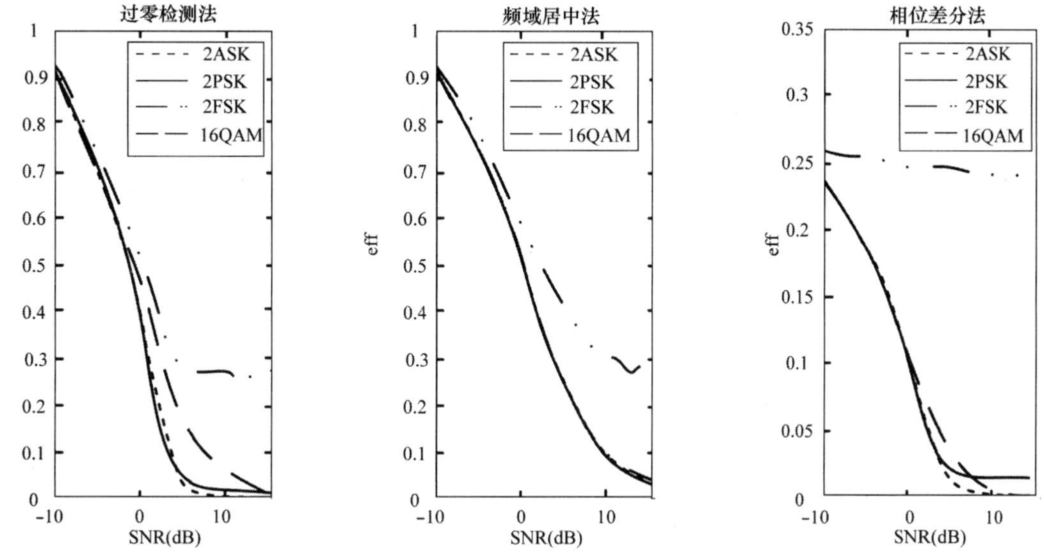

图 7-6-1　三种经典载波估计算法比较

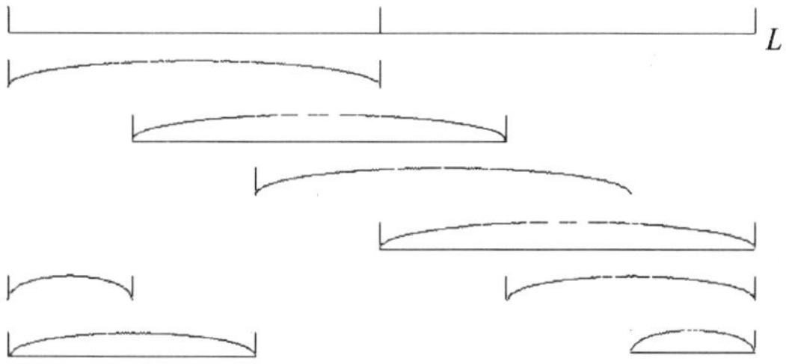

图 7-6-2　子段的窗函数

最终的功率谱表示为

$$S_{xx}(k)=\frac{1-r}{k}\left\{\sum_{i=1}^{\frac{k-1}{1-r}+1}S_{xx}^{(i)}(k)+\sum_{i=\frac{k-1}{1-r}+2}^{\frac{k}{1-r}}S_{xx}^{(i)}(k)\right\} \tag{7-6-24}$$

其中

$$S_{xx}^{(i)}(k)=\left(\sum_{n=0}^{L-1}w^{[v_i]}\left(\frac{n}{L}\right)^2\right)^{-1}\left|X_{w^{[v_i]}}^{(i)}(k)\right|^2 \tag{7-6-25}$$

$$X_w^{[i]}(k)=\left(\sum_{n=0}^{L-1}x^{[i]}w\left(\frac{n}{L}\right)e^{-\frac{2\pi jkn}{L}}\right)e^{-\frac{2\pi jkn}{L}(1-r)(i-1)L} \tag{7-6-26}$$

$$w^{[v_i]}\left(\frac{n}{L}\right)=\begin{cases} w\left(\dfrac{n}{v_i}\right) & 0\leqslant n<v_i \\ w\left(\dfrac{n-v_i}{L-v_i}\right) & v_i\leqslant n<L \end{cases} \tag{7-6-27}$$

$$v_i=\left(i-\frac{k-1}{1-r}+1\right)L(1-r) \tag{7-6-28}$$

式中，$w^{[v_i]}\left(\dfrac{n}{L}\right)$表示窗函数；$X_w^{[i]}(k)$表示第$i$个子谱在频点$k$处的加窗离散傅里叶变换；$S_{xx}^{(i)}(k)$表示数据子段的估计功率谱；$S_{xx}(k)$表示不同重叠子谱求平均后的信号功率谱，当$i\leqslant\dfrac{k-1}{1-r}+1$时为非循环子段，当$\dfrac{k-1}{1-r}+1<i\leqslant\dfrac{k}{1-r}$时为循环子段。

采用功率谱重心公式对载频进行估计，即

$$f=\frac{\sum iP(i)}{\sum P(i)}\cdot\frac{f_s}{N} \tag{7-6-29}$$

通过计算功率谱的均值与标准差的和来设置门限，排除小于门限的点，然后按式(7-6-29)进行计算，得到载频的粗估计值，为后一步的通过搜索循环频率找到循环累积量峰值确定载频精确值提供搜索范围，可降低循环累积量算法的计算量。下面介绍关于循环累积量的定义。数字调制信号的产生通常伴随着采样、编码、调制等步骤，因此也为其带来了周期性，使它的统计特性随时间周期性变化，即具有了循环平稳特性。而且循环累积量对高斯噪声具有一定的抑制作用，因此利用循环累积量对信号进行参数估计，可以提高算法的性能。

设有一零均值复随机过程$x(t)$，如果利用时间平均来定义，则信号的二阶循环累积量和四阶循环累积量分别如下

$$C_{20}^{\alpha}=\left\langle x^2(t)\mathrm{e}^{-\mathrm{j}4\pi\alpha t}\right\rangle_t \tag{7-6-30}$$

$$C_{40}^{\alpha}=\left\langle x^4(t)\mathrm{e}^{-\mathrm{j}8\pi\alpha t}\right\rangle_t-3(C_{20}^{\alpha})^2 \tag{7-6-31}$$

式中，$\langle\cdot\rangle_t$表示对时间求平均；α表示循环频率。

对于MPSK信号，接收到的信号表达式为

$$x(t)=s(t)+n(t)=A\mathrm{e}^{\mathrm{j}(2\pi f_c t+\theta_i+\theta_0)}+n(t) \tag{7-6-32}$$

式中，A为信号幅度；f_c为载波频率；θ_i为信号第i个码元对应的相位状态；θ_0为初始相位；$n(t)$为高斯白噪声。

以2PSK、4PSK为例，代入上述四阶循环累积量公式进行计算，可以得到

$$C_{40}^{\alpha}=\begin{cases}\alpha=f_c=\begin{cases}-2A^4\mathrm{e}^{\mathrm{j}4\theta_0} & \text{2PSK}\\ A^4\mathrm{e}^{\mathrm{j}4\theta_0} & \text{4PSK}\end{cases}\\ \alpha\neq f_c \qquad 0\end{cases} \tag{7-6-33}$$

从式（7-6-33）可以看出，对信号的四阶循环累积量取绝对值以后，当循环频率$\alpha=f_c$时有最大值出现，因此可以通过搜索信号四阶循环累积量结果中最大值对应的循环频率即可确

定载频的估计值。

7.6.4　码元速率估计

码元速率也称为符号速率，它是数字调制信号的重要特征之一。码元速率估计在很多领域都有着非常广泛的应用，如非合作通信环境下的调制识别、解调及无线电频谱监测等。接下来介绍几种经典的码元速率估计算法，并对其中基于小波变换的算法进行改进。

1. 过零检测法

每种数字调制方式都有其对应的幅度调制波形 $p(n)$，承载着数字调制信息。对于 MASK、MPSK、MFSK 信号，$p(n)$ 分别代表瞬时幅度、瞬时相位、瞬时频率；对于 MQAM 信号，$p(n)$ 可以是瞬时幅度或瞬时相位或二者都有，该估计算法的基本原理如下。

（1）提取上述幅度调制波形 $p(n)$，对 $p(n)$ 求 L 阶差分后取绝对值得到 $p(n)'$，关于 L 的取值，考虑到其应大于阶跃模糊范围，所以取为 15。

（2）接着对所得 $p(n)'$ 序列进行判决，选取合适的阈值，通过实验确定阈值 $3E[p(n)']$，即当 $p(n)'$ 大于或等于阈值时判为 1，相反则判为 0。记录判决输出结果即为阶跃位置序列 $l(n)$，其中阶跃为 1 的点对应码元的起始和终止位置的平移。由于 $l(n)$ 每个阶跃点可能对应一个或连续多个码元宽度的阶跃带，将阶跃带的中心作为码元转换点，得到码元转换位置序列 $l_c(n)$。

（3）对 $l_c(n)$ 取一阶差分运算得到差分序列 $l_d(n)$，序列长度为 N_d，取 $N_m = \min[l_d(n)]$，计算序列 $n_l(n) = \text{round}[l_d(n)/N_m], n = 1, 2, \cdots, N_d$， round 表示取整，则可得到平均码元间距的表达式为

$$N_s = \frac{\sum_{n=1}^{N_d} l_d(n)}{\sum_{n=1}^{N_d} n_l(n)} \tag{7-6-34}$$

则码元速率估计结果的表达式为

$$f_d = \frac{f_s}{N_s} \tag{7-6-35}$$

2. 小波变换法

由于小波具有很好的检测跃变点的性能，因此小波变换广泛应用于各种调制类型信号的码元速率估计。小波分析法属于时频分析法的一种，是在傅里叶分析法的基础上发展而来的，它可以分析非平稳信号的时频局部特征，因此优于傅里叶分析法的性能。在码元速率估计过程中，它的基本原理是：首先对信号进行小波变换，根据小波变换会在码元跳变处出现峰值的特点，再对它进行功率谱计算，能够获得较为精确的估计结果。接下来着重介绍两次小波变换与 FFT 结合的算法。

以 MPSK 信号为例，当其码元没有发生改变时，其信号表达式为

$$s(t) = \sqrt{P}\sum_i \mathrm{e}^{\mathrm{j}(\omega_c t + \theta_c + \varphi_i)} g_T(t - iT) \tag{7-6-36}$$

$$\varphi_i \in \{2\pi(m-1)/M, m=1,2,\cdots,M\} \tag{7-6-37}$$

式中，P 表示信号功率；ω_c 为载波频率；φ_i 表示第 i 个码元的相位。

根据连续小波变换的定义，选择 Haar 小波，在同一个码元内，对 MPSK 信号进行小波变换的结果为

$$\begin{aligned}\mathrm{CWT}(a,b) &= \frac{1}{\sqrt{a}}\left(\int_{-\frac{a}{2}}^{0}\mathrm{e}^{\mathrm{j}(\omega_c(t+b)+\theta_c+\varphi_i)}\mathrm{d}t - \int_{0}^{\frac{a}{2}}\mathrm{e}^{\mathrm{j}(\omega_c(t+b)+\theta_c+\varphi_i)}\mathrm{d}t\right) \\ &= \frac{4\sqrt{P}}{\sqrt{a}\omega_c}\sin^2\left(\frac{\omega_c a}{4}\right)\mathrm{e}^{\mathrm{j}\left(\omega_c \mathrm{b}+\theta_c+\varphi_i-\frac{\pi}{2}\right)}\end{aligned} \tag{7-6-38}$$

为了消除未知载波相位对 MPSK 小波变换结果的影响，对其进行取模运算

$$|\mathrm{CWT}(a,b)| = \frac{4\sqrt{P}}{\sqrt{a}\omega_c}\sin^2\left(\frac{\omega_c a}{4}\right) \tag{7-6-39}$$

当不在同一个码元内且存在码元跳变点的时刻，MPSK 信号的小波变换结果取模后的值为

$$|\mathrm{CWT}(a,b)| = \frac{4\sqrt{P}}{\sqrt{a}\omega_c}\left|\sin\frac{\omega_c a}{4}\sin\left(\frac{\omega_c a}{4}+\frac{\alpha}{2}\right)\right| \tag{7-6-40}$$

由于 $\omega_c << \pi$，故 $\left|\sin\left(\frac{\omega_c a}{4}+\frac{\alpha}{2}\right)\right| \approx \left|\sin\left(\frac{\alpha}{2}\right)\right| >> \left|\sin\left(\frac{\omega_c}{4}\right)\right|$，由此可以看出，在同一个码元内，MPSK 信号的小波变换模值保持不变，而在码元跳变点处则会发生改变，即 MPSK 信号的小波变换模值会在码元跳变点处出现峰值，这样的结果也同样适用于二次小波变换。

3. 改进的小波变换法

针对 MPSK 信号在低信噪比条件下的码元速率估计的问题，本节在综合考虑算法的复杂度和估计性能的基础上，提出一种结合循环重叠功率谱和小波变换的算法。这个算法主要可以分为如下五个步骤。

（1）首先是利用循环重叠 Welch 功率谱对载频进行粗估计。之后的提取瞬时相位过程中的去线性相位处理需要载频的估计结果。此种方法对 MPSK 信号载频估计在 0dB 以上时都有较为精确的估计结果，这为获得与原序列接近的瞬时相位基带序列奠定了基础。

（2）然后对含噪信号进行离散小波消噪。与传统的去噪方法相比，如线性滤波和非线性滤波，采用离散小波变换可以避免传统去噪方法的一些局限性，能够保留信号的非平稳特性和相关性等，因此本节采用离散小波变换对信号进行消噪处理。

小波消噪的详细过程可以分为如下两个步骤。

一是信号的小波分解。确定小波基的种类和分解层数，然后进行分解计算。本节中选用 Haar 小波作为小波基，分解层数选为 7。

二是小波重构。计算小波分解后的最底层低频系数，以及各层高频系数，舍去信号某些不重要的细节部分，再进行一维小波重构。本节考虑到噪声是高频信号，分解后一般是在高频系数的第一层和第二层，所以重构时舍去第一层和第二层的高频系数。本节采用了两次小波消噪：一是在提取瞬时相位基带序列之前；二是在提取瞬时相位基带序列之后。通过两次 7 层离散 Haar 小波消噪，能很好地滤除部分噪声。

（3）接下来提取瞬时相位基带序列，设接收的信号模型为

$$r(i)=s(i)+n(i) \tag{7-6-41}$$

式中，$s(i)$ 表示 MPSK 调制信号；$n(i)$ 表示零均值高斯白噪声；$s(i)$ 的一般表达式为

$$s(i)=A\cos\left(\frac{2\pi f_c i}{f_s}+\theta(i)+\phi\right) \tag{7-6-42}$$

其中

$$\theta(i)=\sum_{p=1}^{\infty}a_p g\left(\frac{i}{f_s}-pT_d\right), a_p\in\left\{\frac{2\pi}{M}l\right\}_{l=0}^{M-1} \tag{7-6-43}$$

式中，$i=0,1,2,\cdots$，A 为幅度；$\theta(i)$ 为载波相位；ϕ 为初始相位；f_c 为载波频率；f_s 为采样频率；M 为调制阶数；T_d 为码元宽度；$g(\cdot)$ 是幅度为 1 持续时间为 T_d 的矩形脉冲。

利用 Hilbert 变换提取信号瞬时相位的方法如下。

① 对接收到的信号 $r(i)$ 作 Hilbert 变换，计算其瞬时相位 $\varphi(i)$。

② 由于求得的瞬时相位 $\varphi(i)$ 是以模 2π 来计算的，是有折叠的相位，所以需要对相位进行修正。修正相位序列 $C(i)$ 由下式计算，即

$$C(i)=\begin{cases}C(i-1)-2\pi & \varphi(i+1)-\varphi(i)>\pi\\ C(i-1)-2\pi & \varphi(i)-\varphi(i+1)>\pi\\ C(i-1) & \text{其他}\end{cases} \tag{7-6-44}$$

$$C(1)=0$$

得到无折叠相位，即

$$\phi(i)=\varphi(i)+C(i) \tag{7-6-45}$$

③ 进行去线性相位处理，即

$$\phi_{NL}(i)=\phi(i)-\frac{2\pi f_c i}{f_s} \tag{7-6-46}$$

这时得到的瞬时相位基带序列，因为噪声的原因，会出现很多幅度较小的假峰值，由于小波变换对跳变点非常敏感，为避免对其产生影响，需进行一次中值滤波。滤波的阶数根据实际的仿真结果可设置为 27～30。中值滤波可以很好地消除获得的基带序列中的大多数不是由于相位跳变引起的跳变点，从而使得基带序列的小波变换结果只含有少量由噪声引起的脉冲序列。

（4）对所得瞬时相位基带序列进行小波变换。为了方便，将 $\phi_{NL}(i)$ 记为 $X(i)$，所以得到的基带序列可以表示为

$$Y(i)=X(i)+n_0(i) \tag{7-6-47}$$

式中，$n_0(i)$ 表示基带序列中的噪声。

对基带序列进行离散小波变换，离散小波变换由下式表示，即

$$W_Y(a,n)=\frac{1}{\sqrt{a}}\sum_i Y(i)\psi^*\left(\frac{i-n}{a}\right) \tag{7-6-48}$$

考虑到 Haar 小波计算简便，且与提取的瞬时相位基带序列在波形上具有相似性，因此本节小波基选择 Haar 小波。离散 Haar 小波可表示为

$$\psi\left(\frac{i}{a}\right)=\begin{cases}1 & i=-\frac{a}{2},-\frac{a}{2}+1,\cdots,-1\\ -1 & i=0,1,\cdots,\frac{a}{2}-1\\ 0 & 其他\end{cases} \tag{7-6-49}$$

根据小波变换的线性，$Y(i)$ 的小波变换等于 $X(i)$ 的小波变换与 $n_0(i)$ 的小波变换的叠加。而零均值噪声 $n_0(i)$ 的 Haar 离散小波变换为

$$W_{n_0}(a,n)=\frac{1}{\sqrt{a}}\sum_{i=-a/2}^{-1}n_0(i)-\frac{1}{\sqrt{a}}\sum_{i=0}^{a/2-1}n_0(i)=0 \tag{7-6-50}$$

本节选取 $a \leqslant f_s / f_d$，即小于一个码元宽度。当 Haar 小波在一个码元宽度内且不包含跳变处时，有

$$W_X(a,n)=\frac{1}{\sqrt{a}}\sum_{i=-a/2}^{-1}X(i)-\frac{1}{\sqrt{a}}\sum_{i=0}^{a/2-1}X(i)=0 \tag{7-6-51}$$

当 Haar 小波在一个码元宽度内且包含跳变处时，设跳变处时刻为 k，$-a/2 \leqslant k \leqslant a/2-1$。

当 k=0 时，有

$$W_X(a,n)=\frac{1}{\sqrt{a}}\sum_{i=-a/2}^{-1}X_{j1}(i)-\frac{1}{\sqrt{a}}\sum_{i=0}^{a/2-1}X_{j2}(i)=0 \tag{7-6-52}$$

式中，$X_{j1}(i)$ 和 $X_{j2}(i)$ 表示相邻的两个基带信号。

当 $0<k \leqslant a/2-1$ 时，有

$$W_X(a,k)=\frac{1}{\sqrt{a}}\sum_{i=-a/2}^{-1}X_{j1}(i)-\frac{1}{\sqrt{a}}\sum_{i=0}^{k-1}X_{j1}(i)-\frac{1}{\sqrt{a}}\sum_{i=k}^{a/2-1}X_{j2}(i) \tag{7-6-53}$$

比较式（7-6-52）和式（7-6-53），有

$$|W_X(a,0)|>|W_X(a,k)| \tag{7-6-54}$$

当 $-a/2 \leqslant k<0$ 时，式（7-6-54）仍然成立，即当 $k=0$ 时是一个模极大值点。同时它也表征了相位跳变的时刻，也是 MPSK 信号的码元跳变时刻。通过前面的处理后的仿真结果发现，在单一固定尺度下的小波变换结果中，仍含有少量由噪声引起的脉冲序列，但这种脉冲序列的幅度一般都较小，为 0～0.3，因此对小波变换结果进行模值平方运算，使噪声引起的脉冲序列幅度更小，以便之后设置固定门限予以消除。通常的做法是不同尺度参与运算的噪声不同，把结果进行叠加可以对消部分噪声，因此本节采用的是多尺度小波变换模值平方的叠加。设置固定门限，对幅度较小和幅度过大的伪脉冲序列进行消除，从而消除噪声。

（5）功率谱的计算。对得到的小波系数模值平方计算功率谱，其单极性脉冲序列的双边功率谱密度为

$$P(\omega)=f_d P(1-P)|G(f)|^2+\sum_{m=-M}^{M}|f_d(1-P)G(mf_d)|^2\delta(f-mf_d) \tag{7-6-55}$$

式中，f_d 表示信号的码元速率；P 为任一码元内单极性脉冲的出现概率；$G(f)$ 为单极性脉冲序列的傅里叶变换。根据出现的以码元速率为间隔的离散谱线可估计出码元速率的精确值。

通过设定门限搜索功率谱的峰值，可以得到 N 个离散谱线分量 $f_d(i)$，选择第一个离散谱线分量 $f_d(1)$ 作为码元速率的参照， round 表示取整，利用公式对其进行估计，即

$$f_{dg}=\frac{\sum_{i=1}^{N}f_d(i)}{\sum_{i=1}^{N}\text{round}[f_d(i)/f_d(1)]} \tag{7-6-56}$$

习　题　7

7-1　考虑具有二维参数矢量 $\boldsymbol{w}=[w_1w_2]^{\mathrm{T}}$ 的代价函数为 $L_E(\boldsymbol{w})=\dfrac{1}{2}[(w_1-1)^2+(w_2)^2]$，证明这个代价函数在所有的点都是二阶可导的，而且在 $\boldsymbol{w}_{\text{opt}}=[1\ 0]^{\mathrm{T}}$ 处有唯一最小值。

7-2　利用 MATLAB 仿真 32QAM、64QAM 小波变换直方图。

7-3　使用 MATLAB 仿真验证 ZF 和 MMSE 频域均衡的合理性并分析其误码性能。设接收信号为 32QAM 信号，仿真环境为多径瑞利衰落信道，设置径数为 5 径，5 径延时为[0, 0.13, 2.3, 3.8, 5.5]，单位为 10^{-4}s，5 径衰落为[0, −0.967, −1.933, −2.9, −4.86]，单位为 dB。

7-4　基于聚类与粒子群重构星座图的 MQAM 信号识别方法来实现 128QAM 和 256QAM 调制识别。

7-5　设 $x(n)$ 为平稳随机过程， $n=0,\pm1,\pm2,\cdots$，将 k 阶矩定义为

$$\text{mom}[x(n),x(n+\tau_1),\cdots,x(n+\tau_{k-1})]=E[x(n)x(n+\tau_1)\cdots x(n+\tau_{k-1})]$$

式中， $\tau_1,\tau_2,\cdots,\tau_{k-1}$ 为随机信号的延迟量； $\tau_i=0,\pm1,\pm2,\cdots$，称为 $x(n)$ 的 k 阶矩函数，记作

$$m_{kx}(\tau_1,\tau_2,\cdots,\tau_{k-1})=E[x(n)x(n+\tau_1)\cdots x(n+\tau_{k-1})]$$

试推导出五阶和六阶累积量。

7-6　基于高阶累积量的方法对 MPSK 信号进行了类内识别，采用基于高阶累积量构建分类特征参数的方法对调制信号 16PSK、32QAM、8PAM 进行类间识别。

第 8 章　雷达信号调制识别与参数估计

8.1　概述

雷达信号识别属于雷达辐射源识别的范畴，是指雷达侦察系统侦收敌方雷达发射的信号，根据一定的算法对探测信号进行相应的分析和处理，获得反映目标雷达的相关特征和参数，以完成对辐射源的识别。雷达信号识别根据识别层次不同，一般可以分为雷达信号分类识别和雷达信号参数估计两大类。其中，雷达信号分类识别是雷达信号参数估计的前提，主要是指利用不同调制类型雷达信号的有意调制特征将信号区分开来，这里的特征一般不包括雷达信号具体的脉内调制参数；而雷达信号参数估计是指，在已知信号调制类型的基础上，采用专门的算法或信号分析手段提取信号调制参数信息，是更高一级层次的雷达信号识别。这两类问题均是电子情报侦察迫切需要解决的关键技术之一。本章首先来研究基于脉内特征雷达信号分类识别问题。

近年来，由于复杂体制雷达的不断投入使用，使得传统 5 大参数已经不能满足复杂体制雷达信号的分类识别。雷达辐射源信号新特征的提取，尤其是针对复杂体制雷达信号脉内特征的提取已经成为电磁频谱感知和电子对抗领域中急需解决的关键问题。

时频分布作为处理非平稳信号的有力工具，能够同时获得信号的时频信息，已经被广泛地应用于信号识别。利用图像处理技术提取雷达信号的时频图像特征为信号识别提供了新的思路。时频图像上识别信号的关键在于：(1) 交叉项少的时频分布；(2) 合适的图像处理方法；(3) 优良的时频图像特征。将信号识别和图像处理结合在一起，通过时频图像特征识别雷达信号为雷达信号识别提供了崭新的视角。从现有的研究成果来看，某些用于识别的图像特征存在维数高和稳定性差等缺点。这与图像预处理方法和图像特征的选取有很大关系。目前，图像处理技术已经发展到比较成熟的阶段。借鉴图像处理的成果，选择更有效的图像预处理方法和特征实现对雷达信号的识别将是一个非常有意义并具有挑战性的问题。

本章从雷达信号时频分布出发，将信号时频分布看成灰度图像，首先利用多种图像处理方法对时频图像进行去噪，再提取稳定、有效和特征维数低的图像特征用于雷达信号识别，将信号识别问题转化为图像识别问题，进而解决复杂体制雷达信号在低信噪比下的识别问题。

8.2　时频分析基础理论

在传统的信号处理中，主要在时域和频域对信号进行分析。信号的时域表示是最传统的也是最重要的信号表示形式，揭示了信号幅度随时间的变化关系；信号的频域表示主要通过傅里叶变换，将信号分解为不同的频率分量，从而在频域中来分析信号。傅里叶变换揭示了信号频率和能量之间的变化关系，反映了信号在整个时间范围内的“全部”频谱成分。然而傅里叶变换是一个整体变换，不能告诉人们什么时间，在什么频率分量发生了怎样的变化，即傅里叶变换没有时间局域化的能力。

当信号不是确定的时间函数，即信号在任意时刻都是一个服从某种分布的随机变量时，称该信号为随机信号，在实际的工程实践中绝大多数信号都需要采用随机信号模型进行处理。对于随机信号，其统计量发挥着极其重要的作用，最常用的统计量有均值（一阶统计量）、相关函数与功率谱密度（二阶统计量），此外还有三阶、四阶等高阶矩、高阶累积量。随机信号 $x(t)$ 构成一个 n 维随机变量 $\{x(t_1),x(t_2),\cdots,x(t_n)\}$，若该 n 维随机变量的联合分布函数与 $\{x(t_1+\tau),x(t_2+\tau),\cdots,x(t_n+\tau)\}$ 的联合分布函数对所有 $t_1,t_2,\cdots,t_n$ 和 $\tau\in T$ 都相同，则 $\{x(t),\tau\in T\}$ 称为严格平稳随机信号，也称为狭义平稳信号。当随机信号 $x(t)$ 满足

$$\begin{gathered}E\left\{\left|x(t)\right|^2\right\}=m<\infty\\ E\left\{x(t)\right\}=E\left\{x(t+\tau)\right\},\tau\in R\\ E\left\{x(t_1)x^*(t_2)\right\}=E\left\{x(t_1+\tau)x^*(t_2+\tau)\right\},\tau\in R\end{gathered}\tag{8-2-1}$$

则称 $x(t)$ 为广义平稳信号，如果信号不是广义平稳的，则称它为非平稳信号。随着现代信号处理技术的发展，传统的平稳信号分析和处理方法已经不能完全满足需求，许多天然和人工的信号，如语音、生物医学信号、雷达和声呐信号等都是典型的非平稳信号，其特点是持续时间有限，并且是时变的。我们采用傅里叶变换对信号进行分析的前提是假设信号是平稳的，对于非平稳信号，传统的傅里叶变换不能对其进行有效描述。为了能够同时在时域和频域描述信号，学者们提出了时频分析的方法。时频分析着眼于真实信号组成成分时变的谱特征，将一维的时域信号转化为二维的时间和频率密度函数，旨在揭示信号能量随时间和频率的变化关系。由于时频分布对非平稳信号分析的独特优势，引起人们广泛的关注，提出了众多时频分析方法。常见的时频分析方法有短时傅里叶变换、Wigner-ville 分布、Cohen 类时频分布、重排类时频分布等，本节将对其进行简要介绍。

8.2.1　短时傅里叶变换

1946 年 Gabor 提出了短时傅里叶变换（Short Time Fourier Transform，STFT），其基本思想是在信号傅里叶变换前乘上一个时间有限的窗函数，实现信号在时域上的局部化，假定在时间窗内信号是平稳的，通过窗在时间轴上的移动对信号逐段进行傅里叶变换，从而得到信号的时变特性。信号的 STFT 定义如下：

$$S(t,f)=\int_{-\infty}^{+\infty}s(\tau)h(\tau-t)\mathrm{e}^{-\mathrm{j}2\pi f\tau}\mathrm{d}\tau\tag{8-2-2}$$

$h(t)$ 是窗函数，沿时间轴移动，显然，如果取无限长的窗函数 $h(t)=1$，则 STFT 退化为传统的傅里叶变换。信号 $s(t)$ 乘一个相当短的窗函数相当于取出信号在分析时间点 t 附近的切片，因此 STFT 可以理解为信号在“分析时间” t 附近的傅里叶变换（局部频谱）。由于 STFT 是一种线性时频变换，所以不会产生交叉项，其主要不足之处在于窗函数一旦确定，时频窗的大小也就确定了，对于任意给定的时间和频率，时频分辨率是固定的。同时

窗函数的选择及窗长的确定也是难以解决的问题。

8.2.2 Wigner-Ville 时频分布

Wigner-Ville 分布（Wigner-Ville Distribution，WVD）是一种最基本、也是应用最多的时频分布。WVD 最早由 Wigner 在量子力学领域中提出，Ville 将其引入作为一种信号分析工具，故而称为 Wigner-Ville 分布。对于单分量的线性调频信号，WVD 具有理想的时频聚集性，所以自其被提出以来就得到广泛的关注。

为了体现非平稳信号的局部时变特性，对相关函数做滑窗处理，得到时变的局部相关函数，即

$$R(t,\tau)=\int_{-\infty}^{+\infty}s\left(u+\frac{\tau}{2}\right)s^{*}\left(u-\frac{\tau}{2}\right)\phi(u-t,\tau)\mathrm{d}u \tag{8-2-3}$$

当窗函数取时间冲击函数 $\phi(u-t,\tau)=\delta(u-t)$，对 τ 不加限制，而在时域取瞬时值时，有

$$R(t,\tau)=\int_{-\infty}^{+\infty}s\left(u+\frac{\tau}{2}\right)s^{*}\left(u-\frac{\tau}{2}\right)\delta(u-t)\mathrm{d}u=s\left(t+\frac{\tau}{2}\right)s^{*}\left(t-\frac{\tau}{2}\right) \tag{8-2-4}$$

对时变局部相关函数做傅里叶变换，即可得到 WVD，其表达式如下

$$\mathrm{WVD}(t,f)=\int_{-\infty}^{+\infty}s(t+\tau/2)s^{*}(t+\tau/2)\mathrm{e}^{-\mathrm{j}2\pi f\tau}\mathrm{d}\tau \tag{8-2-5}$$

WVD 的时间带宽积达到 Heisenberg 不确定原理给出的下界，因此具有最理想的时频分辨率。WVD 具有很多优良的时频分布性质，如实值性、时移不变性、频移不变性、时间边缘特性和频率边缘特性等。然而，对于信号频率随时间呈非线性变化，以及信号包含多个分量时，WVD 会产生交叉项。交叉项的存在会干扰真实信号的特征，使得对时频分布的分析、解释变得困难。设有 n 个分量信号 $x(n)=\sum x_k(t)$，可以得到多分量信号的 WVD，即

$$(\mathrm{WVD})_x(t,f)=\sum_{k}(\mathrm{WVD})_{x_k}(t,f)+\sum_{k}\sum_{l\neq k}2\,\mathrm{Re}[(\mathrm{WVD})_{x_k,x_l}(t,f)] \tag{8-2-6}$$

式中，$\mathrm{WVD}_{x_k}(t,f)$ 为第 k 个信号分量的 WVD，共有 n 项；$(\mathrm{WVD})_{x_k,x_l}(t,f)$ 表示第 k 个信号分量和第 l 个信号分量之间的 WVD，即为交叉项，对于 n 分量信号，则会产生 C_n^2 个交叉项，交叉项是二次型时频分布固有的结果，其主要有以下两个特点。

（1）交叉项是实的，混杂在自项成分之间，且幅度是自项成分的两倍。

（2）交叉项是振荡型的，每两个信号分量就会产生一个交叉项。

8.2.3 Cohen 类时频分布

Cohen 发现众多的时频分布只是 WVD 的变形，因此可以用统一的形式表示，不同的时频分布只是对 WVD 加不同核函数而已。已有证明具有 WVD 时频分辨率且不含交叉项的时频分布是不存在的，因此 Cohen 类时频分布通过核函数 $\Phi(t,\tau)$ 对 WVD 进行平滑，在抑制交叉项和保持高时频分辨率之间做一个折中，其定义为：

$$C(t,f)=\iint_{-\infty}^{\infty}\Phi(t-t',\tau)[s(t-t'-\tau/2)s^{*}(t-t'+\tau/2)]\mathrm{e}^{-\mathrm{j}2\pi f\tau}\mathrm{d}t'\mathrm{d}\tau \tag{8-2-7}$$

所有的 Cohen 类时频分布都可以通过对 WVD 的时频二维卷积得出，如伪 Wigner-Ville 分布（PWVD）、平滑 Wigner-Ville 分布（SWVD）、平滑伪 Wigner-Ville 分布（SPWVD）、锥形分布（CSD）、Page 分布（PD）、Choi-Williams 分布（CWD）、B 分布（BD）及改进的 B 分布（MBD）等，以下重点介绍一下 SPWVD、CWD 和 MBD。

1．SPWVD

对变量 t 和 τ 分别加窗函数 $h(\tau)$ 和 $g(\tau)$ 做平滑即得到 SPWVD：

$$\mathrm{SPWD}(t,f)=\int_{-\infty}^{\infty}\int_{-\infty}^{\infty}s(t-u+\tau/2)s^{*}(t-u-\tau/2)h(\tau)g(u)\mathrm{e}^{-\mathrm{j}2\pi f\tau}\mathrm{d}u\mathrm{d}\tau \tag{8-2-8}$$

式中，$h(\tau)$ 和 $g(\tau)$ 是两个实的偶窗函数，且 $h(0)=g(0)=1$。

2．CWD

Choi-Williams 分布是一种能够有效抑制交叉项的时频分析方法，其表达式如下：

$$\mathrm{SPWD}(t,f)=\iint\frac{1}{\sqrt{4\pi\tau^{2}/\sigma}}\exp\left[-\frac{(t-u)^{2}}{4\tau^{2}/\sigma}\right]s(t+\tau/2)s^{*}(t-\tau/2)\mathrm{e}^{-\mathrm{j}\omega\tau}\mathrm{d}u\mathrm{d}\tau \tag{8-2-9}$$

式中 σ 为衰减系数，它与交叉项的幅值成比例关系。当 $\sigma\to\infty$ 时，式（8-2-9）就等效成为 Wigner-Ville 分布，此时具有最高的时频聚集性，但信号间的交叉项也最为严重；反之，σ 越小，交叉项的衰减就越大，信号时频聚集性越低。

3．MBD

Hussainn Z M 和 Boashash B 于 2002 年提出一种改进的 B 分布（Modified B-Distribution，MBD）的时频分布方法，其核函数为

$$\varPhi(t,\tau)=\varPhi_{\beta}(t,\tau)=\frac{k_{\beta}}{\cosh^{2\beta}(t)} \tag{8-2-10}$$

式中，$k_{\beta}=\Gamma(2\beta)/(2^{2\beta-1}\Gamma^{2}(\beta))$，$\Gamma$ 为 Gamma 函数，$\Gamma(\beta)=\int_{0}^{\infty}t^{\beta-1}\mathrm{e}^{-t}\mathrm{d}t$。参数 $\beta(0<\beta<1)$ 用于控制信号时频分辨率和交叉项的抑制程度，在二者之间取一个折中值。MBD 能满足时频分布的大多数特性要求，其核函数满足二维低通特性。从时频分布的时频聚集性、交叉项抑制能力、时频分辨率和噪声抑制能力等综合指标来看，相对其他的二次时频分布，MBD 性能最优。

8.2.4　重排类时频分布

Cohen 类时频分布提供了很多非平稳信号分析方法，但只能在抑制交叉项和保持高时频分辨率之间做一个折中，为了进一步提高时频分布的可读性，Auger 和 Flandrin 提出了时频重排的方法。Cohen 类时频分布和 WVD 存在以下关系：

$$C(t,f)=\iint\varPhi(t',f')W_{s}(t-t',f-f')\mathrm{d}t'\mathrm{d}f' \tag{8-2-11}$$

可以看出，时频分布 $C(t,f)$ 就是在以 (t,f) 点为中心的邻域内的信号能量平均值，并以核函数 $\varPhi(t,f)$ 的基本支撑区为其支撑区。这种求平均的运算使得交叉项衰减的同时，显然破坏了信号自项成分的集中，使得时频分辨率降低。因此，尽管信号的 WVD 在某时频点 (t,f) 处没有任何能量，但如果在其周围存在非零值，那么经过核函数平滑后 $C(t,f)$ 也会出

现非零值。为克服这一缺陷，可以将上述在点 (t,f) 处计算得到的平均值 $C(t,f)$ 搬移到能量的重心所处的位置，其新坐标为：

$$\hat{t}(t,f)=t-\frac{\iint t'\Phi(t',f')W_s(t-t',f-f')\mathrm{d}t'\mathrm{d}f'}{\iint \Phi(t',f')W_s(t-t',f-f')\mathrm{d}t'\mathrm{d}f'} \tag{8-2-12}$$

$$\widehat{f}(t,f)=t-\frac{\iint f'\Phi(t',f')W_s(t-t',f-f')\mathrm{d}t'\mathrm{d}f'}{\iint \Phi(t',f')W_s(t-t',f-f')\mathrm{d}t'\mathrm{d}f'} \tag{8-2-13}$$

计算对 $C(t,f)$ 修正后的时频分布，从而得到重排类双线性时频分布：

$$C_M(t',f')=\iint C(t,f)\delta(t'-\hat{t}(t,f))\delta(f'-\widehat{f}(t,f))\mathrm{d}t\mathrm{d}f \tag{8-2-14}$$

重排类时频分布将局部能量分布看成质量分布，将整体质量（时频谱图的值）分配在区域的重心而不是几何中心，能更准确地描述信号的时频特性。图 8-2-1 所示为 2 个 LFM 叠加信号的时频重排谱图，可以看出，其时频聚集性进一步得到提升，交叉项也得到了较好的抑制。

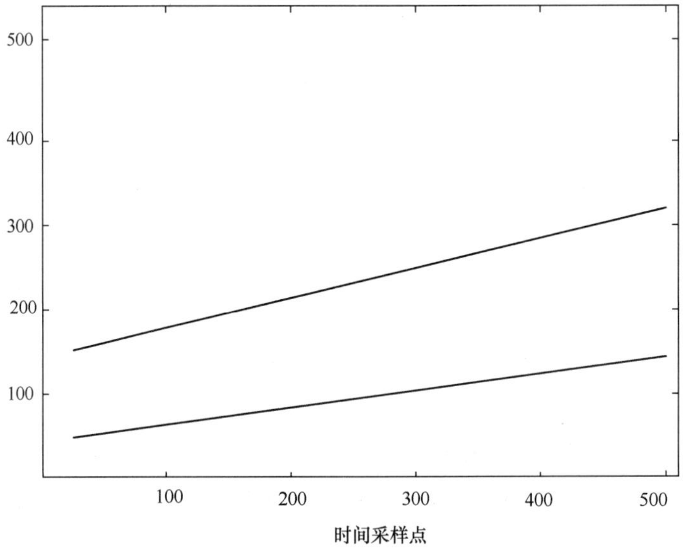

图 8-2-1　多分量信号的时频重排谱图

8.3　支持向量机分类器

为了实现对信号的自动识别，需要设计高效的分类器。在统计模式识别中，分类器的基本任务是根据某一准则把由特征矢量表示的输入模式归入到一个适当的模式类别，实现从特征空间到决策空间的转换，最终完成对该模式的分类识别任务。基于传统统计理论的分类器往往受到待识别模式的概率密度函数、样本集是否线性可分、参数估计精度和训练样本数目等因素影响。如待识别模式的概率密度函数已知，或者可以通过样本得到精确的估计，传统的分类算法就可以得到最佳的识别性能，但实际情况中这些条件一般很难满足。同时只有当训练样本数目趋于无穷大时，传统分类方法的识别性能可以达到理论上的最优，在实际的雷达信号侦察中，截获信号的持续时间往往比较短，这就造成样本数据有限，再加上实际应用环境的复杂多变，传统分类器难以获得满意的识别性能。随着人工智能技术的发展，神经网络由于具有极强的函数拟合和自学习能力、很好的鲁棒性及良好的分类识别能力等优点，被认为是取代传统分类方法的有力工具，然而到目前为止，神经网络的一些关键问题仍没有得到解决，如网络结构的确定、过学习与欠学习、局部极小点等。支持向量机（Support Vector Machine，SVM）在解决小样本、非线性及高维模式识别问题中表现出结构简单、全局最优、泛化能力强等许多特有的优势，是近年来国际上机器学习领域新的研究热点，本节重点介绍了 SVM 分类器。

8.3.1　结构风险最小化

SVM 是建立在统计学习理论基础上，以结构风险最小化为准则构建分类器。SVM 根据有限的样本信息在模型的复杂性和学习能力之间寻求最佳折中，以期获得最好的推广能力（或称泛化能力）。统计学习理论中引入了泛化误差界的概念，认为分类的真实风险应该由两部分内容刻画：一部分是经验风险，代表了分类器在给定样本上的误差；另一部分是置信风险，代表了在多大程度上可以信任分类器的分类结果。很显然，第二部分是没有办法精确计算的，只能给出一个估计的区间，也使得整个误差只能计算上界，而无法计算准确的值（所以称之为泛化误差界，而不是泛化误差）。泛化误差界的公式为：

$$R(w) \leqslant \mathrm{Remp}(w) + \Phi(n/h) \tag{8-3-1}$$

式中，$R(w)$ 为真实风险；$\mathrm{Remp}(w)$ 为经验风险；$\Phi(n/h)$ 为置信风险。SVM 寻求经验风险与置信风险之和最小，即结构风险最小化，可以有效提升分类器的泛化能力。置信风险与两个量有关：一个是样本数量，显然给定的样本数量越大，学习结果越有可能正确，此时置信风险越小；另一个是分类函数的 VC 维（Vapnik-Chervonenkis Dimension），模式识别方法中 VC 维的直观定义是，对一个指示函数集，如果存在 h 个样本能够被函数集中的函数按所有可能的 2^h 种形式分开，则称函数集能够把 h 个样本打散；函数集的 VC 维就是它能打散的最大样本数目。VC 维反映了函数集的学习能力，VC 维越大则学习机器越复杂，分类器的推广能力越差，置信风险就会越大。

8.3.2　支持向量机分类器原理

SVM 是从线性可分情况下求解最优分类面发展而来的，在特征空间中通过最大化分类间隔寻找最优分界面，其基本思想可用图 8-3-1 所示的两维情况说明。图中圆形点和方形点分别代表两类样本，H 为分类线，H_1、H_2 分别为离分类线最近的样本且平行于分类线的直线，它们之间的距离称为分类间隔（margin）。最优分类线就是要求分类线不但能将两类正确分开，而且使分类间隔最大。分类线方程为 $xw+b=0$，对其进行归一化，使得对线性可分的样本集 $(x_i, y_i), i=1,\cdots,n, y_i \in \{+1,-1\}$ 满足

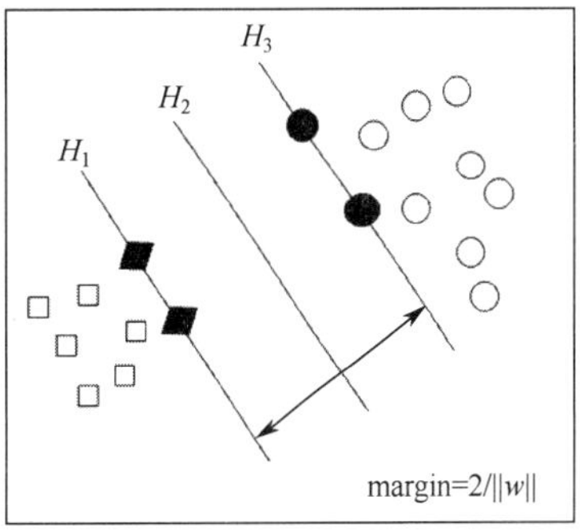

图 8-3-1　线性可分 SVM

$$y_i[(w \cdot x_i)+b]-1 \geqslant 0 \quad i=1,\cdots,n \tag{8-3-2}$$

此时 margin= $2/\|w\|$，使间隔最大等价于使 $\|w\|^2$ 最小。满足上述条件且使 $\|w\|^2$ 最小的分类面就称最优分类面，H_1、H_2 上的训练样本点就称支持向量。由于并不是所有的样本都能被超平面正确分类，所以引入一个松弛因子 $\xi_i, i=1,2,\cdots,n$，则约束条件转化为：

$$y_i[(w\cdot x_i)+b]\geqslant 1-\xi \quad i=1,\cdots,n \tag{8-3-3}$$

此时最优超平面的求解问题可转化为下列优化问题：

$$\begin{cases}\min Q(w,\xi)=\dfrac{1}{2}\|w\|^2+C\sum\limits_{i=1}^{n}\xi_i \\ y_i[(w\cdot x_i)+b]\geqslant 1-\xi_i \quad i=1,\cdots,n\end{cases} \tag{8-3-4}$$

C 为惩罚系数，用来控制对于错分样本的惩罚程度，式（8-3-4）的对偶问题如下

$$\begin{cases}\min Q(\alpha)=\sum\limits_{i=1}^{n}\alpha_i-\dfrac{1}{2}\sum\limits_{i,j=1}^{n}\alpha_i\alpha_j y_i y_j(x_i\cdot x_j) \\ \sum\limits_{i=1}^{n}\alpha_i y_i=0, \alpha_i\in[0,C] \quad i=1,\cdots,n\end{cases} \tag{8-3-5}$$

α_i 为原问题中与每个约束条件对应的 Lagrange 乘子，对上述问题求解即可得唯一的 Lagrange 乘子。容易证明，解中只有一部分（通常是少部分）α_i 不为零，对应的样本就是支持向量，由此可以得到最优超平面函数（分类函数）为

$$f(x)=\operatorname{sgn}\{(w\cdot x)+b\}=\operatorname{sgn}\left\{\sum_{i,j=1}^{n}\alpha_i^* y_i(x_i\cdot x)+b^*\right\} \tag{8-3-6}$$

式中的求和实际上只对支持向量进行。sgn() 为符号函数，b^* 是分类阈值，可以用任意一个支持向量求得。

对于线性不可分的情况，使用一个非线性映射 ϕ，即

$$\begin{aligned}\phi: R^N &\to F \\ x &\to \phi(x)\end{aligned} \tag{8-3-7}$$

如图 8-3-2 所示，通过非线性映射 ϕ 将低维样本空间映射到高维特征空间，将线性不可分样本空间转化为线性可分的特征空间，从而得到问题的解。当在特征空间中构造最优超平面时，训练算法仅使用空间中的点积，即 $\phi(x_i)\cdot\phi(x_j)$，而没有单独的 $\phi(x_i)$ 出现，因此，我们不需要知道非线性映射 ϕ 的具体形式，只要能够找到一个函数 K，使得 $K(x_i,x_j)=\phi(x_i)\cdot\phi(x_j)$，这样在高维空间中实际上只需进行内积运算。根据泛函的相关理论可知，只要一种核函数 $K(x_i,x_j)$ 满足 Mercer 条件，它就对应某一变换空间中的内积。因此，在最优分类面中采用适当的内积函数 $K(x_i,x_j)$ 就可以实现经非线性变换后的线性分类，此时目标函数转化为

$$Q(\alpha)=\sum_{i=1}^{n}\alpha_i-\frac{1}{2}\sum_{i,j=1}^{n}\alpha_i\alpha_j y_i y_j K(x_i\cdot x_j) \tag{8-3-8}$$

而相应的分类函数也变为

$$f(x)=\operatorname{sgn}\left\{\sum_{i,j=1}^{n}\alpha_i^* y_i K(x_i\cdot x)+b^*\right\} \tag{8-3-9}$$

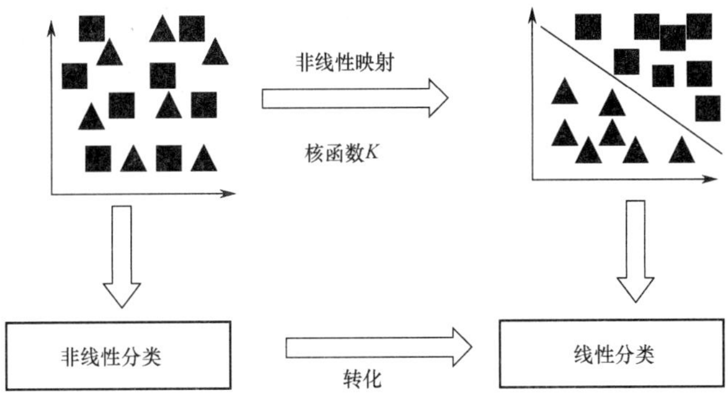

图 8-3-2　线性不可分转化为线性可分的情况

SVM 是一种典型的两类分类器，即它只回答属于正类还是负类的问题。而现实中往往需要解决多类识别问题，对此，一般可组合多个 SVM 求解。对于多类分类问题，主要有 3 种组合方法：一对多（One Against All，OAA）法、一对一（One Against One，OAO）法和二叉树结构（Binary Tree Architecture，BTA）法。其中 OAO 法为一种更为有效的方法，该方法每次针对两类问题进行识别，对于 k 类分类问题，分类器数目为 $k(k-1)/2$ 个。对于一个数据样本，各个分类器会将其识别为不同的类别，最后统计各种类别得到的“票数”，“票数”最多的类别则为最终识别的类别。对于 L 个样本 $(x_1,y_1),(x_2,y_2),\cdots,(x_L,y_L)$，OAO 方法将分类问题转化为求解以下的一个二次规划，即

$$\begin{aligned}&\min_{w_{ij}\xi_{ij}}\frac{1}{2}w_{ij}^{\mathrm{T}}w_{ij}+C\sum_{t=1}^{L}\xi_{(ij)_t}w_{ij}^{\mathrm{T}}\\&w_{ij}^{\mathrm{T}}\varPhi(x_i,x_j)+b_{ij}\geqslant 1-\xi_{(ij)_t},y_t=i\\&w_{ij}^{\mathrm{T}}\varPhi(x_i,x_j)+b_{ij}\leqslant -1+\xi_{(ij)_t},y_t=j\\&\xi_{(ij)_t}\geqslant 0\quad t=1,2,\cdots,L\end{aligned}\tag{8-3-10}$$

在求解支持向量机的过程中，需要选择合适的核函数。采用高斯径向基核函数，其定义如下

$$\varPhi(x_i,x_j)=\exp\{-\gamma\,|\,x_i-x_j\,|^2\}\tag{8-3-11}$$

根据 SVM 理论，在 SVM 中惩罚因子 C 和高斯径向基核函数参数 γ 的选取，对分类器的性能有很大的影响。惩罚因子 C 用于控制模型的复杂度和逼近误差，γ 对模型的分类精度有重要的影响，对此可以在传统 SVM 分类器基础上采用粒子群优化算法对参数 (C,γ) 寻优，以期设计出分类性能更好的分类器。

8.4　基于时频图像形状特征的雷达信号识别

不同的雷达信号具有不同时频图像，从图像处理角度看，图像特征包含灰度特征、纹理特征、形状特征、颜色特征和边缘特征等，而时频图像最显著的特征是形状特征。矩是一种有效的基于区域的形状描述子，已经被广泛地应用于图像重建和检索。本节从雷达信号的时频图像出发，提取稳定的时频图像形状特征实现对雷达信号的识别。由于雷达信号的时频图受噪声和交叉项的影响，直接从时频图像提取的特征不能保证特征的稳定性，因

此提取特征之前需要对时频图像进行预处理。预处理的目的是改善图像数据，抑制不需要的变形或增强某些对于后续处理重要的图像特征。基于时频图像的雷达信号识别流程如图 8-4-1 所示。

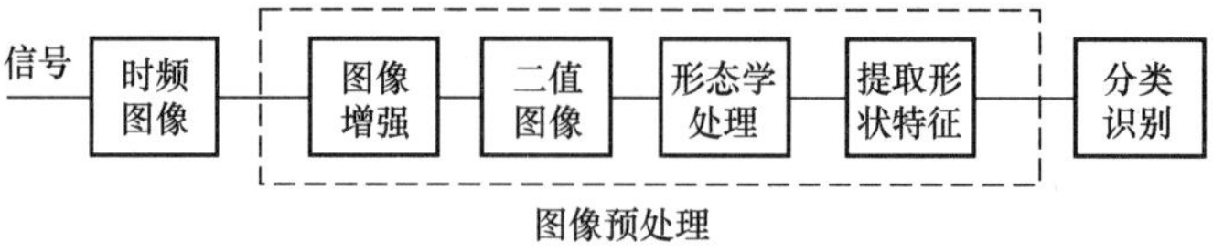

图 8-4-1　基于时频图像 Legendre 矩特征的雷达信号识别流程图

由图 8-4-1 可知，本节算法首先选择时频聚集性高且能抑制交叉项的时频分布得到信号的时频图像；然后通过图像预处理方法进一步降低时频图像中的噪声和交叉项，由于本节利用信号的时频图像的形状特征进行识别，所以预处理采用图像增强、图像二值化和数学形态学处理进行图像降噪。

8.4.1　信号的平滑伪 Wigner 时频分布

Wigner-Ville 分布（WVD）具有很高时频聚集性，但交叉项的存在限制了其应用的场合。人们想出了很多抑制 WVD 交叉项的方法，其中平滑伪 Wigner 分布（SPWVD）采用时域和频域同时加窗的方法来抑制 WVD 的交叉项。对信号 $s(t)$，其 SPWVD 分布定义为

$$\mathrm{SPWD}(t,f)=\int_{-\infty}^{\infty}\int_{-\infty}^{\infty}s(t-u+\tau/2)s^{*}(t-u-\tau/2)h(\tau)g(u)\mathrm{e}^{-\mathrm{j}2\pi f\tau}\mathrm{d}u\mathrm{d}\tau \tag{8-4-1}$$

式中，$h(t)$ 和 $g(t)$ 分别是频域和时域平滑窗函数，满足 $h(0)=G(0)=1$，$G(f)$ 表示 $g(t)$ 的傅里叶变换。对信号进行时域和频域加窗平滑处理后，时域和频域上的交叉项可以得到很大的抑制。

图 8-4-2 列出了信噪比为 5 dB 时 8 种待识别典型雷达信号的 SPWVD，这些信号包括常规雷达信号（NP）、BPSK 信号、偶二次调频信号（EQFM）、COSTAS 跳频信号、FRANK 码信号、三角线性调频信号（TLFM）、正弦调频信号（SFM）和线性调频信号（LFM）。可以看出，各信号的时频图像在视觉上具有明显差异，但为了要实现对上述信号的自动识别，还需要进一步提取时频图像的特征。

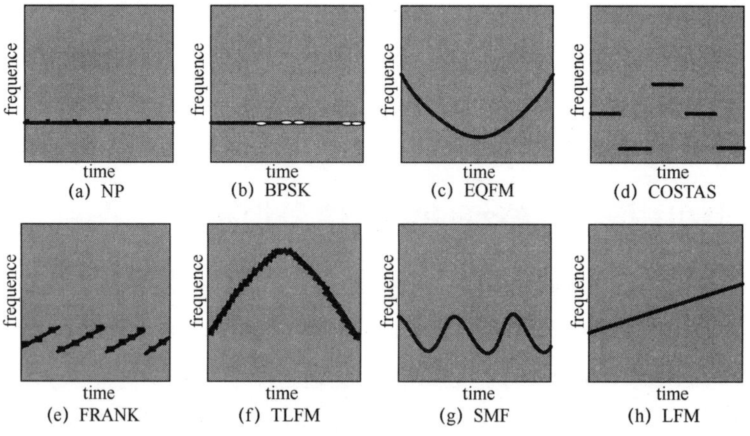

图 8-4-2　8 种待识别典型雷达信号的 SPWVD（SNR = 5dB）

8.4.2　时频图像的预处理

信号的时频分布可以看作一幅二维图像，因此可以采用图像处理方法对时频图像做进一步处理。时频面上信号的自项可以看作图像中的“对象”，而噪声和交叉项则构成了图像的“背景”。

1．时频图像的增强

图像增强的目的在于抑制噪声，提高图像总体上的对比度。目前有已经有很多图像增强方法，如中值滤波算法、均值滤波算法和自适应维纳滤波等，本节采用自适应维纳滤波。不幸的是，图像增强算法在滤去图像噪声的同时也会模糊所有的含有图像重要信息的明显边缘。对时频图像采用增强算法后，虽然在一定程度上降低了噪声和交叉项，但也会付出信号时频图像中的自项成分扩散的代价。考虑到时频分布的噪声和交叉项对最后图像特征的提取影响比较大，而自项成分的扩散可以通过后续的图像处理来弥补，这里付出的代价是值得的。

2．时频图像的二值化

图像增强后，进行灰度阈值化处理将时频图像转化为二值图像。图像二值化可以进一步滤去时频分布的噪声和交叉项。图像的二值化处理可以描述为

$$B(t,\omega)=\begin{cases}1 & P(t,\omega)\geqslant \mathrm{Thr}\\ 0 & P(t,\omega)<\mathrm{Thr}\end{cases} \tag{8-4-2}$$

式中，$P(t,\omega)$ 表示信号的时频图像。选择合理的阈值 Thr 是时频图像二值化的关键，本节二值化过程阈值的选取采用一维最大熵法。

3．时频图像的形态学处理

时频图像二值化后，对二值图像进行数学形态学的开运算处理。数学形态学特别适用于处理物体形状，形态学运算简化了图像并保持了物体的主要形状特征。其中开运算处理是使用一定形态的结构元素对集合进行腐蚀和膨胀的操作，膨胀使得时频图像连通域扩张，腐蚀使时频图像连通域收缩。二值图像的开运算操作表示为

$$A=(B(t,\omega)\Theta B_1)\oplus B_2 \tag{8-4-3}$$

式中，B_1 和 B_2 分别为腐蚀和膨胀的结构元素；Θ 表示腐蚀运算；$\oplus$ 表示膨胀运算。文中结构元素 B_1 和 B_2 分别选择为碟形（disk）和菱形（diamond）。

经过上述的预处理，8 种信号的时频图像如图 8-4-3 所示，可以看出，预处理后的时频图像的形状特征更加明显。

8.4.3　时频图像形状特征的提取

由图 8-4-2 和图 8-4-3 可以看出，不同调制类型的雷达信号的时频图像在几何形状上具有明显的差异。对时频图像预处理后，可以提取时频图像的形状特征用于信号的识别。形状特征不仅描述了图像的轮廓曲线，而且还描述了轮廓所包围区域。

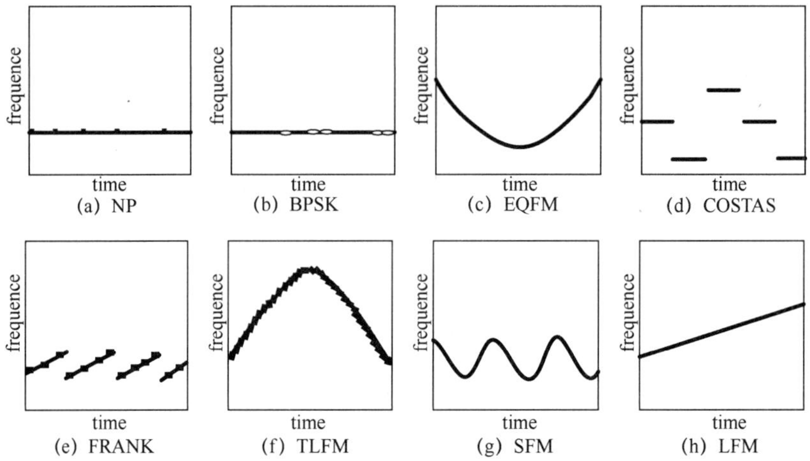

图 8-4-3　8 种信号的时频图像（SNR = 5 dB）

矩最先用在统计学上，表示随机变量的分布情况，推广到力学中，用来刻画空间物体的质量分布。同样，如果将图像的灰度值看作一个二维或三维的密度分布函数，那么矩方法即可用于图像分析领域并用于图像特征的提取。目前，矩特征已经被广泛应用于目标识别、形状分析、景物匹配、图像分析及字符识别等方面。矩函数是对图像的一种非常有效的形状描述子，不仅可以描述图像的全局信息，而且可以描述图像的细节信息，提供了丰富的图像几何特性信息，对于图像具有最小信息衰减和数学上的精确表示特性。目前，学者们已经提出很多描述目标形状的矩函数。矩可以分为几何矩、正交矩、复数矩和旋转矩。在各种类型的矩中，几何矩对简单图像有一定的描述能力，而正交矩具有更好的特征描述能力和噪声鲁棒性，且不会带来冗余信息。因此，本节采用正交矩中的 Legendre 矩作为时频图像形状特征。

二维函数 $f(x,y)$ 的 $(p+q)$ 阶 Legendre 矩定义为

$$\lambda_{pq}=\frac{(2p+1)(2q+1)}{4}\cdot\int_{-1}^{1}\int_{-1}^{1}P_p(x)P_q(x)f(x,y)\mathrm{d}x\mathrm{d}y \tag{8-4-4}$$

式中，$P_p(x)$ 为 p 阶正交 Legendre 多项式，且满足下列性质，即

$$\begin{cases} P_p(x)=\sum\limits_{k=0}^{p}c_{pk}x^k \\ x^p=\sum\limits_{k=0}^{p}d_{pk}P_k(x) \end{cases} \tag{8-4-5}$$

式中，c_{pk} 和 d_{pk} 为正交系数。Legendre 多项式具有正交性，因此图像的各阶 Legendre 矩可以重构图像。

Legendre 矩具有较强描述图形形状的能力，其中低阶矩主要描述的是一个图像的整体形状，而高阶矩主要描述的是图像的细节信息。时频图像不同阶数的 Legendre 矩随信号信噪比的变化表现出不同的稳定性，其中低阶矩受信号噪声影响较小，而高阶矩受信号噪声影响较大。以低阶 Legendre 矩 λ_{00} 为例，统计信噪比范围为 −9～15 dB 时（以 3 dB 为间隔），8 种信号的 Legendre 矩场 λ_{00} 随信噪比变化情况如图 8-4-4 所示。这里的归一化均方误差是

指，假设 $\widehat{\lambda}_i$ 是 λ 的第 i 次估计值，$i=1,2,\cdots,N$，$\overline{\lambda}$ 表示 N 次估计的均值，则对 λ 估计的归一化均方误差定义为：

$$\mathrm{NRMSE}=\sqrt{\frac{1}{N}\sum_{i=1}^{N}(\widehat{\lambda}_i-\overline{\lambda})^2}/\overline{\lambda} \tag{8-4-6}$$

从图 8-4-4 可以看出，在信噪比大于 –3 dB 时，特征 λ_{00} 的均值基本保持不变，NRMSE 小于 0.1，这说明该特征具有很好的稳定性。其他的低阶 Legendre 矩也呈现相似的稳定性，这里没有一一列出，说明 Legendre 矩可以作为很好的信号的时频图像特征。从理论上来说，如果信号的时频图像形状差别比较大，只需要选择若干个低阶 Legendre 矩特征就可以识别信号。但是，由于本节中的 NP 信号和 BPSK 信号在整体形状上很相似，所以还需要提取一定数量的高阶 Legendre 矩特征。本节选择 $p+q$ 阶 Legendre λ_{pq}，$p,q=0,1,2,3$ 共 16 个特征作为预处理后的时频图像的形状特征。

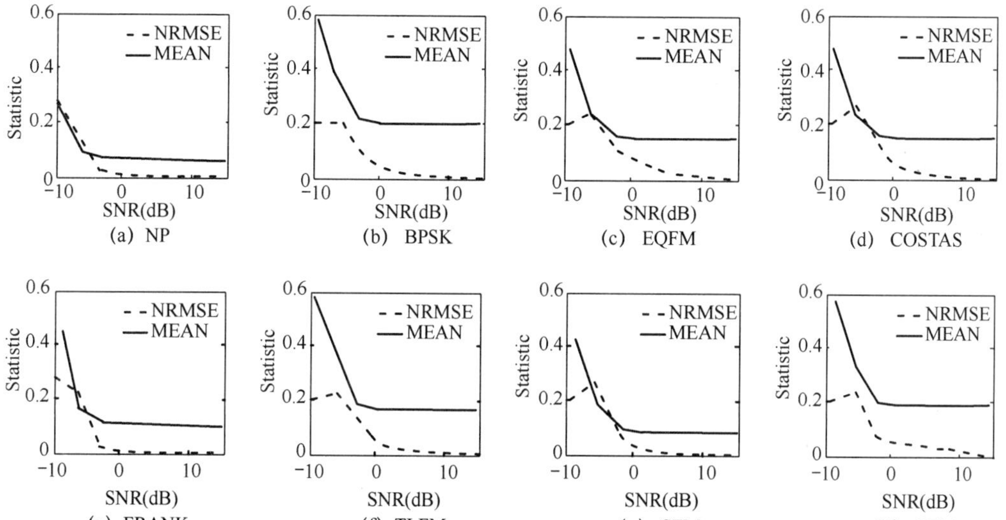

图 8-4-4　8 种信号的 Legendre 矩场 λ_{00} 随信噪比变化情况

8.4.4　训练和分类

在得到描述时频图像的特征后，需要选择分类器对时频图像进行分类。如果采用 SVM 这一基于结构风险最小化原则的机器学习方法，能够适应小样本集学习的情况。而且该方法不依赖输入样本的数量和质量，具有很强的泛化能力，其基本想法是通过内积函数，将输入的特征空间映射到高维特征空间，从而在高维空间中寻找使训练数据分类间隔最大的广义最优分类面，以避免在原输入空间进行非线性曲面分割的计算。目前，SVM 算法在模式识别、回归估计、概率密度函数估计等方面都有应用。例如，在模式识别方面，对于语音识别、人脸图像识别、文本分类等问题，SVM 算法在精度上已经超过传统的学习算法或与之不相上下。本节选用 SVM 作为分类器，对提取的特征进行训练和分类，采用径向基函数（Radial Basis Function，RBF）作为支持向量机的核函数，如式（8-3-11）所示。

8.5 基于时频图像处理提取瞬时频率的雷达信号识别

本节从雷达信号时频分布出发，将信号时频分布看成灰度图像，利用多种图像处理方法把时频图像简化成时频曲线，提取时频图像的行索引特征来识别雷达信号。提取时频图像的行索引信息可以反映雷达信号的瞬时频率，且与时频图像相比维数大大降低，能够作为分类特征实现雷达信号的自动识别，同时图像处理方法的使用可以保证提取特征具有较好的鲁棒性。本节的雷达信号识别流程如图 8-5-1 所示，其中时频图像处理可以去除图像噪声，同时缩小图像中能量分布区域，后续行索引特征的提取可以降低图像特征维数，便于分类器识别。

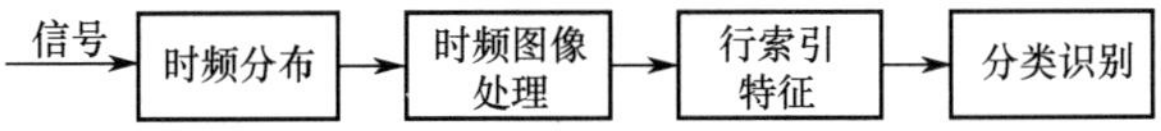

图 8-5-1　基于时频图像提取瞬时频率的雷达信号识别流程

8.5.1 时频分布的选取

现有的研究成果表明，从时频图像识别雷达信号的效果与所选择的时频分布有很大的关系，选择的时频分布一般应具有很好的时频聚集性和交叉项抑制能力。Choi-Williams 分布（CWD）是一种能够有效抑制交叉项并具有很高时频聚集性的时频分析方法，信号 $s(t)$ 的 CWD 表达式如下

$$\mathrm{CWD}(t,\omega)=\iint\frac{1}{\sqrt{4\pi\tau^2/\sigma}}\exp\left[-\frac{(t-u)^2}{4\tau^2/\sigma}\right]\cdot s\left(t+\frac{\tau}{2}\right)s^*\left(t-\frac{\tau}{2}\right)\mathrm{e}^{-\mathrm{j}\omega\tau}\mathrm{d}u\mathrm{d}\tau \tag{8-5-1}$$

式中，σ 为衰减系数，它与交叉项的幅度成比例关系。当 $\sigma\to\infty$ 时，式（8-5-1）就等效为 Wigner-Ville 分布，此时时频分布具有最高的时频聚集性，但信号间的交叉项也最为严重；反之，σ 越小，交叉项的衰减就越大，信号时频聚集性越低。实际中需要在两者之间做折中处理，在本节的应用中，衰减系数 $\sigma=1.5$。

8.5.2 时频图像处理

雷达信号的时频图像可以反映信号的频率随时间的变化情况，但它是二维的，数据量太大，不能直接作为识别信号的特征。信号的时频曲线可以很好地表示信号的时频变化规律，且数据量很小。本节利用图像处理方法从雷达信号的时频图像中提取行索引向量作为时频曲线的表示，可以简化时频图像，得到更好的雷达信号识别特征。

在雷达信号的时频图像中，时频面上信号的自项可以看作图像中的对象，而噪声和交叉项则构成了图像的背景。雷达信号的时频图受噪声和交叉项的影响，直接从时频图像提取的特征不能保证特征的稳定性，因此提取特征之前需要对时频图像进行预处理。由于信号自身的相关性和时频分布加窗处理带来信噪比的改善作用，信号的自项在时频图像中表现为灰度较高、幅度恒定的低频部分，而噪声在时频图像中表现为灰度较低的高频部分。预处理的目的是改善图像数据，抑制不需要的变形或增强某些对于后续处理重要的图像特征。为了从时频图像中得到雷达信号的时频曲线，本节采用的处理流程（以 LFM 信号为例）

如图 8-5-2 所示。

图 8-5-2　时频图像时频曲线特征的处理流程

1．时频图像二值化

二值化是一种最常见的图像分割技术。灰度阈值化处理将时频图像转化为二值图像。图像二值化可以初步滤去时频分布的噪声和交叉项。图像的二值化处理可以描述为

$$B(t,\omega)=\begin{cases}1 & P(t,\omega)\geqslant \mathrm{Thr}\\ 0 & P(t,\omega)<\mathrm{Thr}\end{cases} \tag{8-5-2}$$

式中，$P(t,\omega)$ 表示信号的时频图像。选择合理的阈值 Thr 是时频图像二值化的关键，阈值选择过大会去除图像中的对象，选择过小会达不到有效去除噪声的目的。本节二值化时阈值的选取采用一维最大熵法。

2．时频图像的开运算

当信噪比较高时，经过前面的阈值处理，基本上能够消除雷达信号时频图像中的噪声。但是实际情况中如果接收信号的信噪比很低，则需要对时频图像进一步处理。因此，时频图像二值化后，本节接着对二值图像进行数学形态学的开运算处理。数学形态学特别适用于处理物体形状，形态学运算简化了图像并保持了物体的主要形状特征。其中开运算处理是使用一定形态的结构元素对集合进行腐蚀和膨胀的操作，膨胀使得时频图像连通域扩张，腐蚀使时频图像连通域收缩。使用结构元素 b 对 f 的灰度腐蚀和膨胀分别定义为

$$f\Theta b=\max\{f(x-x',y-y')+b(x',y')\,|\,(x',y')\in D_b\} \tag{8-5-3}$$

$$f\oplus b=\min\{f(x+x',y+y')-b(x',y')\,|\,(x',y')\in D_b\} \tag{8-5-4}$$

式中，D_b 是结构元素对 b 的定义域。开运算用于滤除图像中区域小于结构元素的时频独立点或明显区别于信号分量的斑点，而保留相应时频聚集面积大于结构元素的时频点，从而光滑信号在时频分布平面对应的自分量轮廓，消除时频面上由噪声引起的细小突出物。二值图像的开运算操作表示为

$$A=(B(t,\omega)\Theta B_1)\oplus B_2 \tag{8-5-5}$$

式中，B_1 和 B_2 分别为腐蚀和膨胀的结构元素，Θ 表示腐蚀运算，$\oplus$ 表示膨胀运算。文中结构元素 B_1 和 B_2 分别选择为半径为 3 的碟形（disk）和菱形（diamond）。

3．时频图像的骨骼化和去毛刺

形态学骨骼化可以把二值图像区域缩成很细的线条，以逼近区域的中心线，提取骨架的目的是减少图像成分，只留下时频图像最基本信息，要求最大限度细化原图像，并且要求原图像中属于同一连通域的像素不出现断裂。下面通过对时频图像骨骼化，找出时频脊线，由于时频能量沿着瞬时频率曲线方向聚集，因此时频能量脊线和瞬时频率曲线方向是一致的。图像 A 的骨骼化表示如下

$$S(A)=\bigcup_{k=0}^{K}S_k(A) \tag{8-5-6}$$

$$S_k(A)=\bigcup_{k=0}^{K}\{(A\Theta kB)-[A\Theta kB]\circ B\} \tag{8-5-7}$$

式中，$S_k(A)$ 为骨骼子集，$(A\Theta kB)$ 表示对 A 连续腐蚀 k 次，$\circ$ 表示开运算。时频图像骨骼化后可能会出现许多毛刺，对此可以采用形态学去毛刺算法，平滑所得到的时频脊线。

8.5.3 行索引特征提取

通过前面的图像处理，可以从雷达信号的时频图像得到时频脊线。经过去毛刺算法的时频脊线，仍然可能有少量的毛刺，这些毛刺的存在使所得时频脊线可能在某个时间上存在多个相邻频率。为了使得时频脊线的每个时间上仅存在一个频率，可以对每个时间点沿频率方向取多个频率的中心位置作为该时间点的频率值，这些频率的位置信息完全由图像处理后的时频图像矩阵中该频率点的行索引值确定。因此，上述的行索引信息可以表征雷达信号的瞬时频率。设信号的采样点数为 N，则信号的时频图像大小为 $N\times N$，从时频图像中提取的行索引特征减少为 $1\times N$ 维，该行索引特征有效刻画了信号的时频特性。在输入分类器之间，对行索引特征进行相同长度的采样，以保证每个样本的特征数目相同。

8.6 雷达信号参数估计

8.6.1 多项式相位信号的处理算法

多项式相位信号（PPS）就是相位可用有限次多项式逼近的信号，在工程技术领域和自然界中都有着广泛的应用。多项式相位信号分析与处理是各相关学科的基础内容之一，能够从根本上推动各相关领域的研究发展，具有重要的理论和应用价值。

本节主要分析极大似然估计、离散多项式相位变换及瞬时频率比的参数估计算法。

1. 极大似然估计

采样复多项式相位信号

$$S_n=b_0\exp\left\{\mathrm{j}\sum_{i=0}^{M}a_i(n\varDelta)^i\right\} \tag{8-6-1}$$

式中，$0\leqslant n\leqslant N-1$ 为采样点数；$\varDelta$ 为采样间隔；a_i 为多项式相位系数。

接收信号为

$$x_n=s_n+w_n \tag{8-6-2}$$

式中，w_n 是方差为 σ^2 的零均值复高斯白噪声。令 $\vec{\varsigma}=(b_0,a_1,a_2\cdots,a_M)^{\mathrm{T}}$，$\vec{X}=[x_1,x_2,\cdots,x_N]$。

似然函数为

$$p(\vec{\boldsymbol{X}},\vec{\varsigma})=\frac{1}{(2\pi\sigma^2)^{N/2}}\exp\left\{-\sum_{n=0}^{N-1}(x_n-s_n)(x_n-s_n)^*/2\sigma^2\right\} \tag{8-6-3}$$

对数似然函数则为

$$
\begin{aligned}
\ln p\left(\vec{X},\vec{\varsigma}\right) &= -\sum_{n=0}^{N-1}(x_n - s_n)(x_n - s_n)^* / 2\sigma^2 - \frac{N}{2}\ln 2\pi\sigma^2 \\
&= \frac{1}{2\sigma^2}\left\{-\sum_{n=0}^{N-1} x_n x_n^{\ *} + 2\operatorname{Re}\left\{\sum_{n=0}^{N-1} x_n s_n^{\ *}\right\} - N b_0^{\ 2}\right\} - \frac{N}{2}\ln 2\pi\sigma^2
\end{aligned} \tag{8-6-4}
$$

最大似然估计为

$$\hat{\varsigma} = \arg\max_{\vec{\varsigma}} p\left(\vec{X},\vec{\varsigma}\right) \tag{8-6-5}$$

可等效为

$$\hat{\varsigma} = \arg\max_{\vec{\varsigma}} \ln\left(p\left(\vec{X},\vec{\varsigma}\right)\right) \tag{8-6-6}$$

令 $\varGamma = 2\operatorname{Re}\left\{\sum_{n=1}^{N} x_n s_n^{\ *}\right\} - N b_0^{\ 2}$，可进一步等效为

$$\hat{\varsigma} = \arg\max_{\vec{\varsigma}} \varGamma \tag{8-6-7}$$

为使 $\varGamma$ 最大，有

$$\hat{a}_0 = \text{Phase}\left\{\sum_{n=1}^{N} x_n \exp\left\{-\mathrm{j}\left[a_1(n\varDelta) + a_2(n\varDelta)^2 + \cdots + a_M(n\varDelta)^M\right]\right\}\right\} \tag{8-6-8}$$

Phase{ } 为取相位运算。此时

$$\varGamma = 2b_0\left|\sum_{n=1}^{N} x_n \exp\left\{-\mathrm{j}\left[a_1(n\varDelta) + a_2(n\varDelta)^2 + \cdots + a_M(n\varDelta)^M\right]\right\}\right| - N b_0^{\ 2}$$

进一步可得 b_0 和 a_i 的估计，即

$$\hat{b}_0 = \frac{1}{N}\left|\sum_{n=1}^{N} x_n \exp\left\{-\mathrm{j}\left[a_1(n\varDelta) + a_2(n\varDelta)^2 + \cdots + a_M(n\varDelta)^M\right]\right\}\right| - N b_0^{\ 2} \tag{8-6-9}$$

$$\{\hat{a}_1,\cdots,\hat{a}_M\} = \arg\max_{a_1,a_2\cdots,a_M}\left\{\frac{1}{N}\left|\sum_{n=1}^{N} x_n \exp\left\{-\mathrm{j}\left[a_1(n\varDelta) + a_2(n\varDelta)^2 + \cdots + a_M(n\varDelta)^M\right]\right\}\right|\right\} \tag{8-6-10}$$

综合式（8-6-8）、式（8-6-9）和式（8-6-10），多项式相位信号极大似然估计算法的步骤如下。

步骤 1　令 $\boldsymbol{a} = \left[a_M, a_{M-1}, \cdots, a_1\right]$，其估计为

$$\hat{\boldsymbol{a}} = \arg\max_{a}\left|\sum_{n=1}^{N} x_n \exp\left\{-\mathrm{j}\left[\sum_{i=0}^{M} a_i (n\varDelta)^i\right]\right\}\right| \tag{8-6-11}$$

步骤 2　利用步骤 1 的结果，进一步估计 a_0 和 b_0

$$\hat{a}_0 = \text{Phase}\left\{\sum_{n=1}^{N} x_n \exp\left\{-\mathrm{j}\left[\sum_{i=0}^{M} \hat{a}_i (n\varDelta)^i\right]\right\}\right\} \tag{8-6-12}$$

$$\hat{b}_0 = \frac{1}{N}\sum_{n=0}^{N-1} x_n \exp\left\{-\mathrm{j}\left[\sum_{i=0}^{M} \hat{a}_i (n\varDelta)^i\right]\right\} \tag{8-6-13}$$

极大似然法的代价函数是一个多维函数，需要进行多维搜索，因此运算量庞大，不利于实际应用，通常用极大似然估计来推导参数估计精度的CRB。$\hat{b}_0$ 和 $\hat{a}_i$ 的CRB表示为

$$\mathrm{CRB}\{\hat{b}_0\}\approx\frac{\sigma^2}{2N} \tag{8-6-14}$$

$$\mathrm{CRB}\{\hat{a}_m\}\approx\frac{1}{2N(N\varDelta)^{2m}\mathrm{SNR}}\left[\frac{1}{2m+1}+\frac{(M+1)^2}{2N(m+1)}-\frac{1}{2N}\right]\times\left[(M+m+1)\binom{M+m}{m}\binom{M}{m}\right]^2 \tag{8-6-15}$$

若信号 $\{s_n\}$ 的时间中点在原点（$-N/2\leqslant n\leqslant N/2$），CRB达到最小值。表8-6-1给出了 M 等于1、2、3和4的情况下各相位系数估计的CRB。

表8-6-1　各相位系数估计的CRB

	M=1	M=2	M=3	M=4
$\mathrm{CRB}\{\hat{a}_0\}$	$1/(2N\cdot\mathrm{SNR})$	$9/(8N\cdot\mathrm{SNR})$	$9/(8N\cdot\mathrm{SNR})$	$225/(128N\cdot\mathrm{SNR})$
$\mathrm{CRB}\{\hat{a}_1\}$	$6/(N^3\varDelta^2\cdot\mathrm{SNR})$	$6/(N^3\varDelta^2\cdot\mathrm{SNR})$	$75/(2N^3\varDelta^2\cdot\mathrm{SNR})$	$75/(2N^3\varDelta^2\cdot\mathrm{SNR})$
$\mathrm{CRB}\{\hat{a}_2\}$	—	$90/(N^5\varDelta^4\cdot\mathrm{SNR})$	$90/(N^5\varDelta^4\cdot\mathrm{SNR})$	$2205/(2N^5\varDelta^4\cdot\mathrm{SNR})$
$\mathrm{CRB}\{\hat{a}_3\}$	—	—	$1400/(N^7\varDelta^6\cdot\mathrm{SNR})$	$1400/(N^7\varDelta^6\cdot\mathrm{SNR})$
$\mathrm{CRB}\{\hat{a}_4\}$	—	—	—	$22050/(N^9\varDelta^8\cdot\mathrm{SNR})$

2. 离散多项式相位变换

（1）算法原理。

M 阶多项式相位信号的离散多项式，相位变换的 $(\mathrm{DP})_M$ 算子具有一个非常重要的性质，即

$$(\mathrm{DP})_M[s(n),\tau]=\exp\mathrm{j}[\omega_0 n\varDelta+\varphi_0] \tag{8-6-16}$$

式中，$s(n)$ 定义见式（8-6-1）；$(M-1)\tau\leqslant n\leqslant N-1$；$\omega_0=M!(\tau\varDelta)^{M-1}a_M$；$\varphi_0=(M-1)!(\tau\varDelta)^{M-1}a_{M-1}-0.5(M-1)M!(\tau\varDelta)^M a_M$。

其傅里叶变换为

$$\begin{aligned}(\mathrm{DPT})_M[s(n),\omega,\tau]&=(\mathrm{DFT})\{(\mathrm{DP})_M[s(n),\tau]\}\\&=\sum_{n=(M-1)\tau}^{N-1}(\mathrm{DP})_M[s(n),\tau]\exp\{-\mathrm{j}\omega n\varDelta\}\\&=\sum_{n=(M-1)\tau}^{N-1}\exp\{\mathrm{j}(\omega_0 n\varDelta+\varphi_0)\}\exp\{-\mathrm{j}\omega n\varDelta\}\\&=\frac{1}{2\pi}\delta(\omega-\omega_0)\end{aligned} \tag{8-6-17}$$

可以看到，M 阶多项式相位信号的 $(\mathrm{DPT})_M$ 为单谱线。可由此来估计相位多项式的相

位系数。

在高斯白噪声环境下，接收信号为 $z(n)=s(n)+w(n)$。其中 $s(n)$ 为有用信号，$w(n)$ 为噪声。M 已知时，可按照下面的步骤估计参数 b_0 和 a_m，$m=0,1,2,\cdots,M$。

步骤 1 初始化：设 $m=M$，$z^{(m)}(n)=z(n)$。

步骤 2 选择延迟 $\tau_m=N/m$，估 a_m

$$\hat{a}_m=\frac{1}{m!(\tau_m\varDelta)^{m-1}}\arg\max_{\omega}\left\{\left|(\mathrm{DPT})_m\left[z^{(m)}(n),\omega,\tau_m\right]\right|\right\}$$

步骤 3 $z^{(m-1)}(n)=z^{(m)}(n)\exp\{-\mathrm{j}\hat{a}_m(n\varDelta)^m\}$。

步骤 4 m 自减 1，即 $m=m-1$，如果 $m\geqslant1$ 返回步骤 2，否则跳至步骤 5。

步骤 5 利用极大似然的结果估计 a_0 和 b_0。

$$\hat{a}_0=\mathrm{Phase}\left\{\sum_{n=0}^{N-1}z^{(0)}(n)\right\},\quad \hat{b}_0=\frac{1}{N}\left|\sum_{n=0}^{N-1}z^{(0)}(n)\right|$$

这种算法由于其降阶思想，存在传递误差等弊端，测频精度能够影响到整体参数的估计性能。在采样频率和采样点数一定的情况下，选择高精度的测频算法，可以有效提高参数的估计性能，但该算法只适用于阶数已知的情况，下面将讨论 PPS 的判阶算法。

（2）判阶算法。

根在参数估计问题中，很多情况下多项式相位信号的阶数是未知的，面对这些情况，首先应进行阶数判断，在此基础上，应用不同算法进行参数估计。

由式（8-6-16）可以推导如下性质，即

$$(\mathrm{DP})_M\left[\exp\left\{\mathrm{j}\sum_{m=0}^{K}a_m(n\varDelta)^m\right\},\tau\right]=1,K=0,1,\cdots,M-2 \tag{8-6-18}$$

$$(\mathrm{DP})_M\left[\exp\left\{\mathrm{j}\sum_{m=0}^{K}a_m(n\varDelta)^m\right\},\tau\right]=\exp(\mathrm{j}\varphi_0) \tag{8-6-19}$$

综合式（8-6-16）、式（8-6-18）和式（8-6-19），M 阶 PPS 的 $(\mathrm{DPT})_M$ 具有如下特征。

① $m>M$，$(\mathrm{DPT})_M$ 只有直流成分。

② $m=M$，$(\mathrm{DPT})_M$ 为非零频的单线谱。

③ $m<M$，$(\mathrm{DPT})_M$ 具有一定的带宽或为覆盖整个频域的凌乱谱线。

例 8-6-1 参数估计性能。

三阶 PPS 信号参数设置为 $b_0=1$，$a_1=2\pi\times10^6$，$a_2=2\pi\times10^{12}$，$a_3=2\pi\times10^{15}$，$a_0=0$。采样频率 $f_s=100\mathrm{MHz}$，采样点数 $f_s=100\mathrm{MHz}$，信噪比为−2～20dB，变化间隔为 1dB。每个信噪比下做 500 次 Monte Carlo 实验。

$\hat{a}_3$、$\hat{a}_2$、$\hat{a}_1$、$\hat{a}_0$ 和 $\hat{b}_0$ 的估计均方误差如图 8-6-1 所示。

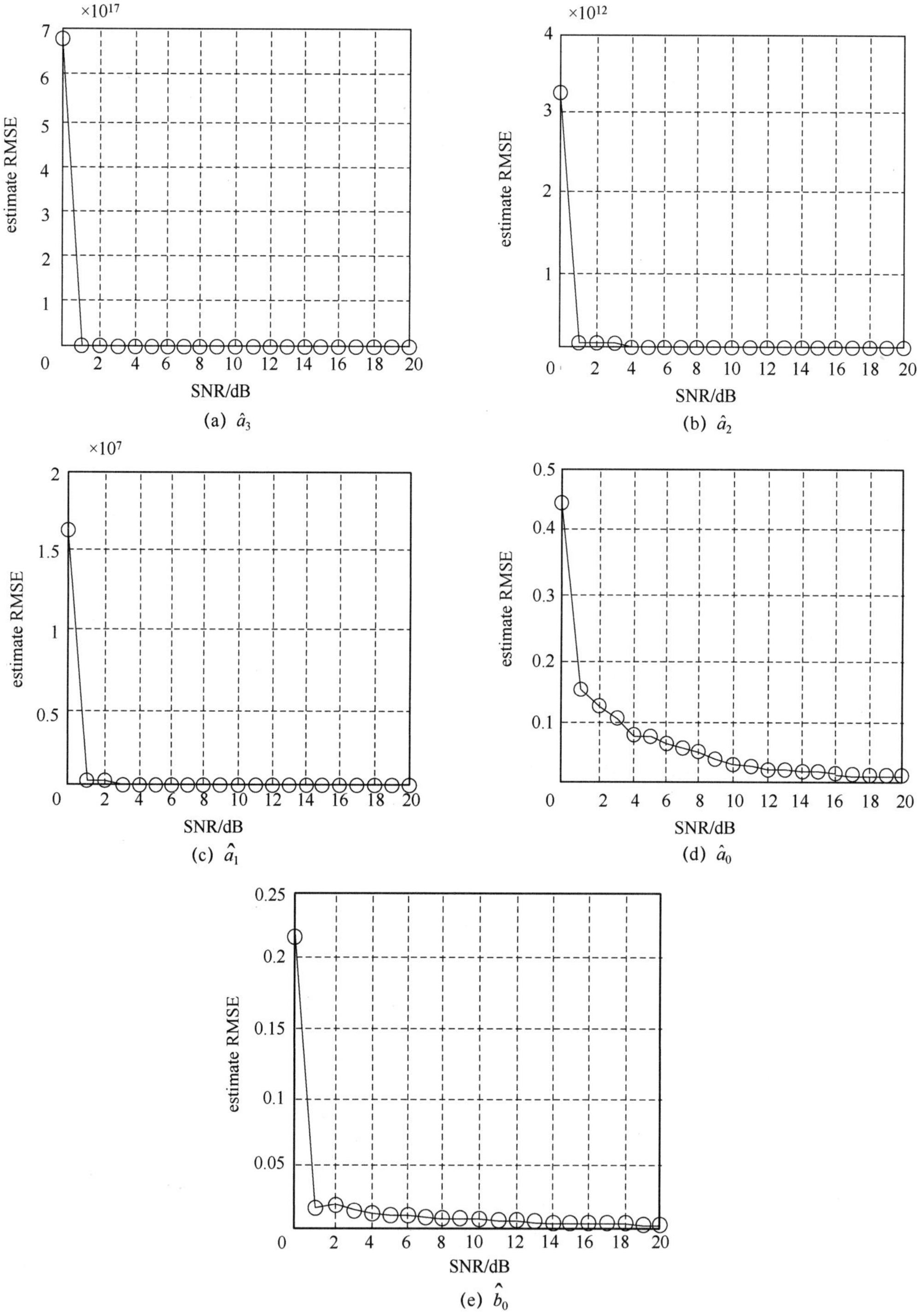

图 8-6-1　$\hat{a}_3$、$\hat{a}_2$、$\hat{a}_1$、$\hat{a}_0$ 和 $\hat{b}_0$ 的估计均方误差

例 8-6-2　四阶多项式相位信号系数依次为 $a_4=10^{24}$，$a_3=10^{18}$，$a_2=10^{12}$，$a_1=10^7$，$a_0=0$，幅度 $b=1$。采样频率 $f_s=50\text{MHz}$，采样点数 $N=512$，输入SNR范围为0～20dB，变化间隔

为1 dB。每个信噪比下做 500 次 Monte Carlo 实验。判阶准确率（P）随 SNR 变化性能曲线如图 8-6-2 所示。

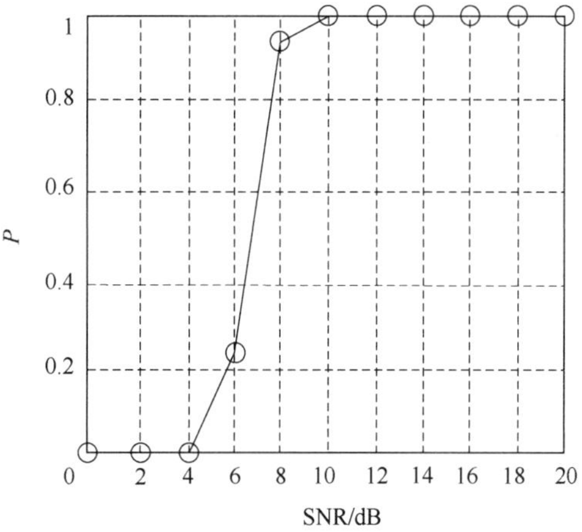

图 8-6-2　判阶准确率（P）随 SNR 变化性能曲线

3. 瞬时频率比

瞬时频率比最开始用于三阶相位信号的参数估计。二次调频（Quadratic FM）信号定义为

$$z(n)=b_0\exp\left\{\mathrm{j}\left(a_0+a_1n+a_2n^2+a_3n^3\right)\right\},-\frac{N-1}{2}\leqslant n\leqslant\frac{N-1}{2} \tag{8-6-20}$$

式中，N 为采样点数，假设为奇数。不失一般性采样间隔设为 1。

瞬时频率比（Instantaneous Frequency Rate，IFR）定义为

$$\mathrm{IFR}(n)=\frac{\mathrm{d}^2\phi(n)}{\mathrm{d}n^2} \tag{8-6-21}$$

信号 $z(n)$ 的 IFR 为

$$\mathrm{IFR}_z(n)=a_2+2a_3n \tag{8-6-22}$$

令接收信号

$$z_r(n)=z(n)+w(n) \tag{8-6-23}$$

式中，$w(n)$ 为白高斯噪声，n 取值区间同样为 $\left[-\frac{N-1}{2},\frac{N-1}{2}\right]$，这样使得 R 的自相关函数

$$\begin{aligned}z_r(n+m)z_r(n-m)=&b_0^{\ 2}\exp\left\{\mathrm{j}2\left[(a_0+a_1n+a_2n^2+a_3n^3)+(a_2+2a_3n)m^2\right]\right\}+\\&w(n-m)b_0\exp\left\{\mathrm{j}\left[a_0+a_1(n+m)+a_2(n+m)^2+a_3(n+m)^3\right]\right\}+\\&w(n+m)b_0\exp\left\{\mathrm{j}\left[a_0+a_1(n-m)+a_2(n-m)^2+a_3(n-m)^3\right]\right\}+\\&w(n+m)w(n-m)\end{aligned} \tag{8-6-24}$$

可以充分利用 N 个采样点。当噪声与信号相互独立时，第二、三、四项几乎为零，主要成分为第一项。对于任一给定的时刻 n，第一项是关于 m 的多项式相位函数，只有二次相位项和初始相位项，并且二次相位项系数 a_2+2a_3n 刚好与 IFR 相等。

引入立方相位（Cubic Phase，CP）函数，即

$$(\mathrm{CP})_z(n,\Omega)=\sum_{M=0}^{(N-1)/2} z(n+m)z(n-m)\mathrm{e}^{-\mathrm{j}\Omega m^2} \tag{8-6-25}$$

IFR 可由下式来估计

$$\mathrm{IFR}(n)=\arg\max_{\Omega}\left|\mathrm{CP}_z(n,\Omega)\right| \tag{8-6-26}$$

由于要估计 a_2 和 a_3，所以需要两个时刻等式联立。取 $n_1=0$， $n_2=0.11N$ 。

基于 IFR 的三阶 PPS 信号参数估计算法的流程如下。

对于 n_1 和 n_2 时刻，分别估计 Ω_1、Ω_2。

$$\Omega_1=\arg\max_{\Omega}\left|\mathrm{CP}_z(n_1,\Omega)\right| \tag{8-6-27}$$

$$\Omega_2=\arg\max_{\Omega}\left|\mathrm{CP}_z(n_2,\Omega)\right| \tag{8-6-28}$$

令 $\hat{a}=[\hat{a}_2,\hat{a}_3]$， $\boldsymbol{R}=[\Omega_1,\Omega_2]^{\mathrm{T}}$， $X=\begin{pmatrix}2 & 6n_1\\ 2 & 6n_2\end{pmatrix}$，则

$$\hat{a}=X^{-1}\boldsymbol{R} \tag{8-6-29}$$

将 $z(n)$ 解线调，进行谱峰搜索，作为 a_1 的估计值。

$$\hat{a}_1=\arg\max_{\Omega}\left|\sum_{n=-(N-1)/2}^{(N-1)/2} z(n)\exp\left[\mathrm{j}\left(a_1 n+\hat{a}_2 n^2+\hat{a}_3 n^3\right)\right]\right| \tag{8-6-30}$$

估计 b_0 和 a_0

$$\hat{b}_0=\left|\frac{1}{N}\sum_{n=-(N-1)/2}^{(N-1)/2} z(n)\exp\left[\mathrm{j}\left(\hat{a}_1 n+\hat{a}_2 n^2+\hat{a}_3 n^3\right)\right]\right| \tag{8-6-31}$$

$$\hat{a}_0=\mathrm{Phase}\left|\frac{1}{N}\sum_{n=-(N-1)/2}^{(N-1)/2} z(n)\exp\left[\mathrm{j}\left(\hat{a}_1 n+\hat{a}_2 n^2+\hat{a}_3 n^3\right)\right]\right| \tag{8-6-32}$$

参照上面的算法，可进一步推导高阶 PPS 的 IFR 算法。定义高阶相位（High-order Phase，HP）函数为

$$(\mathrm{HP})^P(n,\Omega)=\sum_{m} K^p(n,m)\exp\left(-\mathrm{j}\Omega m^2\right) \tag{8-6-33}$$

式中，p 为 PPS 信号的阶数；$K^P(m,n)$ 为广义高阶自相关函数，定义为

$$K^P(m,n)=\prod_{i=1}^{I}\left[z(n+c_i m)^{k_i} z(n-c_i m)^{k_i}\right]^{r_i} \tag{8-6-34}$$

如何设置 c_i、k_i、r_i 和 I 使得 IFR 可以达到无偏估计，是高阶多项式相位信号 IFR 算法的难点所在，有待进一步研究。

例 8-6-3 三阶 PP 信号参数设置为 $b_0=1$， $a_1=0.25\pi\times10^4$， $a_2=1.2\times10^8$， $a_3=10^{12}$， $a_0=0$。采样频率 $f_s=10\ \mathrm{kHz}$，采样点数 $N=515$，信噪比为 -5～10dB，变化间隔为 1 dB，每个信噪比下做 500 次数 Monte Carlo 实验。$\hat{a}_3$、$\hat{a}_2$、$\hat{a}_1$、$\hat{a}_0$ 和 $\hat{b}_0$ 的估计均方误差如图 8-6-3

所示。

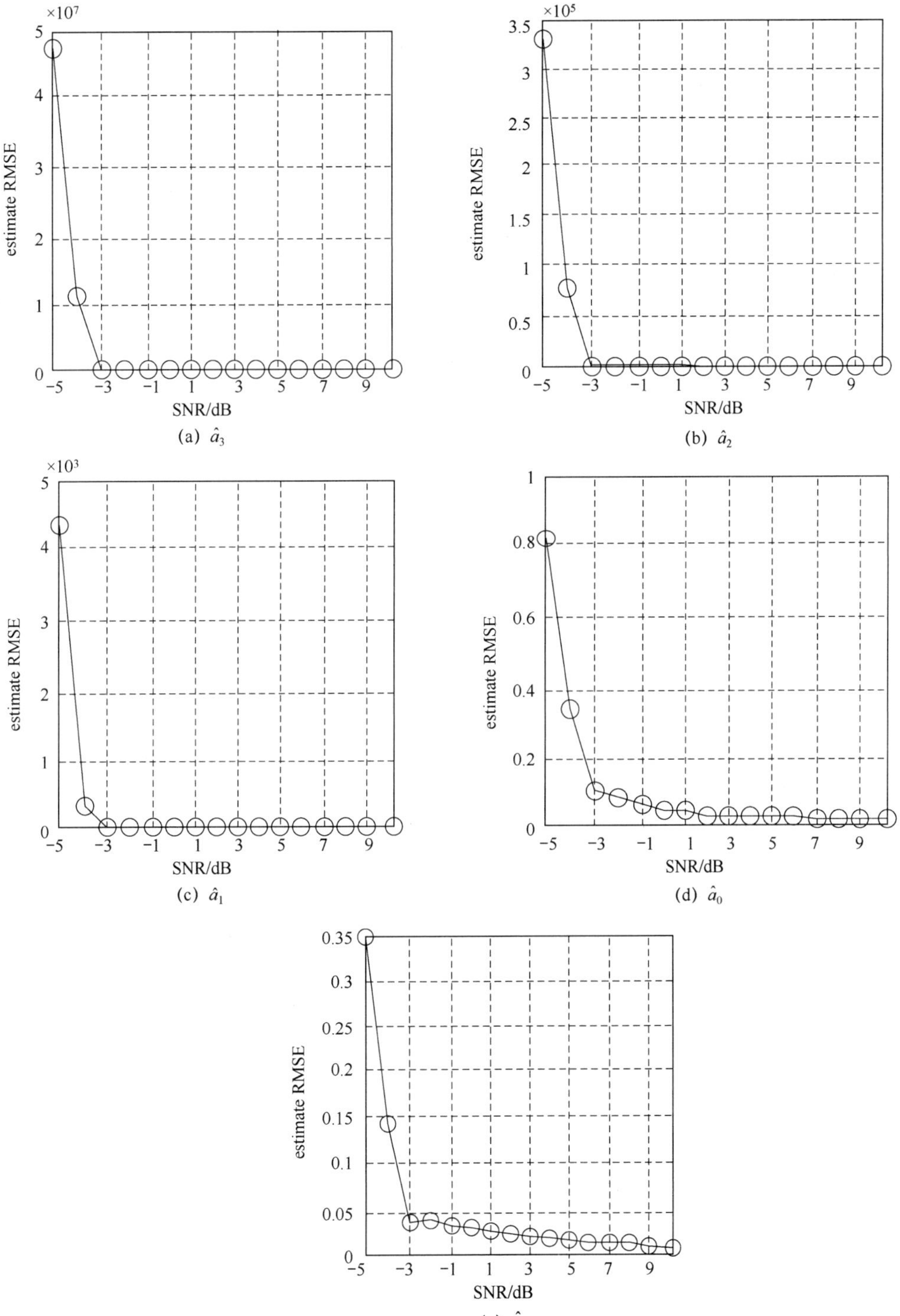

(a) $\hat{a}_3$　(b) $\hat{a}_2$　(c) $\hat{a}_1$　(d) $\hat{a}_0$　(e) $\hat{b}_0$

图 8-6-3　$\hat{a}_3$、$\hat{a}_2$、$\hat{a}_1$、$\hat{a}_0$ 和 $\hat{b}_0$ 的估计均方误差

图 8-6-3 给出了 $\hat{a}_3$、$\hat{a}_2$、$\hat{a}_1$、$\hat{a}_0$ 和 $\hat{b}_0$ 的均方误差随信噪比变化的曲线。由于搜索精度很高，该算法有很低的工作信噪比，SNR > −3 dB 后，各参数的估计均方误差趋于收敛值。但这种算法依赖于搜索精度，制约了运算速度。

8.6.2 正弦调频信号的处理算法

正弦调频信号作为一种新型雷达信号，具有抑制泄漏和近区干扰等特性，被很多新体制雷达所采用，以此来增强雷达的低截获概率和抗干扰能力。因此，对正弦调频信号的参数估计是现代电子侦察的重要任务，可以用来丰富雷达数据库，为电子对抗系统提供可靠的目标信息，从而提高整个雷达系统的侦察能力和电子对抗能力。

1. 基于卡森准则的参数估计

算法思想是利用 SFM 信号频谱的性质，预测得出载频；再对瞬时频率做 FFT 转换，推得调制频率，测得带宽后，根据卡森（Carson）准则完成对调频系数的估计。

（1）载频估计。

令复 SFM 信号

$$g(t) = A\exp\left[\mathrm{j}\left(2\pi f_0 t + m_f \sin\omega_m t\right)\right] \tag{8-6-35}$$

式中，A 为常幅度；f_0 为载波频率；m_f 为调频系数；ω_m 为调制角频率。

$g(t)$ 的傅里叶变换为

$$G(\omega) = 2\pi A\sum_{-\infty}^{\infty} J_n\left(m_f\right)\delta\left(\omega - \omega_0 - n\omega_m\right) \tag{8-6-36}$$

式中，$J_n\left(m_f\right) = \sum_{m=0}^{\infty}\frac{(-1)^m\left(m_f/2\right)^{2m+n}}{m!(m+n)!}$，$\left(J_{-n}\left(m_f\right) = (-1)^n J_n\left(m_f\right)\right)$ 称为第一类 n 阶 Bessel 函数。SFM 信号频谱图如图 8-6-4 所示。

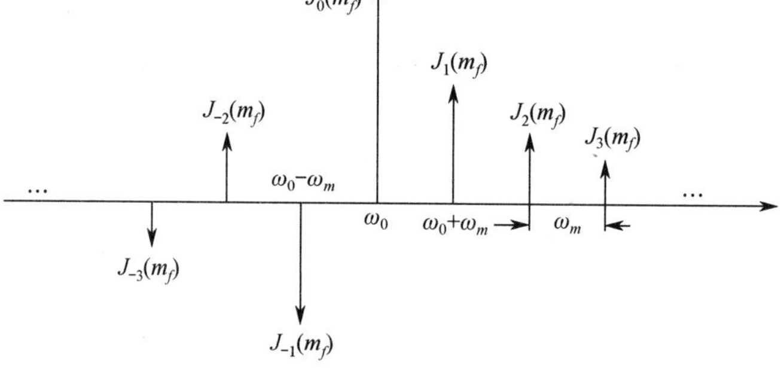

图 8-6-4　SFM 信号频谱图

由式（8-6-36）可见，SFM 信号的频谱由载波分量 ω_0 和无数边频 $\omega_0 \pm n\omega_m$ 组成。载波分量 ω_0 的幅度为 $2AJ_0\left(m_f\right)$，边频分量 $\omega_0 \pm n\omega$ 对称地分布在载频两侧，幅度为 $2AJ_n\left(m_f\right)$，相邻谱线间相距 ω_m，偶数上下边频分量极性相同，奇数上下边频分量极性相反。由于信号频谱幅度受 Bessel 函数调制，图 8-6-5 给出了 $J_n\left(m_f\right)$ 随 m_f 变化的关系曲线。可以看到 $m_f = \pi/2$

是个过渡值，当 $m_f<\pi/2$ 时，$J_0\left(m_f\right)$ 远大于其他项，SFM 频谱由大的载频项和小的一、二对边频组成，频谱能量主要集中在载波中；当 $m_f>\pi/2$ 时，$J_0\left(m_f\right)<J_n\left(m_f\right)\left(n\neq 0\right)$，SFM 频谱载波能量迅速减少，大部分能量向边带过渡。

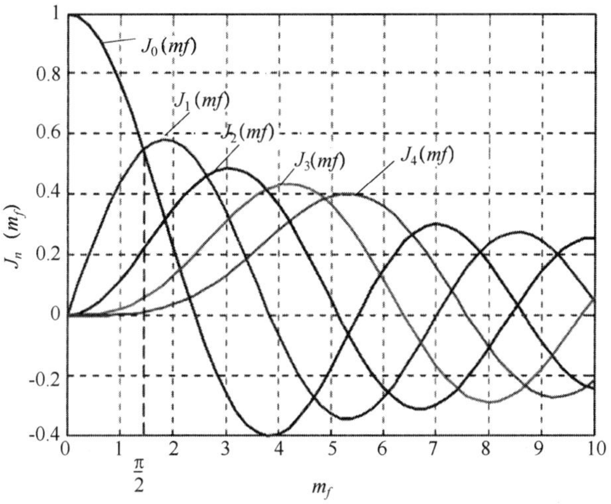

图 8-6-5　$J_n\left(m_f\right)$ 随 m_f 变化的关系曲线

图 8-6-6 给出了不同调频系数下 SFM 的频谱分布。图 8-6-6（a）中 m_f=1，SFM 频谱表现为尖峰，图 8-6-6（b）中 m_f=5，SFM 频谱展宽，呈对称状。

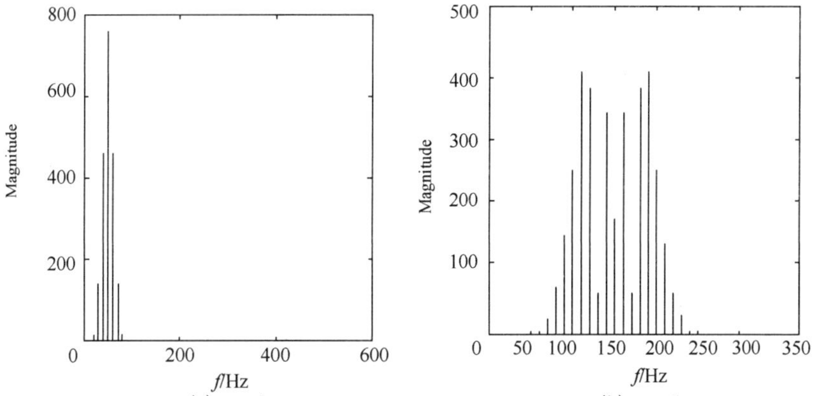

（a）m_f=1　　（b）m_f=5

图 8-6-6　不同调频系数下 SFM 的频谱分布

根据 SFM 频谱的性质，首先判断频谱的谱峰分布，下面分两种情况讨论载频的估计。

① 窄带单峰值情况。

频谱分布如图 8-6-6（a）所示，这种情况谱峰位置即为载频估计值。

② 宽带多峰值情况。

频谱分布如图 8-6-6（b）所示，这种情况先对频谱预处理，如图 8-6-7 所示，带限 3dB 在带宽以内，来提高信号的抗噪声能力。在 m_f=1 的情况下，载频分量通常被抑制，幅度很小，小于门限，理想情况带宽内存在偶数根谱线，通过估算 $\hat{f}_1$ 和 $\hat{f}_2$，可求载频估计值为 $(\hat{f}_1+\hat{f}_2)/2$。

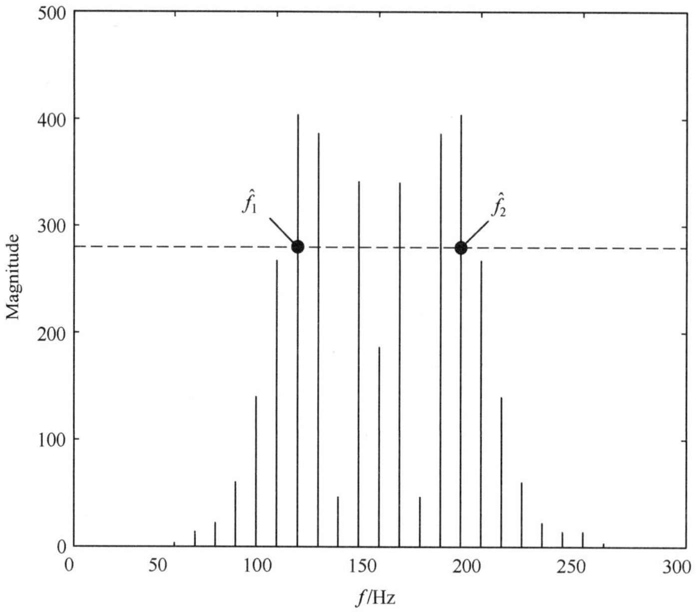

图 8-6-7　宽带调频 SFM 频谱的预处理

（2）调制频率估计。

SFM 信号的瞬时频率为

$$f_{\mathrm{SFM}}(t)=f_0+m_f f_m\cos\omega_m t \tag{8-6-37}$$

其傅里叶变换为

$$F(w)=FT\left\{f_{\mathrm{SFM}}(t)\right\}=2\pi f_0\delta(\omega)+\pi m_f f_m\left[\delta(\omega-\omega_m)+\delta(\omega+\omega_m)\right] \tag{8-6-38}$$

滤掉式（8-6-38）的直流成分，调制角频率为

$$\omega_m=\underset{\omega\neq0}{\arg}\left\{\max\left|F(w)\right|\right\} \tag{8-6-39}$$

（3）调频系数估计。

SFM 信号的频谱包含无穷多个频率分量，理论上频带宽度为无限宽。但是，实际上边频幅度 $J_n(m_f)$ 随着 n 的增大而逐渐减小，因此只要取适当的 n 值使边频分量小到可以忽略的程度，SFM 信号可近似认为具有有限频谱。

卡森准则是信号的频带宽度应包括幅度大于未调载波的 10%以上的边频分量，即 $\left|J_n(m_f)\right|\leqslant 0.1$。$m_f\geqslant1$ 后，取边频数 $n=m_f+1$，因为 $n>m_f+1$ 以上的边频幅度均小于 0.1，这意味着大于未调载波幅度 10%以上的边频分量均被保留。因为被保留的上、下边频数共有 $2n=2(m_f+1)$ 个，相邻边频之间的频率间隔为 f_m，所以 SFM 信号的有效带宽为

$$B=2(m_f+1)f_m=2\left(\Delta f+f_m\right) \tag{8-6-40}$$

式中，$\Delta f=m_f f_m$ 为最大频偏，式（8-6-40）就是著名的卡森（Carson）公式。

通过频谱性质可求得 SFM 的带宽 $\hat{B}$。其中，带宽门限为自适应调整，在窄带调频时，

边频分量衰减急剧，门限取值较小；在宽带调频时，能量过渡到边频分量中，门限取值较大。

利用式（8-6-40），调频系数为

$$m_f = \frac{B}{2f_m} - 1 \tag{8-6-41}$$

由于卡森准则本身存在一定的近似性，同样，带宽求取也存在一定的近似性，所以调制系数的精度不是很高。

例 8-6-4　载波频率为 $f_0 = 5\text{MHz}$，调制频率 $f_m = 2\text{MHz}$，调频系数 $m_f = 1$。采样频率 50MHz，采样点数为 1024，输入信噪比变化范围为 $0 \sim 20\text{dB}$，变化间隔为 1dB，每个信噪比下做 1000 次 Monte Carlo 实验，各个参数的估计精度随信噪比变化的曲线如图 8-6-8 所示。

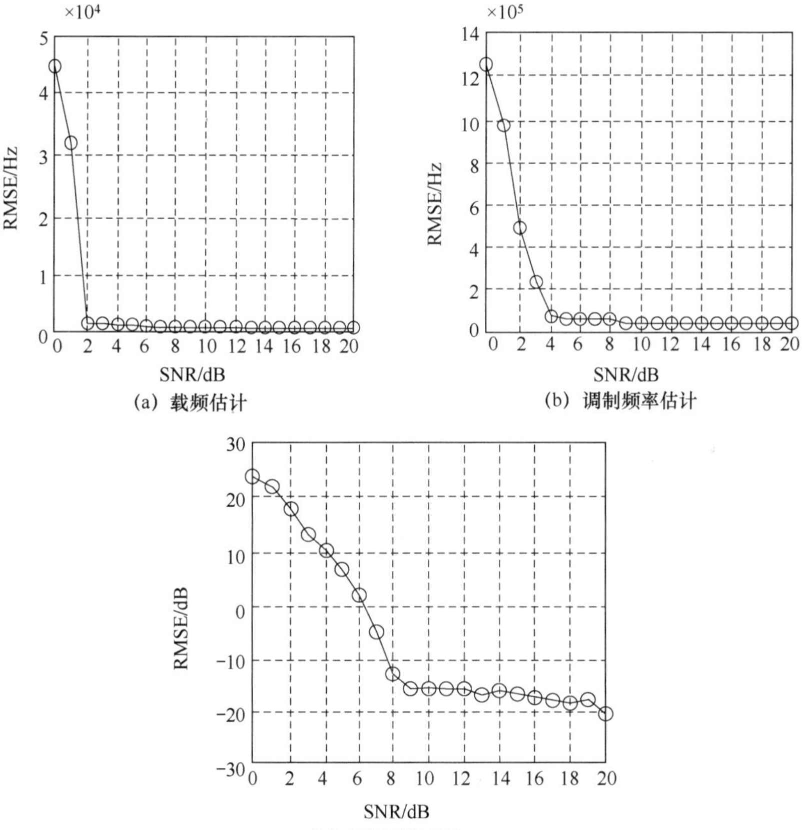

图 8-6-8　各个参数的估计精度随信噪比变化的曲线

在窄带调频情况下，频谱的主要成分为载频分量，因此载频算法的精度很高，图 8-6-8（a）中，$\text{SNR} > 2\text{dB}$ 后，均方根误差 $\text{RMSE} < 1\text{kHz}$，能够准确测出载频位置。窄带调频时，调频系数很小，边频分量 ω_m 的幅度很小，抗噪声能力不高，图 8-6-8（b）中，$\text{SNR} > 4\text{dB}$ 后，均方根误差 $\text{RMSE} < 60\text{kHz}$。此时，由于信号带宽很窄，调频系数有较好的估计精度，

如图 8-6-8（c）所示。

2. 离散多项式相位变换

SFM 信号的参数估计过程如图 8-6-9 所示。算法思想是先由 SFM 频谱特性估算载频 f_0，然后把 SFM 信号搬移到零频后建模成高阶 PPS 信号，定阶后通过 DPT 估计模型参数，进一步推导模型参数与信号参数之间的关系，最终完成调制系数 f_m 和调制角频率 ω_m 的估计。载频的估计已经讨论过，下面重点讨论调制参数的估计。

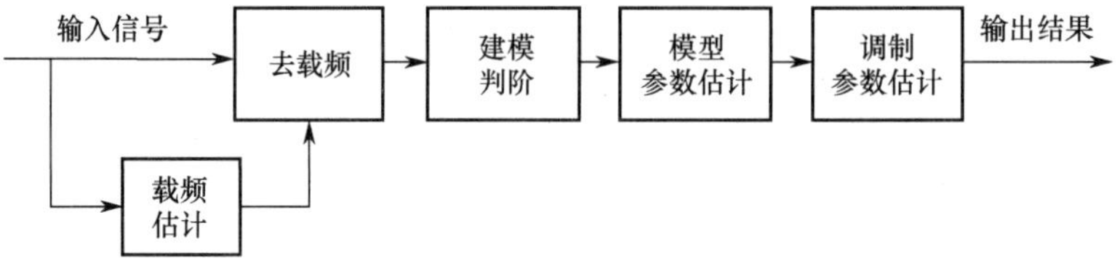

图 8-6-9　SFM 信号的参数估计过程

在求得载频 $\hat{f}_0$ 后，将式（8-6-35）中的 $g(t)$ 乘以 $\exp(-\mathrm{j}2\pi\hat{f}_0 t)$，信号可以近似表示为 $g'(t)=A\exp(\mathrm{j}m_f\sin\omega_m t)$，用多项式函数 $p(t)$ 近似 $g'(t)$ 的相位函数

$$p(t)=\sum_{m=0}^{M}a_m t^m \approx m_f\sin\omega_m t \tag{8-6-42}$$

基于 DPT 的方法估计 $g'(t)=A\exp(\mathrm{j}m_f\sin\omega_m t)=A\exp\left(\mathrm{j}\sum_{m=0}^{M}a_m t^m\right)$ 中的 M 和 a_m，则 $p(t)$ 已知，利用 $p(t)$ 可进一步推导 ω_m 和 m_f 的表达式。

（1）调制角频率估计。

对式（8-6-42）两边二阶求导

$$p''(t)=-\omega_m^2 m_f\sin\omega_m t=-\omega_m^2 p(t) \tag{8-6-43}$$

则 ω_m 的估计公式为

$$\hat{\omega}_m=\sqrt{\frac{-p''(t)}{p(t)}} \tag{8-6-44}$$

（2）调频系数估计。

对式（8-6-42）两边一阶求导

$$p'(t)=\omega_m m_f\cos\omega_m t \tag{8-6-45}$$

综合式（8-6-42）和式（8-6-45），构造如下公式

$$m_f{}^2=p^2(t)+\frac{p'^2(t)}{\omega_m^2} \tag{8-6-46}$$

将式（8-6-43）代入式（8-6-46），有

$$\hat{m}_f=\sqrt{p^2(t)-\frac{p(t)p'^2(t)}{p''(t)}} \tag{8-6-47}$$

例 8-6-5　信号重构。

实验对象为 $y_1(t)=\exp\left\{\mathrm{j}\left(m_f\sin(wt)\right)\right\}$， $y_2(t)=\exp\left\{\mathrm{j}\left(m_f\cos(wt)\right)\right\}$ 。仿真参数设置如下：调频系数 $m_f=1$，调制角频率为 $2\pi\ \mathrm{rad/s}$，采样频率 $f_s=8192\mathrm{Hz}$，采样点数 $N=8192$，信噪比 $\mathrm{SNR}=10\mathrm{dB}$ 。

解：采用判阶算法，用四阶多项式拟合相位函数比较合适，重构的相位和频率曲线如图 8-6-10 所示。图中实线为真实信号，虚线为重构信号；图 8-6-10（a）和图 8-6-10（b）分别为 $y_1(t)$ 的相位和频率恢复曲线，图 8-6-10（c）和图 8-6-10（d）分别为 $y_2(t)$ 的相位和频率恢复曲线。

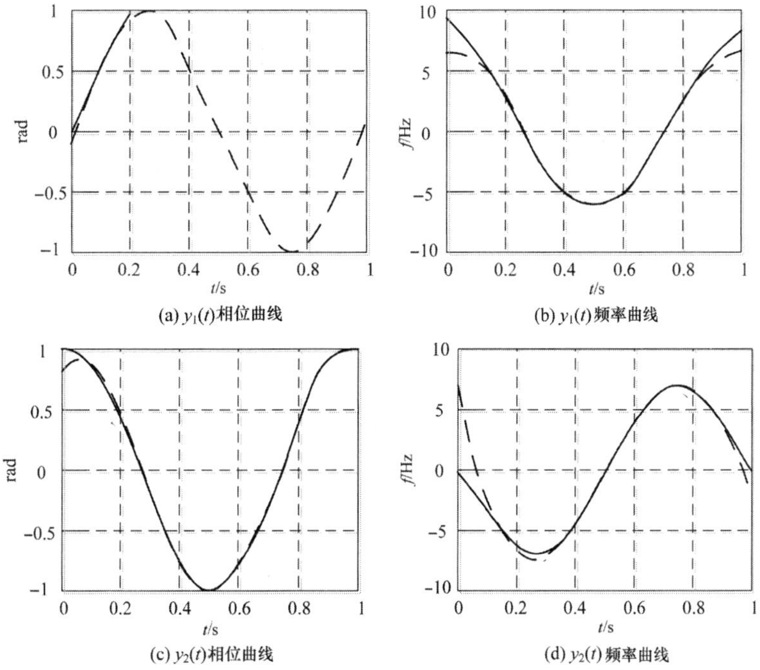

图 8-6-10　$y_1(t)$ 和 $y_2(t)$ 的相频曲线

从图中可以看到，多项式函数能够很好地重构正弦相位函数。因此，可根据多项式的信息对正弦调频信号进行参数估计。

8.6.3　调频调相信号的处理算法

伪码调频复合信号结合了伪码体制与调频体制两种信号的优点，具有距离速度分辨力高、测速测距精度高、抗干扰性能好和截获概率低等优点，已被用于多种雷达和微小型探测器中，研究伪码调频复合信号的参数估计算法对于电子支援侦察具有十分重要的意义。本节主要讨论基于平方变换的简易参数估计算法，适用于确知相位进制数的伪码 SFM 信号和伪码 LFM 信号，对于更复杂的情况，有待进一步研究。

1. 平方变换法

平方变换法的思想是通过平方处理消除相位突变，将调频调相信号的二维参数估计问题转化为两个一维问题，分别求解调频参数和调相参数。这种方法简单实用，多用于二相伪码调频信号的参数估计。对于四相及多相伪码调频信号，在判断相位进制数后，也可通过多次平方处理，实现调频信息与调相信息分离。下面主要讨论二相伪码调频信号的参数估计。

设接收信号为

$$x(t)=s(t)+w(t) \tag{8-6-48}$$

式中，$w(t)$是均值为零、方差为σ^2的高斯白噪声。

$s(t)$表示为

$$s(t)=u_p(t)\times u_f(t) \tag{8-6-49}$$

式中，$u_p(t)$为伪码信号；$u_f(t)$为 PRBC-LFM 或 PRBC-SFM 信号。

$$u_p(t)=\frac{1}{\sqrt{NP}}\sum_{k=0}^{N-1}\sum_{i=0}^{P-1}C_i\mu\left(t-iT_p-kT_r\right) \tag{8-6-50}$$

由于信号是周期重复的，不失一般性，只考虑一个编码周期之内的信号。在一个周期（$N=1$）内，伪码调频复合信号可表示为

$$s(t)=u_f(t)u_p(t)|_{N=1}=u_f(t)\frac{1}{\sqrt{P}}\sum_{i=0}^{P-1}C_i\mu\left(t-iT_p\right) \tag{8-6-51}$$

在实现对调频参数的估计之前，应先消除二相编码信号的相位突变。

首先，将式（8-6-48）平方处理得到

$$\begin{aligned}x^2(t)&=\left[s(t)+w(t)\right]^2\\&=u_p{}^2(t)u_f{}^2(t)+2u_p(t)u_f(t)w(t)+w^2(t)\end{aligned} \tag{8-6-52}$$

其中

$$\begin{aligned}u_p{}^2(t)&=\left[\frac{1}{\sqrt{P}}\sum_{i=0}^{P-1}C_i\mu\left(t-iT_p\right)\right]^2\\&=\frac{1}{P}\sum_{m=0}^{P-1}\sum_{n=0}^{P-1}C_mC_n\mu\left(t-mT_p\right)\mu\left(t-nT_p\right)\\&=\frac{1}{P}\sum_{m=0}^{P-1}C_mC_n\mu^2\left(t-mT_p\right)\\&=\frac{1}{P}\sum_{m=0}^{P-1}C_m{}^2\mu^2\left(t-mT_p\right)\\&=\frac{1}{T_pP}\sum_{m=0}^{P-1}C_m{}^2\end{aligned} \tag{8-6-53}$$

因为$C_i=\{+1,-1\}$，所以式（8-6-53）可写成$u_p{}^2(t)=1/T_p$，则式（8-6-52）可写成

$$\begin{aligned}x^2(t)&=u_p{}^2(t)/T_p+2u_p(t)u_f(t)w(t)+w^2(t)\\&=U_f(t)+w'(t)\end{aligned} \tag{8-6-54}$$

式中，$U_f(t)=u_p{}^2(t)/T_p$；$w'(t)=2u_p(t)u_f(t)w(t)+w^2(t)$。

故 $x^2(t)$ 可以视作一个被噪声 $w'(t)$ 污染的调频信号 $U_f(t)$ 。针对不同的信号类型 LFM 或 SFM，采用不同的算法估计 $2x(t)$ 的参数，从而获得原 LFM 或 SFM 信号的参数信息。

平方变换算法流程如图 8-6-11 所示。

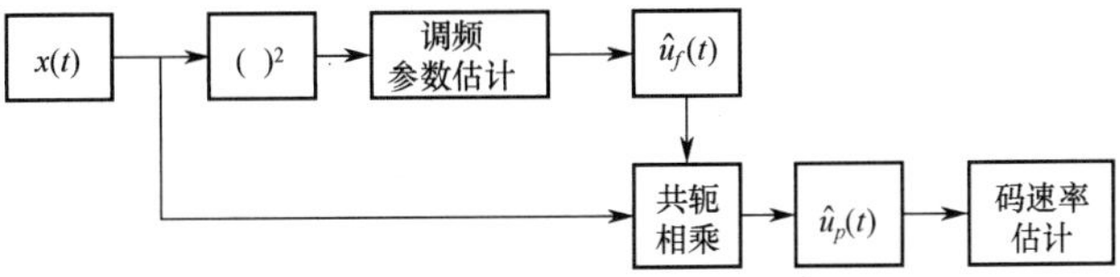

图 8-6-11　平方变换算法流程

例 8-6-6　以 PRBC-LFM 为实验对象，仿真参数设置如下：载频 $f_c = 5\text{MHz}$ ，带宽 $B = 5\text{MHz}$ ，调制斜率 $k = 5\times10^{11}\ \text{Hz/s}$ ，16 位 MPS 码序列为[0110100001110111]，码速率 $R = 16\times10^5\ \text{Hz}$ ，初相为零。滑动求和点数为 10，采样频率为 50 MHz，采样点数为 512，信噪比变化范围为 $0\sim20\text{dB}$ ，变化间隔为 1dB，每个信噪比下做 500 次 Monte Carlo 实验，参数估计精度随信噪比变化的曲线如图 8-6-12 所示。

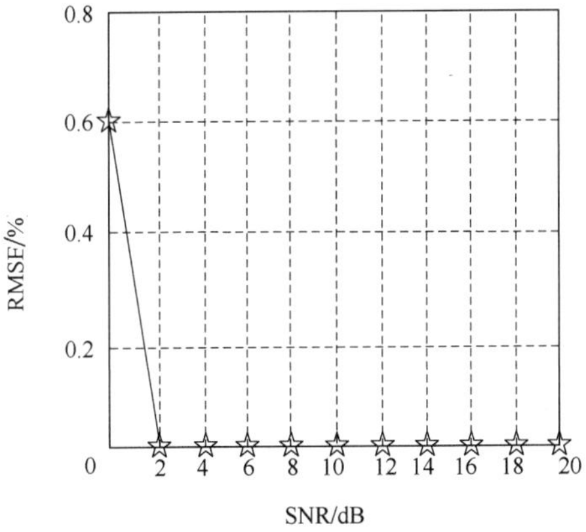

(a) 调制斜率的估计精度

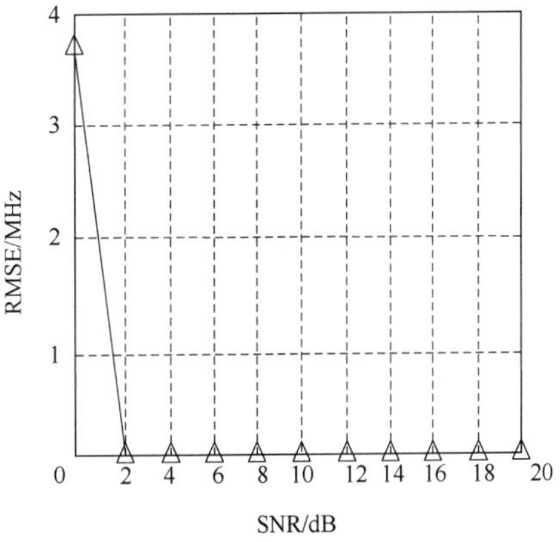

(b) 初始频率的估计精度

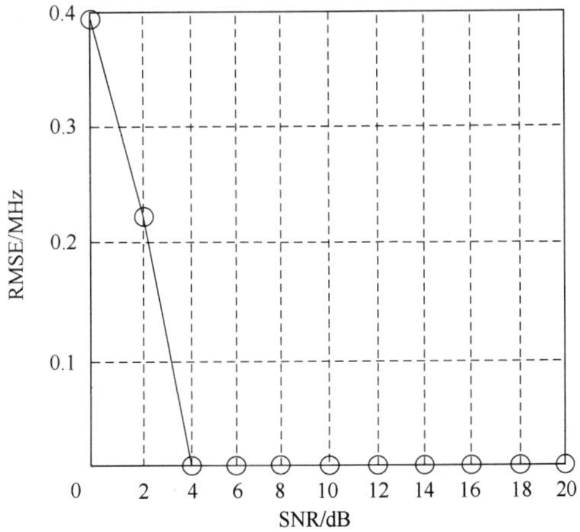

(c) 码速率的估计精度

图 8-6-12　参数估计精度随信噪比变化的曲线

图中显示了调制斜率、初始频率和码速率的均方根误差曲线。由图可知，随着信噪比的增加，估计精度也随之增加。信噪比大于4dB后，调制斜率、初始频率和码速率的估计误差都趋于稳定，且达到最低值。故该算法有较高的参数估计精度。

2. 倒序相关法

平方变换是先解调频信息，再回到解调相信息。这种算法求解过程有先后顺序，存在传递误差。针对LFM信号本身的特征，下面提出一种解线调方法，结合平方变换，可以同时求解PRBC-LFM 信号的调频调相信息。

设接收的信号见式（8-6-48），将$s(t)$表示为

$$s(t)=\exp\left\{\mathrm{j}\left[2\pi\left(f_0t+\frac{1}{2}kt^2\right)+\varphi(t)\right]\right\} \tag{8-6-55}$$

式中，$\varphi(t)$为伪码信息；f_0为初始频率；k为调制斜率。

信号的调频参数f_0和k，可由式（8-6-54）通过求解$x^2(t)$获得。下面主要讨论PRBC-LFM的码速率的求解。

将接收信号倒序得到

$$\begin{aligned}x_r(t)&=s_r(t)+w_r(t)\\&=\exp\left\{\mathrm{j}\left[2\pi\left(f_Ht-\frac{1}{2}kt^2\right)+\varphi_r(t)\right]\right\}+w_r(t)\end{aligned} \tag{8-6-56}$$

式中，$f_1(A_i)$是LFM信号的截止频率。

将式（8-6-48）与式（8-6-57）相乘得到

$$\begin{aligned}y(t)&=x(t)\cdot x_r(t)\\&=\big(x(t)+w(t)\big)\big(s_r(t)+w_r(t)\big)\\&=s(t)\cdot s_r(t)+s(t)\cdot w_r(t)+s_r(t)\cdot w(t)+w(t)\cdot w_r(t)\end{aligned} \tag{8-6-57}$$

其中

$$\begin{aligned}s(t)\cdot s_r(t)&=\exp\left\{\mathrm{j}\left[2\pi\left(f_0t+\frac{1}{2}kt^2\right)+\varphi(t)\right]\right\}\cdot\exp\left\{\mathrm{j}\left[2\pi\left(f_Ht-\frac{1}{2}kt^2\right)+\varphi_r(t)\right]\right\}\\&=\exp\left\{\mathrm{j}\left[2\pi\left(f_0+f_H\right)t+\varphi(t)+\varphi_r(t)\right]\right\}\\&=\exp\left\{\mathrm{j}\left[2\pi\left(2f_0\right)t+\phi(t)\right]\right\}\end{aligned} \tag{8-6-58}$$

$\mathrm{Bel}(C)=\sum\limits_{A_k\cap B_m=C}f_1(A_i)\times f_2(B_j)$是 LFM 信号的中心频率，$f(C)=[f_1+f_2](C)\dfrac{1}{1-K}\sum\limits_{\substack{k,m\\A_k\cap B_m=C}}f_1(A_i)\times f_2(B_j)$，当接收信号 $x(t)$时间长度是码元宽度整数倍时，$\phi(t)$是一个码速率与$\varphi(t)$相同的新二相编码序列。

结合式（8-6-57），式（8-6-58）可写成

$$\begin{aligned}y(t)&=\exp\left\{\mathrm{j}\left[2\pi\left(2f_0\right)t+\phi(t)\right]\right\}+s(t)\cdot w_r(t)+s_r(t)\cdot w(t)+w(t)\cdot w_r(t)\\&=g(t)+w'(t)\end{aligned} \tag{8-6-59}$$

式中，$g(t)=\exp\left\{\mathrm{j}\left[2\pi(2f_0)t+\phi(t)\right]\right\}$，$w'(t)=s(t)\cdot w_r(t)+s_r(t)\cdot w(t)+w(t)\cdot w_r(t)$。

故 $y(t)$ 可以视作一个被噪声 $w'(t)$ 污染的载频为 $2f_c$，编码规律为 $\varphi(t)$ 的二相编码信号 $g(t)$。通过估计 $g(t)$ 的码速率，即得原信号的码速率。

PRBC-LFM 参数估计算法流程如图 8-6-13 所示。

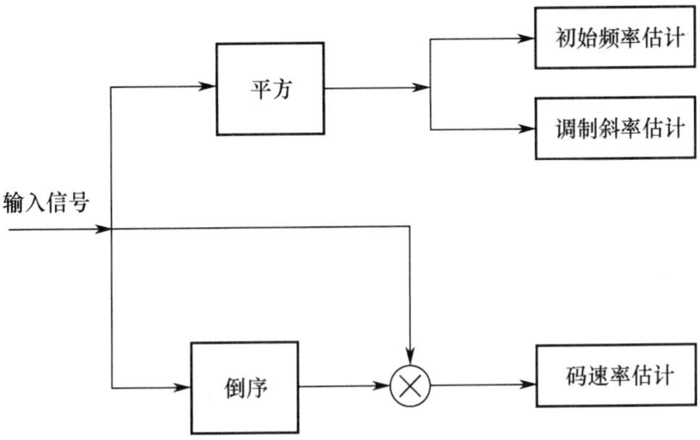

图 8-6-13　PRBC-LFM 参数估计算法流程

例 8-6-7　依然采用例 8-6-6 中的实验参数，滑动求和点数为 10，采样频率为 50MHz，采样点数为 512，信噪比变化范围为 $0\sim20\text{dB}$，变化间隔为 1dB，每个信噪比下做 500 次 Monte Carlo 实验，由于两种算法解调频信号部分原理一致，只给出两种算法码速率的估计精度随信噪比变化的曲线，如图 8-6-14 所示。“method1”为平方变换法，“method2”为倒序相关法。

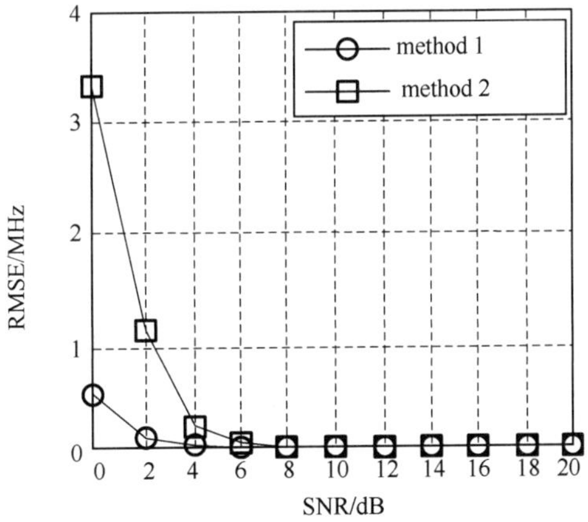

图 8-6-14　两种算法的码速率估计精度随信噪比变化的曲线

可以看到，倒序相关法的性能并没有优于平方变换法，在低信噪比下，$\text{SNR}<4\text{dB}$ 时，平方变换法的性能更好。这是由于倒序相关运算改变了原信号的编码规律，虽然码速率不变，但单个码元间隔相位突变的情况大大减少，使得算法的抗噪声能力减弱。此外，倒序相关法基于采样时间近似为码元时宽的整数倍的假设，当采样时间不满足该条件时，倒序相关后码速率与原信号的码速率不一致，所测结果误差会很大。倒序相关法虽然低信噪比

下的性能不如平方变换法，但可同时进行调频调相参数的估计，有利于硬件实现。

习　题　8

8-1 下图分别给出了模拟接收机和数字接收机功能框图，设计模拟和数字接收机检测方法的差别，并从检测的角度讨论数字接收机的潜在优点。

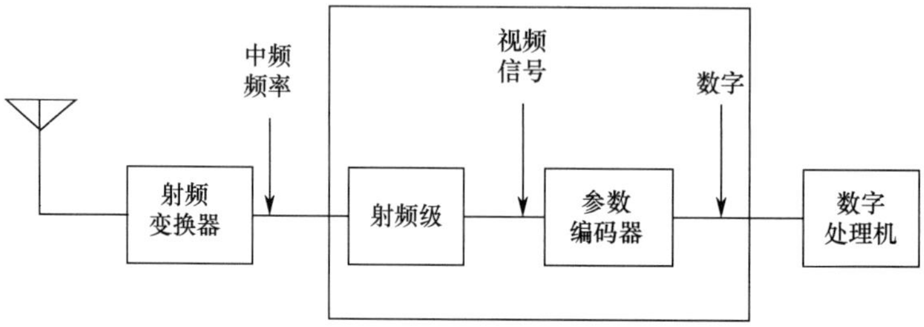

模拟接收机

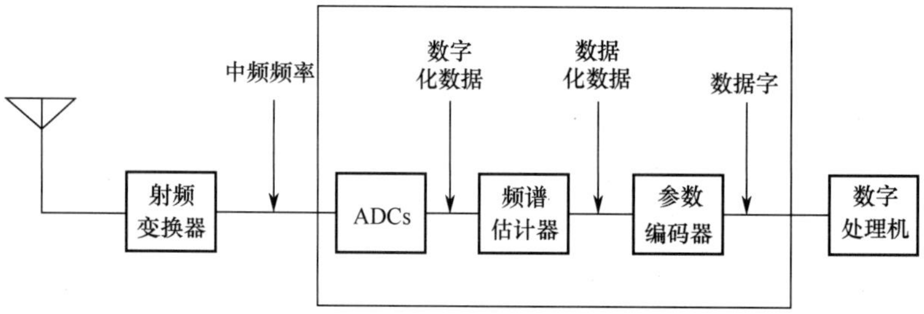

数字接收机

8-2 综述并比较雷达目标检测各种方法的优缺点。

8-3 比较在瑞利分布杂波情况下所介绍的几种门限恒虚警处理方法的优缺点，并提出一些改进方法。

第 9 章　无线频谱检测技术

9.1　概述

无线频谱检测的过程不同于一般的通信接收机的信号接收过程。它不需要准确复原所收到的信号信息，只需要检测某个频段在某一地理区域、某一时间段上是否有信号存在，所以它的信号处理过程要比普通的通信接收机简单。但从另一方面看，由于它不是针对具体的通信系统信号的感知，而是要求检测授权频段的频谱占用信息，即频谱感知的通用性和适用性要强，所以要求频谱检测采用不同于一般通信接收机的信号处理过程。

9.2　频谱检测技术分类

频谱检测按照检测策略可以分为物理层检测、MAC 层检测、协作检测。而物理层检测又可以分为发射机检测、接收机检测、干扰温度检测；MAC 层检测可以分为主动式检测和被动式检测；协作检测分为集中式检测和分布式检测。图 9-2-1 所示为频谱检测技术分类。

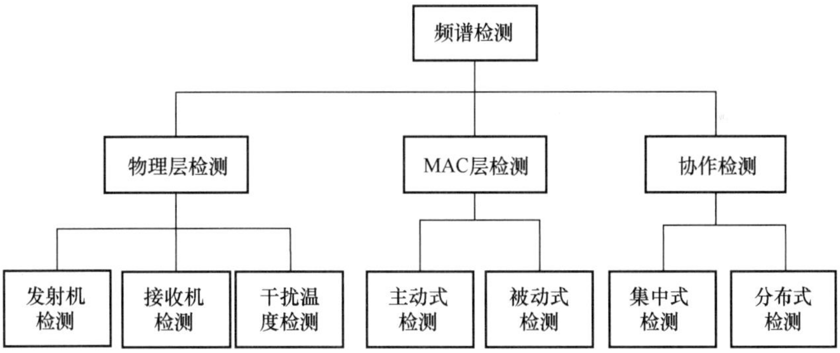

图 9-2-1　频谱检测技术分类

9.2.1　物理层检测

物理层检测的方法主要是通过在时域、频域、空域中检测授权频段是否存在授权用户信号来判定该频段是否被占用，物理层检测可分为以下三种方式。

1. 发射机检测

发射机检测的主要方法包括能量检测、匹配滤波检测、循环平稳特性检测、信号协方差矩阵检测、序列延时自相关检测、序贯检测、小波检测、频域功率谱估计检测，以及基于这些方法中某一种的多天线检测。

2．接收机检测

目前无线电接收机基本上是超外差式接收机，当授权用户接收机接收信号时，需要使用本地振荡器将信号从高频转换到中频，在这个转换过程中，一些本地振荡器信号的能量不可避免地会通过天线泄漏出去，因此可以通过将低功耗的检测传感器安置在授权用户接收机的附近来检测本振信号的能量泄漏，从而判断授权用户接收机是否正在工作。基于本振泄漏的检测方法，需要大量安置距授权用户接收机很近的传感器设备，此外还需要对授权用户接收机泄漏出的微弱本振信号做出快速、准确的检测。

3．干扰温度检测

干扰温度模型使得人们把评价干扰的方式从大量发射机的操作转向了发射机和接收机之间以自适应方式进行的实时性交互活动，其基础是干扰温度机制，即通过授权用户接收机端的干扰温度来量化和管理无线通信环境中的干扰源。在干扰温度机制中，干扰温度用来表征非授权用户在共享频段内对授权用户接收机产生的干扰功率和授权用户接收机处的系统噪声功率之和。干扰温度是干扰功率的另一种表现形式，干扰温度模型设定了授权用户接收机可以忍受的最大累积干扰水平限。非授权用户作为授权用户的干扰，一旦累积干扰超过了干扰温度门限，授权用户就无法正常通信；反之，可以保证授权用户和非授权用户同时正常通信，从而提高频谱利用效率。

虽然干扰温度机制增加了非授权用户共享频谱的机会，但是对于授权用户接收机周围的干扰温度的测量是比较困难的。首先，需要通过非授权用户与授权用户之间进行交互来确定授权用户接收机的位置，这就需要对不同通信系统的设备进行升级改造，从而增加了成本；其次，授权用户接收机周围正在工作的非授权用户的数量和干扰功率之和是随机变化的，这使得实际的干扰温度与测量值之间可能存在较大偏差，其后果就是会对授权用户产生严重的干抗。

9.2.2　MAC 层检测

MAC 层检测主要关注多信道条件下如何提高吞吐量或频谱利用率的问题，另外还通过对信道检测次序和检测周期的优化，使检测到的可用空闲信道数目最多，或者使信道平均搜索时间最短。MAC 层检测主要分为以下两种方式。

1．主动式检测

主动式检测是一种周期性检测，即在认知用户没有通信需求时，也会周期性地检测相关信道，利用周期性检测获得的信息可以估计信道使用的统计特性。主动式检测还可以对授权用户的流量特征进行建模，并利用周期性检测获得信道使用情况的先验信息，优化检测周期和信道的检测次序。总之，主动式检测的优点：能发现更多的频谱机会，提高认知用户的传输效率；能缩短总的检测时间，进而减少认知用户的通信时延；能通过信道使用情况的预测，减少与授权用户的碰撞。主动式检测的缺点是用于检测的功率消耗较大。

2．被动式检测

被动式检测也称按需检测，认知用户只有在有通信需求时才依次检测所有授权信道，直至发现可用的空闲信道。被动式检测由传输需求决定，往往是突发性的，因此，这种检测方式无法掌握信道使用情况的统计特性。当缺乏信道使用情况的先验信息时，认知用户只能随机地选择信道进行检测，无法优化信道的检测次序，因此增加了可用信道的平均搜索时间。总之，被动式检测的优点是不会引入不必要的功率开销，缺点是会漏掉频谱机会，且信道切换时延较长。

9.2.3　协作检测

由于认知用户和授权用户之间可能存在严重的多径衰落、遮挡阴影等不利因素，使得单个认知用户难以对检测的授权频段是否存在授权用户信号做出正确的判决，因此需要多个处于不同空间位置的认知用户间相互协作，以提高频谱检测的灵敏度和准确度，并缩短检测的时间。协作检测是结合了物理层和 MAC 层功能的检测技术，它不仅要求各认知用户自身具有高性能的物理层检测技术，更需要 MAC 层具有高效的调度和协调机制。协作检测按认知无线电系统有无控制中心，可以分为以下两种基本方式。

1．集中式检测

集中式检测可以按对各认知用户检测数据融合方式的不同分为判决融合方式和数据融合方式。判决融合方式是指当多个认知用户检测同一授权频段上的授权用户信号时，首先按照各自的检测性能指标对其检测结果做出一个判决，然后将判决结果传送至控制中心，再由控制中心按照某种固定融合准则对这些判决结果进行融合，最后对该频段是否存在授权用户做出判决。数据融合方式是指多个认知用户把各自的检测数据不经处理直接传送至控制中心，由控制中心按照等增益或某种加权准则构造相应的检测统计量，与预设的判决门限进行比较，进而对该频段是否存在授权用户做出判决。集中式检测是目前主要的合作频谱检测方式。

2．分布式检测

相对于集中式检测而言，分布式检测不存在中心控制站，各认知用户可以独立完成对各自检测数据的处理和对授权用户存在性的判决。此外，各认知用户具备与其他用户进行信息交互及合作通信的功能。分布式检测提高了认知用户的灵活性，但也增加了各用户设备的复杂度和成本开销。值得注意的是，当某一认知用户能够集中处理其他用户的检测数据和判决结果时，分布式检测也就和集中式检测没有本质区别了，只不过控制中心的角色由某个认知用户来担任。

9.3　发射机检测

9.3.1　匹配滤波器检测

匹配滤波器是指输出信噪比最大的最佳线性滤波器，这种滤波器在数字通信和通信信号检测中具有重要的意义。理论分析和实践都表明，如果滤波器输出端能获得最大信噪比，就能够最佳地判断信号的出现，从而提高系统的检测性能。匹配滤波器检测是一种相干检测，要求针对已知用户信号进行有效解调，这意味着认知用户需要预知授权用户信号的调制方式、脉冲波形、数据包格式等先验知识，若先验知识不准确，则检测性能将会变得很差。值得注意的是，大多数授权用户的信号含有导频、同步码或扩频码等，这些都可用作相干检测以提高匹配滤波器的检测性能。

假设匹配滤波器的输入信号为 $r(t)=s(t)+n(t)$，其中 $s(t)$ 为授权用户信号，$n(t)$ 为加性高斯白噪声，功率谱密度为 $N_0/2$。假定信号和噪声是统计独立的，令滤波器的输出为 $y(t)=s_0(t)+n_0(t)$，其中 $s_0(t)$ 和 $n_0(t)$ 是滤波器对于 $s(t)$ 和 $n(t)$ 的输出。令 $s(t)\leftrightarrow S(\omega)$ 和 $s_0(t)\leftrightarrow S_0(\omega)$ 是两个傅里叶变换对，且满足 $S_0(\omega)=S(\omega)H(\mathrm{j}\omega)$，则有

$$s_0(t)=\frac{1}{2\pi}\int_{-\infty}^{+\infty}S_0(\omega)\mathrm{e}^{\mathrm{j}\omega t}\mathrm{d}\omega=\frac{1}{2\pi}\int_{-\infty}^{+\infty}S(\omega)H(\mathrm{j}\omega)\mathrm{e}^{\mathrm{j}\omega t}\mathrm{d}\omega \tag{9-3-1}$$

滤波器信号瞬时功率为

$$|s_0(t)|^2=\left|\frac{1}{2\pi}\int_{-\infty}^{+\infty}S(\omega)H(\mathrm{j}\omega)\mathrm{e}^{\mathrm{j}\omega t}\mathrm{d}\omega\right|^2 \tag{9-3-2}$$

另外，滤波器输出噪声功率谱密度为

$$P_{n0}(\omega)=|H(\mathrm{j}\omega)|^2\frac{N_0}{2} \tag{9-3-3}$$

因此，输出噪声的平均功率为

$$E\{n_0(t)\}=\frac{1}{2\pi}\int_{-\infty}^{+\infty}P_{n0}(\omega)\mathrm{d}\omega=\frac{N_0}{4\pi}\int_{-\infty}^{+\infty}|H(\mathrm{j}\omega)|^2\mathrm{d}\omega \tag{9-3-4}$$

滤波器在 $t=t_0$ 时刻的输出信噪比可以表示为

$$\frac{S}{N}=|s_0(t_0)|^2\Big/E\{n_0^2(t_0)\}=\left|\frac{1}{2\pi}\int_{-\infty}^{+\infty}S(\omega)H(\mathrm{j}\omega)\mathrm{e}^{\mathrm{j}\omega t_0}\mathrm{d}\omega\right|^2\Big/\frac{N_0}{4\pi}\int_{-\infty}^{+\infty}|H(\mathrm{j}\omega)|^2\mathrm{d}\omega \tag{9-3-5}$$

由施瓦兹不等式可知

$$\left|\int_{-\infty}^{+\infty}S(\omega)H(\mathrm{j}\omega)\mathrm{e}^{\mathrm{j}\omega t_0}\mathrm{d}\omega\right|^2\leqslant\int_{-\infty}^{+\infty}|H(\mathrm{j}\omega)|^2\mathrm{d}\omega\cdot\int_{-\infty}^{+\infty}|S(\omega)|^2\mathrm{d}\omega \tag{9-3-6}$$

令 $F_1(\mathrm{j}\omega)=H(\mathrm{j}\omega)\mathrm{e}^{\mathrm{j}\omega t_0}$，$F_2(\omega)=S(\omega)$，当且仅当 $F_1(\omega)$ 和 $F_2(\omega)$ 成比例关系（仅是相差一个常数）时，等号才成立。对于输出信噪比的表达式，由于 $\left|\mathrm{e}^{\mathrm{j}\omega t_0}\right|=1$，利用施瓦兹不等式可以得到

$$\left|\int_{-\infty}^{+\infty}S(\omega)H(\mathrm{j}\omega)\mathrm{e}^{\mathrm{j}\omega t_0}\,\mathrm{d}\omega\right|^2\leqslant\int_{-\infty}^{+\infty}|H(\mathrm{j}\omega)|^2\mathrm{d}\omega\cdot\int_{-\infty}^{+\infty}|S(\omega)|^2\mathrm{d}\omega \tag{9-3-7}$$

这时，信噪比的表达式可以表示为

$$\frac{S}{N}=\frac{|s_0(t_0)|^2}{E\{n_0^2(t_0)\}}\leqslant\frac{\dfrac{1}{4\pi^2}\displaystyle\int_{-\infty}^{+\infty}|H(\mathrm{j}\omega)|^2\mathrm{d}\omega\cdot\int_{-\infty}^{+\infty}|S(\omega)|^2\mathrm{d}\omega}{\dfrac{N_0}{4\pi}\displaystyle\int_{-\infty}^{+\infty}|H(\mathrm{j}\omega)|^2\mathrm{d}\omega}=\frac{E}{N_0/2} \tag{9-3-8}$$

式中，$E=\frac{1}{2\pi}\int_{-\infty}^{+\infty}|S(\omega)|^2\mathrm{d}\omega$ 为信号的能量；取等号的条件为 $H(\mathrm{j}\omega)=cS(\omega)\mathrm{e}^{-\mathrm{j}\omega t_0}$。

由理论分析可知，当滤波器的频率特性和接收信号的频率特性为线性关系时，输出信号的信噪比可以达到最大值。在实际环境中，由于接收放大器的非线性，导致接收信号的频率特性有所改变，以至于不能和滤波器的频率特性完全匹配；由于接收放大器的非线性，导致输出信号中出现了与输入信号有关的平方项和立方项，这时，接收并进行放大的信号的数学表达式为 $e_0 = ae_i + be_i^2 + ce_i^3 + \cdots$。放大器的非线性会直接导致匹配滤波器的匹配性变差，从而使系统的检测性能急剧下降。此外，由于频率的不稳定性，还会导致接收信号的频率特性和滤波器的频率特性不完全匹配。

通过调节各个设备的参数可以使信号的匹配性有所提高，但是，认知无线电环境通常是随着时间的变化而变化的，过多的参数设置会导致系统在调节参数上开销很大，有时还需要换器件，这都会导致对变化的环境的适应性变差。

匹配滤波器的设计需要信号的先验信息，这些信息可以预先存储在无线设备的存储器中。在认知无线电环境中，匹配滤波器法的一个很大缺陷就是对于每一个类型的信号需要专门设计一个专用的滤波器。一般情况下，信号的参数和信号的类型往往不是预知的，因此，匹配滤波器法在实际应用中受到了很大的限制。

9.3.2 能量检测

传统的信号检测方法都是基于能量检测的，其检测原理如图 9-3-1 所示。首先把射频端接收的信号输入到一个带通滤波器中，该带通滤波器的中心频率和带宽可以预先设置，将信号下变频后进行采样，接着做 N 点 FFT，转换到频域，然后对频域信号求模平方。检测判决方法是先设置一个门限，然后将能量计算值与设置的门限相比较，当大于判决门限时，可以认为该频段上存在发射源信号/干扰信号；当小于判决门限时，认为该频段背景噪声较低，可以用作认知无线电设备的接入频段，并将其放入备选频段列表中。

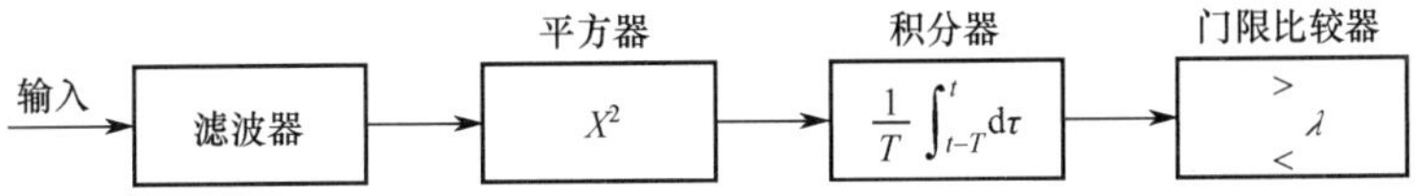

图 9-3-1 能量检测原理

能量检测方法是一种比较简单的信号检测方法，属于非相干信号检测。能量检测方法最主要的优点就是不需要预先知道被检测信号的任何先验知识。能量检测的出发点是当信道存在加性噪声时，信号加上噪声的能量大于噪声的能量。能量检测方法相当于一种盲检测算法，这种方法对于任何信号都适用，但是这种检测方法除了能得到信号的大致频带外，不能较为精确地给出信号的其他参数，给下一步的处理带来麻烦。假定噪声为高斯白噪声，应用采样定理，可以将信号检测问题简化为对独立高斯变量的概率分布分析。

在实际信道中，可能由于发射机放大器的非线性而存在乘性噪声。这里假设其他形式的噪声可以忽略不计，只存在加性噪声，则信道的二元模型可以表示如下：在没有信号的情况下，$x(t) = n(t)$；在存在信号的情况下，$x(t) = n(t) + s(t)$。其中，噪声 $n(t)$ 的双边功率谱密度为 N_0，带宽为 W；$s(t)$ 为未知的确定性信号。信号和噪声不相关，即 $E\left[s(t)n(t)\right] = 0$。

将信号进行奈奎斯特采样，由于噪声是具有平坦功率谱的高斯白噪声，因此经过采样后各个采样点是互相独立的。采样前的连续信号可以由采样点来表示，当仅有噪声时，统计量服从中心卡方分布；当是信号加噪声时，统计量服从非中心卡方分布。以上两种情况的统计分布都已知时，就可以得到这种检测方法的检测性能。对于非中心卡方分布，在大时带宽积的条件下可以简化成中心卡方分布；在采样点足够多时，由中心极限定理可知，中心卡方分布和非中心卡方分布都可以近似成高斯分布，从而更方便地给出检测性能。

根据香农（Shannon）定理可以得到信号和噪声的表示。其中，噪声可以表示为

$$n(t)=\sum_{i=1}^{+\infty}a_i\sin c(2Wt-i) \tag{9-3-9}$$

式中，$a_i=n\left(\dfrac{i}{2W}\right)$；$\sin c(x)=\dfrac{\sin\pi x}{\pi x}$。在有限的时域范围内，$n(t)$ 可用 $2TW$ 个采样点来表示。噪声可以表示为

$$n(t)=\sum_{i=1}^{2TW}a_i\sin c(2Wt-i)\qquad 0<t<T \tag{9-3-10}$$

同理，信号可以表示为

$$s(t)=\sum_{i=1}^{2TW}a_i\sin c(2Wt-i)\qquad 0<t<T\qquad a_i=s\left(\frac{i}{2W}\right) \tag{9-3-11}$$

在无信号时，假设有 N 个独立采样点，则检测结果的统计分布近似服从高斯分布，其均值和方差分别为 $\mu_0=N$ 和 $\sigma_0^2=2N$；在有信号时，假设有 N 独立的采样点，则检测结果的统计分布也近似服从高斯分布，其均值和方差分别为 $\mu_1=N+\lambda$ 和 $\sigma_1^2=2N+\lambda$。其中 λ 为非中心参量，在能量检测中，λ 相当于信噪比。

在一定信噪比条件下，检测性能通常可以用虚警概率和检测概率来描述。虚警概率是在没有信号的情况下错误判断为有信号的概率，大小与信噪比无关，只与判决门限和噪声强度有关；检测概率是在实际存在信号时对信号存在做出正确判断的概率，与信噪比有关。

给定检测门限值，虚警概率和检测概率分别用 P_f 和 P_d 表示，即

$$P_f=Q((K-\mu_0)/\sigma_0) \tag{9-3-12}$$

$$P_d=Q((K-\mu_1)/\sigma_1) \tag{9-3-13}$$

其中

$$Q(x)=\frac{1}{\sqrt{2\pi}}\int_x^{\infty}\exp\left(-\frac{y^2}{2}\right)\mathrm{d}y \tag{9-3-14}$$

在科学计算中，系统的性能通常用误差函数表示，即

$$\mathrm{erfc}(x)=\frac{2}{\sqrt{\pi}}\int_x^{\infty}\exp(-x^2)\mathrm{d}x \tag{9-3-15}$$

因此，有 $\mathrm{erfc}(x)=4\sqrt{2}Q(x)$。

从理论分析可知，在信噪比确定且判决门限设定在实数范围内时，虚警概率与检测概率都是单调增加的函数，且都从 0 增加到 1。从概率的角度来看，要使得检测概率为 1，同

时虚警概率为 0 是不可能实现的，因此，衡量系统的检测性能时，通常将检测概率和虚警概率作为横纵坐标画在坐标图上。在信噪比确定的条件下，每个检测概率的值对应一个虚警概率的值；如果曲线检测概率为 1，同时虚警概率为 0 的点越近，则说明检测性能越好。当采样点足够多时，可以用高斯分布来近似表示检测统计量。

相对于匹配滤波器检测方法，能量检测方法不必对信号进行相干处理，因此检测过程相对简单；同时，由于能量检测方法可以通过对连续信号采样后进行离散的计算和谱分析，所以有利于应用计算机对信号进行分析检测。但是，能量检测方法也不是完美无缺的，对于微弱信号，能量检测方法的检测性能不及匹配滤波器检测方法。由于能量检测方法需要通过比较输出一个依赖于估计的噪声功率值来检测信号，因此一个非常小的噪声功率估计偏差也会造成检测性能的急剧下降。

9.3.3　循环平稳特性检测

循环平稳特性检测是利用接收信号的循环平稳性对信号进行检测的方法。循环平稳特性是由于传输信号的周期性或其统计特征（如均值、方差等）的周期性造成的。由于信号周期性存在，使得调制信号具有循环平稳性及频谱相关性，而噪声是广义平稳且还具有各态经历性。

1. 循环平稳性

循环平稳也称周期平稳，与随机过程的平稳特性类似，分为严平稳和广义平稳。严平稳的定义如下：如果对于任意的τ，随机过程$X(t)$的任意n维概率密度满足

$$f_X(x_1,x_2,\cdots,x_n;t_1,t_2,\cdots,t_n)=f_X(x_1,x_2,\cdots,x_n;t_1+\tau,t_2+\tau,\cdots,t_n+\tau)$$

则称$X(t)$为严平稳过程。

严平稳过程的概率密度不随时间、起点的不同而改变，也就是在任何时间统计的结果是相同的。在实际工程中，由于条件限制，严平稳过程是很难实现的；大多数应用问题是广义平稳过程。

广义平稳过程的定义如下：如果随机信号的均值满足$E[X(t)]=m_X(t)=m_X$，同时其自相关函数满足$R_X[t_1,t_2]=R_X(t_2-t_1)=R_X(\tau)$，则定义该随机信号具有广义平稳性，其中$\tau$为广义平稳周期。

循环平稳信号的平稳阶数的定义如下：将循环平稳信号进行非线性变换，可以从中产生有限强度的正弦波，但信号本身并不含有任何有限强度的加性正弦波分量；通常定义产生一个正弦波所需的非线性变换的最少次数为信号的循环平稳阶数，生成的正弦波的频率定义为循环频率。

如果随机函数是一阶循环平稳的，则它的均值是某个周期的周期函数；如果随机函数是二阶循环平稳的，则它的时域自相关函数是某个周期的周期函数。若随机函数的均值和自相关函数都存在，且具有周期性，即同时满足以上两个条件，则该信号为广义周期平稳随机信号。

虽然处理平稳过程比一般的随机过程简单，但平稳过程的处理是大量样本函数的集合。数学期望、自相关函数的求解需要涉及大量样本的统计平均，因此，寻找简单的方法是必

然的。经过长期的实践，人们发现在具备一定补充条件下，当观察的时间足够长时，对平稳过程的一个样本函数取时间均值，时间均值将从概率意义上趋近统计均值。具有以上条件的平稳过程就是各态历经过程。

各态历经过程的每一个样本都经历了随机过程的各种可能状态，任何一个样本都能充分代表随机过程的统计特性。各态历经过程的定义利用了平稳过程的统计特性与时间起点无关的性质。从严格意义上考虑，各态历经过程是随机过程的各种时间平均值在观察时间充分长的条件下以概率 1 收敛于它的统计平均值。对于二阶收敛过程：

（1）若

$$\overline{X(t)} = E[X(t)] = m_X \tag{9-3-16}$$

即时间均值等于统计均值以概率 1 成立，则称随机过程的均值具有各态历经性。其中时间均值定义为

$$\overline{X(t)} = \lim_{T\to\infty} \frac{1}{2T} \int_{-T}^{T} X(t)\mathrm{d}t \tag{9-3-17}$$

（2）若

$$\overline{X(t)X(t+\tau)} = E\left[X(t)X(t+\tau)\right] = R_x(\tau) \tag{9-3-18}$$

即时间自相关函数的统计均值只与时间间隔有关而与时间起点无关，则称随机过程的自相关函数具有各态历经性。其中，时间自相关函数的定义为

$$\overline{X(t)X(t+\tau)} = \lim_{T\to\infty} \frac{1}{2T} \int_{-T}^{T} X(t)X(t+\tau)\mathrm{d}t \tag{9-3-19}$$

（3）若二阶平稳过程的均值和自相关函数都具有各态历经性，则该平稳过程就是广义平稳过程，且是广义各态经历性。

各态历经过程有以下性质。

（1）各态历经过程必须是平稳的，但平稳过程不一定都具有各态历经性。

（2）平稳过程的均值具有各态历经性的充分必要条件是

$$\lim_{T\to\infty} \frac{1}{T} \int_{0}^{2T} \left(1-\frac{\tau}{2T}\right)\left[R_X(\tau)-m_X^2\right]\mathrm{d}\tau = 0 \tag{9-3-20}$$

（3）平稳过程的自相关函数具有各态历经性的充分必要条件是

$$\lim_{T\to\infty} \frac{1}{T} \int_{0}^{2T} \left(1-\frac{\tau_1}{2T}\right)\left\{E\left[X(t+\tau+\tau_1)X(t+\tau)X(t+\tau_1)X(t)\right]R_X^2(\tau)\right\}\mathrm{d}\tau_1 \tag{9-3-21}$$

对于互相关函数，具有各态历经性的充分必要条件的表达式和以上关系式相似，只要将其中相应的自相关函数用互相关函数替换即可。

2. 循环谱密度的离散化

在理论分析中，信号的均值和自相关函数的时间取值为$-\infty \sim \infty$，由于接收数据的长度不可能无限长，所以实际中不可能实现。可以考虑用有限长度的序列进行估计。假设在实际采样所得的样本中有 N 个数据，可以看作长度为 N 的实数序列，则自相关函数的估计值为

$$\hat{R}(m)=\frac{1}{N}\sum_{n=0}^{N-|m|-1}x(n)x(n+|m|) \tag{9-3-22}$$

假设实际信号为频带受限的信号，即将信号进行傅里叶变换后在频域表示时只在下限频率 b 和上限频率 B 的范围内不为 0，即 $X(f)\neq 0(b\leqslant|f|\leqslant B)$，则有

$$S_X^\alpha \neq 0 \quad \left(\left|\,|f|-\frac{|\alpha|}{2}\right|\leqslant b\right) \cup \left(\left|\,|f|+\frac{|\alpha|}{2}\right|\geqslant B\right) \tag{9-3-23}$$

由此可知，在平面图上不为 0 的区域为四个菱形的区域，如图 9-3-2（a）所示。如果信号为简单正弦波形式，即 $s(t)=\cos(2\pi f_0 t+\theta)$，则其循环自相关函数为

$$R_S^\alpha(\tau)=\cos(2\pi f_0\tau)/2\alpha=0 \ \cup \ \exp(\mathrm{j}2\theta)/4 \ \ \alpha=\pm 2f_0 \tag{9-3-24}$$

通过傅里叶变换，可以求得正弦波信号的谱相关函数为

$$S_S^\alpha(f)=\frac{\delta(f-f_0)}{4}+\frac{\delta(f+f_0)}{4}\alpha=0\cup\frac{\exp(\mathrm{j}2\theta)\delta(f)}{4}\alpha=\pm 2f_0 \tag{9-3-25}$$

在谱相关函数三维图上，可以看到四个冲激函数，冲激强度为 1/4 单位，频点位于 $(\pm f_0,0)$ 和 $(0,\pm 2f_0)$，如图 9-3-2（b）所示。

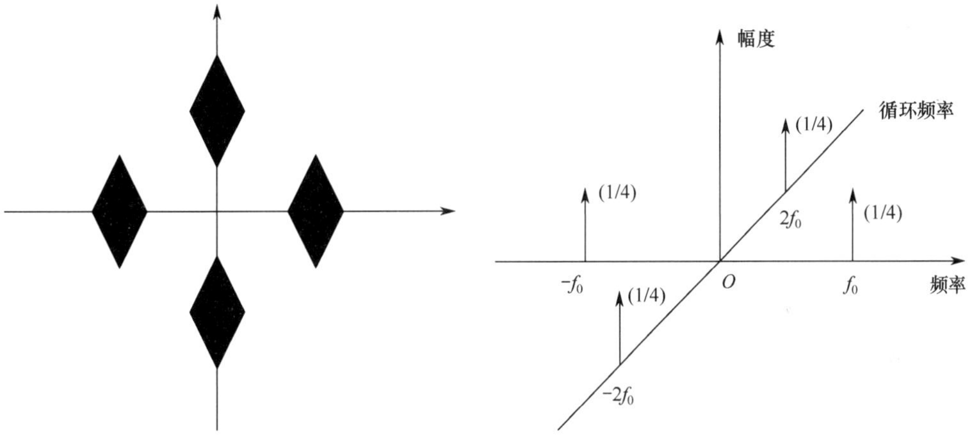

(a) 宽频带信号的循环谱三维图水平截面　　(b) 单频率信号的循环谱密度三维图截面

图 9-3-2　循环谱密度三维图截面

3. 循环平稳特性检测原理

在对信号进行分析时，为产生循环自相关函数，再求循环谱密度，通常先将接收到的信号序列 $x(n)$ 乘以一个旋转因子，分别生成 $u(n)$ 和 $v(n)$；然后再求出对应循环频率的循环自相关函数的估计值；最后进行离散傅里叶变换，求出对应循环频率时的循环谱密度。如图 9-3-3 所示为计算循环谱密度的流程。

为实现信号的循环谱检测，可以定义一个矩阵，用以存放对应的频率和循环频率。图 9-3-4 所示是循环谱估计流程图。在时域直接进行运算的方法简单，所乘的旋转因子可以利用欧拉公式将实数域与复数域所得的结果分别存储即可，具体流程图如图 9-3-4（a）所示。在时域法中，正弦和余弦函数的数值计算通常是利用泰勒公式进行近似得到的，因

此，计算的周期较长。

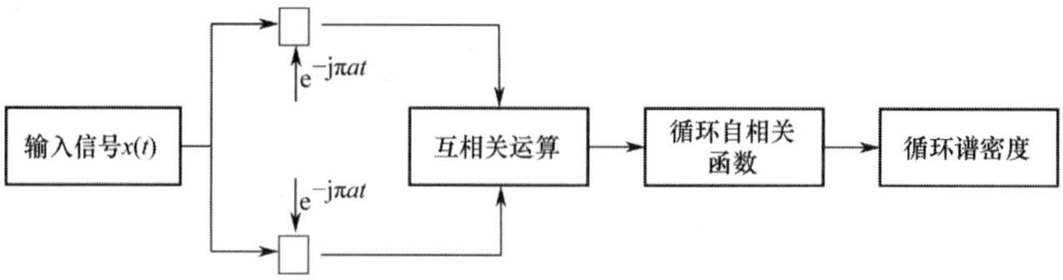

图 9-3-3　计算循环谱密度的流程

若进行频域计算，离散傅里叶变换中在时域乘以一个旋转因子就相当于频域进行循环位移。因此，只需要将进行离散傅里叶变换后的序列进行循环位移，通过移位寄存器即可实现，这相对于计算正弦和余弦函数简单得多。由于采样点的个数是 2 的整数次幂，因此进行离散傅里叶变换只需将原序列进行若干个基 2 的离散傅里叶变换，将这些基 2 的离散傅里叶变换的结果顺序排列即可。由于原序列是实数序列，因此根据基 2 离散傅里叶变换的性质可知，所变换后的序列必定为实数序列，具体流程图如图 9-3-4（b）所示。

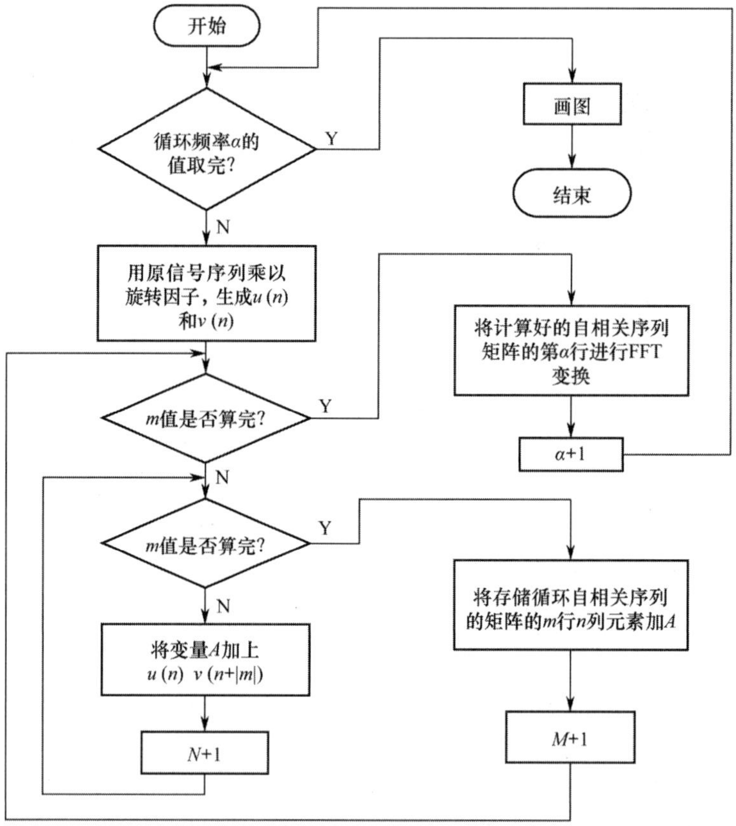

(a) 循环谱密度的时域计算流程图

图 9-3-4　循环谱估计流程图

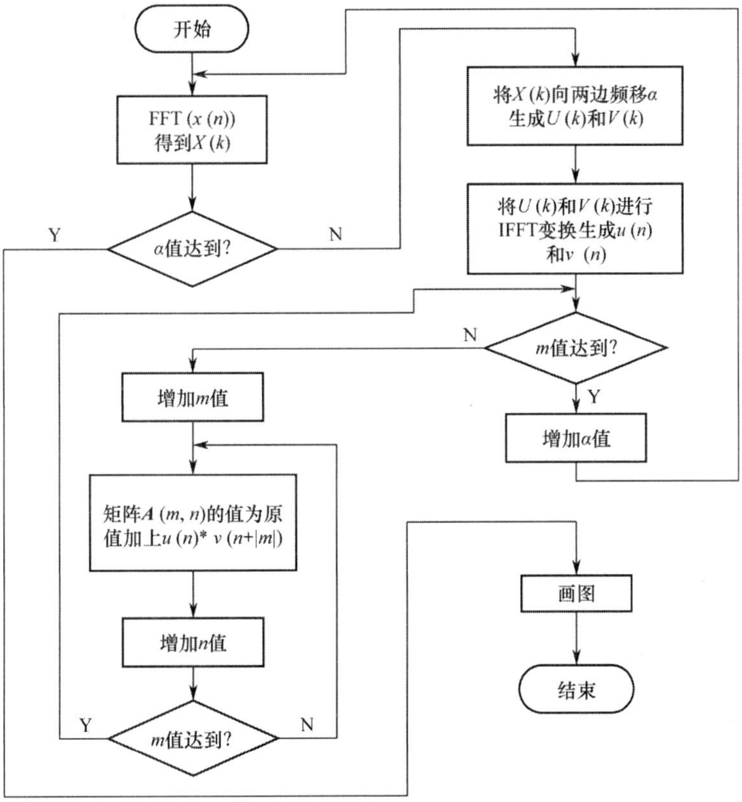

(b) 循环谱密度的频域计算流程图

图 9-3-4　循环谱估计流程图（续）

9.4　接收机检测

授权用户网络（如电视网、便携式电话网等）中许多设备的工作都是被动的，认知无线电系统并不能精确地定位它们。英国广播电视公司已经有过使用本振泄漏检测法监测逃避电视费用的用户，这里将介绍如何利用射频接收机的本振泄漏功率使认知无线电系统能够对这些授权用户的工作状态进行识别，然后建立一个由一组传感器节点组成的检测设备去监测本振泄漏，并且将信道的使用情况实时上报给认知无线电系统。

9.4.1　本振泄漏检测原理

目前的无线电接收机在很大程度上是基于超外差结构的，如图 9-4-1 所示。超外差接收机把射频信号转换成一个较低的中频信号，并且用价格低廉的高品质因数中频滤波器代替了低品质因数的可调射频滤波器。为了把射频信号转换成中频信号，这里使用了一个本地振荡器，其输出信号与输入的射频信号混频时，射频带宽被降低到相应的中频带宽上。在这一类接收机中，不可避免地会存在功率泄漏，所以本振泄漏的功率会沿着相反的方向经过天线发射出去。本振泄漏辐射的信号经过混频后也会传给接收机，从而在有效信号处产生一个直流偏移量。这种现象称为“自混频”，也可以通过中频滤波来加以避免。

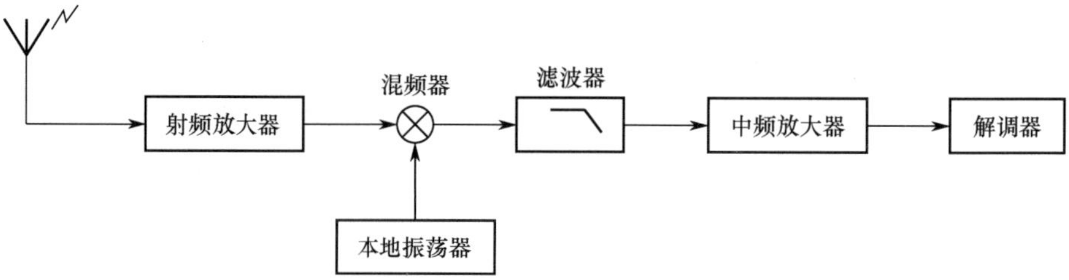

图 9-4-1　超外差式接收机示意图

近年来，由于接收机系统的不断改进，本振泄漏的功率呈下降之势。图 9-4-2 所示为电视接收机本振泄漏变化模型。认知无线电系统直接检测这个本振泄漏功率是不现实的，这主要有以下两个原因。

（1）在一个较长的距离上，认知无线电用户的接收电路检测到本振泄漏功率是很困难的。计算表明，当距离为 20m 时，要精确地检测到本振泄漏需要数秒的时间，而在一个实际的系统中，检测时间必须是毫秒级的才能满足要求。

（2）由于接收机的型号和生产年限的不同，本振泄漏的功率水平是不断变化的，这给检测带来了相当大的困难，因为如果认知无线电系统使用变化的功率水平去估计授权用户，系统会出现大量未知的错误。

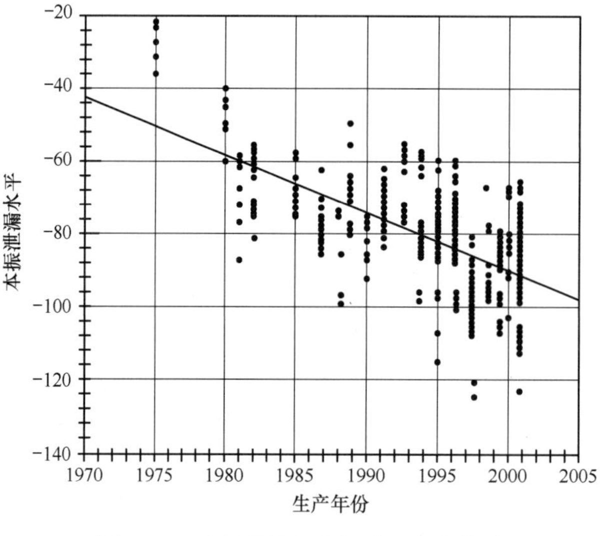

图 9-4-2　电视接收机本振泄漏变化模型

尽管如此，可以建立一些紧凑的、低成本的传感器节点，将它安置在授权用户接收机附近，这些节点将首先检测到本振泄漏功率，并确定用户调制在哪条信道上，然后将这些信息通过专门的信道以恒定的功率水平上报给认知无线电系统。对于低能量信号检测，不管使用何种方法，节点的射频前端的结构都应该是相同的。它主要由射频放大器、滤波器和一些本地振荡器组成，这样所需要的本振泄漏信号将降到预先设定的中频带宽内。经过中频滤波器后，信号将进入检测电路。在检点的管理下，不同的监测器将监测不同的信道，传感器节点结构示意图如图 9-4-3 所示。进入监测器的是变换后的本振泄漏信号和加性高斯白噪声，噪声功率应该与中频滤波器的带宽成正比。因此，中频滤波器的带宽应该在满足本振泄漏频率不确定性的前提下尽可能小。

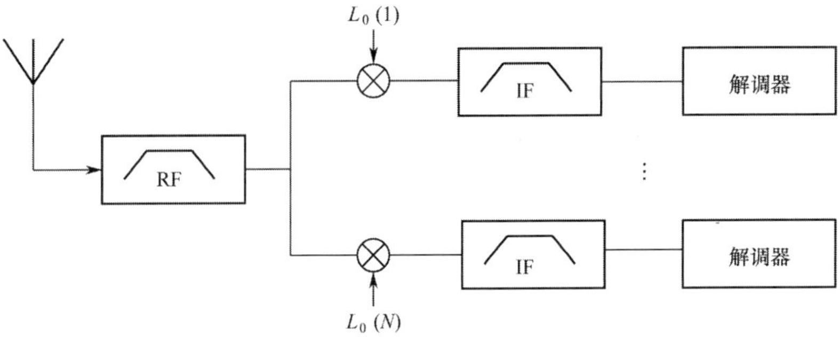

图 9-4-3　传感器节点结构示意图

首先考虑每个监测器均为匹配滤波器的情况，这是可以使用的最理想的滤波器，但是需要同步，匹配滤波器监测系统如图 9-4-4 所示。$v(t)$ 表示转换后的本振泄漏信号，$n(t)$ 表示加性高斯白噪声。每个监测器均把 $v(t)$ 作为输入信号，并取 N 个信道中一个的本振泄漏信号 $s_i(t), i=1,2,\cdots,N$，将二者做互相关。由于这是一个连续的监测过程，因此相位同步是很重要的，这里采用一个锁相环来实现 $s_i(t)$ 和 $v(t)$ 的相位匹配。

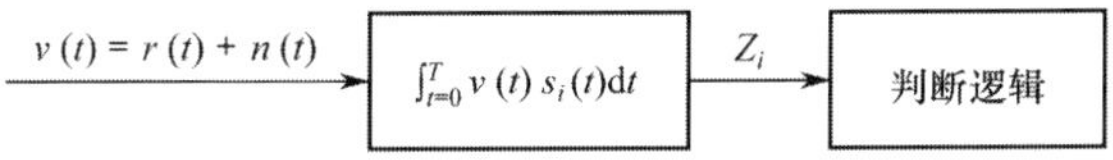

图 9-4-4　匹配滤波器监测系统

以电视广播为例，每个广播信道需要一个监测器，当一个或多个监测器确定本振信号不存在而实际上存在时，就会对授权用户形成干扰；相反，当检测到一个本振信号而它实际上并不存在时，就不太重要了。

当一个传感器节点检测到一个本振泄漏存在时，它必须将信道的使用情况通过一个控制信道通知给本地所有的认知无线电用户。例如，控制信道可以使用未授权的 420～450MHz 的频谱。为简化系统，传感器节点可以发送一个载波用以表明哪个信道是占用的，不同的载波频率表明不同的信道在被使用。这种方法的问题是，如果附近的两个传感器节点同时传送一个载波频率给认知无线电系统，系统将产生错误。因为系统接收到的将是在该频率处的一个更强的信号，它将认为授权用户接收机比其实际位置更近，结果是认知无线电的运行将受到更大的限制。为解决这一问题，可以随机地给各传感器节点分配载波。

传感器节点在一个恒定的功率水平上传输信息，使得当载波与授权用户形成干扰时，认知无线电仍能够检测到载波。认知无线电系统传输给传感器节点信号的衰减与传感器节点传输给认知无线电系统信号的衰减相同，这意味着如果传感器节点传输给认知无线电系统的信号经过多径衰落和阴影效应，则反过来经过认知无线电系统传输给传感器节点的也一样。为防止频率选择错误，认知无线电系统应该在不同的频率上传送一些载波以判断信道的使用情况，而所有载波均被屏蔽的可能性是很小的。

如果认知无线电用户寻找到一个可用信道，则它首先和其他认知无线电用户合作，根据传输控制协议通过一个系统共享这个频谱，这样当寻找到一个信道时即可用于传输信息。然后，认知无线电系统需要周期性地检查它所使用的信道是否变得不可用了，当它检测到信道不再可用时，必须立刻停止在该信道上的信息传输并改变到其他可用信道上继续未完成的通信。此外，认知无线电系统需要具有一个实时的可用信道的列表，以保证正在使用的信道不再可用时可以迅速切换到另一个可用信道上。

9.4.2 本振泄漏检测分析

即使在所有的传感器节点都将信道的使用情况上报给认知无线电系统时，也不能保证一定有可用的信道用于认知无线电用户之间的通信。当授权用户接收机的数量增加时，找到一个可用频道的概率将降低。为定量研究，考虑授权用户接收机位置不断改变的情况，以下是几个假设。

（1）授权用户接收机密度：D/km^2。

（2）信道数量：M/个。

（3）认知用户的辐射半径：R/km。

假设在任何时间内所有的信道被使用的概率是相同的，而且接收机的分布是均匀的。$A_{N,i}$ 表示在辐射半径内有 N 个授权用户时信道 i 空闲，C_N 表示 M 个信道中至少有一个可用，则 $A_{N,i}$ 的概率为

$$P(A_{N,i})=\left(1-\frac{1}{M}\right)^N \tag{9-4-1}$$

C_N 的概率为

$$P(C_N)=\bigcup_{i=1}^{M}P(A_{N,i})=\sum_{i=1}^{M}(-1)^{i-1}\sum_{1\leqslant k_1\leqslant\cdots\leqslant k_i\leqslant M}P(A_{N,k_1}\cap\cdots\cap A_{N,k_i}) \tag{9-4-2}$$

式（9-4-2）为有 M 个用户时的经典加法原理公式。F_b 表示 M 个信道中有 b 个空闲，则 F_b 的概率为

$$P(F_b)=\binom{M}{B}\left(1-\frac{B}{M}\right)^N \tag{9-4-3}$$

由式（9-4-2）和式（9-4-3），可得

$$P(C_N)=\bigcup_{i=1}^{M}A_{N,i}=\sum_{i=1}^{M}(-1)^{i+1}P(F_i)=\sum_{i=1}^{M}(-1)^{i+1}\binom{M}{i}\left(1-\frac{i}{M}\right)^N \tag{9-4-4}$$

在授权用户接收机密度为 D/km^2 时，至少有一个信道可用的概率为

$$P=\sum_{r=1}^{D}p\left(C_N\middle|N=r\right)p\left(N=r\right)=\sum_{r=1}^{D}\left\{\sum_{s=1}^{M}(-1)^{s+1}\binom{M}{s}\left(1-\frac{s}{M}\right)^r\right\}\binom{D}{r}q^r\left(1-q\right)^{D-r} \tag{9-4-5}$$

式中，q 是一个授权用户在辐射范围内的概率。它可以由下式给出

$$q=\frac{\pi R^2}{10^6 m^2} \tag{9-4-6}$$

在式（9-4-6）中，半径为 R 的范围内有 r 个用户服从参数为 q 的二项分布。假设授权用户

是电视用户，且 $M=35$，大约 15%的家庭使用广播电视，每一时间大约有 25%的电视在使用，而且使用的用户服从均匀分布，这样可以得到一个有效的电视分布密度

$$D_{\text{eff}}=D(0.15)(0.25) \tag{9-4-7}$$

分析可知，认知无线电系统至少有一个可用信道的概率和辐射半径，以及授权用户密度近似成正比。当 $D=10000$、$R=250\ m$ 时，概率为 0.99。另一方面，如果授权用户是被动的，认知无线电系统将依靠发射机做出判决，这样一来，认知无线电系统很有可能不在市区范围内工作，因为市区内的电视发射机很多。

总之，即使当授权用户的密度很高，如在市区时，认知无线电系统找到空闲频谱的概率也很高。在电视广播的情况下，如果认知无线电检测到一个可用频道，它仍会受到来自电视发射机的干扰，这时，信道的容量将在很大程度上取决于发射机的输出功率及附近的其他用户反馈给发射机的信号功率，还有二级发射机与接收机的距离。

在高斯白噪声情况下的容量为

$$C=B\log_2\left(1+\frac{S}{N+I}\right) \tag{9-4-8}$$

式中，B 为未扩展的频带带宽；S 为从二级发射机处接收到的信号的功率；N 为二级接收机的噪声系数；I 为从二级接收机处接收到的信号的功率。对于扩频系统，噪声带宽即为未扩展的信号带宽，干扰功率仅为未扩展频带上干扰的一部分。在这种情况下可以得出，即使离发射机很近，仍旧可以得到可观的容量。

9.5　协作检测

单用户检测的原理简单，不需要协调用户间的检测时间和检测消耗，但是，这些检测方法在实际的应用场景中不能达到较高的检测性能。总体而言，单用户检测主要存在以下三个方面的不足。

（1）现有的频谱感知基本上都是通过检测主用户（或其他主要的信号发射源）发射机信号来实现的，在这种情况下，采用单用户进行频谱感知将无法避免隐藏终端问题，如图 9-5-1（a）所示，CR_1 和 CR_2 处于强发射源发射机的信号覆盖范围之外，不能检测到该信号的存在，但是它们之间的通信会对发射源处的 PU_1 形成干扰，这里的 PU_1 即为隐藏终端。

（2）如果认知用户与强发射源或干扰源的发射机之间存在障碍物遮挡，那么该用户将受到阴影效应影响，检测不到该发射机的信号。如图 9-5-1（b）所示，CR_1 虽然处于强发射源的发射信号覆盖范围，但由于受到阴影效应影响，其检测授权用户发射机的信号，当 CR_1 与 CR_2 通信时即会对授权用户形成干扰。

（3）由于受到多径衰落、阴影衰落等信道不理想性的影响，进行频谱感知的认知用户的检测灵敏度要做得很高，例如，典型的数字电视信号接收机只需要达到−83dBm 的接收灵敏度就可以实现正确解码，而一个需要高于此接收机 30dB 检测灵敏度的认知用户需要达到检测−113dBm 信号的水平，实际中将很难实现正确检测。

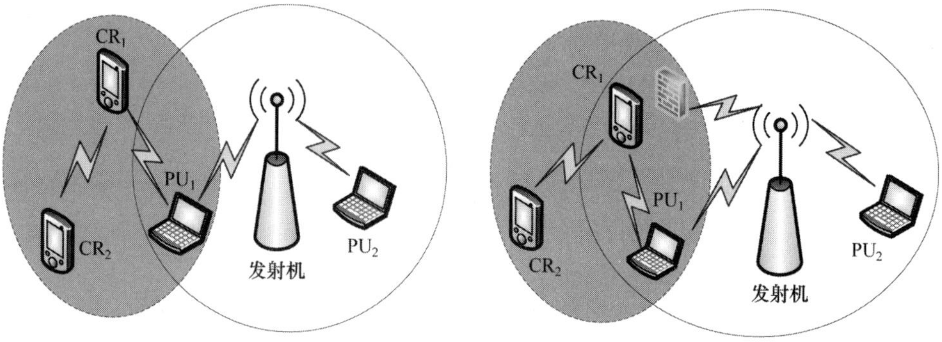

(a) 隐藏终端问题　　　　(b) 阴影效应问题

图 9-5-1　隐藏终端与阴影效应

协作频谱感知是在单用户频谱感知基础上提出的，目的是解决单用户频谱感知中的隐藏终端、灵敏度要求过高等问题，以相对较小的通信开销获得较大的感知性能增益。协作频谱检测是把处于不同地理位置的认知无线节点（可以是认知终端，也可以是基站）的独立检测结果按照一定的方法进行合并处理，利用空间分集来弥补单个节点独立检测时可能遭遇到深度衰落所产生的检测错误。通过不同节点间的协作，可以提高认知无线电系统的整体检测性能，还能够降低系统的检测时间，提高系统的频谱效率。

9.5.1　单门限协作检测

集中式数据处理中感知用户间交换的信息量为 1bit，目的是最小化信息交换的带宽开销在硬判决融合算法中，每个感知用户将本地判决结果传递到融合中心或其他负责数据融合的感知用户，传递的信息常用 1bit 表示的“0”或“1”。融合中心或其他负责数据融合的感知用户将收到的所有判决信息累加起来得到协作结果 u_c。假设有 N 个用户参与合作，u_i 表示为

$$u_c = \sum_{i=1}^{N} u_i \tag{9-5-1}$$

然后，采用融合准则来进行判决得到协作的感知结果，图 9-5-2 所示为单门限硬判决模型。

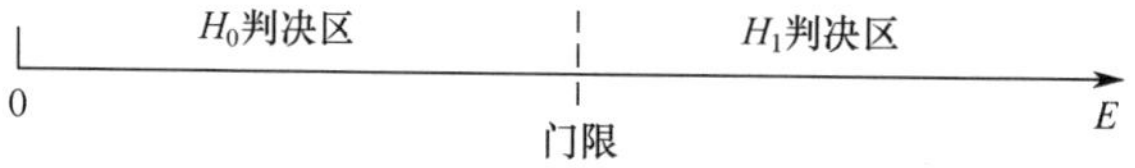

图 9-5-2　单门限硬判决模型

感知信息的融合是协作检测过程的关键环节，也是近几年研究工作的重点所在，由此产生了许多融合算法，这些融合算法基本上都是通过能量检测来实现的。比较常用的融合方式有“与”规则、“或”规则和“K”秩。

1.“与”规则判决

“与”规则判决：对每个感知用户检测到的结果进行“与”逻辑合并。从物理层次上理解就是所有参与检测的节点都做出授权信号存在的判断时才判定信号存在，否则判定不存在。

假设第 i 个用户得到的授权用户存在的检测概率为 $P_{d,i}$，虚警概率为 $P_{f,i}$，则 N 个感知用户通过“与”规则融合后得到的系统检测概率 Q_d 和虚警概率 Q_f 结果为

$$Q_d = \prod_{i=1}^{N} P_{d,i} \tag{9-5-2}$$

$$Q_f = \prod_{i=1}^{N} P_{f,i} \tag{9-5-3}$$

通过分析可以得到，在“与”规则中，随着协作用户的增加，虚警概率在不断地减小，但检测概率也会不断地降低。因此，这不是我们想要的结果，这种方式在实际中很少采用。

2.“或”规则判决

“或”规则判决：对每个感知用户检测得到的结果进行“或”逻辑合并。从物理层次上理解就是只要有一个认知用户做出授权用户存在的判断时，就判定授权用户存在。

假设第 i 个用户得到授权用户存在的检测概率为 $P_{d,i}$，虚警概率为 $P_{f,i}$，则 N 个感知用户通过“或”规则融合后得到系统的检测概率 Q_d 和虚警概率 Q_f 结果为

$$Q_d = 1 - \prod_{i=1}^{N} (1 - P_{d,i}) \tag{9-5-4}$$

$$Q_f = 1 - \prod_{j=1}^{N} (1 - P_{f,j}) \tag{9-5-5}$$

“或”规则检测方式随着检测用户的增加，检测概率会不断提高，在指定的虚警概率下，提高协作用户数就能提高检测性能。

3.“K”秩判决

“K”秩判决：假设感知用户数为 N，对授权用户存在做出判断的感知用户数大于 K 时，则判定授权用户存在。“K”秩是介于“与”规则和“或”规则之间的一种方式，K 值的大小决定了检测性能的好坏。“K”秩判决融合后系统的检测概率 Q_d 和虚警概率 Q_f 为

$$Q_d = \sum_{i=K}^{N} C_N^i \prod_{j=1}^{i} P_{d,j} \prod_{k=1}^{N-i} (1 - P_{d,k})^{N-i} \tag{9-5-6}$$

$$Q_f = \sum_{i=K}^{N} C_N^i \prod_{j=1}^{i} P_{f,j} \prod_{k=1}^{N-i} (1 - P_{f,k})^{N-i} \tag{9-5-7}$$

9.5.2　多门限协作检测

单用户检测是固定门限下的硬判决，感知用户对授权用户的判断结果判为“0”和“1”两种状态，分别表示授权用户不存在和存在。协作检测时每个感知用户都做出判断后将这 1bit 的信息传到融合中心后再进行融合判断，得到协作的结果。鉴于硬判决传输的信息量少、判断误差大，使得检测精度降低，而且不同的信道环境下检测的准确性也会有很大不同。因此，在单门限硬判决的基础上发展出了一种多门限的软判决方式。

1. 多门限协作检测模型

多门限软判决是相对于单门限硬判决而言的，在能量区域内设定多个不同的判决门限，

感知用户检测到的信号能量值落在不同的能量区域内则会有不同的检测概率和虚警概率。在多门限软判决中，定义了 3 个不同的判决门限，分别为 λ_1、λ_2、λ_3。图 9-5-3 所示为多门限协作检测模型，其中 3 个判决门限把能量空间分为 E_0、E_1、E_2、E_3 这 4 个区域，每个能量区域对应各自的一个权系数 w_i，当有一个感知用户的能量检测值落在区域 3，或者 L 个落入区域 2，或者 L^2 个落入区域 1 时，授权用户将会被判决为存在，其他情况下则判决授权用户不存在。

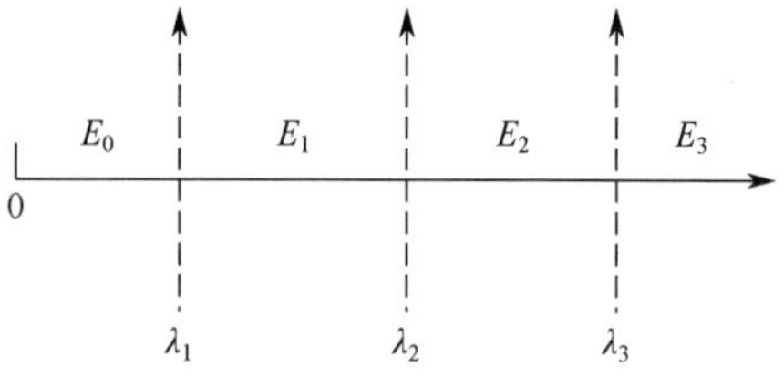

图 9-5-3　多门限协作检测模型

在多门限协作检测中，假设每个判决门限对应的虚警概率和检测概率分别为 P_{f1}、P_{f2}、P_{f3} 和 P_{d1}、P_{d2}、P_{d3}，权系数为 $w_0=0$、$w_1=1$、$w_2=L$、$w_3=L^2$，则能量加权和为

$$N_s=\sum_{i=0}^{3} w_i N_i \tag{9-5-8}$$

式中，N_i 表示检测信号的能量值落入区域 i 的个数。将加权和 N_s 与判决门限 N_T（定义 N_T=L^2）相比较，如果 $N_s \geqslant N_T$，则判决授权用户存在，反之则判决不存在。

2. 多门限协作检测过程

多门限协作检测的过程与单门限协作检测类似，首先进行本地感知，将得到的能量值与三个门限进行比较，得到落在每个能量区间的检测用户个数。假设参与检测的感知用户数为 N，当用户的检测结果中 0 个能量值落入区域 3，i 个能量值落入区域 2，$(j-i)$ 个能量值落入区域 1，$(N-j)$ 个能量值落入区域 0 时，使得加权和 $N_s \leqslant N_T$（$N_s=(j-i)w_1+jw_2$）。如果授权用户存在，就要求 $j \leqslant L^2-1$ 且 $i<\min\left\{\left|\dfrac{L^2-1-jw_1}{w_2-w_1}\right|, j\right\}$，其中 $|R|$ 表示比 R 小的最大整数。

多门限协作检测时，首先需要保证协作的虚警概率不超过系统要求的最低值。通过给定的虚警概率确定各个门限值，然后再通过对所有可能取值的 j 和 i 相加，得到对 H_0 检测的虚警概率 Q_f 为

$$\begin{aligned} Q_f &= 1-P(N_0=N-j, N_1=j-i, N_2=i \mid H_0) \\ &= 1-\sum_{j=0}^{I}\left\{C_N^j(1-P_n)^{N-j}\sum_{i=0}^{J_i}C_j^i(P_{f1}-P_{f2})^{j-i}(P_{f2}-P_{f3})^i\right\} \end{aligned} \tag{9-5-9}$$

式中，$I=L^2-1$；$J_i<\min\left\{\left|\dfrac{L^2-1-jw_1}{w_2-w_1}\right|, i\right\}$。令 $\beta_1=\dfrac{P_{f2}}{P_{f1}}$，$\beta_2=\dfrac{P_{f3}}{P_{f2}}$，其中 β_1、β_2 为最佳参数，定义 $\rho=\dfrac{P_{f1}}{1-P_{f1}}$，则上述方程可以改为

$$(1-Q_f)(1+\rho)^N=\sum_{j=0}^{I}C_A^j\left\{\sum_{i=0}^{J_i}C_j^i(1-\beta_1)^{j-i}(\beta_1-\beta_1\beta_2)^j\right\}\rho^i \tag{9-5-10}$$

当 N、Q_f、L 给定时，ρ 可以通过式（9-5-10）得到，这样就能得到 P_{f1}，再由 β_2、β_3 得到 P_{f2}、P_{f3}，进而得到协作的检测概率

$$\begin{aligned} Q_d &= 1-\sum_{j=0}^{I}\sum_{i=0}^{J_i} P_r(N_0 = N-j, N_1 = j-i, N_2 = i, N_3 = 0 \mid H_1) \\ &= 1-\sum_{j=0}^{I}\left\{ C_N^j (1-P_{d1})^{N-j} \sum_{i=0}^{J_i} C_j^i (P_{d1}-P_{d2})^{j-i} (P_{d2}-P_{d3})^i \right\} \end{aligned} \tag{9-5-11}$$

由此可知，在多门限协作检测中，门限值 λ_1、λ_2、λ_3 的确定是关键。要保证一定的虚警概率就必须先确定门限，而且为了使得检测性能最优，还需要调节最佳参数的大小。门限值确定后，就能够得到每个感知用户的检测概率，进而根据融合准则得到最终的检测概率。

图 9-5-4 给出了感知用户 $N=4$、$L=2$，虚警概率 $Q_f=0.05$ 时，3 个门限在不同信噪比下对应的检测概率，以及通过协作后的最终检测概率曲线。由图可知，在平均信噪比相同时，协作检测的检测性能有明显的提高。例如，当平均信噪比 SNR = 5 dB 时，3 个门限对应的检测概率为 $P_{d1}=0.75$，$P_{d2}=0.7$，$P_{d3}=0.68$，而多门限协作的检测概率 $Q_d=0.96$。

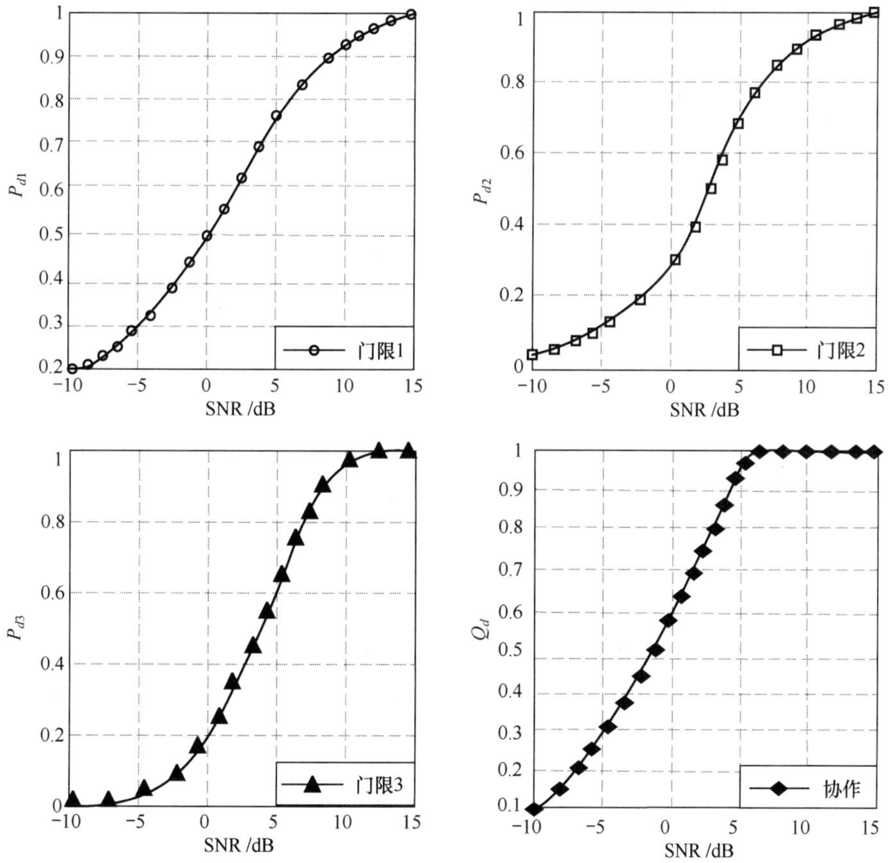

图 9-5-4　多门限协作检测的检测概率

9.6 基于 D-S 证据理论的分布式频谱检测

单个感知用户处在不同的检测位置上，信道条件和距离可能不同，阴影衰落、多径的影响使得检测结果的可靠性也不稳定。信道条件优良、传输距离近的用户的检测可靠性相对较好，而处于阴影衰落信道下的用户的检测可靠性相对较差，通过协作检测可以消除这些影响。在前面介绍的感知技术中，对于授权用户的检测只包含了两个方面的信息，即检测概率和虚警概率。下面引入 D-S（Dempster-Shafer）证据理论，探索基于 D-S 分布式频谱感知技术，将每个感知用户得到的信息分成决策结果和置信水平，对 D-S 证据理论在频谱感知技术中的应用进行介绍与分析。

9.6.1 D-S 证据理论的基本概念

D-S 证据理论是用信任区间代替概率，用集合表示命题，用 Dempster 组合规则代替贝叶斯公式来更新信任函数。用信任区间代替概率，使 D-S 证据理论提供了充分考虑外界环境因素对检测数据未知的方法。因此，在复杂的频谱环境和地理环境中，D-S 证据理论成为协作感知中一种很好的信息融合方式。

证据理论最早是 Dempster 在 1967 年提出来的，当时他想用一个概率区间来代替概率值模拟结果的不确定性，后来 Shafer 在《证据的数学理论》中不断地对此证据理论进行改进和拓展，就是现在的 D-S 证据理论。相对于概率推理，D-S 证据理论能更灵活、更简洁地解决不确定性问题。该理论超越了概率推导的理论框架，更适用于人工智能、模式识别等领域，成为智能化学习、信息融合的重要理论基础。D-S 证据理论的这些优点使其在处理不确定性问题领域有着广泛的应用前景，且对于贝叶斯方法，D-S 证据融合规则在形式上简单，易于实现。D-S 证据融合规则是证据理论的核心内容，它是在证据积累过程中计算多个证据对假设的综合影响的方法，即多个证据作用下假设成立的综合信任程度，具体地说就是从多角度综合多方面的证据，用对同一个问题进行信息融合的数学手段，使人们对问题的判决更理性、更可靠。

该理论在概率的基础上，对概率论的概念进行了扩展。把概率论中的事件扩展为命题，把事件的集合扩展到命题的集合，并提出了基本概率分配、信任函数和似然函数（又称合理性函数）等概念，建立了命题和集合之间的一一对应关系，从而把命题的不确定性转化为集合的不确定性问题。D-S 证据理论处理的正是这一不确定性问题。

在 D-S 证据理论中，用 W 表示所有可能答案的完备集合，且集合 W 内的所有元素互斥，任何结果只能取 W 中的某一元素，此结果可以是数值变量，也可以是事件，则称 W 为一个识别框架，表示为

$$W=(w_1,w_2,w_i,\cdots,w_n) \tag{9-6-1}$$

式中，w_i 就是一个事件或数值。而 W 中所有的子集组成 W 的幂集，定义为

$$2^W=\{\varnothing,\{w_1\},\{w_2\},\cdots,\{w_n\}\{w_1\cup w_2\}\{w_1\cup w_3\},\cdots,W\} \tag{9-6-2}$$

式中，$\varnothing$ 表示空集。如果函数 f 在 2^W 到[0,1]下满足：

$$f(\varnothing)=0 \tag{9-6-3}$$

$$\sum_{A \subset W} f(A) = 1 \tag{9-6-4}$$

则 f 即为基本概率赋值函数。其中，$f(A)$ 表示在给定的条件下支持 A 发生的信任程度，反映了对 A 本身的信任度的大小；$f(\varnothing)=0$ 说明对空集合没有信任度；$\sum\limits_{A \subset W} f(A)=1$ 代表给全部命题赋予的信任度之和为 1，而给任意一个命题的赋值可以是任意大小的信任度。若 A 是集合 W 的一个子集且 $f(A)>0$，则称 A 为函数 f 的焦元，焦元中包含集合元素的个数为该焦元的基。当子集 A 中只含一个元素时，称为单元素焦元；当子集 A 中含有 i 个元素时，称为 i 元素焦元。所有焦元的集合称为核，集合 $(A, f(A))$ 构成了证据体。定义 2^W 上的置信度函数（Bel）与似然函数（Pl）

$$\mathrm{Bel}(A) = \sum_{B \subseteq A} f(B) \quad \forall A \subset W \tag{9-6-5}$$

$$\mathrm{Pl}(A) = \sum_{A \cap B \neq \varnothing} f(B) \quad \forall A \subset W \tag{9-6-6}$$

式中，Bel(A)表示所有 A 的可能性信任度之和，即总信任度；Pl(A) 表示不反对 A 的程度。可知，$\mathrm{Bel}(A) = 1 - \mathrm{Pl}(\overline{A})$，这说明了信任函数和似然函数代表了同一种信息，可以相互求出，对 $\forall A \subset W$，有

$$\sum_{B \subset W} f(B) - \sum_{B \subset A} f(B) = \sum_{A \cap B \neq \varnothing} f(B) \tag{9-6-7}$$

若 $A \cap B \neq \varnothing$，则称 A 与 B 相容，因此 Pl(A) 包含了所有与 A 相容的那些集合的基本信任函数。$\forall A \subset W$，有 $\mathrm{Bel}(A) \leqslant \mathrm{Pl}(A)$，所以似然函数 Pl($A$) 是比置信函数 Bel($A$) 更为宽松的一种估计，反过来 Bel($A$) 是比 Pl($A$) 更为保守的一种估计。其实当 D-S 证据理论将一个置信水平赋予识别框架的一个子集时，并没有要求把其余的置信水平分配给此子集的补集，即 $\mathrm{Bel}(B) + \mathrm{Bel}(\overline{B}) \leqslant 1$，而 $1 - \mathrm{Bel}(B) + \mathrm{Bel}(\overline{B})$ 就表示不确定的程度，在证据理论中的信息不确定性可以通过图 9-6-1 直观地表示。

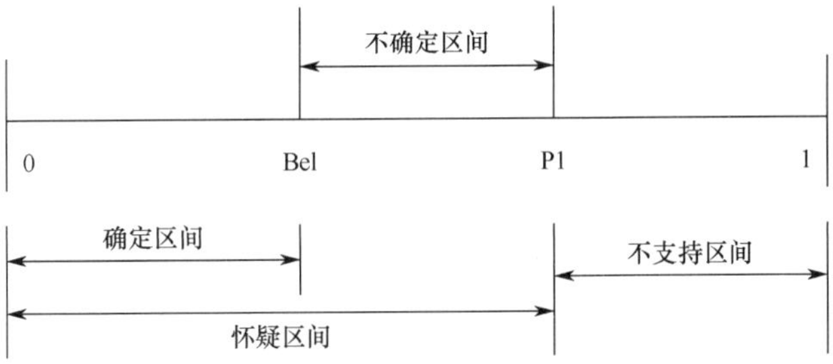

图 9-6-1　信息不确定性表示

定义 0～Pl 为怀疑区间，Pl～1 为不支持区间。在怀疑区间内以置信水平 Bel 为界划分出了确定区间和不确定区间，这样就将概率事件转换为了置信区间的概念。

9.6.2　D-S 证据理论的合成规则

事件的不确定性用似然函数 Pl 和置信函数 Bel 来度量，而置信函数和似然函数的定义又依赖于基本信任分配函数，所以基本信任分配函数是对一个命题的不确定性度量的基础。

在有的情况下，对同样的证据由于数据的来源不同，会得到两个或多个不同的基本信任分配函数。这时为了计算信任函数和似然函数，必须将这两个或多个基本信任分配函数合并成一个信任分配函数，D-S 合成方法就是将两个或多个基本信任分配函数进行正交和运算，即为 D-S 合成规则。D-S 合成规则是一个反映证据共同作用的法则，给出几个在同一识别框架上基于不同证据的信任函数，如果这些证据不是完全互斥的，就可以利用 D-S 合成规则计算出一个新的信任函数，而这个新的信任函数就可以作为在前几个证据共同作用下产生的最终信任函数，称新的信任函数为前几个信任函数的正交和。

1. 两个证据的合成规则

假设 f_1 和 f_2 是 W 上的两个相互独立的基本概率值，其元素分别为 $A_1,\cdots,A_i$ 和 $B_1,\cdots,B_j$，图 9-6-2 所示为各焦元对应的基本信任度分配。

f_1 和 f_2 分别是置信函数 Bel_1 和 Bel_2 对应的基本概率赋值（Basic Probability Assignment，BPA）。综合考虑两个 BPA，得到一个总的置信水平矩形，如图 9-6-3 所示，其中横矩形框表示 f_2 得到的焦元 B_j 上的置信水平；同理，竖矩形框表示 f_1 得到的焦元 A_i 上的置信水平。因此 $f_1(A_i)$、$f_2(B_j)$ 就是确切分配到 C 的一部分置信水平，结果为

$$\mathrm{Bel}(C)=\sum_{A_k\cap B_m=C} f_1(A_i)\times f_2(B_j) \tag{9-6-8}$$

$$f(C)=[f_1+f_2](C)\frac{1}{1-K}\sum_{\substack{k,m\\A_k\cap B_m=C}} f_1(A_i)\times f_2(B_j) \tag{9-6-9}$$

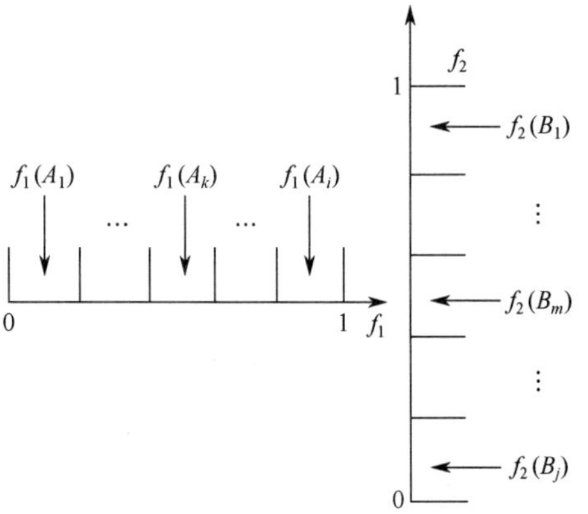

图 9-6-2 各焦元对应的基本信任度分配

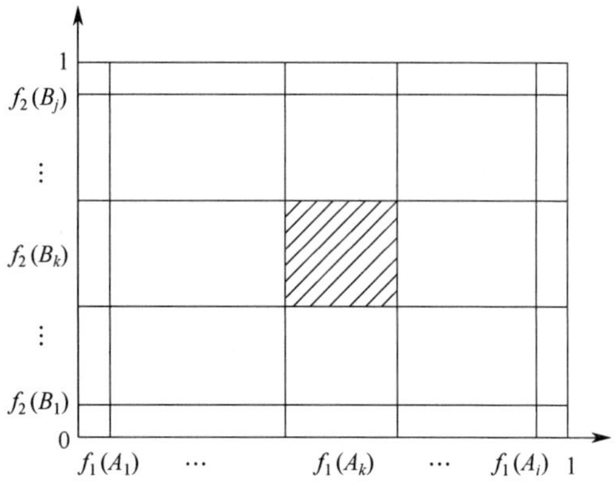

图 9-6-3 D-S 合成规则示意图

令 $K=\sum_{k,n,A_k\cap B_m=\varnothing} f_1(A_i)\times f_2(B_j)<1$，则由 D-S 证据融合规则得到总的概率值 $f=[f_1\oplus f_2]$，其中

$$f(C)=\begin{cases}\dfrac{\sum\limits_{\substack{i,j\\A_k\cap B_m=C}} f_1(A_i)\times f_2(B_j)<1}{1-K} & \forall C\subset W, C\neq\varnothing\\ 0 & C=\varnothing\end{cases} \tag{9-6-10}$$

式中，K 为矛盾因子，反映两个证据冲突的程度；$1/(K-1)$ 为归一化因子。

2. 多个证据的合成规则

对于多个信任分配函数 $f_1, f_2, \cdots, f_n$，如果它们可以合成，则能通过正交和运算将它们合成一个信任分配函数。例如，$f_1 \oplus f_2 \oplus f_3$ 依然是一个置信函数，根据合成规则的运算，合成率 $(f_1 \oplus f_2) \oplus f_3 = f_1 \oplus (f_2 \oplus f_3) = f_1 \oplus f_2 \oplus f_3$，因此，类推得到 $f_1 \oplus f_2 \oplus \cdots \oplus f_n$。

如果 $f_1 \oplus f_2 \oplus \cdots \oplus f_n$ 存在，则其结果与证据函数正交的顺序是没有关系的，所以多个证据合成就表示多个证据函数对应证据的联合作用。由 D-S 证据理论合成准则得到联合的证据函数为

$$f(A) = \frac{\sum\limits_{A_{1,k_1} \cap \cdots \cap A_{1,k_n} = A} f_1(A_{1,k_1}) \cdots f_n(A_{n,k_n})}{1 - \sum\limits_{A_{1,k_1} \cap \cdots \cap A_{1,k_n} = A} f_1(A_{1,k_1}) \cdots f_n(A_{n,k_n})} \tag{9-6-11}$$

如果置信水平函数是可以合成的，即 $\mathrm{Bel}_1 \oplus \mathrm{Bel}_2$ 也表示置信水平函数，那么多个置信水平函数同样可以合成得到联合的置信水平函数 $\mathrm{Bel}_1 \oplus \mathrm{Bel}_2 \cdots \oplus \mathrm{Bel}_n$，其正交顺序也不影响最终的结果。

9.6.3　基于信任度的分布式频谱检测

频谱感知中单个感知用户对授权用户进行检测，对于授权用户是否存在做出两种判断：H_0 说明授权信号不存在，H_1 则表示授权用户存在。在 D-S 证据规则中，H_0 和 H_1 构成了集合 W 中的两个焦元，即 $W = \{H_1, H_0\}$。D-S 证据规则中对于单用户感知包含了 $f(\varnothing)$、$f(H_1)$、$f(H_0)$ 三部分信息。

因此，对于二级用户，感知信息的传递如图 9-6-4 所示。其中 $f_i(\cdot)$ 是基本的分配函数，且 $f_i(\cdot) \in [0,1]$。$f_i(H_0)$ 表示单用户检测结果支持授权用户信号不存在的程度，$f_i(H_1)$ 表示单用户检测结果支持授权用户存在的程度，$f_i(\varnothing)=1-f_i(H_0)-f_i(H_1)$ 表示单用户检测结果不能确定授权用户是否存在的程度。

图 9-6-5 所示为基于 D-S 证据理论的分布式频谱感知方案，每个用户通过本地检测得到感知结果，这些结果 f_i 都是作为 W 中互斥的证据体。所有的信息到达融合中心后运用 D-S 证据规则融合，产生新的结果 f，最后由 f 中包含的概率值 $\{f(H_0), f(H_1)\}$ 得到最终的判决结果。

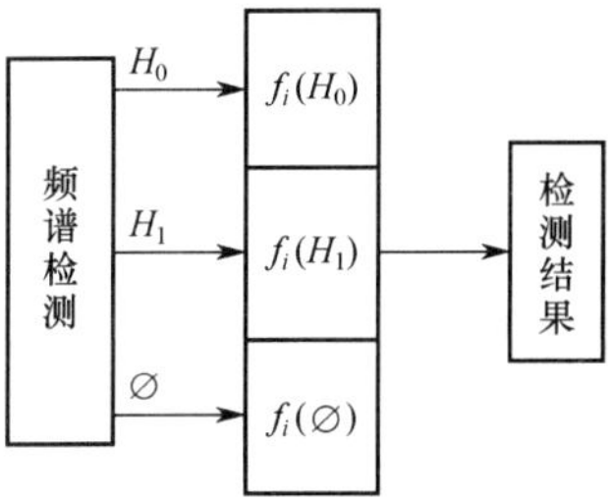

图 9-6-4　感知信息的传递

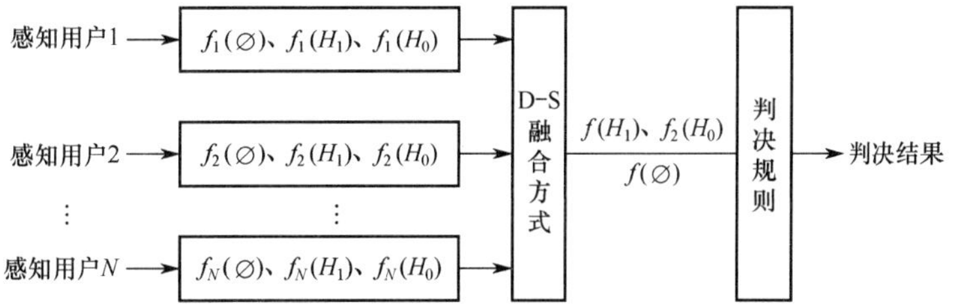

图 9-6-5　基于 D-S 证据理论的分布式频谱感知方案

1. 基于 D-S 协作的融合算法

对于只有两个证据体的情况，即参与检测的用户数为两个时：$f_i \to \{f_i(H_0), f_i(H_1)\}$，$f_j \to \{f_j(H_0), f_j(H_1)\}$，对于单用户检测结果经 D-S 证据规则融合后的协作检测结果为

$$f(H_0)=\frac{f_i(H_0)f_j(H_0)+f_i(H_0)f_j(\varnothing)+f_i(\varnothing)f_j(H_0)}{1-f_i(H_0)f_j(H_1)-f_i(H_1)f_j(H_0)} \tag{9-6-12}$$

$$f(H_1)=\frac{f_i(H_1)f_j(H_1)+f_i(H_1)f_j(\varnothing)+f_i(\varnothing)f_j(H_1)}{1-f_i(H_0)f_j(H_1)-f_i(H_1)f_j(H_0)} \tag{9-6-13}$$

$$f(\varnothing)=\frac{f_j(\varnothing)f_i(\varnothing)}{1-f_i(H_0)f_j(H_1)-f_i(H_1)f_j(H_0)} \tag{9-6-14}$$

当多个证据体进行融合时，可以通过上述方法两两融合；也可以由式（9-6-11）直接得到所有证据体融合的结果，这两种方法是等效的。

2. 融合算法改进

前面假设各个感知用户检测到的结果完全可靠，然而证据体不可靠， 即有的检测用户检测结果不准确时，按照式（9-6-12）和式（9-6-13）的融合算法就可能出现较大误差，这在 D-S 证据理论中被称为证据冲突。同时，在频谱感知中为了提高系统的检测概率，降低虚警概率，减少不确定性对检测结果的影响，应对每个感知用户的检测结果在融合时赋予权系数，不同的检测结果赋予不同的权系数，这样可以最大限度地保证融合的检测结果稳定。鉴于上述两点，可以对融合算法加以改进，构建概率权系数方法。

这里采用的证据体为单用户频谱感知的检测结果，因此，可以构造权系数集合 $W=\{\alpha,\beta,\gamma\}$，其中，检测概率的权系数为

$$\alpha_i=\frac{f_i(H_1)}{\sum_{k=1}^{n} f_k(H_1)} \quad i=1,2,\cdots,n \tag{9-6-15}$$

虚警概率的权系数为

$$\beta_i=\frac{f_i(H_0)}{\sum_{k=1}^{n} f_k(H_0)} \quad i=1,2,\cdots,n \tag{9-6-16}$$

不确定性概率的权系数为

$$\gamma_i=\frac{f_i(H_\varnothing)}{\sum_{k=1}^{n} f_k(H_\varnothing)} \quad i=1,2,\cdots,n \tag{9-6-17}$$

这样一来，对于检测概率权系数有 $\alpha_i \in [0,1]$，且 $\sum_{i=1}^{n}\alpha_i=1$。权系数 α_i 的大小反映了该感知用户检测概率的重要程度或准确性，β_i 和 γ_i 的性质与 α_i 一样。所以，当两个证据体合成时，经过加权调整后的分配函数为

$$f(H_0)=\frac{\beta_i\beta_j f_i(H_0)f_j(H_0)+\beta_i\gamma_j f_i(H_0)f_j(\varnothing)+\beta_j\gamma_i f_i(\varnothing)f_j(H_0)}{1-\alpha_j\beta_i f_i(H_0)f_j(H_1)-\alpha_i\beta_j f_i(H_1)f_j(H_0)} \tag{9-6-18}$$

$$f(H_1)=\frac{\alpha_i\alpha_j f_i(H_1)f_j(H_1)+\alpha_i\gamma_j f_i(H_1)f_j(\varnothing)+\alpha_j\gamma_i f_i(\varnothing)f_j(H_1)}{1-\alpha_j\beta_i f_i(H_0)f_j(H_1)-\alpha_i\beta_j f_i(H_1)f_j(H_0)} \tag{9-6-19}$$

9.7　多天线频谱检测技术

认知无线电系统通过检测授权系统的空闲频段，与授权系统动态共享频谱资源。为避免对授权系统造成干扰，并且尽量为自身通信获取频率资源，要求认知无线电系统具有优良的频谱检测性能；但受信道衰落的影响，单天线的单个接收器难以保障其检测性能。协作频谱检测利用多个接收器进行频谱检测，利用空间分集抵抗信道衰落；但因信令带宽有限，协作频谱检测只能对各分集支路的频谱检测结果进行合并，属于检测后合并，不能充分利用空间分集。认知无线电也可以利用多天线提供的空间分集提高检测性能，在多天线下，获取信道信息后可直接合并各分集支路的接收信号，实现检测前合并。在相同的分集支路数和支路相关性条件下，多天线频谱检测的合并增益将高于协作频谱检测。

为实现多天线信号的检测前合并，必须获取各天线信号的信道冲激响应，但在认知无线电环境下，认知无线电系统没有关于授权系统信号的先验信息，难以直接估计信道冲激响应。认知无线电多天线的频谱检测系统如图 9-7-1 所示，授权系统发射器有一根天线，CR 接收器有 N 根接收天线。

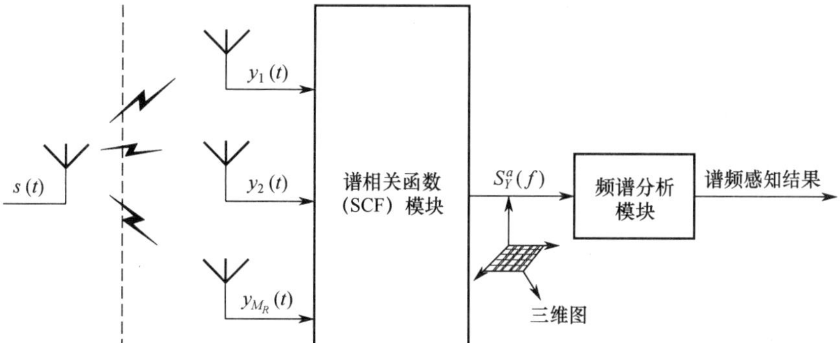

图 9-7-1　认知无线电多天线的频谱检测系统

假定认知无线电接收器进行一次频谱检测需要的信号检测时间为 N_sT_s，T_s 为采样间隔，N_s 为信号采样数。对授权用户信号的频谱检测依旧作为一个二元假设检测问题，H_0 为假设授权用户信号不存在，H_1 为假设授权用户信号存在。这样一来，认知无线电接收器第 i 根接收天线的接收信号可以描述为

$$\boldsymbol{y}_i(t)=\begin{cases}\boldsymbol{v}_i(t) & H_0\\ \sum\limits_{t=0}^{L-1}h_i(t,lT_s)\boldsymbol{x}(t-lT)+\boldsymbol{v}_i(t) & H_1\end{cases} \tag{9-7-1}$$

式中，$\boldsymbol{y}_i(t)=\left[y_i(t),y_i(t+T_s),\cdots,y_i(t+(N_s-1)T_s)\right]$ 为 $(1\times N_s)$ 的接收信号向量；$\boldsymbol{x}_i(t)=\left[x_i(t),x_i(t+T_s),\cdots,x_i(t+(N_s-1)T_s)\right]$ 为 $(1\times N_s)$ 的授权用户发送信号向量，平均每个信号的发射能量为 E_s；$h_i(t,lT_s)$ 表示从授权用户发射天线到认知用户第 i 根接收天线的时延为 lT_s 的信道系数，且在一次频谱检测的时间内 $\left[t,t+(N_s-1)T_s\right]$ 保持不变；L 为信道长度；$\boldsymbol{v}_i(t)=\left[v_i(t),v_i(t+T_s),\cdots,v_i(t+(N_s-1)T_s)\right]$ 为零均值加性高斯白噪声向量，各天线噪声相对独立，噪声功率为 σ_n^2。

图 9-7-1 中的多天线合并谱相关函数模块可以看作特征检测器的预处理器，它合并各天线的接收信号，并估计合并信号 Y 在频率–循环频率平面上的谱相关函数 $S_Y^{\alpha}(t,f)$，其中，频率 $f\in\left[f_L,f_U\right]$，循环频率 $\alpha\in\left[f_L-f_U,f_U-f_L\right]$。$f-\alpha$ 平面上的谱相关函数 $S_Y^{\alpha}(t,f)$ 形成一个三维图形，作为循环谱估计的输出送到频谱分析模块进行处理。

频谱分析模块可以使用模式识别的方法，根据信号的循环平稳特性检测信号占用的频谱。频谱分析模块首先对输入的谱相关函数 $S_Y^{\alpha}(t,f)$ 三维图进行特征提取，然后判断授权用户信号是否存在。如果存在，则需要进一步判断信号的类型，并结合信号类型提取载波频率、符号速率，带宽等与信号频谱相关的信息，最后输出频谱检测的结果。

对多路信号进行合并的基本方法有等增益合并（Equal-Gain Combining，EGC）、最大比合并（Maximal-Ratio Combining，MRC）和选择性合并（Selection Combining，SC）三种。在时域对信号进行合并时，为了对各分集支路信号进行相位校正，EGC 需要估计各支路信号的相位差。MRC 不但要进行相位校正，还应给各支路乘上正比于其幅值的加权系数，因此需要估计各支路的幅度。SC 不用进行估计，只需要选择信噪比最大的支路作为输出。当信道为频率选择性信道时，还应分离每个分集支路的各条多径信号，加权和相位校正都应该针对各条多径信号。

假设式（9-7-1）中 $h_i(t,lT_s)$ 已知，并且可以分离天线的各径信号及噪声信号。在相位校正时，各径信号分别以其第一根天线的相应径的信号相位为基准。EGC 的合并信号 $y(t)$ 应为

$$y(t)=\sum_{l=0}^{L-1}x(t-lT_s)\left(\sum_{i=1}^{M_R}\left|h_i(t,lT_s)\right|\mathrm{e}^{\mathrm{j}\varphi(h_i(t,lT_s))}\right)+v_i(t) \tag{9-7-2}$$

式中，$\varphi(\cdot)$ 表示取复数的相位。

MRC 的合并信号为

$$y(t)=\sum_{l=0}^{L-1}x(t-lT_s)\left(\sum_{i=1}^{M_R}\left|h_i(t,lT_s)\right|\mathrm{e}^{\mathrm{j}\varphi(h_i(t,lT_s))}\right)+v_i(t) \tag{9-7-3}$$

在没有授权用户发射信号 $x(t)$ 的任何先验信息时，直接估计信道冲击响应 $h_i(t,lT_s)$ 并分离各径信号十分困难。因此，在时域合并各天线信号，进而生成合并信号的谱相关函数并不现实。

9.7.1 基于功率谱的多天线等增益合并检测

基于功率谱（能量）的多天线检测方案如图 9-7-2 所示，从不同的天线接收的信号分别

经过能量检测器后送到协作判决器进行判决，以此来确定授权用户信号是否存在。如图 9-7-2 所示，每个能量检测器根据预设的门限（判决检测结果为 H_0 或 H_1），协作判决器根据预设的参考值 $K(1 \leqslant K \leqslant N)$ 判决最终的结果为 H_0 或 H_1，其中，N 为天线总数。例如，在感知系统中有三根天线时，单天线的判决结果中有三个或两个 H_0 且大于或等于 K 时，协作判决的结果即为授权用户不存在，表 9-7-1 所示为协作判决的示例。

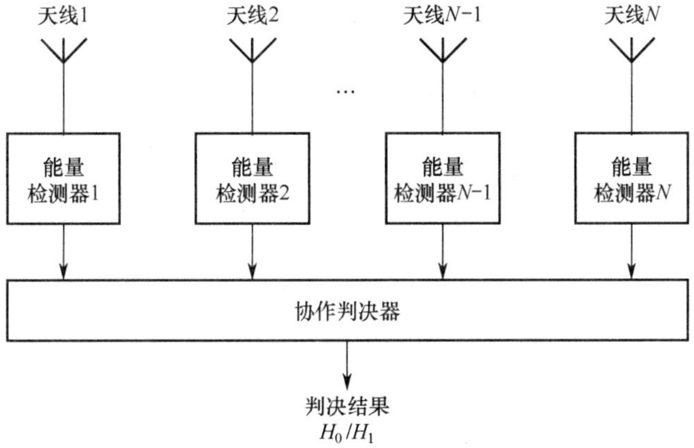

图 9-7-2　基于能量的多天线检测方案

表 9-7-1　协作判决的示例

第 1 个能量检测器	第 2 个能量检测器	第 3 个能量检测器	协作最终判决
H_0	H_0	H_0	H_0
		H_1	H_0
	H_1	H_0	H_0
		H_1	H_1
H_1	H_0	H_0	H_0
		H_1	H_1
	H_1	H_0	H_1
		H_1	H_1

1. H_0 假设下能量检测方法的统计特性

（1）单天线能量法的统计特性。

H_0 假设下单天线能量法的检测统计量可以表示为

$$Y_1 = \sum_{k=1}^{N} \left| n_1(k) \right|^2 \tag{9-7-4}$$

因为 $n_1(k) \sim CN(0,\sigma^2)$，所以 $E\left[Y_1 \mid H_0\right] = N\sigma^2$，$D\left[Y_1 \mid H_0\right] = N\sigma^4$。当 $N > 1$ 时（一般 $N > 10$ 即可），有 $Y_1 \sim CN(N\sigma^2, N\sigma^4)$，则虚警概率 P_{f1} 的解析表达式为

$$P_{f1} = Q\left(\frac{T_{h1} - N\sigma^2}{\sqrt{N}\sigma^2} \right) \tag{9-7-5}$$

（2）多天线等增益合并能量法的统计特性。

H_0 假设下多天线能量法等增益合并后的检测统计量可以表示为

$$Y=\sum_{i=1}^{M_L}\sum_{k=1}^{N}|n_i(k)|^2 \tag{9-7-6}$$

因为 $n_i(k)\sim CN(0,\sigma^2)$，所以 $E[Y\,|\,H_0]=M_L N\sigma^2$，$D[Y\,|\,H_0]=M_L N\sigma^4$。当 $M_L N>>1$ 时，有 $Y\sim CN(M_L N\sigma^2, M_L N\sigma^4)$，则虚警概率 P_f 的解析表达式为

$$P_f=Q\left(\frac{T_h-M_L N\sigma^2}{\sqrt{M_L N}\sigma^2}\right) \tag{9-7-7}$$

2. H_1 假设下能量检测方法的统计特性

（1）单天线能量法的统计特性。

H_1 假设下单天线能量法的检测统计量可以表示为

$$Y_1=\sum_{k=1}^{N}|a_1x_1(k)+n_1(k)|^2 \tag{9-7-8}$$

瞬时信噪比定义为 $\gamma_1=\dfrac{a_1^2\sigma_{s1}^2}{\sigma^2}$，其中，$\sigma_{s1}^2=\dfrac{1}{N}\sum\limits_{k=1}^{N}|x_1(k)|^2$，则 $E[Y_1\,|\,H_1]=N(1+\gamma_1)\sigma^2$，$D[Y_1\,|\,H_1]=N(1+2\gamma_1)\sigma^4$。当 $N>>1$ 时，有 $Y_1\sim CN(N(1+\gamma_1)\sigma^2,\ N(1+2\gamma_1)\sigma^4)$，在高斯白噪声信道下，检测概率 P_{d1} 的解析表达式为

$$P_{d1}=Q\left(\frac{T_{h1}-N(1+\gamma_1)\sigma^2}{\sqrt{N(1+2\gamma_1)}\sigma^2}\right) \tag{9-7-9}$$

当幅度 a_1 服从瑞利分布时，则瞬时信噪比 γ_1 服从如下指数分布

$$f(\gamma_1)=\frac{1}{\overline{\gamma_1}}\exp\left(\frac{\gamma_1}{\overline{\gamma_1}}\right)\quad \gamma_1>0 \tag{9-7-10}$$

式中，$\overline{\gamma_1}$ 为平均信噪比。此时，在瑞利衰落信道下，检测概率 $\overline{P_{d1}}$ 的解析表达式为

$$\overline{P_{d1}}=\int_0^{\infty}Q\left(\frac{T_{h1}-N(1+\gamma_1)\sigma^2}{\sqrt{N(1+2\gamma_1)}\sigma^2}\right)\frac{1}{\overline{\gamma_1}}\exp\left(\frac{\gamma_1}{\overline{\gamma_1}}\right)\mathrm{d}\gamma_1 \tag{9-7-11}$$

（2）多天线等增益合并能量法的统计特性。

H_1 假设下多天线能量法的检测统计量可以表示为

$$Y=\sum_{i=1}^{M_L}\sum_{k=1}^{N}|a_ix_i(k)+n_i(k)|^2 \tag{9-7-12}$$

各分支天线的瞬时信噪比定义为 $\gamma_i=\dfrac{a_i^2\sigma_{si}^2}{\sigma^2}$，其中，$\sigma_{si}^2=\dfrac{1}{N}\sum\limits_{k=1}^{N}|x_i(k)|^2$，则 $E[Y\,|\,H_1]=\sum\limits_{i=1}^{M_L}N(1+\gamma_i)\sigma^2$，$D[Y|H_1]=\sum\limits_{i=1}^{M_L}N(1+2\gamma_i)\sigma^4$。当 $N>>1$ 时，$Y\sim CN\left(\sum\limits_{i=1}^{M_L}N(1+\gamma_i)\sigma^2,\sum\limits_{i=1}^{M_L}N(1+2\gamma_i)\sigma^4\right)$。在高斯白噪声信道下，检测概率 P_d 的解析表达式为

$$P_d = Q\left(\frac{T_h - \sum_{i=1}^{M_L} N(1+\gamma_i)\sigma^2}{\sqrt{\sum_{i=1}^{M_L} N(1+2\gamma_i)\sigma^2}}\right) \tag{9-7-13}$$

定义各分支天线瞬时信噪比的和为$\gamma_{\text{sum}} = \sum_{i=1}^{M_L}\gamma_i$，当幅度$a_i$服从相同瑞利分布时，$\gamma_{\text{sum}}$服从如下分布

$$f(\gamma_{\text{sum}}) = \frac{1}{\Gamma(M_L)}\left(\frac{1}{\overline{\gamma}}\right)^{M_L} \gamma_{\text{sum}}^{M_L-1} \exp\left(\frac{\gamma_{\text{sum}}}{\overline{\gamma}}\right) \quad \gamma_{\text{sum}} > 0 \tag{9-7-14}$$

式中，y 为各分支天线的平均信噪比。此时，在瑞利衰落信道下，检测概率$\overline{P_d}$的解析表达式可以表示为

$$\overline{P_d} = \int_0^{\infty} Q\left(\frac{T_h - (M_L N + \gamma_{\text{sum}})\sigma^2}{\sqrt{(M_L N + 2\gamma_{\text{sum}})\sigma^2}}\right)\frac{1}{\Gamma(M_L)}\left(\frac{1}{\overline{\gamma}}\right)^{M_L} \gamma_{\text{sum}}^{M_L-1} \exp\left(\frac{\gamma_{\text{sum}}}{\overline{\gamma}}\right) \mathrm{d}\gamma_{\text{sum}} \tag{9-7-15}$$

9.7.2　基于循环谱的多天线频谱检测

根据估计谱相关函数的时域平滑法，使用长度为N_s的$y_i(t)$和$y_j(t)$，估计天线i与j的互谱相关函数。互谱相关函数$S_{y_i y_j}^{\alpha}(t,f)$的计算公式为

$$S_{y_i y_j}^{\alpha}(t,f) = \frac{1}{JM}\sum_{u=0}^{JM-1}\frac{1}{N} y_i\left(t + \frac{uNT_s}{J}, f_1\right) y_j^*\left(t + \frac{uNT_s}{J}, f_2\right) \tag{9-7-16}$$

式中，$f_1 = f + \alpha/2$；$f_2 = f - \alpha/2$；$\alpha \neq 0$。$Y_i(t,f)$为$y_i(t)$的离散傅里叶变换

$$Y_i(t,f) = \sum_{n=0}^{N-1} y_i(t + nT_s)\mathrm{e}^{-\mathrm{j}2\pi f(t+nT_s)} \tag{9-7-17}$$

J、M和N为时域平滑法的参数，它们与N_s的关系为$N_s = (1 + M - 1/J)N$。式（9-7-16）中估计的互谱相关函数的频率分辨率$\Delta f = 1/NT_s$，循环频率分辨率$\Delta\alpha = \Delta f / M$。

将式（9-7-13）代入式（9-7-17），当授权用户信号$x(t)$存在且$N \gg L$时，有

$$Y_i(t,f) = H_i(t,f)X(t,f) + N_i(t,f) \tag{9-7-18}$$

式中，$X(t,f)$和$N_i(t,f)$分别为按式（9-7-17）计算的$x(t)$与$n_i(t)$的离散傅里叶变换。$H_i(t,f)$可以表示为

$$H_i(t,f) = \sum_{l=0}^{L-1} h_i(t, lT_s)\mathrm{e}^{-\mathrm{j}2\pi f l T_s} \tag{9-7-19}$$

由于信道冲激响应在$N_s T_s$内不变，即$H_i(t,f) = H_i(t + uNT_s/J, f)$，将式（9-7-18）代（9-7-16），得

$$\begin{aligned} S_{y_i y_j}^{\alpha}(t,f) = \frac{1}{JM}\sum_{u=0}^{JM-1}\Bigg\{\frac{1}{N}\left[H_i(t,f_1)X\left(t + \frac{uNT_s}{J}, f_1\right) + N_i\left(t + \frac{uNT_s}{J}, f_1\right)\right]\cdots \\ \left[H_j(t,f_2)X\left(t + \frac{uNT_s}{J}, f_2\right) + N_j\left(t + \frac{uNT_s}{J}, f_2\right)\right]\Bigg\} \end{aligned} \tag{9-7-20}$$

进一步简化，可得

$$S_{y_iy_j}^{\alpha}(t,f)=H_i(t,f_1)H_j^*(t,f_2)S_x^{\alpha}(f)+H_i(t,f_1)S_{xn_j}^{\alpha}(t,f)+\\ H_j^*(t,f_2)S_{n_ix}^{\alpha}(t,f)+S_{n_in_j}^{\alpha}(t,f) \tag{9-7-21}$$

式中，$S_x^{\alpha}(f)$ 为向量 $\boldsymbol{x}(t)$ 的谱相关函数，可以认为它不随时间的变化而变化；$S_{xn_j}^{\alpha}(t,f)$ 为 $\boldsymbol{x}(t)$ 与 $n_j(t)$ 的互谱相关函数；$S_{n_ix}^{\alpha}(t,f)$ 为 $n_i(t)$ 与 $\boldsymbol{x}(t)$ 的互谱相关函数；$S_{n_in_j}^{\alpha}(t,f)$ 为 $n_i(t)$ 与 $n_j(t)$ 三维互谱相关函数。

接收天线 i 的谱相关函数为

$$S_{y_i}^{\alpha}(t,f)=H_i(t,f_1)H_i^*(t,f_2)S_x^{\alpha}(f)+H_i(t,f_1)S_{xn_i}^{\alpha}(t,f)+\\ H_i^*(t,f_2)S_{n_ix}^{\alpha}(t,f)+S_{n_i}^{\alpha}(t,f) \tag{9-7-22}$$

式（9-7-21）和式（9-7-22）中的第 1 项为信号项，后 3 项为噪声项，当 $N_s\to\infty$，后 3 项趋近于 0。$S_{y_iy_j}^{\alpha}(t,f)$ 和 $S_{y_i}^{\alpha}(t,f)$ 分别为其第 1 项的估计值。由式（9-7-21）和式（9-7-22）能估计出 $H_i(t,f_2)$ 与 $H_j(t,f_2)$ 的相对关系。例如，EGC 中进行相位调整所需的相位差可由下式进行估计

$$\phi(H_i(t,f_2))-\phi(H_j(t,f_2))=\phi(S_{y_iy_j}^{\alpha}(t,f)(S_{y_i}^{\alpha}(t,f))^*) \tag{9-7-23}$$

式中，$\phi(\cdot)$ 表示取复数的相位。

进行 EGC，需要去除各天线信号的相位差后才能合并信号，根据式（9-7-23），以天线 1 为基准，估计出各天线信道频域响应与天线 1 的相位差后，就可以对各天线的频域信号进行 EGC 合并了，合并的频域信号可以表示为

$$Y(t,f)=\sum_{i=1}^{M_R}\mathrm{e}^{\mathrm{j}\phi_i(t,f)}Y_i(t,f) \tag{9-7-24}$$

式中，

$$\phi_i(t,f)=\phi\left(S_{y_1y_j}^{\alpha}\left(t,f+\frac{\alpha}{2}\right)\left(S_{y_1}^{\alpha}\left(t,f+\frac{\alpha}{2}\right)\right)^*\right) \tag{9-7-25}$$

将式（9-7-17）与式（9-7-23）代入式（9-7-25），可得

$$Y(t,f)=X(t,f)\mathrm{e}^{\mathrm{j}\phi(H_1(t,f))}\sum_{i=1}^{M_R}|H_i(t,f)+|\sum_{i=1}^{M_R}N_i(t,f)\mathrm{e}^{\mathrm{j}\phi(t,f)} \tag{9-7-26}$$

由此可知，经过相位调整，各天线的频域信号与天线 1 同相，因此实现了多天线信号的频域合并。

由频域合并信号 $Y(t,f)$ 就可以估计出谱相关函数

$$S_Y^{\alpha}(t,f)=\frac{1}{JM}\sum_{u=0}^{JM-1}\frac{1}{N}Y\left(t+\frac{uNT_s}{J},f_1\right)Y^*\left(t+\frac{uNT_s}{J},f_2\right) \tag{9-7-27}$$

将式（9-7-26）代入式（9-7-27），可得 $S_Y^{\alpha}(t,f)=I_1+I_2+I_3+I_4$，其中 I_1 为信号项，$I_2+I_3+I_4$ 为噪声项，它们分别为

$$I_1=\left(\sum_{i=1}^{M_R}\left|H_i(t,f_1)\right|\right)\left(\sum_{i=1}^{M_R}\left|H_j(t,f_2)\right|\right)S_x^{\alpha}(f)\mathrm{e}^{\mathrm{j}\phi(H_1(t,f_1))-\mathrm{j}\phi(H_1(t,f_2))} \tag{9-7-28}$$

$$I_2=\left(\sum_{i=1}^{M_R}\left|H_i(t,f_1)\right|\right)\mathrm{e}^{\mathrm{j}\phi(H_1(t,f_1))}\sum_{i=1}^{M_R}S_{xn_i}^{\alpha}(t,f)\mathrm{e}^{-\mathrm{j}\phi_i(t,f_2)} \tag{9-7-29}$$

$$I_3=\left(\sum_{i=1}^{M_R}\left|H_i(t,f_2)\right|\right)\mathrm{e}^{\mathrm{j}\phi(H_1(t,f_2))}\sum_{i=1}^{M_R}S_{n_ix}^{\alpha}(t,f)\mathrm{e}^{\mathrm{j}\phi_i(t,f_1)} \tag{9-7-30}$$

$$I_4=\sum_{i,j=1}^{M_R}S_{n_in_j}^{\alpha}(t,f)\mathrm{e}^{\mathrm{j}\phi_i(t,f_1)-\mathrm{j}\phi_j(t,f_2)} \tag{9-7-31}$$

在频率选择性信道下，当 f_1 与 f_2 后的距离相对相关带宽足够远时，可以认为 $H_i(t,f_1)$ 与 $H_i(t,f_2)$ 不相关。当频率分辨率 Δf 足够小时，可认为在 Δf 内，信道是平坦瑞利信道，则 $H_i(t,f)$ 服从瑞利分布，其概率密度函数为

$$P_{|H_i(t,f)|}(r)=2r\mathrm{e}^{-r^2} \tag{9-7-32}$$

由此可以推导出所有天线中信号的平均功率为

$$\begin{aligned}E\left[\left|I_1\right|^2\right]&=\left|S_x^{\alpha}(f)\right|^2E\left[\left(\sum_{i=1}^{M_R}\left|H_i(t,f_1)\right|\right)^2\left(\sum_{i=1}^{M_R}\left|H_i(t,f_2)\right|\right)^2\right]\\&=M_R^2\left[1+(M_R-1)\pi/4\right]^2\left|S_x^{\alpha}(f)\right|^2\end{aligned} \tag{9-7-33}$$

式中，$E[\cdot]$ 表示取数学期望。因为 $n_i(t)$ 服从零均值的复高斯分布，所以可以推出以下的近似概率分布

$$\begin{aligned}&S_{n_in_j}^{\alpha}(t,f)\sim CN\left(0,\varepsilon_0\sigma_n^4/JM\right)\\&S_{xn_i}^{\alpha}(t,f)\sim CN\left(0,\varepsilon_0\sigma_n^2S_x(f_1)/JM\right)\\&S_{n_ix}^{\alpha}(t,f)\sim CN\left(0,\varepsilon_0\sigma_n^2S_x(f_2)/JM\right)\end{aligned} \tag{9-7-34}$$

式中，$S_x(f)$ 为授权用户信号的功率谱；ε_0 为修正因子。可以证明，噪声 $I_2+I_3+I_4$ 中的各个分量都相互独立，$I_2+I_3+I_4$ 仍然服从零均值的复高斯分布。由式（9-7-34）可得其方差为

$$\sigma^2=\frac{\varepsilon_0\sigma_n^4M_R^2}{JM}\left(1+\frac{S_x(f_1)\left[\sum_{i=1}^{M_R}\left|H_i(t,f_1)\right|\right]^2}{\sigma_n^2M_R}+\frac{S_x(f_2)\left[\sum_{i=1}^{M_R}\left|H_i(t,f_2)\right|\right]^2}{\sigma_n^2M_R}\right) \tag{9-7-35}$$

由概率密度函数可得平均噪声功率为

$$E[\left|I_2+I_3+I_4\right|^2]=\frac{\varepsilon_0\sigma_n^4M_R^2}{JM}\left(1+\frac{S_x(f_1)E\left[\left(\sum_{i=1}^{M_R}\left|H_i(t,f_1)\right|\right)^2\right]}{\sigma_n^2M_R}+\right.$$

$$\left.\frac{S_x(f_2)E\left[\left(\sum_{i=1}^{M_R}\left|H_i(t,f_2)\right|\right)^2\right]}{\sigma_n^2 M_R}\right) \tag{9-7-36}$$

$$=\frac{\varepsilon_0\sigma_n^4 M_R^2}{JM}\left(1+[1+(M_R-1)\pi/4]\frac{S_x(f_1)+S_x(f_2)}{\sigma_n^2}\right)$$

由式（9-7-33）与式（9-7-36）可以得到谱相关函数的平均信噪比

$$\bar{r}_{M_R}=\frac{\left[1+(M_R-1)\pi/4\right]^2\left|S_x^\alpha(f)\right|^2}{\dfrac{\varepsilon_0\sigma_n^4}{JM}\left(1+\left[1+(M_R-1)\pi/4\right]\dfrac{S_x(f_1)+S_x(f_2)}{\sigma_n^2}\right)} \tag{9-7-37}$$

其中，当 $M_R=1$ 即为单天线谱相关函数的平均信噪比 $\bar{r}_1$。$\bar{r}_{M_R}$ 与 $\bar{r}_1$ 存在以下关系

$$\frac{\bar{r}_{M_R}}{\bar{r}_1}=\begin{cases}\left[1+(M_R-1)\pi/4\right]^2 & \dfrac{S_x(f_1)+S_x(f_2)}{\sigma_n^2}\leqslant 1\\ 1+(M_R-1)\pi/4 & \dfrac{S_x(f_1)+S_x(f_2)}{\sigma_n^2}>1\end{cases} \tag{9-7-38}$$

式中，$\dfrac{S_x(f_1)+S_x(f_2)}{\sigma_n^2}$ 正比于单天线接收信号的平均信噪比 $\dfrac{E_s}{\sigma_n^2}$。可见，$\dfrac{E_s}{\sigma_n^2}$ 较低时，多天线合并频谱检测相对于单天线频谱检测的增益更高。

9.7.3 基于最优线性加权合并的多天线频谱检测

由于多径衰落等因素的影响，各分支天线接收信号的瞬时平均功率可能不尽相同，这时等增益准则不是检测性能最优的多天线加权合并方法。因此，在满足加权后的检测统计量虚警概率恒定的条件下，如何求解使检测概率取最大值时的最优线性加权系数是一个亟待解决的问题。

1. 检测模型

假设每根分支天线都采用能量法进行检测，线性加权合并后的检测统计量 Y_c 为

$$Y_c=\sum_{i=1}^{M_L}w_iY_i=\boldsymbol{w}^{\mathrm{T}}\boldsymbol{Y} \tag{9-7-39}$$

式中，$\boldsymbol{w}=\left[w_1,\cdots,w_{M_L}\right]^{\mathrm{T}}$；$\boldsymbol{Y}=\left[Y_1,\cdots,Y_{M_L}\right]^{\mathrm{T}}$；$Y_i=\sum_{k=1}^{N}\left|y_i(k)\right|^2$。分析可得 Y_c 分别在 H_0 和 H_1 假设下的期望和方差：

$$E\left[Y_c\right]=\begin{cases}N\sigma^2\sum_{i=1}^{M_L}w_i=N\boldsymbol{\sigma}^{\mathrm{T}}\boldsymbol{w} & H_0\\ N\sum_{i=1}^{M_L}(\sigma^2+a_i^2\sigma_{si}^2)w_i=N(\boldsymbol{\sigma}+\boldsymbol{g})^{\mathrm{T}}\boldsymbol{w} & H_1\end{cases} \tag{9-7-40}$$

$$D[Y_c]=\begin{cases} N\boldsymbol{\sigma}^4\sum_{i=1}^{M_L}w_i^2=\boldsymbol{w}^{\mathrm{T}}\sum_{H_0}\boldsymbol{w} & H_0 \\ N\sum_{i=1}^{M_L}(\sigma^4+2a_i^2\sigma_{si}^2\sigma^2)w_i^2=\boldsymbol{w}^{\mathrm{T}}\sum_{H_1}\boldsymbol{w} & H_1 \end{cases} \tag{9-7-41}$$

$\boldsymbol{\sigma}=[\sigma^2,\cdots,\sigma^2]^{\mathrm{T}}$；　$\boldsymbol{g}=\left[a_1^2\sigma_{s1}^2,\cdots,a_{M_L}^2\sigma_{sM_L}^2\right]^{\mathrm{T}}$；　$\sum_{H_0}=N\mathrm{diag}^2(\boldsymbol{\sigma})$；　$\sum_{H_1}N[\mathrm{diag}^2(\boldsymbol{\sigma})+2\mathrm{diag}(\boldsymbol{g})\mathrm{diag}(\boldsymbol{\sigma})]$。因此，线性加权检测统计量 Y_c 的虚警概率 P_f 和检测概率 P_d 的表达式分别为

$$P_f=Q\left(\frac{T_h-N\boldsymbol{\sigma}^{\mathrm{T}}\boldsymbol{w}}{\sqrt{\boldsymbol{w}^{\mathrm{T}}\sum_{H_0}\boldsymbol{w}}}\right) \tag{9-7-42}$$

$$P_d=Q\left(\frac{T_h-N(\boldsymbol{\sigma}+\boldsymbol{g})^{\mathrm{T}}\boldsymbol{w}}{\sqrt{\boldsymbol{w}^{\mathrm{T}}\sum_{H_1}\boldsymbol{w}}}\right) \tag{9-7-43}$$

图 9-7-3 所示为多天线线性加权合并频谱检测模型。

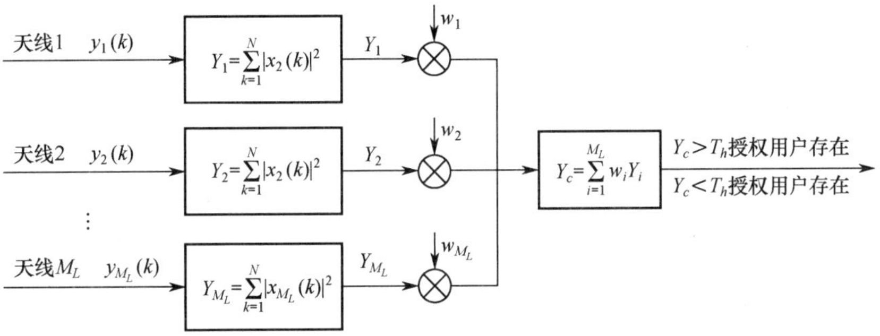

图 9-7-3　多天线线性加权合并频谱检测模型

2. 检测算法

为了得到检测概率取最大值时的加权系数 $\boldsymbol{w}$，首先利用式（9-7-36）得到检测门限 $T_h=Q^{-1}(P_f)\sqrt{\boldsymbol{w}^{\mathrm{T}}\sum_{H_0}\boldsymbol{w}}+N\boldsymbol{\sigma}^{\mathrm{T}}\boldsymbol{w}$ 然后将 T_h 代入式（9-7-43）中，有

$$P_d=Q\left(\frac{Q^{-1}(P_f)\sqrt{\boldsymbol{w}^{\mathrm{T}}\sum_{H_0}\boldsymbol{w}}-N\boldsymbol{g}^{\mathrm{T}}\boldsymbol{w}}{\sqrt{\boldsymbol{w}^{\mathrm{T}}\sum_{H_1}\boldsymbol{w}}}\right) \tag{9-7-44}$$

在信号检测领域，一般都希望检测概率越大越好，而虚警概率越小越好。因此在这里，只讨论在满足 $P_d>1/2$ 且 $P_f<1/2$ 时最优加权系数的求解方法。因为 $P_d>1/2$，所以

$$Q^{-1}(P_f)\sqrt{\boldsymbol{w}^{\mathrm{T}}\sum_{H_0}\boldsymbol{w}}-N\boldsymbol{g}^{\mathrm{T}}\boldsymbol{w}<0 \tag{9-7-45}$$

同时，$Q^{-1}(P_f)>0$。设 w_0 为一常数（$w_0>0$），然后进行变量替换，令 $\boldsymbol{z}=\boldsymbol{w}/w_0$ 则使检测概率 P_d 最大的最优化问题变为

$$\begin{cases}\min\limits_{z} & Q^{-1}(P_f)\sqrt{\boldsymbol{z}^{\mathrm{T}}\sum_{H_0}\boldsymbol{z}}-N\boldsymbol{g}^{\mathrm{T}}\boldsymbol{w}\\ \text{s.t.} & \boldsymbol{z}^{\mathrm{T}}\sum_{H_1}\boldsymbol{z}\leqslant 1\end{cases} \tag{9-7-46}$$

令 $\boldsymbol{r}=\sum_{H_0}^{1/2}\boldsymbol{z}$，则最优化问题变为

$$\begin{cases}\min\limits_{z} & Q^{-1}(P_f)\|\boldsymbol{r}\|-N\boldsymbol{g}^{\mathrm{T}}\sum\limits_{H_0}^{-1/2}\boldsymbol{r}\\ \text{s.t.} & \boldsymbol{r}^{\mathrm{T}}\sum\limits_{H_0}^{-T/2}\sum\limits_{H_1}\sum\limits_{H_0}^{-1/2}\boldsymbol{r}\leqslant 1\end{cases} \tag{9-7-47}$$

可以看出，式（9-7-47）是关于 $\boldsymbol{r}$ 的凸规划问题，假设得到式（9-7-47）的最优解 $\boldsymbol{r}^{\mathrm{o}}$，则最优化问题式（9-7-44）的解为

$$\boldsymbol{w}_{\mathrm{opt}}=\sum_{H_0}^{-1/2}\boldsymbol{r}^{\mathrm{o}}\sqrt{(\boldsymbol{r}^{\mathrm{o}})^{\mathrm{T}}\sum_{H_0}^{-T/2}\sum_{H_1}\sum_{H_0}^{-1/2}\boldsymbol{r}^{\mathrm{o}}} \tag{9-7-48}$$

按照 $\boldsymbol{w}_{\mathrm{opt}}$ 的值设置各分支天线的加权系数，就可以保证检测统计量 Y_c 的检测性能最优。

习　题　9

9-1　什么是认知无线电？认知无线电的主体是什么？它和认知网络相同吗？

9-2　画出认知无线电的基本原理框图，并阐述其关键技术。

9-3　说明采用下面两种认知无线电机制的原因：

（1）为什么认知无线电需要在接入之前感知频带？

（2）为什么认知无线电需要周期性地感知频带？

9-4　已知在低信噪比区域，N 的复杂度为 $O\left[1/(\mathrm{SNR})^2\right]$。对于匹配滤波接收机，在低信噪比的区域，$N$ 的复杂度为 $O\left[1/(\mathrm{SNR})^2\right]$，这意味着匹配滤波器有更好的性能。然而，与匹配滤波器相比，对于检测认知无线电主用户的存在，能量检测一直是一个更实际的检测方案。请陈述其原因。

9-5　能量检测是在频谱感知中常用的一种方法。已知

$$p\left(x[n]\mid\theta\right)=\begin{cases}\theta\cdot\mathrm{e}^{-\theta x[n]} & x[n]>0\\ 0 & x[n]<0\end{cases}$$

式中，$x[n]$ 独立同分布，且 $p(x\mid\theta)=\prod\limits_{n=0}^{N-1}p\left(x[n]\mid\theta\right)=\theta^N\cdot\mathrm{e}^{-\theta\sum\limits_{n=0}^{N-1}x[n]}$，先验概率 $p(\theta)=\begin{cases}\lambda\mathrm{e}^{-\lambda\theta} & \theta>0\\ 0 & \theta<0\end{cases}$，求 $\hat{\theta}$，使得 $p(\theta\mid x)$ 达到最大。

9-6　已知一个单独的窄带信道，其中接收信号为

$$r_n=n_n \qquad H_0\text{：仅接收到噪声时}$$

$$r_n=hs_n+n_n \qquad H_1\text{：接收到信号加噪声}$$

式中，r_n 和 s_n 为在时刻 n 时的接收和发送信号，且有 $E\left\{|s_n|^2\right\}=1$；$h$ 为信道增益（假设是时间独立的），n_n 是观察到的噪声。H_0 和 H_1 是两个假设，求虚警概率 $p_f(\theta)$ 和漏报概率。

第 10 章　微弱信号检测方法

10.1　概述

在系统中，接收到的信号常常淹没在复杂的背景噪声中，呈现极低信噪比特征，因此有必要对微弱信号检测进行有针对性的研究。目前，国内外现有的微弱信号检测方法可以归纳为线性方法和非线性方法两大类。线性方法是传统的方法，主要包括时域的同步相关法、取样积分法、频谱分析法和小波分析法等。同步相关法是利用信号的相关性及噪声的非相关性的区别来检测信号，检测性能主要依赖于待检测信号的先验知识，当待检测信号的先验知识无法获取时，往往不能得到较好的效果。而取样积分法针对已知频率的周期信号，其检测性能受取样次数制约，应用也受待检测信号类型的限制。频谱分析法是常用的一种频域分析法，该方法从背景噪声中提取出信号的特征频率成分，由于频谱分析法的检测性能直接与观测时间成正比，而在高动态信道中很难保证在很长时间内信号统计特性不发生变化，因此在高动态环境下频谱分析法受到严重的制约。小波分析法通过对信号按不同的尺度进行分层分析以提取目标信号，是近年来的研究热点。小波分析法的难点和瓶颈问题是小波基函数的选择问题。到目前为止还没有一个标准的或通用的方法可以获得小波基函数，除此之外，小波变换分辨率还受到采样频率和长度限制。

非线性方法较传统的线性方法起步较晚，主要包括高阶谱分析、神经网络、支持向量机（Support Vector Machine，SVM）、经验模式分解、差分振子、混沌振子、随机共振（Stochastic Resonance，SR）。高阶谱分析利用了相关函数及功率谱理论对信号进行高阶谱估计，其优点是能有效地抑制噪声。高阶谱分析的缺点是计算复杂度太高，难以满足检测的实时性。神经网络是近年来国内外研究的热点，是一种模拟生物的神经结构及其处理信息的方式来进行计算的算法，已经应用到许多领域。神经网络需要预先给出相关模式的先验知识和判别函数。神经网络的缺点是当噪声和信号的类型和特征发生改变后，必须重新训练神经网络，这往往需要大量的时间，因此对于高动态的背景环境该方法并不适用。混沌振子检测方法是重要的非线性方法，该方法充分利用了混沌系统的非平衡相变对系统参数的扰动和对噪声具有免疫力的优点，可以实现强噪声背景下的微弱信号检测。但是混沌振子检测方法的理论推导较难，还有许多工作亟待解决。由于能利用噪声来增强信号，从而将以往认为有害的噪声“变废为宝”，近年来基于随机共振检测方法引起了学术界的广泛关注。随机共振现象是指在某些非线性系统中通过调节系统参数和适当增加噪声，从而实现噪声谐振作用来增强信号。随机共振现象需具备非线性系统、弱的驱动信号和适量的噪声这三个前提条件。

鉴于实际应用中的条件，微弱信号检测问题一直是信号检测中的难点和热点。而目前一些非线性方法表现出比常规线性方法更优异的性能，已经引起了国内外学者的广泛关注。

然而非线性方法由于系统的非线性特性，理论研究难度较大，目前大多数还处于起步阶段，自身的理论还不完善，存在许多问题和限制。因此，要想将这些非线性的方法应用到实际系统中去，还有大量理论难题需要攻克，亟待我们进一步研究。

10.2 随机共振检测方法

10.2.1 随机共振背景知识

随机共振是指某些非线性系统在噪声的帮助下，杂乱无序的噪声能够向有规律的信号转化的过程。随机共振现象的产生必须具备非线性系统（线性系统不能产生随机共振现象）、信号和合适的噪声三个因素。当这三个因素匹配时将协同工作，从而使原本有害的噪声通过非线性系统对信号或系统性能起到积极的增强作用。

1. 随机共振系统分类

到目前为止，许多学科不同种类的非线性系统中都可以产生随机共振现象。这些非线性系统涉及信号分析与信号处理、多媒体技术、医疗设备、神经学与生物技术、冰川周期预测等各个领域。

根据不同的非线性系统模型，随机共振系统有不同分类，如图 10-2-1 所示，常见的主要包括稳态随机共振系统、阈值随机共振系统、混沌随机共振系统、神经随机共振系统、广义随机共振系统等，下面我们对几种典型的随机共振系统模型进行简要介绍。

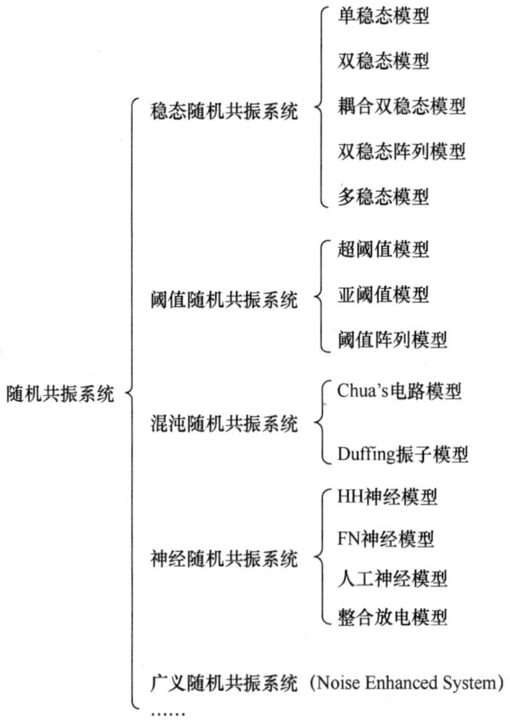

图 10-2-1 随机共振系统分类

神经随机共振系统是最常用的随机共振系统；而广义随机共振系统由于应用范围广，也成为国内外研究的热点。

（1）双稳态随机共振系统模型。

双稳态随机共振系统模型是最经典也是最早的随机共振系统模型，其优点是非线性增益明显。1981 年，意大利学者 Benzi 发现地球的冰川期恰好和地球的轨道偏心率一致，但偏心率不足以使得地球气候发生如此大的变化。由此认为是地球每年的气候变化和偏心率达到了一种“共振”，并创造性地提出了一种双稳态随机共振系统模型。双稳态随机共振系统的朗之万（Langevin）方程描述为

$$\mathrm{d}x = [x(a - x^2) + A\cos\Omega t]\mathrm{d}t + \sigma\mathrm{d}W \tag{10-2-1}$$

式中，σ 表示 Wiener 过程 W 的方差。1982 年，他利用双稳态模型解释地球冰川气候的周期变化

$$\frac{\mathrm{d}T}{\mathrm{d}t} = \frac{\mathrm{d}\Phi(T,t)}{\mathrm{d}t} + \sigma\xi(t) \tag{10-2-2}$$

式中，T 表示地球气温；$\Phi(T,t)$ 为 T 和时间 t 的非线性势函数。双稳态随机共振系统的详细介绍见 10.2.2 节。

（2）阈值随机共振系统模型。

阈值随机共振系统是另一种重要的随机共振模型。由 Stephan Fauve 等人在施密特触发电路系统实现的随机共振现象，可以用一种阈值系统来模拟：

$$y(t) = \mathrm{sign}[s(t) + \xi(t)] = \begin{cases} -1 & s(t) + \xi(t) < \theta \\ 1 & s(t) + \xi(t) \geqslant \theta \end{cases} \tag{10-2-3}$$

式中，θ 表示系统的门限，也就是阈值；$\mathrm{sign}[\cdot]$ 为符号函数。1988 年，学者 McNamara 等人将施密特双稳态电路简化为离散二态模型。

阈值随机共振系统模型根据信号是否超过门限（预先设定）分为超阈值、亚阈值和阈值阵列模型。其中阈值阵列模型是最近研究的热点，如图 10-2-2 所示。

图 10-2-2 所示的噪声为 $\eta_i(t)$，$i = 1,\cdots,M$。θ_i 代表每一个节点的阈值，$y_i(t)$，$i = 1,\cdots,M$ 表示各个阈值节点的输出，可以看作 sign 函数，见式（10-2-3）。通过输出终端求平均，得到整个系统的最终输出信号 $y(t)$。

相互独立同分布的噪声 $\eta_i(t)$ 被添加到各个节点，这就是系统中人为添加的随机共振噪声。在当 $\eta_i(t) = 0$ 也就是没有人为增加噪声时，系统的输出只可能是 0 和 M；当增加 SR 噪声 $\eta_i(t)$ 时，由于噪声的随机性，系统具有更加多样化的表现。这一特征说明增加某种噪声的确可以增强某些系统的信息传输能力。

（3）混沌随机共振系统模型。

一些混沌随机共振系统中也有随机共振现象，有的学者研究了欠阻尼 Duffing 振荡模型中的随机共振现象，模型方程为

$$x'' = -\gamma x' + x + x^3 + \varepsilon\sin(\omega_0 t) + \xi(t) \tag{10-2-4}$$

式中，x' 表示对 t 求导；x'' 表示对 t 求二次导；γ 为阻尼系数，$\gamma > 0$。

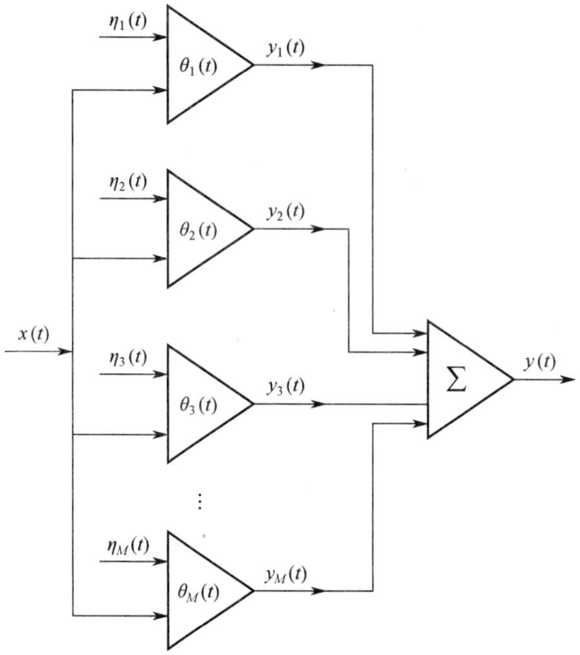

图 10-2-2　阈值阵列模型

（4）神经随机共振系统模型。

神经随机共振系统中也能产生随机共振现象。FitzHugh、Nagumo 等人提出了研究神经随机共振系统中随机共振现象的一个基本模型描述为

$$\begin{cases} x' = \mu x - cx^3 - y + I \\ y' = x + by - a \end{cases} \tag{10-2-5}$$

式中，x 为膜电压；y 为快速变化的电流；I 为外加激励电流；a、b、c、μ 是根据放电脉冲而选取的常数。

Longtin 和 Douglass 采用式（10-2-5）建立了系统模型，对小龙虾神经系统中的随机共振现象进行了实验研究。另一重要的贡献是利用该神经模型 Collins 在首次提出非周期随机共振理论。由于非周期信号能携带更多的信息，因此非周期随机共振理论的提出，大大拓展了适用于随机共振理论的微弱信号类型，这是使随机共振理论实用化的重要一步。

（5）广义随机共振系统模型。

为了更好地利用随机共振现象，人们突破了传统随机共振对特定非线性系统的限制，提出了一种广义随机共振，其原理如图 10-2-3 所示。

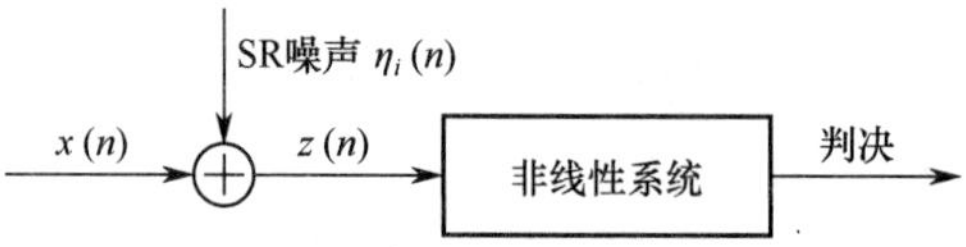

图 10-2-3　广义随机共振系统原理

这里的随机共振系统也称为噪声增强系统（Noise Enhanced System，NES）。与传统随

机共振系统中的非线性系统必须固定不同，其非线性系统可以是任意的非线性系统。这种随机共振系统具有计算复杂度低、应用性强等优点。10.2.4 节将对广义随机共振系统进行更详细的介绍。

在以上介绍的随机共振系统中，双稳态随机共振系统非线性增益大、物理意义明确。

2. 随机共振度量方法

随机共振理论最早是物理学中的概念，为了将其应用到通信和数字信号处理领域中，需要有合适的度量方法来定量地衡量其性能。目前，随机共振的度量方法主要有信噪比、驻留时间分布、响应幅度比、互信息、Fisher 信息、误码率与信道容量、自相关函数等。针对本节信号检测的应用场景，我们将考虑与通信系统相关的度量方法，主要包括信噪比和处理增益、互相关函数、互信息误码率和信道容量。下面我们简要给出这些度量方法的相关定义。

（1）信噪比和处理增益。

随机共振的施密特触发器电路实验中使用了信噪比作为随机共振的度量方法。这里信噪比的定义为有用信号与背景噪声的平均功率之比

$$\gamma=\frac{\int_{-\infty}^{+\infty}S_s(\omega)\mathrm{d}\omega}{\int_{-\infty}^{+\infty}S_\xi(\omega)\mathrm{d}\omega} \tag{10-2-6}$$

式中，$S_s(\omega)$ 和 $S_\xi(\omega)$ 分别表示随机共振系统中有用信号和背景噪声的双边带功率谱密度。由于信噪比的大小在许多系统中与系统性能直接相关，因此采用信噪比来衡量性能已成为在通信、信号处理等系统中应用随机共振最常用的方法。

由于系统对信号的改善程度（这里可以认为非线性增益）是重要的性能指标，因此在信噪比的基础上又进一步引入处理增益作为度量指标，其定义为系统输出和输入信噪比的比值，即

$$G=\frac{\mathrm{SNR}_{\mathrm{out}}}{\mathrm{SNR}_{\mathrm{in}}} \tag{10-2-7}$$

式中，$\mathrm{SNR}_{\mathrm{out}}$ 和 $\mathrm{SNR}_{\mathrm{in}}$ 分别为输出和输入信噪比。处理增益 G 越大表示随机共振系统的效果越好。

（2）互相关函数。

FHN 模型中定义了输入 x 和 y 的输出互相关函数来衡量随机共振系统的效果。

$$C_0=\max\left\{\overline{x(t)y(t+\tau)}\right\} \tag{10-2-8}$$

$$C_1=\frac{C_0}{\sqrt{\overline{x(t)^2}}\sqrt{\overline{[y(t)-\overline{y(t)}]^2}}} \tag{10-2-9}$$

式中，$\overline{x}$ 为时间上的平均值，即 $\overline{x}=\frac{1}{T}\int_0^T x(t)\mathrm{d}t$。

（3）互信息。

如果利用了信息论理论中的互信息来衡量随机共振系统，则 SR 噪声能最大化互信息的为最佳 SR 噪声。

$$I(X;Y)=H(X)-H(X\,|\,Y)=\sum_{x,y}p(x,y)\log\frac{p(x,y)}{p(x)p(y)} \tag{10-2-10}$$

式中，$I(X;Y)$ 为互信息；$H(X)$ 为信息熵。

（4）误码率和信道容量。

在通信系统中，输出端的误码率 P_e 和信道容量 C 往往用来衡量系统性能，已作为度量指标应用于许多类型的随机共振系统。Stocks 等人在研究基于阈值阵列随机共振系统的二元数字信号传输过程中，将误码率 P_e 和信道容量 C 用于衡量所设计系统的传输性能。和传统信息论中二元信道模型类似，我们假定信道的输入和输出均为二进制信号，分别用 0 和 1 表示，其对应的概率分别为 $\Pr(0)$ 和 $\Pr(1)$，则系统的误码率可表示为

$$P_e=\Pr(1)\Pr(0\,|\,1)+\Pr(0)\Pr(1\,|\,0) \tag{10-2-11}$$

在误码率的基础上，信道容量 C 可以表示为码元速率 R_b 和误码率 P_e 的函数，即

$$C=R_b[1+P_e\log_2 P_e+(1-P_e)\log_2(1-P_e)] \tag{10-2-12}$$

最大化信道容量 C 或最小化误码率 P_e 常常可以作为设计最佳随机共振系统的准则。

10.2.2 双稳态随机共振系统

为了利用双稳态随机共振系统提升检测器的性能，下面将介绍双稳态随机共振系统相关背景知识。

1. 双稳态随机共振系统原理

双稳态随机共振系统是最经典也是最常用的随机共振系统，可以将其看成一个过阻尼布朗粒子在双稳态势阱中运动，同时伴有驱动力（也就是信号）和噪声，描述系统的 Langevin 方程为

$$\frac{\mathrm{d}x}{\mathrm{d}t}=ax-bx^3+s(t)+\xi(t) \tag{10-2-13}$$

式中，$a>0$、$b>0$ 为系统参数；$\xi(t)$ 是背景噪声（常考虑为高斯噪声）。当输入周期驱动信号 $s(t)=0$、噪声 $\xi(t)=0$ 时，也就是无噪声、无信号时，系统势函数为：

$$U(x)=-\frac{1}{2}ax^2+\frac{1}{4}bx^4 \tag{10-2-14}$$

如图 10-2-4 所示，双稳态随机共振系统的势函数存在两个最低点，图中分别为 $x=x_m=\pm\sqrt{a/b}$，即为该随机共振系统中的两个稳态点，或者称为势阱点。两个势阱点间的最高点则称为势垒点（$x=0$ 处）。

对于微弱信号，当未加入 SR 噪声时，运动粒子仅能在其中的一个稳态点附近波动，不能通过自身的能量跃迁到另一个稳态点。

而当加入合适的噪声后，该周期信号作为驱动，打破了双稳态随机共振系统的平衡，使得该运动粒子克服势垒点在两个势阱之间做规律性的运动。在微弱信号条件下，系统两个稳态之间的电压差为 $2\sqrt{a/b}$，往往远远大于输入信号的幅度，因此信号得到了增强。这种现象就是随机共振，是由信号、噪声和非线性系统三者之间的协同作用产生的。

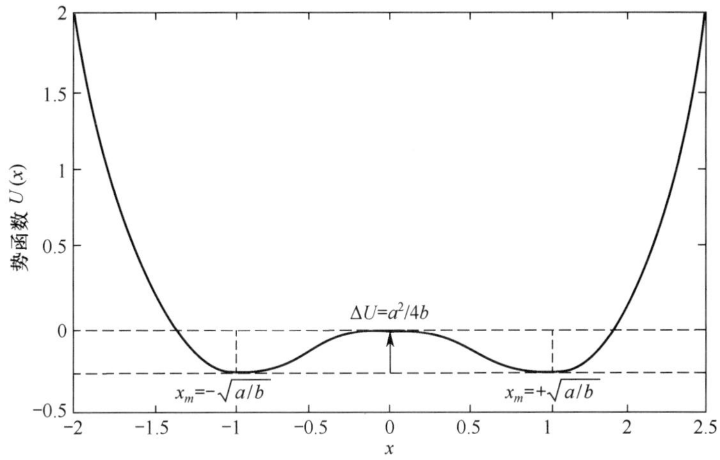

图 10-2-4　势函数

对于周期信号，当粒子从一个势阱跳到另一个势阱所需的平均时间是外力周期的一半时，就出现了噪声、信号和粒子运动同步的现象。此时粒子运动的规律性大大加强，也就是发生了随机共振现象。值得注意的是，这里的噪声可以是原来的背景噪声，也可以是人为添加的噪声，或者二者之和。

运动粒子在两个势阱之间跃迁的周期的倒数就是逃逸速率（Kramers Rate），可表示为：

$$r_k = \frac{\omega_0 \omega_b}{2\pi\gamma} \exp\left(-\frac{\Delta U}{D}\right) \tag{10-2-15}$$

式中，$\omega_0^2 = U''(x_m)/m$ 是在势函数最低处（$\pm x_m$）的平方；$\omega_0^2 = |U''(x_m)/m|$ 是势垒处 x_b 的平方；ΔU 是分开两势阱处的势垒的高度；D 是噪声强度，$\langle \xi(t)\xi(0) \rangle = 2D\delta(t)$，$m$ 为质量，γ 为摩擦系数。

在衡量双稳态随机共振系统性能时，为了方便推导和分析性能，通常选取正弦信号 $s(t) = A\cos(\omega_0 t + \varphi_0)$ 作为输入信号，其中相位参数往往设置为 $\varphi_0 = 0$。

当系统中仅存在正弦信号而无噪声存在时，存在一个临界值 A_c：当信号幅度 $A < A_c$ 时，粒子只能局限在某一个势阱中进行运动，而不能越过势垒。只有在信号幅度 $A \geqslant A_c$ 时，运动粒子才能越过势垒在两个势阱之间进行跃迁。当 $A \geqslant A_c$ 时，这种信号本身可以使运动粒子在双稳态随机共振系统中自由转移的现象通常称为确定性共振。确定性共振发生时，不需要噪声粒子也能在两个稳态之间转换，其实质是信号本身为非微弱信号。

双稳态随机共振系统的临界值 A_c 是一个重要的参数，可以由以下公式推导出，满足势函数 $U(x)$ 的极点和拐点的重合条件为

$$\begin{cases} \dfrac{\partial U}{\partial x} = -ax + bx^2 + A = 0 \\ \dfrac{\partial^2 U}{\partial^2 x} = -ax + 3bx^2 = 0 \end{cases} \tag{10-2-16}$$

求解上面的方程组得到系统的静态输入阈值为

$$A_c = \sqrt{4a^3/27b} \tag{10-2-17}$$

当同时加入信号和合适噪声时，即使信号幅值 $A < A_c$ ，由于信号和噪声的能量和足够大，运动粒子仍然可以在两势阱之间按照信号的规律进行跃迁，这就是非线性系统、信号和噪声协同工作产生的随机共振现象。此时，运动粒子按信号特征在两个势阱之间进行有规律的切换。与前面没有噪声作用即可发生的确定性共振对应，这里的共振也称为非确定性共振。双稳态随机共振系统中的随机共振现象通常是指非确定性共振。

2. 双稳态随机共振系统概述

McNamara 于 1989 年提出的绝热近似（Adiabatic Elimination，AE）理论是双稳态随机共振的一个重要理论，它能够在小参数条件下（信号幅度 $A \ll 1$ ，噪声方差 $\sigma_\xi^2 \ll 1$ ，信号频率 $\omega_0 \ll 1$ ）较好地解释双稳态随机共振系统中的随机共振现象。该理论对双稳态随机共振系统的参数选择和系统设计起到了重要作用。

绝热近似理论的基本原理是：当输入信号幅度和噪声强度很小时（也就是小参数条件），相对于运动粒子在两势阱之间的状态转移来说，可以认为在某个势阱内的状态变化是瞬时完成的，也就是说，我们并不考虑单个势阱内的状态变化。在绝热近似条件成立时，双稳态系统可以简化为仅在两个稳态 $x_m = \pm\sqrt{a/b}$ 之间进行概率转移，此时可以将双稳态系统看作一个二值的数字系统。

定义 $n_\pm(t)$ 为双稳态系统中运动粒子在 t 时刻进入 $\sqrt{a/b}$ 或 $-\sqrt{a/b}$ 状态的概率：

$$n_\pm(t) \triangleq \Pr(x(t) = \pm\sqrt{a/b}) \tag{10-2-18}$$

在没有输入信号仅受背景噪声的影响时，系统在两离散稳态之间的逃逸速率 r_K 为常数。而在增加正弦信号后，系统在两个稳态间的转移概率密度函数 $W_\pm(t)$ 依赖于时间也就是信号周期。此时运动粒子在两势阱之间发生转移的概率满足下面的方程，即

$$\frac{\mathrm{d}n_\pm(t)}{\mathrm{d}t} = -\frac{\mathrm{d}n_-(t)}{\mathrm{d}t} = W_-(t)n_-(t) - W_+(t)n_+(t) \tag{10-2-19}$$

由于 $n_+(t) + n_-(t) \equiv 1$，代入式（10-2-19）进一步可以得到

$$\frac{\mathrm{d}n_\pm(t)}{\mathrm{d}t} = -\frac{\mathrm{d}n_-(t)}{\mathrm{d}t} = W_-(t) - (W_-(t) - W_+(t))n_+(t) \tag{10-2-20}$$

通过求解微分方程，可求得式（10-2-20）的解为

$$\begin{cases} n_+(t) = g^{-1}(t)\left[n_+(t_0) + \int_0^t W_-(\tau)g(\tau)\mathrm{d}\tau\right] \\ g(t) = \exp\left[\int_0^t (W_+(\tau) + W_-(\tau))\mathrm{d}\tau\right] \end{cases} \tag{10-2-21}$$

$W_\pm(t)$ 具有以下形式

$$W_\pm(t) = f(\alpha \pm \beta\cos(\omega_0 t)) \tag{10-2-22}$$

对 $W_\pm(t)$ 以小参数 $\bar{\beta} = \beta\cos(\omega_0 t)$ 进行泰勒展开，代入式（10-2-21）得到它的渐近解。

双稳态随机共振系统的系统输出的自相关函数关于时间 t 的平均为

$$\left\langle\left\langle x(t+\tau)x(t)\right\rangle_{as}\right\rangle_t = \frac{\omega_0}{2\pi}\int_0^{\omega_0/2\pi}\left\langle x(t+\tau)x(t)\right\rangle$$

$$=\left(1-\frac{\alpha_1^2\beta^2}{2(\alpha_0^2+\omega_0^2)}\right)x_m^2\mathrm{e}^{-\alpha_0|x|}+\frac{x_m^2\alpha_1^2\beta^2\cos(\omega_0\tau)}{2(\alpha_0^2+\omega_0^2)}\mathrm{d}\tau \tag{10-2-23}$$

进而得到其功率谱密度

$$S(\omega)=\int_{\infty}^{-\infty}\left\langle\langle x(t+\tau)x(t)\rangle_{as}\right\rangle_t \mathrm{e}^{-\mathrm{j}\omega\tau}\mathrm{d}\tau$$

$$=\left(1-\frac{\alpha_1^2\beta^2}{2(\alpha_0^2+\omega_0^2)}\right)\frac{2x_m^2\alpha_0}{(\alpha_0^2+\omega_0^2)}+\frac{\pi x_m^2\alpha_1^2\beta^2}{2(\alpha_0^2+\omega_0^2)}\left[\delta(\omega-\omega_0)+\delta(\omega+\omega_0)\right]$$

$$\alpha_n=2\begin{cases}f(\alpha) & n=0\\ \dfrac{(-1)^n}{n!}\dfrac{\mathrm{d}^n(f(\alpha))}{\mathrm{d}\bar{\beta}^n} & n=1,2,\cdots\end{cases} \tag{10-2-24}$$

式（10-2-24）前一项来源于输入噪声，它是具 Cauchy 分布形式的噪声谱，而后一项来源于输入信号。在输出信号谱中包括两个 δ 函数，分别表示正负单边带谱。为了方便且考虑到对称性，通常只取正单边带谱来讨论。

在只有噪声作用时，系统中运动粒子的平均转移时间也就是克莱默时间（Kramers Time）为

$$\tau_K=r_K^{-1}=\frac{2\pi\mathrm{e}^{\Delta U/D}}{\sqrt{|U''(0)U''(x_m)|}}=\frac{\sqrt{2}\pi\mathrm{e}^{2\Delta U/\delta_\xi^2}}{a} \tag{10-2-25}$$

在绝热近似条件下，稳态之间的转移概率具有克莱默速率形式为

$$W_{\pm}(\pm t)=\frac{a}{\sqrt{2}\pi}\exp\left(-\frac{2\Delta U\pm 2Ax_m\cos(\omega_0 t)}{\sigma_\xi^2}\right) \tag{10-2-26}$$

比较式（10-2-22）和式（10-2-24），令 $\alpha=2\Delta U/\sigma_\xi^2$，$\beta=2Ax_m/\sigma_\xi^2$ 可得

$$\begin{cases}f\left(\alpha+\beta\cos\left(\omega_0 t\right)\right)=\dfrac{a}{\sqrt{2}\pi}\mathrm{e}^{-(\alpha+\beta\cos(\omega_0 t))}\\ \alpha_0=2f\left(\alpha+\beta\cos\left(\omega_0 t\right)|_{\beta=0}\right)=\dfrac{\sqrt{2}a}{\pi}\mathrm{e}^{-(2\Delta U/\sigma_\xi^2)}\\ \alpha_1=-2\dfrac{\mathrm{d}f\left(\left(\alpha+\beta\cos\left(\omega_0 t\right)\right)\right)}{\mathrm{d}\left(\beta\cos\left(\omega_0 t\right)\right)}|_{\beta=0}=\alpha_0\end{cases} \tag{10-2-27}$$

将式（10-2-27）代入式（10-2-24），可以得到在存在信号和噪声共同作用的双稳态随机共振系统中输出信号的功率谱密度为

$$S(\omega)=\left(1-\frac{\dfrac{4a^3A^2}{\pi^2 b\sigma_\xi^2}\mathrm{e}^{-\frac{a^2}{b\sigma_\xi^2}}}{\dfrac{2a^2}{\pi^2}\mathrm{e}^{-\frac{a^2}{b\sigma_\xi^2}}+\omega_0^2}\right)\frac{\dfrac{4\sqrt{2}a^2}{\pi b}\mathrm{e}^{-\frac{a^2}{2b\sigma_\xi^2}}}{\dfrac{2a^2}{\pi^2}\mathrm{e}^{-\frac{a^2}{b\sigma_\xi^2}}+\omega^2}+\frac{\dfrac{8a^4A^2}{\pi^2 b\sigma_\xi^2}\mathrm{e}^{-\frac{a^2}{b\sigma_\xi^2}}}{\dfrac{2a^2}{\pi^2}\mathrm{e}^{-\frac{a^2}{b\sigma_\xi^2}}+\omega_0^2}\delta(\omega-\omega_0)$$

$$=S_\xi(\omega)+S_s(\omega) \tag{10-2-28}$$

根据式（10-2-28）可以得到双稳态随机共振系统输出噪声和信号的功率分别为

$$P_{\xi,\text{out}}=\frac{1}{\pi}\int_0^{+\infty}S_{\xi}(\omega)\mathrm{d}\omega\overset{\omega_0\ll 1}{\approx}\frac{1}{\pi}\left(1-\frac{2aA^2}{b\sigma_{\xi}^2}\right)\int_0^{+\infty}\frac{\dfrac{4\sqrt{2}a^2}{\pi b}\mathrm{e}^{-\frac{a^2}{2b\sigma_{\xi}^2}}}{\dfrac{2a^2}{\pi^2}\mathrm{e}^{-\frac{a^2}{b\sigma_{\xi}^2}}+\omega^2}\mathrm{d}\omega$$

$$=\left(1-\frac{2aA^2}{b\sigma_{\xi}^2}\right)\frac{\sqrt{2}\pi}{a^2 b}\mathrm{e}^{-\frac{a^2}{2b\sigma_{\xi}^2}} \tag{10-2-29}$$

$$P_{s,\text{out}}=\frac{1}{\pi}\int_0^{+\infty}S_s(\omega)\mathrm{d}\omega\overset{\omega_0\ll 1}{\approx}\frac{1}{\pi}\frac{\dfrac{8a^4A^2}{\pi b^2\sigma_{\xi}^2}\mathrm{e}^{-\frac{a^2}{b\sigma_{\xi}^2}}}{\dfrac{2a^2}{\pi^2}\mathrm{e}^{-\frac{a^2}{b\sigma_{\xi}^2}}+\omega_0^2}=\frac{8a^4A^2}{2a^2b^2\sigma_{\xi}^2+\pi^2b^2b^2\sigma_{\xi}^2\mathrm{e}^{\frac{a^2}{b\sigma_{\xi}^2}}} \tag{10-2-30}$$

进而由式（10-2-29）和式（10-2-30），我们可以得到输出信噪比为

$$\gamma_{\text{out}}=\frac{P_{s,\text{out}}}{P_{\xi,\text{out}}}=\frac{\sqrt{2}a^6A^2}{(b\sigma_{\xi}^2-2aA^2)\left(2\pi a^2\exp\left(-\dfrac{a^2}{b\sigma_{\xi}^2}\right)+\pi^3\omega_0^2\right)} \tag{10-2-31}$$

图 10-2-5 给出了典型小参数信号（$A=0.3$、$\omega_0=0.1$、$\sigma_{\xi}^2=1$）下双稳态随机共振系统的输出信噪比性能曲线。其双稳态随机共振系统参数为 $a=1$、$b=1$ 和 $a=0.8$、$b=0.5$。图中双稳态随机共振系统的输出信噪比存在一个极大值点而呈现单峰状态。输出信噪比随着噪声方差的增大先增大，当达到某一个极大值点后开始逐渐减小，且减小的趋势越来越慢。因此，设计最佳双稳态随机共振的关键就是寻找合适的系统参数，使得输出信噪比达到最佳值也就是该极大值。因此，绝热近似理论能够很好地解释双稳态随机共振系统中噪声在某些条件下的积极作用。

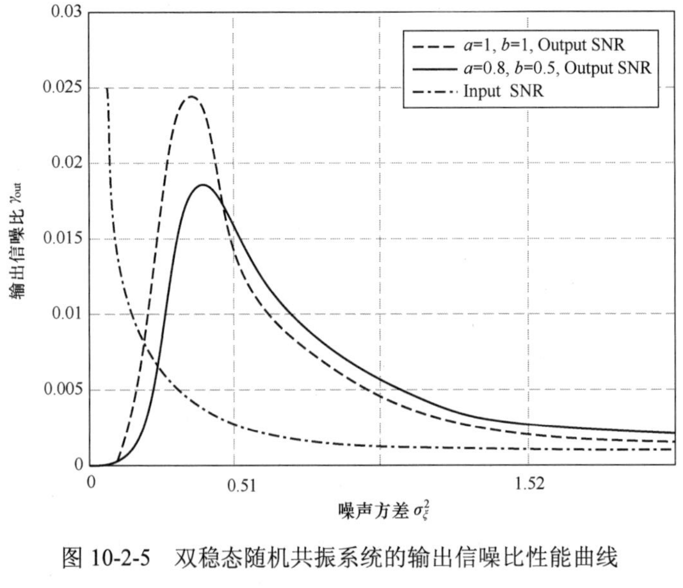

图 10-2-5　双稳态随机共振系统的输出信噪比性能曲线

10.2.3　基于双稳态随机共振系统的能量检测算法

本节我们将双稳态随机共振系统应用到信号检测中去，并与传统能量检测相结合，设计了一种基于双稳态随机共振的能量检测（Bistable stochastic resonance based Energy Detection，BED）算法。为了比较性能，首先将介绍检测模型和传统能量检测算法，并分析其存在的问题。

1. 传统能量检测及其存在问题

信号检测的数学模型可以看作二元假设检验问题，即

$$x(n)=\begin{cases}\xi(n) & H_0\\ s(n)+\xi(n) & H_1\end{cases} \tag{10-2-32}$$

式中，H_0 和 H_1 分别代表待检测信号不存在和存在的情况；$s(n)$ 和 $\xi(n)$ 分别表示接收到的信号和背景噪声。本节中假设：噪声 $\xi(n)$ 是均值为 0、方差为 σ_ξ^2 的高斯噪声，即 $\xi(n)\sim N\left(0,\sigma_\xi^2\right)$；接收到的信号 $s(n)$ 的幅度服从均值为 0、方差为 σ_s^2 的分布，且信号 $s(n)$ 和噪声 $\xi(n)$ 相互独立。

传统能量检测算法原理如图 10-2-6 所示。

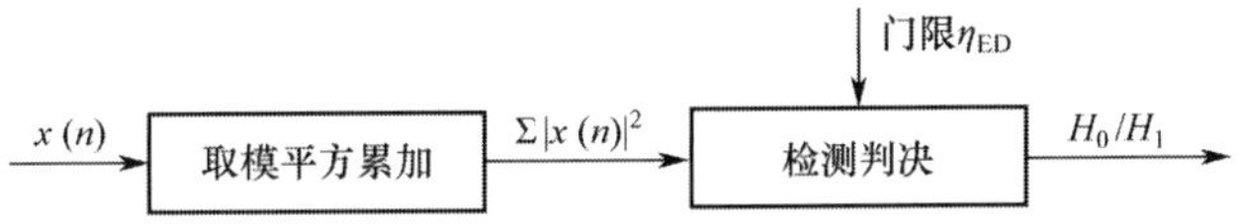

图 10-2-6　传统能量检测算法原理

首先对采样后的信号 $x(n)$ 进行模平方得到 $|x(n)|^2$，接着进行能量累加得到能量检测统计量 $T_{\rm ED}=\sum\limits_{n=1}^{N}|x(n)|^2$，最后与判决门限 $\eta_{\rm ED}$ 进行比较，做出判决 H_0/H_1

$$\begin{cases}T_{\rm ED}^2\geqslant\eta_{\rm ED} & H_1\\ T_{\rm ED}^2<\eta_{\rm ED} & H_0\end{cases} \tag{10-2-33}$$

式中，N 和 $\eta_{\rm ED}$ 分别表示检测长度和判决门限。由概率论和统计学的知识可知，当检测 N 足够大时，由中心极限定理（Central Limit Theorem，CLT）可知这 N 个独立随机变量服从高斯分布

$$T_{\rm ED}\sim\begin{cases}N\left(N\sigma_\xi^2,2N\sigma_\xi^2\right) & H_0\\ N\left(N\left(\sigma_\xi^2+\sigma_s^2\right),2N\left(\sigma_\xi^2+\sigma_s^2\right)\right) & H_1\end{cases} \tag{10-2-34}$$

贝叶斯准则、Minimax 准则和 Neyman-Pearson 准则是信号检测的三大准则。本节中采用 Neyman-Pearson 准则，也就是在保证虚警概率 P_f 小于一个设定值的前提下，最大化检测概率。首先在给定虚警概率界 $P_f=\alpha$ 条件下计算得到检测门限 $\eta_{\rm ED}$。能量检测法的检测门限为

$$\eta_{\rm ED}=\sqrt{2N}\sigma_\xi^2Q^{-1}(\alpha)+N\sigma_\xi^2 \tag{10-2-35}$$

$Q(t)=\frac{1}{\sqrt{2\pi}}\int_t^{\infty}\exp\left(-\frac{v^2}{2}\right)\mathrm{d}v$ 是关于 t 的单调递减函数，进而得到检测概率为

$$P_d=\Pr(T_{\mathrm{ED}}>\eta_{\mathrm{ED}}\mid \mathrm{H}_1)=Q\left(\frac{\sqrt{2N}\sigma_{\xi}^2Q^{-1}(-\alpha)-N\sigma_{\xi}^2}{\sqrt{2N}(\sigma_{\xi}^2+\sigma_s^2)}\right) \tag{10-2-36}$$

根据式（10-2-33），在低信噪比（$\gamma=\sigma_s^2/\sigma_{\xi}^2\ll 1$）条件下，我们可以得到检测长度 N 与信噪比 γ 的关系

$$N=\frac{2[Q^{-1}(\alpha)-(1+\gamma)Q^{-1}(P_d)]^2}{\gamma^2} \tag{10-2-37}$$

由式（10-2-37）可知，要想利用能量检测算法在低信噪比条件下满足检测精度要求，必须大量增加检测长度。当采样速率一定时，检测长度决定了检测时间，大量增加检测长度会极大增加检测时间。

2. 基于双稳态随机共振系统的能量检测流程

考虑到双稳态随机共振系统能将噪声能量转化为信号能量，从而增强信号，下面将双稳态随机共振系统引入传统能量检测中，构成基于双稳态随机共振系统的能量检测算法。该算法可以归纳为以下 5 步。

步骤 1 根据待检测信号的信息设计最优双稳态随机共振系统，得到双稳态随机共振系统参数 a 和 b。

步骤 2 利用双稳态随机共振系统对接收到的采样信号 $x(n)$ 进行预处理，得到双稳态随机共振系统的输出信号 $z(n)$，该步骤的目的是实现增强信号和抑制噪声。

步骤 3 将双稳态随机共振系统的输出信号 $z(n)$ 进行模平方并累加，从而得到检测统计量 $T_{\mathrm{BED}}=\sum_{n=1}^{N}|z(n)|^2$。

步骤 4 根据设定的虚警概率 $P_{f,\mathrm{BED}}=\alpha$ 计算出判决门限 η_{BED}。

步骤 5 最后将检测统计量 T_{BED} 与门限比较，做出判决。

当检测长度 N 足够大时（通常 $N\geqslant 30$），根据中心极限定理，双稳态随机共振系统输出信号的检验统计量（即能量和）T_{BED} 服从高斯分布，即

$$T_{\mathrm{BED}}\sim\begin{cases}N\left(N\sigma_{\xi,\mathrm{BED}}^2,2N\sigma_{\xi,\mathrm{BED}}^4\right) & H_0\\ N\left(N\left(\sigma_{\xi,\mathrm{BED}}^2+\sigma_{s,\mathrm{BED}}^2\right),2N\left(\sigma_{\xi,\mathrm{BED}}^2+\sigma_{s,\mathrm{BED}}^2\right)^2\right) & H_1\end{cases} \tag{10-2-38}$$

式中，$\sigma_{\xi,\mathrm{BED}}^2$ 和 $\sigma_{s,\mathrm{BED}}^2$ 为经过随机共振系统后的噪声和信号方差。

同样，与式（10-2-35）类似，BED 算法 Neyman-Pearson 准则首先在设定的虚警概率 $P_{f,\mathrm{BED}}=\alpha$ 条件下计算得到检测门限 η_{BED}。

$$\eta_{\mathrm{BED}}=\sqrt{2N}\sigma_{\xi,\mathrm{BED}}^2Q^{-1}(\alpha)+N\sigma_{\xi,\mathrm{BED}}^2 \tag{10-2-39}$$

根据 η_{BED} 和检测统计量 T_{BED} 在 H_1 下的分布，可以计算检测概率 $P_{d,\mathrm{BED}}$ 来衡量信号存在性检测性能。

$$P_{d,\mathrm{BED}}=\Pr(T_{\mathrm{BED}}>\eta_{\mathrm{BED}}\mid H_1)=Q\left[\frac{\sqrt{2N}\sigma_{\xi,\mathrm{BED}}^2Q^{-1}(\alpha)-N\sigma_{s,\mathrm{BED}}^2}{\sqrt{2N}(\sigma_{\xi,\mathrm{BED}}^2+\sigma_{s,\mathrm{BED}}^2)}\right] \tag{10-2-40}$$

3. 双稳态随机共振系统参数设置

如何设计双稳态随机共振系统使得非线性系统、信号、噪声匹配并发生共振是 BED 算法的核心。选择双稳态随机共振系统的参数可以分为以下两步。

步骤 1　在绝热近似条件下寻找合适的共振参数 a、b、D。

步骤 2　通过线性变换，寻找合适的参数 a_1、b_1、D_1，使得系统在大参数条件下发生随机共振。

下面进行绝热近似条件下参数选择。

双稳态随机共振系统输出 $y(t)$ 的概率密度函数（Probability Distribution Function，PDF）$p(y,t)$ 满足福克–普朗克方程，即

$$\frac{\partial p(y,t)}{\partial t}=\frac{\partial}{\partial y}\left\{\left[\frac{\mathrm{d}U(y)}{\mathrm{d}y}-A\cos(2\pi f_0 t)\right]\right\}p(y,t)+D\frac{\partial^2}{\partial y^2}p(y,t) \tag{10-2-41}$$

在绝热近似条件下，通过计算式（10-2-41）得出的系统输出的统计响应解可以表示为

$$\langle y(t)\rangle=\bar{y}\cos(2\pi f_0 t-\bar{\phi}) \tag{10-2-42}$$

式（10-2-42）中响应幅度 $\bar{y}$ 和相位 $\bar{\phi}$ 分别为

$$\bar{y}=\frac{A\langle y^2\rangle_0}{D}\frac{r_K}{\sqrt{r_K^2+\pi^2 f_0^2}} \tag{10-2-43}$$

$$\bar{\phi}=\arctan\left(\frac{\pi f_0}{r_K}\right) \tag{10-2-44}$$

式中，$\langle y^2\rangle_0$ 是静态系统（$A=0$）依赖于噪声强度 D 的方差，在双稳态情况下有近似关系式 $\langle y^2\rangle_0=a/b$，r_K 是 Kramers 逃逸速率，其表达式为

$$r_K=\frac{a}{\sqrt{2}\pi}\mathrm{e}^{-\Delta U/D}=\frac{a}{\sqrt{2}\pi}\mathrm{e}^{-a^2/4bD} \tag{10-2-45}$$

将 $\langle y^2\rangle_0=a/b$ 和 r_K 值代入 $\bar{y}$ 表达式中得到

$$\bar{y}=\frac{Aa}{bD}\frac{1}{\sqrt{1+\frac{2\pi^4 f_0^2}{a^2}\mathrm{e}^{a^2/2bD}}} \tag{10-2-46}$$

图 10-2-7 所示为双稳态随机共振系统输出幅度与噪声强度的关系。当系统进入随机共振状态时，必定存在着信号频率和 Kramers 逃逸速率之间的匹配关系，当两势阱间的 Kramers 速率的一半与驱动信号频率 f_0 相匹配时，随机共振发生，即

$$f_0=\frac{1}{2}r_K \tag{10-2-47}$$

代入式（10-2-44），则发生共振时有

$$f_0=\frac{1}{2}\frac{a}{\sqrt{2}\pi}\mathrm{e}^{-a^2/4bD} \tag{10-2-48}$$

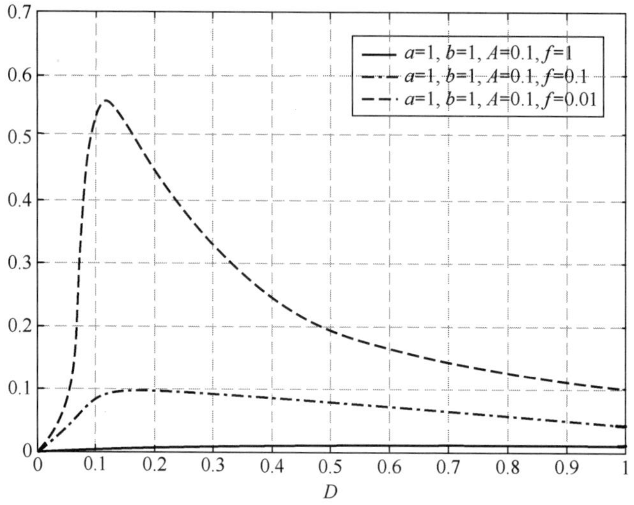

图 10-2-7　双稳态随机共振系统输出幅度和噪声强度的关系

设计双稳态随机共振系统的参数可以归结为：已知 f_0 、 $D=\sigma_\xi^2/2$ 寻找最佳的 a 、 b ，使得处理增益 G 最大，可描述为

$$\max G=\frac{\mathrm{SNR_{out}}}{\mathrm{SNR_{in}}}$$

$$\text{subject to}: f_0=\frac{1}{2}\frac{a}{\sqrt{2}\pi}\mathrm{e}^{-a^2/4bD} \tag{10-2-49}$$

对于输入信噪比，即

$$\mathrm{SNR_{in}}=\frac{A^2/2}{2D}=\frac{A^2}{4D} \tag{10-2-50}$$

$\mathrm{SNR_{in}}$ 为定值，因此只要最大化 $\mathrm{SNR_{out}}$ ，就是最大化 G ，得到最佳的双稳态随机共振系统。在满足绝热近似理论的基础上采用Kramers速率方法建立双稳态随机共振系统输出信噪比 $\mathrm{SNR_{out}}$ ，与系统势垒 ΔU 之间的关系，得到双稳态系统的小频率信号输出信噪比表达式为

$$\mathrm{SNR_{out}}=\frac{\sqrt{2}a^2A^2}{4bD^2}\mathrm{e}^{-\Delta U/D}=\frac{\sqrt{2}A^2}{D^2}\Delta U\mathrm{e}^{-\Delta U/D} \tag{10-2-51}$$

当双稳态随机共振系统的参数值 a 、 D 为固定值时， $\mathrm{SNR_{out}}$ 的表达式是关于 b 的函数，对其关于 b 求导并令其求导的结果等于 0，可以得到恒参条件的最优噪声强度 b_{opt} 值。令

$$\frac{\mathrm{d}\left\{\dfrac{\sqrt{2}a^2A^2}{4bD^2}\mathrm{e}^{-a^2/4bD}\right\}}{\mathrm{d}\{b\}}=0 \tag{10-2-52}$$

展开式（10-2-52）

$$-\frac{\sqrt{2}a^2A^2}{4b^2D^2}\mathrm{e}^{-a^2/4bD}+\mathrm{e}^{-a^2/4bD}\frac{a^2}{4bD^2}\frac{\sqrt{2}a^2A^2}{4bD^2}=0 \tag{10-2-53}$$

求解可得

$$b_{\text{opt}}=\frac{a^2}{4D} \tag{10-2-54}$$

再考虑式（10-2-48），可得

$$a_{\text{opt}}=2\sqrt{2}\pi f_0\mathrm{e} \tag{10-2-55}$$

由式（10-2-55）可得参数a，再由式（10-2-54）可得参数b。

评论 10-2-1 双稳态随机共振系统的设计有两种方法：一种是固定参数a和b，并增加噪声来调节D，使系统发生随机共振现象；另一是通过调节系统参数a和b，而不用增加额外的 SR 噪声实现随机共振。这里我们采用的方法是只调节参数a和b，而不增加额外的 SR 噪声，这样能最大化输出信噪比，为最优的双稳态随机共振系统。

上面分析的是在绝热近似条件下的双稳态随机共振系统参数设计，然而实际通信系统中的信号都是大参数信号，并不能满足绝热近似条件。为此，我们采用线性变换的方法解决这一问题。不失一般性，假设接收信号为$s(t)=A_1\cos(2\pi f_1 t)$，背景噪声为$\xi_1(t)$，其噪声强度为D_1。

我们选取小参数信号满足绝热近似理论，此时描述的 Langevin 方程为

$$\frac{\mathrm{d}y}{\mathrm{d}t}=ay-by^3+s(t)+\xi(t) \tag{10-2-56}$$

式中，$a=2\sqrt{2}\pi f_0\mathrm{e}$；$b=\dfrac{a^2}{4D}$；$s(t)=A\cos(2\pi f_0 t)$。我们做线性变换$\tau$可得

$$\frac{\mathrm{d}z}{\mathrm{d}\tau}=z-z^3+\sqrt{\frac{b}{a^3}}s\left(\frac{\tau}{a}\right)+\sqrt{\frac{b}{a^3}}\xi\left(\frac{\tau}{a}\right) \tag{10-2-57}$$

考虑到$\xi(\tau/a)$是$\xi(\tau)$在时域的a倍拉伸，也就是在频域的a倍压缩。考虑$\xi(\tau)$是高斯白噪声，其功率谱恒定，因此$\xi(\tau/a)=\sqrt{2D_1}\xi(\tau/a)$，则

$$\frac{\mathrm{d}z}{\mathrm{d}\tau}=z-z^3+\sqrt{\frac{b}{a^3}}s\left(\frac{\tau}{a}\right)+\sqrt{\frac{b}{a^3}}\frac{1}{\sqrt{2D_1}}\xi\left(\frac{\tau}{a}\right) \tag{10-2-58}$$

可得最终的参数为

$$a_1=\frac{f_1}{f_0}a \tag{10-2-59}$$

$$b_1=\frac{D}{D_1}\left(\frac{f_1}{f_0}\right)^3 b \tag{10-2-60}$$

评论 10-2-2 通过线性变换的方法，可以使双稳态随机共振系统适用于大参数条件，从而显著扩展了双稳态随机共振的应用范围，如图 10-2-8 所示。

4. 算法复杂度比较

下面将 BED 算法和传统 ED 算法进行算法复杂度比较。传统的 ED 算法在能量累积点数

为 N 的条件下需要进行 N 次乘法运算和 N 次加法运算。因此，我们可以将 ED 算法的复杂度数量级看作 $o(N)$ 。而对于 BED 算法，接收到的数据在进行能量检测之前要经过一个双稳态随机共振模块，然后再进行能量检测。而双稳态随机共振模块在数值计算下大约需要 $5N$ 次乘法运算和 $3N$ 次加法运算，因此我们可认为 BED 算法复杂度也可以看作 $o(N)$ 。综上分析，BED 算法与经典 ED 算法相比，算法复杂度在一个数量级上，能较好地满足快速感知的要求。表 10-2-1 给出了在检测长度为 N 的条件下，它们的算法复杂度比较。

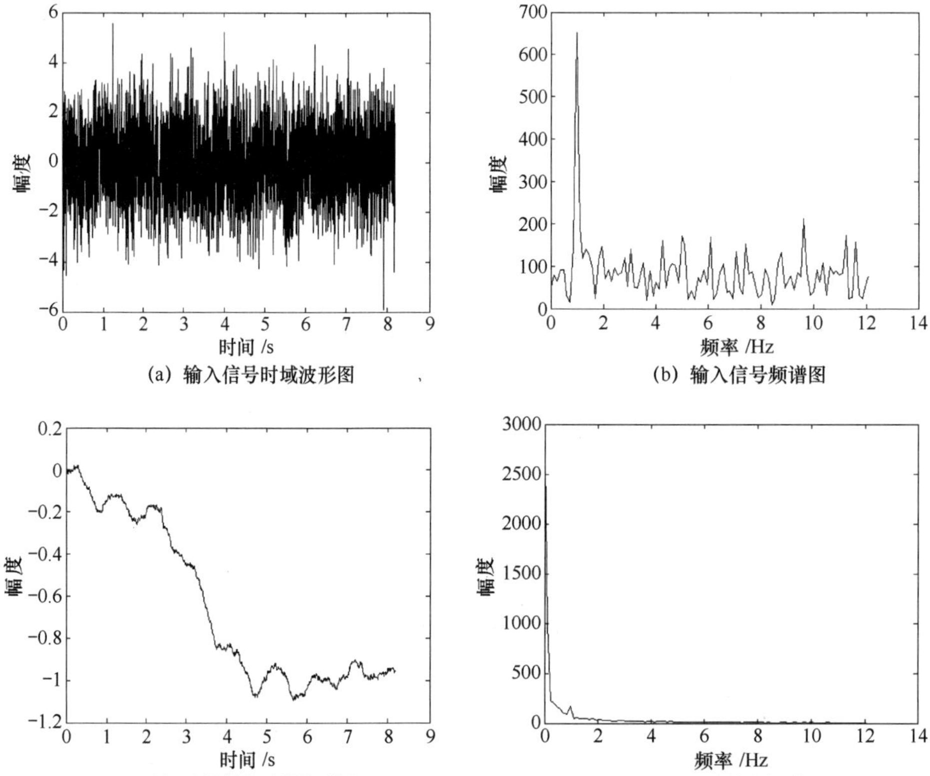

(a) 输入信号时域波形图　(b) 输入信号频谱图

(c) 系统输出时域波形图　(d) 系统输出频谱图

图 10-2-8　大参数双稳态随机共振系统输入/输出时频图（ $a=1$ ， $b=1$ ）

表 10-2-1　ED 和 BED 算法复杂度比较

项目	乘法次数	加法次数	运算数量级
ED 算法	N	N	$o(N)$
BED 算法	$6N$	$4N$	$o(N)$

10.2.4　广义随机共振系统

广义随机共振的概念如图 10-2-9 所示，其含义为在某些条件下，增加不为零的某些噪声可以提升系统的性能，也就是说系统的性能并不是噪声的单调递减函数，而是在非零处有一个峰值。这种增加的噪声形式可以是直流噪声、高斯噪声、均匀噪声等。广义随机共振检测器也称为噪声增强检测器（Noise Enhanced Detection，NED）。

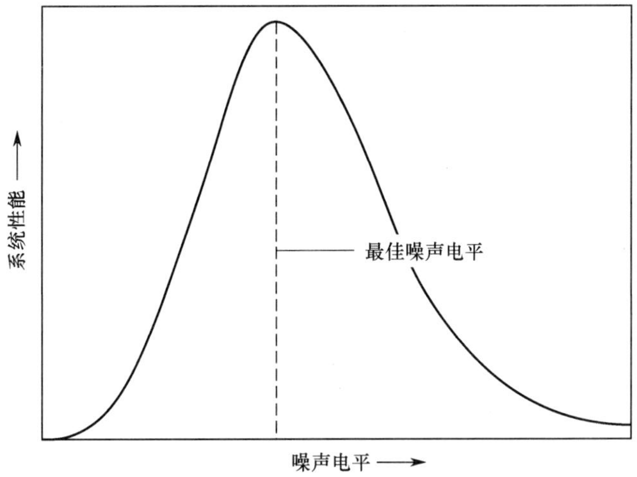

图 10-2-9　广义随机共振的概念

传统常用的双稳态和阈值阵列系统是通过调整非线性系统的参数产生随机共振现象以得到最大的信噪比增益，具有一定的局限性。这些局限性主要体现在两个方面：第一，输出信噪比在一些系统中并不能直接反映检测性能，最大化信噪比并不能保证最优化系统性能；第二，传统随机共振检测器中的非线性系统往往只能是双稳态或阈值阵列等某种确定的非线性系统，是固定不变的，其灵活性较差。而对于广义随机共振系统，其非线性系统可以是任意的非线性检测器，如能量检测器、非线性加权器等，如图 10-2-10 所示。广义 SR 检测器直接研究噪声对检测性能的影响，往往直接以检测概率等检测性能为目标函数，而不再根据信噪比去分析检测性能。与此同时，广义 SR 检测器具有设计灵活、应用性强等优点。

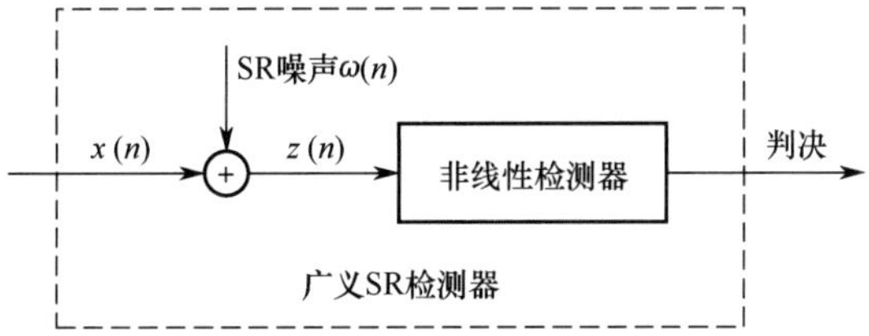

图 10-2-10　广义随机共振的原理

广义随机共振系统起作用的必要条件是系统为非最佳的非线性系统。这里有两层含义：系统必须是非线性系统，线性系统并不起作用；这个系统必须是非最佳的，或者在某种条件下为非最佳的，对于最佳系统将失效。

下面我们将广义随机共振原理引出到能量检测中，设计一种噪声增强能量检测器（Noise Enhance Energy Detection，NEED）算法。

10.2.5　基于噪声增强能量检测器

本节中信号检测的数学模型可以看作二元存在性假设检验问题

$$x(n)=\begin{cases}\xi(n) & H_0\\ s(n)+\xi(n) & H_1\end{cases}\tag{10-2-61}$$

式中，$s(n)$ 和 $\xi(n)$ 分别表示接收到的采样信号和背景噪声。我们假设：噪声 $\xi(n)$ 是均值为 0、方差为 σ_ξ^2 的高斯噪声，即 $\xi(n)\sim N(0,\sigma_\xi^2)$ 接收到的信号 $s(n)$ 的幅度服从均值为 μ、方差为 σ_s^2 的高斯分布，且信号 $s(n)$ 噪声 $\xi(n)$ 相互独立。

1. NEED 算法流程

NEED 算法的流程如图 10-2-11，算法步骤可以归纳为如下 4 步。

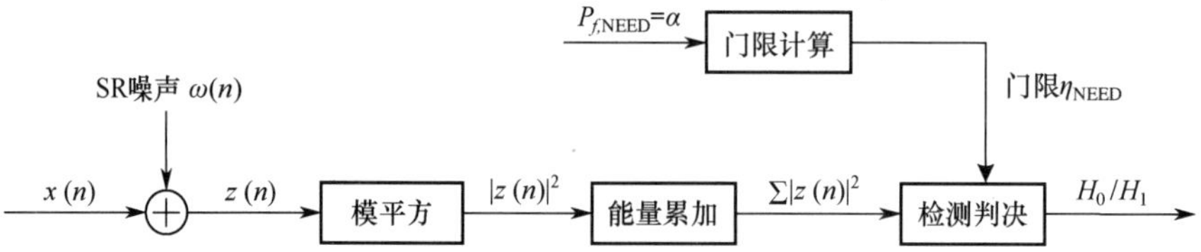

图 10-2-11　NEED 算法的流程

步骤 1　在采样后的信号 $x(n)$ 上叠加一个具有某种形式概率密度函数 p_ω 的 SR 噪声 $\omega(n)$，得到信号 $z(n)=x(n)+\omega(n)$。

步骤 2　接着进行模平方和能量累加，得到检测统计量 $T_{\text{NEED}}=\sum|z(n)|^2$。

步骤 3　基于能量检测算法和 Neyman-Pearson 准则，根据事先设定的虚警概率 $P_{f,\text{NEED}}=\alpha$ 和增加 SR 噪声后 $P_{f,\text{NEED}}=\alpha$ 下检测统计量 T_{NEED} 的分布计算得到判决门限 η_{NEED}。

步骤 4　与门限比较并做出判决。

如何增加 SR 噪声是 NEED 算法的一个重要步骤，我们给出一种广义随机共振最优噪声概率密度分布函数的表达形式，即

$$p_\omega=\delta(\omega-\theta) \tag{10-2-62}$$

式中，$\delta(\omega-\theta)$ 为 θ 强度的直流噪声。此处，我们选用此种类型的 SR 噪声来进行系统设计。

H_0 和 H_1 条件下的检测统计量 T_{NEED} 皆服从非中心卡方分布，即

$$\begin{cases}T_{\text{NEED}}\sim\chi_N^2(\zeta_1) & H_0\\ T_{\text{NEED}}\sim\chi_N^2(\zeta_2) & H_1\end{cases} \tag{10-2-63}$$

式中，ζ_1、ζ_2 为非中心参数。$E\left(\chi_N^2(\zeta_1)\right)=N\left(\sigma_\omega^2+\theta^2\right)$，$\text{var}\left(\chi_N^2(\zeta_1)\right)=2N\sigma_\omega^4+4N\sigma_\omega^2\theta^2$，$E\left(\chi_N^2(\zeta_2)\right)=N\left(\sigma_\omega^2+\sigma_s^2\right)+N\left(\mu+\theta\right)^2$，$\text{var}\left(\chi_N^2(\zeta_2)\right)=2N\left(\sigma_\omega^2+\sigma_s^2\right)^2+4N\left(\sigma_\omega^2+\sigma_s^2\right)\left(\mu+\theta\right)^2$。$E(\cdot)$ 表示求期望运算，而 $\text{var}(\cdot)$ 表示求方差运算。

当信号长度 N 足够大时，它们都近似服从正态分布，即

$$T_{\text{NEED}}\sim\begin{cases}N\left(N\left(\sigma_\omega^2+\theta^2\right),2N\sigma_\omega^4+4N\sigma_\omega^2\theta^2\right) & H_0\\ N\left(N\left(\sigma_\omega^2+\sigma_s^2+\left(\mu+\theta\right)^2\right),2N\left(\sigma_\omega^2+\sigma_s^2\right)^2+4N\left(\sigma_\omega^2+\sigma_s^2\right)\left(\mu+\theta\right)^2\right) & H_1\end{cases} \tag{10-2-64}$$

其虚警概率为：

$$P_{f,\text{NEED}}=\Pr(T_{\text{NEED}}>\eta_{\text{NEED}}|N_0)=Q\left(\frac{\eta_{\text{NEED}}-N\left(\sigma_\omega^2+\theta^2\right)}{\sqrt{2N\sigma_\omega^4+2N\sigma_\omega^2\theta^2}}\right) \tag{10-2-65}$$

在预先设定虚警概率情况 $P_{f,\text{NEED}}=\alpha$ 时，我们可以由式（10-2-65）进一步确定增加 SR 噪声后的检测门限为

$$\eta_{\text{NEED}}=Q^{-1}(\alpha)\sqrt{2N\sigma_{\omega}^{4}+4N\sigma_{\omega}^{2}\theta^{2}}+N\left(\sigma_{\omega}^{2}+\theta^{2}\right) \tag{10-2-66}$$

2. 参数设置和性能分析

（1）最佳 SR 噪声。

为了寻找最优的 SR 噪声，我们借助偏移系数 d^2。偏移系数 d^2 越大，H_0 和 H_1 下的 PDF 的距离就越远，此时检测性能也越好。此处我们可以借助偏移系数 d^2 来选择随机共振噪声值 θ，其表达式为

$$d^{2}=\frac{[E(T_{\text{NEED}};H_{1})-E(T_{\text{NEED}};H_{0})]^{2}}{\operatorname{var}\left(\left(T_{\text{NEED}};H_{0}\right)\right)} \tag{10-2-67}$$

由于检测性能是关于偏移系数 d^2 的单调递增函数，因此 θ 值的选取应使得偏移系数 d^2 取得最大值。此处由式（10-2-67），得

$$d^{2}=\frac{\left[N\sigma_{s}^{2}+N(\mu^{2}+2\mu\theta)\right]^{2}}{2N\sigma_{\xi}^{4}+4N\sigma_{\xi}^{2}\theta^{2}} \tag{10-2-68}$$

为了求得最优 SR 噪声 $\omega(n)$，我们对式（10-2-68）中的 d^2 关于 θ 求导，得

$$\frac{\mathrm{d}\left\{\dfrac{\left[N\sigma_{s}^{2}+N(\mu^{2}+2\mu\theta)\right]^{2}}{2N\sigma_{\xi}^{4}+4N\sigma_{\xi}^{2}\theta^{2}}\right\}}{\mathrm{d}\{\theta\}}
=\frac{4N\mu\left[\sigma_{s}^{2}+\left(\mu^{2}+2\mu\theta\right)\right]\left[\sigma_{\xi}^{4}+2\sigma_{\xi}^{2}\theta^{2}\right]-4N\sigma_{\xi}^{2}\theta\left[\sigma_{s}^{2}+\left(\left(\mu^{2}+2\mu\theta\right)\right)\right]^{2}}{\left(\sigma_{\xi}^{4}+2\sigma_{\xi}^{2}\theta^{2}\right)^{2}} \tag{10-2-69}$$

令 $\dfrac{\mathrm{d}\left\{\dfrac{\left[N\sigma_{s}^{2}+N(\mu^{2}+2\mu\theta)\right]^{2}}{2N\sigma_{\xi}^{4}+4N\sigma_{\xi}^{2}\theta^{2}}\right\}}{\mathrm{d}\{\theta\}}=0$，可以得到

$$\left[\mu\sigma_{s}^{2}+\mu^{3}+2\mu^{2}\theta\right]=\theta\left[\sigma_{s}^{2}+\mu^{2}+2\mu\theta\right]^{2} \tag{10-2-70}$$

化简式（10-2-70），最优噪声值 θ 的选取等价于求解以下方程，即

$$A_{1}\theta^{2}+B_{1}\theta+C_{1}=0 \tag{10-2-71}$$

式中，$A_1=2\mu^3+2\mu\sigma_s^2$；$B_1=\sigma_s^4+\mu^2+2\mu\sigma_s^2-2\sigma_\xi^2\mu^2$；$C_1=-(\sigma_\xi^2\mu\sigma_s^2+\sigma_\xi^2\mu^3)$。求解式（10-2-71）可计算得到改进的能量检测算法的最优噪声值 θ

$$\theta=-(B_{1}+\sqrt{B_{1}^{2}-4A_{1}C_{1}})/(2A_{1}) \tag{10-2-72}$$

（2）所需检测长度。

系统的所需检测长度 N 是基于广义随机共振的能量检测中一个重要的参数，由式(10-2-68)可以看出，当系统检测长度 N 增加时，偏移系数也随之增加。且由偏移系数和检测性能的关

系可知，当系统检测长度L给定时，$P_{d,\mathrm{NEED}} \leqslant P_{d,\mathrm{ED}}$。那么，要得到相同的检测性能基于广义随机共振的能量检测，需要的检测长度小于传统的能量检测器$N_{\mathrm{NEED}} \leqslant N_{\mathrm{ED}}$。

（3）算法复杂度。

下面我们分析基于广义随机共振的能量检测的计算复杂度。相比于传统的能量检测算法，基于广义随机共振的能量检测还需要添加随机共振噪声这一步骤。然而，这一步骤仅是需要一个加性运算，并不会增加很多计算复杂度。此外，要达到相同的感知性能，基于广义随机共振的能量检测算法需要的检测长度远小于传统的能量检测。因此，我们认为基于广义随机共振的能量检测算法较传统的能量检测算法具有更低的计算复杂度。

10.3 混沌振子检测方法

本节研究非线性动力学系统中出现混沌的机理，对混沌运动的分析方法进行综述。Duffing 振子系统在信号检测领域得到较为广泛的应用，本节将研究 Duffing 振子的运动特性，以及参数变化对其运动的影响，为利用 Duffing 振子进行低信噪比信号检测提供理论基础和分析方法。

10.3.1 非线性动力学系统中的混沌

一个决定论动力学系统可以由系统状态变量进行描述，状态变量个数m定义为其相空间维数。系统状态变量按照某一确定性规则随时间变化。按照变化规则是否在时间上连续，可分为连续和离散动力学系统。

时间连续的动力学系统可由m维常微分方程组表示。

$$\frac{\mathrm{d}\overrightarrow{\boldsymbol{x}(t)}}{\mathrm{d}t} = \overrightarrow{\boldsymbol{x}(t)} = p(\overrightarrow{\boldsymbol{x}(t)}) \tag{10-3-1}$$

式中，$\overrightarrow{\boldsymbol{x}(t)} \in R_m$是$m$维欧氏空间中的矢量，表示连续时间$t$的状态。

离散动力学系统由差分方程或映射给出

$$X_{n+1} = P\left(\boldsymbol{X}_n\right) \tag{10-3-2}$$

式中，$\boldsymbol{X}_n = \left(x_1(n), \cdots, x_m(n)\right) \in R_m$是时间变量去整数$n$的$m$维状态矢量；$P: R_m \to R_m$是$m$维空间中的一个映射。

根据系统相空间体积在运动过程中是否保持不变，动力学系统又可分为保守系统和耗散系统。设m维相空间中任何一个$m-1$维闭合曲面S所包围的m维区域的体积为$V(X)$，根据散度定理，m维空间中自治流的局域相空间体积变化率为

$$\Lambda(X) = \frac{1}{V(X)} \cdot \frac{\mathrm{d}V(X)}{\mathrm{d}t} = \mathrm{divF} = \sum_{i=1}^{m} \frac{\partial P_i(X)}{\partial x_i} \tag{10-3-3}$$

若对轨道上的各点都有$\Lambda(X) = 0$，其相空间体积在运动中保持不变，则对应为保守测度流，相应的系统称为保守动力学系统。

若对轨道上的各点都有$\Lambda(X) < 0$，则所对应的流称为耗散流，相应的系统称为耗散动

力学系统。由于耗散效应的影响，耗散流在 m 维相空间中的体积会持续收缩。一般来说，$\Lambda(X)<0$ 不一定在相空间的每一点都成立，只要 $\sum_i \frac{\partial P_i}{\partial x_i}$ 对相空间有关区域的体积积分小于零即可。

根据不同的初始条件，耗散流最终收缩到 m 维相空间中若干个维数低于 m 的有限范围上，称之为吸引子。在一维相空间中，唯一可能的吸引子是稳定不动点，对应定常的稳定平衡态。在二维相空间中，吸引子既可是不动点，也可是简单的闭合曲线，对应稳定的周期运动，称之为极限环（Limit Cycle）。三维相空间中的自治耗散流，除可以产生不动点和极限环这两种简单吸引子外，还可以产生准周期吸引子，即所谓的奇怪吸引子（Strange Attractor）。奇怪吸引子具有精细的无穷嵌套的自相似结构（称为分形），相应的运动是非周期的、无序的、对于初始条件敏感依赖的，因此也是不可预测的、随机的，具有混沌的动力学性质。奇怪吸引子是非线性动力学耗散系统中出现混沌运动的关键，所以奇怪吸引子又称为混沌吸引子。

这里引入 Li-Yorke 关于混沌的定义。

定义 10-3-1　闭区间 I 上的连续自映射 $P(x)$，若满足下列条件：

P 的周期点的周期无上界；P 具有任意正整数周期点，即对于任意周期点，有 $x\in I$，使 $P^n(x)=x$（非不动点的 n 周期点）。

闭区间 I 上存在不可数子集 S，满足：

对 $\forall x,y\in S$，当 $x\neq y$ 时，有 $\lim\limits_{n\to\infty}\sup\left|P^n(x)-P^n(y)\right|>0$；

对 $\forall x,y\in S$，有 $\lim\limits_{n\to\infty}\inf\left|P^n(x)-P^n(y)\right|=0$；

对 $\forall x,y\in S$ 和 P 的任一周期点 y，有 $\lim\limits_{n\to\infty}\sup\left|P^n(x)-P^n(y)\right|>0$；

则称 P 为混沌的。

混沌是确定性的随机行为（伪随机），而噪声是不确定的扰动形式。

一个非线性动力学系统是否会产生混沌要取决于系统参数的选择。例如，Lorenz 系统可由下列三个微分方程描述

$$\begin{cases}\dfrac{\mathrm{d}x}{\mathrm{d}t}=\sigma(y-x)\\[2mm]\dfrac{\mathrm{d}y}{\mathrm{d}t}=(r-z)x-y\\[2mm]\dfrac{\mathrm{d}z}{\mathrm{d}t}=xy-bz\end{cases}\tag{10-3-4}$$

式中，$t,x,t,z,\sigma,r,b\in R$，参数 σ,r,b 为正的常数。由式（10-3-3）可得对 Lorenz 模型

$$\sum_i \frac{\partial F_i}{\partial x_i}=-(\sigma+1+b)<0\tag{10-3-5}$$

即体积元随时间增加按指数收缩

$$V(t)=V(0)\mathrm{e}^{-(\sigma+1+b)}\tag{10-3-6}$$

10.3.2 混沌运动的分析方法

为利用非线性确定系统的混沌运动特性进行信号处理，首先必须实现对其混沌运动形态的判别。混沌运动形态是局限于有限区域内复杂运动性态，具有独特的几何和统计特性，如整体稳定而局部不稳定、连续的功率谱、奇怪吸引子、分形结构、正的 Lyapunov 指数、正的测度熵等。对一个系统混沌运动状态的分析和判别一般需要利用多方面的信息。下面对一些重要的混沌运动分析方法进行介绍。

1．时域直接观察法

将动力系统非线性方程组的数值解投影到相空间中，可形成相轨迹随时间变化图。周期性运动将呈现一条封闭曲线，而混沌运动则呈现在一定区域内随机分布的永不封闭的轨迹。在足够长的观测周期后，混沌轨迹会把整个区域逐步填满，但在更细的观测尺度下保留出足够的空隙让后续轨迹继续填充，形成奇怪吸引子。在相轨迹图中出现奇怪吸引子时，可以判断出现混沌运动。而当相轨迹图形成一条封闭曲线时，则可以判断出现周期运动。但该方法对混沌轨迹和准周期运动轨迹很难区分，这时就需要用其他手段进行判断了。

另外，还可观察各个状态变量的时域历程波形，根据波形的局部不稳定和整体稳定等特征，发现分岔和阵发性混沌现象。但在多次分岔后，系统的运动形态往往比较复杂，必须借助其他手段才能做出正确判断。

2．Poincare 截面法

在相空间中选取一个适当的截面，使得某对共轭变量在此截面上取固定值，则称此截面为 Poincare 截面，相空间中连续轨迹与 Poincare 截面的交点称为截点。当 Poincare 截面上仅有一个不动点或若干个离散点时，可以判断出现周期运动；当 Poincare 截面上有一条封闭曲线时，运动是准周期的：当 Poincare 截面上一些成片的具有分形结构的密集点时，运动便是混沌的。

3．频谱分析法

信号的功率谱反映了其功率在频域分布情况。周期信号具有离散频谱线，准周期信号具有相互间的比率为无理数的若干离散频谱线，而非周期信号则具有连续频谱。混沌运动的非周期性决定了混沌信号具有连续的功率谱。

但在混沌运动的倍周期分岔过程中，每次分岔后，信号频谱中就会出现对应新分频及其倍频的峰谱成分，形成一些叠加在连续谱上具有一定宽度的线状谱（宽峰）。因此，若非线性动力系统输出信号具有存在分遍布很广宽峰的连续频谱，且该形态定常、可重现，则可确定系统做混沌运动。

频谱分析法在实际应用时，由于获取的信号采样值数量有限，使得到的频谱分辨率有限，从而难以区分一个长周期信号和混沌信号。另外，受到噪声干扰使宽峰结构不明显时，从连续频谱上将难以确认出现的是混沌信号还是噪声信号。

4．Lyapunov 指数法

系统的耗散作用使运动轨迹在相空间收缩，形成混沌吸引子。但在局部上，相邻轨迹间又存在相互排斥而分离的作用，初始条件的微小差别足以使相邻轨迹长期运动截然不同。为定量描述两条相轨迹因初始条件不同而随时间吸引或分离的程度，将相邻点轨迹收敛或发散的比率称为 Lyapunov 指数。Lyapunov 指数反映了系统的动力学统计特性，是判别混沌与其他吸引子环面、极限环、不动点的判据之一。它在 Hamilton 系统和耗散系统中均适用。若耗散系统的最大李氏指数为正，则系统做混沌运动并出现奇怪吸引子。这种判断方法准确性高且标准量化。

5. Kolmogorov 熵

Kolmogorov 熵为系统测度熵的一种，正比于运动过程中动力系统状态信息丧失的平均速率。对于一维运动，K 等于切 Lyapunov 指数；对于多维运动，K 等于正 Lyapunov 指数之和。Kolmogorov 熵等于零，系统运动形态为规则运动；Kolmogorov 熵趋于正无穷大时，系统运动形态为随机运动；Kolmogorov 熵取有限正值，系统运动形态为混沌运动，Kolmogorov 熵越大混沌程度越严重。因此，利用 Kolmogorov 熵值可以判断系统运动的性质或无序的程度。

6. Melnikov 法

对于一个二维离散动力系统，若其具有横截同宿点，则此系统将产生 Smale 马蹄现象，即对于可积系统受到耗散扰动时分界线是否出现混沌，可由 Melnikov 法来判别。Melnikov 法由于计算非常复杂和方法本身的原因，使得计算结果与实际值之间常常存在较大的误差。

7. Shilnikov 法

Shilnikov 法适用于具有鞍焦型同宿轨道的三维系统的讨论。Shilnikov 法的第一步是把所讨论的系统化为一个二维映射系统，然后通过估计来证明这个映射存在 Smale 马蹄变换意义下的混沌。由于 Shilnikov 法要求判定系统存在鞍焦型同宿轨道，这是一件相当困难的事，因此，Shilnikov 法应用尚不如 Melnikov 法广泛。

8. 分形理论分析

当一种结构与其所在区域的整体结构具有相似性，并且具有无限嵌套的几何形态时，称该结构为分形（Fractals）。耗散系统在相空间中容积的收缩，表现为一类维数低于相空间维数的奇怪吸引子的出现。奇怪吸引子具有分形几何结构，可以通过计算奇怪吸引子的空间维数来研究其几何性质。但采用分形方法判断混沌现象太复杂，也不方便。

9. 分维数计算

非线性确定系统的混沌运动具有潜在的规律性，可用相对较少的自由度来描述。分维数给出了有关混沌自由度的信息，其具体形式有很多种，如容量维、信息维、关联维等。分维数越大，表明系统的行为要用相空间中较高维数的吸引子来描述，系统就越复杂；反之，则系统越简单。传统上维数都是整数。由于奇怪吸引子几何形态复杂，难以用传统维数定义描述清楚，因此有必要对维数给出新的定义，使其对简单几何图形所得到的维数与传统的定义一致，同时对复杂几何图形的维数描述更为精确。通常把吸引子具有非整数容量维看作混沌解的一个特征。但此判别方法的计算不方便。

10.3.3 Duffing 振子的运动特性研究

Duffing 振子方程是一个描述非线性弹性系统的运动方程，Duffing 方程系统表现出丰富的非线性动力学特性，包括周期运动、分岔、混沌等复杂形态，成为混沌研究的常用模型之一。研究 Duffing 振子的轨道结构，推导 Duffing 振子出现混沌的条件和周期外轨存在的条件，能为后续研究中判断 Duffing 方程系统状态提供依据。

1. Duffing 振子轨道结构

对于无阻尼、无驱动力的 Holmes 型 Duffing 振子，其方程为

$$\ddot{x} - x + x^3 = 0 \tag{10-3-7}$$

这是一个 Hamilton 保守系统，其总能量为一常量。定义系统总能量为 Hamilton 函数，令 $y = \dfrac{\mathrm{d}x}{\mathrm{d}t}$，则其矢量场形式为

$$\begin{cases} \dot{x} = \dfrac{\partial H}{\partial y} = y \\ \dot{y} = -\dfrac{\partial H}{\partial x} = x - x^3 \end{cases} \tag{10-3-8}$$

其 Hamilton 能量函数为

$$H(x,y) = \frac{y^2}{2} - \frac{x^2}{2} + \frac{x^4}{4} \tag{10-3-9}$$

则式（10-3-7）系统的 Duffing 方程相平面轨迹图如图 10-3-1 所示。

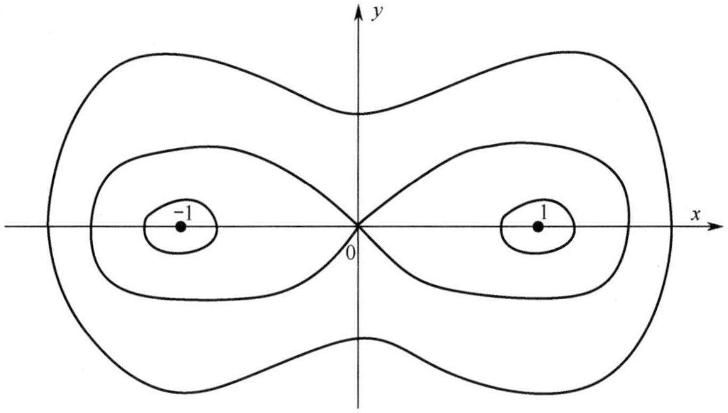

图 10-3-1　Duffing 方程相平面轨迹图

可以看出，系统存在 3 个不动点：$(0,0)$ 为鞍点，$(\pm1,0)$ 为中心点。由于轨道由 Hamilton 量相同的点组成，所以轨道实际上是系统的等能线。轨道分 3 种：经过鞍点的形状为∞的左右两条轨道称为同宿轨道，其 Hamilton 能量为 0，在同宿轨道以外的轨道簇称为外轨，其 Hamilton 能量为 0～+∞；在同宿轨道以内的左右两对轨道簇称为内轨，其 Hamilton 能量为 $0 \sim -1/4$。

两条同宿轨道的以时间为参数的方程为

$$\begin{cases} x(t) = \pm\sqrt{2}\mathrm{sech}t \\ y(t) = \mp\sqrt{2}\mathrm{sech}t\tanh t \end{cases} \tag{10-3-10}$$

一对内轨道的参数方程为

$$\begin{cases} x(t) = \pm\dfrac{\sqrt{2}}{2-k^2}\mathrm{dn}\left(\dfrac{t}{\sqrt{2-k^2}},k\right) \\ y(t) = \mp\dfrac{\sqrt{2}k^2}{2-k^2}\mathrm{sn}\left(\dfrac{t}{\sqrt{2-k^2}},k\right)\mathrm{cn}\left(\dfrac{t}{\sqrt{2-k^2}},k\right) \end{cases} \tag{10-3-11}$$

式中，$\mathrm{sn}(\cdot)$、$\mathrm{cn}(\cdot)$、$\mathrm{dn}(\cdot)$ 为椭圆参数；k 为椭圆模数，$k\in(0,1)$。当 $k\to 0$ 时，内轨道趋向于中心点。当 $k\to 1$ 时；内轨道趋向于同宿轨道。其 Hamilton 函数与周期分别为

$$H(k) = \frac{k^2-1}{\left(2-k^2\right)^2} \tag{10-3-12}$$

$$T_k = 4K(k)\sqrt{2-k^2} \tag{10-3-13}$$

式中，$K(k)$ 为第一类椭圆积分。

常用于信号检测的为外轨，外轨时间参数方程为

$$q^k(t) = \left[\sqrt{\frac{2k^2}{2k^2-1}}\mathrm{cn}\left(\frac{t}{\sqrt{2k^2-1}},k\right), \frac{-\sqrt{2}k}{2k^2-1}\mathrm{sn}\left(\frac{t}{\sqrt{2k^2-1}},k\right)\mathrm{dn}\left(\frac{t}{\sqrt{2k^2-1}},k\right)\right], k\in\left(\frac{1}{\sqrt{2}},1\right) \tag{10-3-14}$$

其 Hamilton 函数与周期分别为

$$H(k) = \frac{k^2-k^4}{\left(2k^2-1\right)^2} \tag{10-3-15}$$

$$T_k = 4K(k)\sqrt{2k^2-1} \tag{10-3-16}$$

当 $k\to 1$ 时，轨道趋向于同宿轨道。

在式（10-3-7）中，内置阻尼和周期驱动力两种扰动形式下，得到 Duffing 振子方程表达式为

$$\ddot{x} + \delta\dot{x} - x + x^3 = \gamma\cos\left(\omega t + \phi_0\right) \tag{10-3-17}$$

式中，δ 为阻尼比；γ、ω 和 ϕ_0 分别为周期驱动力的幅度、频率和初相位。其矢量场形式为

$$\begin{cases} \dot{x} = \dfrac{\partial H}{\partial y} + \varepsilon g_1(x,y,t) \\ \dot{y} = -\dfrac{\partial H}{\partial x} + \varepsilon g_2(x,y,t) \end{cases} \tag{10-3-18}$$

式中，Hamilton 函数仍为式（10-3-9），ε 为实数，g_1、g_2 为扰动量，分别为

$$g_1 = 0\,,\quad g_2 = \frac{\gamma}{\varepsilon}\cos(\omega t + \phi_0) - \frac{\delta}{\varepsilon}y \tag{10-3-19}$$

含扰动项的 Duffing 振子方程的轨迹相平面仍具有内轨道、同宿轨道和外轨道。但在参数δ、γ、ω取某些值，使它们之间满足一定关系时，Duffing 振子方程将进入混沌状态。

2. Duffing 振子产生混沌的条件

对于 Hamilton 系统，若p是双曲不动点，且存在$q(q \neq p)$是p点的稳定流形$W_s(p)$与不稳定流形$W_a(p)$的横截交点时，将由 Smale 马蹄映射产生，而 Smale 马蹄是混沌的一种基本结构。Smale 给出下述重要的横截同宿定理。

定理 10-3-1 如果二维映射D具有双曲不动点p，且它的稳定流形与不稳定流形横截相交于点q，则D是混沌的。

判断横截交点的一种有效工具是 Melnikov 函数方法。

由式（10-3-18），定义

$$f(\vec{x})=\begin{bmatrix} y \\ x-x^3 \end{bmatrix}、\ g(\vec{x},t)=\begin{bmatrix} o \\ -\delta y+\gamma\cos\omega t \end{bmatrix} \tag{10-3-20}$$

是二维平面上的充分光滑函数，且在有界集上有界。$g(\vec{x},t)$是t的周期为T的周期函数。则定义同宿轨道$q^0(t)$的 Melnikov 函数为

$$M(t_0)=\int_{-\infty}^{0} f\left(q^0(t)\right)\Lambda g\left(q^0(t),t+t_0\right)\mathrm{d}t \tag{10-3-21}$$

式中，t_0为参考时间；Λ表示$g\left(q^0(t),t+t_0\right)$在$f\left(q^0(t)\right)$法向上的投影。

定理 10-3-2 如果存在与ε无关的t_0，使$M(t_0)=0$且$\dfrac{\mathrm{d}M(t_0)}{\mathrm{d}t_0}\neq 0$，则对于充分小的$\varepsilon$，与式（10-3-17）相应的 Duffing 系统的 Poincare 映射中，鞍点型不动点的稳定不变流形与不稳定不变流形必横截相交，出现横截同宿点，从而系统有可能出现混沌解。

将式（10-3-20）代入式（10-3-21），得

$$\begin{aligned} M(t_0) &= \int_{-\infty}^{0}\left(-\delta y^2(t)+y(t)\gamma\cos(\omega(t+t_0))\right)\Big|_{\substack{x=x(t-t_0)\\ y=y(t-t_0)}}\mathrm{d}t \\ &= \int_{-\infty}^{0} y(t-t_0)\left[\gamma\cos(\omega t)-\delta y(t-t_0)\right]\mathrm{d}t \end{aligned} \tag{10-3-22}$$

其中

$$y(t-t_0)=-\sqrt{2}\operatorname{sech}(t-t_0)\tanh(t-t_0) \tag{10-3-23}$$

利用复变函数理论求得

$$M(t_0)=-\left[\sqrt{2}\pi\gamma\omega\operatorname{sech}\left(\frac{\pi\omega}{2}\right)\sin(\omega t_0)+\frac{4\delta}{3}\right] \tag{10-3-24}$$

当$\sqrt{2}\pi\gamma\omega\operatorname{sech}\left(\dfrac{\pi\omega}{2}\right)\sin(\omega t)>\dfrac{4\delta}{3}$，即

$$\frac{\gamma}{\delta}>\frac{4\operatorname{csch}\left(\dfrac{\pi\omega}{2}\right)}{3\sqrt{2}\pi\omega} \tag{10-3-25}$$

在式（10-3-25）成立时，根据定理 10-3-2，系统可能出现混沌解。

3. Duffing 振子周期轨道存在的条件

采用作用变量−角变量表示法可以简化对 Hamilton 系统的分析。对于 Holmes 型 Duffing 振子方程，可以取周期轨道包围的面积 $I(x,y)=\oint y\mathrm{d}x$ 作为作用变量。由于每条轨道的周期 $T(I)$ 一定，可以定义角变量为 $\theta=\Omega(I)t=\dfrac{2\pi}{T(I)}t$。

对于含阻尼和周期驱动力项 Duffing 振子方程式（10-3-17），将式（10-3-17）转换为作用变量−角变量表示，有

$$\begin{cases}\dot{I}=\dfrac{\partial I}{\partial x}\dot{x}+\dfrac{\partial I}{\partial y}\dot{y}=\left(\dfrac{\partial I}{\partial x}\dfrac{\partial H}{\partial y}-\dfrac{\partial I}{\partial y}\dfrac{\partial H}{\partial x}\right)+\varepsilon\left(\dfrac{\partial I}{\partial x}g_1+\dfrac{\partial I}{\partial y}g_2\right)\\ \dot{\theta}=\dfrac{\partial \theta}{\partial x}\dot{x}+\dfrac{\partial \theta}{\partial y}\dot{y}=\left(\dfrac{\partial \theta}{\partial x}\dfrac{\partial H}{\partial y}-\dfrac{\partial \theta}{\partial y}\dfrac{\partial H}{\partial x}\right)+\varepsilon\left(\dfrac{\partial \theta}{\partial x}g_1+\dfrac{\partial \theta}{\partial y}g_2\right)\end{cases}\tag{10-3-26}$$

其矢量表达式为

$$\begin{cases}\dot{I}=\varepsilon F(I,\theta,t,\varepsilon)\\ \dot{\theta}=\Omega(I)+\varepsilon G(I,\theta,t,\varepsilon)\end{cases}\tag{10-3-27}$$

其中

$$\begin{cases}F(I,\theta,t,\varepsilon)=\dfrac{\partial I}{\partial x}\big(x(I,\theta),y(I,\theta)g_1\big(x(I,\theta),y(I,\theta)\big),t,\varepsilon\big)+\\ \qquad\dfrac{\partial I}{\partial y}\big(x(I,\theta),y(I,\theta)g_2\big(x(I,\theta),y(I,\theta)\big),t,\varepsilon\big)\\ G(I,\theta,t,\varepsilon)=\dfrac{\partial \theta}{\partial x}\big(x(I,\theta),y(I,\theta)\big)g_1\big(x(I,\theta),y(I,\theta)\big),t,\varepsilon)+\\ \qquad\dfrac{\partial \theta}{\partial y}\big(x(I,\theta),y(I,\theta)\big)g_2\big(x(I,\theta),y(I,\theta)\big),t,\varepsilon)\end{cases}\tag{10-3-28}$$

对 I,θ 关于 ε 变分得

$$\begin{cases}I=I_0+\varepsilon I_1+O(\varepsilon^2)\\ \theta=\theta_0+\Omega(I_0)t+\varepsilon\theta_1+O(\varepsilon^2)\end{cases}\tag{10-3-29}$$

(I_0,θ_0) 为无扰动时相平面 (I,θ) 点坐标值，$I_1=\dfrac{\partial I}{\partial\varepsilon}|_{\varepsilon=0}$，$\theta_1=\dfrac{\partial\theta}{\partial\varepsilon}|_{\varepsilon=0}$。对式（10-3-29）两边微分得

$$\left\{\begin{bmatrix}\dot{I}_1\\ \dot{\theta}_1\end{bmatrix}=\begin{bmatrix}0 & 0\\ \dfrac{\partial\Omega}{\partial I}I_0 & 0\end{bmatrix}\begin{bmatrix}I_1\\ \theta_1\end{bmatrix}+\begin{bmatrix}F\big(I_0,\Omega(I_0)t+\theta_0\big),\phi(t), & 0\\ G\big(I_0,\Omega(I_0)t+\theta_0\big),\phi(t), & 0\end{bmatrix}\right.\tag{10-3-30}$$

式中，$\phi(t)=\omega t+\phi_0$。注意，F 和 G 是关于 θ、t 的周期函数，θ 的周期为 2π，t 的周期 T 为 $\dfrac{2\pi}{\omega}$。从 $t=0$ 时开始，每隔周期 T 记录轨迹在相平面 (I,θ) 上点的位置，产生的点序列 $\big(I(0),\theta(0)\big),\big(I(T),\theta(T)\big),\cdots\big(I(mT),\theta(mT)\big),\cdots$ 形成一个 Poincare 截面。其中第 m 次 Poincare

映射可表示为

$$P^m:\Sigma^{\phi_0}\to\Sigma^{\phi_0}$$
$$\left(I(0),\theta(0)\right)\to\left(I(mT),\theta(mT)\right) \tag{10-3-31}$$

式中，ϕ_0 为周期作用在初始时刻的相位。将初始位置简记为 (I_0,θ_0)，则进一步有

$$P^m:\Sigma^{\phi_0}\to\Sigma^{\phi_0}$$
$$\left(I_0,\theta_0\right)\to\left(I_0+\varepsilon I_1(mT),\theta_0+mT\Omega(I_0)+\varepsilon\theta_1(mT)\right)+O(\varepsilon^2) \tag{10-3-32}$$

通过进一步求解变分方程式（10-3-29），得

$$\begin{cases} I_1(mT)=\int_0^{mT}F\left(I_0,\Omega(I_0)t+\theta_0,\omega t+\phi_0,0\right)\mathrm{d}t\equiv M_1\left(I_0,\theta_0;\phi_0\right) \\ \theta_1(mT)=\dfrac{\partial\Omega}{\partial I}|_{I=I_0}\int_o^{mT}\int_0^{t}F\left(I_0,\Omega(I_0)\xi+\theta_0,\omega\xi+\phi_0,0\right)\mathrm{d}\xi\mathrm{d}t\equiv M_2\left(I_0,\theta_0;\phi_0\right) \end{cases} \tag{10-3-33}$$

这时，Poincare 映射的形式为

$$P^m:\Sigma^{\phi_0}\to\Sigma^{\phi_0}$$
$$\left(I_0,\theta_0\right)\to\left(I_0,\theta_0+mT\Omega(I_0)\right)+\varepsilon\left(M_1\left(I_0,\theta_0;\phi_0\right),M_2\left(I_0,\theta_0;\phi_0\right)\right)+O(\varepsilon^2) \tag{10-3-34}$$

这里，出现了次谐 Melnikov 矢量

$$\boldsymbol{M}\left(I_0,\theta_0;\phi_0\right)\equiv\left(M_1\left(I_0,\theta_0;\phi_0\right),M_2\left(I_0,\theta_0;\phi_0\right)\right) \tag{10-3-35}$$

由次谐 Melnikov 方法和次谐轨道存在性的定理可知，对于带阻尼和周期驱动力 Holmes 型 Duffing 振子方程，若相平面上存在一点 $(\bar{I},\bar{\theta})$，其未扰动轨道的周期与周期扰动的周期之间的关系满足共振条件：$T(\bar{I})=m/nT$ 。并且，该点满足以下条件：$M_1^{\frac{m}{n}}\left(I,\theta;\phi_0\right)=0$，那么 Poincare 映射 P_ε^m 存在一周期 m 不动点。这里 $M_1^{\frac{m}{n}}\left(I,\theta;\phi_0\right)$ 为 Melnikov 变量，上标 m/n 强调必须满足共振条件。$n=1$ 的轨道称为次谐轨道，$n\neq1$ 的轨道称为超次谐轨道。

由上述分析可知，对于带阻尼和周期驱动力 Holmes 型 Duffing 振子方程，推导外周期轨道存在条件的关键是求出使 $M_1^{\frac{m}{n}}\left(I,\bar{\theta};\phi_0\right)=0$ 成立时，阻尼和周期驱动力必须满足的条件，即

$$M_1^{\frac{m}{n}}\left(I,\theta;\phi_0\right)=\int_0^{mT}F\left(I,\Omega(I)t+\theta,\omega t+\phi_0,0\right)\mathrm{d}t \tag{10-3-36}$$

由式（10-3-19），$g_1=0$，所以

$$F=\frac{\partial I}{\partial y}g_2=\frac{\partial I}{\partial H}\frac{\partial H}{\partial y}g_2=\frac{\partial I}{\partial H}yg_2 \tag{10-3-37}$$

由于 $\dfrac{\partial H}{\partial I}=\Omega(I)$，将式（10-3-19）、式（10-3-37）代入式（10-3-36）有

$$M_1^{\frac{m}{n}}\left(I,\theta;\phi_0\right)=\frac{1}{\varepsilon\Omega(t)}\int_0^{mT}y\left[\gamma\cos\left(\omega t+\phi_0\right)-\delta y\right]\mathrm{d}t \tag{10-3-38}$$

定义

$$M_1^{\frac{m}{n}}(I,\theta;\phi_0)=\int_0^{mT}y\left[\gamma\cos(\omega t+\phi_0)-\delta y\right]\mathrm{d}t=-\delta\int_0^{mT}y^2\mathrm{d}t-\gamma\sin\phi_0\int_0^{mT}y\sin(\omega t)\mathrm{d}t \\ =-\delta J_1(m,n)-\gamma\sin\phi_0 J_2(m,n) \tag{10-3-39}$$

式中，$J_1(m,n)=\int_0^{mT}y^2\mathrm{d}t$，$J_2(m,n)=\int_0^{mT}y\sin(\omega t)\mathrm{d}t$，可分别用椭圆函数计算。根据式（10-3-39）可以绘出$\overline{M_1^{\frac{m}{n}}}$与$\phi_0$的关系曲线如图 10-3-2 所示，其中横轴为$\overline{M_1^{\frac{m}{n}}}=0$的情况。

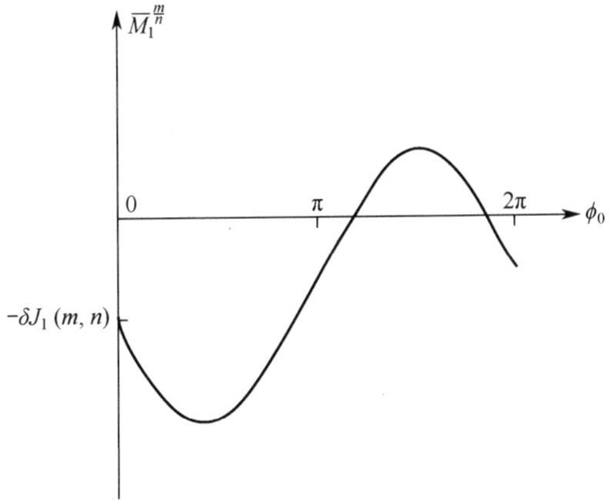

图 10-3-2 $\overline{M_1^{\frac{m}{n}}}$与$\phi_0$的关系曲线

由式（10-3-39）及图 10-3-2，得出的主要结论是：在$n=1$，且m取奇数的条件下，$\frac{\gamma}{\delta}$必须大于某一阈值$R^m(\omega)$时$\overline{M_1^{\frac{m}{n}}}$才能为 0。

对于式（10-3-14）表示的外轨时间参数方程，$k\in\left(\frac{1}{\sqrt{2}},1\right)$为椭圆模数，$k'=\sqrt{1-k^2}$为补模数。$R^m(\omega)$的表达式为

$$R^m(\omega)=\frac{2\sqrt{2}}{3(2k^2-1)^{3/2}}\frac{k'^2K(k)+(2k^2-1)E(k)}{\pi w\operatorname{sech}\left(\frac{\pi mK(k')}{2K(k)}\right)} \tag{10-3-40}$$

式中，K为第 1 种椭圆积分；E为第 2 种椭圆积分，分别为

$$K(k)=\int_0^l\frac{\mathrm{d}t}{\sqrt{(1-t^2)(1-k^2t^2)}}=\int_0^{l/2}\frac{\mathrm{d}\theta}{\sqrt{1-k^2\sin^2\theta}}$$

$$E(k)=\int_0^l\sqrt{\frac{1-k^2t^2}{1-t^2}}\mathrm{d}t=\int_0^{l/2}\sqrt{1-k^2\sin^2\theta}\mathrm{d}\theta \tag{10-3-41}$$

式中，$t=\sin\theta$。$R^m(\omega)$为参数$\frac{\gamma}{\delta}$的分岔值，当$\frac{\gamma}{\delta}<R^m(\omega)$，不存在周期闭轨，而当$\frac{\gamma}{\delta}>R^m(\omega)$时，存在一条稳定的周期闭轨和一条不稳定的周期闭轨。

可以证明，当$m\to\infty$，即$k\to1$时，外周期轨道趋近于同宿轨道，有

$$R^m(\omega)=\lim_{m\to\infty}R^m(\omega)=\frac{2\sqrt{2}}{3\pi\omega\operatorname{sech}\left(\frac{\pi\omega}{2}\right)} \tag{10-3-42}$$

10.3.4 参数对混沌振子运动的影响

1. 混沌振子的参数敏感性

由 Duffing 振子产生混沌的条件和周期轨道存在的条件可知，混沌运动具有对参数的敏感性。可以证明，这种对参数的敏感性与对初值的敏感性是等价的。

对于式（10-3-17）的 Duffing 振子方程，令 $\omega=1$，方程重写为

$$\ddot{x}+\delta\dot{x}-x+x^3=\gamma\cos t \tag{10-3-43}$$

当 δ 取固定值，而 γ 作为可变参数，系统初始点的坐标为 $(x(0),\dot{x}(0))$，则 γ 的变化有可能导致系统状态的根本变化，即系统表现出参数敏感性。将式（10-3-43）微分，得

$$\dddot{x}+\delta\ddot{x}-\dot{x}+3x^2\dot{x}=\gamma\cos t \tag{10-3-44}$$

利用上面两式消去 γ，得

$$\dddot{x}+(\delta+\tan t)\ddot{x}+(3x^2-1+\delta\tan t)\dot{x}+\tan t(x^3-x)=0 \tag{10-3-45}$$

这个三阶系统的初始点坐标为 $(x(0),\dot{x}(0),\ddot{x}(0))$，其中 $\dot{x}(0)$ 可通过将 $t=0$ 代入式（10-3-43）得到。最后得到的初始点坐标为 $(x(0),\dot{x}(0),-\delta\dot{x}(0)+x(0)-x^3(0)+\gamma)$。

这样，二阶系统中的参数就转换为三阶系统的初始坐标了，从而说明参数敏感性与初值敏感性在数学上是等价的。

2. 稳定周期轨道的选择

前面我们利用 Melnikov 方法求出了 Duffing 振子在微扰的情况下能稳定在某一次谐轨道的 γ/δ 的阈值 $R^m(\omega)$，其前提是相对于该次谐轨道共振带的宽度 γ 和 δ 的值需足够小。因为只有 γ 和 δ 的值小到足以保证相点不处在共振带时，才有可能形成闭轨。m 越大，轨道越靠近同宿轨道时，共振带的宽度越窄，对 γ 和 δ 足够小的要求越严格。

$m\to\infty$ 时的共振带宽度 ΔI 的公式为：

$$\Delta I=\sqrt{\varepsilon\frac{m^3}{\omega^3}\exp\left(-\frac{2\pi m}{\omega}\right)}+O(\varepsilon) \tag{10-3-46}$$

当 $m\to\infty$ 时，共振带宽度 $\Delta I\to 0$，γ 和 δ 的值趋近于 0 才能算得上微扰，$R^m(\omega)$ 只有理论上的意义。

因此，γ 和 δ 值的选择十分重要。选择合适的 γ 和 δ 值，将使得相点保持在 $m=1$ 次谐轨道的共振带中。这时，可能出现 γ 和 δ 稍小于 $R^1(\omega)$，但依然满足其他超次谐轨道的分岔条件，理论上可以稳定在这些轨道上。不过由于这些轨道的共振带都很窄，相对较大的 γ 和 δ 值将使轨道不能长期保持稳定，系统运行仍呈现混沌状态，因此必须选择较小的 γ 和 δ 值。

另外，在选择合适的 γ 和 δ 值后，可以保证在 γ/δ 大于 $R^1(\omega)$ 时，无论相点初始在何处，

最终都将稳定在 $m=1$ 次谐轨道上。

所以，通过选择合适的 γ 和 δ 值，可以保证选择周期 1 外轨作为检测轨道，由式(10-3-40)，当 $m=1$， $\omega=1$ 时取 $k=0.837$ ，解得

$$R^1(1)=1.6696 \tag{10-3-47}$$

设 γ_p 为固定 δ 时 γ 的临界值，系统才能够混沌向周期运动状态转变的分岔值 $\gamma_p/\delta=R^1$ 。

3. 混沌振子的噪声统计特性

一般采用数值方法（如四阶 Runge-Kutta 算法）解 Duffing 振子系统微分方程，因此系统本质上是一个离散动力系统。在没有噪声的情况下，只要步长取得足够小，它与理想的连续系统之间的差别很小。但在有噪声的情况下，步长的选择对噪声的统计特性将会产生影响。

Runge-Kutta 算法的步长与数据采样的周期可取相同的值，采样后在算法的每一步中，噪声保持为一恒值，这样噪声就表现出一定的相关性。白噪声的均方根记作 σ_0 ，取 h 为采样周期，可以证明，噪声的自相关函数可表示为

$$R_{nn}(\tau)=\begin{cases}\sigma_0{}^2\left(1-\left|\dfrac{\tau}{h}\right|\right) & |\tau|<h \\ 0 & |\tau|\geqslant h\end{cases} \tag{10-3-48}$$

噪声离散化后其自相关函数与 h 有关，在时域呈三角形状，其对系统的影响与强度为三角形面积 $\sigma_0^2 h$ 的白噪声相当。由于 h 很小，所以可以等效为冲击能量等于三角形面积的严格白噪声，即

$$R_{nn}(\tau)=\sigma_0{}^2 h\delta(\tau) \tag{10-3-49}$$

在没有噪声输入时，具有内置阻尼和周期驱动力的 Duffing 振子系统方程式（10-3-17）重写为

$$\ddot{x}+\delta\dot{x}-x+x^3=\gamma\cos t \tag{10-3-50}$$

当 Duffing 振子系统进入周期 1 外轨道运动状态时的运行轨道如图 10-3-3 所示。

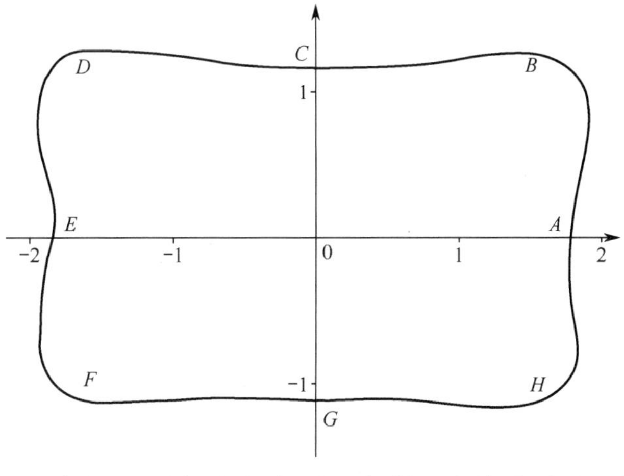

图 10-3-3 当 Duffing 振子系统进入周期 1 外轨道运动状态时的运行轨道（标出了若干个典型的轨道点）

当输入噪声满足一定范围时，由于 Duffing 振子系统周期 1 外轨道运动状态对噪声的免疫性，上述运行状态不会发生变化，但轨道点的具体位置将发生偏离。用 Δx 表示噪声引起的式（10-3-50）中 $x(t)$ 的微小位移，则在输入噪声后系统的微分方程可写为

$$(\ddot{x}+\Delta\ddot{x})+\delta(\dot{x}+\Delta\dot{x})-(x+\Delta x)+(x+\Delta x)^3=\gamma\cos(t)+n(t) \tag{10-3-51}$$

式中，$n(t)$ 为噪声，$E\{n(t)\}=0$，$R_{nn}(\tau)$ 由式（10-3-48）表示。将式（10-3-50）代入式（10-3-51），化简后得

$$\Delta\ddot{x}+\delta\Delta\dot{x}-\Delta x+3x\Delta x^2+\Delta x^3=n(t) \tag{10-3-52}$$

由于 Δx 很小，可以略去其高阶无穷小，令 $l(t)=1-3x^2$ 得：

$$\Delta\ddot{x}+\delta\Delta\dot{x}-l(t)\Delta x=n(t) \tag{10-3-53}$$

由于 $x(t)$ 为周期函数，式（10-3-53）为一周期系数的随机线性微分方程，表达成矢量微分形式

$$\dot{\boldsymbol{X}}(t)=\boldsymbol{A}(t)\boldsymbol{X}(t)+\boldsymbol{Y}(t) \tag{10-3-54}$$

其中

$$\boldsymbol{X}(t)=\begin{bmatrix}x_1\\x_2\end{bmatrix}=\begin{bmatrix}\Delta x(t)\\\Delta\dot{x}(t)\end{bmatrix},\quad \boldsymbol{Y}(t)=\begin{bmatrix}0\\y(t)\end{bmatrix} \tag{10-3-55}$$

$$\boldsymbol{A}(t)=\begin{bmatrix}0 & 1\\l(t) & -\delta\end{bmatrix} \tag{10-3-56}$$

式（10-3-54）的解过程可表示为：

$$\boldsymbol{X}(t)=\boldsymbol{\Psi}(t,t_0)X_0+\int_0^l\boldsymbol{\Psi}(t,u)N(u)\mathrm{d}u \tag{10-3-57}$$

式中，X_0 是相点的初始位置；$\boldsymbol{\Psi}(t,u)$ 是系统的状态转移矩阵。

式（10-3-57）中第一项为暂态解，因此将很快衰减为零。则可以只考虑稳态统计特性，有

$$\boldsymbol{X}(t)=\int_0^l\boldsymbol{\Psi}(t,u)N(u)\mathrm{d}u \tag{10-3-58}$$

则 $\boldsymbol{X}(t)$ 的统计特性为

$$E\{\boldsymbol{X}(t)\}=\int_0^l\boldsymbol{\Psi}(t,u)E\{N(u)\}\mathrm{d}u=0 \tag{10-3-59}$$

$$\boldsymbol{\Gamma}_{XX}(t,s)=\int_0^l\int_0^s\boldsymbol{\Psi}(t,u)\boldsymbol{\Gamma}_{NN}(u,v)\boldsymbol{\Psi}^{\mathrm{T}}(s,v)\mathrm{d}u\mathrm{d}v \tag{10-3-60}$$

式中，$\boldsymbol{\Gamma}_{NN}(u,v)$、$\boldsymbol{\Gamma}_{XX}(t,s)$ 分别表示输入噪声在时刻 u 和 v，输出噪声在时刻 t 和 s 的互相关函数矩阵。

通过对噪声对已进入周期 1 外轨道运动系统输出信号的影响进行统计特性分析可知，输出噪声在一个周期内的各轨迹点上统计特性都不同，为非平稳过程。但在若干周期之间，

呈现为循环平稳过程。噪声统计特性在一个周期内的变化曲线如图 10-3-4 所示。

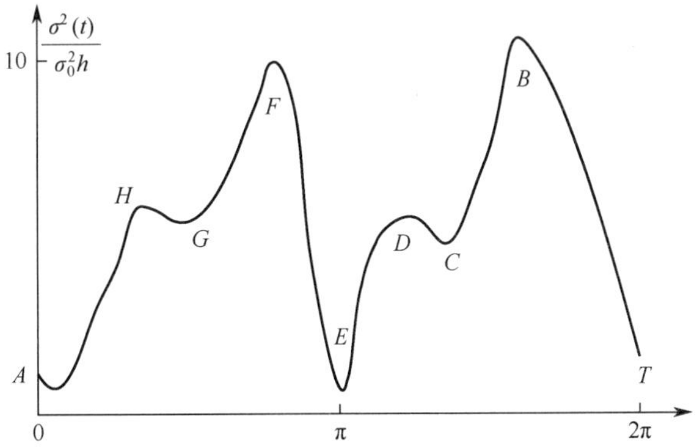

图 10-3-4　噪声统计特性在一个周期内的变化曲线

各点的输出噪声均方值见表 10-3-1。

表 10-3-1　周期轨迹各点输出噪声均方值表

	A	B	C	D	E	F	G	H
$\frac{\sigma^2}{\sigma^2 h}$	0.4783	9.753	5.97	4.603	0.329	8.94	6.04	5.277

可见，输出噪声均方值最小点在 A 或 E 附近。

10.4　粒子滤波检测方法

10.4.1　粒子滤波背景知识

粒子滤波算法（Particle filter，PF）是贝叶斯框架下的一种次优算法，它利用大量带有权值的随机样本近似目标状态的后验概率密度函数。此类算法适合处理非线性非高斯动态系统下的状态估计和跟踪问题，是实现低信噪比目标长时间积累检测的有效方法。因此，研究各种基于粒子滤波算法的检测前跟踪算法对于低信噪比目标检测和跟踪具有十分重要的意义。现有的基于粒子滤波的检测前跟踪算法主要包括两类：存在概率检测算法和似然比检测算法。

（1）基于粒子滤波算法的存在概率检测算法。该算法的主要思想是在粒子滤波算法的状态向量中引入一个模拟目标消失和存在的存在变量。这里的存在变量是一个二元的马尔可夫过程。当存在变量等于 1 时，认为当前时刻目标存在；反之，当存在变量等于 0 时，认为当前时刻目标不存在。因此，存在概率检测算法中粒子滤波算法的状态向量中包含两类元素：连续的目标状态和离散的目标存在状态，称之为混合状态向量。粒子滤波算法中的连续状态变量根据状态空间模型预测和更新，而存在变量依据转移概率公式实现预测和更新。依据每一时刻的更新样本中的存在变量估计存在概率，当存在概率大于给定门限时，认为该时刻目标存在，同时给出目标状态估计。

（2）基于粒子滤波算法的似然比检测方法。很多检测准则，如贝叶斯准则、Negman-Pearson 准则、Minimax 准则等，最终都归结为似然比检测。但是对于非线性非高斯系统，往往很难得到似然比的解析表达式。基于粒子滤波算法的似然比检测算法就是在粒子滤波算法的基础上，利用粒子滤波算法的输出构造近似的似然比检测统计量。当近似似然比大于给定门限时，认为目标存在；反之，当近似似然比小于给定门限时，认为目标不存在。

本节从应用背景、原理、系统模型、发展过程等方面详细介绍和回顾了粒子滤波算法和代价参考粒子滤波算法。

10.4.2 状态空间模型和后验概率密度函数

当用状态空间模型描述一个动态系统时，定义目标的状态向量非常重要。目标的状态向量应包括描述该动态系统的全部信息。在跟踪问题中，状态向量通常包含目标所有的运动学特征，如位置，速度，加速度等。观测向量将目标状态向量和观测过程联系起来。因此状态空间模型包含两个方程——系统方程和观测方程。系统方程描述目标状态向量随时间的变化情况，观测方程描述目标状态向量和观测向量的关系。

为描述一个滤波问题，定义目标状态向量为 $\boldsymbol{x}_k$，其维数为 $n_{\boldsymbol{x}}$，$k \in N$ 表示时刻，N 表示自然数集，$k=1,\cdots,K$。系统方程为

$$\boldsymbol{x}_k = \boldsymbol{f}_{k\text{-}1}\left(\boldsymbol{x}_{k\text{-}1}\right)+\boldsymbol{v}_{k\text{-}1} \tag{10-4-1}$$

式中，$\boldsymbol{f}_k$ 是已知的关于状态向量的函数，可为线性或非线性，称为状态转移函数；$\boldsymbol{v}_{k\text{-}1}$ 为系统噪声，可服从已知的高斯或非高斯分布，或者未知分布。

观测方程为

$$\boldsymbol{z}_k = \boldsymbol{h}_k\left(\boldsymbol{x}_k\right)+\boldsymbol{w}_k \tag{10-4-2}$$

式中，$\boldsymbol{z}_k$ 为观测向量；$\boldsymbol{h}_k$ 是已知的关于状态向量的函数，可为线性或非线性；$\boldsymbol{w}_k$ 为观测噪声，服从已知的高斯或非高斯分布，或者分布未知。

当 $\boldsymbol{v}_{k\text{-}1}$ 和 $\boldsymbol{w}_k$ 分布已知时，式（10-4-1）和式（10-4-2）可写成下面的概率形式

$$p\left(\boldsymbol{x}_k|\boldsymbol{x}_{k-1}\right) \tag{10-4-3}$$

$$p\left(\boldsymbol{z}_k|\boldsymbol{x}_k\right) \tag{10-4-4}$$

式（10-4-3）和式（10-4-4）是系统噪声和观测噪声分布已知时系统方程和观测方程的概率表达形式。式（10-4-3）是转移概率密度函数，式（10-4-4）是似然函数。贝叶斯准则利用式（10-4-3）和式（10-4-4）递推地估计目标状态的后验概率密度函数 $p\left(\boldsymbol{x}_k|\boldsymbol{Z}_k\right)$，其中 $\boldsymbol{Z}_k=\left\{\boldsymbol{z}_1,\cdots,\boldsymbol{z}_k\right\}$ 表示观测数据的集合。假设初始时刻的状态向量服从后验概率密度函数 $p\left(\boldsymbol{x}_0|\boldsymbol{Z}_0\right)=p\left(\boldsymbol{x}_0\right)$，理论上可通过预测和更新两个过程得到目标状态在各个时刻的后验概率密度函数 $p\left(\boldsymbol{x}_k|\boldsymbol{Z}_k\right)$。

假设 $k-1$ 时刻的后验概率密度函数 $p\left(\boldsymbol{x}_{k-1}|\boldsymbol{Z}_{k-1}\right)$ 已知，通过 Chapman-Kolmogorov 方程和式（10-4-3），可得预测后验概率密度函数，即

$$\begin{aligned} p\left(\boldsymbol{x}_k|\boldsymbol{Z}_{k-1}\right) &= \int p\left(\boldsymbol{x}_k|\boldsymbol{x}_{k-1},\boldsymbol{Z}_{k-1}\right)p\left(\boldsymbol{x}_{k-1}|\boldsymbol{Z}_{k-1}\right)\mathrm{d}\boldsymbol{x}_{k-1} \\ &= \int p\left(\boldsymbol{x}_k|\boldsymbol{x}_{k-1}\right)p\left(\boldsymbol{x}_{k-1}|\boldsymbol{Z}_{k-1}\right)\mathrm{d}\boldsymbol{x}_{k-1} \end{aligned} \tag{10-4-5}$$

根据式（10-4-1）及状态方程的概率形式式（10-4-3），可得 $p\left(\boldsymbol{x}_{k-1}|\boldsymbol{Z}_{k-1}\right)= p\left(\boldsymbol{x}_k|\boldsymbol{x}_{k-1}\right)$。当已知 k 时刻的观测 $\boldsymbol{z}_k$ 时，根据贝叶斯准则可得到 k 时刻的后验概率密度函数，即

$$p\left(\boldsymbol{x}_k|\boldsymbol{Z}_k\right)=p\left(\boldsymbol{x}_k|z_k,\boldsymbol{Z}_{k-1}\right)=\frac{p\left(z_k|\boldsymbol{x}_k,\boldsymbol{Z}_{k-1}\right)p\left(\boldsymbol{x}_k|\boldsymbol{Z}_{k-1}\right)}{p\left(z_k|\boldsymbol{Z}_{k-1}\right)}=\frac{p\left(z_k|\boldsymbol{x}_k\right)p\left(\boldsymbol{x}_k|\boldsymbol{Z}_{k-1}\right)}{p\left(z_k|\boldsymbol{Z}_{k-1}\right)} \tag{10-4-6}$$

根据式（10-4-2）及观测方程的概率形式式（10-4-4），可得 $p\left(z_k|\boldsymbol{x}_k,\boldsymbol{Z}_{k-1}\right)=p\left(z_k|\boldsymbol{x}_k\right)$。式（10-4-6）中 $p\left(z_k|\boldsymbol{Z}_{k-1}\right)$ 为依赖于似然函数和预测后验概率密度函数的常数，即

$$p\left(z_k|\boldsymbol{Z}_{k-1}\right)=\int p\left(z_k|\boldsymbol{x}_k\right)p\left(\boldsymbol{x}_k|\boldsymbol{Z}_{k-1}\right)\mathrm{d}\boldsymbol{x}_k \tag{10-4-7}$$

理论上，从后验概率密度函数可获得各种准则下的最优目标状态估计，如均方根误差估计、最大后验估计等，即

$$\hat{\boldsymbol{x}}_{k|k}^{\mathrm{MMSE}} \triangleq E\left\{\boldsymbol{x}_k|\boldsymbol{Z}_k\right\}=\int \boldsymbol{x}_k p\left(\boldsymbol{x}_k|\boldsymbol{Z}_k\right)\mathrm{d}\boldsymbol{x}_k \tag{10-4-8}$$

$$\hat{\boldsymbol{x}}_{k|k}^{\mathrm{MAP}} \triangleq \arg\max_{\boldsymbol{x}_k} p\left(\boldsymbol{x}_k|\boldsymbol{Z}_k\right) \tag{10-4-9}$$

上述后验概率密度函数需要储存所有的观测数据，而且只有在特定情况下才能得到后验概率密度函数的解析表达式（线性高斯），因此更多情况下需要寻求后验概率密度函数的近似。

10.4.3　卡尔曼滤波和扩展卡尔曼滤波

1. 卡尔曼滤波

若式（10-4-1）和式（10-4-2）描述的动态系统中 $\boldsymbol{f}_{k-1}$ 和 $\boldsymbol{h}_k$ 是关于状态向量 $\boldsymbol{x}_k$ 的线性函数，且系统噪声 $\boldsymbol{v}_{k-1}$ 和观测噪声 $\boldsymbol{w}_k$ 服从已知的零均值高斯分布时，卡尔曼滤波器可解析地给出各个时刻的后验概率密度函数。线性高斯系统在各个时刻的后验概率密度函数仍服从高斯分布，因此递推地计算目标状态在各个时刻的均值和协方差即可描述相应的后验概率密度函数。此时，式（10-4-1）和式（10-4-2）的动态系统可写成下面的形式

$$\boldsymbol{x}_k=\boldsymbol{f}_{k-1}\boldsymbol{x}_{k-1}+\boldsymbol{v}_{k-1} \tag{10-4-10}$$

$$\boldsymbol{z}_{k-1}=\boldsymbol{h}_k\boldsymbol{x}_k+\boldsymbol{w}_k \tag{10-4-11}$$

式中，$\boldsymbol{f}_{k-1}$ 和 $\boldsymbol{h}_k$ 是已知的关于目标状态向量的线性函数；$\boldsymbol{v}_{k-1}$ 和 $\boldsymbol{w}_k$ 是相互独立的服从零均值，协方差矩阵为 $\boldsymbol{Q}_{k-1}$ 和 $\boldsymbol{R}_k$ 的高斯分布。此时，后验概率密度函数递推过程可表示为

$$p\left(\boldsymbol{x}_{k-1}|\boldsymbol{Z}_{k-1}\right)=N\left(\boldsymbol{x}_{k-1};\hat{\boldsymbol{x}}_{k-1|k-1},\boldsymbol{P}_{k-1|k-1}\right) \tag{10-4-12}$$

$$p\left(\boldsymbol{x}_k|\boldsymbol{Z}_{k-1}\right)=N\left(\boldsymbol{x}_k;\hat{\boldsymbol{x}}_{k|k-1},\boldsymbol{P}_{k|k-1}\right) \tag{10-4-13}$$

$$p\left(\boldsymbol{x}_k|\boldsymbol{Z}_k\right)=N\left(\boldsymbol{x}_k;\hat{\boldsymbol{x}}_{k|k},\boldsymbol{P}_{k|k}\right) \tag{10-4-14}$$

式中，$N\left(\boldsymbol{x};\boldsymbol{m},\boldsymbol{P}\right)$ 表示变量 $\boldsymbol{x}$ 服从均值为 $\boldsymbol{m}$、协方差矩阵为 $\boldsymbol{P}$ 的高斯分布，即

$$N\left(\boldsymbol{x};\boldsymbol{m},\boldsymbol{P}\right)\triangleq\left|2\pi\boldsymbol{P}\right|^{-\frac{1}{2}}\exp\left\{-\frac{1}{2}\left(\boldsymbol{x}-\boldsymbol{m}\right)^{\mathrm{T}}\boldsymbol{P}^{-1}\left(\boldsymbol{x}-\boldsymbol{m}\right)\right\} \tag{10-4-15}$$

$\boldsymbol{M}^{\mathrm{T}}$ 表示矩阵 $\boldsymbol{M}$ 的转置，$\boldsymbol{M}^{-1}$ 表示矩阵 $\boldsymbol{M}$ 的逆矩阵。图 10-4-1 所示是卡尔曼滤波器的框图，通过预测和更新两个过程，可估计各个时刻后验概率密度函数的均值和方差。

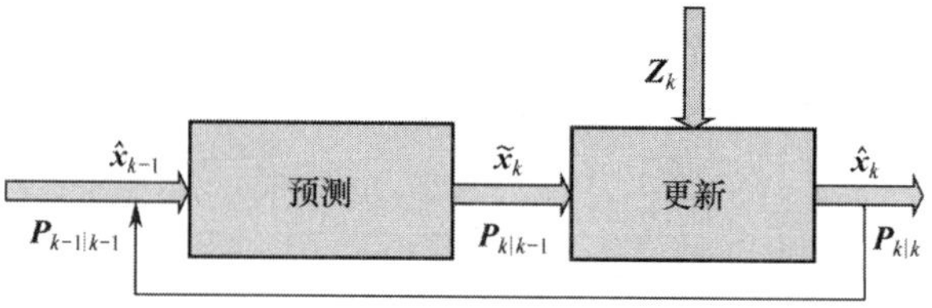

图 10-4-1　卡尔曼滤波器的框图

结合线性高斯系统式（10-4-10）和式（10-4-11），式（10-4-12）～式（10-4-14）中的均值和协方差的计算如下

$$\hat{\boldsymbol{x}}_{k|k-1}=\boldsymbol{f}_{k-1}\hat{\boldsymbol{x}}_{k-1|k-1}, \quad \boldsymbol{P}_{k|k-1}=\boldsymbol{Q}_k+\boldsymbol{f}_{k-1}\boldsymbol{P}_{k\{-\}1|k-1}\boldsymbol{f}_{k-1}^{\mathrm{T}} \tag{10-4-16}$$

$$\hat{\boldsymbol{x}}_{k|k}=\hat{\boldsymbol{x}}_{k|k-1}+\bar{\boldsymbol{K}}_k(\boldsymbol{z}_k-\boldsymbol{h}_k\hat{\boldsymbol{x}}_{k|k-1}), \quad \boldsymbol{P}_{k|k}=\boldsymbol{P}_{k|k-1}-\bar{\boldsymbol{K}}_k\boldsymbol{S}_k\bar{\boldsymbol{K}}_k^{\mathrm{T}} \tag{10-4-17}$$

式（10-4-16）表示预测过程，式（10-4-17）表示更新过程。式中

$$\bar{\boldsymbol{K}}_k=\boldsymbol{P}_{k|k-1}\boldsymbol{h}_k^{\mathrm{T}}\boldsymbol{S}_k^{-1}, \quad \boldsymbol{S}_k=\boldsymbol{h}_k\boldsymbol{P}_{k|k-1}\boldsymbol{h}_k^{\mathrm{T}}+\boldsymbol{R}_k \tag{10-4-18}$$

式（10-4-16）是在已知 $k-1$ 时刻后验概率密度函数的均值和协方差矩阵的情况下，根据状态方程预测 k 时刻的后验概率密度函数的均值和协方差，即

$$\hat{\boldsymbol{x}}_{k|k-1}=E\left(\boldsymbol{f}_{k-1}\boldsymbol{x}_{k-1}\right)+\boldsymbol{v}_{k-1}=\boldsymbol{f}_{k-1}\hat{\boldsymbol{x}}_{k-1|k-1} \tag{10-4-19}$$

$$\begin{aligned}
\boldsymbol{P}_{k|k-1}&=E\left\{\left(\boldsymbol{x}_k-\hat{\boldsymbol{x}}_{k|k-1}\right)\left(\boldsymbol{x}_k-\hat{\boldsymbol{x}}_{k|k-1}\right)^{\mathrm{T}}\right\}=E\left(\boldsymbol{x}_k^2\right)-\hat{\boldsymbol{x}}_{k|k-1}\hat{\boldsymbol{x}}_{k|k-1}^{\mathrm{T}}\\
&=E\left\{\left(\boldsymbol{f}_{k-1}\boldsymbol{x}_{k-1}+\boldsymbol{v}_{k-1}\right)\left(\boldsymbol{x}_{k-1}^{\mathrm{T}}\boldsymbol{f}_{k-1}^{\mathrm{T}}+\boldsymbol{v}_{k-1}^{\mathrm{T}}\right)\right\}-\hat{\boldsymbol{x}}_{k|k-1}\hat{\boldsymbol{x}}_{k|k-1}^{\mathrm{T}}\\
&=E\left\{\boldsymbol{f}_{k-1}\boldsymbol{x}_{k-1}\boldsymbol{x}_{k-1}^{\mathrm{T}}\boldsymbol{f}_{k-1}^{\mathrm{T}}\right\}+E\left\{\boldsymbol{v}_{k-1}\boldsymbol{v}_{k-1}^{\mathrm{T}}\right\}-\hat{\boldsymbol{x}}_{k|k-1}\hat{\boldsymbol{x}}_{k|k-1}^{\mathrm{T}}\\
&=\boldsymbol{f}_{k-1}\left(\boldsymbol{P}_{k-1|k-1}+\hat{\boldsymbol{x}}_{k-1|k-1}\hat{\boldsymbol{x}}_{k-1|k-1}^{\mathrm{T}}\right)\boldsymbol{f}_{k-1}^{\mathrm{T}}+\boldsymbol{Q}_{k-1}-\hat{\boldsymbol{x}}_{k|k-1}\hat{\boldsymbol{x}}_{k|k-1}^{\mathrm{T}}\\
&=\boldsymbol{f}_{k-1}\boldsymbol{P}_{k-1|k-1}\boldsymbol{f}_{k-1}^{\mathrm{T}}+\hat{\boldsymbol{x}}_{k-1|k-1}\hat{\boldsymbol{x}}_{k-1|k-1}^{\mathrm{T}}+\boldsymbol{Q}_{k-1}-\hat{\boldsymbol{x}}_{k|k-1}\hat{\boldsymbol{x}}_{k|k-1}^{\mathrm{T}}\\
&=\boldsymbol{f}_{k-1}\boldsymbol{P}_{k-1|k-1}\boldsymbol{f}_{k-1}^{\mathrm{T}}+\boldsymbol{Q}_{k-1}
\end{aligned} \tag{10-4-20}$$

当获得 k 时刻的观测 $\boldsymbol{z}_k$ 后，在最小均方误差准则下，利用新的观测信息来更新式（10-4-19）和式（10-4-20）得到预测均值和协方差，即

$$\begin{aligned}
\hat{\boldsymbol{x}}_{k|k}&=\boldsymbol{f}_{k-1}\hat{\boldsymbol{x}}_{k-1|k-1}+\bar{\boldsymbol{K}}_k\left(\boldsymbol{z}_k-\boldsymbol{h}_k\boldsymbol{f}_{k-1}\hat{\boldsymbol{x}}_{k-1|k-1}\right)\\
&=\boldsymbol{f}_{k-1}\hat{\boldsymbol{x}}_{k-1|k-1}+\bar{\boldsymbol{K}}_k\left(\boldsymbol{h}_k\boldsymbol{x}_k+\boldsymbol{w}_k-\boldsymbol{h}_k\boldsymbol{f}_{k-1}\hat{\boldsymbol{x}}_{k-1|k-1}\right)\\
&=\boldsymbol{f}_{k-1}\hat{\boldsymbol{x}}_{k-1|k-1}+\bar{\boldsymbol{K}}_k\left(\boldsymbol{h}_k\left(\boldsymbol{f}_{k-1}\boldsymbol{x}_{k-1}+\boldsymbol{v}_{k-1}\right)+\boldsymbol{w}_k-\boldsymbol{h}_k\boldsymbol{f}_{k-1}\hat{\boldsymbol{x}}_{k-1|k-1}\right)\\
&=\left(\mathrm{I}-\bar{\boldsymbol{K}}_k\boldsymbol{h}_k\right)\boldsymbol{f}_{k-1}\hat{\boldsymbol{x}}_{k-1|k-1}+\bar{\boldsymbol{K}}_k\boldsymbol{h}_k\left(\boldsymbol{f}_{k-1}\boldsymbol{x}_{k-1}+\boldsymbol{v}_{k-1}\right)+\bar{\boldsymbol{K}}_k\boldsymbol{w}_k
\end{aligned} \tag{10-4-21}$$

$$\boldsymbol{P}_{k|k}=\bar{\boldsymbol{K}}_k\boldsymbol{A}\boldsymbol{A}^{\mathrm{T}}\bar{\boldsymbol{K}}_k^{\mathrm{T}}-\boldsymbol{U}\bar{\boldsymbol{K}}_k^{\mathrm{T}}-\bar{\boldsymbol{K}}_k\boldsymbol{U}^{\mathrm{T}}+\boldsymbol{P}_{k|k-1} \tag{10-4-22}$$

令正定矩阵 $\boldsymbol{h}_k\boldsymbol{P}_{k|k-1}\boldsymbol{h}_k^{\mathrm{T}}+\boldsymbol{R}_k=\boldsymbol{A}\boldsymbol{A}^{\mathrm{T}}=\boldsymbol{S}_k$，$\boldsymbol{U}=\boldsymbol{P}_{k|k-1}\boldsymbol{h}_k^{\mathrm{T}}=\boldsymbol{P}_{k|k-1}^{\mathrm{T}}\boldsymbol{h}_k^{\mathrm{T}}=\left(\boldsymbol{h}_k\boldsymbol{P}_{k|k-1}\right)^{\mathrm{T}}$，则

$$\boldsymbol{P}_{k|k}=\left(\bar{\boldsymbol{K}}_k\boldsymbol{A}-\boldsymbol{U}\left(\boldsymbol{A}^{\mathrm{T}}\right)^{-1}\right)\left(\bar{\boldsymbol{K}}_k\boldsymbol{A}-\boldsymbol{U}\left(\boldsymbol{A}^{\mathrm{T}}\right)^{-1}\right)^{\mathrm{T}}+\boldsymbol{P}_{k|k-1}-\boldsymbol{U}\left(\boldsymbol{A}\boldsymbol{A}^{\mathrm{T}}\right)^{-1}\boldsymbol{U}^{\mathrm{T}} \tag{10-4-23}$$

式（10-4-23）中 $\boldsymbol{P}_{k|k-1}-\boldsymbol{U}\left(\boldsymbol{A}\boldsymbol{A}^{\mathrm{T}}\right)^{-1}\boldsymbol{U}^{\mathrm{T}}$ 与 $\bar{\boldsymbol{K}}_k$ 无关，故 $\boldsymbol{P}_{k|k}$ 最小等价于

$$\bar{\boldsymbol{K}}_k\boldsymbol{A}=\boldsymbol{U}\left(\boldsymbol{A}^{\mathrm{T}}\right)^{-1} \tag{10-4-24}$$

此时

$$\begin{aligned}\bar{\boldsymbol{K}}_k&=\boldsymbol{U}\left(\boldsymbol{A}^{\mathrm{T}}\right)^{-1}\boldsymbol{A}^{-1}=\boldsymbol{U}\left(\boldsymbol{A}\boldsymbol{A}^{\mathrm{T}}\right)^{-1}=\boldsymbol{P}_{k|k-1}\boldsymbol{h}_k^{\mathrm{T}}\left(\boldsymbol{h}_k\boldsymbol{P}_{k|k-1}\boldsymbol{h}_k^{\mathrm{T}}+\boldsymbol{R}_k\right)^{-1}\\&=\boldsymbol{P}_{k|k-1}\boldsymbol{h}_k^{\mathrm{T}}\boldsymbol{S}_k^{-1}\end{aligned} \tag{10-4-25}$$

因此，k 时刻的更新均值和方差为

$$\hat{\boldsymbol{x}}_{k|k}=\hat{\boldsymbol{x}}_{k-1|k-1}+\bar{\boldsymbol{K}}_k\left(\mathbf{z}_k-\boldsymbol{h}_k\hat{\boldsymbol{x}}_{k-1|k-1}\right)=\hat{\boldsymbol{x}}_{k|k-1}+\boldsymbol{P}_{k|k-1}\boldsymbol{h}_k^{\mathrm{T}}\boldsymbol{S}_k^{-1}\left(\mathbf{z}_k-\boldsymbol{h}_k\hat{\boldsymbol{x}}_{k-1|k-1}\right) \tag{10-4-26}$$

$$\boldsymbol{P}_{k|k}=\boldsymbol{P}_{k|k-1}-\boldsymbol{U}\left(\boldsymbol{A}\boldsymbol{A}^{\mathrm{T}}\right)^{-1}\boldsymbol{U}^{\mathrm{T}}=\boldsymbol{P}_{k|k-1}-\bar{\boldsymbol{K}}_k\boldsymbol{A}\boldsymbol{A}^{\mathrm{T}}\bar{\boldsymbol{K}}_k^{\mathrm{T}}=\boldsymbol{P}_{k|k-1}-\bar{\boldsymbol{K}}_k\boldsymbol{S}_k\bar{\boldsymbol{K}}_k^{\mathrm{T}} \tag{10-4-27}$$

通过上述的预测和更新过程，卡尔曼滤波器可得到最小均方准则下线性高斯系统的最优估计。

2. 其他最优滤波器

当状态空间是离散的，并且包含有限数量的状态时，基于网格的方法可输出最优的递推后验概率密度函数 $p\left(\boldsymbol{x}_k|\boldsymbol{Z}_{1:k}\right)$。假设 $k-1$ 时刻的状态空间包含 N 个离散的状态 $\boldsymbol{x}_{k-1},i=1,2,\cdots,N$，当 $\boldsymbol{Z}_{k-1}=\left\{z_1,z_2,\cdots,z_{k-1}\right\}$，每个状态的条件概率密度函数为 $\boldsymbol{w}_{k-1|k-1}^i$，则 $k-1$ 时刻的后验概率密度函数为

$$p\left(\boldsymbol{x}_{k-1}|\boldsymbol{Z}_{k-1}\right)=\sum_{i=1}^{N}\boldsymbol{w}_{k-1|k-1}^i\delta\left(\boldsymbol{x}_{k-1}-\boldsymbol{x}_{k-1}^i\right) \tag{10-4-28}$$

则根据式（10-4-5）和式（10-4-6），可得 k 时刻的预测后验概率密度函数和后验概率密度函数分别为

$$\begin{aligned}p\left(\boldsymbol{x}_k|\boldsymbol{Z}_{k-1}\right)&=\sum_{i=1}^{N}p\left(\boldsymbol{x}_k^i|\boldsymbol{Z}_{k-1}\right)\delta\left(\boldsymbol{x}_k-\boldsymbol{x}_k^i\right)=\sum_{i=1}^{N}\delta\left(\boldsymbol{x}_k-\boldsymbol{x}_k^i\right)\int p\left(\boldsymbol{x}_k^i|\boldsymbol{x}_{k-1}\right)p\left(\boldsymbol{x}_{k-1}|\boldsymbol{Z}_{k-1}\right)\mathrm{d}\boldsymbol{x}_{k-1}\\&=\sum_{i=1}^{N}\sum_{j=1}^{N}p\left(\boldsymbol{x}_k^i|\boldsymbol{Z}_{k-1}\right)p\left(\boldsymbol{x}_{k-1}^i|\boldsymbol{Z}_{k-1}\right)\delta\left(\boldsymbol{x}_k-\boldsymbol{x}_k^i\right)\\&=\sum_{i=1}^{N}\sum_{j=1}^{N}p\left(\boldsymbol{x}_k^i|\boldsymbol{Z}_{k-1}\right)\boldsymbol{w}_{k-1|k-1}^j\delta\left(\boldsymbol{x}_k-\boldsymbol{x}_k^i\right)=\sum_{i=1}^{N}\boldsymbol{w}_{k-1|k-1}^i\delta\left(\boldsymbol{x}_k-\boldsymbol{x}_k^i\right)\end{aligned} \tag{10-4-29}$$

其中

$$\boldsymbol{w}_{k|k-1}^i=\sum\nolimits_{j=1}^{N}p\left(\boldsymbol{x}_k^i|\boldsymbol{x}_{k-1}^j\right)\boldsymbol{w}_{k-1|k-1}^j \tag{10-4-30}$$

$$p\left(\boldsymbol{x}_k|\boldsymbol{Z}_k\right)=\frac{p(\boldsymbol{z}_k\mid\boldsymbol{x}_k)p\left(\boldsymbol{x}_k|\boldsymbol{Z}_{k-1}\right)}{\int p(z_k\mid\boldsymbol{x}_k)p\left(\boldsymbol{x}_k|\boldsymbol{Z}_{k-1}\right)\mathrm{d}\boldsymbol{x}_k}$$
$$=\sum_{i=1}^{N}\frac{p(\boldsymbol{z}_k\mid\boldsymbol{x}_k^i)\boldsymbol{w}_{k|k-1}^i}{\sum_{j=1}^{N}p(\boldsymbol{z}_k\mid\boldsymbol{x}_k^j)\boldsymbol{w}_{k|k-1}^i}\delta\left(\boldsymbol{x}_k-\boldsymbol{x}_k^i\right)=\sum_{i=1}^{N}\boldsymbol{w}_{k|k}^i\delta\left(\boldsymbol{x}_k-\boldsymbol{x}_k^i\right) \tag{10-4-31}$$

其中

$$\boldsymbol{w}_{k|k}^i=\frac{p(z_k\mid\boldsymbol{x}_k^i)\boldsymbol{w}_{k|k-1}^i}{\sum_{j=1}^{N}p(z_k\mid\boldsymbol{x}_k^j)\boldsymbol{w}_{k|k-1}^i} \tag{10-4-32}$$

基于网格的方法要求似然函数 $p(z_k\mid\boldsymbol{x}_k^i)$ 和状态转移函数 $p\left(\boldsymbol{x}_k^i|\boldsymbol{x}_{k-1}^j\right)$ 已知，但并不限制其分布形式。

此外，Benes 和 Daum 发现了一类特殊的非线性动态系统（观测方程假设为线性），其后验概率密度函数包含恒定的有限维的充分统计量。这类非线性问题满足微分方程

$$\frac{\mathrm{d}\boldsymbol{x}_t}{\mathrm{d}t}=\boldsymbol{f}\left(\boldsymbol{x}_t\right)+\boldsymbol{v}_t \tag{10-4-33}$$

式中，$\boldsymbol{v}_t$ 是零均值高斯白噪声，$\boldsymbol{f}\left(\boldsymbol{x}\right)$ 满足

$$\mathrm{Tr}\left[\nabla_x\boldsymbol{f}\right]+\boldsymbol{f}^{\mathrm{T}}\boldsymbol{f}=\boldsymbol{x}_t^{\mathrm{T}}\boldsymbol{A}\boldsymbol{x}_t+b^{\mathrm{T}}\boldsymbol{x}_t+c \tag{10-4-34}$$

与卡尔曼滤波类似，通过递推地估计充分统计量，贝叶斯和 Daum 滤波器可获得后验概率密度函数的最优估计。

3. 扩展卡尔曼滤波器

扩展卡尔曼滤波器可实现非线性高斯情况下目标状态的次优估计。此时式（10-4-1）和式（10-4-2）的状态空间模型具有下列限制条件，即

$$\boldsymbol{x}_k=\boldsymbol{f}_{k-1}\left(\boldsymbol{x}_{k-1}\right)+\boldsymbol{v}_{k-1} \tag{10-4-35}$$

$$\boldsymbol{z}_k=\boldsymbol{h}_k\left(\boldsymbol{x}_k\right)+\boldsymbol{w}_k \tag{10-4-36}$$

式中，$\boldsymbol{f}_{k-1}$ 是关于状态向量 $\boldsymbol{x}_{k-1}$ 的非线性函数，系统噪声 $\boldsymbol{v}_{k-1}$ 服从零均值、协方差为 $\boldsymbol{Q}_{k-1}$ 的高斯分布；$\boldsymbol{h}_k$ 是关于状态向量 $\boldsymbol{x}_k$ 的非线性函数，系统噪声 $\boldsymbol{w}_k$ 服从零均值、协方差为 $\boldsymbol{R}_{k-1}$ 的高斯分布。扩展卡尔曼滤波器将 $\boldsymbol{f}_{k-1}$ 和 $\boldsymbol{h}_k$ 近似为一阶泰勒展开式，并认为这种局部线性化仍能准确地描述该非线性系统。在此基础上，后验概率密度函数仍被近似为高斯分布。假设已知 $k-1$ 时刻的均值 $\boldsymbol{x}_{k-1|k-1}$ 和协方差 $\boldsymbol{P}_{k-1|k-1}$ 通过下述的预测和更新过程可递推地估计近似的均值和协方差，即

$$\hat{\boldsymbol{x}}_{k|k-1}=\boldsymbol{f}_{k-1}\left(\hat{\boldsymbol{x}}_{k-1|k-1}\right),\quad \boldsymbol{P}_{k|k-1}=\hat{\boldsymbol{F}}_{k-1}\boldsymbol{P}_{k-1|k-1}\hat{\boldsymbol{F}}_{k-1}^{\mathrm{T}}+\boldsymbol{Q}_{k-1} \tag{10-4-37}$$

$$\hat{\boldsymbol{x}}_{k|k}=\hat{\boldsymbol{x}}_{k|k-1}+\tilde{\boldsymbol{K}}_k\left(\boldsymbol{z}_k-\boldsymbol{h}_k\left(\hat{\boldsymbol{x}}_{k|k-1}\right)\right),\quad \boldsymbol{P}_{k|k}=\boldsymbol{P}_{k|k-1}-\widetilde{\boldsymbol{K}}_k\boldsymbol{S}_k\widetilde{\boldsymbol{K}}_k^{\mathrm{T}} \tag{10-4-38}$$

其中

$$\tilde{\boldsymbol{S}}_k=\hat{\boldsymbol{H}}_k\boldsymbol{P}_{k|k-1}\hat{\boldsymbol{H}}_k^{\mathrm{T}}+\boldsymbol{R}_k,\quad \widetilde{\boldsymbol{K}}_k=\boldsymbol{P}_{k|k-1}\hat{\boldsymbol{H}}_k^{\mathrm{T}}\tilde{\boldsymbol{S}}_k^{-1} \tag{10-4-39}$$

$\widehat{\boldsymbol{F}}_{k-1}$ 和 $\hat{\boldsymbol{H}}_k$ 分别是非线性函数 $\boldsymbol{f}_{k-1}$ 和 $\boldsymbol{h}_{k-1}$ 的局部线性化，定义如下

$$\widehat{\boldsymbol{F}}_{k-1}=\left[\nabla_{\boldsymbol{x}_{k-1}}\boldsymbol{f}_{k-1}^{\mathrm{T}}\left(\boldsymbol{x}_{k-1}^{\mathrm{T}}\right)\right]\Big|_{\boldsymbol{x}_{k-1}=\hat{x}_{k-1|k-1}},\quad \hat{\boldsymbol{H}}_{k-1}=\left[\nabla_{\boldsymbol{x}_k}\boldsymbol{f}_k^{\mathrm{T}}\left(\boldsymbol{x}_k^{\mathrm{T}}\right)\right]\Big|_{\boldsymbol{x}_k=\hat{x}_{k|k-1}} \tag{10-4-40}$$

式中

$$\nabla_{\boldsymbol{x}_k}=\left[\frac{\partial}{\partial x_k[1]}\cdots\frac{\partial}{\partial x_k[n_x]}\right]^{\mathrm{T}} \tag{10-4-41}$$

基于式(10-4-40)中对非线性函数 $\boldsymbol{f}_{k-1}$ 和 $\boldsymbol{h}_{k-1}$ 的局部线性化，式(10-4-37)～式(10-4-39)的推导过程与卡尔曼滤波的过程类似。图 10-4-2 是扩展卡尔曼滤波器的框图，在局部线性化的基础上，通过预测和更新过程估计各个时刻后验概率密度函数的均值和协方差矩阵。

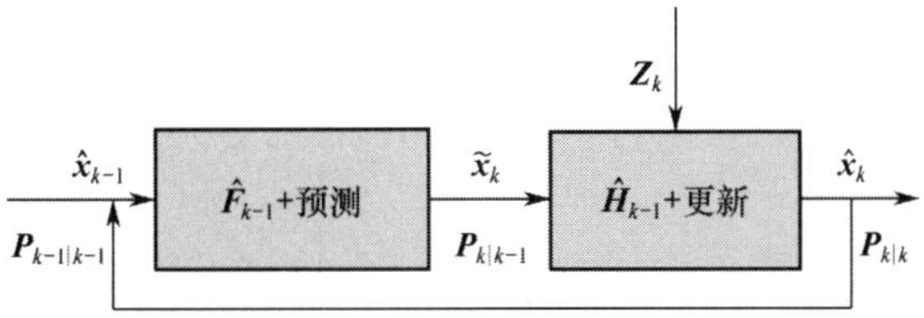

图 10-4-2　扩展卡尔曼滤波器的框图

扩展卡尔曼滤波器仍将后验概率密度函数 $p\left(\boldsymbol{x}_k|\boldsymbol{Z}_k\right)$ 近似为高斯分布。当状态空间严重非线性，或者过程噪声和观测噪声非高斯时， $p\left(\boldsymbol{x}_k|\boldsymbol{Z}_k\right)$ 将严重地偏离高斯分布。此时，扩展卡尔曼滤波器的性能将急剧下降。

4. 其他次优滤波器

当状态空间模型是连续的，并且能够分解成 N_s 个单元，其状态空间可近似为：$\left\{\boldsymbol{x}_{k-1}, i=1,2,\cdots,N_s\right\}$。基于网格的方法可近似目标状态的后验概率密度函数。假设 $k-1$ 时刻的后验概率密度函数可近似为

$$p\left(\boldsymbol{x}_{k-1}|\boldsymbol{Z}_{1:k-1}\right)\approx\sum_{i=1}^{N_s}\boldsymbol{w}_{k-1|k-1}^i\delta\left(\boldsymbol{x}_{k-1}-\boldsymbol{x}_{k-1}^i\right) \tag{10-4-42}$$

结合式（10-4-35）和式（10-4-36）的状态空间模型，预测后验概率密度函数为

$$p\left(\boldsymbol{x}_k|\boldsymbol{Z}_{1:k-1}\right)\approx\sum_{i=1}^{N_s}\boldsymbol{w}_{k|k-1}^i\delta\left(\boldsymbol{x}_k-\boldsymbol{x}_k^i\right) \tag{10-4-43}$$

$$p\left(\boldsymbol{x}_k|\boldsymbol{Z}_{1:k}\right)\approx\sum_{i=1}^{N_s}\boldsymbol{w}_{k|k}^i\delta\left(\boldsymbol{x}_k-\boldsymbol{x}_k^i\right) \tag{10-4-44}$$

其中

$$\boldsymbol{w}_{k|k-1}^i\triangleq\sum_{j=1}^{N_s}\boldsymbol{w}_{k-1|k-1}^j p\left(\overline{\boldsymbol{x}}_k^i|\overline{\boldsymbol{x}}_{k-1}^j\right) \tag{10-4-45}$$

$$\boldsymbol{w}_{k|k}^i\triangleq\frac{\boldsymbol{w}_{k|k-1}^i p(\boldsymbol{z}_k\mid\overline{\boldsymbol{x}}_k^i)}{\sum_{j=1}^{N_s}\boldsymbol{w}_{k|k-1}^i p(\boldsymbol{z}_k\mid\overline{\boldsymbol{x}}_k^j)} \tag{10-4-46}$$

10.4.4 粒子滤波算法

粒子滤波算法也是一种次优滤波器，它通过大量带有权值的随机样本近似后验概率密度函数。

1. 蒙特卡罗积分

假设一个多维积分 $\boldsymbol{I}=\int f(\boldsymbol{x})\mathrm{d}\boldsymbol{x}$，其中 $\boldsymbol{x}\in R^{n_x}$，表示维数为 n_x 的实数空间。若上述积分可积，则通过 n_x 维积分，可获得 $\boldsymbol{I}$ 的解析表达式。然而多数情况下无法直接得到 $\boldsymbol{I}$ 的解析表达式。此时，可通过数字积分得到近似结果，如蒙特卡罗积分。蒙特卡罗积分需要将被积分函数 $f(\boldsymbol{x})$ 分解为 $f(\boldsymbol{x})=g(\boldsymbol{x})p(\boldsymbol{x})$，其中 $p(\boldsymbol{x})$ 满足 $p(\boldsymbol{x})\geqslant 0$ 及 $\int p(\boldsymbol{x})\mathrm{d}\boldsymbol{x}=1$。可将 $p(\boldsymbol{x})$ 理解为概率密度函数。假设可从 $p(\boldsymbol{x})$ 中采样获得大量随机样本，即 $\left\{\boldsymbol{x}^i\sim p(\boldsymbol{x}),i=1,\cdots,N\right\},N\gg 1$，则蒙特卡罗积分可将上述积分近似为

$$\boldsymbol{I}=\int f(\boldsymbol{x})\mathrm{d}\boldsymbol{x}=\int g(\boldsymbol{x})p(\boldsymbol{x})\mathrm{d}\boldsymbol{x}=E\left\{g(\boldsymbol{x})\right\}\approx\frac{1}{N}\sum_{i=1}^{N}g\left(\boldsymbol{x}^i\right) \tag{10-4-47}$$

若 $\left\{\boldsymbol{x}^i\right\}_{i=1}^{N}$ 相互独立，则

$$E\left\{\boldsymbol{I}_N\right\}=E\left\{\frac{1}{N}\sum_{i=1}^{N}g\left(\boldsymbol{x}^i\right)\right\}=\frac{1}{N}\sum_{i=1}^{N}E\left\{g\left(\boldsymbol{x}^i\right)\right\}=E\left\{g(\boldsymbol{x})\right\} \tag{10-4-48}$$

式（10-4-47）和式（10-4-48）表明，当 $\left\{\boldsymbol{x}^i\right\}_{i=1}^{N}$ 相互独立时，蒙特卡罗积分对 $\boldsymbol{I}=\int f(\boldsymbol{x})\mathrm{d}\boldsymbol{x}$ 的近似是无偏的。另外，假设 $g(\boldsymbol{x})$ 的有限方差为

$$\sigma^2=\int\left(g(\boldsymbol{x})-\boldsymbol{I}\right)^2p(\boldsymbol{x})\mathrm{d}\boldsymbol{x}=D\left\{g(\boldsymbol{x})\right\} \tag{10-4-49}$$

则蒙特卡罗积分的方差为

$$D\left\{\boldsymbol{I}_N\right\}=D\left\{\frac{1}{N}\sum_{i=1}^{N}g\left(\boldsymbol{x}^i\right)\right\}=\frac{1}{N^2}\sum_{i=1}^{N}D\left\{g\left(\boldsymbol{x}^i\right)\right\}=\frac{\sigma^2}{N} \tag{10-4-50}$$

根据式（10-4-47）～式（10-4-50）可得蒙塔卡罗近似的误差 $\boldsymbol{e}=\boldsymbol{I}_N-\boldsymbol{I}$ 的均值为 0，方差为 $\dfrac{\sigma^2}{N}$。根据中心极限定理，蒙塔卡罗近似的估计误差收敛于下述零均值、方差 $\dfrac{\sigma^2}{N}$ 的高斯分布：

$$\lim_{n\to\infty}\boldsymbol{e}\sim N\left(0,\frac{\sigma^2}{N}\right) \tag{10-4-51}$$

式（10-4-47）～式（10-4-51）表明蒙特卡罗近似的收敛速度只与样本维数 N 有关，与积分维数 n_x 无关。原因是样本 $\left\{\boldsymbol{x}^i\right\}_{i=1}^{N}$ 是来自积分区域的随机采样。在贝叶斯估计中，上述的 $p(\boldsymbol{x})$ 就是后验概率密度函数。然而，通常无法直接从后验概率密度函数中采样，原因是该概率密度可能是多变量，非标准，甚至未知的。此时，重要性采样是一种可能的解决方案。

2. 重要性采样

在理想情况下，可从后验概率密度函数 $p(\boldsymbol{x})$ 中直接采样，并通过式（10-4-47）估计

积分 $\boldsymbol{I}$。假设我们无法直接从 $p(\boldsymbol{x})$ 中采样，只能从一个相似的概率密度函数 $q(\boldsymbol{x})$ 中采样。此时，仍然能够利用蒙特卡罗近似来估计上述积分。称 $q(\boldsymbol{x})$ 为重要性密度或提议密度。$p(\boldsymbol{x})$ 与 $q(\boldsymbol{x})$ 具有相同的支撑区，即

$$p(\boldsymbol{x})>0 \Rightarrow q(\boldsymbol{x})>0, \boldsymbol{x}\in R^{n_x} \tag{10-4-52}$$

此时，式（10-4-47）中的积分可写为

$$\boldsymbol{I}=\int g(\boldsymbol{x})p(\boldsymbol{x})\mathrm{d}\boldsymbol{x}=\int g(\boldsymbol{x})\frac{p(\boldsymbol{x})}{q(\boldsymbol{x})}q(\boldsymbol{x})\mathrm{d}\boldsymbol{x} \tag{10-4-53}$$

假设 $\dfrac{p(\boldsymbol{x})}{q(\boldsymbol{x})}$ 有上界。此时，对 $\boldsymbol{I}$ 的蒙特卡罗估计可通过来自 $q(\boldsymbol{x})$ 的 N 个独立的样本 $\left\{\boldsymbol{x}^i\right\}_{i=1}^N$ 实现，即

$$\boldsymbol{I}\approx\frac{1}{N}\sum_{i=1}^N g\left(\boldsymbol{x}_q^i\right)\frac{p\left(\boldsymbol{x}_q^i\right)}{q\left(\boldsymbol{x}_q^i\right)}=\frac{1}{N}\sum_{i=1}^N g\left(\boldsymbol{x}_q^i\right)\tilde{\boldsymbol{w}}\left(\boldsymbol{x}_q^i\right) \tag{10-4-54}$$

称 $\tilde{\boldsymbol{w}}\left(\boldsymbol{x}_q^i\right)$ 为重要性权值。当 $p(\boldsymbol{x})$ 的归一化因子未知时，需要归一化重要性权值，即

$$\boldsymbol{I}=\frac{\int g(\boldsymbol{x})p(\boldsymbol{x})\mathrm{d}\boldsymbol{x}}{\int p(\boldsymbol{x})\mathrm{d}\boldsymbol{x}}=\frac{\int g(\boldsymbol{x})\frac{p(\boldsymbol{x})}{q(\boldsymbol{x})}q(\boldsymbol{x})\mathrm{d}\boldsymbol{x}}{\int\frac{p(\boldsymbol{x})}{q(\boldsymbol{x})}q(\boldsymbol{x})\mathrm{d}\boldsymbol{x}}\approx\frac{\frac{1}{N}\sum_{i=1}^N g\left(\boldsymbol{x}_q^i\right)\tilde{\boldsymbol{w}}\left(\boldsymbol{x}_q^i\right)}{\frac{1}{N}\sum_{i=1}^N\tilde{\boldsymbol{w}}\left(\boldsymbol{x}_q^i\right)}=\sum_{i=1}^N g\left(\boldsymbol{x}_q^i\right)\boldsymbol{w}\left(\boldsymbol{x}_q^i\right) \tag{10-4-55}$$

其中

$$\boldsymbol{w}\left(\boldsymbol{x}_q^i\right)=\frac{\tilde{\boldsymbol{w}}\left(\boldsymbol{x}_q^i\right)}{\sum_{i=1}^N\tilde{\boldsymbol{w}}\left(\boldsymbol{x}_q^i\right)} \tag{10-4-56}$$

根据式（10-4-55）和式（10-4-56），有

$$\boldsymbol{I}=\int g(\boldsymbol{x})p(\boldsymbol{x})\mathrm{d}\boldsymbol{x}\approx\sum_{i=1}^N g\left(\boldsymbol{x}^i\right)\boldsymbol{w}\left(\boldsymbol{x}^i\right),\quad p(\boldsymbol{x})=\sum_{i=1}^N\boldsymbol{w}\left(\boldsymbol{x}^i\right)\delta\left(\boldsymbol{x}-\boldsymbol{x}^i\right) \tag{10-4-57}$$

即后验概率密度函数可用一组随机样本对应的归一化权值来近似。

3. 序贯重要性采样

利用重要性采样，可获得非线性非高斯情况下的近似后验概率密度函数。当能够递推地估计各个时刻的后验概率密度函数时，就得到了序贯重要性采样（SIS）算法，又称为粒子滤波算法。SIS 算法利用蒙特卡罗估计实现递推贝叶斯滤波，其主要思想是利用大量带有权值的随机样本近似各个时刻的后验概率密度函数。随着样本数的增加，蒙特卡罗近似等价于解析的后验概率密度函数，SIS 算法接近最优贝叶斯估计。

假设已经知道 k 时刻的目标状态序列为 $\boldsymbol{X}_k=\{\boldsymbol{x}_0,\boldsymbol{x}_1,\cdots,\boldsymbol{x}_k\}$，观测序列为 $\boldsymbol{Z}_k=\{\boldsymbol{z}_0,\boldsymbol{z}_1,\cdots,\boldsymbol{z}_k\}$，则 k 时刻的联合后验概率密度函数为 $p(\boldsymbol{X}_k\mid\boldsymbol{Z}_k)$，相应的边缘后验概率密度为 $p(\boldsymbol{x}_k\mid\boldsymbol{Z}_k)$。再次假设 $\left\{\boldsymbol{X}_k^i,\boldsymbol{w}_k^i\right\}_{i=1}^N$ 近似表示 k 时刻的联合后验概率密度函数为 $p(\boldsymbol{X}_k\mid\boldsymbol{Z}_k)$，即

$$p(\boldsymbol{X}_k \mid \boldsymbol{Z}_k) \approx \sum_{i=1}^{N} \boldsymbol{w}_k^i \delta\left(\boldsymbol{X}_k - \boldsymbol{X}_k^i\right) \tag{10-4-58}$$

也就是说，随机样本 $\boldsymbol{X}_k^i$ 相应的归一化权值为 $\boldsymbol{w}_k^i$ 。根据之前介绍的重要性采样，当可从重要性密度 $q(\boldsymbol{X}_k \mid \boldsymbol{Z}_k)$ 中获得样本 $q(\boldsymbol{X}_k \mid \boldsymbol{Z}_k)$ 时，有

$$\boldsymbol{w}_k^i \propto \frac{p(\boldsymbol{X}_k^i \mid \boldsymbol{Z}_k)}{q(\boldsymbol{X}_k^i \mid \boldsymbol{Z}_k)} \tag{10-4-59}$$

下面我们推导递推地获得联合后验概率密度函数的过程。假设 $k-1$ 时刻的联合后验概率密度函数 $p(\boldsymbol{X}_{k-1} \mid \boldsymbol{Z}_{k-1})$ 已知。当 k 时刻的观测 $\boldsymbol{z}_k$ 到来时，需要用一组新的带有归一化权值的样本来近似 k 时刻的联合后验概率密度函数 $p(\boldsymbol{X}_k \mid \boldsymbol{Z}_k)$，即

$$\begin{aligned} p(\boldsymbol{X}_k \mid \boldsymbol{Z}_k) &= \frac{p\left(\boldsymbol{z}_k|\boldsymbol{X}_k, \boldsymbol{Z}_{k-1}\right) p\left(\boldsymbol{X}_k|\boldsymbol{Z}_{k-1}\right)}{p\left(\boldsymbol{z}_k|\boldsymbol{Z}_{k-1}\right)} = \frac{p\left(\boldsymbol{z}_k|\boldsymbol{X}_k, \boldsymbol{Z}_{k-1}\right) p\left(\boldsymbol{x}_k|\boldsymbol{X}_{k-1}, \boldsymbol{Z}_{k-1}\right) p\left(\boldsymbol{X}_{k-1}|\boldsymbol{Z}_{k-1}\right)}{p\left(\boldsymbol{z}_k|\boldsymbol{Z}_{k-1}\right)} \\ &= \frac{p\left(\boldsymbol{z}_k|\boldsymbol{x}_k\right) p\left(\boldsymbol{x}_k|\boldsymbol{Z}_{k-1}\right)}{p\left(\boldsymbol{z}_k|\boldsymbol{Z}_{k-1}\right)} p\left(\boldsymbol{X}_{k-1}|\boldsymbol{Z}_{k-1}\right) \propto p\left(\boldsymbol{z}_k|\boldsymbol{x}_k\right) p\left(\boldsymbol{x}_k|\boldsymbol{x}_{k-1}\right) p\left(\boldsymbol{X}_{k-1}|\boldsymbol{Z}_{k-1}\right) \end{aligned} \tag{10-4-60}$$

若重要性函数满足

$$q(\boldsymbol{X}_k \mid \boldsymbol{Z}_k) \triangleq q\left(\boldsymbol{x}_k|\boldsymbol{X}_{k-1}, \boldsymbol{Z}_k\right) q\left(\boldsymbol{X}_{k-1}|\boldsymbol{Z}_{k-1}\right) \tag{10-4-61}$$

则

$$\boldsymbol{w}_k^i \propto \frac{p\left(\boldsymbol{z}_k|\boldsymbol{x}_k^i\right) p\left(\boldsymbol{x}_k^i|\boldsymbol{x}_{k-1}^i\right) p(\boldsymbol{X}_{k-1}^i \mid \boldsymbol{Z}_{k-1})}{q(\boldsymbol{x}_k^i|\boldsymbol{X}_{k-1}^i, \boldsymbol{Z}_k) q(\boldsymbol{X}_{k-1}^i \mid \boldsymbol{Z}_{k-1})} = \boldsymbol{w}_{k-1}^i \frac{p\left(\boldsymbol{z}_k|\boldsymbol{x}_k^i\right) p\left(\boldsymbol{x}_k^i|\boldsymbol{x}_{k-1}^i\right)}{q(\boldsymbol{x}_k^i|\boldsymbol{X}_{k-1}^i, \boldsymbol{Z}_k)} \tag{10-4-62}$$

根据式（10-4-62）可以递推地获得各个时刻的联合后验概率密度函数。

若重要性函数满足

$$q\left(\boldsymbol{x}_k|\boldsymbol{X}_{k-1}, \boldsymbol{Z}_k\right) = q\left(\boldsymbol{x}_k|\boldsymbol{x}_{k-1}, \boldsymbol{z}_k\right) \tag{10-4-63}$$

则

$$\boldsymbol{w}_k^i \propto \boldsymbol{w}_{k-1}^i \frac{p\left(\boldsymbol{z}_k|\boldsymbol{x}_k^i\right) p\left(\boldsymbol{x}_k^i|\boldsymbol{x}_{k-1}^i\right)}{q(\boldsymbol{x}_k^i|\boldsymbol{x}_{k-1}^i, \boldsymbol{z}_k)} \tag{10-4-64}$$

此时得到后验概率密度函数 $p\left(\boldsymbol{z}_k|\boldsymbol{X}_k\right) \approx \sum_{i=1}^{N} \boldsymbol{w}_k^i \delta\left(\boldsymbol{x}_k - \boldsymbol{x}_k^i\right)$。

当新的观测到来时，SIS 算法可递推地更新权值和样本。已知 $k-1$ 时刻的权值和样本 $\left\{\boldsymbol{x}_{k-1}^i, \boldsymbol{w}_{k-1}^i\right\}_{i=1}^{N}$ 及 k 时刻的观测 $\boldsymbol{z}_k$ 时，SIS 算法的一个循环描述见算法 10-4-1。

算法 10-4-1　序贯重要性采样算法（SIS）

$\left[\{\boldsymbol{x}_k^i, \boldsymbol{w}_k^i\}_{i=1}^N\right] = \mathrm{SIS}[\{\boldsymbol{x}_{k-1}^i, \boldsymbol{w}_{k-1}^i\}_{i=1}^N, \boldsymbol{z}_k]$

- for　$i = 1:N$

  $\boldsymbol{x}_k^i \sim q(\boldsymbol{x}_k \mid \boldsymbol{x}_{k-1}, \boldsymbol{z}_k)$

  $\tilde{\boldsymbol{w}}_k^i \propto \tilde{\boldsymbol{w}}_{k-1}^i \dfrac{p(\boldsymbol{z}_k \mid \boldsymbol{x}_k^i) p(\boldsymbol{x}_k^i \mid \boldsymbol{x}_{k-1}^i)}{q(\boldsymbol{x}_k^i \mid \boldsymbol{x}_{k-1}^i, \boldsymbol{z}_k)}$

- end

- $t=\sum_{i=1}^{N}\tilde{\boldsymbol{w}}_k^i$
- for $i=1:N$

  $\tilde{\boldsymbol{w}}_k^i=\tilde{\boldsymbol{w}}_k^i/t$
- end

SIS 算法是大部分粒子滤波算法的基础。在 SIS 算法中，重要性函数的选择很重要。若将 SIS 算法理解为蒙特卡罗采样，则最佳的重要性函数应该是后验概率密度函数本身。因此，选取其他概率密度函数作为重要性函数将导致重要性权值的方差随时间增加。也就是说，经过一些循环后，除一个样本对应的归一化权值外，其他所有样本对应的归一化权值为零，即大量的运算消耗在对最终的计算结果没有贡献的样本上。这一现象严重制约了 SIS 算法的性能和应用。我们采用有效样本数 N_{eff} 来衡量 SIS 算法的退化程度，即

$$N_{\text{eff}}=\frac{1}{\sum_{i=1}^{N}\left(\boldsymbol{w}_k^i\right)^2} \tag{10-4-65}$$

式中，$\boldsymbol{w}_k^i$ 是 k 时刻第 i 个样本 $\boldsymbol{x}_k^i$ 对应的归一化权值。当 $\left\{\boldsymbol{w}_k^i=1/N\right\}_{i=1}^{N}$ 时，$N_{\text{eff}}=N$；当 $\boldsymbol{w}_k^{i_0}=1$、$\boldsymbol{w}_k^{i\neq i_0}=0$ 时，$N_{\text{eff}}=1$。这两种极端情况说明 $1\leqslant N_{\text{eff}}\leqslant N$，且退化问题严重，$N_{\text{eff}}$ 值越小。

解决退化问题最直接的方法是选择合适的重要性函数，使得以样本 $\boldsymbol{x}_{k-1}^i$ 和观测 $\boldsymbol{z}_k$ 为条件的重要性权值的方差最小。直接计算得到

$$\operatorname{var}_{q(\boldsymbol{x}_k|\boldsymbol{x}_{k-1}^i,\boldsymbol{z}_k)}(\widetilde{\boldsymbol{w}}_k^i)=\int(\widetilde{\boldsymbol{w}}_k^i)^2 q(\boldsymbol{x}_k|\boldsymbol{x}_{k-1}^i,\boldsymbol{z}_k)\mathrm{d}\boldsymbol{x}_k=(\widetilde{\boldsymbol{w}}_k^i)^2\int\frac{\left[p\left(\boldsymbol{z}_k|\boldsymbol{x}_k\right)p\left(\boldsymbol{x}_k|\boldsymbol{x}_{k-1}^i\right)\right]^2}{q(\boldsymbol{x}_k|\boldsymbol{x}_{k-1}^i,\boldsymbol{z}_k)}\mathrm{d}\boldsymbol{x}_k \tag{10-4-66}$$

$$q(\boldsymbol{x}_k|\boldsymbol{x}_{k-1}^i,\boldsymbol{z}_k)=p(\boldsymbol{x}_k|\boldsymbol{x}_{k-1}^i,\boldsymbol{z}_k)=\frac{p\left(\boldsymbol{z}_k|\boldsymbol{x}_k,\boldsymbol{x}_{k-1}^i\right)p\left(\boldsymbol{x}_k|\boldsymbol{x}_{k-1}^i\right)}{p\left(\boldsymbol{z}_k|\boldsymbol{x}_{k-1}^i\right)} \tag{10-4-67}$$

代入 SIS 算法得

$$\widetilde{\boldsymbol{w}}_k^i=\boldsymbol{w}_{k-1}^i p\left(\boldsymbol{z}_k|\boldsymbol{x}_{k-1}^i\right) \tag{10-4-68}$$

式（10-4-68）表明，在获得 k 时刻的样本前就可获得该时刻的重要性权值。

使用上述最优重要性密度有两个条件：从最优重要性密度 $p(\boldsymbol{x}_k|\boldsymbol{x}_{k-1}^i,\boldsymbol{z}_k)$ 中采样；计算 $p\left(\boldsymbol{z}_k|\boldsymbol{x}_{k-1}^i\right)$。这两个条件在一般情况下都很难做到，因此通过选取最优重要性密度来解决退化问题不可行。但也有些特殊情况能够使用最优重要性密度，如 $\boldsymbol{x}_k$ 属于有限集合，此时可从 $p(\boldsymbol{x}_k|\boldsymbol{x}_{k-1}^i,\boldsymbol{z}_k)$ 中采样。另一种情况是在一类模型中，假设 $p(\boldsymbol{x}_k|\boldsymbol{x}_{k-1}^i,\boldsymbol{z}_k)$ 服从高斯分布。

还有一种解决退化问题的方法是重采样方法。重采样方法以 N_{eff} 为标志判定是否出现退化问题。当 N_{eff} 小于给定门限 N_{thr} 时，认为退化问题出现，并在序贯重要性算法中加入重采样过程。重采样过程的目的是消除小权值样本并复制大权值样本，即从 $\left\{\boldsymbol{x}_k^i,\boldsymbol{w}_k^i\right\}_{i=1}^{N}$ 中通过重采样算法获得新的样本 $\left\{\boldsymbol{w}_k^{i^*}=1/N\right\}_{i=1}^{N}$。新的样本 $\left\{\boldsymbol{x}_k^{i^*}\right\}_{i=1}^{N}$ 通过从近似后验概率密度函数

$p(\boldsymbol{x}_k \mid \boldsymbol{Z}_k)$中重采样$N$次获得，其中

$$p(\boldsymbol{x}_k \mid \boldsymbol{Z}_k) \approx \sum_{i=1}^{N} \boldsymbol{w}_k^i \delta\left(\boldsymbol{x}_k - \boldsymbol{x}_k^i\right) \tag{10-4-69}$$

常见的系统重采样算法过程见算法 10-4-2。

算法 10-4-2　重采样算法

$[\{\boldsymbol{x}_k^{j^*}, \boldsymbol{w}_k^j, \boldsymbol{i}^j\}_{j=1}^N] = \text{Resample}[\{\boldsymbol{x}_k^i, \boldsymbol{w}_k^i\}_{i=1}^N]$

- $c_1 = \boldsymbol{w}_k^1$
- for　$i = 2:N$

  $c_i = c_{i-1} + \boldsymbol{w}_k^i$
- end
- $i = 1$
- $u_1 \sim U[0, N^{-1}]$
- for　$j = 1:N$

  $u_j = u_1 + N^{-1}(j-1)$

while　$u_j > c_i$

$i = i + 1$

end

$\boldsymbol{x}_k^{j^*} = \boldsymbol{x}_k^i$

$\boldsymbol{w}_k^j = N^{-1}$

$i^j = i$

- end

将重采样算法引入 SIS 算法，就形成了一般粒子滤波算法，见算法 10-4-3。

算法 10-4-3　一般粒子滤波算法

$[\{\boldsymbol{x}_k^i, \boldsymbol{w}_k^i\}_{i=1}^N] = \text{PF}[\{\boldsymbol{x}_{k-1}^i, \boldsymbol{w}_{k-1}^i\}_{i=1}^N, \boldsymbol{z}_k]$

- $[\{\boldsymbol{x}_k^i, \boldsymbol{w}_k^i\}_{i=1}^N] = \text{SIS}[\{\boldsymbol{x}_{k-1}^i, \boldsymbol{w}_{k-1}^i\}_{i=1}^N, \boldsymbol{z}_k]$
- $N_{\text{eff}} = \dfrac{1}{\sum_{i=1}^{N} (\boldsymbol{w}_k^i)^2}$
- if　$N_{\text{eff}} < N_{\text{thr}}$

  $[\{\boldsymbol{x}_k^i, \boldsymbol{w}_k^i, -\}_{i=1}^N] = \text{Resample}[\{\boldsymbol{x}_k^i, \boldsymbol{w}_k^i\}_{i=1}^N]$
- end

尽管重采样算法有效地遏制了退化现象，但它也带来了其他的问题。首先，重采样过程限制了粒子滤波算法的并行处理过程。重采样过程需要将所有的样本联合处理。其次，权值大的样本会被多次选中。大量重复样本无法准确描述后验概率密度函数，影响状态估计。当系统噪声较小时，这种现象尤其严重。

10.4.5　各种粒子滤波算法

本节介绍几种常见的粒子滤波算法，它们都是在上述 SIS 算法的基础上，通过选择合

适的重要性密度函数和调整重采样过程发展而来的。

1. 序贯重要性采样粒子滤波算法

序贯重要性重采样粒子滤波（SIR）算法是在 SIS 算法的基础上发展而来的。在 SIR 算法中，将状态转移概率密度函数 $p\left(\boldsymbol{x}_k|\boldsymbol{x}_{k-1}\right)$ 作为重要性密度，且在每次样本更新后都执行重采样过程以减轻样本退化过程。将重要性函数 $q\left(\boldsymbol{x}_k|\boldsymbol{x}_{k-1},\boldsymbol{z}_k\right)=p\left(\boldsymbol{x}_k|\boldsymbol{x}_{k-1}\right)$ 代入权值计算公式（10-4-62），得到 SIR 算法中的权值：

$$\boldsymbol{w}_k^i \propto \boldsymbol{w}_{k-1}^i \frac{p\left(\boldsymbol{z}_k|\boldsymbol{x}_k^i\right)p\left(\boldsymbol{x}_k^i|\boldsymbol{x}_{k-1}^i\right)}{q(\boldsymbol{x}_k^i|\boldsymbol{x}_{k-1}^i,\boldsymbol{z}_k)} = \boldsymbol{w}_{k-1}^i \frac{p\left(\boldsymbol{z}_k|\boldsymbol{x}_k^i\right)p\left(\boldsymbol{x}_k^i|\boldsymbol{x}_{k-1}^i\right)}{q(\boldsymbol{x}_k^i|\boldsymbol{X}_{k-1}^i)} = \boldsymbol{w}_{k-1}^i p\left(\boldsymbol{z}_k|\boldsymbol{x}_k^i\right) \quad (10\text{-}4\text{-}70)$$

又因为 SIR 算法在每次更新后都从离散后验概率密度函数中重采样，故更新样本对应的重采样后的权值 $\boldsymbol{w}_k^i=N^{-1}$。式（10-4-70）可进一步简化为 $\widetilde{\boldsymbol{w}}_k^i=p\left(\boldsymbol{z}_k|\boldsymbol{x}_k^i\right)$。

具体的 SIR 算法见算法 10-4-4。

算法 10-4-4 SIR 算法

$[\{\boldsymbol{x}_k^i,\boldsymbol{w}_k^i\}_{i=1}^N]=\mathrm{SIR}[\{\boldsymbol{x}_{k-1}^i,\boldsymbol{w}_{k-1}^i\}_{i=1}^N,\boldsymbol{z}_k]$

- for $i=1:N$

  $\boldsymbol{x}_k^i \sim p(\boldsymbol{x}_k \mid \boldsymbol{x}_{k-1}^i)$

  $\tilde{\boldsymbol{w}}_k^i = p(\boldsymbol{z}_k \mid \boldsymbol{x}_k^i)$

- end
- $t=\sum_{i=1}^N \tilde{\boldsymbol{w}}_k^i$
- $\boldsymbol{w}_k^i=\tilde{\boldsymbol{w}}_k^i t^{-1}$
- $[\{\boldsymbol{x}_k^i,N^{-1}\}_{i=1}^N]=\mathrm{Resample}[\{\boldsymbol{x}_k^i,\boldsymbol{w}_k^i\}_{i=1}^N]$

上述 SIR 算法的单次循环过程如图 10-4-3 所示。图中第一行浅色均等大小圆点表示 $k-1$ 时刻的更新样本经过状态转移后得到 k 时刻的预测样本及其权值 $\left\{\tilde{\boldsymbol{x}}_k^i,1/N\right\}_{i=1}^N$，它们表示 k 时刻的预测后验概率密度函数 $p\left(\boldsymbol{x}_k|\boldsymbol{Z}_{k-1}\right)$。曲线表示 k 时刻的观测数据到来后，计算样本相应的权值（大小不等的黑色圆点），此时 $\left\{\tilde{\boldsymbol{x}}_k^i,1/N\right\}_{i=1}^N$ 是 k 时刻后验概率密度函数 $p(\boldsymbol{x}_k \mid \boldsymbol{Z}_k)$ 的近似。重采样后，权值大小的样本被多次复制，而权值小的样本被丢弃或单次复制。重采样后的样本集合为 $\left\{\boldsymbol{x}_k^{i^*},1/N\right\}_{i=1}^N$，也是 k 时刻后验概率密度函数 $p(\boldsymbol{x}_k \mid \boldsymbol{Z}_k)$ 的近似。再经过状态转移过程，可获得 k+1 时刻的预测样本和权值，得到 k+1 时刻的预测后验概率密度函数 $p\left(\boldsymbol{x}_{k+1}|\boldsymbol{Z}_{k+1}\right)$ 的近似。

当式（10-4-1）和式（10-4-2）中的状态矩阵 $\boldsymbol{f}_{k-1}(\cdot)$ 和 $\boldsymbol{h}_k(\cdot)$ 已知，并且系统噪声 $\boldsymbol{v}_{k-1}$ 和观测噪声 $\boldsymbol{w}_{k-1}$ 的分布已知时，可得到 SIR 算法要求的状态转移概率密度函数 $p(\boldsymbol{x}_k|\boldsymbol{x}_{k-1})$ 和似然函数 $p\left(\boldsymbol{z}_k|\boldsymbol{x}_k\right)$。选择 $p(\boldsymbol{x}_k|\boldsymbol{x}_{k-1})$ 作为重要性函数，意味着要从中采样。要得到样本 $\boldsymbol{x}_k^i \sim p(\boldsymbol{x}_k|\boldsymbol{x}_{k-1})$，可首先从噪声系统中采样 $\boldsymbol{v}_k^i \sim p\left(\boldsymbol{v}_k\right)$，再通过系统方程式（10-4-1）得到

$\boldsymbol{x}_k^i = \boldsymbol{f}_{k-1}\left(\boldsymbol{x}_{k-1}^i, \boldsymbol{v}_{k-1}^i\right)$。重要性函数 $p(\boldsymbol{x}_k|\boldsymbol{x}_{k-1})$ 使得 SIR 中样本的产生及权值的计算都很简单。但 $p(\boldsymbol{x}_k|\boldsymbol{x}_{k-1})$ 中并不包含当前时刻的观测 $\boldsymbol{z}_k$，因此 SIR 算法收敛较慢。另外，SIR 算法在每个观测时刻都执行重采样过程，必然会导致样本大量重复，损失样本多样性。

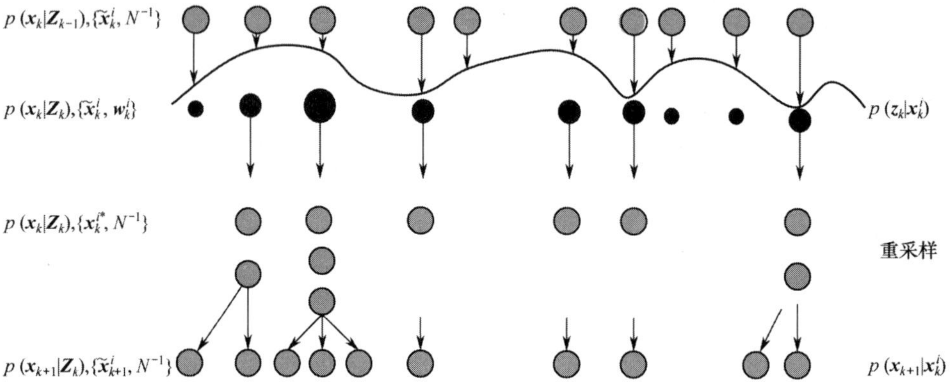

图 10-4-3　SIR 算法的单次循环过程

2. 辅助粒子滤波算法

Pitt 和 Shephard 提出的辅助粒子滤波（APF）算法是 SIR 算法的一种变形，其基本原理是在粒子更新前执行重采样过程。

在 APF 算法中，重要性密度函数满足下列条件，即

$$q(\boldsymbol{x}_k, i \mid \boldsymbol{Z}_k) \propto p(\boldsymbol{z}_k \mid \boldsymbol{\mu}_k^i) p(\boldsymbol{x}_k|\boldsymbol{x}_{k-1}^i)\boldsymbol{w}_{k-1}^i \tag{10-4-71}$$

式中，$\boldsymbol{\mu}_k^i$ 是已知 $\boldsymbol{x}_{k-1}^i$ 时 $\boldsymbol{x}_k$ 的特征，如 $\boldsymbol{\mu}_k^i = E[\boldsymbol{x}_k \mid \boldsymbol{x}_k^i]$ 或 $\boldsymbol{\mu}_k^i \sim p(\boldsymbol{x}_k|\boldsymbol{x}_{k-1}^i)$。将式（10-4-69）代入式（10-4-64）得

$$\boldsymbol{w}_k^j \propto \boldsymbol{w}_{-1}^j \frac{p\left(\boldsymbol{z}_k|\boldsymbol{x}_k^i\right) p\left(\boldsymbol{x}_k^i|\boldsymbol{x}_{k-1}^i\right)}{q(\boldsymbol{x}_k^i, i^j|\boldsymbol{z}_k)} = \frac{p\left(\boldsymbol{z}_k|\boldsymbol{x}_k^j\right)}{p\left(\boldsymbol{z}_k|\boldsymbol{\mu}_k^{i^j}\right)} \tag{10-4-72}$$

具体的 APF 算法见算法 10-4-5。APF 算法中直接对 $k-1$ 时刻的更新样本重采样，利用重采样得到的下标信息获得 k 时刻的更新样本。与 SIR 算法相比，APF 算法利用 k 时刻的观测信息从 $k-1$ 时刻的更新样本中直接采样，因此可更接近真实的目标状态。APF 算法可理解为基于描述 $p(\boldsymbol{x}_k|\boldsymbol{x}_{k-1}^i)$ 的 $\boldsymbol{\mu}_k^i$ 的重采样。当过程噪声较小时，$\boldsymbol{\mu}_k^i$ 可较好地描述 $p(\boldsymbol{x}_k|\boldsymbol{x}_{k-1}^i)$，此时 APF 算法优于 SIR 算法；当过程噪声较大时，$\boldsymbol{\mu}_k^i$ 无法准确描述 $p(\boldsymbol{x}_k|\boldsymbol{x}_{k-1}^i)$，此时 APF 算法较 SIR 算法差。

算法 10-4-5　APF 算法

$[\{\boldsymbol{x}_k^j, \boldsymbol{w}_k^j\}_{j=1}^N] = \text{APF}[\{\boldsymbol{x}_{k-1}^i, \boldsymbol{w}_{k-1}^i\}_{i=1}^N, \boldsymbol{z}_k]$

- for $i = 1:N$
  - $\boldsymbol{u}_k^i \sim p(\boldsymbol{x}_k \mid \boldsymbol{x}_{k-1}^i)$
  - $\tilde{\boldsymbol{w}}_k^i \propto p(\boldsymbol{z}_k \mid \boldsymbol{u}_{k-1}^i)\boldsymbol{w}_{k-1}^i$
- end

- $t=\sum_{i=1}^{N}\tilde{w}_k^i$
- $\bar{w}_k^i = t^{-1}\tilde{w}_k^i$
- $[\{i^j\}_{i=1}^N] = \text{Resampling}[\{\mu_k^i, \bar{w}_k^i\}_{i=1}^N]$
- for $j=1:N$

  $x_k^j \sim p(x_k \mid x_k^{i^j})$

  $\hat{w}_k^j = \dfrac{p(z_k \mid x_k^j)}{p(z_k \mid \mu_k^{i^j})}$
- end
- $t=\sum_{i=1}^{N}\hat{w}_k^j$
- $w_k^j = t^{-1}\hat{w}_k^j$

3. 其他粒子滤波算法

除上述两种常见的粒子滤波算法外，通过选取不同的重要性密度函数及调整和改进重采样算法，学者们提出了多种粒子滤波算法。

在 SIR 算法中，除减轻退化现象外，重采样过程也会造成样本多样性的损失。极端情况下，可能重采样得到的所有样本重合，无法近似后验概率密度函数。出现该问题的原因是 SIR 从离散分布，而不是从连续分布中重采样。针对这一问题，Musso 等提出规则化粒子滤波算法（Regularized Particle Filter，RPF），Gilks 和 Berzuini 提出了基于 MCMC 步进（Markov Chain Monte Carlo move step）。当需要进行重采样时，RPF 算法给重采样后的样本加上来自 Epanechnikov 核函数或 Gaussian 核函数的随机变量，等价于从如下连续的近似后验概率密度函数中重采样，即

$$p(\boldsymbol{x}_k \mid \boldsymbol{Z}_k) \approx \sum_{i=1}^{N} \boldsymbol{w}_k^i \boldsymbol{K}_h\left(\boldsymbol{x}_k - \boldsymbol{x}_k^i\right) \tag{10-4-73}$$

其中

$$\boldsymbol{K}_h(\boldsymbol{x}) = \frac{1}{h_{n_x}} K\left(\frac{\boldsymbol{x}}{h}\right) \tag{10-4-74}$$

式中，$K(\cdot)$是尺度核函数，$h>0$是核带宽，n_x是状态向量$\boldsymbol{x}_k$的维数，$\boldsymbol{w}_k^i$是归一化的权重。R 粒子滤波算法保证了样本的多样性，但不能保证样本能很好地近似后验概率密度函数。

MCMC 步进方法与 RPF 算法方法类似，借助尺度核函数给重采样后的样本增加一个随机扰动。不同的是，Metropolis-Hasting 接收概率被引入来决定是否接收新产生的随机样本：

$$\alpha = \min\left\{1, \frac{p\left(\boldsymbol{z}_k \middle| \boldsymbol{x}_k^{i^*}\right) p\left(\boldsymbol{x}_k^{i^*} \middle| \boldsymbol{x}_{k-1}^i\right)}{p\left(\boldsymbol{z}_k \middle| \boldsymbol{x}_k^i\right) p\left(\boldsymbol{x}_k^i \middle| \boldsymbol{x}_{k-1}^i\right)}\right\} \tag{10-4-75}$$

当$u \sim U[0,1]$满足$u<\alpha$时，$\boldsymbol{x}_k^{i^*}$代替重采样样本$\boldsymbol{x}_k^i$称为k时刻第i个更新样本。否则，$\boldsymbol{x}_k^i$为k时刻第i个更新样本。与 RPF 算法相比，MCMC 步进方法中的样本更接近真实的后

验概率密度函数。

上述的 RPF 算法和 MCMC 步进方法都是通过改善重采样过程造成的样本多样性损失得到的。但这些方法中采用的重要性函数是转移密度函数 $p(\boldsymbol{x}_k \mid \boldsymbol{x}_{k-1})$，其中并不包含当前时刻的观测信息 $\boldsymbol{z}_k$，因此预测样本并不是最优的。局部线性化粒子滤波（LLPF）算法将重要性函数近似为高斯分布，利用扩展卡尔曼滤波器估计各个时刻重要性函数的均值和协方差矩阵。这样得到的重要性函数中包含当前时刻的观测信息，新产生的样本更接近真实的后验概率密度函数。故 LLPF 算法的性能优于 SIR 算法。

10.4.6 代价参考粒子滤波算法

代价参考粒子滤波算法（Cost-Reference Particle Filters，CRPF）是一类新的粒子滤波算法。不同于 10.4.5 节中的传统粒子滤波算法，该算法无须动态系统中噪声的统计特性，因而更简单灵活。在传统粒子滤波算法中，大量带有权值的随机样本用来近似后验概率密度函数并实现状态估计。当动态系统中的噪声统计特性未知时，随机样本对应的权值无法计算，传统粒子滤波算法失效。针对这种情况，Miguez 等人提出用代价函数代替传统粒子滤波算法中的权值来衡量随机样本。在传统粒子滤波算法中，越接近真实状态的随机样本，其相应的归一化权值越大。类似地，在代价参考粒子滤波算法中，越接近真实状态的随机样本，其相应的代价越小。并且，可根据不同的应用背景将代价函数设计为不同的形式以简化计算。

1. 代价参考粒子滤波算法

代价参考粒子滤波算法的目标是在动态系统统计特性未知的情况下，从观测序列 $\left\{\boldsymbol{z}_1,\boldsymbol{z}_2,\cdots,\boldsymbol{z}_k\right\}$ 中估计目标状态序列 $\left\{\hat{\boldsymbol{x}}_1,\hat{\boldsymbol{x}}_2,\cdots,\hat{\boldsymbol{x}}_k\right\}$。代价参考粒子滤波算法通过四个步骤实现目标状态估计。

初始化。从区域 Ω_0 中通过某一分布采样获得初始时刻的样本 $\left\{\boldsymbol{x}_0^1,\boldsymbol{x}_0^2,\cdots\boldsymbol{x}_0^N\right\}$。$\Omega_0$ 应根据实际的应用确定，确保 Ω_0 包含初始时刻的目标状态。认为初始时刻目标状态可能是初始样本中的任何一个，认为它们代价相等，因此初始样本的代价设置为 $c_0^i=0$。$\left\{\left(\boldsymbol{x}_0^i,c_0^i\right)\right\}_{i=1}^N$ 形成初始的样本–代价集合。

重采样。与传统粒子滤波算法中的重采样过程类似，本算法中的重采样过程要复制小代价的样本，丢弃大代价的样本。假设已知 $k-1$ 时刻的样本-代价集合 $\left\{\left(\boldsymbol{x}_{k-1}^i,c_{k-1}^i\right)\right\}_{i=1}^N$，样本 $\left\{\boldsymbol{x}_{k-1}^i\right\}_{i=1}^N$ 的预测代价或风险定义为

$$\boldsymbol{r}_{k-1}^i=\lambda c_{k-1}^i+\boldsymbol{z}_k-\boldsymbol{h}_k\left(\boldsymbol{f}_{k-1}\left(\boldsymbol{x}_{k-1}^i\right)\right)_2^q \tag{10-4-76}$$

式中，$0<\lambda<1$表示遗忘因子；$\boldsymbol{z}_k-\boldsymbol{h}_k\left(\boldsymbol{f}_{k-1}\left(\boldsymbol{x}_{k-1}^i\right)\right)_2^q$ 是预测的增量代价；$\|\cdot\|_2^q$ 表示 2 范数的 q 次方。预测代价越小，样本在重采样中被选中的概率越大。选择一个单调递减函数来映射预测代价，作为重采样过程中的“权值”，即

$$\mu\left(r_{k-1}^{i}\right)=\frac{\left(r_{k-1}^{i}\right)^{-p}}{\sum_{j=1}^{N}\left(r_{k-1}^{i}\right)^{-p}} \tag{10-4-77}$$

或

$$\mu\left(r_{k-1}^{i}\right)=\frac{\left(r_{k-1}^{i}-r_{k-1}^{\min}+\alpha\right)^{-p}}{\sum_{j=1}^{N}\left(r_{k-1}^{i}-r_{k-1}^{\min}+\alpha\right)^{-p}} \tag{10-4-78}$$

式（10-4-77）和式（10-4-78）中，$p\in N^{+}$是经验参数，p越大，小风险样本对应的重采样“权值”越大。此外，式（10-4-78）中的$0<\alpha<1$也是一个经验参数，α越小，小风险样本对应的重采样权值越大。记重采样后的样本为$\left\{\tilde{\boldsymbol{x}}_{k-1}^{i},i=1,\cdots,N\right\}$。在传统粒子滤波算法中，重采样后分配给每个样本新的相等的权值。但在代价参考粒子滤波算法中，重采样后的样本保留其代价形成新的样本−代价集合$\left\{\left(\tilde{\boldsymbol{x}}_{k-1}^{i},\tilde{c}_{k-1}^{i}\right)\right\}_{i=1}^{N}$。

样本更新及其代价。K时刻的更新样本及其代价$\left\{\left(\boldsymbol{x}_{k}^{i},\tilde{c}_{k}^{i}\right)\right\}_{i=1}^{N}$从重采样后的样本−代价集合$\left\{\left(\tilde{\boldsymbol{x}}_{k}^{i},\tilde{c}_{k}^{i}\right)\right\}_{i=1}^{N}$得到

$$\boldsymbol{x}_{k}^{i}\sim N\left(f_{k-1}\left(\tilde{\boldsymbol{x}}_{k-1}^{i}\right),\sigma^{2}\boldsymbol{I}\right) \tag{10-4-79}$$

式中，$N(m,\sigma^{2}\boldsymbol{I})$表示均值为$m$、协方差矩阵为$\sigma^{2}\boldsymbol{I}$的多维高斯分布；$\sigma^{2}$是经验参数，应保证更新样本的多样性。相应的更新样本的代价为

$$c_{k}^{i}=\lambda\tilde{c}_{k-1}^{i}+\boldsymbol{z}_{k}-\boldsymbol{h}_{k}\left(\boldsymbol{x}_{k}^{i}\right)_{2}^{q} \tag{10-4-80}$$

状态估计。基于k时刻的更新样本−代价集合$\left\{\left(\boldsymbol{x}_{k}^{i},c_{k}^{i}\right)\right\}_{i=1}^{N}$，$k$时刻的状态估计，即

$$\hat{\boldsymbol{x}}_{k}^{\text{mean}}=\sum_{i=1}^{N}\boldsymbol{x}_{k}^{i}\mu\left(c_{k}^{i}\right) \tag{10-4-81}$$

或

$$\hat{\boldsymbol{x}}_{k}^{\min}=\hat{\boldsymbol{x}}_{k}^{i_0},i_0=\arg\lim_{k}=\left\{c_{k}^{i},i=1,2,\cdots,N\right\} \tag{10-4-82}$$

式（10-4-81）中，

$$\mu\left(c_{k}^{i}\right)=\frac{\left(c_{k}^{i}\right)^{-p}}{\sum_{j=1}^{N}\left(c_{k}^{i}\right)^{-p}} \tag{10-4-83}$$

或

$$\mu\left(c_{k}^{i}\right)=\frac{(c_{k}^{i}-c_{k}^{\min}+\alpha)^{-p}}{\sum_{j=1}^{N}(c_{k}^{j}-c_{k}^{\min}+\alpha)^{-p}} \tag{10-4-84}$$

可通过样本加权平均或选择代价最小样本来估计目标状态。

经过上述四个步骤，代价参考粒子滤波算法可在动态系统统计特性未知的情况下估计目标状态。已知 $k-1$ 时刻的更新样本–代价集合 $\left\{\left(\boldsymbol{x}_{k-1}^{i}, c_{k-1}^{i}\right)\right\}_{i=1}^{N}$，代价参考粒子滤波算法的一个循环见算法 10-4-6。

算法 10-4-6　代价参考粒子滤波算法

$\left[\left\{\left(\boldsymbol{x}_{k}^{i}, c_{k}^{i}\right)\right\}_{i=1}^{N}\right] = \mathrm{CRPF}\left[\left\{\left(\boldsymbol{x}_{k-1}^{i}, c_{k-1}^{i}\right)\right\}_{i=1}^{N}, \boldsymbol{z}_{k}\right]$

- for　$i = 1:N$

  $r_{k-1}^{i} = \lambda c_{k-1}^{i} + \left\|\boldsymbol{z}_{k} - \boldsymbol{h}_{k}\left(\boldsymbol{f}_{k-1}\left(\boldsymbol{x}_{k-1}^{i}\right)\right)\right\|_{2}^{q}$

  $\bar{\mu}\left(r_{k-1}^{i}\right)$
- end
- $t = \sum_{i=1}^{N} \bar{\mu}(r_{k-1}^{i})$
- for　$i = 1:N$

  $\mu\left(r_{k-1}^{i}\right) = t^{-1} \bar{\mu}\left(r_{k-1}^{i}\right)$
- end
- $[\{(\tilde{\boldsymbol{x}}_{k-1}^{i}, \tilde{c}_{k-1}^{i})\}_{i=1}^{N}] = \mathrm{Resampling}[\{(\boldsymbol{x}_{k-1}^{i}, c_{k-1}^{i}), \mu(r_{k-1}^{i})\}_{i=1}^{N}]$
- for　$i = 1:N$

  $\boldsymbol{x}_{k}^{i} \sim N\left(\boldsymbol{f}_{k-1}\left(\tilde{\boldsymbol{x}}_{k-1}^{i}\right), \sigma^{2} \boldsymbol{I}\right)$

  $c_{k}^{i} = \lambda \tilde{c}_{k-1}^{i} + \left\|\boldsymbol{z}_{k} - \boldsymbol{h}_{k}\left(\boldsymbol{x}_{k}^{i}\right)\right\|_{2}^{q}$
- end

2. 风险和代价

前面给出两种 $\mu(\cdot)$ 来定义样本的重采样权值 $\mu\left(r_{k-1}^{i}\right)$ 和状态估计权值 $\mu\left(c_{k}^{i}\right)$，即

$$\mu_1:\begin{cases}\mu\left(r_{k-1}^{i}\right) = \dfrac{\left(r_{k-1}^{i}\right)^{-p}}{\sum\limits_{j=1}^{N}\left(r_{k-1}^{i}\right)^{-p}} \\ \mu\left(c_{k}^{i}\right) = \dfrac{\left(c_{k}^{i}\right)^{-p}}{\sum\limits_{j=1}^{N}\left(c_{k}^{i}\right)^{-p}}\end{cases} \tag{10-4-85}$$

$$\mu_2:\begin{cases}\mu\left(r_{k-1}^{i}\right) = \dfrac{(r_{k-1}^{i} - r_{k-1}^{\min} + \alpha)^{-p}}{\Sigma_{j=1}^{N}\left(r_{k-1}^{j} - r_{k-1}^{\min} + \alpha\right)^{-p}} \\ \mu\left(c_{k}^{i}\right) = \dfrac{(c_{k}^{i} - c_{k}^{\min} + \alpha)^{-p}}{\sum\limits_{j=1}^{N}(c_{k}^{j} - c_{k}^{\min} + \alpha)^{-p}}\end{cases} \tag{10-4-86}$$

式中，$p \in N$，$0 < \alpha < 1$。相较于μ_1，μ_2对样本代价或风险更敏感，特别是风险或带价值较大时。

3. 前向–后向代价参考粒子滤波算法

采用代价参考粒子滤波算法时系统的统计特性未知，因此准确的初始信息对于代价参考粒子滤波算法而言格外重要。但在代价参考粒子滤波算法中，初始时刻目标的状态信息往往也是未知的，只能根据经验选取一个尽可能大的区域，以保证初始时刻目标处在这一区域内。经过多帧递推后，代价参考粒子滤波算法的估计结果逐步收敛到真实的目标状态附近。毫无疑问，大的初始区域和，可能包含真实的目标状态，但同时会引起一个极长的收敛过程，导致代价参考粒子滤波算法性能下降。因此，准确的初始信息能够极大地提高代价参考粒子滤波算法的收敛速度和状态估计性能。

前向–后向代价参考粒子滤波算法（forward-backward CRPF）能够解决上述问题。该算法分为两个大的步骤：首先采用代价参考粒子滤波算法估计目标在各个时刻的状态，得到各个时刻的粒子–代价集合$\left\{\left(\boldsymbol{x}_k^i, c_k^i\right)\right\}_{i=1}^N, k=1,\cdots,K$；然后以$K$的粒子–代价集合$\left\{\left(\boldsymbol{x}_k^i, c_k^i\right)\right\}_{i=1}^N$作为初始时刻的样本–代价集合，估计$k=K-1,K-2,\cdots,1$时刻的粒子–代价集合$\left\{\left(\overline{\boldsymbol{x}}_k^i, c_k^i\right)\right\}_{i=1}^N, k=K-1,K-2,\cdots,1$，并以此估计目标在各个时刻的状态。后向代价参考粒子滤波算法中新的状态空间方程如下

$$\boldsymbol{x}_{k-1} = \boldsymbol{f}_{k-1}^{-1}\left(\boldsymbol{x}_k - \boldsymbol{v}_k\right) \tag{10-4-87}$$

$$\boldsymbol{z}_{k-1} = \boldsymbol{h}_{k-1}^{-1}\left(\boldsymbol{x}_{k-1}\right) + \boldsymbol{w}_{k-1} \tag{10-4-88}$$

不同于式（10-4-35），式（10-4-87）的状态方程是从k时刻的状态向$k-1$时刻的状态递推的。而式（10-4-88）中的观测方程与式（10-4-36）中的观测方程类似。以前向代价参考粒子滤波算法的第K帧样本–代价集合$\left\{\left(\boldsymbol{x}_k^i, c_k^i\right)\right\}_{i=1}^N$作为后向代价参考粒子滤波算法的初始样本–代价集合，前向–后向代价参考粒子滤波算法见算法 10-4-7。我们提出的前向–后向代价参考粒子滤波算法利用前向算法的第K帧样本–代价集合作为后向算法的初始样本–代价集合，该初始集合已包含了所有K帧观测的信息，因此后向算法收敛更快，估计结果更准确。

算法 10-4-7　前向-后向代价参考粒子滤波算法

$\left[\left\{\overline{x}_k^i, \overline{c}_k^i\right\}_{i=1}^N\right] = \text{forward} - \text{backward}\quad \text{CRPF}\left[\left\{\overline{x}_{k+1}^i, \overline{c}_{k+1}^i\right\}_{i=1}^N, \boldsymbol{z}_k\right]$

　　$\left\{\boldsymbol{x}_0^i \sim U\left(\boldsymbol{I}_0\right), c_0^i = 0\right\}_{i=1}^N$

　　for　$k = 1:K$

　　　　$\left[\left\{\left(\boldsymbol{x}_k^i, c_k^i\right)\right\}_{i=1}^N\right] = \text{CRPF}\left[\left\{\left(\boldsymbol{x}_{k-1}^i, c_{k-1}^i\right)\right\}_{i=1}^N, \boldsymbol{z}_k\right]$

　　end

　　$\left\{\left(\overline{\boldsymbol{x}}_K^i, \overline{c}_K^i\right)\right\}_{i=1}^N = \left\{\left(\boldsymbol{x}_K^i, c_K^i\right)\right\}_{i=1}^N$

　　for　$k = K-1:(-1):1$

```
            for  i = 1:N
```
$$\bar{r}_{k+1}^{i}=\lambda\bar{c}_{k+1}^{i}+\left\|z_k-\boldsymbol{h}_k\left(\boldsymbol{f}_k^{-1}\left(\bar{\boldsymbol{x}}_{k+1}^{i}\right)\right)\right\|_2^q$$
$$\mu\left(\bar{r}_{k+1}^{i}\right)$$
```
            end
```
$$t=\sum_{i=1}^{N}\mu\left(\bar{r}_{k+1}^{i}\right)$$
$$\mu\left(\bar{r}_{k+1}^{i}\right)=t^{-1}\mu\left(\bar{r}_{k+1}^{i}\right)$$
$$\left[\left\{\tilde{\bar{\boldsymbol{x}}}_{k+1}^{i},\tilde{\bar{c}}_{k+1}^{i}\right\}_{i=1}^{N}\right]=\text{Resampling}\left[\left\{\bar{\boldsymbol{x}}_{k+1}^{i},c_{k+1}^{i},\mu\left(\bar{r}_{k+1}^{i}\right)\right\}_{i=1}^{N}\right]$$
$$\bar{\boldsymbol{x}}_k^{i}\sim N\left(f_k^{-1}\left(\tilde{\bar{\boldsymbol{x}}}_{k+1}^{i}\right),\sigma^2\boldsymbol{I}\right)$$
$$c_k^{i}=\lambda\tilde{\bar{c}}_{k+1}^{i}+\left\|z_k-\boldsymbol{h}\left(\bar{\boldsymbol{x}}_k^{i}\right)\right\|_2^q$$
```
        end
    end
```

根据观测和估计的先后关系，可将估计问题分为三种形式：滤波，由当前及过去的观测估计当前时刻的信号；预测或外推，由过去的观测估计当前甚至将来的信号；内插或平滑，由过去的观测估计过去的信号。因此前向–后向代价参考粒子滤波算法实际上是利用前向滤波算法输出的最后一帧估计，结合已知的$K-1$到1帧观测，平滑或内插估计$K-1$到1帧的目标状态。

10.5 压缩感知检测方法

奈奎斯特采样将模拟域信号转换为数字采样信号，换句话说是将时域的信号变换到频域，同时利用频域信息进行信号重构，为了防止频域信息出现混叠，采样频率必须高过信号带宽的两倍。然而随着越来越多的数据信息需求和带宽变大，基于此定理的信号处理负载过大，导致其无法满足现在大众对信息速率的要求。同时具体分析宽带信号可以发现当信号稀疏时，奈奎斯特采样得到的采样值是冗余的，并且由于信息量巨大，该处理方法越来越吃力。因此，提出一种信号采样的新方法——压缩感知检测。

10.5.1 背景知识

压缩感知理论提出也是对信号处理知识和技术有相当深厚的认识，意识到某些信号是可以稀疏表示的，对该类信号的处理不同于传统信号处理方法，可以通过某种方法将高维信号映射为低维信号并保证低维信号的稳定，从而对信号进行降维处理，便于后面对信号进一步操作，如对信号进行重构、检测和参数估计等。然而在将压缩感知应用到信号处理应用中时，有些应用并不是为了从少量采样数据中精确重构原始信号，而只是从采样数据中完成信号检测和参数的估计问题等。在前面的叙述中已经提到，压缩感知方法得到的低维空间信号保留有被采样信号的结构和信息。因此，按照一般的思路先对信号进行重构，然后再进行信号的检测和信号参数的估计被证明是浪费的，这样大大增加了计算复杂度和延长了处理时间，反而还因为重构过程中的误差导致信号检测和参数的估计结果和性能变差。由此引出本节的研究对象，是否在采用压缩感知得到压缩采样值后不精确重构被采样信号，而直接使用这些采样信号通过相关算法进行信号检测和参数的估计呢？如果能够真正实现上述所说的内容，这样不仅可以带来硬件上和算法上大的变革，同样会迎来新的信息处理浪潮。

10.5.2　压缩感知理论的基本框架

压缩感知理论最先由 Candes、Romberg、Tao 和 Donoho 等人于 2004 年提出，并且将其应用于信号处理时，证明了只要信号可以稀疏表示，就能够以不同于奈奎斯特定理的方法采样信号并重构信号。假设被采样信号是长度为 N 的 $\boldsymbol{x}=\left[x(1),x(2),\cdots,x(N)\right]^{\mathrm{T}}$，且在 $\boldsymbol{\Phi}:N\times N$ 上的变换系数是稀疏的，这样只是说明了信号是可以稀疏表示的，但是若信号在与变换基 $\boldsymbol{\Psi}$ 不相关的观测矩阵 $\boldsymbol{\Phi}:M\times N\left(M\leqslant N\right)$ 作用下得到观测量 $\boldsymbol{Y}:M\times 1$，此时就完成了最重要的一步，即将信号从高维空间映射到低维空间上，降低了信号的维度，有利于信号的下一步处理，若使用优化方法从观测得到的矩阵向量中精确恢复被采样信号 $\boldsymbol{x}$ 称为信号的重构。

图 10-5-1 所示为压缩感知采样的三个步骤。首先在信号 $\boldsymbol{x}\in\boldsymbol{R}^N$ 可压缩或稀疏的前提下，利用正交基 $\boldsymbol{\Psi}$ 进行变换得到信号真正的稀疏表示 $\boldsymbol{X}=\boldsymbol{\Psi}^{\mathrm{T}}\boldsymbol{\theta}$；然后再通过与正交基不相关的观测矩阵 $\boldsymbol{\Phi}(M\times N)$ 得到观测向量，该过程可以描述为 $\boldsymbol{Y}=\boldsymbol{\Phi X}$；最后对信号的观测向量进行优化求解得到估计信号 $\hat{\boldsymbol{X}}\in\boldsymbol{R}^N$，即

$$\min\left\|\boldsymbol{\Psi}^{\mathrm{T}}\boldsymbol{\theta}\right\|_0 \qquad \text{s.t.} \qquad \boldsymbol{\Theta\theta}=\boldsymbol{\Phi\Psi}^{\mathrm{T}}\boldsymbol{\theta}=\boldsymbol{Y} \tag{10-5-1}$$

式中，求得矢量估计量 $\hat{\boldsymbol{\theta}}$ 在 $\boldsymbol{\Psi}$ 上的表示是最稀疏的，$\boldsymbol{\Theta}=\boldsymbol{\Phi\Psi}^{\mathrm{T}}$ 是 CS 信息算子，$\boldsymbol{X}$ 表示信号的矩阵形式。由于 l_0 范数是求解困难的 NP 难问题，Donoho 等人提出当测量矩阵满足有限等距性质（Restricted Isometry Property，RIP）特性时，转化为 l_1 范数来解决优化问题，即

$$\min\left\|\boldsymbol{\Psi}^{\mathrm{T}}\boldsymbol{\theta}\right\|_1 \qquad \text{s.t.} \qquad \boldsymbol{\Theta\theta}=\boldsymbol{\Phi\Psi}^{\mathrm{T}}\boldsymbol{\theta}=\boldsymbol{Y} \tag{10-5-2}$$

从式（10-5-2）解得估计值 $\hat{\boldsymbol{\theta}}$ 后，代入式（10-5-1）求出重构信号 $\hat{\boldsymbol{X}}$，即

$$\hat{\boldsymbol{X}}=\boldsymbol{\Psi}^{\mathrm{T}}\hat{\boldsymbol{\theta}} \tag{10-5-3}$$

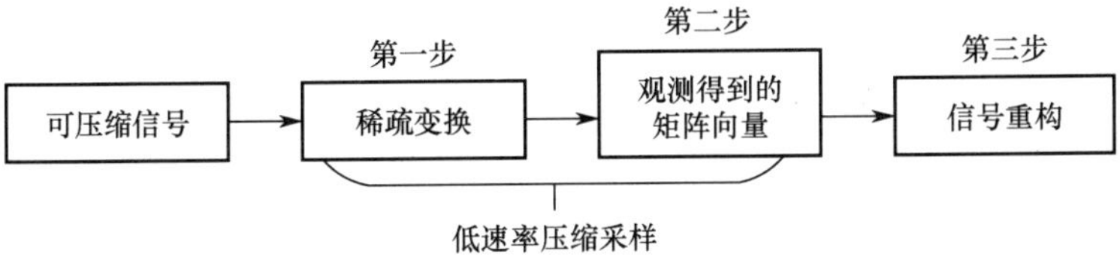

图 10-5-1　压缩感知采样的三个步骤

1. 信号的稀疏变换

首先给出信号稀疏性的数学定义：信号 $\boldsymbol{x}$ 在正交基 $\boldsymbol{\Psi}$ 下的变换系数 $\boldsymbol{\theta}=\boldsymbol{\Psi}^{\mathrm{T}}\boldsymbol{x}$，假如对于 $0<p<2$ 和 $R>0$，这些系数满足

$$\|\boldsymbol{\theta}\|_p = \left(\sum_i |\theta_i|^p\right)^{1/p} \leqslant R \tag{10-5-4}$$

则说明在某种意义下系数向量 $\boldsymbol{\theta}$ 是稀疏的。如果变换系数 $\theta_i = \langle x, \psi_i \rangle$ 的支撑域 $(i:\theta_i \neq 0)$ 的势小于或等于 K，则可以说信号 $\boldsymbol{x}$ 是 K 项稀疏的，$\langle x, \psi_i \rangle$ 表示信号 $\boldsymbol{x}$ 与向量 ψ_i 的内积，ψ_i 表示正交基 $\boldsymbol{\Psi}$ 的第 i 向量。

对于长度为 N 的实信号 $\boldsymbol{x} \in \boldsymbol{R}^N$，假设 $\{\boldsymbol{\psi}_i\}_{i=1}^N$ 是 $\boldsymbol{x}$ 的一组基向量，则任意信号 $\boldsymbol{x}$ 可以线性表示为

$$\boldsymbol{x} = \sum_{i=1}^N \theta_i \psi_i \text{ 或 } \boldsymbol{x} = \boldsymbol{\Psi\theta} \tag{10-5-5}$$

式中，$\boldsymbol{\theta}$ 是 $\boldsymbol{x}$ 在 $\boldsymbol{\Psi}$ 域的变换向量；$\boldsymbol{\theta}_i = \langle \boldsymbol{x}, \boldsymbol{\psi}_i \rangle = \boldsymbol{\psi}_i^* \boldsymbol{x}$，$\boldsymbol{\psi}_i^*$ 表示共扼转置阵；$\boldsymbol{\Psi} = [\boldsymbol{\psi}_1, \boldsymbol{\psi}_2, \cdots, \boldsymbol{\psi}_N]$ 是 $N \times N$ 的矩阵。

2. 压缩感知问题描述

考虑一般的信号采样问题，即

$$\boldsymbol{y}_k = (\boldsymbol{x}, \boldsymbol{\Phi}_k) \qquad k=1,2,\cdots,M \tag{10-5-6}$$

式中，$\boldsymbol{x} \in \boldsymbol{R}^N$ 为原始信号；$\boldsymbol{y}_k$ 为采样点；$\boldsymbol{\Phi}_k$ 为测量矩阵。特别地，当 $M < N$ 从被采样信号 $\boldsymbol{x}$ 中直接获取少量的观测值 $\boldsymbol{y}$，也就是本节关注的压缩感知，即

$$\boldsymbol{y} = \boldsymbol{\Phi x} \tag{10-5-7}$$

式中，$\boldsymbol{x} \in \boldsymbol{R}^N$ 为被采样信号的高维空间表示；$\boldsymbol{y}$ 为 $M \times 1$ 的低维压缩测量；$\boldsymbol{\Phi}$ 是 $M \times N(M < N)$ 量矩阵。由 $\boldsymbol{x} = \boldsymbol{\Psi\theta}$，式（10-5-7）变为

$$\boldsymbol{y} = \boldsymbol{\Phi\Psi\theta} = \boldsymbol{\Theta\theta} \tag{10-5-8}$$

式中，$\boldsymbol{\Theta} = \boldsymbol{\Phi\Psi}$，$\boldsymbol{\Theta}$ 是信息算子。当信号 $\boldsymbol{x}$ 本身就是稀疏时，式（10-5-8）变为 $\boldsymbol{y} = \boldsymbol{\Theta x} = \boldsymbol{\Phi x}$，即 $\boldsymbol{\Theta} = \boldsymbol{\Phi}$。这是因为不需要稀疏矩阵 $\boldsymbol{\Psi}$ 对信号 $\boldsymbol{x}$ 进行稀疏转换。

由于式（10-5-7）的方程中 $M \leqslant N$，因此方程存在无数可行解。但是，当 $\boldsymbol{x}$ 在 $\boldsymbol{\Psi}$ 域上是稀疏的或可压缩的（假设这里稀疏与可压缩同意，以后统称为稀疏），这样式（10-5-7）中有些方程式是无效多余的，从而使压缩感知在理论上成为可能。

10.5.3 压缩感知的核心问题

1. 压缩感知的稀疏字典设计

从前面的叙述中可以看到，要想对被采样信号 $\boldsymbol{x}$ 进行观测操作，需要满足一定的条件，该条件最重要的一条就是对被采样信号 $\boldsymbol{x}$ 进行稀疏性的表示。这样引出在压缩感知理论中的首个需要解决的核心问题信号 $\boldsymbol{x}$ 的稀疏表示，也就是对信号 $\boldsymbol{x}$ 进行 $\boldsymbol{\Psi}$ 域变换。归纳起来就是稀疏字典的设计，因为只有恰当的稀疏字典，才能保证表示系数具有足够的稀疏性或衰减性，才能在减少压缩测量的同时确保在不精确重构信号的基础上进行信号检测和参数估计的成功率。

设计适合特定信号的过完备字典，一般采用基于训练学习得到的过完备字典，K-SVD 算法是其中的典型代表。首先介绍 K-SVD 学习算法，在系数 $\boldsymbol{x}$ 中只有一个非零元素，MSE

定义为

$$E=\sum_{i=1}^{K}e_i^2=\|\boldsymbol{y}-\boldsymbol{\Phi x}\|_F^2 \tag{10-5-9}$$

式中，$x_j=e_i$，e_i表示该系数向量中有且仅有一个在第i位置的不为零的向量。

矢量量化求解问题，即

$$\min_{D,X}\left\{\|\boldsymbol{y}-\boldsymbol{\Phi x}\|_F^2\right\} \quad \text{s.t. } \forall i \quad x_i=e_k \tag{10-5-10}$$

K-SVD 算法实现的迭代步骤为：

（1）求$\boldsymbol{x}$的稀疏编码（MP 或 OMP 算法）；

（2）更新字典D。

经过分析发现上述算法还可以进行以下优化：假定系数向量$\boldsymbol{x}$和字典D是不变的，需要更新字典的第k列D_k，令矩阵$\boldsymbol{x}$与D_k相乘的第k行标记为$\boldsymbol{x}_T^k$，式（10-5-9）重写为

$$\|\boldsymbol{y}-D\boldsymbol{x}\|_F^2=\left\|\boldsymbol{y}-\sum_{j=1}^{K}D_jx_T^j\right\|_F^2=\left\|\left(\boldsymbol{y}-\sum_{j\neq k}D_jx_T^j\right)-D_kx_T^k\right\|_F^2=\left\|\boldsymbol{E}_k-D_kx_T^k\right\|_F^2 \tag{10-5-11}$$

式中，D是一个过完备的字典，$D\boldsymbol{x}$由K个秩为 1 的矩阵组成的和，设定前$K-1$项是一定的，更新第k个矩阵。矩阵$\boldsymbol{E}_k$表示除原子D_k外的成分由$K-1$个样本造成的误差。

通过以上步骤之后，如何提取稀疏项呢？对$\boldsymbol{E}_k$和x_T^k进行变换，x_T^k中只保留$\boldsymbol{x}$中非零位置的信息，$\boldsymbol{E}_k$只保留除了D_k和x_T^k中非零位置乘积后的那些项形成E_R^k，将E_R^k做奇异值（SVD）分解，更新D_k，进而得到最优的稀疏矩阵。

以上介绍的是单一正交基的情况，如果将上述正交基推广到有多个正交基联合而成的级联字典又有什么样的限制条件或要求呢？

定理 10-5-1　设D是一个由L个正交基联合而成的级联字典，$f=\sum_{k\in I}c_kg_k\in\text{span}(g_k,k\in I)$，如果

$$\text{card}(I)<\left(\sqrt{2}-1+\frac{1}{2(L-1)}\right)\mu^{-1} \tag{10-5-12}$$

则$c_0(f)=c_1(f)=c$就同时是最小化l_0范数问题和l_1范数问题的唯一解，$\text{card}(I)$表示任意有限下标集合，μ是正交基之间的相干系数，f表示信号，$\text{span}(\cdot)$表示张量。

上面叙述的正交基组成的单一字典，其要考虑自相关特性，由此想到是否可以推广到多个基组成的级联字典，而又保证基之间的非相关性呢？

定理 10-5-2　设$N=2^{j+1}$，$j\geqslant 0$，并且$D=[B_1,B_2,\cdots,B_L]$是空间R^N上的字典，其中$L=2^j=N/2$，则对任意一对原子$u,v\in D,u\neq v:|\langle u,v\rangle|\in\{0,N^{-1/2}\}$。

上面的定理说明了过完备字典能够由多个正交基组成，且过完备字典包含的原子最大个数为$N^2/2$，并且其相干系数仍为$\mu=1/\sqrt{N}$。

2. 压缩感知的测量矩阵设计

在考察了信号稀疏表示之后，还不能将压缩感知的相关算法应用到被采样信号，只有

从稀疏表示的信号中通过观测矩阵对被采样信号进行采样获得采样数据之后才能真正进行以下的步骤。因此，本节的主要内容是测量矩阵的设计。对于测量矩阵的设计不能够孤立地看，应该从整体来把握，即联系稀疏字典设计一起考虑。同时在设计测量矩阵时应该满足限制等距性质（Restricted Isometry Property，RIP）、一致不确定性原理（Uniform Uncertainty Principle，UUP）和准确重构原理（Exact Reconstruction Principle，ERP）等。

首先给出 RIP 性质的定义。

定义 10-5-1 对于任意给定的整数 $K=1,2,\cdots$，矩阵 $\boldsymbol{\Theta}$ 的限制等距常数 $\delta_k\in(0,1)$ 对于任意 K 稀疏向量 $\boldsymbol{\theta}$ 均满足

$$(1-\delta_k)\|\boldsymbol{\theta}\|_2^2\leqslant\|\boldsymbol{\Theta\theta}\|_{l_2}^2\leqslant(1+\delta_k)\|\boldsymbol{\theta}\|_2^2 \tag{10-5-13}$$

则称测量矩阵 $\boldsymbol{\Theta}$ 满足 RIP 性质，并且能够将稀疏向量 $\boldsymbol{\theta}$ 稳定地映射到低维空间。

如何具体构造满足 RIP 的测量矩阵呢？因为某个测量矩阵是否满足 RIP 性质还是一个难题，因此通常将测量矩阵与变换基一起构造，证明这样构造的矩阵满足 RIP 性质。本节后面的仿真实验就是按照这一方法构造的。

对于测量矩阵与变换基之间的关系可以用相关性来描述，其中相关性用来度量 $\boldsymbol{\Phi}$ 和 $\boldsymbol{\Psi}$ 元素间的相关程度，用 $\mu(\boldsymbol{\Phi},\boldsymbol{\Psi})$ 表示，即

$$\mu(\boldsymbol{\Phi},\boldsymbol{\Psi})=\sqrt{N}\max_{\substack{1\leqslant i\leqslant M\\1\leqslant j\leqslant N}}\left|\langle\phi_j,\psi_i\rangle\right| \tag{10-5-14}$$

式中，ϕ_j 是 $\boldsymbol{\Phi}$ 的第 j 个分量；ψ_i 是 $\boldsymbol{\Psi}$ 的第 i 个分量；$\mu(\boldsymbol{\Phi},\boldsymbol{\Psi})\in(1,\sqrt{N}]$。此相关性说明，当测量矩阵是由测量矩阵与稀疏矩阵联合组成时，保证二者的乘积能够满足 RIP 性质。

3. 压缩感知的重构算法设计

前面已经叙述了压缩感知核心问题中的前两个，下面介绍压缩感知的第三个步骤——被采样信号的精确重构。信号重构包括两个步骤，第一个步骤在前面已经叙述了，即基于采样值 y，对测量矩阵 $\boldsymbol{\Phi\Psi}$，求得估计值 $\hat{\boldsymbol{\theta}}$，然后再利用 $\boldsymbol{x}=\boldsymbol{\Psi}\hat{\boldsymbol{\theta}}$ 求重构信号。虽然前文已经叙述过信号重构中会用到的两种范数，但由于这是本节的基础和重点，所以有必要着重说明一下。首先向量 $\boldsymbol{S}=(s_1,s_2,\cdots,s_N)$ 的 p 范数为

$$\|\boldsymbol{S}\|_p=\left(\sum_{i=1}^{N}|s_i|^p\right)^{1/p} \tag{10-5-15}$$

式中，$p=0$ 是 l_0 范数，$p=1$ 是 l_1 范数，实际上它表示 $\boldsymbol{S}$ 中非零项的个数。

基于以上的说明在信号 $\boldsymbol{x}$ 稀疏或可压缩的前提下，将求解 $\boldsymbol{Y}=\boldsymbol{\Theta\theta}$ 转化为求解 l_0 范数问题，即

$$\boldsymbol{x}=\arg\min\|\boldsymbol{\Psi}^{\mathrm{T}}\boldsymbol{\theta}\|_0\quad \text{s.t.}\quad \boldsymbol{\Theta\theta}=\boldsymbol{\Phi\Psi}^{\mathrm{T}}\boldsymbol{\theta}=\boldsymbol{Y} \tag{10-5-16}$$

图 10-5-2 所示是 l_0 范数优化图，S 表示方程的解空间，β 是解空间最为稀疏的。上述问题的求解过程是列出 $\boldsymbol{\theta}$ 中所有可能的非零位置的 C_N^K 种线性组合，这样才能获得优化问题最佳的解决方案。因此，式（10-5-16）得到极不稳定的结果。这和稀疏表示的问题是同样的，可以将现有的稀疏分解算法应用于 CS 重建。

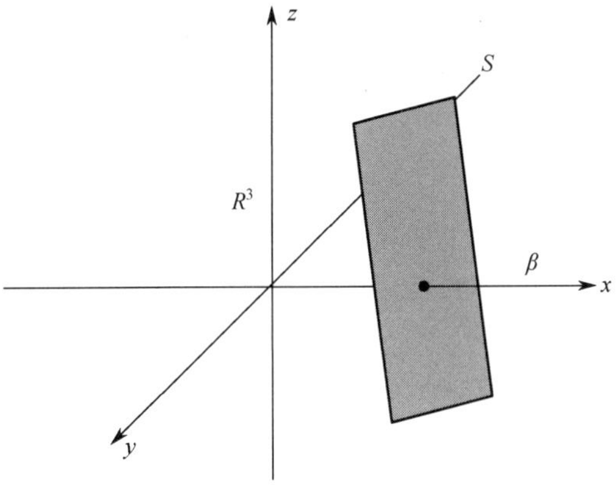

图 10-5-2　l_0 范数优化图

Chen、Donoho 和 Saunders 指出了一个解决优化问题更简单的方法，并将产生相同的解决方案。

$$\boldsymbol{x} = \arg\min \left\| \boldsymbol{\varPsi}^{\mathrm{T}} \boldsymbol{\theta} \right\|_1 \quad \text{s.t.} \quad \boldsymbol{\varTheta\theta} = \boldsymbol{\varPhi\varPsi}^{\mathrm{T}} \boldsymbol{\theta} = \boldsymbol{Y} \tag{10-5-17}$$

上述描述的是无噪声时理想的解凸二次函数优化的问题，然而当存在噪声或采样数据不完全时，式（10-5-17）表示为解决有补偿式的最小二乘问题

$$\min \left\| \boldsymbol{Y} - \boldsymbol{\varPhi\varPsi}^{\mathrm{T}} \boldsymbol{\theta} \right\|_1 + \lambda \left\| \boldsymbol{\varPsi}^{\mathrm{T}} \boldsymbol{\theta} \right\|_1 \tag{10-5-18}$$

因此，在测量矩阵满足 RIP 性质的前提下，解决优化问题可以用 l_1 范数代替 l_0 范数，图 10-5-3 所示凸优化问题的最优解是空间解平面和超空间三角锥体的交点。如果信号本身或稀疏域中的变化足够稀疏，就可以得到优化问题的唯一精确解，相关定理如下。

定理 10-5-3　稀疏度为 K 的信号 x 在变换基下的系数向量为 $\boldsymbol{\theta}$，对于由感知矩阵 $\boldsymbol{\varPhi}$ 获得的 M 个采样数据，如果

$$M \geqslant c\mu^2(\boldsymbol{\varPhi}, \boldsymbol{\varPsi}) K \log_2(N) \tag{10-5-19}$$

则式（10-5-17）的优化问题将以极大概率精确恢复 $\boldsymbol{\theta}$，式中 c 是一个与恢复精度相关的常数。这也是在仿真实验中需要遵守的规则，因为在压缩感知的应用中，采样点数的多少直接反映了计算复杂及最终的性能结果。

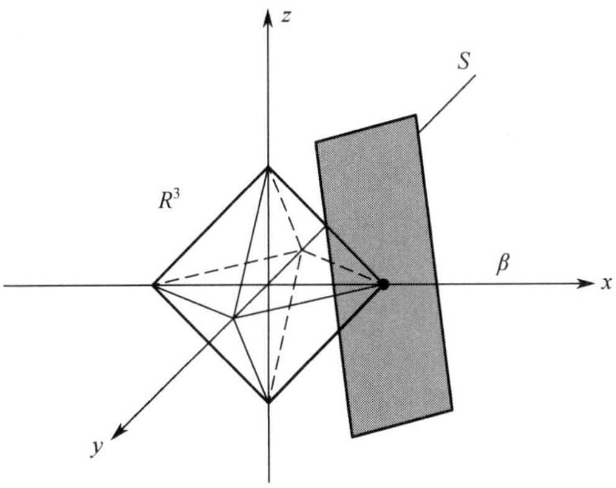

图 10-5-3　l_1 范数优化图

从上面的推导中总能找到需要的信息，精确估计系数向量$\boldsymbol{e}$有关的几个条件包括量矩阵和变换基之间的相关性、信号的稀疏度、信号长度等，而与系数向量中非零元素的位置信息无关。从而得出稀疏程度越小，相关性越低，需要较少的采样点数。如果矩阵采用高斯随机矩阵与固定基极度不相关的矩阵作为感知矩阵，且当

$$M \geqslant cK\log_2(N/K) \tag{10-5-20}$$

时，测量矩阵的矩阵与变换矩阵构成的矩阵会满足 RIP 性质，并确保准确的恢复$\boldsymbol{\theta}$。但是因为范数不能区分稀疏系数尺度之间的位置，所以虽然信号在欧氏距离上的重构信号近似逼近原信号，但存在低尺度能量转移到高尺度能量的现象，很容易有一些人为的影响，如一维信号将出现在高频振荡上。

现有的重构算法主要是基于以上介绍的范数进行信号重构的，因此将其归纳为两大类。

（1）以匹配追踪为代表的贪婪类算法。该类算法通过局部最优化迭代逐步逼近原始信号，特点是运行时间长和采样效率较低，这类算法还有基于 MP 算法上进行改进的 OMP 算法、分段 OMP（StOMP）算法和正则化 OMP（ROMP）算法。

（2）以基追踪（Basic Pursuit BP）算法为代表的凸优化类算法。该类算法针对范数的优化问题进行求解，通过约束项的设定获得稀疏解，特点是所需的观测次数最少，但往往计算负担很重，该类算法还包括内点法、梯度投影稀疏重构（Gradient Projection for Sparse Reconstruction，GPSR）算法和最小化的绝对收缩和选择算子（Least Absolute Shrinkage and Selection Operator，LASSO）等。

上述被采样信号的重构算法主要考虑的是要么是同类信号的重构，要么是不同类信号的重构，而且这些算法仅研究了信号相互之间的相关性，并没有考虑信号的自相关性。因此，Baron 等学者提出的基于压缩感知的分布式压缩感知算法，主要的功能是将单信号的压缩采样延伸到多个信号的压缩采样，在此基础上提出依据信号的自相关性和互相关性相结合的方法对多信号进行联合重构。这种联合重构方法的意义是，节约了相当可观的观测数量和计算的复杂度等。

基于压缩感知的分布式感知算法是基于分布式信号群的“联合稀疏”上的。那么如何对该信号群进行稀疏表示和观测采样呢？理论上如果多个信号在某基上可以稀疏表示，并且这些信号彼此相关，就可以对这个多信号对象进行联合压缩观测采样和联合重构。相比于对每个信号一一压缩采样和重构，该方法所需要的采样数目将大大减少，简化后面采样数据的相关操作。因此，该方法不仅是将单信号压缩采样和重构的应用推广到信号群应用，同时也是压缩感知信号采样和重构应用和研究的一大发现。

习　题　10

10-1　设计一种典型非高斯噪声——拉普拉斯噪声下基于绝对值累积的检测算法。并针对基于绝对值累积的检测算法和能量检测算法中存在的受噪声不确定度影响的问题，设计出一种新的算法。

10-2　基于粒子滤波的存在概率检测算法的状态空间模型，提出一种基于代价参考粒子滤波的存在概率检测算法，并给出一个天波雷达微弱目标检测和跟踪的仿真来验证算法的性能。

10-3 基于非线性调频信号瞬时频率曲线的状态空间模型，提出一种前向–后向代价参考粒子滤波算法，并验证提出算法的有效性。

10-4 对淹没在强噪声中的已知参数的线性调频信号，提出基于混沌振子与 Radon-Wigner 变换的低信噪比信号检测方法。

10-5 建立窄带干扰的数学模型，然后分析窄带干扰对 LFM 信号的影响，给出压缩感知框架下窄带干扰中的 LFM 信号参数估计算法。

参 考 文 献

[1] 张立毅，张雄，李化. 信号检测与估计[M]. 北京：清华大学出版社，2010.

[2] 赵树杰，赵建勋. 信号检测与估计理论[M]. 北京：电子工业出版社，2013.

[3] 高晋占. 微弱信号检测[M]. 北京：清华大学出版社，2004.

[4] 马淑芬，王菊，朱梦宇，魏国华. 离散信号检测与估计[M]. 北京：电子工业出版社， 2010.

[5] 卢锦，苏洪涛，水鹏朗. 代价参考粒子滤波器实现天波雷达目标状态估计[J]. 西安电子科技大学学报，2013，47(8)：93-97.

[6] 朱健东，张玉灵，赵拥军. 基于时频图像处理提取瞬时频率的雷达信号识别[J]. 系统仿真学报，2014，26(4)：864-868.

[7] Le Bo，Liu Zhong，Gu Tianxiang. Chaotic oscillator and other techniques for detection of weak signals [J]. IEICE Transactions on Fundamentals of Electronics，Communications and Computer Sciences，2005，88(10)：2699-2701.

[8] 谭晓衡，褚国星，张雪静，杨扬. 基于高阶累积量和小波变换的调制识别算法[J]. 系统工程与电子技术，2018，40(1)：171-177.

[9] 高锐，李赞，吴利平，李群伟，齐佩汉. 低信噪比条件下基于随机共振的感知方法与性能分析[J].电子学报，2013，41(9)：1672-1679.

[10] 张卓奎，陈慧娟. 随机过程及其应用(第二版)[M]. 西安：西安电子科技大学出版社，2012.

[11] 高晋占. 微弱信号检测[M]. 北京：清华大学出版社，2004.

[12] 杨杰，刘衍，卜祥元，孙钢灿，袁莹莹. 通信信号调制识别原理与算法[M]. 北京：人民邮电出版社，2014.

[13] 吕铁军，郭双冰，肖先赐. 基千复杂度特征的调制信号识别[J]. 通信学报，2002，23(1):111-115.

[14] 徐毅琼. 数字通信信号自动调制识别技术研究[D]. 郑州：解放军信息工程大学，2011.

[15] 程汉文. 数字通信信号调制方式的自动识别算法[D]. 南京：东南大学，2009.

[16] 阙隆树. 数字通信信号自动调制识别中的分类器设计与实现[D]. 成都：西南交通大学，2010.

[17] 宋志群，刘玉涛，王荆宁. 认知无线电技术及其应用[M]. 北京：国防工业出版社，2012.

[18] 景占荣，羊彦. 信号检测与估计[M]. 北京：化学工业出版社，2004.

[19] 张明有，吕明. 信号检测与估计[M]. 北京：电子工业出版社，2005.

[20] 乐波. 基于混沌振子与小波的低信噪比信号检测研究与应用[D]. 成都：电子科技大学，2009.

[21] 吕远. 复杂调制雷达信号的调制识别与参数估计算法研究[D]. 成都：电子科技大学，2006.

[22] 黄国庆. 通信信号调制识别方法研究[D]. 桂林：桂林电子科技大学，2017.

[23] 赵树杰，赵建勋. 信号检测与估计理论[M]. 北京：清华大学出版社，2005.

[24] 孙力帆. 现代信号检测与估计理论及方法[M]. 北京：中国水利水电出版社，2016.

[25] Xiaodong Wang，H.Vincent Poor. Wireless Communication Systems:：advanced techniques for signal reception 无线通信系统：信号检测与处理技术[M]. 北京：电子工业出版社，2004.

[26] Andreas F. Molisch. Wireless Communication Second Edition 无线通信(第2版)[M]. 田斌，帖翊，任光亮，译. 北京：电子工业出版社，2015.

[27] 张玉静. 通信信号的参数估计与调制识别[D]. 重庆：重庆大学，2018.

[28] 卢锦. 基于粒子滤波的微弱雷达目标检测方法[D]. 西安：西安电子科技大学，2014.

[29] 高锐. 复杂电磁环境下的信号检测技术研究[D]. 西安：西安电子科技大学，2015.

[30] 王龙. 压缩感知信号检测和参数估计方法研究[D]. 西安：西安电子科技大学，2014.

[31] 朱健东. 复杂体制雷达信号识别与参数估计研究[D]. 郑州：解放军信息工程大学，2014.

[32] 石磊. 认知无线电中空闲频谱检测技术的研究[D]. 哈尔滨：哈尔滨工业大学，2010.

[33] 范特里斯. 检测、估计和调制理论 • 卷1：检测、估计和滤波理论(第2版)[M]. 张其善，毛士艺，周荫清，译. 北京：电子工业出版社，2015

[34] 范特里斯. 检测、估计和调制理论 卷III：雷达——声纳信号处理和噪声中的高斯信号[M]. 毛士艺，译. 北京：国防工业出版社，1991.

[35] 范特里斯. 检测、估计和调制理论 卷III：非线性调制理论[M]. 毛士艺，译. 北京：国防工业出版社，1985.

[36] 常建平，李海林. 随机信号分析[M]. 北京：科学出版社，2006.

[37] 张贤达. 现代信号处理(第2版)[M]. 北京：清华大学出版社，2002.

[38] 蔡庆宇，张伯彦，曲洪权. 相控阵雷达数据处理教程[M]. 北京：电子工业出版社， 2011.

[39] 周求湛，胡封晔，张利平. 弱信号检测与估计[M]. 北京：北京航空航天大学出版社， 2007.

[40] 何子述，夏威. 现代数字信号处理及其应用[M]. 北京：清华大学出版社，2009.

[41] 甘俊英，孙进平，余义斌. 信号检测与估计理论[M]. 北京：科学出版社，2015.

[42] 吕铁军，郭双冰，肖先赐. 基于复杂特征的调制信号识别[J]. 通信学报，2002，23(1)：111-115.

[43] Haykin S. Cognitive radio：Brain-empowered wireless communications[J]. IEEE Journal on Selected in Communication，2005，23(2)：201-220.

[44] Ganesan G，Li Y. Cooperative spectrum sensing in cognitive radio，Part I：Two user networks[J]. IEEE Transactions on Wireless Communication，2007，6(6)：2204-2213.

[45] Ganesan G，Li Y. Cooperative spectrum sensing in cognitive radio，Part II：Multiuser networks[J]. IEEE Transactions on Wireless Communication，2007，6(6)：2214-2222.

[46] 李红岩. 认知无线电的若干关键技术研究[D]. 北京：北京邮电大学，2009.

[47] 周亚建，刘凯，肖林. 基于 D-S 证据理论的加权协作频谱检测算法[J]. 通信学报，2012，33(12)：19-24.

[48] 李月，石要武，马海涛，杨宝俊. 湮没在色噪声背景下微弱方波信号的混沌检测方法[J]. 电子学报，2004，32(1)：87-90.

[49] Mcnamara B，Wilesenfeld K. Theory of stochastic resonance[J]. Physical Review A，1989，39(9)：4854-4869.

[50] Benzi R，Sutera S，Vulpiani A. The mechanism of stochastic resonance[J]. Physical Review A，1981，14：L453-L457.

[51] 许斌，鲁茂昌，秦文兵. 低信噪比下的码速率估计算法研究[J]. 遥测遥控，2014(2)：60-63.

[52] 邓振淼，刘渝. 基于多尺度 Haar 小波变换的 MPSK 信号码速率盲估计[J]. 系统工程与电子技术，2008，30(1)：36-40.

[53] 赵雄文，郭春霞，李景春. 基于高阶累积量和循环谱的信号调制方式混合识别算法[J]. 电子与信息学报，2016，38(03)：674-680.

[54] 王青龙. 数字通信信号调制方式自动识别研究[D]. 北京：北方工业大学，2015.

[55] 徐毅琼. 数字通信信号自动调制识别技术研究[D]. 郑州：解放军信息工程大学，2011.

[56] 党月芳，徐启建，张杰. 高阶累积量和分形理论在信号调制识别中的应用研究[J]. 信号处理，2013，29(6)：761-765.

[57] 孙钢灿，王忠勇，刘正威. 基于高阶累积量实现数字调相信号调制识别[J]. 电波科学学报，2012(4)：191-197.

[58] 王建新，宋辉. 基于星座图的数字调制方式识别[J]. 通信学报，2014，25(6)：166-173

[59] Maiz G S，Monlanes-Lopez E M，Miguez J，Djuric P M. A particle filtering scheme for processing time series corrupted by outliers [J]. IEEE Transactions on Signal Processing，2012，60(9)：4611-4627.

[60] 周文瑜，焦培南. 超视距雷达技术[M]. 北京：电子工业出版社，2008.

[61] Djuric P M，Khan M，Johnston D E. Particle filtering of stochastic volatility modeled with leverage[J]. IEEE Journal of Selected Topics In Signal Processing，2012，6(4)：327-336.

[62] 齐林，陶然，周思永，王越. 基于分数阶 Fourier 变换的多分量 LFM 信号检测与参数估计[J]. 中国科学(E 辑)，2003，33(8)：749-760.

[63] 洪先成，沈国毅. 多相编码雷达信号参数快速估计方法[J]. 火控雷达技术，2010，39(3)：28-32.

[64] 龚文斌，黄可生. 基于图像特征的雷达信号脉内调制识别算法[J].电光与控制，2008，15(4)：45-49.

[65] Gonzalez R C，Woods R E. Digital image processing [M]. Prentice-Hall，Inc.，2002.

[66] 熊刚，杨小牛，赵惠昌. 基于平滑伪 Wigner 分布的伪码与线性调频复合侦察信号参数估计[J]. 电子与信息学报，2008，30(9)：2115-2119.

[67] 熊刚，赵惠昌，王李军. 伪码载波调频侦察信号识别的谱相关方法(Ⅱ)-伪码-载波调频信号的调制识别与参数估计[J]. 电子与信息学报，2005，27(7)：1087-1092.

[68] 邓振淼，刘渝. 多相码雷达信号识别与参数估计[J]. 电子与信息学报，2009，31(4)：781-785.

[69] Merrill Skolnik. Radar Handbook [M]. 3rd Edition. New York. Mc Graw-Hill Companies，2008.

[70] 陈韬伟. 基于脉内特征的雷达辐射源信号分选技术研究[D]. 成都：西南交通大学，2010.

[71] Donoho，David L. Compressed sensing [J]. IEEE Transactions on Information Theory，2006，52(4)：1289-1306.

[72] 张春梅，尹忠科，肖明霞. 基于冗余字典的信号超完备表示与稀疏分解[J]. 科学通报，2006，51(6)：628-632.

[73] 戴琼海，付长军，季向阳. 压缩感知研究[J]. 计算机学报，2011，34(3)：425-434.

[74] Baraniuk R. A lecture on compressive sensing[J]. IEEE Signal Processing Magazine，2007，24(4)：118-121.

[75] Emmanuel C，Justin R. Sparsity and incoherence in compressive sampling[J]. Inverse Problems，2007，23(3)：969-685.

[76] 张贤达. 时间序列分析-高阶统计量方法[M]. 北京：清华大学出版社，1996.

[77] 张贤达，保铮. 通信信号处理[M]. 北京：国防工业出版社，2000.